教育部大学计算机课程改革项目规划教材

多媒体技术与应用

——Photoshop、Flash、Authorware 版

Duomeiti Jishu yu Yingyong

主　编　　王爱民　赵　哲

副主编　　郭　磊　田喜平　吕　鑫　马晓珺　赵元庆

高等教育出版社·北京

内容提要

本书根据高等学校人才培养中对“多媒体技术与应用”的具体要求，从设计、开发和应用的角度，以循序渐进的方式，由浅入深地综合讲述了多媒体理论和应用的关键技术。

本书的主要内容有多媒体计算机系统、多媒体网络技术、Photoshop 图像处理技术、Flash 动画制作、Authorware 多媒体制作技术等。书中语言精练、实例丰富，具有系统、实用、通俗的特点。在编写方法上注重学生基本技能和创新能力的培养，突出实用性。对应每一个知识点的讲授，作者都精心设计了相应的综合实例，方便读者灵活、准确、全面地掌握所学知识。书中引用了作者亲身实践的大量实例，并配有多媒体教学课件、实验案例、拓展资源、微视频、课程辅导网站等教学资源，可以方便教师教授和学生学习。

本书可作为普通高等院校“多媒体技术与应用”课程的教学用书，也可作为各类计算机操作人员的参考用书。

图书在版编目（CIP）数据

多媒体技术与应用——Photoshop、Flash、Authorware 版 / 王爱民，赵哲主编. --北京：高等教育出版社，2016.3（2021.5重印）

ISBN 978-7-04-044781-1

Ⅰ. ①多… Ⅱ. ①王… ②赵… Ⅲ. ①多媒体软件 - 图象处理软件 - 高等学校 - 教材 Ⅳ. ①TP317.4

中国版本图书馆 CIP 数据核字（2016）第 020115 号

策划编辑 武林晓　　责任编辑 武林晓　　封面设计 张　志　　版式设计 马敬茹
插图绘制 杜晓丹　　责任校对 刘　莉　　责任印制 田　甜

出版发行	高等教育出版社	咨询电话	400-810-0598
社　　址	北京市西城区德外大街 4 号	网　　址	http://www.hep.edu.cn
邮政编码	100120		http://www.hep.com.cn
印　　刷	北京市白帆印务有限公司	网上订购	http://www.hepmall.com.cn
			http://www.hepmall.com
开　　本	850mm × 1168mm　1/16		http://www.hepmall.cn
印　　张	30.75	版　　次	2016 年 3 月第 1 版
字　　数	640 千字	印　　次	2021 年 5 月第 6 次印刷
购书热线	010-58581118	定　　价	39.00 元

本书如有缺页、倒页、脱页等质量问题，请到所购图书销售部门联系调换

物 料 号　44781-00

与本书配套的数字课程资源使用说明

与本书配套的数字课程资源发布在高等教育出版社易课程网站，请登录网站后开始课程学习。

一、网站登录

1．访问 http://abook.hep.com.cn/ 186704，单击“注册”按钮。在注册页面输入用户名、密码及常用的邮箱进行注册。已注册的用户直接输入用户名和密码登录即可进入“我的课程”界面。

2．课程充值：登录后单击右上方“充值”图标，正确输入教材封底标签上的明码和密码，单击“确定”按钮完成课程充值。

3．在“我的课程”列表中选择已充值的数字课程，单击“进入课程”即可开始课程学习。

账号自登录之日起一年内有效，过期作废。

使用本账号如有任何问题，请发邮件至：ecourse@pub.hep.cn。

二、资源使用

与本书配套的易课程数字课程资源按照章、节知识树的形式构成，包括教学实验、微视频、教学课件、实验案例、拓展资源、学习指导、实验素材、图片素材、动画短片、案例指导等内容的资源，以便读者学习使用。

1. 教学实验：采用视频方式提供，以二维码的形式在书中出现，学习者使用移动通信设备扫描后即可观看。

2. 微视频：内容基本覆盖了知识点的讲述和各案例的实际操作讲解，这些微视频同样以二维码的形式在书中出现，扫描后即可观看。

3. 教学课件：教师上课使用的与教材紧密配套的教学 PPT，可供教师下载使用，也可供学生课前预习或课后复习使用。

4. 实验案例：为丰富教材资源，数字课程中还配套有与教材中知识点内容紧密结合的实验案例，使学生能够巩固学习成果。

5. 拓展资源：为丰富学生视野，数字课程中还配套有与本书知识点内容紧密结合的拓展资源。

6. 学习指导：提供每章的学习重点、要点和难点。

7. 实验素材：提供与相关知识点配套的实验素材。

8. 图片素材：提供与相关知识点配套的图片素材。

9. 动画短片：提供与相关实验素材和图片素材配套的动画短片。

10. 案例指导：提供每个案例的详细操作步骤，使学生能够快速掌握。

前　言

随着计算机及网络技术的快速发展与广泛应用，多媒体技术的发展获得了质的飞跃，多媒体技术的应用已经深入到日常生活的各个领域，对大众传媒产生了深远的影响，给人类的生活、娱乐、工作与学习带来了深刻的革命。

本教材根据高等学校人才培养中对“多媒体技术与应用”的具体要求，结合作者长期讲授“多媒体技术与应用”课程的经验组织编写而成。本书语言精练、内容深入浅出、实例丰富，具有系统、实用、通俗的特点。本教材的编写目标是，通过对本教材的学习使学生系统了解多媒体的基本概念，理解多媒体信息表示和处理的基本原理，熟练掌握多媒体信息处理的基本方法，了解多媒体技术的最新应用和流行制作工具的使用方法。在理解多媒体应用系统设计原理的基础上，能够使用专业的创作工具，有效地进行多媒体应用系统的设计与开发。

本书内容包括多媒体计算机系统、多媒体网络技术、Photoshop 图像处理技术、Flash 动画制作、Authorware 多媒体制作技术。在编写方法上注重学生基本技能和创新能力的培养，突出实用性。书中引用了作者亲身实践的大量实例，从具体问题入手，引出问题，然后逐步引出概念和结论。

为了适应不同层次读者的需要，解决“入门难”的问题，本书例题有浅有深，习题有易有难，以便读者能循序渐进，稳步提高。本书可作为普通高等院校“多媒体技术与应用”课程的教学用书，也可作为各类计算机操作人员的参考用书。

本书由王爱民、赵哲任主编，参加本书编写的有王爱民、赵哲、郭磊、田喜平、吕鑫、马晓珺、赵元庆等，全书的统稿工作由王爱民教授和赵哲副教授完成。

本书配有电子教案、教学课件、实验案例、拓展资源、微视频、辅导网站教学资源，需要者请访问高等教育出版社易课程网站，也可以直接与编者联系，编者的 E-mail 为 wam508@126.com 或 wam508@aynu.edu.cn。

由于时间仓促及作者水平有限，书中难免存在疏漏之处，恳请读者批评指正。

编　者

2015 年 12 月

目　　录

第 1 章　多媒体技术概述 …… 1
学习指导 …… 1
1.1　多媒体和多媒体技术 …… 2
1.1.1　多媒体和多媒体技术的概念 …… 2
1.1.2　多媒体技术的特征 …… 3
1.2　多媒体的媒体元素 …… 4
1.3　多媒体计算机系统 …… 8
1.3.1　多媒体计算机系统组成 …… 8
1.3.2　多媒体计算机硬件系统 …… 9
1.3.3　多媒体计算机软件系统 …… 22
1.4　多媒体关键技术 …… 24
1.5　多媒体技术的应用与发展 …… 27
习题 1 …… 29

第 2 章　多媒体网络应用 …… 31
学习指导 …… 31
2.1　计算机网络基础 …… 32
2.1.1　计算机网络的基本概念 …… 32
2.1.2　计算机网络的体系结构 …… 33
2.1.3　局域网 …… 35
2.1.4　网络互连 …… 39
2.1.5　Internet 基础 …… 40
2.2　多媒体网络技术 …… 48
2.3　流媒体技术 …… 50
2.4　多媒体网络应用 …… 52
习题 2 …… 54

第 3 章　Photoshop 数字图像处理 …… 55
学习指导 …… 55

3.1 数字图像处理基础 ······ 56
3.1.1 图形与图像 ······ 56
3.1.2 图像基本属性 ······ 57
3.1.3 图像格式 ······ 58
3.1.4 图像色彩理论 ······ 59
3.2 Photoshop 基础 ······ 61
3.2.1 Photoshop 操作界面 ······ 61
3.2.2 创建新图像 ······ 62
3.2.3 打开文件 ······ 64
3.2.4 保存文件 ······ 65
3.2.5 调整图像与画布大小 ······ 67
3.2.6 旋转画布 ······ 70
3.2.7 图像的变换与变形 ······ 71
3.2.8 实例制作：制作宣传页面 ······ 73
3.3 工具箱与工具选项栏 ······ 76
3.3.1 工具箱的使用 ······ 77
3.3.2 工具选项栏 ······ 84
3.3.3 实例制作 ······ 85
3.4 浮动调板 ······ 90
3.4.1 浮动调板简介 ······ 90
3.4.2 浮动调板的管理 ······ 95
3.4.3 调板菜单 ······ 97
3.4.4 实例制作：批量处理图片 ······ 97
3.5 图层 ······ 99
3.5.1 图层简介 ······ 99
3.5.2 图层的基本操作 ······ 101
3.5.3 利用图层组管理图层 ······ 107
3.5.4 图层混合模式 ······ 108
3.5.5 图层样式 ······ 112
3.5.6 实例制作：制作小巷场景 ······ 125
3.6 蒙版 ······ 128
3.6.1 快速蒙版 ······ 128
3.6.2 图层蒙版 ······ 129
3.6.3 实例制作 ······ 131
3.7 通道 ······ 133

3.7.1 通道简介 ······ 133
3.7.2 "通道"调板 ······ 133
3.7.3 通道的类型 ······ 134
3.7.4 通道的基本操作 ······ 135
3.7.5 实例制作：利用通道更换天空 ······ 138
3.8 路径 ······ 140
3.8.1 路径简介 ······ 140
3.8.2 "路径"调板 ······ 141
3.8.3 创建路径的工具 ······ 142
3.8.4 编辑路径 ······ 143
3.8.5 应用路径 ······ 147
3.8.6 创建矢量图形 ······ 150
3.8.7 实例制作：制作有足的蛇 ······ 152
3.9 图像颜色调整 ······ 154
3.9.1 "直方图"调板 ······ 155
3.9.2 图像的基本调整命令 ······ 156
3.9.3 图像颜色调整的高级操作 ······ 159
3.9.4 其他调整命令 ······ 169
3.9.5 实例制作：校正偏色场景图片 ······ 172
3.10 滤镜 ······ 175
3.10.1 滤镜使用基础 ······ 176
3.10.2 特殊功能的滤镜 ······ 178
3.10.3 部分典型滤镜效果 ······ 183
3.10.4 实例制作 ······ 206
3.11 综合实例 ······ 211
3.11.1 《中华成语跟我学》项目首页界面插图制作 ······ 211
3.11.2 合成项目首页界面 ······ 220
习题 3 ······ 223

第 4 章 多媒体动画 Flash ······ 227
学习指导 ······ 227
4.1 初识 Flash ······ 228
4.2 Flash 基础 ······ 231
4.2.1 Flash 软件界面 ······ 231
4.2.2 新建 Flash 文件 ······ 233

4.2.3 文档的设置……235
4.2.4 文件保存……236
4.2.5 文件打开……238
4.2.6 影片的测试……238
4.2.7 实例制作：我爱 Flash……239
4.3 Flash 领域的必备知识……241
4.3.1 时间轴……241
4.3.2 图层……242
4.3.3 帧……247
4.3.4 场景……255
4.3.5 模板……256
4.3.6 实例制作：喜欢表情……256
4.4 绘制图形图像……259
4.4.1 Flash CS4 中的图形类型……259
4.4.2 使用“工具”面板中的绘制工具……260
4.4.3 使用辅助工具……270
4.4.4 图形的基本操作……274
4.4.5 排列、组合和分离对象……279
4.4.6 对象的变形……284
4.4.7 填充对象……286
4.4.8 文本处理……292
4.4.9 实例制作……295
4.5 导入外部素材……302
4.6 元件、实例和库……305
4.6.1 元件……305
4.6.2 实例……314
4.6.3 库……317
4.6.4 实例制作：星光闪烁……318
4.7 基本动画形式……325
4.7.1 逐帧动画……325
4.7.2 动作动画……328
4.7.3 形状动画……331
4.7.4 遮罩动画……334
4.7.5 引导层动画……339
4.8 测试与发布影片……345

4.8.1 动画控制 ……345
4.8.2 发布影片 ……346
4.8.3 导出影片 ……349
4.9 综合实例 ……351
4.9.1 动画短片的制作过程 ……351
4.9.2 动画短片《刻舟求剑》的制作与实现 ……352
习题 4 ……386

第 5 章 Authorware 动画制作 ……389
学习指导 ……389
5.1 Authorware 使用初步 ……390
5.1.1 Authorware 文件属性设置 ……390
5.1.2 Authorware 文件打包 ……395
5.1.3 程序的发布 ……397
5.1.4 实例制作：Hello World ……397
5.2 显示图标 ……400
5.2.1 显示图标的功能与创建 ……400
5.2.2 导入外部图片 ……401
5.2.3 导入文本 ……403
5.2.4 显示图标属性设置 ……404
5.2.5 绘图工具箱的介绍 ……405
5.2.6 利用绘图工具箱修改属性 ……406
5.2.7 实例制作：我爱我家 ……407
5.3 移动图标 ……408
5.3.1 移动图标的属性设置 ……408
5.3.2 点到点移动 ……409
5.3.3 点到线移动 ……410
5.3.4 点到面移动 ……411
5.3.5 沿自定义路径到终点移动 ……412
5.3.6 沿自定义路径到路径任意点移动 ……413
5.3.7 实例制作：升旗日出 ……414
5.4 外部媒体的引入 ……415
5.4.1 Flash 动画的引入 ……415
5.4.2 实例制作：快乐的 Snoopy ……417
5.4.3 Gif 动画的导入 ……418

5.4.4 声音的导入……418
5.4.5 实例制作：升旗仪式……419
5.4.6 视频的导入……419
5.4.7 实例制作：家庭影院……421
5.5 擦除图标、等待图标与群组图标……422
5.5.1 擦除图标的属性设置……422
5.5.2 等待图标的属性设置……423
5.5.3 实例制作：我的电子相册……423
5.5.4 群组图标……424
5.6 交互图标……425
5.6.1 建立交互图标……425
5.6.2 按钮交互……427
5.6.3 热区域交互……431
5.6.4 热对象交互……433
5.6.5 目标区交互……435
5.6.6 下拉菜单交互……437
5.6.7 文本输入交互……439
5.6.8 按键交互……442
5.6.9 条件交互……444
5.6.10 重试限制交互……447
5.6.11 时间限制交互……449
习题 5……452

参考答案……455
习题 1……455
习题 2……458
习题 3……461
习题 4……475
习题 5……476

参考文献……479

第1章
多媒体技术概述

学习指导

多媒体技术是一门起源于20世纪80年代中期的综合性技术。随着计算机技术与通信技术的飞速发展，多媒体技术已成为信息技术领域发展最快且最活跃的技术之一。在互联网技术的支持下，多媒体技术的应用已经渗透到人类社会的各个领域，并获得了良好的发展前景，正改变着人们传统的生活与工作方式。本章先对多媒体和多媒体技术的概念、特征及组成元素进行介绍，然后再具体介绍多媒体计算机系统，最后再探索多媒体关键技术的应用与发展。

学习指导1：知识结构与学习方法指导

✧ 结构示意图

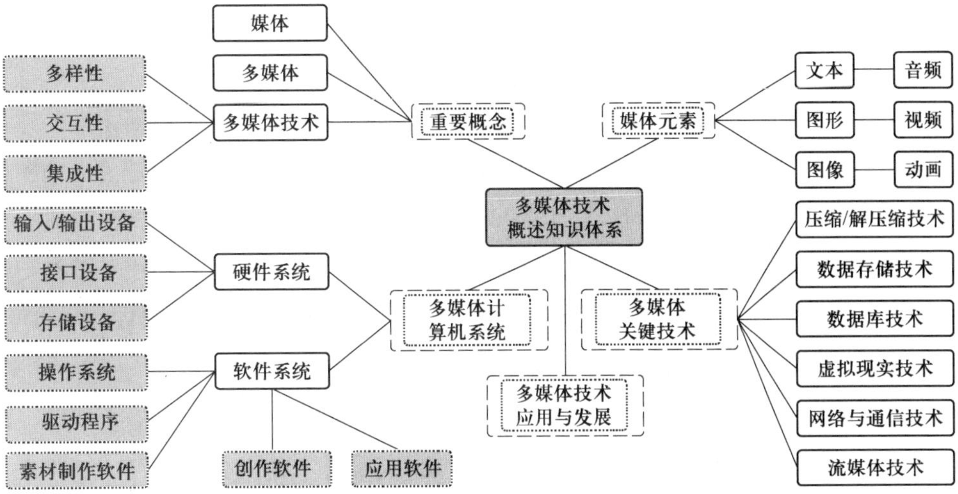

✧ 关键知识

要求读者掌握的关键知识主要包括：多媒体的概念及分类、多媒体和多媒体技术的含义、多媒体技术的特征、多媒体的媒体元素、音频数字化与MIDI、动画类型、多媒体计算机系统五层次组成、多媒体计算机硬件系统典型设备及技术指标、多媒体计算机软件系统构成、多媒体关键技术。

✧ **学习模式**

读者应先从基本概念入手，掌握每个概念的含义和适用性，然后通过理论学习理解和掌握知识点并进行简单的分析和判断，最终达到融会贯通、系统理解掌握的学习目标。

1.1 多媒体和多媒体技术

1.1.1 多媒体和多媒体技术的概念

1. 媒体

教学课件 1–1：多媒体和多媒体技术

媒体（Medium）是信息在传递过程中，从信息源到受信者之间一种信息发布和表现的方法。一般来说，媒体有两层含义，一是指承载信息的实际载体，如纸张、磁带、磁盘、光盘等；二是指表述信息的逻辑实体，如文字、图形、图像、音频、视频、动画等。多媒体技术中的媒体一般是指后者，即计算机不仅能处理文字、数值等信息，而且还能处理声音、图形、电视图像等不同种类的信息。

按照国际电信联盟（International Telecommunications Union，ITU）制定的媒体分类标准，媒体可分为以下 5 种。

① 感觉媒体（Perception Medium）：是直接作用于人的感觉器官，使人产生直接感觉的媒体，如引起听觉反应的声音，引起视觉反应的图像等。

② 表示媒体（Presentation Medium）：是为了更有效地加工、处理和传输感觉媒体而人为研究和构造出来的一种中介媒体，即用于数据交换的编码，如图像编码（JPEG、MPEG 等）、文本编码（ASCII 码、GB 2312 等）和声音编码（ADPCM、SBC、LPC 等）等。

③ 显示媒体（Display Medium）：是进行信息输入和输出的媒体，如键盘、鼠标、扫描仪、话筒、摄像机等为输入媒体，显示器、打印机、扬声器等为输出媒体。

④ 存储媒体（Storage Medium）：是用于存储表示媒体的物理介质，如硬盘、软盘、磁盘、光盘、ROM 及 RAM 等。

⑤ 传输媒体（Transmission Medium）：是传输表示媒体的物理介质，如电缆、光缆、双绞线等。

2. 多媒体

多媒体（Multimedia）是在计算机系统中组合两种或两种以上媒体，并以一种人机交互方式进行信息交流和传播的媒体。至今，关于“多媒体”概念的标准定义还未统一，一般理解为“多种媒体的综合”，即文本、图形、图像、音频、视频、动画等媒体的组合。

多媒体最终被归结为一种技术。事实上，也正是由于计算机技术和数字信息处理技术的实质性进展，才使人们今天拥有处理多媒体信息的能力，才使得多媒体成为一种现实。现在人们所说的多媒体，常常不是指多媒体本身，而主要是指处理和应用它的一整套技术。因此，多媒体也常常被当作多媒体技术的同义语。

3. 多媒体技术

多媒体技术是指把文本、图形、图像、音频、视频、动画等多媒体信息通过计算机进行数字化处理，使多种信息建立逻辑连接，集成为一个系统并具有交互性和实时性的一体化技术。多媒体技术是一种基于计算机科学的综合技术，包括数字化信息处理技术、音频和视频技术、计算机软硬件技术、人工智能和模式识别技术、通信和网络技术等，因而是一门跨学科的综合技术。现代多媒体技术彻底改变了人们获取信息与传播信息的传统方式，实现了信息表现的多样化、综合化和集成化，适应了信息时代人们对信息获取方式与传播方式的要求。

1.1.2　多媒体技术的特征

多媒体技术主要有以下 3 个方面的基本特征。

1. 多样性

多样性是指信息表现媒体类型的多样化和媒体输入、传播、再现及展示手段的多样化。多媒体技术扩展了计算机处理信息的空间，使计算机能够处理的媒体不再局限于数字和文本，而是更加广泛地扩展到图形、图像、音频、视频、动画等多媒体类型，使人类的思维表达有了更广阔的天地。

2. 集成性

集成性是指以计算机为中心综合处理多种信息媒体，包括信息媒体的集成和处理这些媒体的设备的集成。信息媒体的集成是指文本、图形、图像、音频、视频、动画等的集成。在众多媒体信息中，每一种都有自己的独特性，同时又具有共同性，多媒体信息的集成处理是把信息看成一个有机的整体，采用多种途径获取信息，按照统一格式存储、组织和合成信息，对信息进行集成化处理。媒体显示或表现设备的集成可以理解为设备的一体化，即多媒体系统不仅包括计算机本身，而且包括电视、音响、摄像机、DVD 播放机等设备，把不同功能、不同种类的设备集成在一起共同完成信息处理工作。

3. 交互性

交互性是指通过各种媒体信息，使参与的各方都可以对媒体信息进行编辑、控制和传递。多媒体技术的最大特点就是交互性，通过交互可以实现人对信息的主动选择和控制。交互性是多媒体作品与一般影视作品的主要区别，如传统电视系统媒体信息单向流通，电视台播放什么内容，用户就只能接收什么内容。多媒体技术的交互性为用户选择和获取信息提供了灵活的手段和方式，如交互电视的出现增加了用户的主动性，用户不仅可以坐在家里通过遥控器、机顶盒和屏幕上的菜单来收看自己点播的节目，而且还能利用它来购物、学习和享受各种信息服务。

1.2 多媒体的媒体元素

教学课件 1-2：多媒体的媒体元素

多媒体的媒体元素是指多媒体应用中可显示给用户的媒体组成，目前主要包含文本、图形、静态图像、音频、视频和动画等。

1. 文本

文本是指各种文字，包括各种字体、大小、格式及色彩的文字。文本是计算机文字处理的基础，也是多媒体应用程序的基础。通过对文本显示方式的组织，多媒体应用系统可以使显示的信息形式多样化，更易于理解。文本的多样化主要通过文字的属性，如格式、字体、大小、颜色以及它们的组合表现出来。

在 Windows 环境中有两种类型的字体，点阵字体和 True Type 字体。点阵字体采用点阵组成每个字符，在放大、缩小、旋转或打印时会产生失真。True Type 字体为矢量字体，其字符通过存储在计算机中的指令绘制，在放大、缩小和旋转时不会产生失真。在 Windows 的“字体”文件夹下有多种字体文件，如图 1-2-1 所示。其中，图标为点阵字体，图标为 True Type 字体，图标为矢量字体。目前，Windows 提供的字体相当多，这些字体使文本表现形式更多样化。

2. 图形和静态图像

图形是指从点、线、面到三维空间的黑白或彩色几何图，也称为矢量图。图形由一些基本的图元组成，这些图元是一些几何图形，如点、线、矩形、多边形、圆、弧线等。这些几何图形均可由数学公式计算得到。图形文件是绘制图形中各图元的命令。显示图形时，需要相应的软件读取这些命令，并将命令转换为组成图形的各个图元。由于图形采用数学描述方式，所以通常生成的图形文件相对较小，而且图形颜色的多少与文件大小基本无关。另外，将图形放大、缩小和旋转时不会产生失真。矢量图形可以分别控制、处理图形的各个部分，但难以表现色彩层次丰富的逼真图像，其适用于图形设计、文字设计、标志设计和版式设计等。图形的常见格式有 BW、CDR、AI、EPS 等。

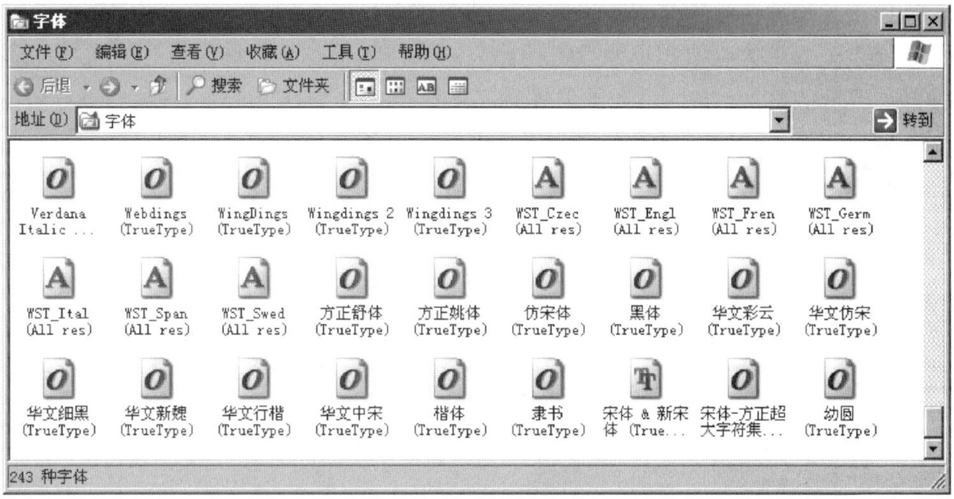

图 1-2-1　字体库

由于静态图像不像图形那样有明显的线条，因此在计算机中难以用矢量来表示，基本上只能用点阵来表示，其元素代表空间的一个点，称为像素，这种图像也称为位图。图像文件记录的是组成点阵图的各像素点的色度和亮度信息，颜色种类越多，图像文件越大。通常图像可以表现得更自然、逼真，更接近于实际观察到的真实场景，但图像文件一般较大，在放大、缩小和旋转时会产生失真。图像常见格式有 JPG、GIF、PNG、BMP 等。

图形和图像在普通用户看来是一样的，而对多媒体信息制作来说完全不同。同一幅图，如一个圆，若采用图形媒体元素表示，则数据文件中只需记录圆心坐标、半径及色彩编码；若采用图像元素表示，则数据文件中必须记录在哪些位置上有什么颜色像素。矢量图形处理起来比较复杂，处理速度与数据存储结构密切相关。图像处理一般要考虑分辨率、图像灰度、文件大小和文件类型。

3. 音频

实验案例 1-1：制作 MP3

音频包括乐音、语音和各种音响效果。音频文件通常分为声音文件和 MIDI 文件，声音文件是指通过声音录入设备录制的原始声音，直接记录了真实的二进制采样数据，通常文件较大；MIDI 文件是一种音乐演奏指令序列，相当于乐谱，可以利用声音输出设备或与计算机相连的电子乐器进行演奏，由于不包含声音数据，因此文件较小。

声音是物体振动引起空气分子随之振动而产生的波，具有周期、振幅和频率3 个基本特征。周期是重复出现相同波形的时间间隔；频率是波在单位时间内重复出现的次数，单位为赫兹（Hz），其大小反映了音调的高低；振幅用来定量研究空气受到压力的大小，反映声音的强弱。

声音是模拟量，将其数字化后才能利用计算机进行处理。声音数字化的质量与采样频率、量化位数和声道数密切相关。采样频率是每秒钟内采样的次数，即波形被等分的份数，当前声音的采样频率主要有 44.1 kHz、22.05 kHz、11.025 kHz 3 种标准，采样频率越高，保真度也越好；在采样过程中，每次采样得到的声音样本都是表示声音波形的一个振幅值，量化位数就是每个样本量化后共用多少个离散的数值来表示，在计算机中可以认为是用多少个二进制位来表示，如 8 位、16 位等，位数越高，音质越好；声道数是一次采样所记录的声音波形的个数，单声道只产生一个声音波形，双声道产生两个波形（双声道立体声），立体声不仅音色与音质好，而且更能反映人们的听觉效果，声道数越多，声音质量越好。采样频率越高，量化位数越高，声道数越多，音质就越好，但音频文件的数据量就会越大，计算公式为：

存储量（B）=采样频率（Hz）×量化位数（bit）×采样时间（s）×声道数/8

MIDI（Musical Instrument Digital Interface）是指乐器数字化接口，是音乐与计算机相结合的产物，具有这种接口的设备称为 MIDI 设备。MIDI 是一种技术规范，它定义了把乐器设备连接到计算机所需的电缆端口的标准以及控制 PC 和 MIDI 设备之间信息交换的规则。

在 MIDI 设备中，最重要的是合成器，它是衡量各种 MIDI 设备质量高低的一个重要参数。MIDI 标准实际上就是为合成器而制定的，而 MIDI 文件就是发送给合成器以产生不同乐音的一系列指令，并生成一系列数字化信号，经过 D/A（数/模）转化后由音响播放。合成器按照产生乐音的物理方式，可分成两类：FM 合成方式和波形表合成方式。

FM 合成方式是用电路产生的各种频率的声波复合成声音来模拟各种乐器发出的声音，但这种模拟的声音与用真实乐器演奏有所差别。目前市面上出售的大部分中低档声卡的合成器均采用 FM 合成器芯片。

波形表合成方式是将已经准备好的真实乐器的数字化录音重放出来，以合成立体乐音，实际上是对各种乐器的数字录音。波形表合成器将乐器的音符采样值存放在 ROM 中，当一个音符被调用时，便从 ROM 中读出，并放入 RAM 中，由数字信号处理器进行处理加上音效后，送到 D/A 转化器将合成的数字音频信号变成模拟音频电压信号，然后再用电子线路进行调整，送入放大器放大后由扬声器发音。

表 1-2-1 列出了计算机中常见音频文件的类型。

表 1-2-1　计算机中常见音频文件的类型

文件类型	流行平台	说明
WAV	Windows	Windows 系统默认的声音文件类型
MIDI	多种平台	文件通常比较小
RMI	Windows	MIDI 文件的变体
AU	UNIX	主要流行于 Next 和 Sun 工作站上
AIF	Apple	Apple 计算机上的声音文件存储格式
VOC	Windows/DOS	创通公司的声音标准格式
RM/RAM	多种平台	主要用于 Internet 上实时声音传递
MP3	Windows	压缩率较高，音质较好

4. 视频

实验案例 1-2：制作数字电影

视频是随时间动态变化的一组图像，一般由连续拍摄的一系列静止图像组成，一幅图像在视频中被称为一帧。只要将若干幅稍有变化的静止图像顺序地快速播放，而且每两幅图像出现的时间小于人眼视觉暂留时间，人眼就会产生连续动作的感觉（动态图像），即实现视频效果。视频按照处理方式不同可以分为模拟视频和数字视频两大类。

模拟视频是一种用于传输图像和声音并随时间连续变化的电信号。传统的电视、录像片等日常使用的视频图像都是以模拟方式进行存储和传输的。模拟视频图像往往采用不可逆或数字化的介质作为记录材料，最大的缺点是不论记录的图像多清晰，经过长时间存放后，视频图像质量都将大幅度降低，或者经过多次复制后，图像失真就会很明显。

数字视频由随时间变化的一系列数字化图像序列组成。计算机要能够处理视频信息，就必须将来自电视、模拟摄像机、录像机和影碟机等设备的模拟视频信号转换成计算机能够处理的数字信号，其数字化的过程包括采样、量化和编码。数字视频图像的优点是具有可逆转性，使用视频编辑软件可以逐帧编辑制造出特殊的效果。此外，数字视频图像随着时间的推移，不会出现图像质量降低或失真的问题。

常用的视频文件格式有 AVI、ASF、WMV、MOV、MPEG、DAT 等。

5. 动画

拓展资源 1-1：高新技术在传统动画制作中的应用

动画也是一种活动影像，最典型的是卡通片。动画是多媒体产品中最具吸引力的元素之一，不但表现力丰富，而且可以充分发挥人的想象力，创造出许多神奇的虚幻效果。动画实质上就是将许多内容连续但又各不相同的画面以一定的速度连续播放而给人以活动的感觉。

按照计算机处理动画的方式，可以将动画分为造型动画和帧动画两种。

造型动画是对每一个活动对象的属性（包括位置、形状、大小和颜色等）分别进行动画设计，用这些活动的对象组成完整的动画画面。造型动画通常属于三维动画，计算机进行造型动画的处理比较复杂。

帧动画是由一帧帧图像组成。帧动画一般属于二维动画，通常有两种。一种是帧帧动画，即人工准备出一帧帧图像，再用计算机将它们按照一定的顺序组合在一起，形成动画；另一种是关键帧动画，即用户用计算机制作两幅关键帧图像，它们的属性（位置、形状、大小和颜色等）不一样，然后由计算机通过插值计算自动生成两幅关键帧图像之间所有过渡的图像，从而形成动画。

微视频 1-1：GIF 动画制作

多媒体应用中使用的动画文件格式主要有 GIF、SWF 等。

1.3 多媒体计算机系统

拓展资源 1-2：典型多媒体系统

教学课件 1-3：多媒体计算机系统

多媒体计算机（Multimedia Personal Computer，MPC）是指能够综合处理文字、图形、图像、音频、动画、视频等多种媒体信息，并在它们之间建立逻辑关系，使之集成为一个交互式系统的计算机。它集高质量的视频、音频、图像等多种媒体信息的处理于一身，并具有大容量的存储器，能给人们带来一种图、文、声、像并茂的视听感觉。多媒体计算机系统是指能把视、听和计算机交互式控制结合起来，对音频信号、视频信号的获取、生成、存储、处理、回收和传输进行综合数字化所组成的一个完整的计算机系统。

1.3.1 多媒体计算机系统组成

一个完整的计算机系统是由计算机硬件系统和计算机软件系统两部分组成的。硬件系统是计算机的实体，属于硬件设备，是所有固定装置的总称，它是实现计算机功能的物质基础，主要由运算器、控制器、存储器、输入设备、输出设备等几部分组成；软件系统是指挥计算机运行的程序集，是为运行、维护、管理、应用计算机所编制的所有程序和数据的总和。

多媒体计算机系统是对基本计算机系统的软、硬件功能的扩展，作为一个完整的多媒体计算机系统，它应该包括 5 个层次结构，如图 1-3-1 所示。

第一层：多媒体计算机硬件系统。主要任务是能够实时综合处理图、文、声、像信息，实现全动态图像和立体声的处理，同时还需对信息进行实时的压缩和解压缩。

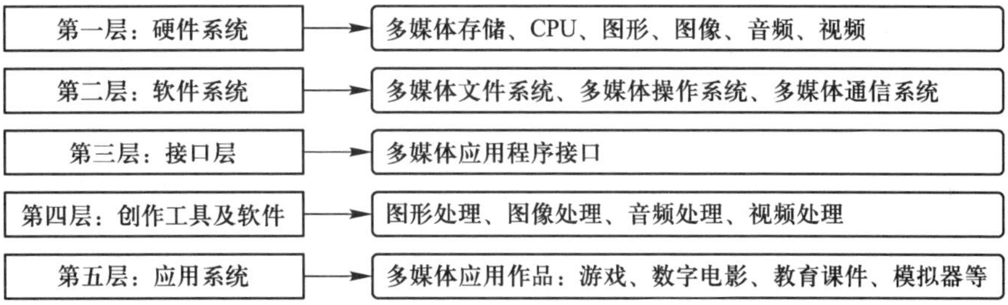

图 1-3-1　多媒体计算机系统组成

第二层：多媒体计算机软件系统。主要包括多媒体操作系统、多媒体通信系统等部分。多媒体操作系统具有实时任务调度，多媒体数据转换和同步控制，对多媒体设备的驱动和控制以及图形用户界面管理等功能，为支持计算机对文字、音频、视频等多媒体信息的处理，解决多媒体信息的时间同步问题提供了多任务的环境。多媒体通信系统主要支持网络环境下多媒体信息的传输、交互与控制。

第三层：多媒体应用程序接口。为多媒体软件系统提供接口，以便程序员在高层能通过软件调用系统功能，并能在应用程序中控制多媒体硬件设备。为了能够让程序员方便地开发多媒体应用系统，Microsoft 公司推出了 DirectX 程序设计工具，以便程序员直接使用操作系统的多媒体程序库，这样使得 Microsoft 变为了一个集声音、视频、图形和游戏于一体的增强平台。

第四层：多媒体创作工具及软件。该层在多媒体操作系统支持下，利用图像编辑软件、音频处理软件、视频处理软件等来编辑和制作多媒体节目素材，其设计目标是缩短多媒体应用软件的制作开发周期，降低对制作人员的技术要求。

第五层：多媒体应用系统。该层直接面向用户，满足用户的各种需求服务。应用系统要求有较强的多媒体交互功能和良好的人机界面。

1.3.2　多媒体计算机硬件系统

多媒体计算机硬件系统是在个人计算机基础上，增加多媒体输入/输出设备及接口卡。如图 1-3-2 所示为常用多媒体设备及其连接示意图。

微视频 1-2：多媒体计算机的组装

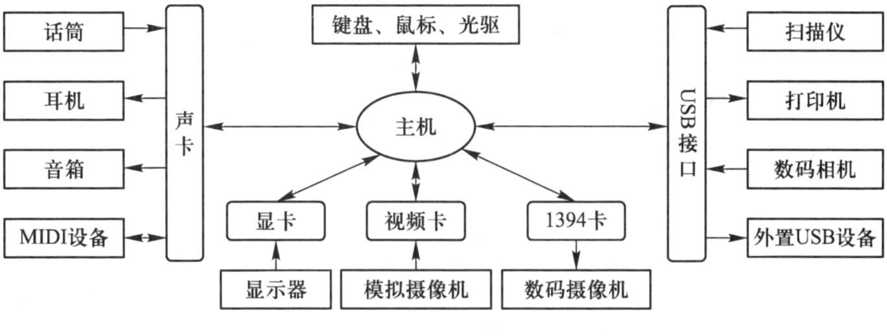

图 1-3-2　常用多媒体设备及其连接示意图

多媒体计算机主机可以是大、中型机，也可以是工作站，然而目前更普遍的是多媒体个人计算机，即 MPC。由于多媒体应用已经深入到人们日常生活的各个方面，所以多媒体硬件设备早已成为计算机硬件的标准配置，这里主要介绍常用的多媒体输入/输出设备、多媒体接口设备和多媒体存储设备。

1. 多媒体输入/输出设备

常用的多媒体输入设备有鼠标、键盘、光笔、数字化仪、CD-ROM 驱动器、触摸屏、扫描仪、数码相机、摄像机或数码摄像机、录像机等。常用的多媒体输出设备主要包括显示器和打印机等。

（1）显示器

显示器（Display）通常也被称为监视器，可以分为 CRT、LCD 等多种，是一种将一定的电子文件通过特定的传输设备显示到屏幕上再反射到人眼的显示工具，如图 1-3-3 所示。

（a）CRT 显示器

（b）LCD 显示器

图 1-3-3　CRT 显示器与 LCD 显示器

CRT 显示器是一种使用阴极射线管（Cathode Ray Tube）的显示器，CRT 显示终端主要由五部分组成：电子枪、偏转线圈、荫罩、荧光粉层及玻璃外壳。CRT 显示终端的工作原理就是当显像管内部的电子枪阴极发出的电子束经强度控制、聚焦和加速后变成细小的电子流，再经过偏转线圈的作用向正确目标偏离，穿越荫罩的小孔或栅栏，轰击到荧光屏上的荧光粉，此时荧光粉被启动发出光线，R、G、B 三色荧光点被按不同比例强度的电子流点亮产生各种色彩。CRT 纯平显示器具有可视角度大、无坏点、色彩还原度高、色度均匀、可调节的多分辨率模式、响应时间极短等 LCD 显示器难以超越的优点。

LCD（Liquid Crystal Display）液晶显示器是一种数字显示技术，可以通过液晶和彩色过滤器过滤光源，在平面面板上产生图像。液晶，简单地说就是一种液态晶体，它像磁场中的金属一样，当受到外界电场影响时，其分子会产生精确的有序排列，如果对分子的排列加以适当控制，液晶分子将会允许光线通过，当其不受外界电场影响时，其分子会排列混乱，阻止光线通过，这一现象称为液晶的电光（热光）效应，LCD 技术就是利用液晶的这一特性。典型的液晶显示器主要由前后偏光板、前后玻璃基板、封接边及液晶等几大部件组成。与传统的 CRT 显示器相比，其具有占用空间小、低功耗、低辐射、无闪烁、能降低视觉疲劳等优点。第一台 LCD 于 1971 年问世，20 世纪 80 年代初开始应用到计算机领域，现在 LCD 已成为主流显示器。

（2）触摸屏

尽管计算机已十分普及，但并不是所有人都能通过键盘和鼠标来操作计算机，触摸屏给从未接触过计算机的人带来极大的方便。随着多媒体应用的普及，触摸屏已成为多媒体应用系统的理想交互设备。触摸屏是一种定位设备，采用触摸方式向计算机输入坐标数据，如图 1-3-4 所示。触摸屏系统主要由触摸传感器、触摸控制卡和驱动程序组成。触摸传感器直接安装在显示器的前端，用于检测用户的触摸动作，同时将坐标位置信息传送给触摸控制卡；触摸控制卡将位置信息转换成数字信号输入到计算机；驱动程序将应用程序与触摸屏紧密联系在一起。

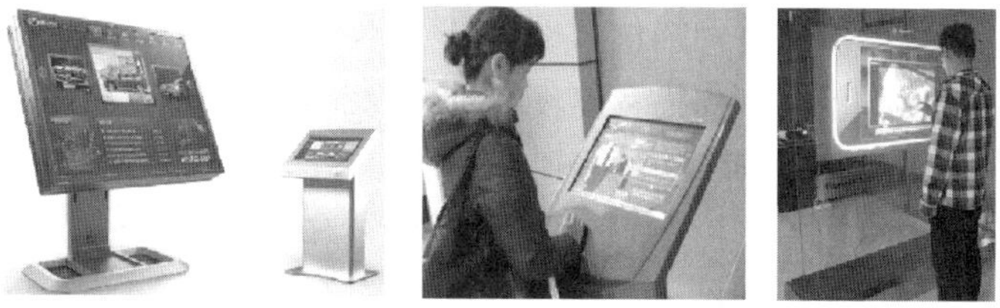

（a）示例一　（b）示例二　（c）示例三

图 1-3-4　触摸屏

触摸屏按照工作原理可分为红外线触摸屏、电阻式触摸屏、电容式触摸屏、表面声波触摸屏和矢量压力触摸屏，按照安装方式可分为外挂式触摸屏、内置式触摸屏、整体式触摸屏和投影式触摸屏。触摸屏的主要技术指标是分辨率和反应时间。

触摸屏的精度主要取决于触摸屏感应区与显示器的匹配程度。应用程序通过判定按钮、图标或菜单区域是否有触摸而执行相应操作，若不能保证触摸屏精度，应用程序则不能执行相应功能。大多数触摸屏都附带标准校准程序，可精确定义触摸区域大小和位置。触摸屏精度校准分硬校准和软校准。硬校准也称为边到边校准，校准程序将触摸屏整个可见面都定义为有效区域，并将校准参数值保存到触摸屏控制器的非易失存储器中。硬件校准区通常比计算机的可视区域大，而利用软校准可使触摸有效区与显示器的可视区域完全匹配，一般情况下，触摸屏的有效区与硬件校准区一致，但通过软校准可将有效区设置成比硬件校准区小。

（3）扫描仪

扫描仪是一种典型的静态图像输入设备，其基本功能就是将反映图像特征的光信号转换成计算机可以识别的数字信号，如图 1-3-5 所示。目前，大多数扫描仪采用电荷耦合器件 CCD（Charge Coupled Device）作为光电转换部件，也有部分扫描仪采用接触图像传感器 CIS（Contact Image Sensor）作为光电转换部件。CCD 与 CIS 都可将光信号转换成相应的电信号，CCD 扫描仪与 CIS 扫描仪各有千秋。目前 CIS 扫描仪主要优势在体积和价格上，但其扫描质量还达不到 CCD 扫描仪的水平。

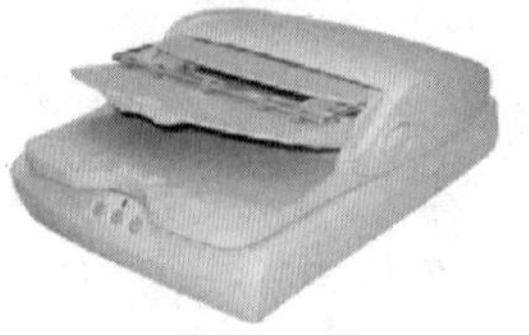

（a）办公扫描仪

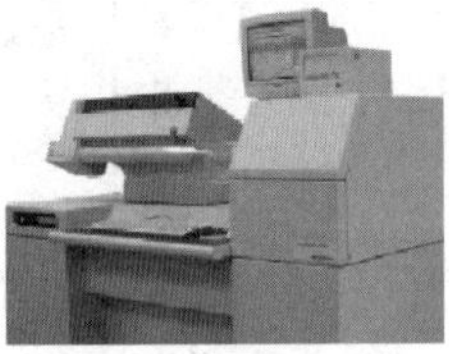

（b）滚筒扫描仪

（c）平板照片胶片扫描仪

图 1-3-5　扫描仪

扫描仪类型主要有手持扫描仪、平面扫描仪、胶片扫描仪和滚筒扫描仪。手持扫描仪小巧灵活，但一次扫描宽度较窄，一般不超过 105 mm；平面扫描仪使用条状光源，要求原稿是不透明的，适合普通用户或专业用户使用，价格相对较低；胶片扫描仪主要用于扫描透明胶片；滚筒扫描仪需要将原稿贴在滚筒上，滚筒旋转的同时，扫描头慢速横向移动，对原稿进行螺旋式扫描，滚筒扫描仪对原稿的厚度和平整度有严格要求，主要用于专业出版印刷扫描。

扫描仪的性能指标主要包括以下几个方面。

① 分辨率。表示扫描仪对图像细节的表现能力，通常用每英寸长度上扫描图像所含有的像素点的个数表示，记作 dpi。

② 灰度级。表示灰度图像的亮度层次范围。级数越多扫描图像亮度范围越大，层次越丰富。

③ 色彩数。表示彩色扫描仪所能产生的颜色范围。通常用每个像素点上颜色的数据位数（bit）表示。如常说的真彩色图像指的是每个像素点的颜色用 24 位二进制数表示，共可表示 2^{24}=16 777 216 种颜色，通常称这种扫描仪为 24 位真彩色扫描仪。色彩数越多扫描图像越鲜艳真实。

④ 接口。指扫描仪与计算机的连接方式，有 EPP、USB、SCSI 3 种。EPP 是增强型并行接口，优点是连接简单，使用方便，价格便宜，可与大多数 PC 直接相连，缺点是数据传输速度慢；USB 是通用串行总线接口，数据传输较快，支持热插拔功能，可即插即用；SCSI 属于小型计算机标准接口，数据传输速度快，CPU 占用率低，但安装复杂并需占用一个插槽和相应的中断号与地址。

⑤ 扫描速度。有多种表示方法，通常用在指定的分辨率和图像尺寸下的扫描时间表示。

⑥ 扫描幅面。表示可扫描图稿的最大尺寸，常见的有 A4、A3 幅面等。

（4）数码相机

数码相机（Digital Camera，DC）是一种利用电子传感器把光学影像转换成电子数据的照相机，如图 1-3-6 所示。传统照相机通过镜头将图像聚焦在感光胶片上，再经过显影、定影等化学处理才能将图像固定下来。数码照相机与传统照相机的最大区别就是用光电传感器和存储器取代了感光胶片，当拍摄完毕后，通过相机上的液晶显示屏就可以看到拍摄效果，并以图像文件的形式存储在存储器中供计算机调用。

（a）示例一　　（b）示例二　　（c）示例三

图 1-3-6　数码相机

数码相机的核心部件是电荷耦合器件（CCD）传感器。CCD 传感器包含数以万计的感光单元，并以矩阵形式排列在平面上。数码相机用快门激活所有的感光单元，光电传感器的输出电压与入射的光线亮度成正比，将电压转换成图像代码保存到存储器中，这个过程就相当于传统照相机在感光胶片上的曝光、显影、定影的过程。由于 CCD 感光单元不能识别光线色彩，只能感知光线强弱，因此为了生成彩色图像，要让光线通过一组红、绿、蓝滤色镜后再入射到 CCD 感光单元上，每一个感光单元仅记录一个基色亮度，通过 3 个相邻感光单元的色彩记录就可以计算出一个 RGB 彩色像素值。CCD 感光单元数目越多，拍摄图像也就越清晰，每幅图像数据量也就越大。为了提高存储空间的利用率，许多数码相机对图像进行压缩后才存入到存储器中。

数码相机的性能指标主要包括以下几个方面。

① 分辨率。数码相机的分辨率取决于 CCD 的像素量，是最关键的技术指标。多数厂家采用像素量来表示分辨率，例如，CCD 在水平方向有 800 个像素点，在垂直方向有 600 个像素点，其像素总量就是 800×600 像素，即 48 万像素。

② 色彩深度。反映数码相机的色彩分辨能力，由 CCD 传感器决定，一般数码相机的色彩深度都在 24 位以上，专业数码相机的色彩深度应在 36 位以上。

③ 感光度。对感光材料感光灵敏度的度量。数码相机不使用感光材料，因而也不存在感光度的概念，但 CCD 传感器对曝光有一定要求，因此参照感光材料的感光度，将衡量 CCD 传感器的感光灵敏度称为相当感光度。

（5）数码摄像机

数码摄像机以数字信号存储实物场景，如图 1-3-7 所示。

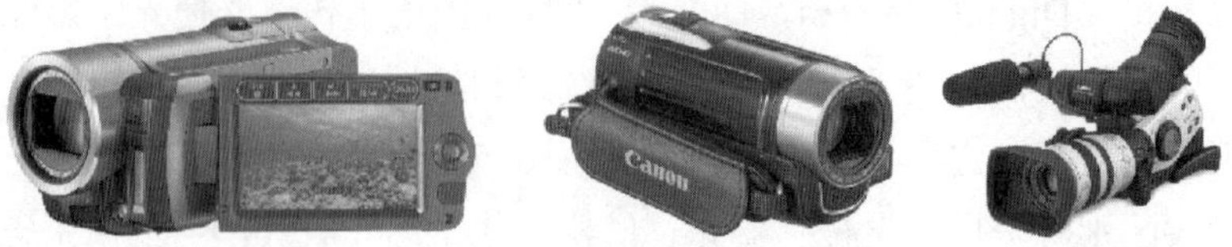

（a）示例一　　（b）示例二　　（c）示例三

图 1-3-7　数码摄像机

数码摄像机主要包括信号输入系统、信号处理系统、存储系统、信号输出系统和微处理器五大部分。信号输入系统中的可变焦光学透镜系统、CCD 摄像器件用于摄像，拾音器用于录音；信号处理系统包括 A/D（模/数）转换器、数字信号处理器和 MPEG 器件，用以完成音像信号的转换、编码、压缩和合成；存储系统包括内置存储器，用于存储被记录的信息；信号输出系统包括 LCD 显示器和内置音箱，用于输出图像和声音；微处理器控制各功能单元协调一致地工作。

数码摄像机的工作原理简单来说就是通过 CCD 将光信号转换成电信号，同时由拾音器接收声音信号，光信号和声音信号再分别经过 A/D 转换器转换成数字信号，然后由 DSP 和 MPEG 器件完成音像信号的转换、编码、压缩和合成，最后以数字格式将信号存储在数码摄像带、刻录光盘或者存储卡上。

数码摄像机的性能指标主要包括以下几个方面。

① 灵敏度。表示在标准摄像状态下，摄像机光圈的数值。

② 水平分解力。表示在水平宽度为图像屏幕高度的范围内，可以分辨多少根垂直黑白线条的数目。

③ 信噪比。表示在图像信号中包含的噪声成分的指标，在显示的图像中表现为不规则的闪烁细点。

（6）光盘刻录机

光盘刻录机是一种数据写入设备，利用激光将数据写到空光盘上从而实现数据的存储，其写入过程可以看作普通光驱读取光盘的逆过程。CD-R 和 CD-RW 是两种较为常用的光盘刻录机，如图 1-3-8 所示。

（a）CD-R　　（b）CD-RW

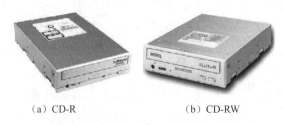

图 1-3-8　CD-R 和 CD-RW 光盘刻录机

CD-R（CD-Recordable）采用一次写入技术。刻入数据时，利用高功率的激光束反射到 CD-R 盘片上，使盘片上的介质层发生化学变化，模拟出二进制数据 0 和 1 的差别，从而把数据正确地存储在光盘上，这些数据几乎可以被所有 CD- ROM 读出和使用。由于化学变化产生的质的改变，因此盘片不能再释放空间重复写入数据。

CD-RW（CD-Rewritable）采用相变技术。刻录数据时，高功率激光束反射到 CD-RW 盘片的特殊介质，产生结晶和非结晶两种状态，通过激光束照射后，介质层可在这两种状态中相互转换，以达到重复写入的目的。

光盘刻录机的性能指标主要包括以下几个方面。

① 光盘刻录机的速度。表示读取速度和写入速度，其中写入速度是刻录机的重要技术指标。在实际的读取和写入时，由于光盘的质量或刻录的稳定度，读取速度和刻录速度也会不同。

② 接口方式。内置式的有 SCSI 接口和 IDE 接口，外置式的有 SCSI、并口以及 USB 接口等。SCSI 接口在资源占用和数据传输的稳定性方面要好于其他接口，系统和软件对刻录过程的影响也较低，因而它的稳定性和刻录质量最好，但价格较高，而且必须另外购置 SCSI 卡；IDE 接口的刻录机价格较低，兼容性较好，可以方便地使用主板的 IDE 设备接口，数据传输速度较快，但是对系统和软件依赖性较强，刻录质量低于 SCSI 接口的产品。

③ 缓存区大小。这是衡量光盘刻录机性能的重要技术指标之一。刻录时数据必须先写入缓存，刻录软件再从缓存区调用要刻录的数据，在刻录的同时，后续的数据再写入缓存中，以保持要写入数据的良好组织和连续传输。如果后续数据没有及时写入缓冲区，传输的中断将导致刻录失败，因而缓冲的容量越大，刻录的成功率就越高。建议选择缓存容量较大的产品，尤其对于 IDE 接口的刻录机，缓存容量很重要。

④ 刻录方式。包括整盘刻写、轨道刻写、多段刻写 3 种刻录方式。有的刻录机还支持增量包刻写方式，允许用户在一条轨道中多次追加刻写数据，适用于经常需要备份少量数据的情况。

2. 多媒体接口设备

（1）声卡

声卡（Sound Card），多媒体计算机中最基本的组成部分，是使计算机能够接收、处理、发出声音，实现声波/数字信号相互转换的硬件，如图 1-3-9 所示。声卡的主要任务是音频录制，编辑与播放，电子音乐合成，文本语音转换，语音识别并提供 CD-ROM 接口、MIDI 接口或游戏杆接口。

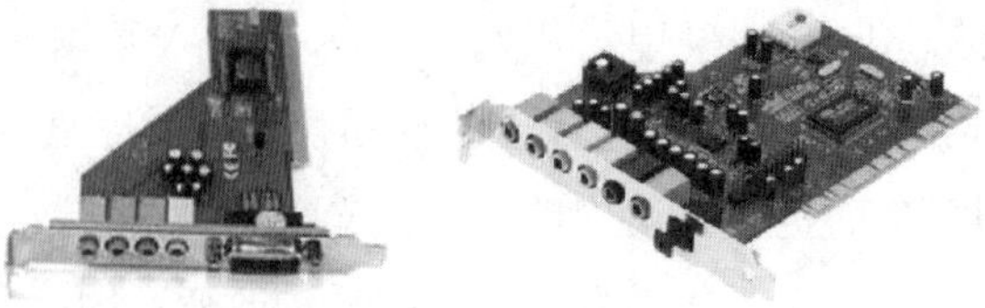

（a）示例一　　　　（b）示例二

图 1-3-9　声卡

声卡的基本功能包括以下几个方面。

① 进行模/数转换（Analog to Digital Converter，ADC）。将模拟量的音频信号或保存在介质中的音频信号经过变换，转化成数字化的音频信号，然后以文件形式保存在计算机中，可以利用音频信号处理软件对其进行加工、处理和播放。

② 完成数/模转换（Digital to Analog Converter，DAC）。把数字化音频信号转换成模拟量的音频信号，然后通过声卡的输出端送到音频信号还原设备，如耳机、音箱等。

③ 实时动态地处理数字化音频信号。利用声卡上的数字信号处理器（DSP）对数字化音频信号进行处理，它可减轻 CPU 的负担。该处理器可以通过编程来完成高质量音频信号的处理，并可加快音频信号的处理速度，还可用于音乐合成、制作特殊的数字音响效果等。

④ 立体声合成。经过数/模转换的数字化音频信号保持原有声道模式，即 STEREO 模式或 MONO 模式。

⑤ 输入/输出。利用声卡的输入端和输出端，可以将模拟信号引入声卡，然后转换成数字量，也可将数字信号转换成模拟信号送到输出端，驱动音响设备发出声音。

声卡的物理性能参数体现了声卡总体音响特征，能直接影响最终播放效果，其主要性能指标如下。

① 采样频率。计算机每秒采集声音样本的数量。标准采样频率有 3 种：11.025 kHz（语音）、22.05 kHz（音乐）、44.1 kHz（高保真）。采样频率越高，记录声音的波形就越准确，保真度就越高，但采样产生的数据量也越大，要求的存储空间也就越多。

② 采样位数。声卡在采集和播放声音文件时所使用数字声音信号的二进制位数。该值反映了数字声音信号对输入的模拟信号描述的准确程度，位数越多，采样越精确，还原质量越高。

③ 复音数量。代表声卡能够同时发出多少种声音。复音数越大，音色就越好，播放 MIDI 时可以听到的声部就越多、越细腻。

④ 声道数。早期声卡只有单声道输出，后来发展到左、右声道分离的立体声输出，而随着 3D 环绕声效技术的不断发展和成熟，又出现了多声道输出声卡。

（2）显卡

显卡又称为显示器适配卡，插在主板 AGP 或 PCI-E 16X 扩展插槽中，是连接主机与显示器的接口卡，其作用是将主机的输出信息转换为字符、图像和颜色等信息，并传送到显示器上显示，如图 1-3-10 所示。

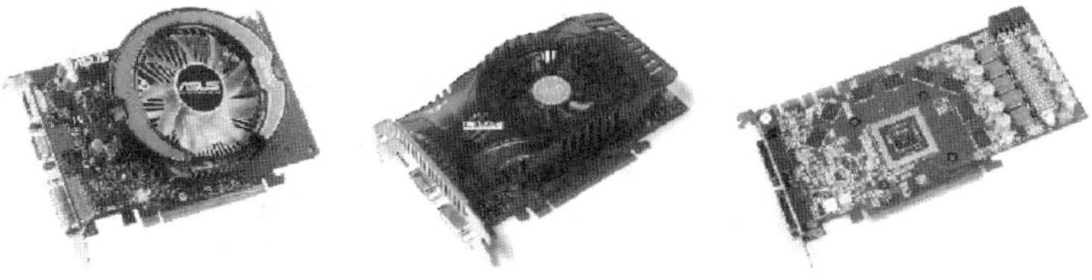

（a）示例一　　（b）示例二　　（c）示例三

图 1-3-10　显卡

显卡主要由 4 部分构成：图形处理器（Graphic Processing Unit，GPU），负责完成大量的图像运算和内部控制工作，使显卡减少对 CPU 的依赖，并进行部分原本属于 CPU 的工作，尤其是在 3D 图形处理时，它决定了显卡的档次和大部分性能；显存，主要功能是暂时存储显示芯片要处理的数据和处理完毕的数据，GPU 的性能越强，需要的显存也就越多；显卡 BIOS，主要用于存放显示芯片与驱动程序之间的控制程序，另外还存有显卡的型号、规格、生产厂家及出厂时间等信息；显卡 PCB，即显卡的电路板，用以把显卡上的其他部件连接起来。

显卡的主要性能指标包括以下几个方面。

① 显示分辨率。组成一幅图像（在显示屏上显示出图像）的水平像素和垂直像素的乘积。显示分辨率越高，屏幕上显示的图像像素越多，图像显示也就越清晰。显示分辨率和显示器、显卡有密切的关系。

② 刷新频率。图像在屏幕上更新的速度，即屏幕上每秒钟显示全画面的次数，单位为 Hz。

③ 色彩位数（色深）。图像中每一个像素的颜色是用一组二进制数来描述的，这组描述颜色信息的二进制数长度（位数）就称为色彩位数。色彩位数越高，显示图形的色彩越丰富。

④ 显存容量。显卡支持的分辨率越高，安装的显存越多，显卡功能就越强，但价格也越高。

⑤ 接口。随着多媒体技术的发展，在显卡和 CPU 以及内存中交换的数据量越来越大，显卡的接口方式、接口性能对提高数据传输速度尤为重要。性能好的显卡通常能提供应用程序接口（API 接口），而能支持 API 也是显卡功能强大的一

个指标。

（3）视频采集卡

视频采集卡（Video Capture Card）是将模拟摄像机、录像机、LD 视盘机、电视机等输出的视频数据或者视频音频的混合数据输入计算机，并转换成计算机可识别的数字数据存储在计算机中，成为可编辑、处理的视频数据文件，是进行视频处理的硬件设备，如图 1-3-11 所示。

（a）示例一　　（b）示例二

图 1-3-11　视频采集卡

计算机通过视频采集卡接收来自视频输入端的模拟视频信号，并把该信号量化成数字信号，然后压缩编码成数字视频序列。大多数视频采集卡都具备硬件压缩的功能，在采集视频信号时首先在卡上对视频信号进行压缩，然后才通过 PCI 接口把压缩的视频数据传送到主机上。一般的 PC 视频采集卡采用帧内压缩的算法把数字化的视频存储为 AVI 文件，高档一些的视频采集卡还能直接把采集到的数字视频数据实时压缩成 MPEG-1 格式的文件。由于模拟视频输入端可以提供不间断的信息源，视频采集卡要采集模拟视频序列中的每帧图像，并在采集下一帧图像之前把这些数据传入 PC 系统。因此，实现实时采集的关键是每一帧所需的处理时间，如果每帧视频图像的处理时间超过相邻两帧之间的相隔时间则会出现丢帧现象。

视频采集卡可以分为两大类：模拟采集卡和数字采集卡。模拟采集卡通过 AV 或 S 端子将模拟视频信号采集到 PC 中，使模拟信号转化为数字信号，其视频信号源可来自模拟摄像机、电视信号、模拟录像机等；数字采集卡通过 IEEE 1394 数字接口以数字对数字的形式，将数字视频信号无损地采集到 PC 中，其视频信号源主要来自 DV（数码摄像机）及其他一些数字化设备。使用数字采集卡，在采集过程中视频信号没有损失，可以保证得到与原始视频源一模一样的效果，而使用模拟采集卡则视频信号会有一定程度的损失。

3. 多媒体存储设备

信息爆炸造成的直接“后果”就是人们对存储需求的进一步提高。根据记录方式的不同，信息存储装置大致可以分为磁、光两大类。其中磁记录方式历史悠久，应用也很广泛。而采用光学方式的记忆装置，因其容量大、可靠性好、存储成本低等特点，越来越受到世人瞩目。从磁介质到光学介质是信息记录的飞跃，多媒体是传播信息的最佳方式，光介质则是多媒体信息存储与传播的最佳载体。无论是磁介质还是光介质，目前都在各自的领域发挥着巨大作用。

（1）硬盘存储器

硬盘主要由盘片、磁头、盘片转轴及控制电动机、磁头控制器、数据转换器、接口及缓存等几个部分组成，其工作原理是利用特定的磁粒子的极性来记录数据，如图 1-3-12 所示。磁头在读取数据时，将磁粒子的不同极性转换成不同的电脉冲信号，再利用数据转换器将这些原始信号转换成计算机可以使用的数据，写数据的操作正好与此相反。另外，硬盘中还有一个存储缓冲区，这是为协调硬盘与主机在数据处理速度上的差异而设的。

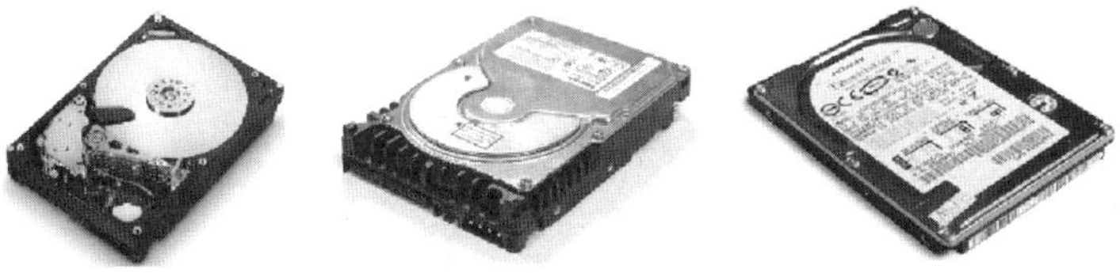

（a）示例一　　（b）示例二　　（c）示例三

图 1-3-12　硬盘

硬盘的性能指标主要包括以下几个方面。

① 转速。以每分钟多少转来衡量硬盘的转速，转速越快硬盘获取/传输数据的速度也就越快。目前，硬盘的转速主要为 5 400 r/min、7 200 r/min 和 10 000 r/min。

② 容量。硬盘上信息的存储是以圆的形式存在的，现在市场上硬盘容量大都在 500 GB～2 TB 之间，个人选取多大的硬盘根据实际情况来定。

③ 平均寻道时间。磁头到达目标数据所在磁道的平均时间，其直接影响硬盘随机数据传输速度。磁头平均寻道时间除了和单碟容量有关外，最主要的决定因素是磁头动力臂的运行速度。

④ 缓存。硬盘内部的高速存储器，其大小直接影响硬盘整体性能。缓存容量越大就可以容纳越多的预读数据，这样系统的等待时间将被大大缩短。目前硬盘的高速缓存一般为 2～16 MB，SCSI 硬盘的更大。

⑤ 传输速度。分为内传输速度与外传输速度，内传输速度是从硬盘到缓存的传输速度，外传输速度是从缓存到通信接口的传输速度，内传输速度更能反映硬盘的实际表现，通常以 Mbps 为单位。

⑥ 硬盘接口。硬盘接口包括 IDE 接口、SCSI 接口和 SATA 接口。IDE 接口硬盘多用于家用产品中，SCSI 接口的硬盘价格较高，一般使用在服务器或工作站，目前普通用户使用的硬盘大多是 SATA 接口。

微视频 1-3：
刻录 CD 光盘

（2）CD 光盘

小型激光盘（Compact Disk，CD），用于所有 CD 媒体格式的一般术语，现在通常把 CD-G（Graphics）、CD-V（Video）、CD-ROM、CD-I（Interactive）、Video CD 等统称为 CD。

CD 光盘的物理结构主要由保护层、反射激光的铝反射层、刻槽和聚碳酸酯衬垫组成，如图 1-3-13 所示。保护层的主要作用是保护光盘的存储介质免受大气中的腐蚀物质和水蒸气的有害影响，同时防止灰尘、指纹、划痕等损伤存储介质，它是在存储介质层的表面覆盖的一层薄的透明聚合物；铝反射层和刻槽组成光盘的存储介质层，按功能可分为只写一次式存储介质和可擦可写式存储介质两类，其性能是决定光盘性能的关键因素；聚碳酸酯衬垫（基片）是光盘中的重要组成部分，由于激光束通过基片读写存储介质上的数据信息，同时基片也是存储介质外面的保护层，所以基片应具有良好的光学性能和机械性能。

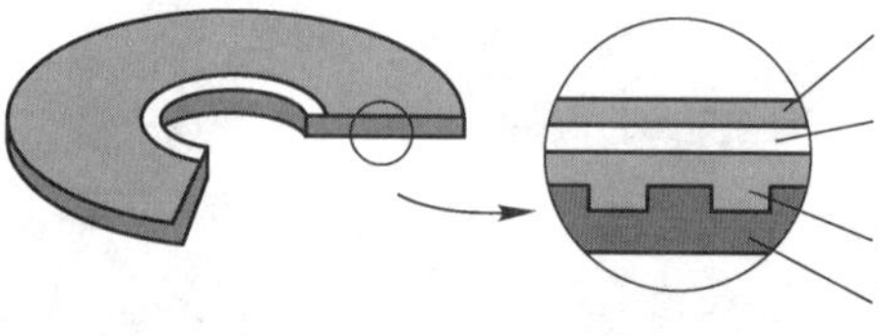

图 1-3-13　CD 光盘物理结构

按照光盘性能的不同，光盘存储器主要分为以下几类。

① 只读型光盘 CD-ROM。主要技术来源于激光唱盘，可存储 650 MB 信息。CD-ROM 盘片上的信息是由生产厂家预先写入的，用户只能读取盘片上的信息，而不能往盘片上写入信息。主要用于存放固定不变的数据、计算机软件或多媒体演示节目，如计算机辅助教学课件等。CD-ROM 光盘可以大量复制，而且成本非常低廉。

② 一次写入型光盘 WROM。用户可以一次性写入信息，写入的信息将永久保存在光盘上，以后可以任意多次读出，但写入后不能再修改。

③ 可重复擦写光盘 CD-RW。可以任意读写数据，不仅可以读出信息，而且可以擦除原有信息后进行重写。主要有相变型光盘 PCD 和磁光型光盘 MOD 两种类型。

④ 照片光盘 Photo CD。照片光盘或图片光盘在平面设计、印刷和多媒体制作等领域有广泛的应用，照片光盘不仅可以在光驱上使用，也可以在家用 VCD 机上使用。Photo CD 分为印刷照片光盘和显示照片光盘，印刷照片光盘专用于平面设计和印刷行业，显示照片光盘主要用于多媒体制作。照片光盘除存放数字照片以外，也可存放文本、图像或音频信息，因而在视听娱乐领域中也得到了广泛应用。

光盘存储器的技术指标主要包括以下几个方面。

① 存储容量。有格式化容量与用户容量之分，格式化容量是指按一定的光盘标准格式化以后的容量，对于不同的光盘标准，每扇区存放的字节数不同，采用不同的驱动程序也会使格式化容量不同；用户容量是指盘片格式化以后允许用户对盘片读/写的容量，因为校验、控制、检索等信息需要占用存储空间，因而用户容量小于格式化容量。

② 平均存取时间。计算机向光盘驱动器发出命令到光盘驱动器在光盘上找到读写信息的位置所花费的时间。

③ 数据传输速率。指光头定位以后，单位时间内从光盘的光道上读出的数据位数，与光盘的转速、位密度和道密度密切相关。

④ 误码率和平均无故障时间。由于光盘制作材料及目前技术水平的限制，从光盘读出的数据不可能保证绝对正确。通过在光道中插入错误检测码 EDC、错误校正码 ECC 和交叉隔行里德-所罗门码 CIRC 可降低误码率。CD-ROM 光盘平均无故障时间一般都可以达到 25 000 h 以上。

（3）DVD 光盘

DVD 是一种高密度、大容量的光学存储媒体，它与数字信号处理、图像压缩、网络等多种先进技术密切相连，代表了一个全新的数据存储和操作概念。

通常所说的数字通用光盘（Digital Versatile Disc，DVD）或数字视频光盘（Digital Video Disc，DVD）实际包括 DVD-ROM、DVD-Video、DVD-Audio、DVD-R（Recordable）和 DVD-RAM 5 种。因此，将 DVD 理解为数字通用光盘更合适。其中，DVD-ROM 用于存储计算机资料、数据库、游戏和教育软件及其他多媒体电子出版物；DVD-Video 记录视频图像、影片（包括视频、声音、字幕），可用于各种动画与静态画面的播放、KTV 和家庭影院，娱乐用 DVD 影碟片是其重要应用领域；DVD-Audio 专门用于对声音和音乐节目的存放；DVD-R 为一次写入式 DVD；DVD-RAM 为可重写式 DVD，大多为相变型光盘，反复擦写次数可达 100 万次以上。

DVD 是在索尼、飞利浦公司的多媒体光盘 MMCD（Multi Media CD），以及东芝、松下公司的超密度光盘 SD-DVD（Super Density-DVD）的基础上，经统一格式而产生的。DVD 光盘外形与 CD 光盘一样，直径都是 120 mm，厚度都是 1.2 mm，这是为了使 DVD 光驱能兼容 CD 盘片。而实际上，DVD 工艺已经比 CD 要精细很多，每片 DVD 数据盘只有 0.6 mm 厚度，为了达到标准 1.2 mm 厚度，DVD 盘片都是由上下两片片基组成，每片片基上最多可以容纳两层数据，DVD 光头能够通过调整焦距来读取两层数据。按单面/双面与单层/双层结构的各种组合，DVD 可以分为单面单层、单面双层、双面单层和双面双层 4 种基本物理结构，单面单层光盘存储容量达到 4.7 GB，最长播放时间为 133 min；单面双层光盘存储容量可达 8.5 GB，最长播放时间为 240 min；双面单层光盘存储容量可达 9.4 GB，最长播放时间为 266 min；双面双层光盘存储容量可达 17 GB，最长播放时间为 480 min。除容量优势外，DVD 盘片还克服了传统录像带质量易劣化，占用空间大，查询管理困难，利用效率低等缺点，有利于重要资料和文献的长期保存，并且它保存的图像清晰度、音响保真度、数据传输率、纠错能力及与用户间的交互功能也是 DVD 优于已有光盘种类 CD、VCD、CVD 而具有无限广阔发展前景的根本所在。

目前，DVD 在人们日常生活、工作中的应用越来越广泛，从个人娱乐的 DVD 影碟、游戏、音乐和家庭影院，各种电子出版物形式的图、文、声并茂的教育图书、字词典、百科全书，到用作计算机软件、数据库的载体，文件、资料、档案、节目的存储和管理工具，乃至满足计算机用户在桌面排版、多媒体制作和数据交换方面的需求，因此，DVD 巨大的潜在市场前景为诸多世界著名大公司所看好。表 1-3-1 列出了光盘常用标准。

表 1-3-1　光盘常用标准表

标准名	别名	年份	适用范围
CD-DA	红皮书	1982	适用于存储高保真音乐的激光唱盘
CD-ROM	黄皮书	1983	遵循 ISO 9660 标准，可分别存储文本、声音等不同类型的数据
CD-I	绿皮书	1987	可交互表达音频、视频、文本等数据，适用于电视机、音响等家电产品
CD-R	橙皮书	1990	可重写光盘，包括只能写一次的 CD-WO 与可多次擦除重写的 CD-MO 两种标准
V-CD	白皮书	1993	VCD 影碟，当采用 MPEG-1 标准压缩后，每张盘片可存储约 74min 电影节目
DVD-Video	SD/MMCD	1995	适用于存储电影节目的视盘，一般采用 MPEG-2 压缩标准，在电影存储上有不可替代的优势

1.3.3　多媒体计算机软件系统

多媒体软件主要是将种类繁多的硬件有机地组织在一起，使用户能够方便地使用多媒体数据。多媒体软件具有不同的结构和表现形式，按照多媒体软件的层次结构，多媒体计算机软件系统主要包括多媒体操作系统、多媒体驱动程序、多媒体素材制作软件、多媒体创作软件、多媒体应用软件等。

1. 多媒体操作系统

多媒体操作系统是计算机系统中软/硬件的核心，负责控制和管理计算机的所有软/硬件资源以及网络资源在内的全部资源，具备对多媒体数据和多媒体设备的管理和控制功能，实现多媒体环境下多任务调度，保证音频、视频同步控制及信息处理的实时性，提供多媒体信息的各种基本操作和管理，使多媒体硬件和软件协调工作，具有对设备的相对独立性和可操作性。多媒体操作系统大致可分为两类：为特定的交互式多媒体系统开发的多媒体操作系统，如 Commodore 公司为其推出的多媒体计算机 Amiga 系统开发的多媒体操作系统 Amiga DOS；通用的多媒体操作系统，如目前流行的 Windows 系统多媒体平台。

2. 多媒体驱动程序

多媒体驱动程序是底层硬件的软件支撑环境，直接与计算机硬件相关，直接用来控制和管理多媒体硬件，并完成设备的初始化、启动、停止，控制各种设备操作。驱动程序一般常驻内存，每种多媒体硬件都需要一个相应的驱动软件。目前流行的多媒体操作系统自带了大量常用的多媒体驱动程序，以完成多媒体硬件的安装。

3. 多媒体素材制作软件

在多媒体应用软件制作过程中，通过多媒体素材制作软件对多媒体信息图形、图像、音频、视频、动画进行编辑和处理十分重要，多媒体素材制作的好坏，直接影响到整个多媒体应用系统的质量。常见的图形图像编辑软件有 AutoCAD、CorelDraw、Photoshop 等，音频编辑软件有 Adobe Audition、CoolEdit 等，视频编辑软件有 Premiere、Movie Maker 等，动画编辑软件有 Flash、Animator Studio、3ds Max、Maya 等。

4. 多媒体创作软件

多媒体创作软件是帮助开发者制作多媒体应用程序的工具，是程序命令的集合，能够对多媒体信息进行控制和管理，并按要求连接成一个完整的多媒体作品。制作多媒体应用程序的创作软件很多，根据它们的特点大体可以分为两类：多媒体编程语言和多媒体创作工具。多媒体编程语言包括 VB、VC++、Delphi 等高级语言，利用这些语言能设计出灵活多变且功能强大的多媒体应用程序，但对开发者要求较高；多媒体创作工具包括 Authorware、Director、ToolBook、PowerPoint 等，利用多媒体创作工具可以不编程或少编程便能完成应用程序的开发，目的是为多媒体应用系统设计者提供一个能自动生成程序代码的综合环境。

5. 多媒体应用软件

多媒体应用系统又称为多媒体应用软件或多媒体产品，它是由各行应用领域的专家或开发人员利用多媒体创作软件和多媒体素材制作软件编制的最终多媒体产品，是直接面向用户的。多媒体应用软件所涉及的应用领域主要有文化教育教学、信息系统、电子出版、音像影视特技、动画等。

1.4 多媒体关键技术

教学课件 1-4：
多媒体关键技术

多媒体数据的处理和应用需要一系列技术的支持，以下几个方面的关键技术是多媒体研究的热点，也是未来多媒体技术发展的趋势。

1. 多媒体数据压缩/解压缩技术

在多媒体计算机系统中，信息从单一媒体转到了多种媒体，而数字化之后的音频、视频、图像等多媒体信息数据量巨大，加之信息种类多，实时性要求高，给数据的存储、传输以及加工处理带来了巨大的压力，不仅要求计算机有更高的数据处理和数据传输能力以及巨大的存储空间，而且也要求通信信道有更高的带宽。为了解决存储、处理和传输多媒体数据的问题，除了提高计算机本身的性能以及通信信道的带宽外，更重要的是对多媒体数据进行有效地压缩和解压缩。因此数据压缩和解压缩技术自然就成为了多媒体技术中最为关键的核心技术。

拓展资源 1-3：
多媒体数据压缩技术

数据压缩实际上是一个编码过程，即将原始数据进行编码压缩。数据解压缩是数据压缩的逆过程，即将压缩的编码还原为原始数据。因此，数据压缩方法也称为编码方法。自从 1948 年出现脉冲编码调制（PCM）编码理论以来，编码方法的研究取得了极大的发展，数据压缩技术已日臻成熟，适合各种应用场合的编码方法不断产生。

目前主要有以下三大编码及压缩标准。

拓展资源 1-4：
多媒体资源库图像数据压缩和存储技术

① JPEG（Joint Photographic Experts Group）标准。静止图像压缩编码标准 JPEG 是由 ISO 联合图像专家组为单帧彩色图像的压缩编码而制定的标准，该标准制定了有损和无损两种压缩编码方案，对单色和彩色图像的压缩比通常分别为 10∶1 和 15∶1。JPEG 没有规定具体的快速算法，需要用户自己去开发。JPEG 算法的实施，可以采用硬件、软件或者软/硬件结合的方法。

② MPEG（Moving Picture Experts Group）标准。MPEG 标准是 ISO/IEC 委员会针对全活动视频的压缩标准系列，平均压缩比为 50∶1，包含 MPEG-1、MPEG-2、MPEG-4、MPEG-7、MPEG-21 等。该标准包括 MPEG-Video、MPEG-Audio 及 MPEG-System 三大部分。MPEG-Video 是面向每通道位速率约为 1.5 Mbps 的全屏幕运动图像的数据压缩；MPEG-Audio 是面向每通道位速率为 64 Kbps、128 Kbps 和 192 Kbps 的数字音频信号的压缩；MPEG-System 是面向解决多道压缩视频、音频码流的同步和合成问题。

③ H.261 标准。H.261 是世界上第一个得到广泛认可并产生巨大影响的数字视频图像压缩编码标准，其目标是电视会议和可视电话，是关于视像和声音的双

向传输标准，该标准又称为 P×64 标准。

2. 多媒体数据存储技术

多媒体数据虽经过压缩处理，数据量仍然很大，在存储和传输这些信息时需要很大的空间和时间，解决这一问题的关键就是数据存储技术。随着多媒体硬件技术的发展，目前超大容量的多媒体存储介质和存储设备已随处可见，存储较大容量的声音和图像数据已经不成问题，如 4.7 GB 的 DVD 光盘、32 GB 的 U 盘、1 TB 的硬盘、磁盘阵列 RAID 等。一般意义上的大容量信息的存储技术已经得到很好的解决，但对于海量的视频信息的存储、传输、快速检索仍然是值得研究的方向。

3. 多媒体数据库技术

随着多媒体技术的发展和广泛应用，多媒体数据越来越多地被引入到数据库中，从而形成了多媒体数据库。多媒体数据库与传统数据库不同，它是为了实现对多媒体数据的存储、检索和管理而出现的一种新型的数据库技术。在多媒体数据库中，媒体可以进行追加和变更，并能实现媒体的相互转换，用户在对数据库的操作中，可最大限度地忽略媒体间的差别，实现多媒体数据库的媒体独立性。简单来说，多媒体数据库是按一定方式组织在一起的可以共享的相关多媒体数据的集合，简称 MDB（Multimedia Database）。与传统数据库应用中的主流数据库系统关系模型数据库相比，多媒体数据库中的数据是非格式化的、不规则的且数据量大，没有统一的取值范围，没有相同的数量级，也没有相似的属性集。

多媒体数据库具有传统数据库所不具有的特性和结构以及要实现的功能要求，因此，多媒体数据库包含许多不同于传统数据库的新技术，其中主要技术有多媒体数据建模技术、多媒体数据存储管理技术、多媒体数据的压缩与还原技术和多媒体数据查询技术，其关键内容是多媒体数据建模技术。

多媒体数据库是一门非常综合的技术，它几乎涵盖了计算机及电子领域的所有学科。随着社会信息化程度的提高和相关技术的发展，多媒体数据库技术对社会生产、生活的影响也越来越大。现在，无论是数字图书馆、数据仓库、数据挖掘、电子商务、远程教育、医疗、媒体服务等学科都能找到多媒体数据库直接或潜在的应用价值。因此，无论从研究价值还是应用前景上看，多媒体数据库技术的研究都处于信息科学和技术发展前沿，并将在研究的挑战性、活跃性及应用的广泛性方面起着举足轻重的领导作用。

4. 虚拟现实技术

拓展资源 1-5：虚拟现实技术的现状及发展趋势

虚拟现实（Virtual Reality，VR）是一种计算机界面技术，是一种先进的计算机用户接口，涉及计算机图形学、人机交互技术、传感技术、人工智能等领域，它通过给用户同时提供诸如视觉、听觉、触觉等各种直观而又自然的实时感知交互手段，最大限度地方便用户操作，从而减轻用户的负担，提高整个系统的工作效率。在虚拟现实中，实时的三维空间表现能力、人机交互的操作环境以及给人带来的身临其境的感觉，一改人与计算机之间枯燥、生硬和被动的现状。虚拟现实技术不但为人机交互界面开创了新的研究领域，为智能工程的应用提供了新的界面工具，为各类工程的大规模的数据可视化提供了新的描述方法，同时还为探索宏观世界和微观世界以及种种原因不便于直接观察的事物的运动变化规律提供了极大的便利。

虚拟现实主要有三方面的含义：虚拟现实借助计算机生成逼真“实体”，这种“实体”相对于人的感觉（视、听、触、嗅）而言；用户可以通过人的自然技能与这个环境交互，自然技能是指人的头部转动、眼动、手势等其他人体的动作；虚拟现实往往要借助于一些三维设备和传感设备（如跟踪器、头盔显示器、眼跟踪器、三维输入设备和传感器等）来完成交互操作。

拓展资源 1-6：虚拟现实技术在媒体中的运用

近年来，VR 已逐渐从实验室的研究项目走向实际应用。目前在军事、航天、建筑设计、旅游、医疗和文化娱乐及教育方面得到不少应用。

5. 多媒体网络与通信技术

随着技术的迅速发展，图像、视频等多媒体数据已逐渐成为信息处理领域中主要的信息媒体形式。多媒体通信是信息高速公路建设中的一项关键技术，是多媒体、通信、计算机和网络等相互渗透和发展的产物。按通信网来分，多媒体技术主要应用在电话网（包括固定和移动电话网）、广电网、计算机网上。多媒体通信综合了多种媒体信息间的通信，它是通过现有的各种通信网来传输、转储和接收多媒体信息的通信方式，几乎覆盖了信息技术领域的所有范畴，包括数据、音频和视频的综合处理和应用技术，其关键技术是多媒体信息的高效传输和交互处理。

随着现代科技的不断进步和快速发展，未来世界的通信网络必将覆盖整个天上地下。天上众多的卫星系统可为全球用户提供宽带接入服务；地面不仅可以实现光纤到户，用户还能够拥有高速的多媒体移动通信业务。多媒体、通信、计算机和网络等相互渗透和发展的多媒体通信方式，将极大地提高人们的工作效率，改变人们的教育、娱乐等生活方式，成为 21 世纪通信的基本方式。

6. 流媒体技术

流媒体（Streaming Media）是采用流式传输方式在 Internet 播放的多媒体格式。在流媒体出现之前，用户在互联网上获取音/视频信息的唯一方式就是将音/

视频文件下载到本地计算机进行观看。而流媒体技术把连续的影像和声音信息以数据流的方式实时发布，即边下边播的方式，使得用户无须等待下载或只需少量时间缓冲即可观看，大大提高了音/视频信息的可观赏性，还能节约用户时间及系统资源。

流媒体有两种传输技术：顺序流式传输（Progressive Streaming）和实时流式传输（Realtime Streaming）。顺序流式传输又称为渐进式下载，其传输方式是顺序下载，在下载文件的同时用户可观看在线内容，用户只能观看已下载的部分，而不能跳到还未下载的部分；实时流式传输使媒体可被实时观看到，特别适合现场广播并提供 VCR 功能，具备交互性，可以在播放的过程中响应用户的快进或后退等操作。

目前，互联网上主要流媒体技术方案有 RealNetworks 公司的 Real System 方案，微软公司的 Windows Media 流式媒体解决方案，Apple 公司的 QuickTime 流式媒体解决方案及 Adobe 公司的 Flash 流媒体解决方案。

自从 1995 年 RealNetworks 公司发布第一个流产品以来，流媒体得到巨大的发展，并逐渐成为目前互联网上呈现音/视频信息的主要方式。随着信息社会的快速发展，流媒体技术在互联网媒体传播方面起到了主导作用。其在视频点播、远程教育、视频会议、Internet 直播、网上新闻发布、网络广告等方面的应用空前广泛，极大地方便了用户全球范围内的信息、情感交流。流媒体增值业务平台的构筑也使其应用更加广泛，并开发了许多潜在的客户群体，包括电信、广电、智能小区、智能楼宇、校园网、酒店、企业、公安等。

1.5　多媒体技术的应用与发展

随着多媒体技术的深入发展，其应用也越来越广泛，未来将渗透到各个学科领域和国民经济的各个方面。

教学课件 1–5：多媒体技术应用与发展

1. 分布式多媒体系统

分布式多媒体系统主要分为多媒体视频点播系统、分布式多媒体会议系统、多媒体监控及监测系统、远程教学系统、远程医疗等多种应用系统。分布式多媒体系统采用计算机网络技术，具有高可靠性、实时性和分布性，其发展使得生活办公更为便利。

2. 电子出版物

电子出版物是以数字代码方式将图、文、声、像等信息存储在磁、光、电介质上，通过计算机或类似设备的阅读使用，并可复制发行的大众传播媒体。多媒体电子出版物发展十分迅速，在很多的大学图书馆中，电子图书的增长速度非常显著，而随着图书馆的数字化、虚拟化，实现无纸化指日可待。另外，多媒体电子出版物已经普及，用户可以很方便地利用手机、计算机等工具浏览名胜古迹、风土人情、生活百科、游戏竞技等内容。电子出版物使用媒体种类多，表现力强，信息的检索和使用方式更加灵活方便，特别是信息的交互性不仅能向读者提供信息，而且能接受读者的反馈。

3. 多媒体家电

多媒体家电是多媒体技术的一个很大的应用领域。过去常说计算机和电视机合一，即计算机电视和电视计算机，现在在计算机上插上一块板就可以看电视了，而数字电视也已走入市场。我国现在已有很多套节目的数字电视通过卫星播送，但由于计算机和电视机的扫描方式不同，电视机为提高速率采用隔行扫描，而计算机为了提高分辨率采用逐行扫描，如何统一还需进一步探讨。但是，数字电视必将代替模拟电视使计算机和电视机走向融合。其他家电，如电话、音响、传真机、录像机等也会随着数字电视的发展，逐渐走向统一融合。

4. 多媒体数据库

随着数据库技术的提高，为方便保存网络上的图形图像、音频、视频等文件，人们开始利用多媒体数据库。多媒体数据库在关系数据库和面向对象数据库的基础上实现，可采用超文本、超媒体等模式描述多媒体文件，方便了用户浏览、查询和检索相关多媒体文件，能给生活和工作带来极大方便。多媒体数据库有非常广阔的应用领域，但目前的难点在于对查询和检索的研究。随着研究的深入，多媒体数据库将逐步向前推进，并走向实用化。

5. 多媒体通信

多媒体通信有着极其广泛的内容，对人类生活、学习和工作将产生深刻影响的当属信息点播和计算机协同工作 CSCW 系统。信息点播包括桌上多媒体通信系统和交互电视 ITV，通过桌上多媒体信息系统，用户可以远距离点播所需信息，而交互式电视和传统电视不同之处在于用户在电视机前可对电视台节目库中的信息按需选取，即用户主动与电视进行交互获取信息。计算机协同工作 CSCW 系统是在计算机支持的环境中，一个群体协同工作以完成一项共同的任务，其应用于工业产品的协同设计制造、远程会诊、不同地域位置的学术交流、师生间的协同式学习等。多媒体计算机＋电视＋网络将形成一个极大的多媒体通信环境，它不仅改变了信息传递的面貌，带来通信技术的大变革，而且计算机的交互性、通信的分布性和多媒体的现实性相结合，将构成继电报、电话、传真之后的第四代通信手段，向社会提供全新的信息服务。随着人类社会逐步进入信息化时代，交际越来越广泛，手机、iPad 以及 iTouch 等移动设备的大规模普及使用，使得多媒体进入移动通信时代，其著名的例子就是 iPhone 手机的使用。

随着计算机网络的迅速发展，网络多媒体正成为一种新兴的服务，云计算和网格计算等高新技术逐步发展，使得多媒体技术的创新和发展凭借网络技术的成熟迅速向前推进，如云计算通过互联网为多媒体提供多样化计算和存储服务，整合了“设施即服务”、“平台即服务”、“软件即服务”的概念。另外，随着路由器、交换机和服务器等诸多网络设备性能的提高，使多媒体视频能够更加流畅地展现在用户面前。计算机硬件诸如内存、GPU、显卡等处理速度和容量的增强，充裕的带宽和无限的计算使多媒体网络应用不断发展和革新。随着蓝牙技术、4G 通信技术的发展，无线网络也使得多媒体技术在移动领域得到广泛的应用，移动多媒体已经成为不可或缺的生活必备品，用户可以随时随地利用移动设备浏览、查询和搜索多媒体内容。

从多媒体技术的发展趋势来看，多媒体技术的数字化将会是未来技术扩张的主流，而作为多媒体技术赖以存在和发展的重要基石，数字多媒体芯片技术将成为未来多媒体技术革命中的焦点，不管是从以 PC 技术为依附的计算机多媒体应用，还是移动通信业务的各种多媒体实现，以及未来各种电子化装置的多媒体大融合，数字多媒体芯片都是毋庸置疑的主角。

习题 1

一、填空题

1. 按国际电信联盟制定的媒体分类标准，媒体可分为___①___、___②___、___③___、___④___和___⑤___。

2. 多媒体技术主要有 3 个方面的基本特征：___①___、___②___和___③___。

3. 音频包括乐音、语音和各种音响效果，其文件通常分为___①___和___②___。

4. 声音数字化的质量与___①___、___②___和___③___密切相关。

5. 在 MIDI 设备中，最重要的是___①___，其按照产生乐音的物理方式，可以分成两类：___②___和___③___。

6. 按照计算机处理动画的方式，可以将动画分为___①___和___②___两种。

7. 硬盘根据接口的不同可以分成___①___、___②___和___③___接口。

8. 多媒体软件具有不同的结构和表现形式，按照多媒体软件的层次结构，多媒体计算机软件系统主要包括__①__、__②__、__③__、__④__和__⑤__等。

9. ________是多媒体技术中最为关键的核心技术。

10. 多媒体通信综合了多种媒体信息间的通信，几乎覆盖了信息技术领域的所有范畴，包括数据、音频和视频的综合处理和应用技术，其关键技术是__①__和__②__。

11. 流媒体有两种传输技术：__①__和__②__。

二、问答题

1. 如何理解媒体、多媒体、多媒体技术？
2. 简述音频数字化过程。
3. 简述多媒体计算机系统的五层结构。
4. 简述对多媒体关键技术的认识。
5. 什么是多媒体数据库？与传统数据库有哪些区别？

第 2 章
多媒体网络应用

学习指导

多媒体网络技术是一门综合的、跨学科的技术，它综合了计算机技术、网络技术、通信技术以及多种信息科学领域的技术成果，目前已经成为世界上发展最快和最富有活力的高新技术之一。本章先对计算机网络的基本概念、局域网及 Internet 基础进行介绍，然后具体介绍多媒体网络技术以及流媒体技术，最后再列举几种多媒体网络的应用实例。

学习指导 2：知识结构与学习方法指导

✧ 结构示意图

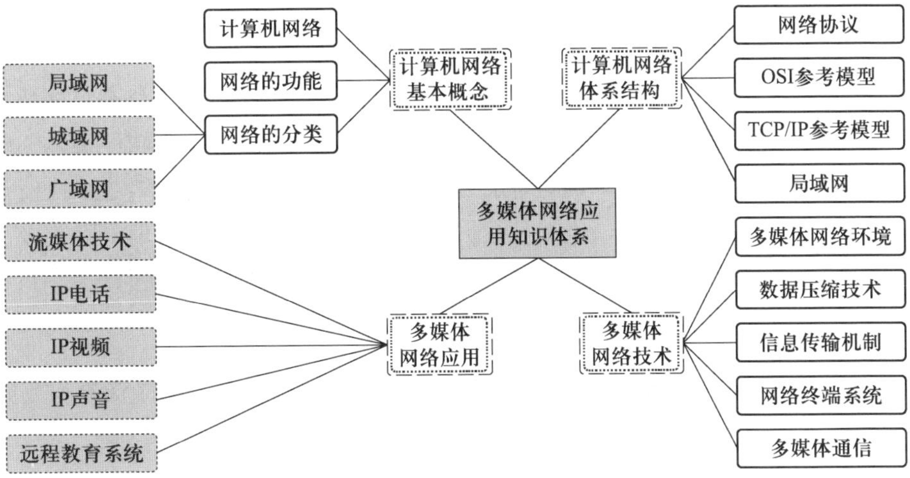

✧ 关键知识

要求读者掌握的关键知识主要包括：计算机网络体系结构、局域网、网络互连、Internet 基础、多媒体网络的特征、多媒体系统通信方式、流媒体技术。另外，多媒体网络的一些应用也是本章的关键内容。这里需要注意两点：① 多媒体网络是计算机网络，因为计算机网络有多媒体的存储和互动功能，而公众电话网络和电视网络都没有存储和互动功能；② 多媒体网络是高速计算机网络，因为多媒体网络主要传输的不是以文本为主的数据，而是以声音和图像为主的多媒体内容，因此只有高速计算机网络才能支持这些内容的传输。

✧ 学习模式

对多媒体网络的学习，由于涉及许多网络方面的概念，初学者应先从计算机网络的基本概念入手，掌握每个概念的含义，掌握网络互连、Internet 基础，接着了解多媒体网络的特征和多媒体系统通信方式以及流媒体技术，最终达到掌握多媒体网络实际应用的学习目标。

熟练掌握计算机网络的基本概念，对教学案例充分地思考和实践，通过构建小型局域网来演示多媒体网络的实际应用，以此来激发读者对多媒体网络的学习兴趣，锻炼其实际应用能力，从而实现预期学习目标。

教学课件 2-1：
计算机网络基础

2.1 计算机网络基础

2.1.1 计算机网络的基本概念

1. 计算机网络的定义

计算机网络是利用通信设备和通信线路将分布在不同地理位置、具有独立功能的多个计算机系统连接起来，以功能完善的网络软件实现资源共享和信息交换的系统。计算机网络由通信子网和资源子网两部分组成。通信子网负责计算机间的数据通信，也就是数据传输；资源子网是通过通信子网连接在一起的计算机系统，向网络用户提供可共享的硬件、软件和信息资源。

2. 计算机网络的功能

① 资源共享：计算机资源包括硬件资源、软件资源和数据资源。硬件资源的共享可以提高设备利用率，避免设备重复投资。

② 数据通信：利用计算机网络实现不同地理位置计算机间的数据传送。如人们通过电子邮件（E-mail）发送和接收信息，使用 IP 电话进行相互交谈等。

③ 均衡负荷与分布处理：是指在计算机网络中的某个计算机系统负荷过重的情况下，可以将其处理的任务传送到网络中的其他计算机系统中，以提高整个系统的利用率。对于大型的综合性的科学计算和信息处理，通过适当的算法，将任务分散到网络中不同的计算机系统上进行分布式处理。

④ 综合信息服务：在当今信息化社会中，各行各业每时每刻都要产生大量的信息需要及时处理，而计算机网络可以提供文字、数字、图形、图像、语音等

信息的传输，计算机网络正为各个领域提供全方位的服务，已成为信息化社会中传送与处理信息不可缺少的工具。

3. 计算机网络的分类

计算机网络的分类标准很多。按照拓扑结构可分为总线网、环状网和星形网等；按照介质访问方式可分为 Ethernet（以太网）、令牌环网和令牌总线网等；还有按照交换方式以及数据传输率等的划分方法。目前比较流行的是按照计算机网络的覆盖范围进行分类。按照网络覆盖范围可以将计算机网络分为局域网（LAN）、城域网（MAN）和广域网（WAN）。

① 局域网（Local Area Network）。局域网是在一个局部区域内把各种计算机、外部设备、数据库等相互连接起来组成的计算机网络。局域网一般在几千米以内，为单一组织或机构拥有和使用，如一个学校、一幢大楼。这种网络组网便利，传输效率高。

② 城域网（Metropolitan Area Network）。城域网采用的技术基本与局域网类似，只是规模要大一些。城域网的覆盖范围在几十千米，既可以覆盖相距不远的几栋办公楼，也可以覆盖一个城市；既可以是私人网，也可以是公用网。

③ 广域网（Wide Area Network）。广域网所覆盖的地理范围从几十千米到几百千米，一般由多个部门或多个国家联合组建，能实现大范围内的资源共享。目前，广域网已成为国家基础设施建设的重要组成部分。我国的电话交换网（PSDN）、公用数字数据网（China DNN）、公用分组交换数据网（China PAC）、国内电信系统的中国宽带互联网 ChinaNet、教育系统的中国教育科研网 CERNET 等都属于广域网。国际互联网 Internet 是由众多网络互连而成的计算机网络，是全球最大、最开放的广域网。

2.1.2 计算机网络的体系结构

1. 体系结构简介

为了完成计算机间的通信合作，计算机网络中采用了分层结构，将每个计算机互连的功能划分为定义明确的层次，规定了同层次进程通信的协议和相邻层之间的接口及服务，网络的层次结构模型、各层协议和相邻层接口合称为网络的体系结构。网络体系结构是通信系统的整体设计，其目的是为网络硬件、软件、协议、存取控制和拓扑提供标准，网络体系结构的优劣将直接影响总线、接口和网络的性能。网络体系结构的关键要素是协议和拓扑。

2. 网络协议

计算机网络是由多种计算机和各类终端，通过通信线路连接起来的一个复杂的系统。要实现网络通信，通信双方的同一层须使用相同的规则，这种规则称为协议。它可以回答如下问题：传输媒介在物理上如何连接；何时开始传输信息；信息传输量有多大；信息如何传送给接收者。

通信规则一般与特定的服务与任务有关，它规定通信连接的建立、维持和约束，同时也规定信息分组传输时必须遵守的格式。

3. OSI 参考模型

20 世纪 80 年代，ISO（国际标准化组织）制定了标准化开放式系统互连参考模型（又称为 OSI/RM 模型），规定了一套普遍适用的规范集合，目的是使全球范围计算机平台可进行开放式通信。OSI 模型将网络结构划分为 7 层，从下到上依次为物理层、数据链路层、网络层、传输层、会话层、表示层和应用层。每层均有自己的一套功能集合，并与紧邻的上层和下层进行交互，上层直接调用下层提供的服务。如图 2-1-1 所示为计算机 H1 将数据传输给计算机 H2 的过程。

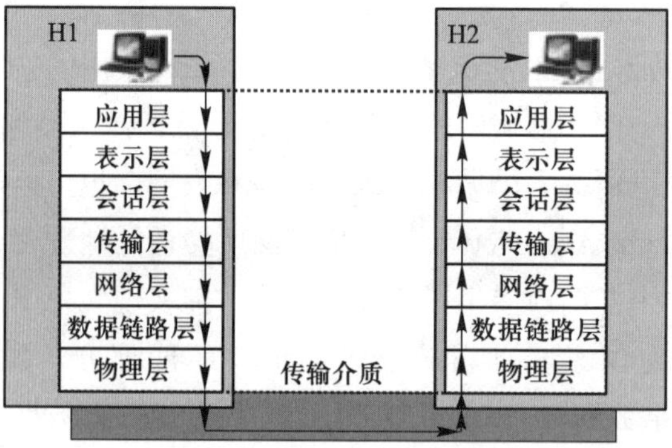

图 2-1-1　传输数据过程

① 物理层。物理层是 OSI 模型的底层，其组成网络的物理通道。该层包括在物理媒介上传输比特流所必需的功能，定义了基本连接的机械和电气特性，包括把两个节点连接在网络上的电缆、连接口以及信号等。物理层从数据链路层获得数据并将其转化为在通信链路上可以传输的格式，并负责将比特流转换成电磁信号后通过媒介传输的过程。

② 数据链路层。数据链路层是网络体系结构的第二层，控制网络层与物理层之间的通信。它的主要功能是将从网络层接收到的数据分割成特定的帧。帧是一个数据结构包，不仅包括原始（未加工）数据，还包括发送方和接收方的网络地址以及纠错和控制信息。其中地址确定了将帧发送到何处，而纠错和控制信息则确保帧无差错到达。

③ 网络层。网络层的主要功能是当数据包从出发点到达目的地中间经过多条链路时，负责选择传递路径，并监管从出发点到达目的地的过程中每一个点到点的传递。网络层提供交换和路由两种服务。网络中的设备之间可能有多条通路，

网络层通过综合考虑发送优先权、网络拥塞程度、服务质量以及可选路由的花费来决定从一个网络中的节点 A 到另一个网络中的节点 B 的最佳路径。

④ 传输层。传输层主要负责确保数据可靠、顺序、无错地从 A 点传输到 B 点（A、B 点可能在或不在相同的网络段上）。如果没有传输层，数据将不能被接收方验证或解释。传输层协议同时进行流量控制，也就是基于接收方可接收数据的快慢程度规定适当的发送速率。除此之外，传输层按网络能处理的最大尺寸将较长的数据包进行强制分割。通常会有多个程序同时在一台计算机上运行，因此，数据的传输不仅是从一台计算机到另一台计算机，而且是从一台计算机上的一个特定程序传递到另一台计算机上的一个程序。因此，传输层传送的数据中就必须包含一种叫做服务点的地址，从而保证将数据送给另一台计算机上的特定程序。

⑤ 会话层。会话层功能包括：建立通信链接，保持会话过程通信链接的畅通，同步两个节点之间的对话，决定通信是否被中断以及通信中断时决定从何处重新发送，同时也控制数据交换，确定数据交换是双向还是单向传输。因此常把会话层称作网络通信的“交通警察”。

⑥ 表示层。表示层如同应用程序和网络之间的翻译官。在表示层，数据将按照网络能理解的方案进行格式化，这种格式化因所使用网络的类型不同而不同。表示层管理数据的解密与加密，如系统口令的处理。除此之外，表示层协议还对图片和文件格式信息进行解码和编码。

⑦ 应用层。OSI 模型最高层，负责对软件提供接口以使程序能使用网络服务。应用层提供的服务包括远程文件传输和访问，共享数据库管理，电子邮件的信息处理和分布信息服务。

4. TCP/IP 参考模型

TCP/IP 分层模型是在 ARPANET 网的基础上逐渐形成的，是 Internet 的标准网络模型。Internet 的快速发展和广泛应用，使 TCP/IP 已成为事实上的工业标准，而 OSI 模型只是作为理论上的网络标准。TCP/IP 模型网络体系结构把计算机网络分成 4 层，从下到上分别为网络接口层、网际层、传输层、应用层。

2.1.3 局域网

1. 局域网的主要技术特点

局域网是小范围的通信网络，与广域网相比，局域网主要具有以下 3 个特点。

① 局域网覆盖较小的地理范围。局域网通常用于机关、工厂、学校等单位内部连网。

② 具有较高的传输速率。局域网的通信速率常为 1.25 Mbps 和 12.5 Mbps，

有的高达 100 Mbps，能很好地支持计算机间的高速通信。

③ 具有较低的误码率。局域网由于传输距离短，因而失真小，误码率低，可靠性高。

2. 局域网的拓扑结构

拓扑结构是计算机网络的重要特征。所谓拓扑，是由数学上的图论演变而来的，是一种研究与大小、形状无关的线和面特性的方法。网络的拓扑结构就是把网络中的计算机看成节点，把通信线路看成连线，是网络节点的几何或物理布局。网络的拓扑结构主要有总线型、星形和环形，如图 2-1-2 所示。

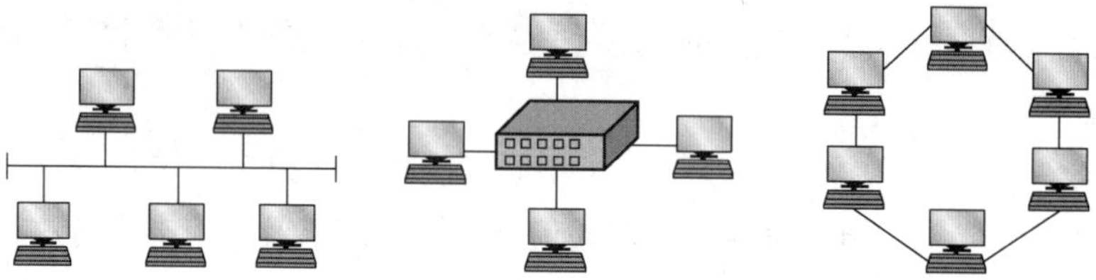

（a）总线型结构　（b）星形结构　（c）环形结构

图 2-1-2　局域网基本拓扑结构

① 总线型。所有节点都连接到一条主干电缆上，这条主干电缆称为总线。每个节点与另一个节点相连接，文件服务器可以连在电缆线的任何一个地方，就像工作站一样。总线两端各有一个终接器，以保证适当地管理信号。总线型结构没有关键性节点，单一的工作站故障并不影响网上其他站点的正常工作。此外，电缆连接简单，易于安装，增加和撤销网络设备灵活方便，成本低。但是，故障诊断困难，尤其是总线故障会引起整个网络瘫痪，查错需要从一个终接器到另一个终接器。进一步增加节点时，需要断开缆线，网络也必须关闭。

② 星形。星形结构有一个中心节点，资源子网中的端节点都有各自专用线路连接中心节点，形成了辐射型网络结构。这样任何两个端节点之间（用户节点之间）的通信都要通过中心节点，由中心节点对所有用户之间的通信进行集中管理。因此，星形网络通常都要求采用一个功能强大并且性能可靠的中心机器。这种网络具有结构简单，易于建网，易于管理，故障诊断较为简单，一个端节点或链路故障不会影响整个网络等优点。缺点是这种网络结构成本较高，通信资源利用率低，过于依赖中心节点，一旦中心节点出现故障将导致整个网络崩溃等。

③ 环形。环形拓扑结构中的节点以环形排列，每一个节点都与它的前一个节点和后一个节点相连，信号沿一个方向环形传送。当一个节点发送数据后，数据沿环发送，直到到达目标节点，此时下一个要发送信息的节点再将数据沿环发送。环形网络使用电缆长度短，成本低。

3. 局域网的传输介质

微视频 2-1：双绞线的制作

① 双绞线。双绞线是综合布线工程中最常用的一种传输介质，如图 2-1-3（a）所示。双绞线是将一对以上的导线组合封装在一个绝缘外套中，为了降低信号的干扰程度，电缆中的每一对双绞线一般是由两根绝缘铜导线相互扭绕而成，也因此把它称为双绞线。双绞线分为非屏蔽双绞线和屏蔽双绞线。非屏蔽双绞线价格便宜，传输速度偏低，抗干扰能力较差；屏蔽双绞线抗干扰能力较好，具有更高的传输速度，价格相对较贵。与其他传输介质相比，双绞线在传输距离、信道宽度和数据传输速度等方面均受到一定限制，但价格较为低廉。常见的双绞线有 5 类线和超 5 类线，目前市场上也可见到 6 类线，相比而言，前者线径细而后者线径粗。双绞线的传输速度从 10 Mbps、100 Mbps 到 1 Gbps 以上，无中继的传输距离在 100 m 以内。

② 同轴电缆。由一根空心的外圆柱导体和一根位于中心轴线的内导线组成，内导线和圆柱导体及外界之间用绝缘材料隔开，如图 2-1-3（b）所示。按直径不同可分为粗缆和细缆两种。粗缆传输距离长，性能好，但成本高，网络安装维护困难，一般用于大型局域网的干线；细缆安装较容易，造价较低，但传输距离短，日常维护不方便。

③ 光纤。光纤结构呈圆柱形，包含有纤芯和包层，纤芯直径为 5～75 μm，包层外直径为 100～150 μm，最外层是塑料，对纤芯起保护作用，如图 2-1-3（c）所示。光纤应用光学原理，由光发送机产生光束，将电信号变为光信号，再把光信号导入光纤，在另一端由光接收机接收光纤上传的光信号，并把它恢复为电信号。与其他传输介质比较，光纤的电磁绝缘性能好，信号衰减小，频带宽，传输速度快，传输距离远，但价格昂贵，主要用于要求传输距离较长、布线条件特殊的主干网络连接。无中继的传输距离可达 50～100 km，数据传输速度可达 2 Gbps 以上。

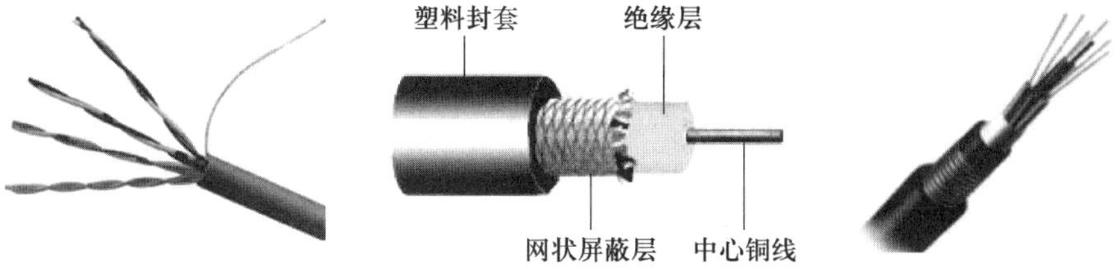

（a）双绞线　　（b）同轴电缆　　（c）光纤

图 2-1-3　局域网的传输介质

4. 局域网的硬件设备

（1）网卡

网卡，又称为网络适配器，工作在数据链路层的网络组件，是组建局域网不可缺少的基本硬件设备，计算机主要通过网卡连接网络，如图 2-1-4 所示。在网络中，网卡的主要功能是负责接收网络上传递过来的数据包，然后解包，将数据通过主板上的总线传输给本地计算机；另一方面它将本地计算机上的数据打包后送入网络。

根据接口类型不同，主要有 PCI 网卡和 USB 网卡，其中使用最多的是 PCI 网卡。网卡重要的性能指标是数据传输速率，目前主要介于 10～1 000 Mbps 之间，常用的是 100 Mbps 网卡（即百兆位网卡），千兆位网卡正逐渐流行。

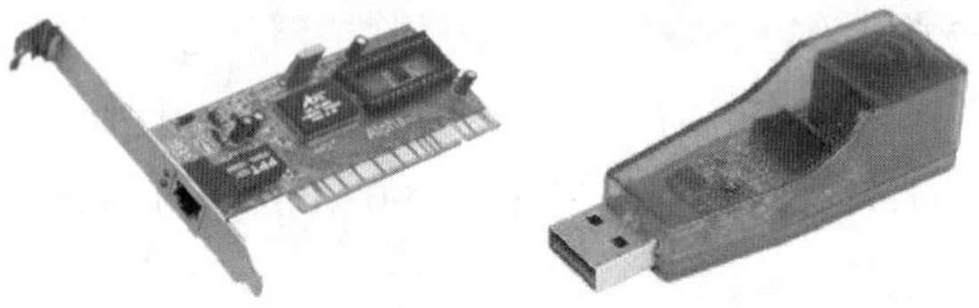

（a）PCI 网卡　　（b）USB 网卡

图 2-1-4　网卡

（2）集线器

集线器（Hub）是对网络进行集中管理的重要工具，如图 2-1-5 所示。集线器是一种共享设备，可以理解为具有多端口的中继器，主要功能是对接收到的信号进行再生放大，以扩大网络的传输距离。它采用广播方式转发数据，不具有针对性。这种转发方式有以下三方面不足。

图 2-1-5　集线器

① 用户数据包向所有节点发送，可能导致数据通信不安全，数据包容易被他人非法截获。

② 由于所有数据包均是向所有节点同时发送，容易造成网络拥塞，降低网络执行效率。

③ 非双向传输，网络通信效率低。同一时刻集线器的每一个端口只能进行一个方向的数据通信，网络执行效率低，不能满足较大型网络通信需求。

一个集线器上往往有 8 个、16 个或更多的端口，计算机通过双绞线与集线器的端口相连。各个端口相互独立，某个端口或机器出现故障不会影响整个网络的正常运行，同时可以方便地增加或减少工作站。

（3）交换机

交换机（Switch）又称为交换式集线器（Switch Hub），具备集线器的功能，在外观与使用上与集线器类似，但更加智能化，如图 2-1-6 所示。交换机会自动记忆机器地址与所接端口，并决定数据包的传送方向，防止数据包送到其他端口，而那些未受影响的端口可以继续向其他端口传送数据，从而突破集线器同时只能有一对端口工作的限制。因此，使用交换机可以让每个用户都能够获得足够带宽，从而提高整个网络的工作效率。交换机主要有二层交换机和三层交换机：二层交换机属数据链路层设备，可以识别数据包中的 MAC 地址信息，根据 MAC 地址进行转发；三层交换机带路由功能，工作于网络层。网络中的交换机一般默认是二层交换机。

图 2-1-6　交换机

2.1.4　网络互连

随着网络技术的迅速发展和网络应用的迅速普及，网络规模迅速扩大，小型局域网已不能胜任网络应用的需要，由此，网络互连技术迅速发展起来。所谓网络互连，就是在局域网之间、局域网与广域网之间、城域网之间、局域网与大型主机之间，用连接设备和传输介质将彼此连接起来，以实现用户对互连网络的服务、资源和通信线路的共享。网络互连设备主要有中继器（Repeater）、网桥（Bridge）、交换机（Switch）、路由器（Router）、网关（Gateway）等。

1. 中继器

中继器用于连接拓扑结构相同的两个局域网或扩展同一个局域网的连接距离，在网络的物理层实现连接。中继器的主要功能是：对数据信号进行再生和还原，重新发送或者转发，扩大网络传输的距离。由于存在损耗，在线路上传输的信号功率会逐渐衰减，衰减到一定程度就会造成信号失真，因此会导致接收错误。中继器就能解决这一问题，它完成物理线路的连接，对衰减的信号进行放大，并保持与原数据相同。

2. 网桥

网桥又称为桥接器。该设备在 OSI 模型的数据链路层实现连接，它是两个或两个以上具有相同通信协议及相同寻址结构的局域网间的互连设备，与中继器不同之处在于它能解析所收发的数据，并决定是否向网络的其他端转发。网桥也可用于互连不同物理介质的网络，如一端连接光纤，另一端连接同轴电缆。网桥可以是专门的硬件设备，也可以由计算机加装的网桥软件来实现，这时计算机上会安装多个网络适配器（网卡）。

3. 路由器

路由器工作在 OSI 体系结构中的网络层，具有网桥的全部功能并增加了路径选择功能，能够根据一定的路由选择算法，结合数据包中的目的 IP 地址，确定传输数据的最佳路径。虽然同样是维持一张地址与端口的对应表，但与网桥和交换机不同之处在于，网桥和交换机利用 MAC 地址来确定数据的转发端口，而路由器利用网络层中的 IP 地址来做出相应的决定。两个不同类型的网络互连，必须使用路由器。路由器的功能有路径选择、流量控制、过滤，并能够把一个大网分割成若干个子网。

4. 网关

网关又称为协议转换器，网关在传输层上以实现网络互连，是最复杂的网络互连设备，仅用于两个高层协议不同的网络互连。网关是一种具有转换功能的计算机系统或设备。它一般用于具有不同协议、不同类型的 LAN 与 WAN、LAN 与 LAN 间的互连，有时也用于同一个网络而逻辑上不同的网络间互连，网关在不同网络之间是一个翻译器。与网桥只是简单地传达信息不同，网关对收到的信息要重新打包，以适应目的系统的需求。

网关用于类型不同且是差别较大的网络系统间的互连，或用于不同体系结构的网络或者局域网与主机系统的连接，一般只能进行一对一的转换，或是少数几种特定应用协议的转换。

5. 防火墙

防火墙（Fire Wall）是一个位于计算机和它所连接的网络之间的软件或硬件（硬件防火墙将隔离程序直接固化到芯片上，因为价格昂贵，用得较少，如国防部以及大型机房等），它实际上是一种隔离技术。防火墙是在两个网络通信时执行的一种访问权限控制，它能将非法用户或数据拒之门外，最大限度地阻止网络上黑客的攻击，从而保护内部网免受入侵。防火墙主要由服务访问规则、验证工具、包过滤和应用网关 4 个部分组成。

2.1.5 Internet 基础

1. Internet 简介

Internet 又称为“因特网”，起源于 20 世纪 60 年代美国国防部的 ARPANET。ARPANET 是美国国防部高级研究计划管理局为军事目的而建的，其主要任务是连接多种不同的子网络，采用的是 TCP/IP 协议。1984 年美国国家科学基金会也采用 TCP/IP 技术建立了 NSFNet，将几个主要的大学及研究机构和几个超级计算机中心相连，实现资源共享。ARPANET 和 NSFNet 的成功推动了网络的极大发展。ARPANET 和 NSFNet 互相连通之后，计算机用户迅速增长，在连接北美、欧洲、太平洋地区的网络之后，逐步形成了全球性的 Internet。

2. TCP/IP

TCP/IP（Transmission Control Protocol/Internet Protocol）是 Internet 基础协议簇，虽然 TCP/IP 不是 OSI 标准，但 TCP/IP 已被公认为当前的工业标准。由于 TCP/IP 已成功解决不同网络之间互连的难题，实现异构网络互连通信，例如，已经形成全球的互连网络 Internet。

TCP/IP 由一系列协议组成，TCP/IP 模型由 4 层组成，从下至上分别是：网络接口层、网际层、传输层、应用层。

① 网络接口层。TCP/IP 模型的最底层，负责接收从 IP 层（网际层）交来的 IP 数据报并将 IP 数据报通过低层物理网络发送出去，或者从低层物理网络上接收物理帧，抽出 IP 数据报，交给 IP 层。这一层的协议很多，包括逻辑链路控制和媒体访问控制。

② 网际层。主要功能是解决计算机间的通信问题。主要负责处理网络的路由选择、流量控制和拥塞控制等问题。TCP/IP 网络模型的网际层在功能上非常类似于 OSI 参考模型中的网络层。

③ 传输层。TCP/IP 参考模型中传输层的作用与 OSI 参考模型中传输层的作用相同，即在源节点和目的节点的两个进程实体之间提供可靠的端到端的数据传输。为保证数据传输的可靠性，传输层协议规定接收端必须发回确认，如果分组丢失，必须重新发送。同时该层还有对信息流调节的作用，提供可靠传输，确保数据准确无误到达。

④ 应用层。传输层的上一层是应用层，应用层包括所有的高层协议，如远程登录协议（Telnet）、文件传输协议（File Transfer Protocol，FTP）、简单邮件传输协议（Simple Mail Transfer Protocol，SMTP）、用于将网络中的主机的域名地址映射成网络地址的域名服务（Domain Name Service，DNS）、传输网络新闻服务（Network News Transfer Protocol，NNTP）和用于从 WWW 读取页面信息的超文本传输协议（Hyper Text Transfer Protocol，HTTP）等。

3. Internet 地址

（1）IP 地址

基于 TCP/IP 的网络上每台设备都必须有独一无二的标识，用于在网络传输时识别该设备，保证数据的准确传输，这个标识地址就是 IP 地址。根据 TCP/IP 规定，IP 地址由 32 位二进制数组成，而且在 Internet 范围内唯一。例如，某台连接在 Internet 上的计算机 IP 地址为 11010010 01001001 10001100 00000010。

为了方便记忆，将 IP 地址的 32 位二进制分成 4 个字节，每个字节的数字又用十进制表示，中间用圆点隔开，这种标记方式称为“点-分”记号法。这样上述计算机的 IP 地址用“点-分”记号法表示为 210.73.140.2。

IP 地址包含两部分：网络地址和主机地址。对于某个网段上的所有主机而言，网络地址部分是相同的，而每个主机地址部分则各不相同。例如，相同 C 类网络上的两个主机的 IP 地址分别为 210.42.241.1 和 210.42.241.6，两个主机的网络地址为 210.42.241.0；第一个主机的地址为 1，而第二个主机的地址为 6。

由于网络中包含的计算机有可能不一样多，根据网络规模的大小和其他因素，Internet 委员会把 IP 地址分成 5 种类别，分别对应于 A 类、B 类、C 类、D 类、E 类 IP 地址。

① A 类 IP 地址：一个 A 类 IP 地址由 1 个字节（每个字节是 8 位）的网络地址和 3 个字节主机地址组成，网络地址的最高位必须是“0”，即第一段数字范围为 1～126。每个使用 A 类地址的网络可连接 1 600 多万台主机，Internet 可有 126 个 A 类网络。

② B 类 IP 地址：一个 B 类 IP 地址由 2 个字节的网络地址和 2 个字节的主机地址组成，网络地址的最高位必须是“10”，即第一段数字范围为 128～191。每个使用 B 类地址的网络可连接 6 万多台主机，Internet 有 16 256 个 B 类网络。

③ C 类 IP 地址：一个 C 类地址是由 3 个字节的网络地址和 1 个字节的主机地址组成，网络地址的最高位必须是“110”，即第一段数字范围为 192～223。每个使用 C 类地址的网络可连接 254 台主机，Internet 有 2 054 512 个 C 类网络。

④ D 类地址：D 类地址用于多点播送，第一个字节以“1110”开始，第一个字节的数字范围为 224～239，是多点播送地址，用于多目的地信息的传输。全“0”（“0.0.0.0”）地址对应于当前主机，全“1”（“255.255.255.255”）地址是当前子网的广播地址。

⑤ E 类地址：以“11110”开始，即第一段数字范围为 240～254。E 类地址保留，仅作实验和开发用。

为了满足互联网日益膨胀的地址需求，互联网工程专门工作组（Internet Engineering Task Force，IETF）提出了 IP 的下一版本 IPv6。与目前所用的 32 位的 IPv4 相比，IPv6 地址是 128 位的，地址空间包含的地址数为 2^{128} 个，巨大的地址空间将解决 IP 地址短缺的问题。

（2）域名和域名系统

由于用数字描述的 IP 地址难于记忆，为了方便使用，采用有一定意义的字符串来确定一个主机在网络中的位置，该字符串与 IP 地址一一对应。分配给主机的字符串地址称为域名（Domain Name）。域名地址按地理域或机构域分层表示，书写时采用圆点将各个层次隔开，在域名表示中，从右到左依次为顶级域名段、二级域名段等，最左的一个段为主机名。

域名地址的一般格式为：计算机名.机构名.二级域名.顶级域名。

例如，www.edu.cn 是中国教育科研网主页服务器的域名地址，是由三部分组成的主机域名。其中的顶级域名为代表国家或地区的 cn，二级域名 edu 代表教育科研部门，服务器名为 www。

国家地区顶级域名表示该机构所属的国家或地区，常用国家/地区的英文缩写表示，如 cn（中国大陆）、tw（中国台湾）、jp（日本）、hk（英国）、us（美国）等。

二级域名一般表示该机构的性质，常用的有 com（商业组织）、edu（教育机构）、gov（政府部门）、net（网络运行和服务中心）等。表 2-1-1 和表 2-1-2 列出了部分国家代码和最常见的最高域名的含义。

表 2-1-1　部分国家和地区代码

国家	中国	瑞典	英国	法国	德国	日本	加拿大	澳大利亚	美国
国家或地区代码	cn	se	uk	fr	de	jp	ca	au	us

表 2-1-2　大型机构最高域名

域名	含义	域名	含义
com	商业组织	net	网络服务机构
edu	教育部门	org	非营利组织
gov	政府部门	int	国际组织
mil	军事部门		

根据各级域名所代表的含义不同，可以将域名分为地理性域名和机构性域名，掌握它们的命名规律，可以方便地判断一个域名和地址名称的含义以及用户所属的网络层次。

4. Internet 的接入方式

要想享用 Internet 提供的服务，必须将计算机或整个局域网接入 Internet。目前，常见的 Internet 接入方式有 ISDN、ADSL、DDN 专线、光纤和通过代理服务器（Proxy）入网等。

（1）ISDN 上网

ISDN 是 Integrated Service Digital Network（综合业务数字网）的缩写，简称“一线通”，是以综合数字网为基础发展起来的通信网。ISDN 不但可以提供电话业务，同时还能够将传真、数据、图像等多种业务在一条电话线路上传送和处理。除了计算机外，使用 ISDN 上网还需要电信运营商的 ISDN 线路、一台 ISDN 调制解调器（Terminal Adapter），ISDN 上网速度比拨号上网快一倍左右（128 Kbps）。

（2）ADSL 宽带上网

ADSL 是 Asymmetric Digital Subscriber Line（非对称数字用户环路）的缩写，是一种全新的 Internet 接入方式。ADSL 素有“网络快车”之美誉，因其下行速率高，频带宽，性能优，安装方便，不需要交纳电话费等特点而深受广大用户喜爱，成为继 Modem、ISDN 之后的又一种全新的高效接入方式。简单地说，ADSL 是利用分频的技术把普通电话线路所传输的低频信号和高频信号分离。3 400 Hz 以下供电话使用；3 400 Hz 以上的高频部分供上网使用，即在同一铜线上分别传送数据和语音信号，数据信号并不通过电话交换机设备，这样既可以提供高速传输：上行（从用户到网络）的低速传输可达 640 Kbps～1 Mbps，下行（从网络到用户）的高速传输可达 1～8 Mbps；其有效的传输距离在 3～5 km 范围以内。在 ADSL 接入方案中，每个用户都有单独的一条线路与 ADSL 局端相连，它的结构可以看作是星形结构，数据传输带宽是由每一个用户独享的，而且在上网的同时不影响电话的正常使用。

由于性价比良好，ADSL 是目前在国内使用得较多的一种接入方式。目前，家庭用户、企业用户和 Internet 服务场所大多选择这种 Internet 接入方式。

（3）DDN 专线上网

DDN 是 Digital Data Network（数字数据网）的缩写，即平时所说的专线上网方式。如果需要 24 h 在线，使用专线方式上网是一个较好的选择。所谓专线上网，是指从提供网络服务的部门与用户的计算机之间通过路由器建立一条网络专线，24 h 享受 Internet 接入服务。申请专线上网，通常选择包月或包年的计费方式，即无论上网时间的长短，均需付出固定的上网费用。因此如果无须长时间上网，使用专线是较浪费的选择。

（4）光纤接入技术

由于具有容量大，抗干扰性能强，重量轻等优点，大多数网络运营商都认为光纤网络是理想的互联网接入网络。成熟的光纤接入网一般采用无源光网络（Passive Optical Network，PON）技术，这种技术是一种多点对多点的光纤传输和接入技术，下行采用广播方式，上行采用时分多址方式，可以灵活地组成树型、星型、总线型等拓扑结构，在光分支点不需要节点设备，只需要安装一个简单的光分支器即可，具有节省光缆资源，带宽资源共享，节省机房投资，设备安全性高，建网速度快，综合建网成本低等优点，初期投资少，结构简单，易于维护。光纤接入网的每个用户可以独享带宽，不会发生网络拥塞，同时接入时无须中继即可达到 100 km 接线距离。

（5）通过代理服务器（Proxy）入网

这种方式多用于中小学校、公司等单位中，使用一台计算机作为局域网的代理服务器，申请一个 IP 地址，可以使局域网内的每一台计算机接入 Internet。在这种入网方式中，代理服务器软件运行于局域网的一台计算机上，通常称其为代理服务器，这台代理服务器一个端口接入 Internet，另一个端口与局域网相连，局域网上运行 TCP/IP 协议。当局域网内的其他计算机有对 Internet 资源和服务的请求时，这些请求将被提交给该代理服务器，由代理服务器送到 Internet 上去；对于从 Internet 上返回的信息，代理服务器将识别是对局域网中哪台计算机的请求进行响应，并把响应的信息传送给该计算机，从而完成局域网内的计算机对 Internet 的“代理服务”。这种代理服务是同时实现的，即局域网内的每台计算机都可同时通过代理服务器访问 Internet，它们共享代理服务器的一个 IP 地址和同一账号。

5. 文件传输（FTP）服务

FTP 是一个客户机/服务器系统。FTP 是 Internet 传统的服务之一，用户通过客户机程序向服务器程序发出命令，服务器程序执行用户所发出的命令，并将执行的结果返回到客户机。FTP 有两个重要功能：一是在两个完全不同的计算机主机之间传送文件，二是以匿名服务器方式提供公用文件共享。

文件传输的主要功能：① 下载（Download），用户将 Internet 服务器上提供的文件复制到个人计算机上；② 上传（Upload），用户从个人计算机中往 Internet 服务器上传输文件。用 Internet 语言来说，用户可通过客户机程序向（从）远程主机上传（下载）文件。

FTP 是高速网络上的一个文件传输工具，但是要想和服务器交流文件，就必须首先登录，在远程主机上获得相应的权限以后，方可上传或下载文件。显然，这种情况违背了 Internet 的开放性。为此，人们设计了一种“Anonymous FTP”（匿名服务器），匿名 FTP 是这样一种机制，用户可通过它连接到远程主机，并从其中下载文件，而无须成为其注册用户。各个用户连接匿名服务器时，用各个用户自己的 E-mail 地址作为密码，获取匿名服务器中的信息库资料。需要注意的是，匿名 FTP 不适用于所有 Internet 主机，只适用于那些提供这项服务的主机。

（1）工作方式

FTP 服务器分为独立的 FTP 服务器（例如，ftp://ftp.pku.edu.cn/，北京大学 FTP 服务器）和内嵌 FTP 服务的 WWW 服务器（例如，http://www.download.com/）。

用户可以通过 Internet 提供的 FTP 将文件资料从远程文件服务器传输到本地计算机上，这个过程称为“下载”。相反地，将本地计算机上的文件资料由 FTP 通过 Internet 传输到远程主机上，这个过程即为“上传”，前提是该远程主机允许用户存放文件。

（2）登录方式

FTP 登录有两种方式：匿名 FTP 登录和非匿名 FTP 登录。在 Internet 上要连接 FTP 服务器传输文件，首先要求用户输入正确的账号和密码。为了方便用户，大部分主机都提供了匿名FTP服务，用户不需要输入账号和密码，只以 Anonymous 或 Guest 作为登录的账号，以用户的电子邮件作为密码即可连接 FTP 服务器浏览和下载文件。使用匿名 FTP 进入服务器时，通常只能浏览及下载文件，不能上传文件或修改服务器上的文件。Internet 上大部分免费软件和共享软件都是通过匿名 FTP 服务器向广大用户提供的。非匿名 FTP 服务器一般只供内部使用，用户必须拥有授权的账号及密码才能使用。

几乎所有的操作系统包括 UNIX、Windows 都内置了 FTP 客户端命令。在 Windows XP 中可以启动 Windows“附件”程序组中的“命令提示符”程序，在命令行方式下直接输入 FTP 命令。例如，要想使用 FTP 命令登录北京大学的 FTP 服务器（ftp.pku.edu.cn)，可以在命令提示符下输入以下命令行：ftp ftp.pku.edu.cn，输入完毕按 Enter 键就可以连接到该服务器。输入 Anonymous 作为用户名即可完成登录，如图 2-1-7 所示。

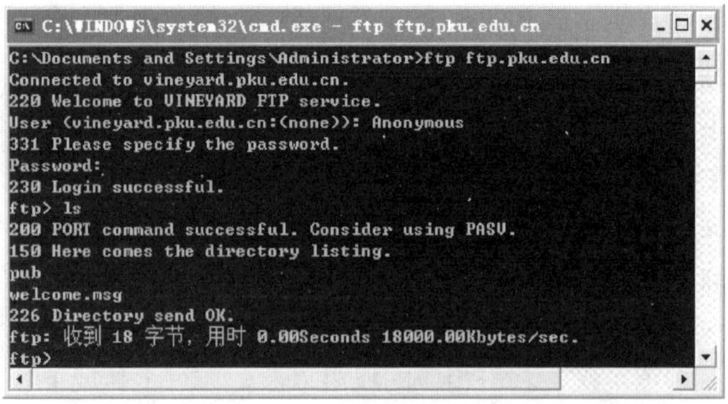

图 2-1-7　使用命令提示符方式连接 FTP

从图 2-1-7 中可以看出，该服务器上提供 pub 文件夹，进入该文件夹后通过命令可以下载文件。如果要终止 FTP 连接，只需输入 quit 命令即可。

在实际应用中，IE、Netscape 等浏览器可以完全替代上述命令行 FTP 方式。用户可以直接在浏览器的地址栏中输入要访问的 FTP 服务器的 URL，若连接成功，在浏览器窗口中可以看到 FTP 服务器中的文件列表，用户就可以像管理自己机器上的文件一样对 FTP 服务器中的文件进行管理，如图 2-1-8 所示为使用 IE 浏览器访问北京大学 FTP 服务器的情况。此时，可以通过右击选定的文件和文件夹，然后选择弹出的快捷菜单中的“复制到文件夹”命令将选中的 FTP 服务器上的文件复制到本地磁盘上的指定文件夹下。如果有足够的权限，用户可以删除或更改 FTP 服务器的文件和文件夹，同时还可以将本地磁盘的文件和文件夹通过“复制”/“粘贴”命令上传到 FTP 服务器的指定位置。

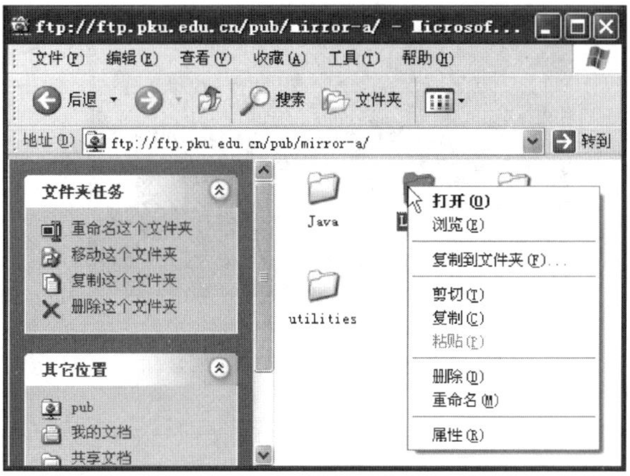

图 2-1-8　使用 IE 浏览器访问北大的 FTP 服务器

现在有许多方便高效的 FTP 客户端软件，如 AceFTP、WS_FTP、CuteFTP 和 SmartFTP 等。这些软件可以完成连接、下载和上传功能。如需提高文件下载速度，还可使用网络蚂蚁（NetAnts）、网际快车（FlashGet）等软件进行多线程快速下载，这些快速下载软件的特点是断点续传（一次下载不完，下次上网接着下载）和多点传输（通过把一个文件分成几个部分同时下载，可以成倍地提高速度）。

6. Telnet（远程登录）服务

Telnet 是 Internet 提供的一项重要功能，利用 Telnet 服务可将本地计算机通过 Internet 网络和另一台远程计算机连接起来，使用户能够利用远程计算机的资源；在远程计算机启动一个交互式程序；检索远程计算机某个数据库；利用远程计算机强大的运算能力对某个方程式求解等。

Telnet 由运行在用户的本地计算机（客户端）上的 Telnet 客户程序和运行在要登录的远程计算机（服务器端）上的 Telnet 服务器程序所组成。客户端的客户程序是可发出请求的终端软件，服务器端的服务器程序具有应答登录请求的功能，并且都遵循相同的网络终端协议。

Windows XP 中提供了用以访问 Telnet 远程主机的 Telnet 命令，首先转到 Windows XP 的命令提示符状态，然后输入正确的 Telnet 命令即可。其基本命令格式为：Telnet 主机域名或 IP 地址:端口号。

Telnet 服务默认使用 23 号端口，如果服务器端没有重新设置，客户机连接时也可不输入端口号。例如，在 Windows XP 的命令提示符状态输入命令：Telnet bbs.tsinghua.edu.cn，按 Enter 键，即可以 Telnet 方式登录到水木清华 BBS 服务器，如图 2-1-9 所示。

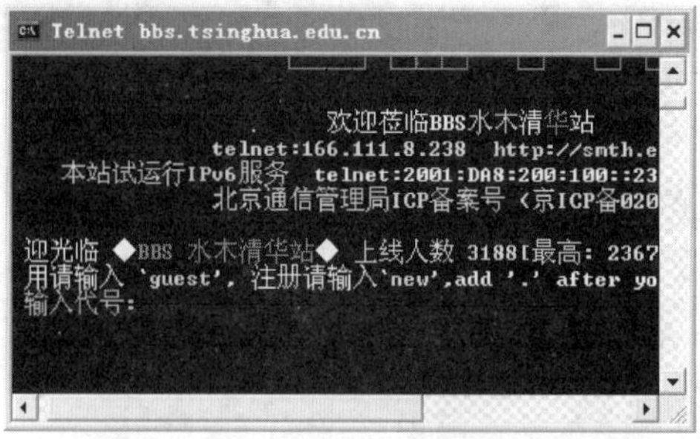

图 2-1-9 Telnet 方式远程登录

教学课件 2-2：多媒体网络技术

2.2 多媒体网络技术

1. 多媒体网络

一般认为多媒体网络是可以综合、集成地运行多种媒体数据的计算机网络，网络上的任意节点都可共享运行其中的多媒体信息，可对多媒体数据进行获取、存储、处理、传输等操作。多媒体网络系统本质上是一种计算机网络系统，可以是局域网，也可以是广域网。多媒体网络技术关注的内容包括多媒体网络的传输机制、网络模型、通信协议和网络结构等。

2. 多媒体网络技术

多媒体网络技术包括多媒体网络环境、多媒体信息的传输机制、多媒体数据压缩技术和多媒体网络节点（主要是多媒体网络终端系统）。

（1）多媒体网络环境。多媒体网络具有集成、交互、同步、实时等特性，而且传输和处理的数据量又特别庞大，这就决定了多媒体网络技术对网络环境具有特殊的要求，首先要求很高的带宽，另一方面，多媒体网络具有实时性，要求能同步、实时地传输与时间相关性较强的音/视频媒体。

（2）多媒体数据压缩技术。多媒体中的图像、音频、视频媒体都涉及巨量的数据，因此多媒体网络通信的数据量较大，通常要采用多媒体数据的压缩技术。

（3）多媒体信息传输机制。多媒体信息的传输机制主要涉及三方面的内容，即多媒体网络模型（或称为多媒体网络协议）、通信服务质量和多媒体的同步技术。

（4）多媒体网络终端系统。多媒体网络终端系统是多媒体网络中的基本单元，是网络数据传送端或接收端或中转站，包括多媒体服务器和多媒体工作站，其基本结构包括多媒体硬件系统和软件系统。

3. 多媒体网络的特征

多媒体网络的特征可归结为以下几种。

（1）集成性：多媒体网络节点应能同时处理两种以上的表示媒体，并且应能同时显示两种以上的显示媒体，对这些媒体的处理和传输以集成、综合、一体化的方式进行。

（2）交互性：交互性包括两方面的内容，即多媒体网络节点与网络系统的交互通信，以及用户与多媒体网络节点或系统的交互性。多媒体网络通信应是双向及多点的，用户能灵活地控制和操纵通信的全过程。

（3）同步性：各多媒体网络节点应能同步地显示图、文、声、像信息，并把它们构成一个完整的信息提供给用户。多媒体数据的音频、视频等媒体均为具有很强的时间相关性的连续媒体，只有表现统一对象的不同媒体在时间上同步才能自然、有效地表达关于对象的完整信息。

（4）实时性：即信息的传输不能有延迟。用户在多媒体网络中交换的信息主要涉及人的感觉，如听觉、视觉，具有很强的时间相关性和连续性，这要求信息能及时地获取、传输和显示，如用户利用视频会议系统进行交谈，就要求能实时地听到对方的语音和看到对方的影像，不能有太长延迟，否则对话很难进行。

（5）服务质量：网络为多媒体应用提供的服务质量主要体现在包括时延、抖动、丢包率和吞吐量在内的参数上。如果网上的资源量无限，那么时延、抖动和丢包率均不是问题，带宽需求较高的多媒体也不会有问题。单靠增加网络资源和数据压缩技术来保障和提高服务质量也有限度，这就需要有一套好的资源控制方法，使这些不可预测的网络传输参数变成在某种程度上可预测的传输参数。

4. 多媒体通信

多媒体通信技术是一种把电视、通信和计算机技术有机结合在一起的新兴通信技术，在交换和传递信息过程中，人们可以采用智能、可视和个人的服务模式并综合利用图、文、声等多种信息媒体。多媒体通信主要研究多媒体数据的表示、存储、恢复和传输。多媒体数据是由内容上相互关联的文本、图像、图形、音频、视频和动画等多种媒体数据构成的一种复合信息实体。其中，有着严格时间关系的音频、视频等类型的数据称为连续媒体数据，其他类型数据称为离散媒体数据。一般来讲，多媒体数据至少包含两种媒体数据，其中一种必须为连续媒体数据。

拓展资源 2-1：多媒体通信技术的现状与待解决问题

拓展资源 2-2：多媒体通信技术的应用与未来发展

5. 多媒体系统通信方式

多媒体系统一般有两种通信方式：人对人的通信和人对机器的通信，如图 2-2-1 所示。

在人对人的通信方式中，由一个用户接口向所有用户提供用户之间彼此交互的机制，用户接口创建了多媒体信号并允许用户以一种易用的方式与多媒体信号进行交互；传输层负责把多媒体信号从一个用户位置转送到一些或所有的与通信关联的其他用户位置，传输层保证了多媒体信号的质量，以便所有用户可以在每个用户位置上接收到高质量的信号。人对人通信的例子有电话会议、可视电话、远程教育和计算机协同工作系统等。

（a）人对人的通信

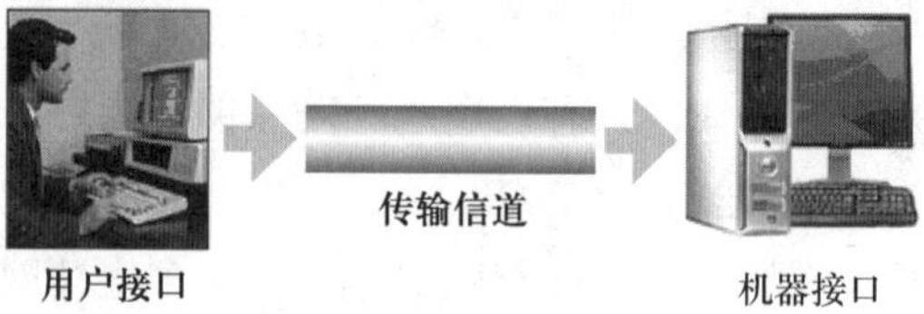

（b）人对机器的通信

图 2-2-1　多媒体通信方式

在人对机器的通信方式中，同样也有一个用户接口用来与机器进行交互和一个传输层用来传输多媒体信号，传输是将多媒体信号从存储位置转移到用户。还存在一种机制用来存储和检索多媒体信号，这些信号是由用户创建或要求的。存储和检索机制涉及寻找现有多媒体数据的浏览和检索过程，主要是为了将这些多媒体数据转移到适当的位置供其他人存取，这些机制也涉及存储和归档处理。人对机器通信的例子有视频点播系统等。

教学课件 2-3：
流媒体技术

2.3　流媒体技术

1. 流媒体概述

拓展资源 2-3：
流媒体技术在网络传输中的应用

流媒体（Stream Media），又称为流式媒体，是将传统媒体网络化，并通过网上点播的形式播放给浏览者。流媒体的播放方式不同于网上下载，网上下载需要将音/视频文件下载到本地机器再播放，而流媒体可以实现边下载边观看，这就是流媒体的特点所在。流媒体是在 Internet/Intranet 中使用流式传输技术的连续媒体，如音频、视频或多媒体文件，但流媒体实际指的是一种新的媒体传送方式，而非一种新的媒体。流媒体在播放前并不下载整个文件，只将开始部分内容存入内存，流媒体的数据流随时传送随时播放，只是在开始时有一些延迟。流媒体实现的关键技术就是流式传输。

流媒体技术发端于美国，在美国目前流媒体的应用已很普遍，如惠普公司的产品发布和销售人员培训都用网络视频进行。

2. 流媒体传输方式

拓展资源 2-4：流媒体直播技术

流媒体是边发送边接收的多媒体，通常是指电视媒体和声音媒体。流媒体和广播电视在传输方面的主要区别是：广播电视是单向传输，广播源和接收者之间不需要预先建立连接；流媒体是双向传输，广播源和接收者之间的双向传输需要预先建立连接。

流式传输定义非常广泛，现在主要指通过网络传送媒体（如视频、音频）的技术总称。其特定含义为通过 Internet 将影视节目传送到 PC。实现流式传输有两种方法："推"和"拉"，即实时流式传输（Realtime Streaming）和顺序流式传输（Progressive Streaming）。如视频为实时广播，或使用流式传输媒体服务器，或应用如 RTSP 的实时协议，即为实时流式传输。如使用 HTTP 服务器，文件即通过顺序流发送。采用哪种传输方法取决于用户的需求。当然，流式文件也支持在播放前完全下载到硬盘。

流式传输方式是将整个多媒体文件经过特殊的压缩方式分成一个个压缩包，由视频服务器向用户计算机连续、实时传送。在采用流式传输方式的系统中，用户不必像采用下载方式那样等到整个文件全部下载完毕，而是只需经过几秒或几十秒的启动延时即可在用户的计算机上利用解压缩设备（硬件或软件）对压缩的多媒体文件解压缩后进行播放和观看。此时多媒体文件的剩余部分将在后台的服务器内继续下载。

与单纯的下载方式相比，这种对多媒体文件边下载边播放的流式传输方式不仅使启动延时大幅度地缩短，而且对系统缓存容量的需求也大大降低。

（1）顺序流式传输

顺序流式传输采用顺序下载的方式进行传输，在下载的同时用户可以在线回放多媒体数据，在给定时刻，用户只能观看已经下载的部分，不能跳到还未下载的部分，也不能在传输期间根据网络状况对下载速度进行调整。由于标准的 HTTP 服务器可发送这种形式的文件，而不需要其他特殊协议的支持，因此也常常被称作 HTTP 流式传输。顺序流式传输比较适合于高质量的短片段，如片头、片尾或者广告等。由于该文件在播放前观看的部分是无损下载的，这种方法保证电影播放最终质量。这意味着用户在观看前必须经历延迟，特别是对于较慢的连接。

顺序流式传输对通过调制解调器发布短片段是很实用的，它允许用比调制解调器更高的数据速率创建视频片段。尽管有延迟，毕竟可以发布较高质量的视频片段。

顺序流式文件是放在标准 HTTP 或 FTP 服务器上的，易于管理，基本上与防火墙无关。顺序流式传输不适合长片段和有随机访问要求的视频，如讲座、演说与演示，也不支持现场广播。严格说来，顺序流式传输是一种点播技术。

（2）实时流式传输

实时流式传输保证媒体信号带宽能够与当前网络状况相匹配，从而使流媒体数据总是被实时传送，因此特别适合于现场事件。实时流式传输支持随机访问，即用户可以通过快进或者后退操作来观看前面或者后面的内容。理论上，实时流媒体一经播放就不会停顿，但事实上仍有可能发生周期性的暂停现象，尤其是在网络状况恶化时。与顺序流式传输不同的是，实时流式传输需要用到特定的流媒体服务器，而且还需要特定网络协议的支持。实时流式传输必须匹配连接带宽，这意味着在使用调制解调器连接时图像质量较差。而且，由于出错丢失的信息被忽略掉，网络拥挤或出现问题时，视频质量很差。如需保证视频质量，顺序流式传输是更好的选择。

教学课件 2-4：
多媒体网络应用

2.4 多媒体网络应用

1. IP 电话

IP 电话是人们在因特网上进行的通话，就像人们在传统的线路交换电话网络上相互通话一样，可以近距离通话，也可以长途通话，但费用却非常低。IP 电话有多个英文同义词，常见的有 VoIP（Voice over IP）、Internet Telephone 和 VON（Voice On the Net）等。

IP 电话的含义：① 狭义的 IP 电话指在 IP 网络上打电话；② 广义的 IP 电话不仅仅是电话通信，还可以是在 IP 网络上进行交互式多媒体实时通信（包括语音、视像等），甚至还包括即时传信（Instant Messaging，IM）。

IP 电话的通信方式如图 2-4-1 所示：① 两个多媒体 PC 用户之间通话，不需要经过 IP 电话网关；② 普通电话机用户之间打 IP 电话，要经过 IP 电话网关两次；③ 多媒体 PC 用户与公用电话用户打 IP 电话，仅需经过 IP 电话网关一次。

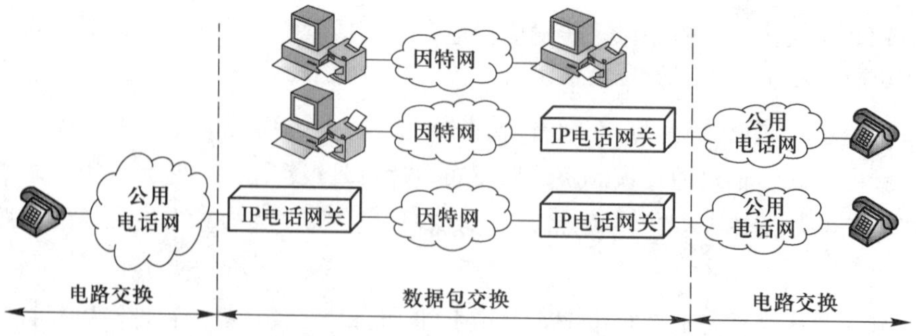

图 2-4-1　IP 电话的通信方式

IP 电话标准：标准或框架的焦点主要集中在网络电话的 3 个中心要素上，即音频代码格式化、传输协议和目录服务。

目前 IP 电话有两套标准：ITU-T 定义的 H.323 协议，包含了音频代码格式和传输协议，比较复杂；IETF 提出的会话发起协议（Session Initiation Protocol，SIP），较为简单。

2. IP 视频点播

影视点播（Video On Demand），也称为交互电视（Interactive Television），客户在任何时间和任何地方都可以从点播服务器中请求传送经过压缩并存放在服务器上的声音文件。这些文件可以是教授的讲课、整部电影、预先录制的电视片、纪录片、历史事件档案、影视文件片、卡通片和音乐电视片等。与录像机类似，有播放、暂停、快进、快退等功能。每当用户请求观看影视时，VOD 系统就把影视节目传送给用户的接收和显示装置，用户可不必购买录像带、VCD 或 DVD 盘，节目集中存放在影视库中。

视频点播系统由视频信息源、传送网络和用户终端三大部分组成。

① 视频信息源：提供信息的压缩、存储、检索、实时广播、管理等服务。

② 传送网络：是连接视频服务提供商与远程用户住宅的通信系统，通过传输网络传送视频信号和回送用户的选择和命令。

③ 用户通过简便易用的用户终端（机顶盒）把压缩的视/音频数字信号解压缩并转换为模拟信号，输出至显示设备。也可以使用 PC 作为用户终端。

3. IP 声音点播

IP 声音点播（Audio On Demand，AOD）使用 IP 在数据包交换网络上提供语音服务。在这一类应用中，客户请求传送经过压缩并存放在服务机上的声音文件，这些文件可以包含任何类型的声音内容。例如，教授的讲课、摇滚乐、交响乐、著名的无线电广播档案文件和历史档案记录。客户在任何时间和任何地方都可以从声音点播服务器中读声音文件。使用因特网点播软件时，在用户启动播放器几秒钟之后开始播放，一边播放一边从服务机上接收文件，而不是在整个文件下载之后才开始播放。边接收文件边播放的特性叫做流放（Streaming）。许多这样的产品也为用户提供交互功能，如暂停、重新开始播放、跳转等。

4. IP 远程教育系统

远程教育是使用电视及互联网等传播媒体的教学模式，它突破了时空的界限，区别于传统教学需要安坐于教室的教学模式。由于无须到特定地点上课，因此可以随时随地上课。学生亦可透过电视广播、互联网、辅导专线、课研社、面授（函授）等多种不同渠道互助学习。远程学习并不排斥传统的面对面教学方式，恰恰相反，把网络的远程学习方式作为传统教学方式的重要补充，这是当代教育的方向。远程教育技术已经应用多年。当代的远程教育使用计算机通过在线（On-line）或离线（Off-line）的方式进行学习，也称为电子学习（E-learning），学习的内容可通过网络、CD-ROM、DVD-ROM或卫星电视等手段得到。远程教育系统大多使用IP网络的在线学习系统，综合使用IP电视、IP电视会议、IP电话、IP影视点播和IP声音点播提供的服务，尤其是IP电视提供的服务。

习题 2

一、填空题

1. 计算机网络的功能有___①___、___②___、___③___和___④___。
2. 按网络的覆盖范围可以将计算机网络分为___①___、___②___和___③___。
3. 多媒体网络的特征为___①___、___②___、___③___、___④___和___⑤___。
4. 多媒体系统一般的通信方式为___①___和___②___。
5. 流媒体传输方式为___①___和___②___。

二、问答题

1. 什么是计算机网络？
2. 组成计算机网络常用的硬件有哪些？
3. ISO提出的计算机网络OSI模型由低到高依次包含哪几层？
4. 简述IP地址及其分类。
5. 接入互联网常用的方式有哪几种？
6. 什么是FTP服务？
7. 什么是多媒体通信技术？

第 3 章
Photoshop 数字图像处理

学习指导

随着计算机理论与应用技术的不断进步，数字图像处理技术已广泛应用于几乎所有与成像相关的领域，其应用范围遍及科技、教育、商业、艺术等领域，而在多媒体创作过程中，图像处理和编辑必不可少。本章通过介绍有关数字图像处理的一些基本知识，使读者熟悉 Photoshop 基本操作环境，掌握图像处理基本方法，学会使用 Photoshop 加工、美化图像的各种处理技巧。

学习指导 3：知识结构与学习方法指导

✧ 结构示意图

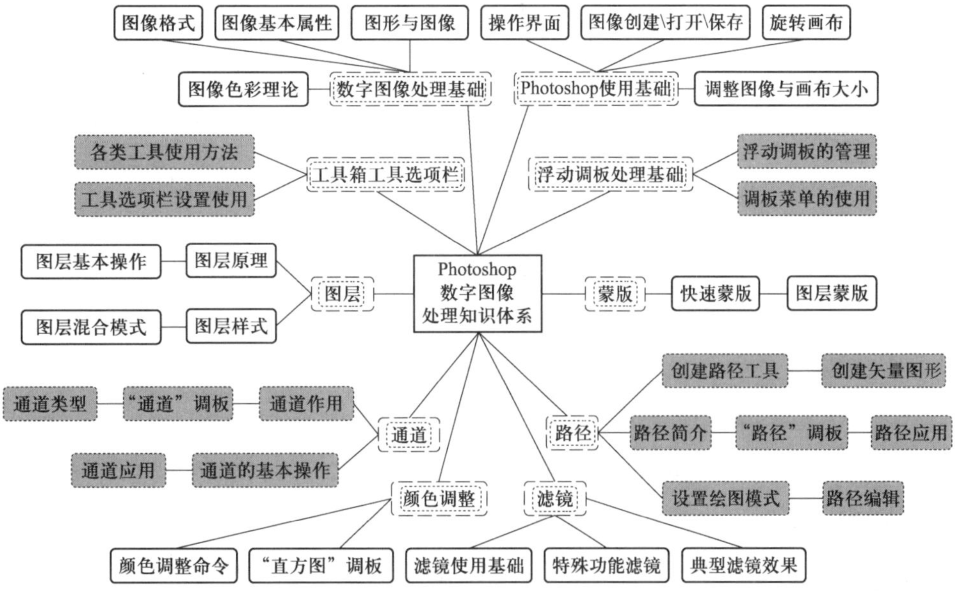

✧ 关键知识

要求读者掌握的关键知识主要包括：图像的基本属性、图像色彩理论、Photoshop 基础操作、工具箱与工具选项栏的使用、浮动调板的使用、图层操作、快速蒙版与图层蒙版的使用、通道的基本操作、路径应用、图像颜色调整、滤镜的综合使用。

✧ 学习模式

在 Photoshop 的学习使用中会涉及众多知识点及操作技能，读者应先学习最基础的 Photoshop 知识，然后循序渐进，逐渐深入。在此过程中，要多欣赏别人做出的好作品，多进行模仿练习，通过大量的练习来熟悉 Photoshop 各种工具的用法及操作技能，加深对知识点的理解。Photoshop 软件中包含的大部分操作都可以通过使用快捷键的方式来实现，读者要能记住常用的快捷键，这样在学习和创作过程中将会提高工作效率。另外，如果要学好 Photoshop 并制作有创意的作品，一定要在日常学习中多注意收集素材，这样才能为设计提供更多的思路和创意。

本章知识点均采用小案例的方式呈现，易学易用。然而，对于图像的综合化处理必须在掌握基础知识和基本操作的基础上，通过大量的练习深入理解其中的内在联系，逐步在头脑中建立起一个完整清晰的操作体系，并使自己熟记于心。

总之，学习 Photoshop，一要认真掌握操作技能，打好基础，要把各项常用命令的位置、功能、用法和效果记住并熟练掌握；二要系统整理知识，提高认识，对于学会的操作技能，不仅能独立重复制作，而且要理解其中的知识点；三要主动承揽制作任务，积累经验，把学过的知识运用到实践中；四要积极主动学习与软件相关的各方面知识，丰富自我。

教学课件 3-1：Photoshop 基础知识与操作环境

3.1 数字图像处理基础

教学实验 3-1：认识位图与矢量图

实验素材 3-1

3.1.1 图形与图像

数字化图像在计算机中有两种实现方法：位图和矢量图。

位图：即图像，可以逼真表现自然界景物，由许多像素点组成，每个像素点用若干二进制位来表示其颜色、亮度、饱和度等属性，数据量相对较大，在放大、缩小或旋转时会产生像素色块，会产生失真，如图 3-1-1 和图 3-1-2 所示。位图比较适合内容复杂的图像和真实照片的展示。在 Photoshop 中主要处理的就是位图图像。

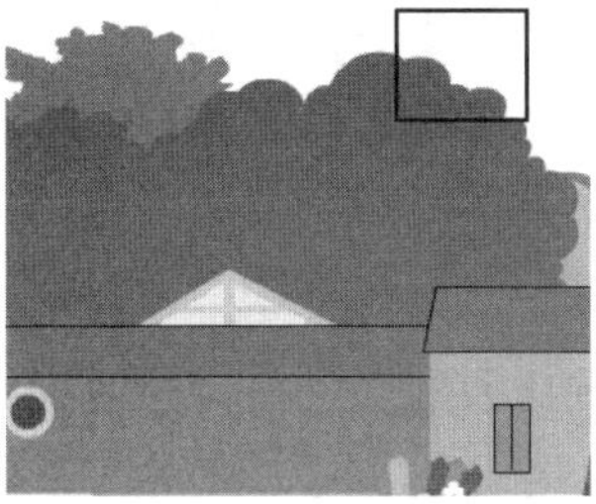

图 3–1–1　点位图

图 3–1–2　放大后的位图

矢量图：即图形，由轮廓线经过填充而得到，其中每个对象都是独立的个体。矢量图与分辨率无关，可以将矢量图进行任意的放大或缩小，而不影响它的清晰度和光滑性，如图 3-1-3 和图 3-1-4 所示。矢量图占用空间较小，适用于图形设计、文字设计和一些标志设计、版式设计等。矢量图在输出时将转换为位图形式。

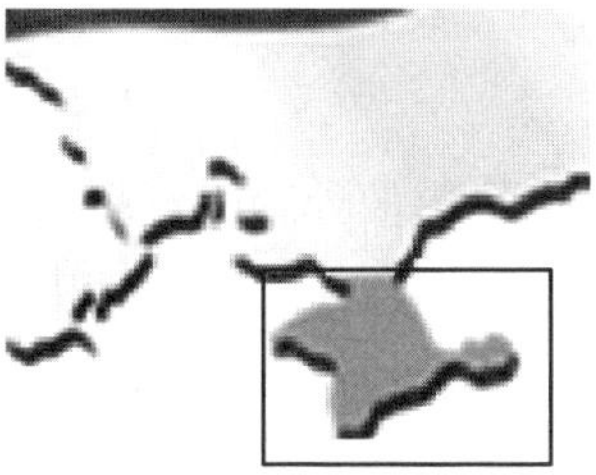

图 3–1–3　矢量图

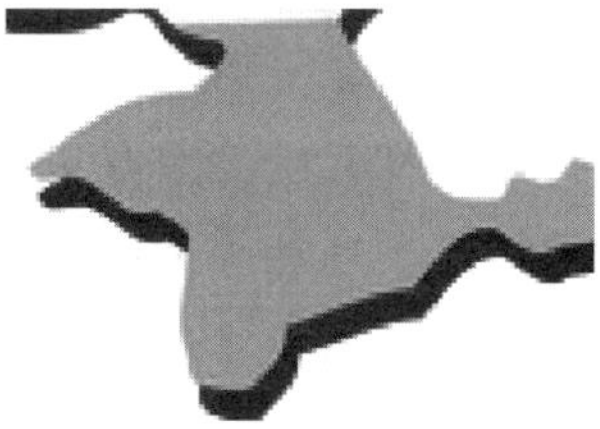

图 3–1–4　放大后的矢量图

3.1.2　图像基本属性

1. 像素

像素是构成图像的基本单位，它以矩阵的方式排列，矩阵中的每个元素都对应图像中的一个像素，并存储该像素的颜色信息。对于位图而言，当图像放大到一定程度时会出现色块，如图 3-1-5 所示。

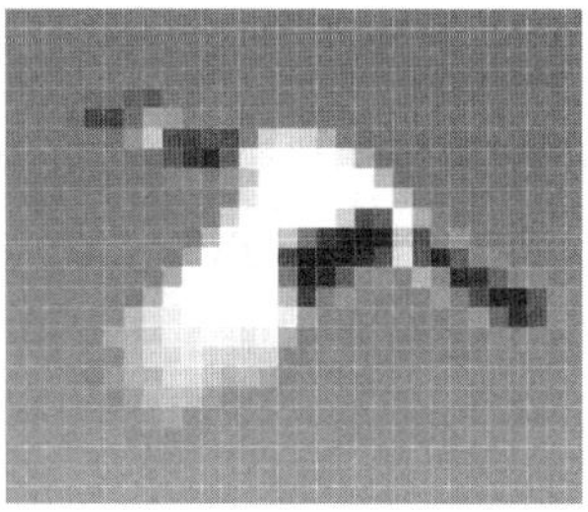

图 3–1–5　放大位图后的色块现象

2. 分辨率

数字化图像在计算机中采用分辨率来描绘其大小等特征。分辨率是指每英寸图像含有的点或像素的数量，用像素/英寸（dpi）表示。分辨率和图像质量有着密切关系，大体有以下几种，在处理图像时要理解它们之间的区别。

（1）屏幕分辨率：即显示分辨率，打印灰度图像或分色所用的每英寸网屏上的点数，也可认为是屏幕上能够显示出的最大像素数目，即显示器的分辨率。

（2）图像分辨率：指每个图像所存储的信息量，以水平和垂直的像素点表示，用 dpi 度量。图像分辨率和文件参数决定了文件的整体尺寸，图像分辨率越高，图像所包含的信息量越大，所需要的存储空间相应也越大。图像分辨率实际决定了图像的显示质量，即使提高显示分辨率，也无法真正改善图像的质量。

（3）打印分辨率：指打印机等设备在输出图像时每英寸所产生的点数。

（4）扫描分辨率：每单位输出长度所代表的点数与像素数，表示扫描仪输入图像的细微程度，数值越大，被扫描的图像转化为数字化图像时越逼真，扫描仪质量也越好。

（5）位分辨率：用来衡量每个像素存储时所占的二进制位数，又叫位深或像素深度。像素深度决定彩色图像每个像素点可能有的颜色数，或者确定灰度图像中每个像素点可能有的灰度等级数。如一幅彩色图像的每个像素用 R、G、B 3 个分量表示，且每个分量用 8 位，那么一个像素共用 24 位表示，像素深度就是 24，每个像素可以有 2^{24}（16 777 216）种颜色。

3.1.3 图像格式

图像数字化以后都存储为图像文件，在进行图像处理时，采用不同格式保存图像文件与图像用途密切相关。例如，JPEG 格式具有较高图像压缩比，适用于网页素材，而作为 Photoshop 默认保存格式的 PSD 格式，可用于图像的彩色印刷。下面介绍一些常见的图像文件格式。

PSD 格式：PSD 是 Photoshop 默认文件保存格式，该格式保存图像数据的每一个细节部分，包括图层、通道信息以及其他内容，而这些内容在转存成其他格式时将会丢失，但数据量较大。

BMP 格式：BMP 是微软公司的位图文件格式，被多种 Windows 应用程序所支持，是一种与设备无关的图像文件。在 Photoshop 中，BMP 图像可以使用 16 M 的色彩进行渲染。因此，BMP 图像具有相当丰富的色彩。

JPEG 格式：JPEG 是联合图像专家组制定的静态数字图像数据压缩编码标准，既可用于灰度图像，又可用于彩色图像。JPEG 文件扩展名为 jpg 或 jpeg，采用有损和无损两类压缩算法，采用有损压缩算法时，压缩比可达 25∶1，可以用最少的磁盘空间得到较好的图像质量，是 Web 中常用的一种文件格式。目前各类浏览器均支持 JPEG 格式。

GIF 格式：GIF（Graphics Interchange Format）即彩色图像交换格式。此类格式是一种压缩的 8 位图像文件，采用 LZW 压缩算法来存储图像数据，支持透明背景。大多用在网络传输上，速度要比传输其他格式的图像快得多。

TIFF 格式：TIFF 是扫描仪和桌上出版系统一种较为通用的图像文件格式。对印刷图像特别是高质量的图像，TIFF 是最佳选择。它是 JPEG 文件的交换格式。TIFF 不依赖于操作环境，具有可移植性。

PNG 格式：PNG 是一种便携式网络图像格式，属于无损位图文件。它被开发的目的是企图替代 GIF 和 TIFF，同时增加一些 GIF 和 TIFF 文件格式所不具备的特性。图像的深度可达 48 位，并且还可存储多达 16 位的α通道数据。PNG 同样支持透明图像的制作，这在制作网页图像时很有用，可让图像和网页背景很好地融合在一起，但缺点是不支持动画效果。

EPS 格式：EPS 格式是 Illustrator 和 Photoshop 之间可交换的文件格式。Illustrator 软件制作出来的流动曲线、简单图形和专业图像一般都存储为 EPS 文件格式。

3.1.4　图像色彩理论

在 Photoshop 中，需要将各种颜色进行数字化处理，以利于计算机组织和表示颜色。因此颜色模式是一个非常重要的概念，只有了解了不同颜色模式才能精确地描述、修改和处理色彩信息。

Photoshop 提供了多种颜色模式，通过这些颜色模式可以将颜色以一种特定的方式表示出来，而这种色彩又可以用一定的颜色模式存储。

RGB 颜色模式：基于可见光的发光原理，R（Red）代表红色，G（Green）代表绿色，B（Blue）代表蓝色，它们被称为光的三基色或三原色，如图 3-1-6 所示。这种模式几乎包括了人类视力所能感知的所有颜色，是目前运用最广的颜色系统之一。

CMYK 颜色模式：是一种专门针对印刷业设定的颜色标准，采用的是相减混色原理。CMYK 即青色（Cyan）、洋红色（Magenta）和黄色（Yellow），这 3 种颜色的油墨相混合可以得到所需的各种颜色，如图 3-1-7 所示。由于油墨不可能是 100%纯色，相互混合不可能得到纯黑，因此应用黑色（K）的专用油墨。CMYK 颜色模式的颜色种类没有 RGB 颜色模式的多，当图像由 RGB 转换为 CMYK 后，颜色会有部分损失。

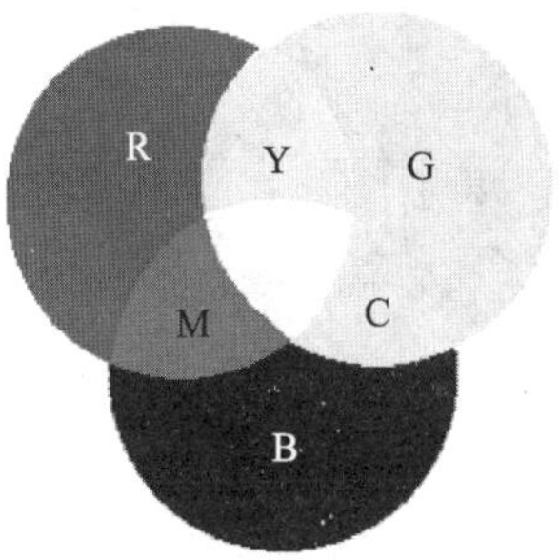

图 3-1-6　RGB 颜色模式

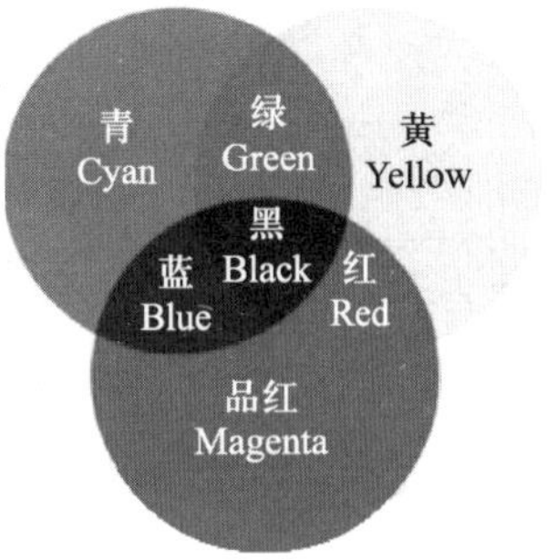

图 3-1-7　CMYK 颜色模式

灰度颜色模式：此模式的图像是一幅没有彩色信息的黑白图像，在灰度模式中的像素由 8 位的分辨率来记录，即每个像素点具有 256 个灰度级，0 表示黑色，

255 表示白色，灰度颜色模式可以和彩色模式直接转换，如图 3-1-8 和图 3-1-9 所示。

位图颜色模式：位图颜色模式其实就是黑白模式，它只能用黑色和白色来表示图像，只有灰度颜色模式可以转换为位图颜色模式，所以一般的彩色图像需要先转换为灰度颜色模式后再转换为位图颜色模式。

索引颜色模式：索引颜色模式采用一个颜色表存放并索引图像中的颜色，最多只能有 256 种颜色。索引颜色模式的图像占的存储空间较少，但图像质量不高，适用于多媒体动画和网页图像制作，如图 3-1-10 所示。

图 3-1-8　彩色图

图 3-1-9　灰度图

图 3-1-10　索引颜色模式图

Lab 颜色模式：Lab 颜色模式采用的是亮度和色度分离的颜色模型，用一个亮度分量 L（Lightness）以及两个颜色分量 a 和 b 来表示颜色，如图 3-1-11 所示。Lab 颜色模式理论上包括了人眼可以看见的所有色彩，而且这种颜色模型“不依赖于设备”，在任何显示器和打印机上其颜色值的表示都是一样的，所以当 RGB 和 CMYK 两种模式互换时，都需要先转换为 Lab 颜色模式，这样才能减少转换过程中的损耗。

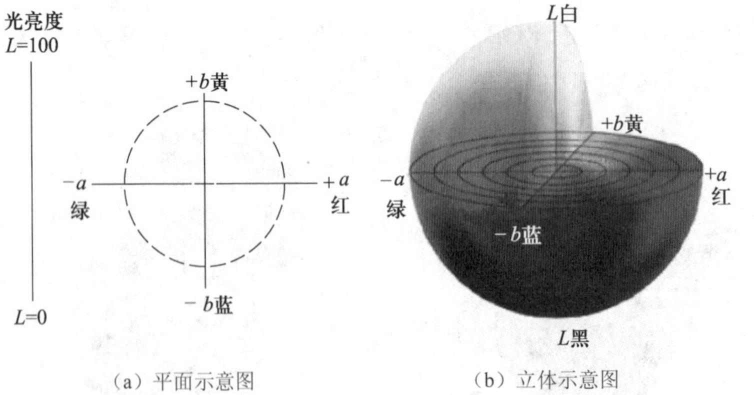

（a）平面示意图　　（b）立体示意图

图 3-1-11　Lab 颜色模式

HSB 颜色模式：HSB 颜色模式将色彩分解为色相、饱和度和亮度，其色相沿着 0° ～360° 的色环进行变换，只有在色彩编辑时才可以看到这种颜色模式，如图 3-1-12 所示。

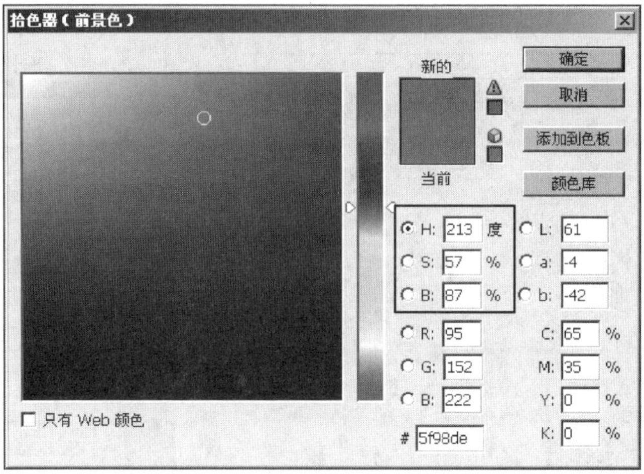

图 3-1-12　拾色器中的 HSB 颜色模式

3.2　Photoshop 基础

Photoshop 的版本众多，综合考虑教学需求与个人计算机配置情况，这里以 Photoshop CS3 版本为例进行说明。

3.2.1　Photoshop 操作界面

Photoshop CS3 较以往版本操作界面不仅在风格上有了变化，工具和调板的使用方法也更加灵活，操作区域也变得更加开阔。

选择任务栏上的“开始”|“程序”|“Adobe Photoshop CS3”命令，启动 Photoshop CS3 软件。在启动 Photoshop 的同时，如果按住 Alt+Shift+Ctrl 键不放，将出现一个提示框，问是否删除 Photoshop 历次的配置文件，如果单击“是”按钮，那么 Photoshop 将自动恢复为刚刚安装完成时的默认设置。

启动 Photoshop，打开图像文件，可以看到 Photoshop CS3 操作界面，如图 3-2-1 所示。

① 标题栏：位于程序窗口最上方，当 Photoshop 中的图像以最大化显示时，这里将显示正在制作的图像的名称、视图比例、颜色模式等信息。

② 菜单栏：这里汇集了在 Photoshop 中使用的所有菜单。按照不同的功能和使用目的，这些菜单被分成“文件”、“编辑”、“图像”、“图层”等 10 个类别，每个菜单下都包含不同类型的命令，通过选择菜单中的命令可以完成图像处理的操作。

图 3–2–1　Photoshop CS 3 操作界面

③ 工具选项栏：能够显示在工具箱中选择的各种工具的属性，也可加以修改。如在高分辨率下，可存放某些常用的调板，从而提高工作效率。

④ 工具箱：用于创建和编辑图像、图稿、页面元素等的工具，相关工具被编为一组。根据各种工具的不同特点，可对不同图像进行各种编辑、修复、特效等操作。在工具箱下端有一个颜色块，这里显示的是前景色和背景色，用来进行颜色填充。

⑤ 图像窗口（工作区）：显示正在使用的文件，是编辑和显示图像的区域，图像窗口上端显示的是图像文件名、当前视图的显示比例以及颜色模式等。

⑥ 浮动调板：用于配合编辑图像、设置工具参数和选项内容等，包括图层调板、通道调板、路径调板、动作调板等，主要目的是提高工作效率。很多调板都有菜单，可以对调板进行编组、链接或停放等操作。

⑦ 图像状态栏：这里显示的是正在制作的图像的状态，包括当前显示的比例、图像的大小、容量等信息。另外，可显示当前被选工具或正在使用的功能的简单说明。

3.2.2　创建新图像

拓展资源 3–1：创建新图像

选择菜单栏中的“文件”|“新建”命令或按 Ctrl+N 键新建图像文件时，会

弹出“新建”对话框，如图 3-2-2 所示。

① 名称：输入要生成的图像的名称，默认文件名为“未标题-1”。新建文件后，名称将显示在图像窗口的标题栏中，如果选择菜单栏中的“文件”|“保存”命令进行保存，那么输入的名称就会自动显示成文件名。

② 预设：Photoshop 提供了如图 3-2-3 所示的经常制作的各种形态的基本图像形态用以创建新的文件。使用时，首先在“预设”下拉列表框中选择系统预设的文件类型，然后在“大小”下拉列表框中选择文件的具体尺寸。

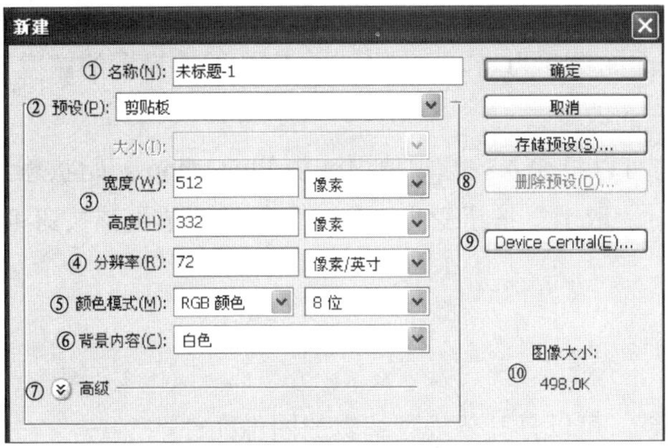

图 3-2-2 “新建”对话框

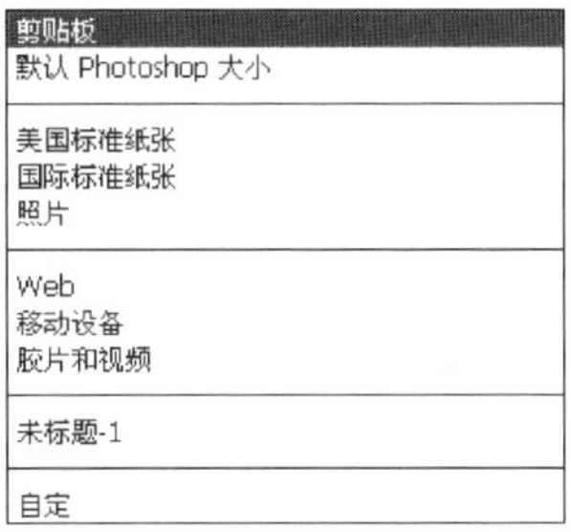

图 3-2-3 “预设”参数

③ 宽度/高度：用来设置新建文件的宽度和高度。在各个选项右侧的下拉列表框中可以选择一种单位，包括“像素”、“英寸”、“厘米”、“毫米”、“点”等。

④ 分辨率：设置图像分辨率，在此选项右侧的下拉列表框中可以选择分辨率的单位，默认单位为“像素/英寸”，也可以设置为“像素/厘米”。

⑤ 颜色模式：可以设置要生成的图像的颜色模式如下。

a. 位图：制作只表现为黑色和白色的图像。

b. 灰度：制作只表现 256 种灰度级的图像，不能表现颜色。

c. RGB 颜色：利用光的三原色红色、绿色、蓝色表现人眼所能看到的所有颜色。

d. CMYK 颜色：利用染料的三原色青色、洋红、黄色，制作能够支持可打印的所有颜色的图像。

e. Lab 颜色：Lab 颜色是一种将亮区显示为“L”，将绿色和洋红色之间的颜色区域显示为“a”，将蓝色和黄色之间的区域显示为“b”的颜色模式。

⑥ 背景内容：设置图像的背景色。

a. 白色：使用白色作为底色。

b. 背景色：使用工具箱中的背景色作为底色。

c. 透明：生成透明的底色。

⑦ 高级：单击此按钮，可以显示更多选项。在“颜色配置文件”下拉列表中可以选择颜色配置文件；在“像素长宽比”下拉列表中可以选择像素的长宽比。除非图像用于视频，否则都应选择“方形像素”，选择其他选项将使用非方形像素。

⑧ 存储预设/删除预设：单击“存储预设”按钮，可以将设置的内容保存为一个自定义的预设，创建的预设会显示在“预设”下拉列表中。单击“删除预设”按钮，可删除自定义的预设。

⑨ Device Central：单击此按钮可以打开 Device Central 程序。在此程序中可以为设定的设备（如手机）创建文档。

⑩ 图像大小：图像大小下面的数字为当前文件大小，它会随着设置的宽度、高度、分辨率和颜色模式的改变而改变。

提示：在“新建”对话框中可以将输入的选项值更改为 Photoshop 初始状态。显示该对话框时按 Alt 键，此时“取消”按钮变为“复位”按钮，单击该按钮可将选项值初始化。

3.2.3 打开文件

选择“文件”|“打开”命令，可以打开要进行编辑的图像文件。

① 在 Photoshop 中打开图像的时候，可以选择菜单栏中的“文件”|“打开”命令，如图 3-2-4 所示。

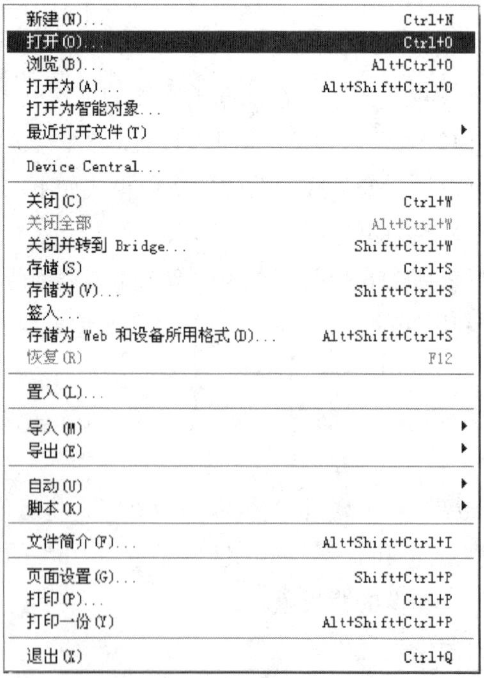

图 3-2-4 “文件”菜单

② 在“打开”对话框（如图 3-2-5）的“查找范围”下拉列表框中指定文件的路径，然后在文件窗口中选择要打开的文件，单击“打开”按钮，选择的图像文件就会显示在 Photoshop 界面中。

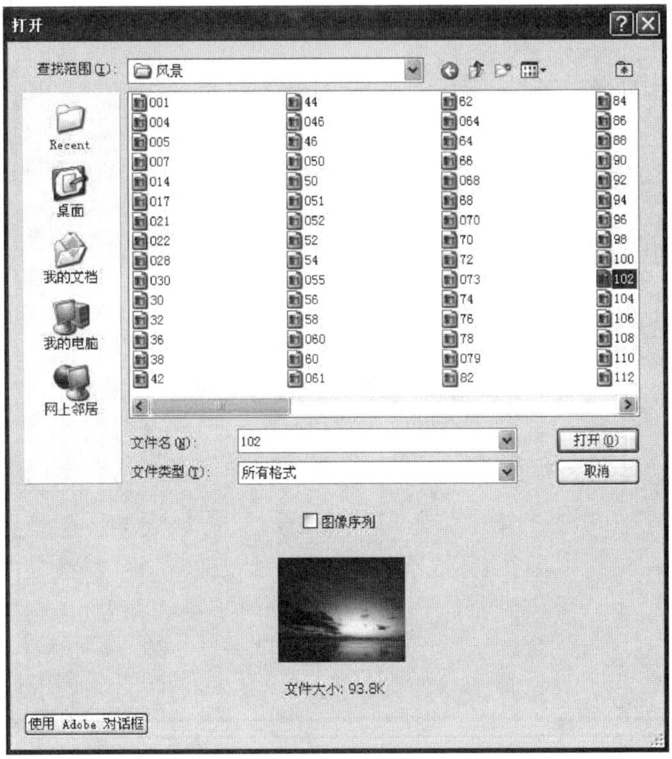

图 3-2-5　“打开”对话框

3.2.4　保存文件

保存制作好的文件属于 Photoshop 最基本的操作。如果无法保存辛辛苦苦制作完成的图像，或者不能把制作结果保存成各种文件格式，那么也就没有必要使用 Photoshop 进行图像制作了。

1. 保存制作好的图像

选择“文件”|“存储”命令或者按 Ctrl+S 键，可以把制作好的图像文件保存成相同的名称。

2. 存储为

使用“存储为”命令可以将图像存储在另一个位置或使用另一个文件名存储，此命令还允许用户以不同的格式和不同的选项来存储图像。选择“文件”|“存储为”命令，或按 Ctrl+Shift+S 键，弹出“存储为”对话框，如图 3-2-6 所示。另

外，使用“存储为”对话框中的各种选项，可以生成副本文件，从而保护正在制作的图层或者通道。

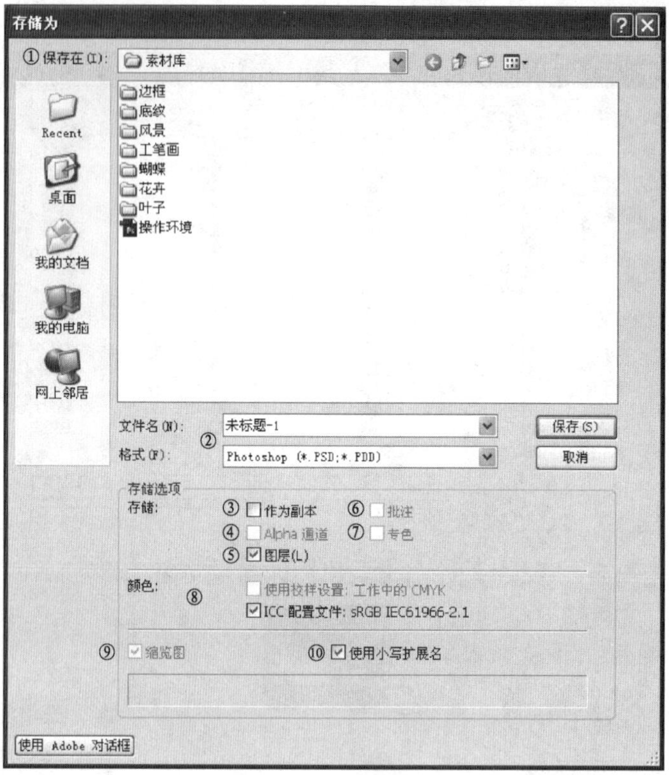

图 3-2-6 “存储为”对话框

① 保存在：选择图像的保存路径。

② 文件名/格式：输入要保存的图像文件名以及选择要保存的图像文件格式。

③ 作为副本：如果勾选该复选框，原文件不发生变化，生成副本文件。副本文件的名称会显示“副本”字样。

④ Alpha 通道：当正在制作的图像文件上有 Alpha 通道时，该复选框就会被激活。如果勾选该复选框，就会保存关于正在制作的 Alpha 通道的所有信息，取消勾选则删除 Alpha 通道。

⑤ 图层：正在制作的图像上有图层时，该复选框就会被激活，如果勾选该复选框，可以保存图像中的图层，取消勾选则所有的图层将被合并为背景图层。

⑥ 批注：利用注释工具制作了图像说明时，该复选框就会被激活，勾选该复选框以后，可以连同图像中的注释一起保存。

⑦ 专色：勾选该复选框，可以同时保存正在制作的专色通道，否则将删除

专色通道。

⑧ 颜色：勾选该选项组中的两个复选框以后，可以同时保存图像的颜色信息。

⑨ 缩览图：生成被保存图像的缩览图像。选择“文件”|“打开”命令打开图像的时候可以预览。“缩览图”选项通常处于不能激活状态。

⑩ 使用小写扩展名：勾选该复选框以后，图像文件的扩展名会显示为小写，如果没有勾选该复选框，则显示为大写。

3. 存储为 Web 和设备所用格式

选择“文件”|“存储为 Web 和设备所用格式”命令，在弹出的对话框中设置相关参数，可以把正在制作的图像保存成 Web 专用文件，并最优化颜色或者文件容量。使用该操作通常会使图像数据量大幅减小。

3.2.5 调整图像与画布大小

拓展资源 3-2：调整图像与画布大小

Photoshop 提供了显示图像区域的图像尺寸和显示纸张大小的画布尺寸功能。由于图像尺寸和画布尺寸不可混同，所以在实际操作时，一定要准确区分。

1. 对图像大小和画布大小的理解

选择“图像”|“图像大小”命令，改变图像的宽度和高度，此时图像的画布尺寸也随之改变，但两者的尺寸相同，选择“图像”|“画布大小”命令，增加画布的宽度和高度。这样，包含在画布区域中的图像尺寸没有任何变化，只有画布尺寸变大了，此时变大的区域上显示工具箱中的背景色。

若缩小或放大图像尺寸，随着图像分辨率的不同，图像品质会受到不同程度损伤或形态上发生变形。但是，改变画布尺寸时，因为图像尺寸没有改变，所以图像品质不会受到影响。

2. “图像大小”对话框

当前工作区上已存在导入图像时可以使用。选择“图像”|“图像大小”命令，弹出“图像大小”对话框，如图 3-2-7 所示。在这里可以查看或者更改当前正在制作的图像尺寸和分辨率。当原图像的尺寸和分辨率很高时，可以利用该对话框缩小各项数值。但是，当原图像尺寸比较小，分辨率比较低的时候，如果放大图像，提高分辨率值，会降低图像品质。

①“像素大小”选项组：显示图像宽度和高度的整体像素。如果减少或者增加宽度和高度像素数，图像容量和文档大小值会自动改变。修改像素大小后，图像的新文件大小会出现在“图像大小”对话框的顶部，而旧的文件大小在括号内显示，如图 3-2-8 所示。

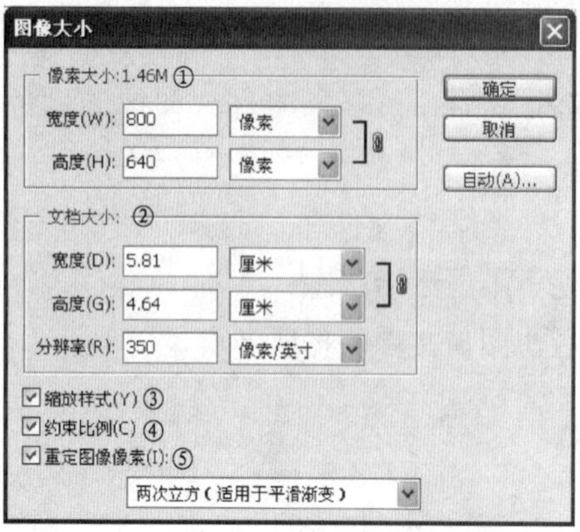

图 3-2-7 “图像大小”对话框

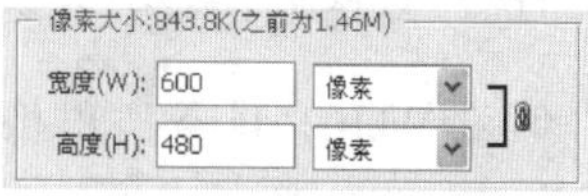

图 3-2-8 调整像素大小后文件大小的变化

② “文档大小”选项组：用来设置图像的打印尺寸（“宽度”和“高度”选项）和分辨率（“分辨率”选项）。如果勾选了对话框下面的“重定图像像素”复选框，则修改图像的宽度或高度时，将改变图像中的像素数量。Photoshop 会根据“插值方法”选项内设定的插值方法来增加像素。减少像素时对图像的质量没有太大影响，而增加像素时会使图像质量下降。如果取消勾选“重定图像像素”复选框，然后再修改图像的宽度或高度，则图像的像素总量不会变化。

③ 缩放样式：如果图像带有应用了样式的图层，勾选此复选框后，可在调整图像的大小时自动缩放样式效果。只有勾选了“约束比例”复选框，才能勾选此复选框。

④ 约束比例：如果勾选了此复选框，改变“像素大小”选项组中的像素数和“文档大小”选项组中的图像尺寸的时候，可以按照相同的比例维持宽度和高度的大小。如果没有勾选该复选框，用户可随意改变宽度与高度的像素数和尺寸。

⑤ 重定图像像素：在不改变图像文件容量的状态下，改变图像尺寸及分辨率。也就是说，如果缩小图像的分辨率，图像尺寸会增加，如果缩小图像尺寸，分辨率就会提高。

如果不勾选“重定图像像素”复选框，“缩放样式”和“约束比例”复选框都不激活，也就无法改变整体像素数以及图像容量。

⑥ 自动：单击该按钮，弹出“自动分辨率”对话框，如图 3-2-9 所示。用户可以在打印之前设置输出图像的画面挂网的线数，Photoshop 可以根据输出设备的网频来确定建议使用的图像分辨率。另外，选择“品质”选项组中的各项单选按钮，也可以自动选择打印品质。

3. “画布大小”对话框

选择“图像”|“画布大小”命令，弹出“画布大小”对话框，如图 3-2-10 所示，通过设置其中的参数，可以放大或者缩小工作区，即画布尺寸。如果画布

变大，画布区域中就会自动填充工具箱中的背景色。

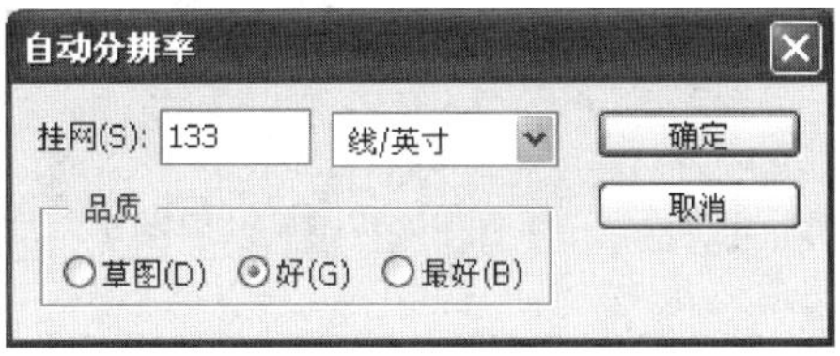

图 3-2-9 “自动分辨率”对话框

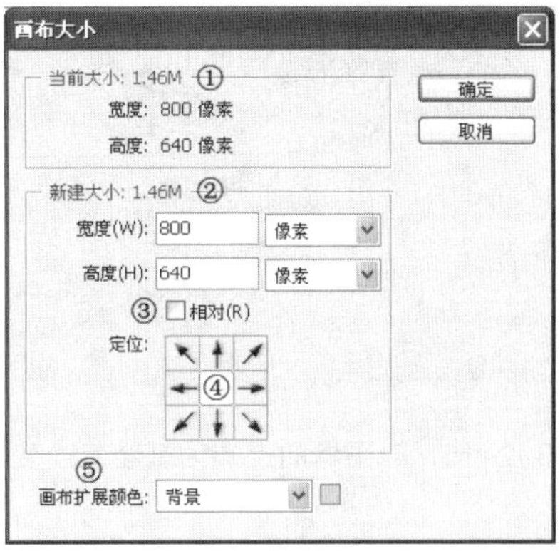

图 3-2-10 “画布大小”对话框

① 当前大小：如果用宽度和高度显示当前图像的画布尺寸，就可以查看整体图像的容量。

② 新建大小：输入宽度和高度值，可以改变画布的尺寸，并显示改变后的图像容量。如果画布尺寸变大，那么，图像外围部分会填充工具箱中的背景色。

提示：图像尺寸和画布尺寸的关系。当把画布尺寸改成比整体图像尺寸小的时候，会弹出如图 3-2-11 所示的提示框。单击“继续”按钮，可以把画布尺寸改得比图像尺寸更小。由于画布比图像小，所以只能显示出部分图像。

图 3-2-11　提示框

③ 相对：如果勾选该复选框，可以以当前画布尺寸为基准改变画布尺寸。也就是说，当前画布的宽度和高度值均变为“0”，直接在其文本框中输入要增大或者缩小的值即可。因此，在增大画布尺寸时输入正值，如果是缩小就要输入负值。

④ 定位：可以将画布尺寸的缩放方向设置成 8 个方向，也就是图像在画布中的位置。基本值是中间位置。效果如图 3-2-12～图 3-2-16 所示。

图 3-2-12　原图像

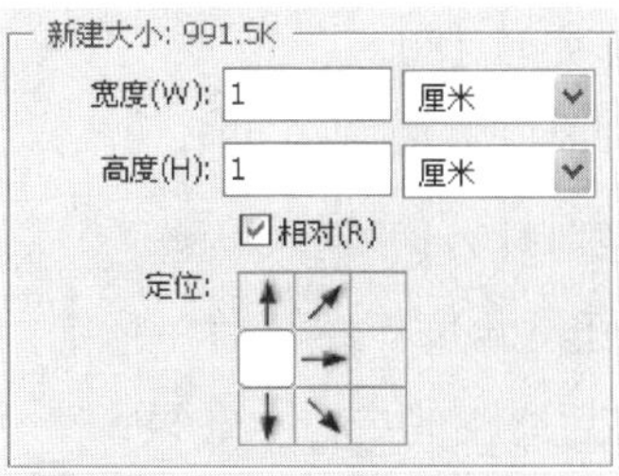

图 3-2-13　以图像的左边为基准，改变画布尺寸

图 3-2-14　效果图 1

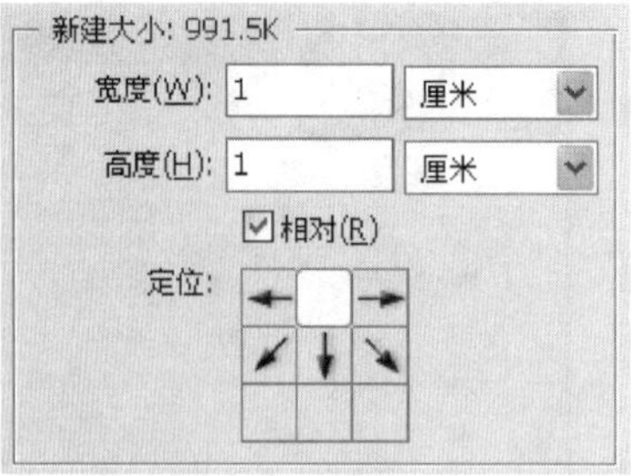

图 3-2-15 以图像的上端为基准，改变画布尺寸

图 3-2-16 效果图 2

⑤ 画布扩展颜色：在其下拉列表框中选择填充在画布区域内的颜色，其默认设置为背景色。

3.2.6 旋转画布

拓展资源 3-3：旋转画布

选择“图像”|“旋转画布”命令旋转或者翻转整个画布时，画布上的图像、图层、通道等所有元素都可以被旋转。如果只对图像的一部分应用变形功能，就要使用“编辑”菜单中的“变换”子菜单中的众多命令，如图 3-2-17～图 3-2-19 所示。

图 3-2-17 原图像

图 3-2-18 “变换”子菜单中的命令

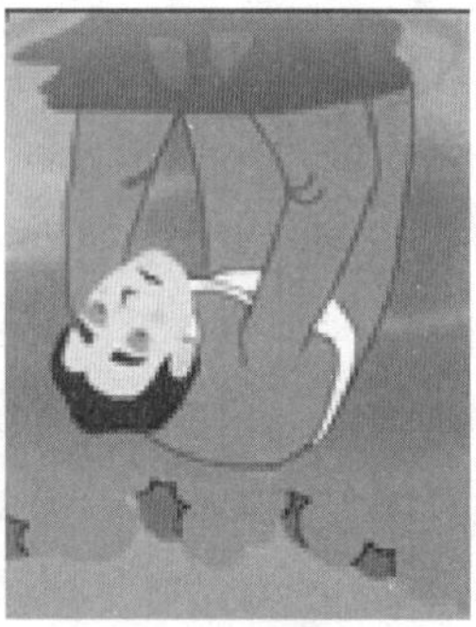

图 3-2-19 旋转 180°

① 180 度：将画布对称旋转 180°。

② 90 度（顺时针）：顺时针方向旋转 90°。

③ 90 度（逆时针）：逆时针方向旋转 90°。

④ 任意角度：选择“任意角度”命令后，指定角度值，就可以按照需要的角度进行旋转，在旋转画布后产生的余白上会显示工具箱中的背景色。

⑤ 水平翻转画布：水平方向翻转画布。

⑥ 垂直翻转画布：垂直方向翻转画布。

3.2.7　图像的变换与变形

拓展资源 3-4：图像的变换与变形

“编辑”菜单“变换”子菜单中包含对图像变换与变形的各种命令，如图 3-2-20 所示。通过这些命令可以对选区内的图像、图层、路径和矢量形状进行变换操作，如缩放、旋转、斜切、扭曲等。执行这些命令时，当前对象上会显示定界框，拖动其中的控制点（锚点）便可进行变换操作。

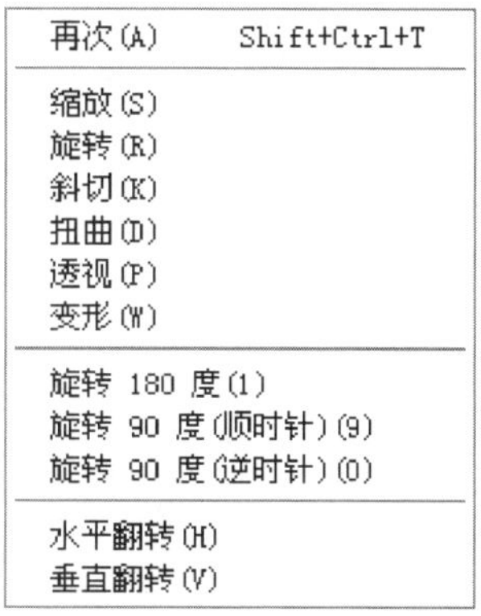

图 3-2-20　“变换”子菜单中的命令

选择“编辑” | “自由变换”命令，或按 Ctrl+T 键，同样会显示定界框，通过拖动控制点（锚点）可对图像进行任意的变换（有些操作需要借助辅助键）。

提示：选择“编辑” | “变换” | “旋转 180 度”、“旋转 90 度（顺时针）”、“旋转 90 度（逆时针）”、“水平翻转”、“垂直翻转”命令时，可直接对图像进行以上变换。

1. 缩放图像

① 选择“编辑” | “自由变换”命令，或按 Ctrl+T 键，显示定界框。

② 将光标移至定界框四周控制点，当光标显示为状时，单击并拖动鼠标可缩放对象。

③ 如果在缩放的同时按住 Shift 键，则可以进行等比缩放。

④ 操作完成后按 Enter 键确认。

提示：在进行变换操作的过程中，如果对变换的结果不满意，可按 Esc 键取消操作。

2. 旋转图像

① 按 Ctrl+T 键，显示定界框。

② 将光标移至定界框外侧位于中间位置的控制点上，当光标显示为状时，单击并拖动鼠标可旋转对象，如图 3-2-21、图 3-2-22 所示。

图 3-2-21　移动光标

图 3-2-22　旋转对象

③ 操作完成后按 Enter 键确认。

3. 斜切图像

① 按 Ctrl+T 键，显示定界框。

② 将光标移至定界框外侧位于中间位置的控制点上，按 Shift+Ctrl 键，此时光标显示为状，单击并拖动鼠标可沿水平方向斜切对象，如图 3-2-23、图 3-2-24 所示。

图 3-2-23　移动光标

图 3-2-24　斜切对象

③ 操作完成后按 Enter 键确认。

④ 将光标移至定界框四周的控制点上，光标显示为状，单击并拖动鼠标可沿垂直方向斜切对象。

4. 扭曲图像

① 按 Ctrl+T 键，显示定界框。

② 将光标移至定界框四周的控制点上，按 Ctrl 键，此时光标显示为状，单击并拖动鼠标可扭曲对象，如图 3-2-25、图 3-2-26 所示。

图 3-2-25　移动光标

图 3-2-26　扭曲对象

③ 操作完成后按 Enter 键确认。

5. 透视图像

① 按 Ctrl+T 键，显示定界框。

② 将光标移至定界框四周的控制点上，按 Ctrl+Shift+Alt 键，此时光标显示为▶状，单击并拖动鼠标可透视变换对象，如图 3-2-27、图 3-2-28 所示。

图 3-2-27　移动光标

图 3-2-28　透视对象

③ 操作完成后按 Enter 键确认。

3.2.8　实例制作：制作宣传页面

该实例通过对画布尺寸的调整操作，在一幅已有素材的基础上添加文字及阴影特效，并通过画笔工具添加花边效果，实现“中华成语跟我学”项目的宣传页面。

拓展资源 3-5：实例制作：合成插图

① 选择“文件”|“打开”命令，选择如图 3-2-29 所示的图片。

图片素材 3-1：图 3-2-29

② 为图像四周增加背景。选择“图像”|“画布大小”命令，弹出“画布大小”对话框，将“定位”中心设置到方框中心，如图 3-2-30 所示，在“画布扩展颜色”下拉列表框后的色标中选择相应颜色，参数设置如图 3-2-31 所示，单击“确定”按钮后，效果如图 3-2-32 所示。

图 3-2-29　原始图

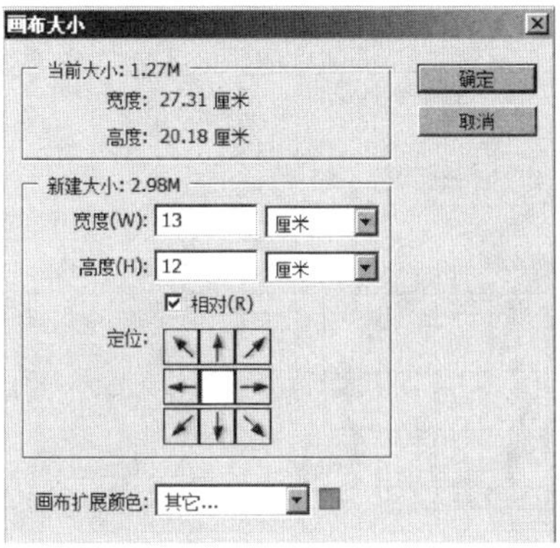

图 3-2-30　“画布大小”对话框

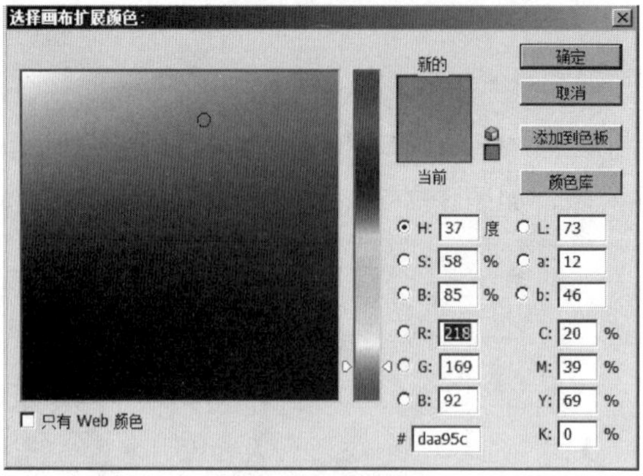

图 3-2-31 “选择画布扩展颜色”对话框

图 3-2-32 调整画布大小

③ 为图像四周添加花边效果。使用工具箱中的矩形选框工具，围绕中间画面四周进行选择，得到方形选区，如图 3-2-33 所示。选择“选择”|“反向”命令，翻转选区，如图 3-2-34 所示。使用工具箱中的画笔工具，并选取画笔和相应参数，如图 3-2-35 所示。沿图像边缘进行涂抹和单击，效果如图 3-2-36 所示。

图 3-2-33 建立方形选区

图 3-2-34 翻转选区

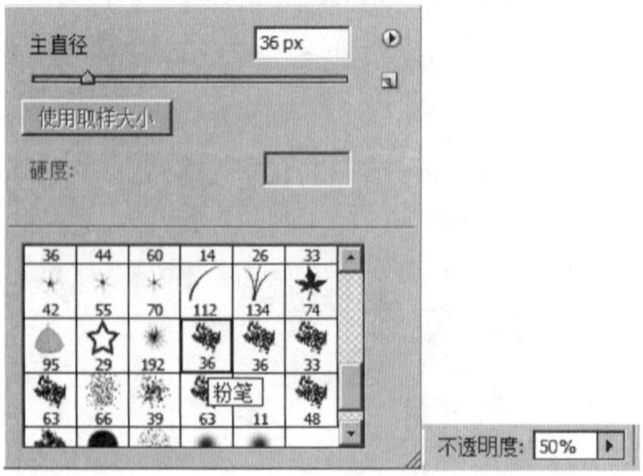

图 3-2-35 调整画笔相应参数

图 3-2-36 绘制装饰边缘

④ 添加文字。在工具箱中选择横排文字工具T，输入文字，如图 3-2-37 所示。

图 3-2-37　添加文字效果

⑤ 为文字添加图层效果。在“图层”调板中分别选中左侧和下方文字所在图层，双击该图层，在弹出的“图层样式”对话框中设置“投影”、“外发光”选项，如图 3-2-38、图 3-2-39 所示。

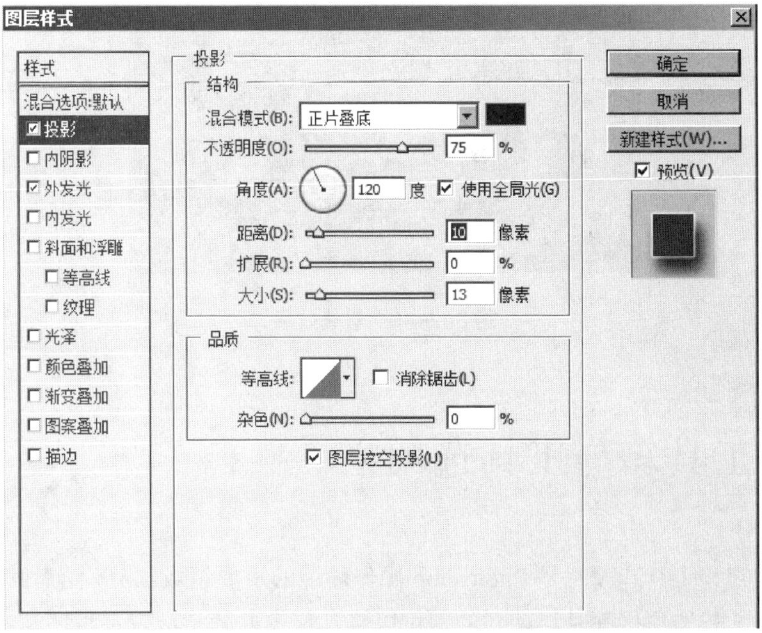

图 3-2-38　设置文字所在图层的投影图层样式

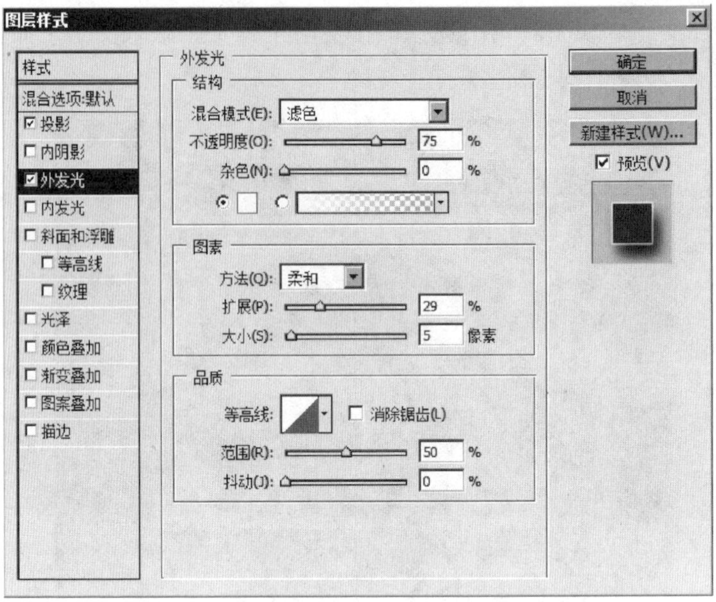

图 3-2-39　设置文字所在图层的外发光图层样式

⑥ 添加图片，修饰图像，最终合成插图效果如图 3-2-40 所示。

图 3-2-40　最终效果

3.3　工具箱与工具选项栏

工具箱和工具选项栏是 Photoshop 操作环境的重要组成部分，两者缺一不可。工具箱和工具选项栏都是浮动式的，可以将其拖曳并随意放置在程序窗口的任一位置。启动 Photoshop 后，如果操作环境中没有工具箱或选项栏，则说明它们已

被隐藏，选择“窗口”|“工具”命令或“窗口”|“选项”命令即可显示。

3.3.1　工具箱的使用

拓展资源 3-6：工具箱的使用

Photoshop CS3 的工具箱中包含了用于创建和编辑图像的工具和按钮。按照使用功能可以将它们分为 7 组：选择工具、裁剪和切片工具、修饰工具、绘画工具、绘图和文字工具、注释度量和导航工具，以及其他的控制按钮。工具箱中的每个工具都用不同图标来表示，而且大多数工具图标右下角有一个小黑三角，它说明此工具图标中隐藏有其他工具。只要用鼠标按住工具图标不放，系统就会自动出现隐藏的工具，这样用户就可方便地切换该图标组中的各个工具。工具箱如图 3-3-1 所示。

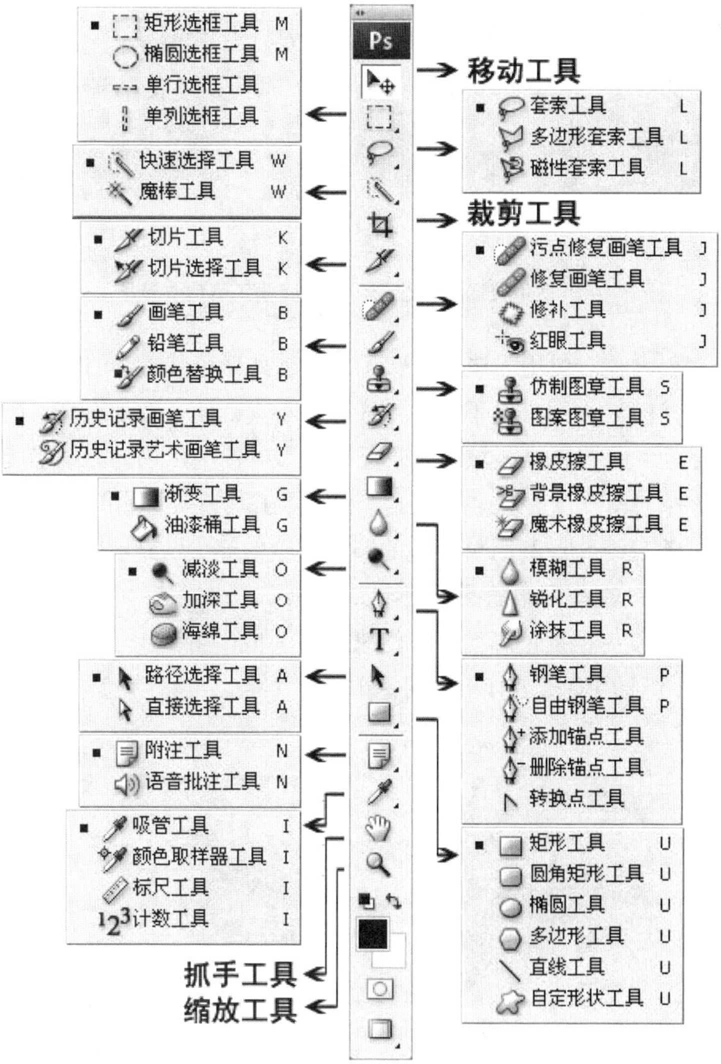

图 3-3-1　绘图工具箱

教学课件 3–2：Photoshop 中工具的使用 1

教学实验 3–2：选区的灵活操作

实验素材 3–2

单击工具箱顶部的双箭头可以切换工具箱为单排或双排显示，单击工具箱顶部并拖动鼠标可调整工具箱位置。

① 移动工具：用来移动选定的内容或图层。

② 选择工具：使用该工具可按照指定形态在图像中指定选区，包括矩形选框工具、椭圆选框工具、单行选框工具和单列选框工具。在图像窗口中选中要处理的图像区域为选择区，使用该工具配合 Shift+Alt 键可得到以原点为中心的正方形或圆形选择区，选择区的轮廓线形成的闪烁的虚线被称为选择框。图像处理如画图、剪切、复制、颜色调整等功能只能在选择框内进行操作。

③ 套索工具：用在图像或某一单独的图层中，以自由手控的方式进行选择，可以选择出极其不规则的形状，如图 3–3–2 所示。

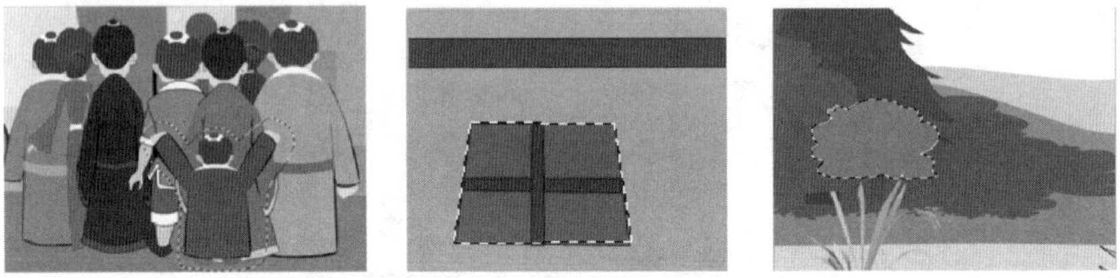

（a）普通套索工具　（b）多边形套索工具　（c）磁性套索工具

图 3–3–2 使用普通、多边形、磁性套索工具建立选区

a．普通套索：一般用于选取一些无规则、外形极其复杂的图形。

b．多边形套索：用来以手控的方式进行不规则的多边形选择。

c．磁性套索：当选择区域与背景反差较大时使用，选择的精确度较高。

④ 快速选择工具：包括快速选择工具和魔棒工具。效果如图 3–3–3 所示。

a．快速选择工具：利用可调整的圆形画笔的笔尖快速“绘制”选区，选区会向外扩展并自动查找和跟随图像中定义的边缘。

b．魔棒工具：根据色彩的相似性来选定区域，主要用于选定一些外形极不规则的图形对象，用魔棒工具单击图像中的某个点，可将附近与该点颜色相近的点纳入选择域。

（a）快速选择工具　（b）魔棒工具

图 3–3–3 使用快速选择、魔棒工具建立选区

⑤ 裁剪工具：用裁剪工具选定图像中的某个区域后，双击该区域或右击从快捷菜单中选择“裁剪”命令，即可将未被选中的区域从图像中直接删除，裁切掉多余而无用的部分。

⑥ 切片工具：分割图像，以便在网页上使用，包括切片工具和切片选择工具。

a．切片工具：用于分割图像提高图像在网页上的传输速度，分割后图片左上角有数字编号。

b．切片选择工具：用于选择和调整切割区域，为切割区指定链接地址。

⑦ 污点修复画笔工具：包括污点修复画笔工具、修复画笔工具、修补工具和红眼工具。

a．污点修复画笔工具：可以快速去除照片中的污点、划痕和其他不理想的部分。污点修复画笔工具不需要先建立样本，可以自动从所修饰区域的周围取样，直接使用图像或图案中的样本像素进行绘画，并将样本像素的纹理、光照、透明度和阴影与所修复的像素相匹配。选择该工具后，在需要修复的图像区域单击并拖动鼠标涂抹即可进行修复。

b．修复画笔工具：需要首先建立样本，可以利用图像或图案中的样本像素来绘画。该工具可以从被修饰区域的周围取样，使用图像或图案中的样本像素进行绘画，并将样本的纹理、光照、透明度和阴影等与所修复的像素相匹配，从而去除照片中的污点和划痕，并使修复结果无人工痕迹。

c．修补工具：从图像的其他区域或使用图案来修补当前选中的区域，与修复画笔工具一样，修补工具会将样本像素的纹理、光照和阴影与源像素进行匹配。选择该工具后，需要选区来定位修补范围。效果如图 3-3-4 所示。

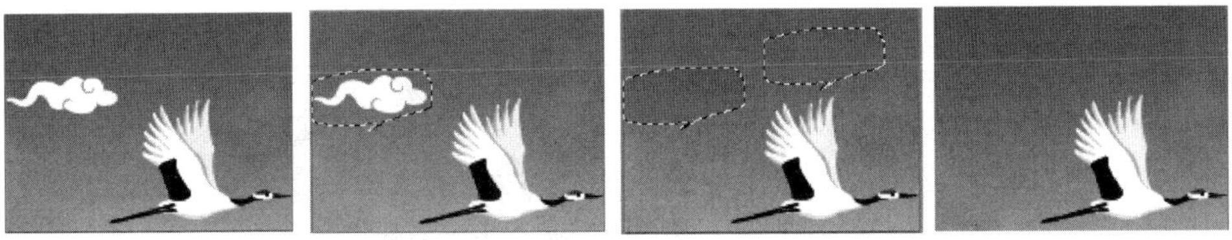

（a）原图　（b）使用修补工具建立选区　（c）拖动选区到新的位置　（d）处理后的效果

图 3-3-4　使用修补工具处理图像

d．红眼工具：可移去用闪光灯拍摄的人物照片中的红眼，也可移去用闪光灯拍摄的动物照片中的白色或绿色反光。选择该工具后，在眼睛的红色区域单击即可进行校正。

⑧ 画笔工具：包括画笔工具、铅笔工具、颜色替换工具。

a．画笔工具：以毛笔方式在图像或选择区域内绘制图像，画出类似于毛笔或水彩笔效果。选择该工具后，在画面单击并拖动鼠标即可使用前景色绘制线条。效果如图 3-3-5（b）所示。

b．铅笔工具：通常用于绘制一些棱角突出、无边缘发散效果的线条。与画笔工具的区别是：画笔工具可以绘制带有柔边效果的线条，而铅笔工具只能绘制硬边线条，将图像放大后，铅笔工具绘制的线条边缘会呈现锯齿状。该工具使用方法与画笔工具基本相同，效果如图 3-3-5（c）所示。

（a）原图　（b）使用画笔工具效果　（c）使用铅笔工具效果

图 3-3-5　使用画笔工具处理图像

c．颜色替换工具：使用前景色替换图像中的颜色。该工具不适合用于位图、索引或多通道颜色模式的图像。

教学实验 3-3：图章工具、渐变工具的重点掌握

实验素材 3-3

⑨ 图章工具：样式如同生活中使用的印章，主要作用是复制图像以达到修复图像的目的。

a．仿制图章工具：对于复制对象或去除图像中的缺陷很有用，选择该工具后，按住 Alt 键在图像中单击，可以从图像中取样。取样后，在画面中拖动鼠标涂抹可以复制取样内容。效果如图 3-3-6 所示。

（a）原图　（b）效果

图 3-3-6　使用仿制图章工具处理图像

b．图案图章工具：和仿制图章工具功能相似，只是它的取样过程不同。它先定义取样区域图案，然后以定义的区域图案进行描绘复制。当然也可使用系

统提供的图案进行描绘。

⑩ 擦除工具：用来擦除图像，既是图像修复工具又是图像选取工具。

a．橡皮擦工具：通过拖动鼠标来擦除图像，如果在背景图层中或已锁定透明度的图层中使用，被擦除的部分将显示为背景色；在其他图层使用，被擦除的区域变为透明区域。

b．背景橡皮擦工具：一种智能擦除工具，它具有自动识别对象边缘的功能，可采集画笔中心的色样，并删除在画笔内的任何位置出现的该颜色，使擦除区域成为透明区域。通过控制不同的取样和容差选项，可以控制透明度的范围和边界的锐化程度。

c．魔术橡皮擦工具：也具有自动分析图像边缘的功能，如果在“背景”图层或锁定了透明区域的图层中使用该工具，被擦除的区域会显示为背景色；在其他图层中使用该工具，被擦除的区域会成为透明区域。

⑪ 渐变工具：包括渐变工具和油漆桶工具。效果如图 3-3-7 所示。

教学课件 3-3：Photoshop 中工具的使用 2

（a）原图　（b）使用渐变工具填充背景　（c）使用油漆桶工具填充背景

图 3-3-7　使用渐变工具处理图像

a．渐变工具：用来在整个文档或选区内填充渐变颜色。选择该工具后，在图像中单击并拖动出一条直线，以标示渐变的起点和终点，放开鼠标后即可创建渐变。可以在工具选项栏中设置渐变类型、渐变颜色、混合模式等。

b．油漆桶工具：可以在图像中填充前景色或图案。如果创建了选区，填充的区域为所选区域；如果没有创建选区，则填充与鼠标单击点颜色相近的区域。

⑫ 模糊、锐化和涂抹工具：模糊工具可对图像进行柔化、模糊处理；锐化工具使图像边缘更加清晰；涂抹工具就像在未干画面上用手指涂抹产生类似水彩画面效果。效果如图 3-3-8 所示。

a．模糊工具：可以柔化图像中的某一部分，产生模糊效果，用来降低图像相邻像素之间的对比度。在混合、粘贴图像时，避免图像的生硬，用来柔化粘贴到某个图像的粗糙边缘，能够逼真地融入到背景中。

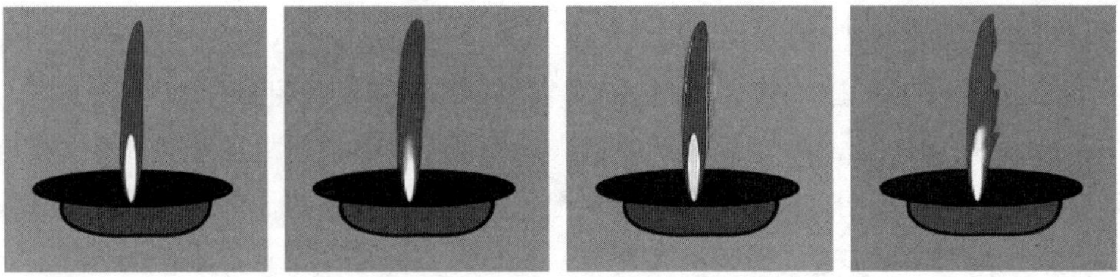

（a）原图 （b）模糊工具处理效果 （c）锐化工具处理效果 （d）涂抹工具处理效果

图 3-3-8 使用模糊、锐化和涂抹工具处理图像

b．锐化工具：和模糊工具的用法完全一样，用鼠标在图像上需要锐化的区域来回拖动即可，产生的效果正好与模糊工具产生的效果相反，增加图像边缘对比度，使图像看上去更加清晰。

c．涂抹工具：可以模拟将手指拖过湿油漆时所看到的效果。该工具可拾取描边开始位置的颜色，并沿拖动方向展开这种颜色。勾选“手指绘画”复选框，可以使用每个描边起点处的前景色进行涂抹；取消勾选，使用每个描边的起点处光标所在位置的颜色进行涂抹。

⑬ 减淡、加深、海绵工具：减淡工具、加深工具模拟了传统的暗室技术，通过它们，用户可以改变图像特定区域的曝光度，使图像变暗或变亮，就如同摄影师在底片中增加或减少光线来增加图像的清晰度一样。效果如图 3-3-9 所示。

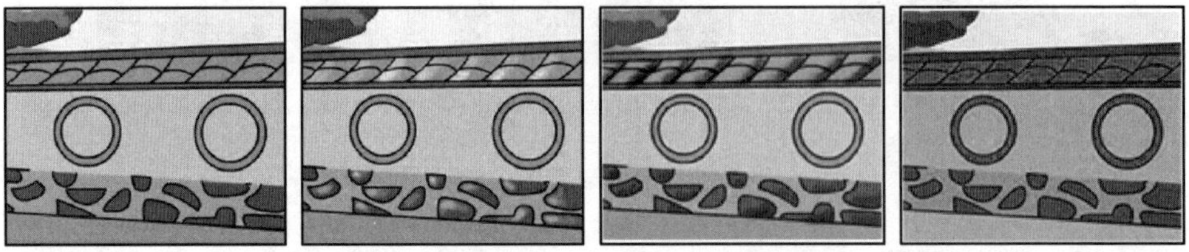

（a）原图 （b）减淡工具处理效果 （c）加深工具处理效果 （d）海绵工具处理效果

图 3-3-9 使用减淡、加深、海绵工具处理图像

a．减淡工具：减淡工具可以使图像深色区域的细节显示出来，这正如摄影的遮挡光线，减少曝光量，增加所涂抹区域的亮度。

b．加深工具：加深工具正好与减淡工具相反，可使画面某区域变暗，增加曝光量，降低所涂抹区域的亮度。

c．海绵工具：用于改变图像的色彩饱和度，这对图像的光线处理很有用。如果图像是灰度模式，该工具可通过使灰阶远离或靠近中间灰色来增加或降低对比度。

⑭ 钢笔工具：在图像的需要部分上创建路径，包括钢笔工具、自由钢笔工具、添加锚点工具、删除锚点工具和转换点工具。

a．钢笔工具：使用该工具创建路径时，可连续在图像中单击鼠标左键，单击处将自动出现锚点，此锚点自动与上一个锚点连接，当光标移动到路径起始处时，路径自动封闭。效果如图 3-3-10 所示。

b．自由钢笔工具：以手绘的方式建立路径，可随意拖动鼠标来创建形状不规则的路径。使用该工具在图像中拖动鼠标时，会有一条路径尾随光标，释放鼠标，工作路径即创建完毕。Photoshop 会自动在光标经过处生成路径和锚点，无须确定锚点位置，完成路径后还可以进一步对其进行调整。此工具选项栏上有一个“磁性的”选项，选中后与磁性套索工具功能相近，能够自动找到反差较大的边缘，并沿着边缘绘制路径。

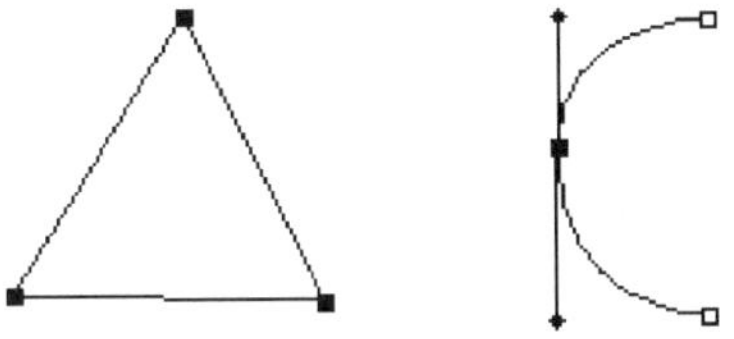

（a）示例一　　（b）示例二

图 3-3-10　使用钢笔工具绘制路径

c．添加锚点工具：在路径上单击可以添加锚点从而增强对路径的控制，也可以扩展开放路径。

d．删除锚点工具：使用该工具单击锚点可以将其删除，从而降低路径的复杂性。

e．转换点工具：画完路径后，用它来修改，可以使平滑点与角点相互转换。

⑮ 文字工具：用于在图像上输入文字，包括横排文字工具、直排文字工具、横排文字蒙版工具和直排文字蒙版工具。使用文字工具创建文字层，使用文字蒙版工具建立文字选区；为文字进行各种变形，只能对文字层上的所有文字有效，不能对单个文字有效；如果要对文字层进行像素化处理必须将文字层转换为普通层。效果如图 3-3-11 所示。

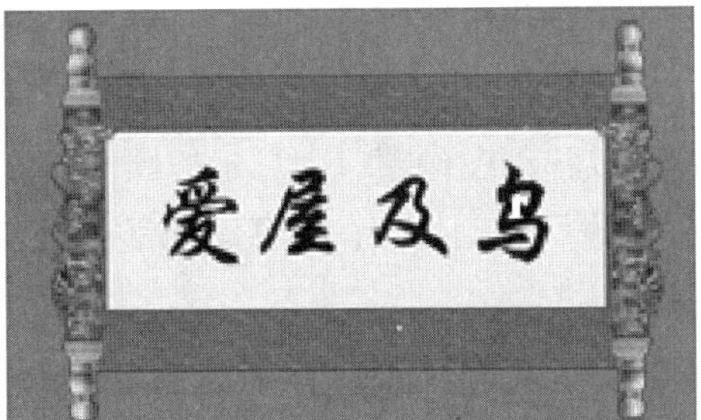

图 3-3-11　使用文字工具创建文字层效果

⑯ 路径选择工具：选择在图像上创建的矢量图形。效果如图 3-3-12 所示。

a．路径选择工具：可以选择路径以及对路径进行移动等操作。

b．直接选择工具：主要用于调整路径的形状。

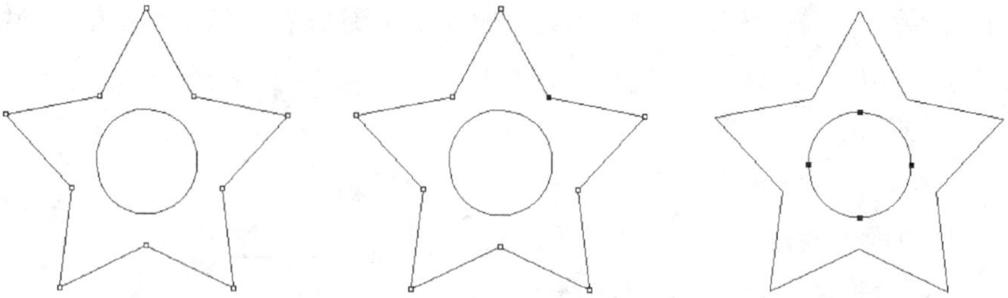

（a）原路径　（b）使用直接选择工具选择锚点　（c）使用路径选择工具选择路径

图 3-3-12　使用路径选择工具选择图形

⑰ 形状工具：创建各种矢量图形。用来画出相应图形，制作出的线条都是矢量线条，包括矩形工具、圆角矩形工具、椭圆工具、多边形工具、直线工具和自定形状工具。效果如图 3-3-13 所示。

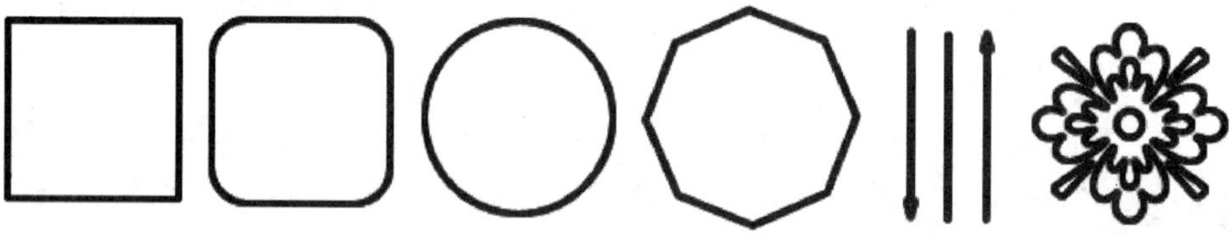

（a）矩形　（b）圆角矩形　（c）圆形　（d）八边形　（e）箭头与直线　（f）花形饰件

图 3-3-13　使用形状工具创建的图形

⑱ 吸管工具：可以从图像上提取颜色转换成前景色或背景色，并可以查看颜色属性。

a．吸管工具：可以从当前图像或屏幕上的任何位置提取颜色并将其设置为前景色或背景色。使用时注意选项栏中取样大小的设置。

b．颜色取样器工具：可以在图像中放置取样点，每一个取样点的颜色信息都会显示在“信息”调板中。

⑲ 抓手工具：可以移动图像窗口上显示的图像部分。当图像无法完整显示时，可使用此工具对其进行移动操作，但移动的是视图而不是图像，它并不改变图像在画布中的位置。

⑳ 缩放工具：当图像真实尺寸大于图像窗口的大小时，可通过缩放工具对图像进行放大或缩小操作。使用缩放工具时按住键盘上的空格键可以切换为抓手工具，因此，按住空格键拖动鼠标即可移动画面。

3.3.2　工具选项栏

工具选项栏用来设置工具的选项，如图 3-3-14 所示。选项栏中的内容会随着选择不同的工具而改变。例如：当使用选择工具时，选项栏会显示选择方式、羽化、样式、宽度、高度、调整边缘等选项，可以从中直接选择以建立各种选区。选择其他工具时也是如此。

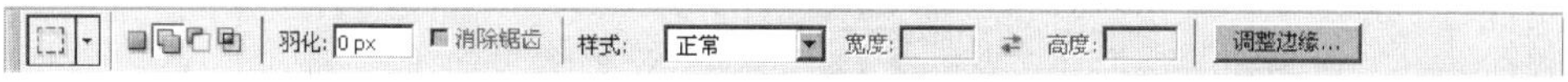

图 3-3-14　工具选项栏

选项栏的最左侧是手柄栏，拖动手柄栏可以移动工具选项栏，也可以将它停放在屏幕的顶部或底部。

3.3.3　实例制作

拓展资源 3-7：实例制作：太极图、修复图像

1. 制作城墙与蓝天场景

该实例通过学习使用矩形选框工具、选区的相加运算、油漆桶工具和渐变工具，来制作项目中的城墙和蓝天场景。

① 选择“文件”|“新建”命令，新建空白场景。创建参数如图 3-3-15 所示。

② 单击“图层”调板底部“创建新图层”按钮，创建新图层“图层 1”并命名为“蓝天”，如图 3-3-16 所示。

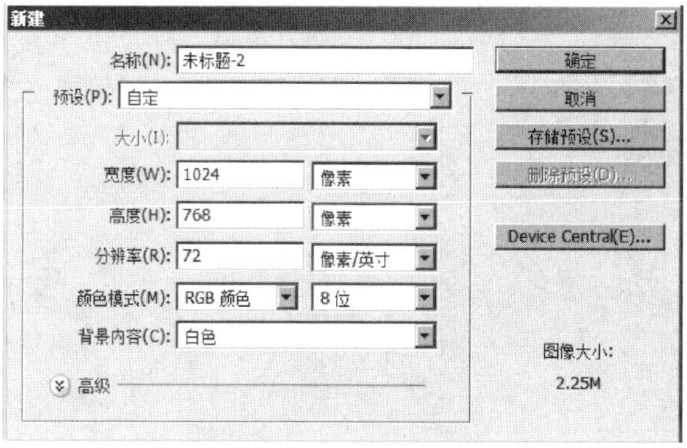

图 3-3-15　新建背景图

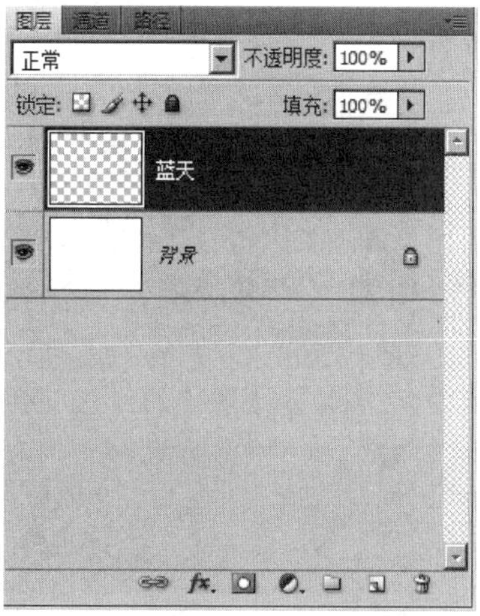

图 3-3-16　创建新图层

③ 选择渐变工具，在其工具选项栏中单击“点按可编辑渐变”按钮，设置相应参数，如图 3-3-17 所示。

④ 在“渐变编辑器”对话框中，单击“线性渐变”按钮，在图层中拉出线性渐变，如图 3-3-18 所示。

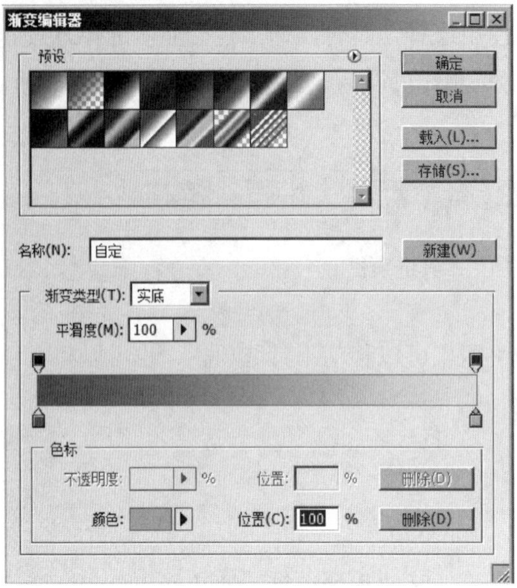

图 3-3-17　设置渐变颜色

图 3-3-18　拉出线性渐变

⑤ 在“蓝天”图层上再次新建图层，并命名为“城墙”，如图 3-3-19 所示。在此图层上使用矩形选框工具，并设置其属性栏中选区运算模式为“添加到选区”模式，制作出锯齿形选区，如图 3-3-20 所示。

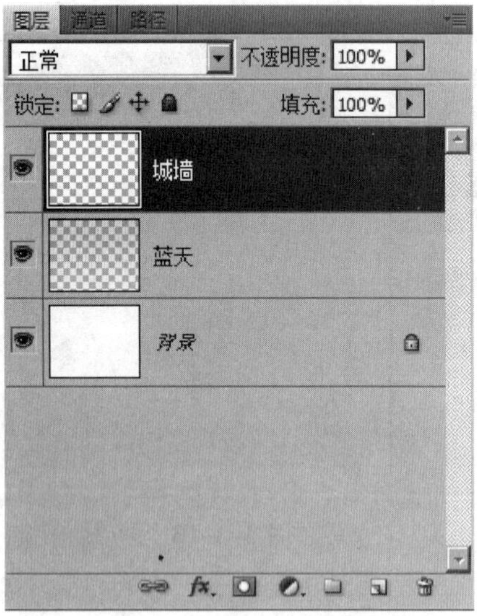

图 3-3-19　新建图层

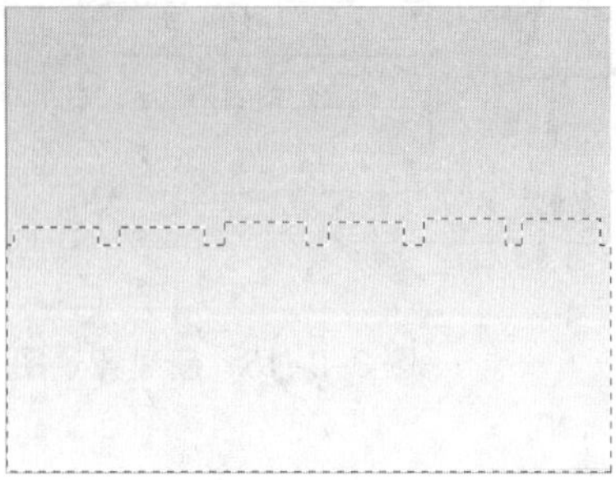

图 3-3-20　建立锯齿形选区

⑥ 调整前景色，R=126，G=173，B=166，并用油漆桶工具进行填充，选择“选择”|“取消选择”命令，取消选区，如图 3-3-21 所示。

⑦ 在“城墙”图层上再次新建图层，命名为“墙砖”。使用矩形选框工具，并设置其属性栏中选区运算模式为“添加到选区”模式，制作如图 3-3-22 所示的交错方格形选区。

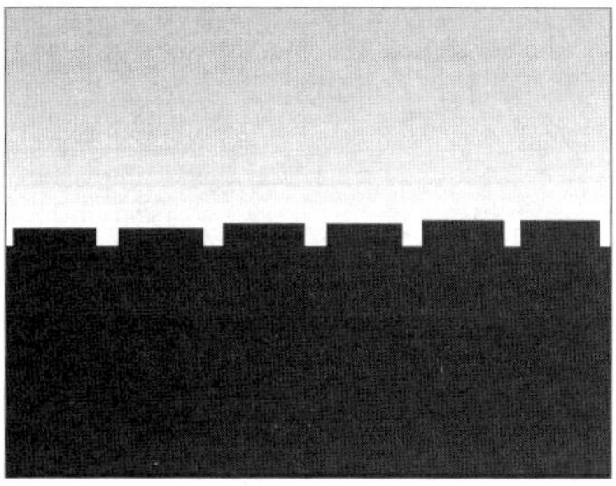

图 3-3-21 效果

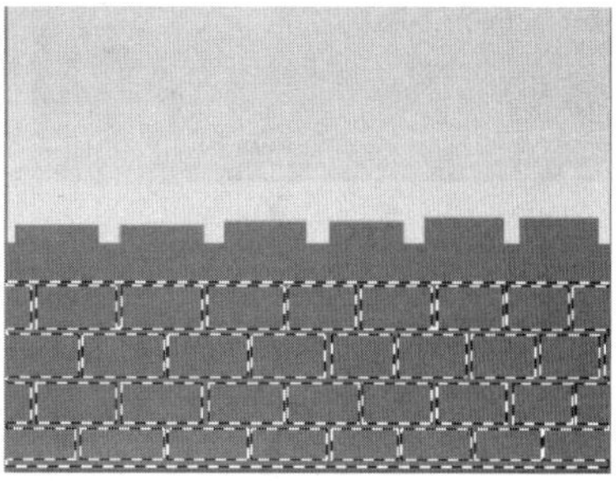

图 3-3-22 制作交错方格形选区

⑧ 选中“墙砖”图层，设置前景色，R=58，G=112，B=104，激活油漆桶工具，填充交错方格形选区，选择“选择”|“取消选择”命令，取消选区。效果如图 3-3-23 所示。

⑨ 在“墙砖”图层上新建图层，命名为“白云”，如图 3-3-24 所示。

图 3-3-23 填充墙缝颜色

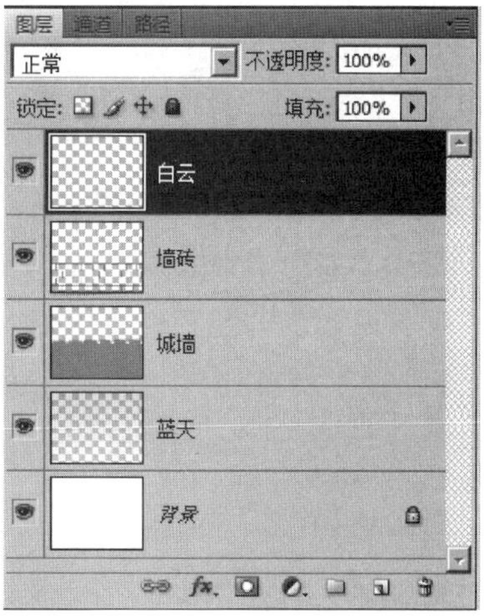

图 3-3-24 新建“白云”图层

⑩ 在“白云”图层上使用椭圆选框工具，并设置其属性栏中选区运算模式为“添加到选区”模式，制作出如图 3-3-25 所示的云彩选区。

⑪ 选择“选择”|“修改”|“羽化”命令，对云彩选区进行羽化，如图 3-3-26 所示。选择“白云”图层，调整前景色为纯白色，使用油漆桶工具，填充云彩选区，选择“选择”|“取消选择”命令，取消选区。最终效果如图 3-3-27 所示。

图 3-3-25　建立云彩选区

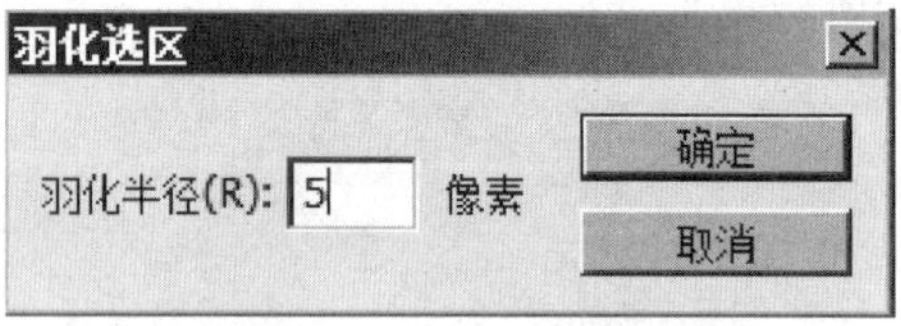

图 3-3-26　设置羽化选区

2. 制作彩虹效果

该实例通过使用渐变工具制作彩虹效果。

图片素材 3-2：
图 3-3-28

① 打开一张背景图片并新建图层，如图 3-3-28、图 3-3-29 所示。

② 在工具栏选择渐变工具，通过工具选项栏打开“渐变编辑器”对话框，在其中选中“透明彩虹”渐变，如图 3-3-30 所示。

图 3-3-27　最终效果

图 3-3-28　背景图片

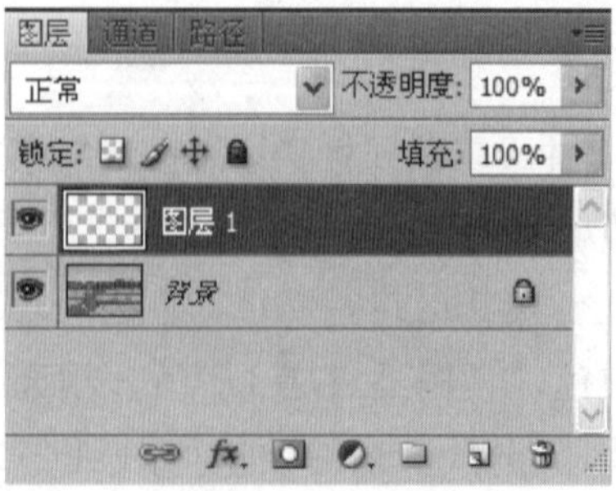

图 3-3-29　新建图层

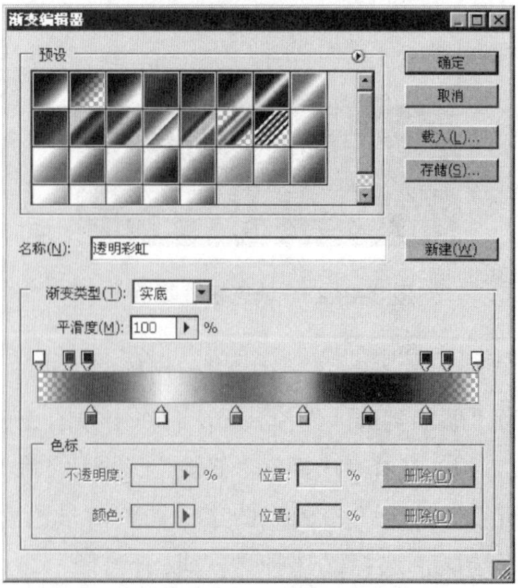

图 3-3-30　“渐变编辑器”对话框

③ 将色标全部移到中间位置，如图 3-3-31 所示。

④ 在工具选项栏中，选择“径向渐变”选项，然后从图像底部向上拉线形成彩虹渐变，如图 3-3-32 所示。

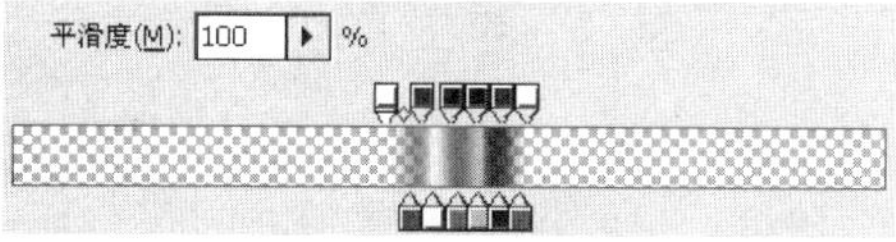

图 3-3-31　调整色标

图 3-3-32　形成渐变效果

⑤ 利用移动工具将彩虹图像上移，可以通过变换图像的操作（按 Ctrl+T 键）调整图像形态，将其调整到合适位置，并在“图层”调板中将该层“不透明度”调整到 20%，如图 3-3-33、图 3-3-34 所示。

图 3-3-33　调整效果

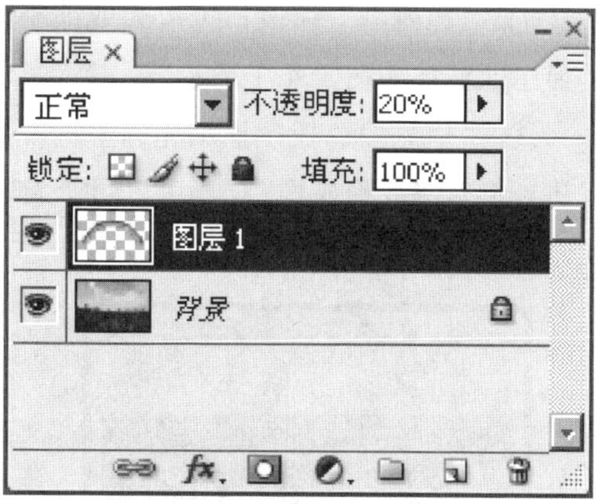

图 3-3-34　“图层”调板状态

⑥ 选择矩形选框工具，在工具选项栏中将羽化值设为 50，在图像中选择彩虹的左右两个下角，并删除图像，这样彩虹的两端就有一个羽化的效果，如图 3-3-35 所示。

⑦ 增加模糊效果以强化真实感。选择“滤镜”|“模糊”|“高斯模糊”命令，根据预览设置参数，最终效果如图 3-3-36 所示。

图 3-3-35　增加羽化效果

图 3-3-36　最终效果

3.4　浮动调板

3.4.1　浮动调板简介

浮动调板又称为调板、控制调板，主要用来控制各种工具和命令详细的参数设置，如颜色、图层编辑、路径编辑、图像显示信息等。调板的大部分功能都与工具箱有一定关联，使用得当可提高工作效率。

① “导航器”调板：可放大或缩小正在制作的图像的显示比例，定位图像的显示区域，如图 3-4-1 所示。

② “信息”调板：显示光标坐标及光标指针下的颜色信息。在对选区和图像进行旋转等变换操作时，还可以显示旋转的角度以及其他有用信息，如图 3-4-2 所示。

图 3-4-1　“导航器”调板

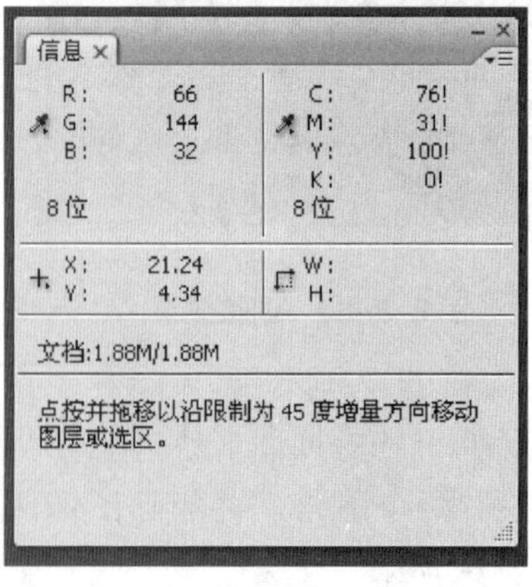

图 3-4-2　“信息”调板

③ “直方图”调板：用图形显示图像每个亮度级别的像素数量，展现像素

在图像上的分布情况，如图 3-4-3 所示。通过直方图可以查看图像的阴影、中间调和高光中包含的细节是否充足，以便为图像调整提供依据。

④ “颜色”调板：显示前景色和背景色，可以利用几种不同的颜色模式来调整前景色和背景色，如图 3-4-4 所示。

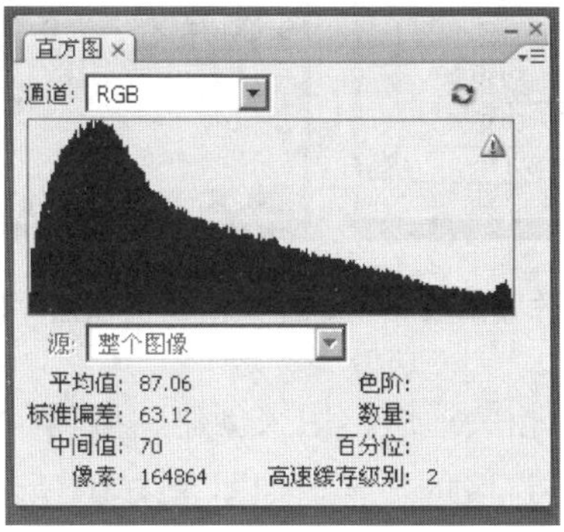

图 3-4-3　“直方图”调板

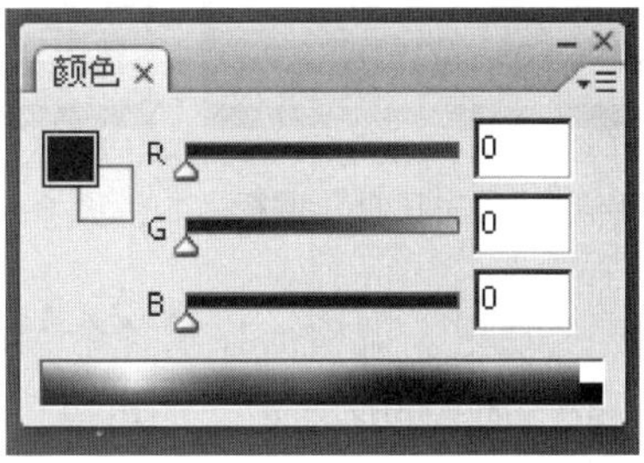

图 3-4-4　“颜色”调板

⑤ “色板”调板：通过色板可以选择颜色，将常用的颜色保存或删除，通过“色板”菜单中的命令还可以载入不同的颜色库加以应用，如图 3-4-5 所示。

⑥ “样式”调板：样式是对图层应用的效果，如斜面、浮雕、投影等，“样式”调板可以保存自定义的图层样式，使用调板中的预设样式可以创建特殊效果，如图 3-4-6 所示。

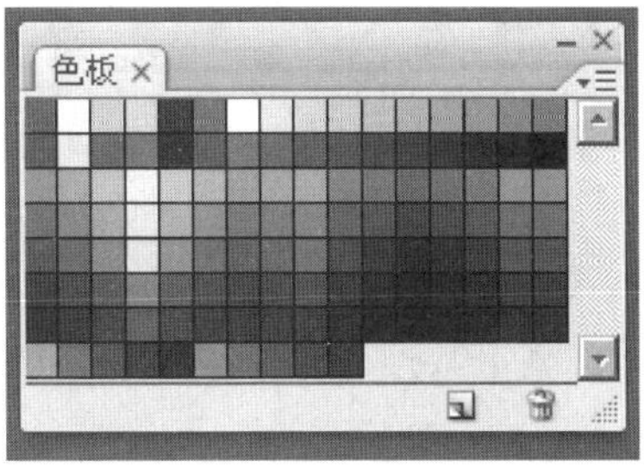

图 3-4-5　“色板”调板

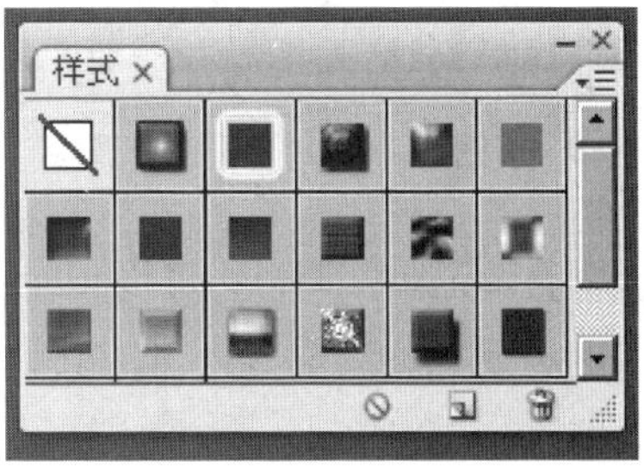

图 3-4-6　“样式”调板

⑦ “历史记录”调板：可以在处理图像的过程中撤销前面所进行的操作，将图像恢复到指定的状态，还可以将当前处理的结果创建为快照或保存为文件，如图 3-4-7 所示。

⑧ “动作”调板：动作是在单个文件或一批文件上自动播放的一系列任务。在进行重复操作时，用于保存工作内容，然后在其他图像或工作中应用相同的操作。使用该调板可以记录、播放、编辑和删除动作，如图 3-4-8 所示。

案例指导 3-1：图像处理自动化

⑨ “图层”调板：管理图层的调板，该调板列出了图像中的所有图层、图

层组和图层效果。可以通过该调板显示和隐藏图层、创建图层、处理图层组等，如图 3-4-9 所示。

图 3-4-7 “历史记录”调板

图 3-4-8 “动作”调板

图 3-4-9 “图层”调板

⑩ “通道”调板：显示各个颜色模式的相关通道，用来创建、编辑和管理通道，可添加 Alpha 通道，还可以进行通道与选区的转换，如图 3-4-10 所示。

⑪ “路径”调板：在 Photoshop 中可以绘制和编辑矢量路径，该调板用来创建、复制、删除、填充或描边路径，还可以进行路径和选区的转换，如图 3-4-11 所示。

图 3-4-10 “通道”调板

图 3-4-11 “路径”调板

⑫“测量记录”调板：可以记录选择工具、标尺工具、计数工具的测量结果，包括长度、面积、周长、密度或其他值，并可将测量数据导出到电子表格或数据库，如图 3-4-12 所示。

图 3-4-12 “测量记录”调板

⑬ “动画”调板：使用该调板可以制作 GIF 动画，编辑动画帧和优化动画。动画调板有两种显示状态：帧模式和时间轴模式，在帧模式中可以处理动画帧，如图 3-4-13 所示；在时间轴模式中可以处理视频文件，如图 3-4-14 所示。（注意：

保存时选择“文件”|“保存为 Web 和设备所用格式”命令即可保存为动画文件）

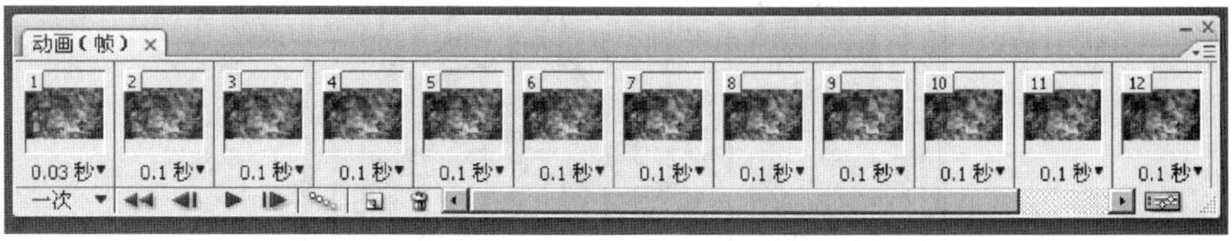

图 3-4-13 “动画（帧）”调板

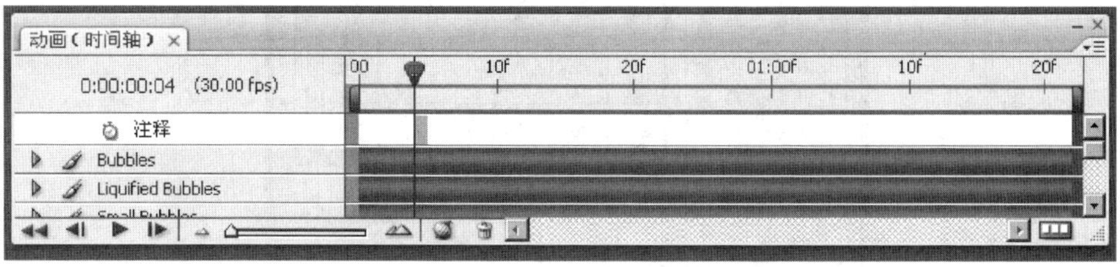

图 3-4-14 “动画（时间轴）”调板

⑭ “段落”调板：用来修改文本段落格式，如图 3-4-15 所示。

⑮ “仿制源”调板：可以为仿制图章工具或修复画笔工具设置不同的样本源，对样本源进行叠加、缩放或旋转，如图 3-4-16 所示。以后使用同样参数的工具时，只需在调板中单击预设的工具图标即可。

⑯ “工具预设”调板：可以存储画笔、套索、裁剪、文字和自定义形状等工具的参数，创建自定义的预设，如图 3-4-17 所示。

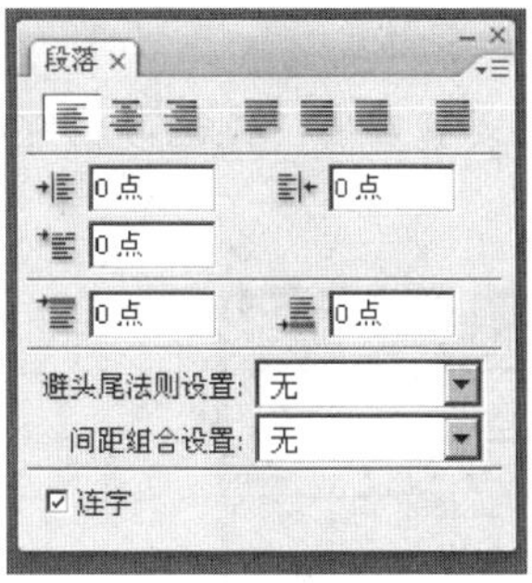

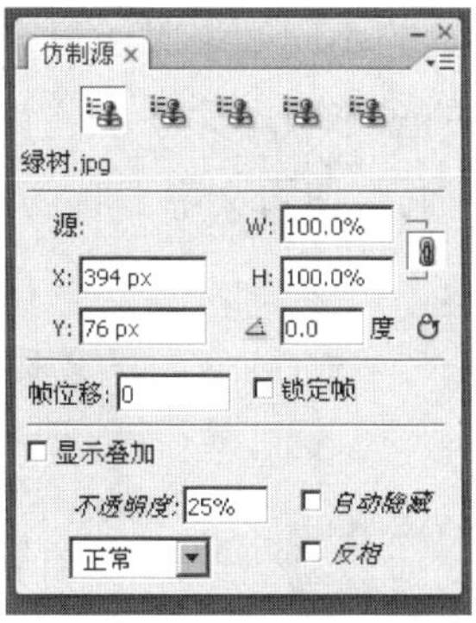

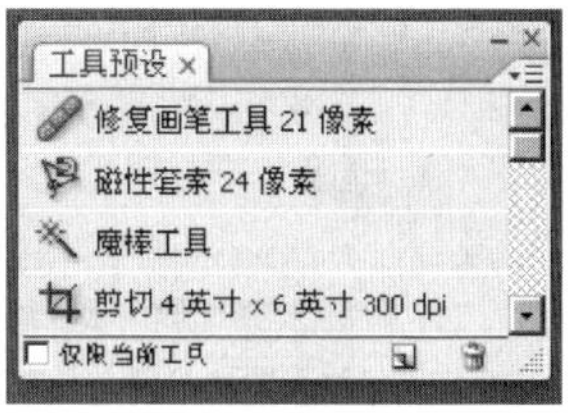

图 3-4-15 “段落”调板　　图 3-4-16 “仿制源”调板　　图 3-4-17 “工具预设”调板

⑰ “画笔”调板：提供各种预设的画笔和图像应用颜料的画笔笔尖选项，还可以修改现有画笔并将其创建为自定义画笔，如图 3-4-18 所示。该调板适用于画笔工具、铅笔工具以及加深、减淡、涂抹等修饰工具。

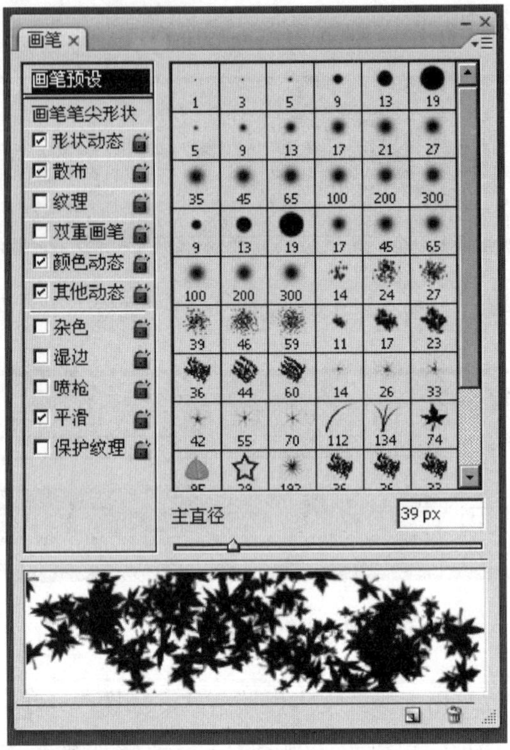

图 3-4-18 “画笔”调板

⑱ “图层复合”调板：图层复合是“图层”调板状态的快照，如图 3-4-19 所示。该调板记录了当前文件中的图层可视性、位置和外观（如图层的不透明度、混合模式、图层样式）。通过图层复合可以快速地在文档中切换不同版面的显示状态。因此，当需要展示多个方案的不同效果时，只需通过该调板便可在单个文件中创建、管理和查看图像处理的多个版本。

⑲ “字符”调板：改变或调整使用文字工具创建的文字大小、颜色等属性，如图 3-4-20 所示。

图 3-4-19 “图层复合”调板

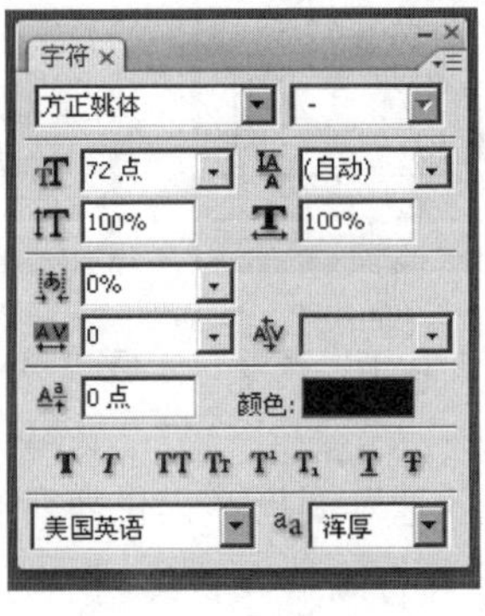

图 3-4-20 “字符”调板

3.4.2　浮动调板的管理

Photoshop 调板可在“窗口”菜单中进行管理。选择菜单栏中的“窗口”选项，从弹出的子菜单中即可选择想要在界面中显示的调板，再单击一次即可隐藏此调板。在编辑过程中，如果打开多个调板，虽然操作起来比较方便，但是会缩小工作空间，甚至妨碍到正常的工作。根据工作需要，只打开必要的调板，才可有效地提高工作效率。

Photoshop 中的调板非常灵活，可以显示或隐藏，也可以根据需要展开或折叠，或将多个调板组合为一个调板组。以下为调板的一些基本操作方法。

① 展开和折叠调板。单击调板左上角的双三角箭头图标，可以展开或折叠调板，如图 3-4-21 所示。折叠调板后，调板会变为图标，单击图标可以展开相应的调板，但每次只能展开一个调板或调板组，如图 3-4-22 所示。

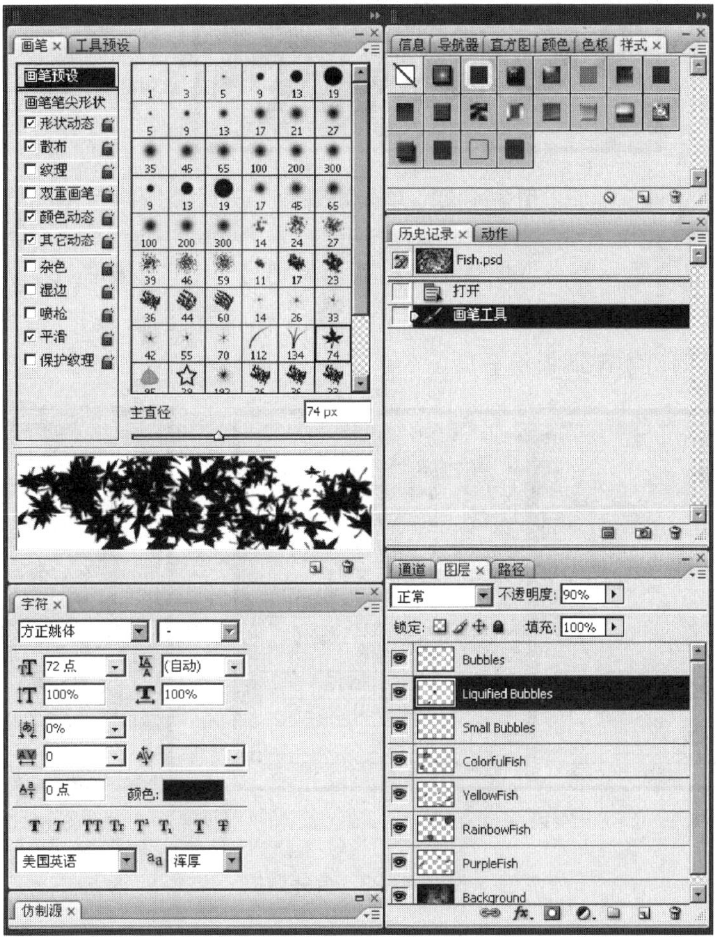

图 3-4-21　展开浮动调板

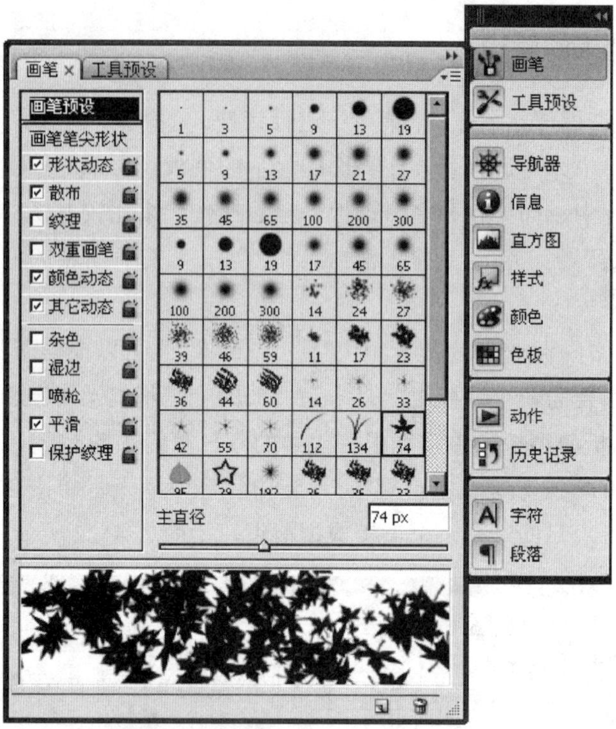

图 3-4-22　单击调板图标打开调板

② 合并调板。单击调板名称并将其拖动到另一个调板标签上，放开鼠标即可实现调板合并，成为调板组，如图 3-4-23 所示。拖动调板组中一个调板名称到窗口空白处即可实现调板组分离。

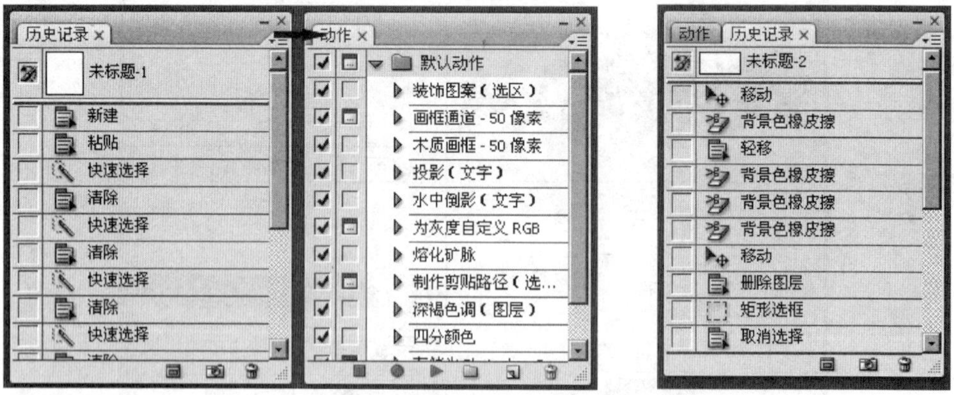

（a）合并前　　　　　　（b）合并后

图 3-4-23　合并调板

③ 链接调板：拖动调板名称到另一个调板底边，当两个调板连接处出现突出的蓝色时，放开鼠标即可实现调板的链接。

④ 移动调板。拖动调板标签即可实现调板的移动。在移动时如果按住 Ctrl 键可防止其停放。如果在移动调板时出现突出显示的蓝色，即可在该区域中移动调板。如果拖动到的区域不是放置区域，则可在工作区中自由移动调板。（注意：如果按住 Shift 键拖动调板，就可以沿着操作画面的上下左右边框移动调板）

⑤ 调整调板的大小。拖动调板的任意一条边，或者拖动调板右下角的大小框标记，可以调整调板的大小。如果改变停放处的所有调板宽度，可以拖动调板左上角的手柄。

提示：按 Tab 键可以显示或隐藏工具箱、工具选项栏和所有调板；按 Shift+Tab 键可以只显示或隐藏调板。

3.4.3　调板菜单

单击调板右上角的按钮，可以打开调板菜单，如图 3-4-24 所示。选择调板菜单中的命令即可执行相应操作。

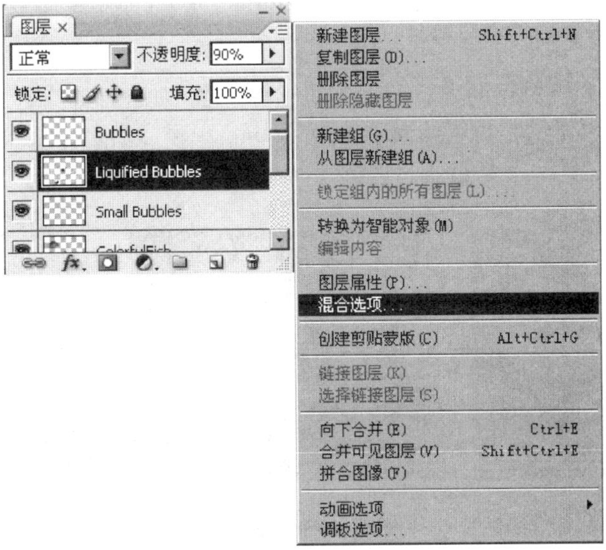

图 3-4-24　调板菜单

3.4.4　实例制作：批量处理图片

该实例利用动作调板对批量图像进行重复处理。

图片素材 3-3：图 3-4-25

① 打开标志图片文件，如图 3-4-25 所示。

② 打开“动作”调板，单击调板下方的“创建新动作”按钮，在弹出的对话框中修改名称，单击“记录”按钮，创建“添加标志”新动作，如图 3-4-26 所示。此时开始记录操作动作。

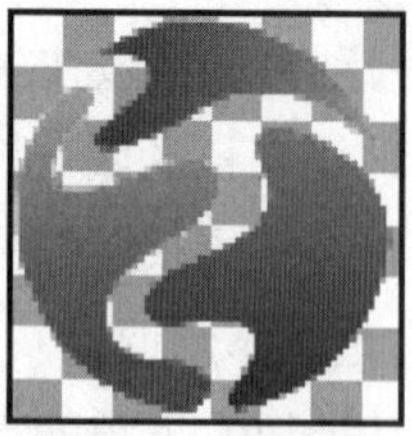

图 3-4-25　标志图片

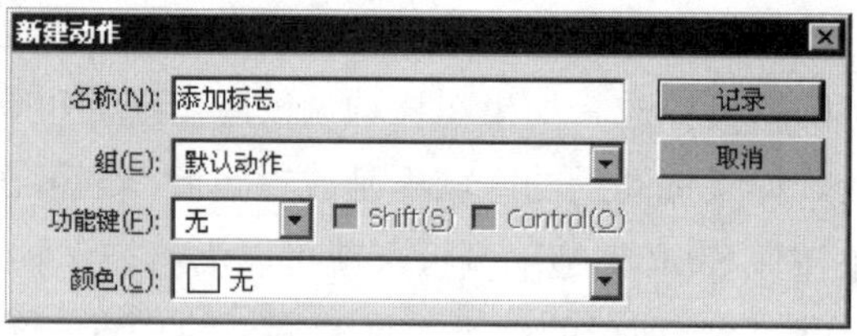

图 3-4-26　“新建动作”对话框

图片素材 3-4：
图 3-4-27

③ 打开待添加标志的图片，如图 3-4-27 所示。

④ 返回到标志图片，对标志图片进行全选操作，然后复制选区。

⑤ 使用工具箱中的矩形选框工具，在待添加标志的图片上建立一个矩形选区。

⑥ 按 Ctrl+V 键，将刚才复制的标志图片粘贴过来。

⑦ 选择“文件”|“存储为”命令，把加了标志的图像另命名保存。

⑧ 单击“动作”调板“停止记录”按钮，完成动作建立。此时图像效果如图 3-4-28 所示。

⑨ 在需要人机对话的步骤前设置对话标志▭，如“打开”这一步需要选择不同的文件，“存储”这一步需要存储为不同的文件名，如图 3-4-29 所示。

图 3-4-27　待添加标志的图片

图 3-4-28　效果

图 3-4-29　“动作”调板的设置

当需要为其他图片添加信息时，就可以利用前面建立的动作快速完成任务。具体操作如下。

① 确保标志文件处于打开状态。

② 在“动作”调板中选中刚才建立的“添加标志”动作，然后单击调板下方的“播放选定的动作”按钮。

Photoshop 会自动重复所录制的步骤，给图片添加标志。当遇到已经设置人机对话的步骤会暂停下来，等待用户给它指示，如打开什么文件，存储为什么格式等。

3.5　图层

3.5.1　图层简介

教学课件 3-4：
图层

1. 图层原理

图层是 Photoshop 中的核心功能，几乎承载了所有的编辑操作。简单来说，图层就像是堆叠在一起的透明纸，每张纸即每个图层上都保存着不同的图像，上面图层的透明区域会显示下面图层的内容，看到的图像就是这些图层堆叠在一起时的效果。使用图层可以非常方便地管理和修改图像，还可以创建各种特效。

2. “图层”调板

“图层”调板列出了图像中的所有图层、图层组和图层效果，通过该调板可以创建、编辑和管理图层，为图层添加样式，显示、隐藏图层等。如图 3-5-1 所示为“图层”调板和“图层”调板菜单。

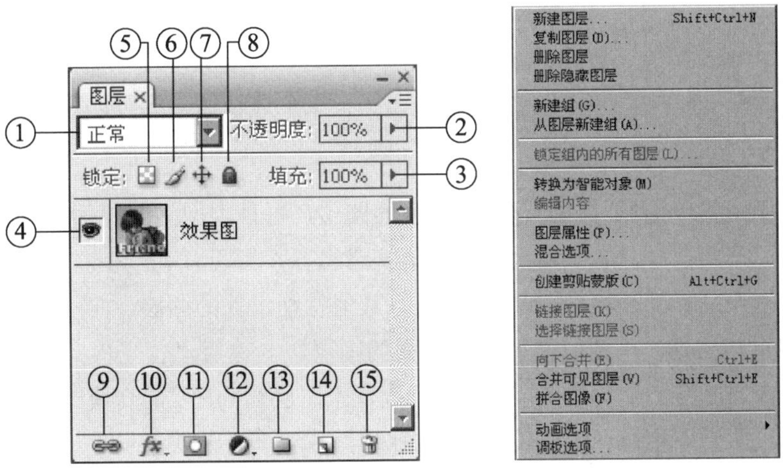

（a）“图层”调板　　（b）“图层”调板菜单

图 3-5-1　“图层”调板和“图层”调板菜单

① 设置图层混合模式：用来设置当前图层的图像与下面图层图像的混合模式，从而创建图像混合效果。

② 图层不透明度：用来设定当前工作层的总体不透明度。

③ 填充不透明度：用来改变图层的填充不透明度，它与“不透明度”的区别在于它只影响图层中的图像像素，而不会影响图层样式。

④ 眼睛图标：用来控制图层是否显示。

⑤ 锁定透明像素：可以使透明的区域受保护而不允许被编辑。

⑥ 锁定图像像素：可以使图层中任何区域都受到保护而不被编辑，可防止绘画工具修改图层像素。

⑦ 锁定位置：可以锁定当前图层的位置，使其不能被移动。

⑧ 锁定全部：可以保护当前图层的所有信息不被改动，包括锁定透明像素、锁定图像像素、锁定位置。

⑨ 链接图层：用来链接当前选择的多个图层。

⑩ 添加图层样式：可以为当前图层增加各种特殊效果，如阴影、发光、浮雕等。

⑪ 添加图层蒙版：可在当前图层上创建蒙版而不会影响该图层上的像素。在图层蒙版中，可以拖曳由白到黑的渐变，白色代表显示图层，黑色代表隐藏图像，也可以使用画笔等绘图工具绘制蒙版，而且可将蒙版转化为选区。

⑫ 创建新的填充或调整图层：单击此按钮，在打开的下拉列表框中可以选择一个填充图层或填充图层命令，来创建新的填充图层或调整图层。

⑬ 创建新组：单击该按钮可以在图层中建立一个新的图层包，用来放入图层。

⑭ 创建新图层：单击此按钮可以在“图层”调板中创建一个新的图层。

⑮ 删除图层：可以将想要删除的图层拖曳至此按钮处进行删除。

3. 图层的类型

在 Photoshop 中可以创建多种类型的图层，每种类型的图层都有不同的功能和用途，它们在“图层”调板中的显示状态也各不相同。

① 普通图层：没有添加样式或进行其他特别设置的图层。

② 背景图层：“图层”调板最下面的图层，名称为“背景”，显示为斜体。每幅图像只能有一个背景图层，不能更改背景图层的顺序、混合模式或不透明度，如需修改需要先将背景图层转换为普通图层。

③ 文字图层：在图像中输入文字时生成的图层，该图层缩览图显示为“T”标志。文字图层不能应用色彩调整和滤镜，也不能使用绘图工具进行编辑，若要处理需将文字层栅格化。

④ 形状图层：使用钢笔工具或形状工具时可以创建形状图层，包含定义形状颜色的填充图层以及定义形状轮廓的链接矢量蒙版，适合于创建 Web 图形。

⑤ 蒙版图层：添加了图层蒙版的图层，使用蒙版可以显示或隐藏部分图像。

⑥ 填充图层：用纯色、渐变或图案填充的特殊图层。

⑦ 调整图层：可将颜色和色调调整应用于图像，而不会永久更改像素值。

⑧ 智能对象图层：智能对象是包含栅格或适量图像中的图像数据的图层。

智能对象将保留图像的源内容以及所有原始特性，从而让用户能够对图层进行非破坏性编辑。

⑨ 智能滤镜图层：用于应用滤镜的特殊图层，可以调整、清除或隐藏智能滤镜，并且这些操作是非破坏性的。

3.5.2　图层的基本操作

拓展资源 3-8：图层的创建

1. 图层的创建

（1）利用图层菜单制作图层

选择“图层”|“新建”|“图层”命令，弹出“新建图层”对话框，如图 3-5-2 所示，通过设置选项可以生成新图层。

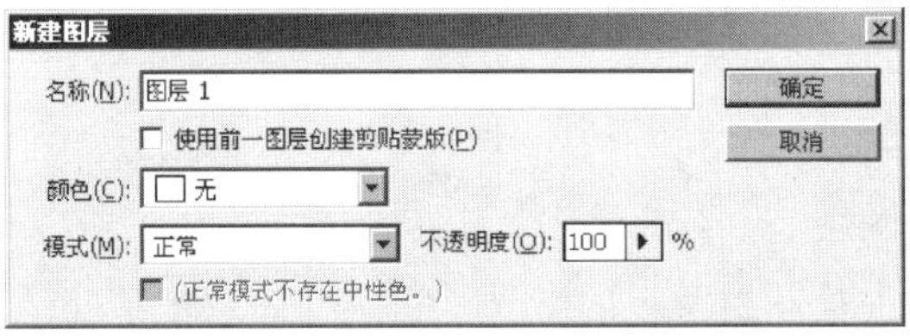

图 3-5-2　“新建图层”对话框

（2）利用“图层”调板制作透明图层

单击“图层”调板下端的“创建新图层”按钮，可以制作新的透明图层。新生成的图层名会按照“图层 1”、“图层 2”的顺序自动输入。因此，最好把图层名改成相关的图像名称，这样可轻松地加以管理，如图 3-5-3 所示。

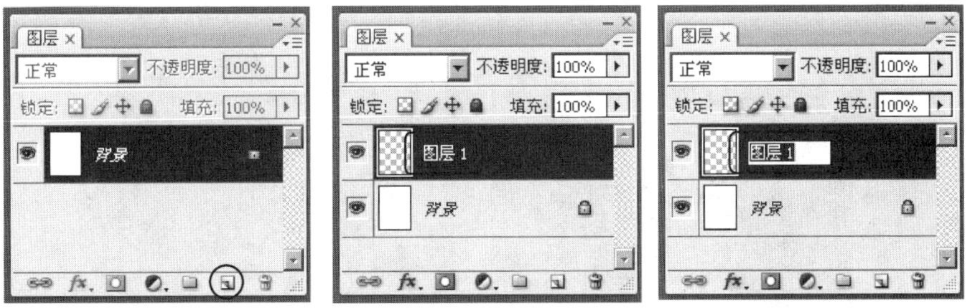

（a）单击“创建”新图层按钮　（b）创建“图层 1”图层　（c）重命名图层

图 3-5-3　利用“图层”调板制作透明图层并重命名

（3）利用粘贴生成透明图层

不是在当前窗口制作图层，而是在其他图像窗口上复制需要的图像，然后粘贴到正在制作的图像窗口上，这时会自动生成图层粘贴图像。

（4）使用文字工具创建文字图层

使用文字工具在图像上输入文字时会自动生成文字图层，如图 3-5-4 所示。

因为是自动生成图层并输入文字，所以原图像并没有损伤，随时都可修改或者删除输入的文字。但由于文字蒙版工具是设置文字形态的，所以不生成新图层。生成的文字图层一般都不是位图图像，而是矢量图像，因此为了应用滤镜和其他多种效果，就必须进行栅格化处理转换成位图图像。

（a）效果　　（b）“图层”调板

图 3-5-4　利用文字工具创建文字图层

（5）创建形状图层

形状图层实际上是图层蒙版的一种，它是向图层中填充适当颜色并创建一个图形区域，只有图形蒙版区域才会显示填充到图层中的颜色。另外，用户可以对图形蒙版设置相应的混合模式，还可以像编辑一般路径那样调整其节点位置和平滑效果，从而改变图形蒙版形状，形状图层与文字图层原理非常相似，将制作的矢量图层栅格化转换成一般图层，就可以进行各种操作。使用矩形工具组以及钢笔工具组创建矢量图形会自动生成形状图层，如图 3-5-5 所示。

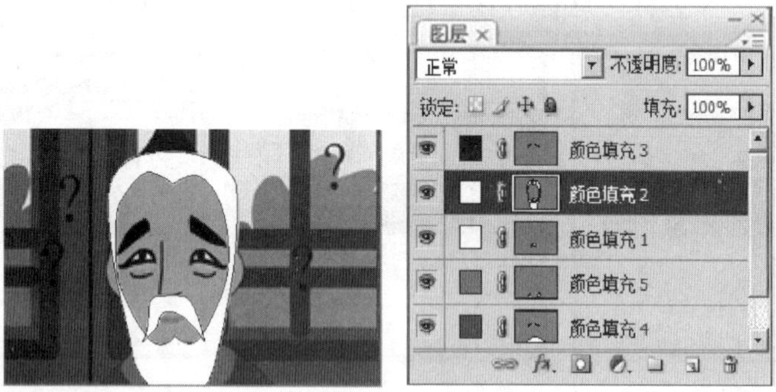

（a）效果　　（b）“图层”调板

图 3-5-5　创建形状图层

（6）将背景图层转换成普通图层

背景图层是所有图像的基本图层，不能应用图层重叠顺序的移动、图层不透明度值的调节等各种图层效果。因此，经常需要把背景图层转换成一般图层来使用。在“图层”调板中，双击背景图层，就可以更改为普通图层。

拓展资源 3-9：
图层的编辑

2. 图层的编辑

（1）选择图层

在 Photoshop 中可以选择一个或多个图层来进行编辑处理，具体方法如下。

① 选择一个图层：单击“图层”调板中的一个图层即可选择该图层，并将其设置为当前图层。

② 选择多个图层：选择多个连续的图层，可以单击第一个图层，然后按住 Shift 键单击最后一个图层；选择多个非连续的图层，可按住 Ctrl 键单击这些图层。

③ 选择所有图层：选择“选择”|“所有图层”命令，可以选择“图层”调板中的所有图层。

④ 选择相似图层：要选择类型相似的所有图层，如选择所有文字图层，可在选择一个文字图层后，选择“选择”|“选择相似图层”命令来选择其他文字图层。

⑤ 选择链接图层：选择一个链接图层后，选择“图层”|“选择链接图层”命令可以选择与该图层链接的图层。

（2）移动图层

在“图层”调板中，选中需要移动的图层，然后选择工具箱中的移动工具在图像窗口中单击并拖动即可移动图层，配合使用键盘上的方向键可对对象微移 1 个像素，按住 Shift 键再使用方向键可微移 5 个像素。

（3）复制图层

在“图层”调板中，选择要复制的图层，并拖动到“创建新图层”按钮上，或者选择菜单栏中的“图层”|“复制图层”命令，即可复制图层。

（4）修改图层名称和颜色

在新建图层时，系统会自动为图层命名，如“Layer 1”、“Layer 2”等。如果图层数量较多，可以为图层重新命名，指定一个能够反映其内容的名称，使图层在调板中更易于识别；为图层设置颜色也可以方便在“图层”调板中找到相应图层，如图 3-5-6 所示。

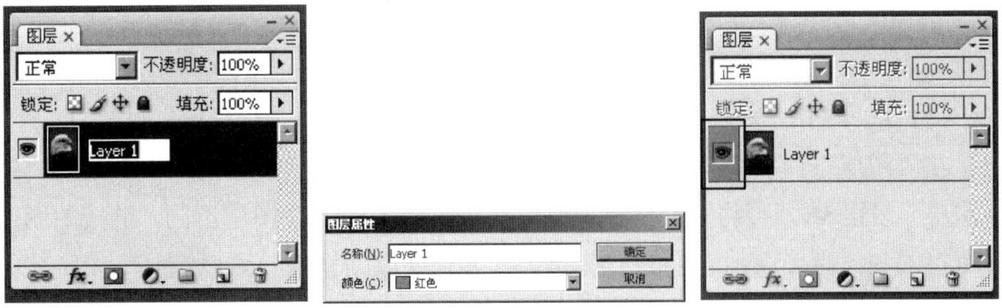

（a）修改图层名称　（b）设置图层颜色　（c）效果

图 3-5-6　修改图层名称和颜色

修改名称：可以直接在“图层”调板中双击该图层名称，然后在显示的文本框中输入新名称。

修改颜色：选择“图层”|“图层属性”命令，在弹出的对话框中可以设置当前图层的颜色，也可以修改图层名称。

（5）显示与隐藏图层

通过单击图层前的眼睛图标来控制图层的可见性。如果需要隐藏多个图层，可选择“图层”|“隐藏图层”命令。

（6）调节图层透明度

在“图层”调板上，改变“不透明度”值是为了改变合成图层的整体感觉。当“不透明度”值为 100%的时候，会显示成完全不透明的状态，如图 3-5-7 所示，此值越小，画面会越透明，显示重叠在下边的图层图像，如图 3-5-8 所示。

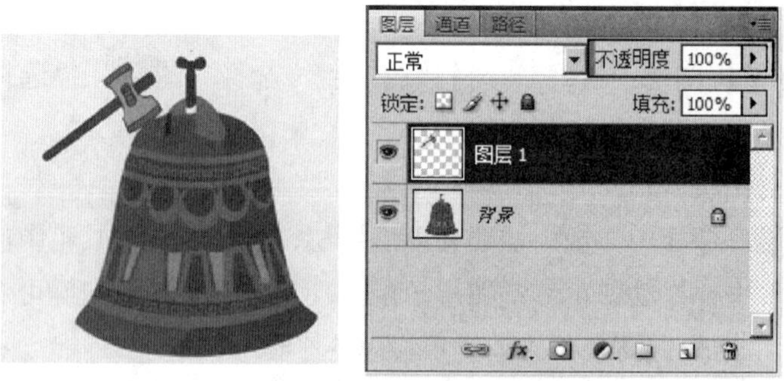

图 3-5-7 “不透明度”为 100%的原图像

图 3-5-8 “不透明度”为 50%的效果

（7）链接图层

在“图层”调板中选择要链接的两个或多个图层，然后单击调板底部的“链接图层”按钮，可将它们链接起来。与同时选定的多个图层不同，链接的图层将保持关联，直至取消它们的链接为止。如果要取消链接，可以选择一个链接的图层，然后单击“链接图层”按钮。

（8）锁定图层

单击“图层”调板中的“锁定”按钮，可以完全或部分锁定图层以保护其内容。如果要取消锁定，可选择被锁定的图层，然后再次单击相应的“锁定”按钮即可。例如，如果希望某一图层上的图像位置保持不变，可以锁定此图层的位置。图层锁定后，图层名称的右侧会出现一个锁图标。当图层被完全锁定时，锁图标是实心的；当图层被部分锁定时，锁图标是空心的。

（9）删除图层

在“图层”调板中，将要删除的图层目录拖动到“删除图层”按钮上，或者选择菜单栏中的“图层”|“删除”命令，即可删除图层。

（10）栅格化图层

如果要在文字图层、形状图层、矢量蒙版或智能对象等包含矢量数据的图层以及填充图层上使用绘画工具或滤镜，应先将图层栅格化，使图层中的内容转换为光栅图像，然后才能进行编辑。选择“图层”菜单“栅格化”子菜单中的命令，即可栅格化图层中的内容。

（11）图层合并

在制作包含图层的图像时，有时需要将当前的工作图层与下面的重叠图层合并成一个图层进行图像处理，或者将其转换成一般图像文件而非 Photoshop 专用文件（*.psd），此时需要进行图层合并。合并制作的所有图层，可以缩小整体图像文件容量，但合并图层进行保存后无法恢复成合并前的图层状态。

① 合并多个图层。将当前选择的多个图层图像合并，显示成一个图层。可以选择“图层”调板右上角弹出菜单的“合并图层”命令，或者选择“图层”|“合并图层”命令，或按 Ctrl+E 键，合并后的图层使用上面图层的名称。

② 合并可见图层。将当前所有可见图层图像合并，显示成一个图层。可以选择“图层”调板右上角弹出菜单的“合并可见图层”命令，或者选择“图层”|“合并可见图层”命令，或按 Shift+Ctrl+E 键，合并后的图层使用下面图层的名称，如图 3-5-9 所示。

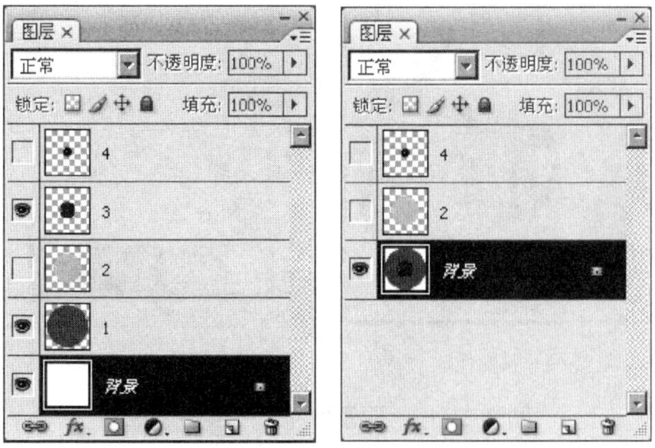

（a）合并前　　（b）合并后

图 3-5-9　合并可见图层

③ 拼合所有图层。如果要拼合所有图层，可以选择“图层”|“拼合图像”命令，将当前文件的所有图层拼合到背景图层中，图层中的透明区域将以白色填充。如果文件中有隐藏图层，系统会弹出对话框询问是否扔掉隐藏图层，如图 3-5-10 所示。

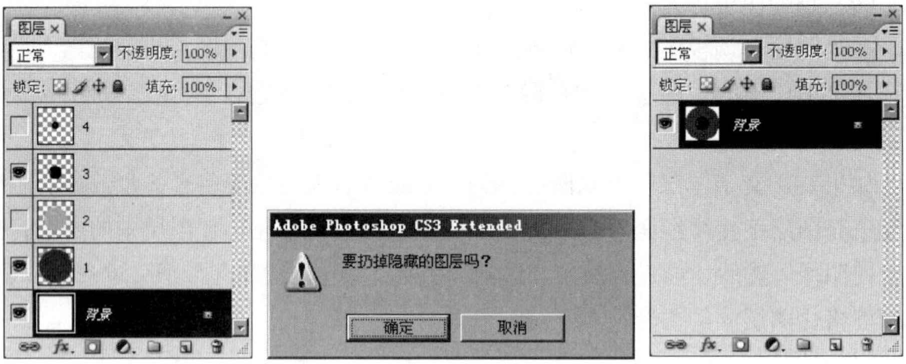

（a）拼合前　（b）提示框　（c）拼合后

图 3-5-10　拼合所有图层

拓展资源 3-10：图层的对齐和分布

（12）图层排列

图像合成工作中使用的图层，会按照“图层”调板上从上到下的顺序，重叠显示在图像窗口上。因此，如果改变“图层”调板的重叠顺序，可以表现出不同合成图像的效果。在“图层”调板中，将要改变重叠顺序的图层拖动到需要的位置上，或者选择菜单栏中的“图层”|“排列”命令，都可以改变重叠顺序。

图片素材 3-5：图 3-5-11

查看图像的“图层”调板，图层顺序是“背景”、“1”、“2”、“3”、“4”，如图 3-5-11 所示。

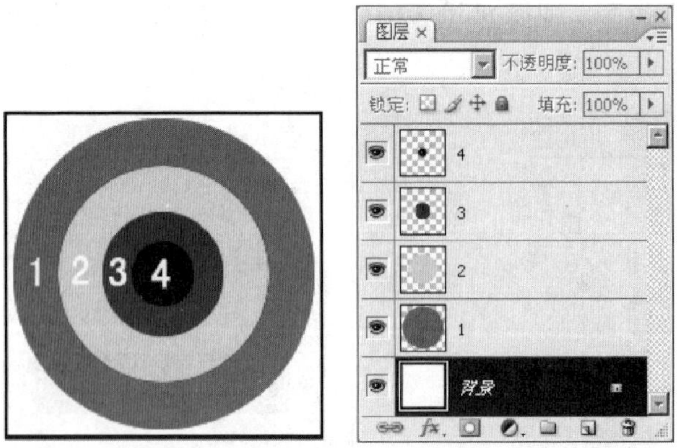

（a）原图像　（b）“图层”调板

图 3-5-11　原图像和“图层”调板

选择图层 4，拖动之后改变重叠顺序。查看图像窗口，此时，圆 4 已经被上面的图像遮住了。如此，改变重叠顺序后，与上面图层图像重叠的部分就会被隐藏，如图 3-5-12 所示。

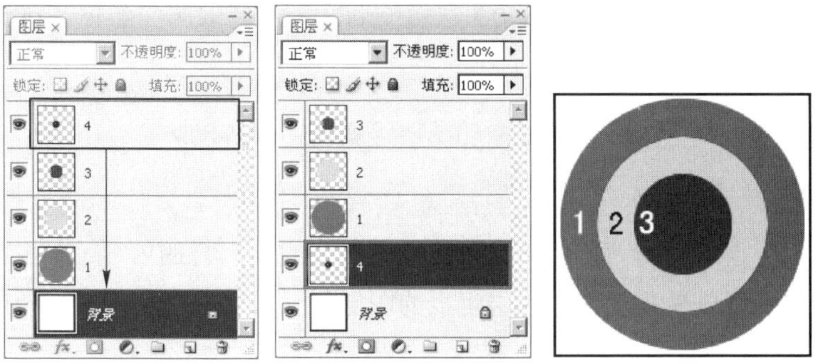

（a）改变位置前　　（b）改变位置后　　（c）效果

图 3-5-12　改变图层 4 的排列位置

提示：选择“图层”|“排列”命令和背景图层的关系。背景图层的重叠顺序不能改变，因此不能将一般图层以及透明图层移动到背景图层底下，或者拖动背景图层移动到一般图层上，即背景图层始终位于“图层”调板的最下面。

3.5.3　利用图层组管理图层

拓展资源 3-11：利用图层组管理图层

在 Photoshop 中，生成图层的个数是没有限制的，但在工作过程中如果使用过多的图层，管理起来会很困难。Photoshop 提供了“图层组”功能，图层组是将几个图层制作成图层文件夹，可以通过组对图层进行管理。

教学实验 3-4：图层管理

1. 创建图层组

选择“图层”|“新建”|“组”命令，弹出“新建组”对话框，设置图层组名称、颜色、模式后，单击“确定”按钮，即可生成新的图层组。单击“图层”调板“创建新组”按钮，即可按照“组 1”、“组 2”、……顺序在当前工作图层的上面生成图层组，如图 3-5-13 所示。

实验素材 3-4

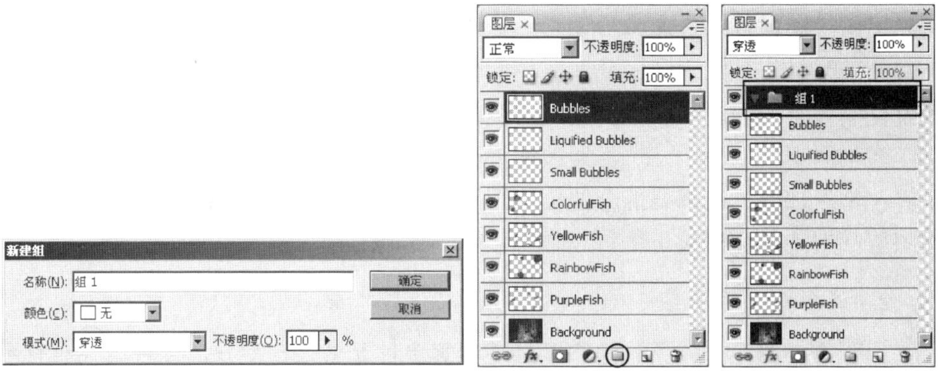

（a）“新建组”对话框　　（b）“图层”调板

图 3-5-13　创建图层组

2. 修改图层组名称

双击“组 1”名称，可以改变图层组的名字，与修改图层名称方法相同。

3. 通过图层组移动图层

生成图层组以后，可以通过拖动图层组实现图层移动。

4. 显示或隐藏图层组目录

单击图层组左侧的三角形▼，可以隐藏图层组上包含的内容。相反，再次单击三角形，则可以显示包含在图层组上的图层组目录。

5. 取消图层组

选择需要取消的图层组，选择“图层”|“取消图层编组”命令，也可以单击“图层”调板底部的“删除图层”按钮，弹出提示对话框，单击“仅组”按钮可删除图层组但保留组中图层，单击“组和内容”按钮可删除图层组中所有的图层。

3.5.4 图层混合模式

混合，指在 Photoshop 中正在制作的图层与其下图层的各种方法的合成。混合模式是 Photoshop 中一项非常重要的功能，它决定了像素的混合方式，使用混合模式可以创建各种特殊效果，但不会对图像造成任何破坏。在抠选图像时，混合模式也发挥着重要的作用。

1. 对混合模式的理解

通过使用混合模式，可以把当前正在制作的图层图像的颜色、饱和度、亮度等多种元素与下面重叠的图层图像混合，并显示在图像窗口上。如果能恰当使用，可表现出一些意想不到的精彩图像效果。利用混合模式，即使不制作特别的图像，而通过颜色和亮度的混合等，也可以制作出多种合成图像。

使用混合模式合成图像进行显示的最大优点是可以不对原图像造成损伤而制作出多种图像效果，而且与使用一般的图像调整进行合成相比，它可以获得更丰富的效果。正是因为图层叠加时的混合模式不同，在图像合成时才可以产生千变万化的效果，因此了解混合模式对图像合成有重要作用。

在“图层”调板中，选择要改变混合模式的图层，然后在“图层”调板上单击“正常”按钮，选择要混合的模式即可。在 Photoshop 中除了背景图层外，其他图层都支持混合模式。

2. 混合模式的种类

拓展资源 3-12：混合模式解析

由于重叠图像的颜色、饱和度、亮度等多种元素存在差异，混合模式会有不同的效果，所以很难根据要应用的混合模式来预测混合的结果。因此，最快速的学习方法就是在大量的图像上应用混合模式。常见的混合模式种类有如下几种。

正常：基础混合模式，图层默认模式。当前层图像不透明度为100%时，完全遮盖下面的图像，降低图层不透明度可使其产生半透明的效果，进而与下面的图层混合，如图 3-5-14 所示。

溶解：可以将工作图层图像分解成像素形态的矩形点进行显示。根据“不透明度”的值决定点分布的密度。当“不透明度”为100%时，和“正常”模式一样，不应用点分解，不会出现合成变化，“不透明度”越小，点分布密度越低，就会显示下面重叠的图层图像，如图 3-5-15 所示。

图 3-5-14　应用正常模式

图 3-5-15　应用溶解模式 50%透明度

变暗：重叠的图像颜色中，突出深色位置的颜色，将图像整体上合成为较暗的效果。变暗模式只影响图像中比前景色调浅的像素，数值相同或更深的像素不受影响。

正片叠底：把当前层和下面重叠图层图像的颜色相加显示。因此，颜色会变得更深，100%的白色则没有什么变化，大部分与“变暗”类似，或者更亮一些，如图 3-5-16 所示。

颜色加深：与颜色减淡模式相反，就像是使用工具箱中的加深工具一样，图像会整体变暗，白色及黑色则没有变化，如图 3-5-17 所示。

图 3-5-16　应用正片叠底模式

图 3-5-17　应用颜色加深模式

线性加深：突出两个图像的深色，减少亮色部分的混合模式，整体上会比颜色加深模式更深，但可以保留下面图像更多的颜色信息。

深色：通过计算混合色与基色的所有通道的数值，然后选择数值较小的作为结果色。因此结果色只与混合色或基色相同，不会产生另外的颜色。白色与基色混合得到基色，黑色与基色混合得到黑色，不会生成第三种颜色。

变亮：与变暗模式效果相反，重叠显示的两个图像中，进一步突出亮的部分，减少深色部分，通过合成将图像整体变亮。变亮模式只影响图像中比所选前景色调更深的像素，如图 3-5-18 所示。

滤色：也称为屏幕模式，该模式与正片叠底模式正好相反，会将上下图层的色彩相叠加混合，所产生的叠加颜色将比两者各自的原色更亮。黑色是中性色，上图层的任何黑色部分将不产生增值效果，如图 3-5-19 所示。

图 3-5-18　应用变亮模式

图 3-5-19　应用滤色模式

颜色减淡：这是一种与使用工具箱中的减淡工具相同的效果。该模式的使用会增加下图层图像的对比，使用后亮的区域更亮。适用于需要凸显亮部的时候。

线性减淡：从整体上比颜色减淡模式更亮，黑色则不会受到影响。

浅色：通过计算混合色与基色所有通道的数值总和，选择数值大的作为结果色。因此结果色只能在混合色与基色中选择，不会产生第三种颜色，如图 3-5-20 所示。

叠加：这是一种相当于合并“正片叠底”和“滤色”模式的混合模式，会根据图像的基色而选用正片叠底或滤色模式，深色和浅色的表现会不同，合成后最深的地方与最亮的地方没有变化。如图 3-5-21 所示。

图 3-5-20　应用浅色模式

图 3-5-21　应用叠加模式

柔光：依据上图层图像的明暗程度来加深或加亮图像色彩。该模式以上面重叠图层的 50%灰色为基准，亮的部分更亮，而深的部分则更深，如图 3-5-22 所示。

强光：以上面重叠图层的 50%灰色为基础，亮的部分就像应用“正片叠底”模式，变得更暗。因此，合成后的结果就好像利用强烈的光照表现的效果，如图 3-5-23 所示。

图 3-5-22　应用柔光模式

图 3-5-23　应用强光模式

亮光：可以生成比强光更强烈的光照效果，在下面重叠的图层图像中，以 50%灰色为基准，亮的部分应用对比后变暗，而深色的部分应用对比后变亮。

线性光：整体上，通过与比强光模式更强的亮度进行合成，以下面重叠图层 50%灰色为基准，亮的部分更亮而深色部分更暗。

点光：以重叠图层 50%灰色为基准，如果当前图层中的像素比 50%灰色亮，则替换暗的像素；如果当前图层中的像素比 50%灰色暗，则替换亮的像素，如图 3-5-24 所示。

实色混合：以重叠图层 50%灰色为基准，如果当前图层中的像素比 50%灰色亮，就会使底层图像变亮；如果当前图层中的像素比 50%灰色暗，则会使底层图像变暗，如图 3-5-25 所示。

图 3-5-24　应用点光模式

图 3-5-25　应用实色混合模式

差值：上面重叠图层的深色部分翻转为下面重叠图层，表现为补色。整体图像按照补色关系而被对称合成。

排除：和差值模式一样，翻转颜色进行表现，但是整体上补色对比很弱。

色相：将当前图层的色相应用到底层图像的亮度和饱和度中，可改变底层图像的色相，但不会影响底层图像的亮度和饱和度，如图 3-5-26 所示。

饱和度：将当前图层的饱和度应用到底层图像的亮度和色相中，可改变底层图像的饱和度，但不会影响底层图像的亮度和色相，如图 3-5-27 所示。

图 3-5-26　应用色相模式

图 3-5-27　应用饱和度模式

颜色：将当前图层的色相与饱和度应用到底层图像中，但保持底层图像的亮度不变。

亮度：将当前图层的亮度应用到底层图像中，可改变底层图像的亮度，但不会对底层图像的色相与饱和度产生影响。

3.5.5　图层样式

教学课件 3-5：
图层样式

1. 图层样式基础

拓展资源 3-13：
图层样式的特征和注意事项

图层样式也称为图层效果，它是创建图像特殊效果的重要手段。只需要单击一下就可快速使用，而且可多次使用。

（1）图层样式的应用方法

在“图层”调板中，选择要应用图层样式的图层，然后选择“图层”|“图层样式”命令，选择需要的图层样式或单击“图层”调板中的“添加图层样式”按钮 fx，如图 3-5-28 所示。

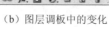

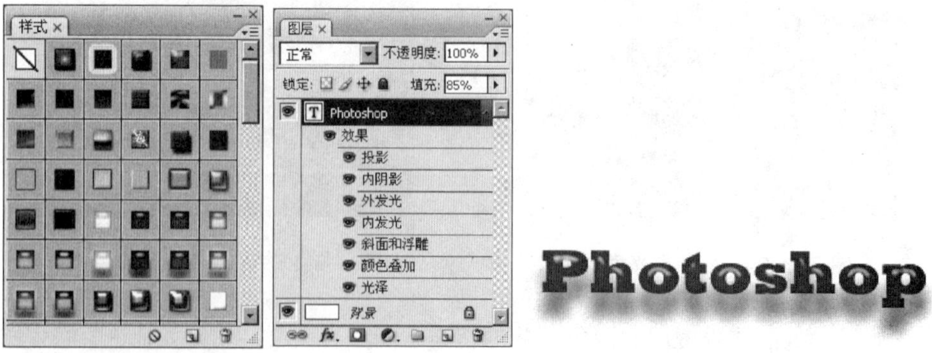

（a）“样式”调板中的多种图层样式　（b）图层调板中的变化　（c）应用后的图像

图 3-5-28　应用图层样式

① 利用菜单进行应用。在“图层”调板中选择要应用的图层，选择菜单栏中的“图层”|“图层样式”命令，选择需要的样式即可，如图 3-5-29 所示。

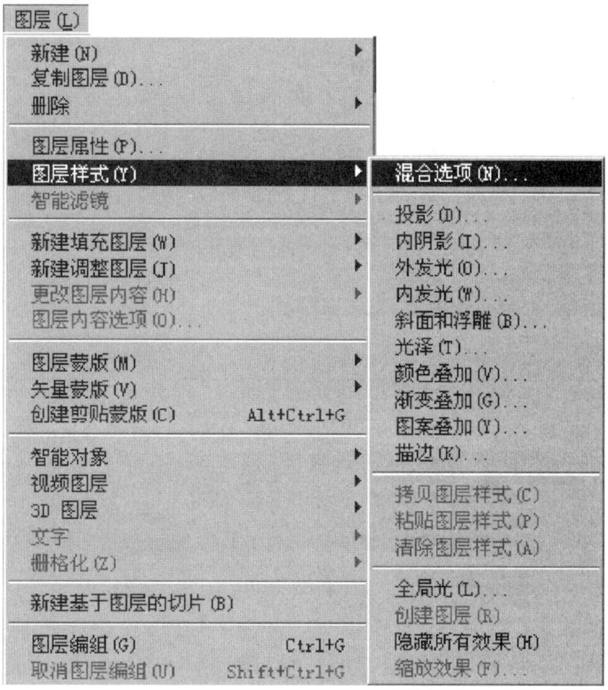

图 3-5-29 “图层样式”子菜单

② 利用“图层”调板进行应用。单击“图层”调板下部的“添加图层样式”按钮，选择需要的样式进行应用，如图 3-5-30 所示。

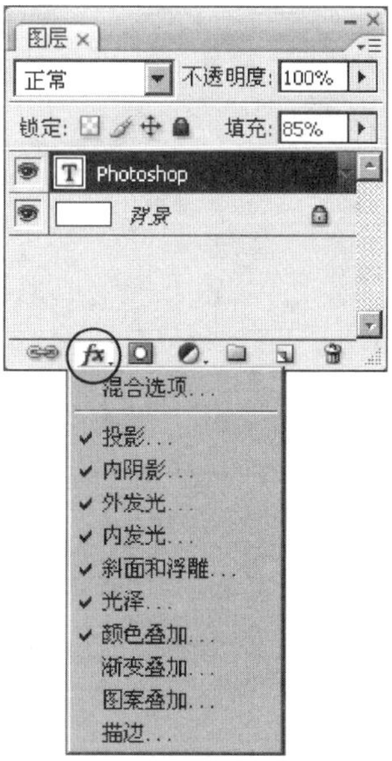

图 3-5-30 使用“图层”调板添加图层样式

（2）修改应用的样式

应用了图层样式的图层在“图层”调板上会显示fx标记，单击“图层”调板底部的fx.按钮选择样式进行修改，也可以在“图层”调板中双击需要修改样式的图层，在弹出的“图层样式”对话框中进行修改。

（3）删除应用的图层样式

在“图层”调板中，将要删除的图层样式拖动到“图层”调板底部的按钮上即可删除图层样式。当在一个图层上应用了几个样式的时候，将样式目录下端的“效果”样式拖动到按钮上，可以一次性删除所有的图层样式，如图 3-5-31 和图 3-5-32 所示。

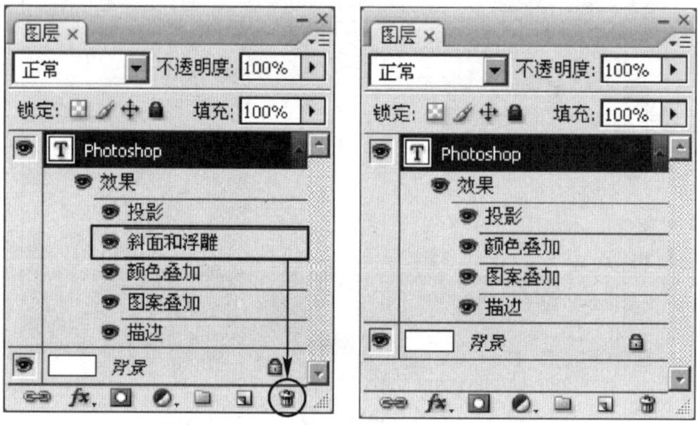

（a）删除前　　（b）删除后

图 3-5-31　删除某一图层样式

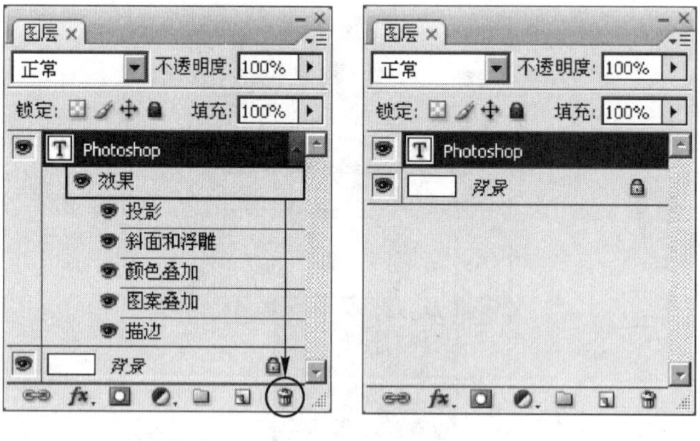

（a）删除前　　（b）删除后

图 3-5-32　删除应用的所有图层样式

2. 多种图层样式

Photoshop 中提供的图层样式随参数设置不同，应用形态也不一样，在使用时应特别注意。

（1）投影样式

该样式模拟了太阳光和灯光照在物体上所产生的光影效果。利用“图层样式”对话框，可以设置阴影的方向、范围、强度等。对话框如图 3-5-33 所示。

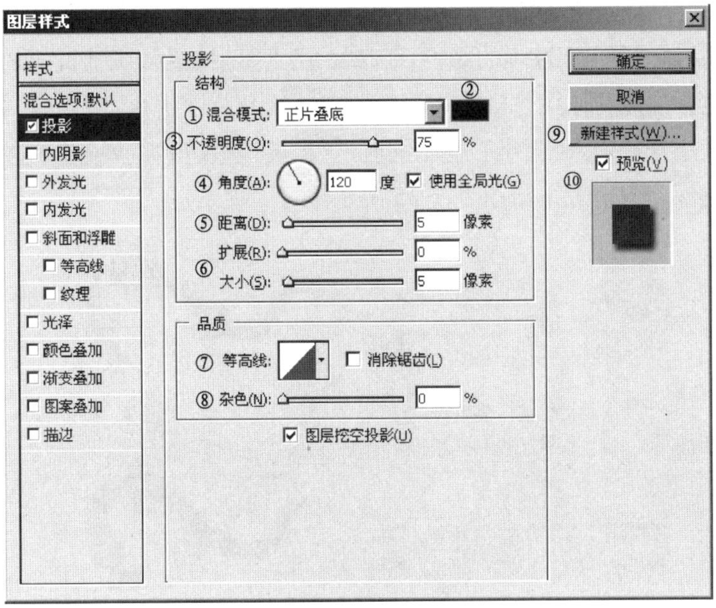

图 3-5-33　“投影”各参数

① 混合模式：可以设置通过图层样式生成阴影效果的混合模式，阴影样式的基本混合模式为正片叠底。

② 阴影颜色：单击样本颜色可改变生成的阴影颜色。

③ 不透明度：通过拖动滑块或直接输入数值可以改变阴影的不透明度。

④ 角度：设置生成阴影的角度。单击圆形部分或直接输入数值都可以进行设置。如果勾选“使用全局光”复选框，则将“全局光”中设置的角度作为投影角度。

提示：大部分的图层样式都是根据光的方向和角度被应用在图像上，通过选择“图层”|“图层样式”|“全局光”命令可以设置相同的整体图层样式的光信息。在一个图层图像上应用几种样式，如同时应用浮雕效果和阴影效果的时候，在相同方向和角度下必须提供“全局光”才能制作出统一的图像效果。“全局光”对话框如图 3-5-34 所示。

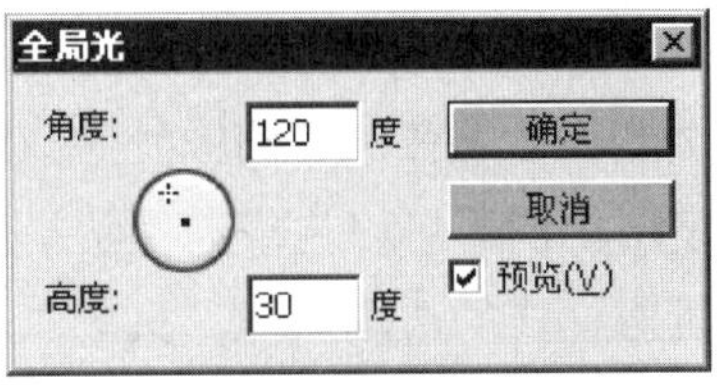

图 3-5-34　“全局光”对话框

角度：光进来的方向。

高度：照射光的高度。

⑤ 距离：可以按照像素单位确定在原图像中阴影显示的距离。该值越高阴影离原图像越远。

⑥ 扩展/大小：“扩展”可以设置阴影的展开范围，“大小”设置阴影的大小。“扩展”会受到“大小”选项的影响，例如，当“大小”为“0”时，即使改变“扩展”的值也会生成与原图像大小相同的阴影，展开范围由在“大小”文本框中输入的像素大小来决定。“大小”值相同时，“扩展”值越高，展开得越大，显示的阴影也就越深。应用效果如图 3-5-35 所示。

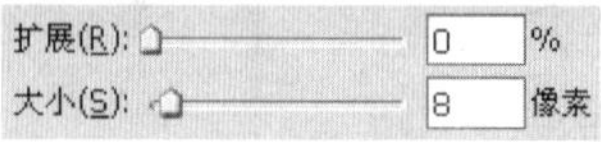

（a）“扩展”值为 0%

（b）调整前的图像

（c）“扩展”值为 20%

（d）调整后的图像

图 3-5-35　调整参数及应用后的效果

⑦ 等高线：可以改变要生成的阴影的形态。单击“等高线”图标，弹出“等高线编辑器”对话框，用户可以直接选择生成阴影的形态。

⑧ 杂色：可以在阴影上应用杂色效果。该值越高，阴影就会表现成点的形态，显示出粗糙的效果。

⑨ 新建样式：单击该按钮后可以将改变了选项的样式载入到“样式”调板上。

⑩ 预览：勾选该复选框后，在每次选项被改变时都可通过图像窗口查看应用的样式形态。

（2）内阴影

投影是在图层图像外生成的阴影，而内阴影则可以在图像内应用阴影样式。使用内阴影可以生成向里边扩散的效果以及多种立体效果。它大部分的选项都与投影样式的选项一样，只有“阻塞”选项不同。

阻塞：与投影的“扩展”选项差不多，在制作相同“大小”的内部阴影时，“阻塞”值越高，生成的阴影越强烈。效果如图 3-5-36 所示。

(a)“阻塞”值为 0%

(b) 调整前的图像

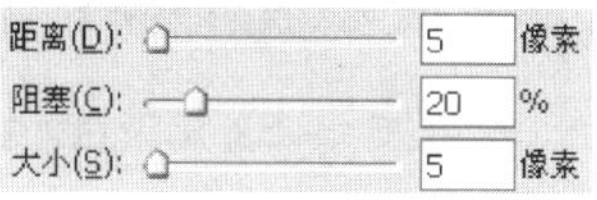

(c)“阻塞”值为 20%

(d) 调整后的图像

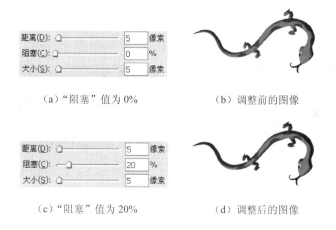

图 3-5-36　调整参数及应用后的效果

(3) 外发光

可以在图层图像的外边展开颜色，生成霓虹灯效果。利用样式选项可以设置发光颜色和强度等。因为外发光效果的基本混合选项是滤色，所以当底面是白色的时候，表现出来的效果会不太理想。对话框如图 3-5-37 所示。

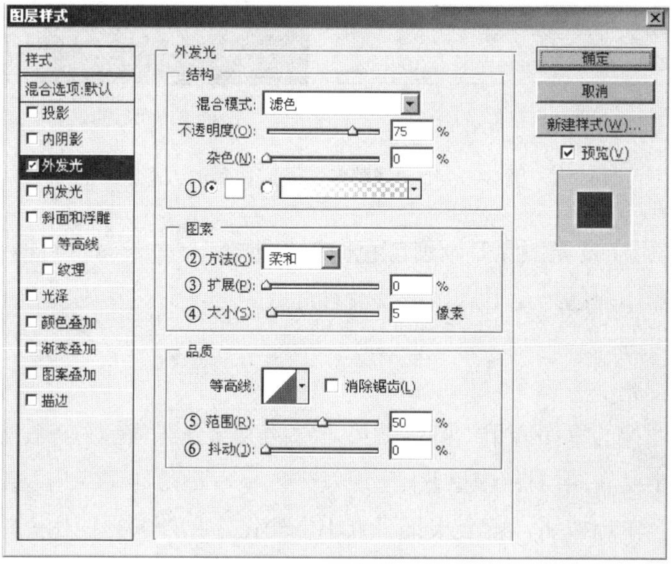

图 3-5-37　“外发光”各参数

① 发光颜色：可将要生成的霓虹灯效果颜色设置成单色或者渐变颜色。选择“颜色”单选按钮□，弹出“拾色器”对话框，可选择应用的发光颜色，选择“渐变样本颜色”单选按钮，弹出“渐变编辑器”对话框，可改变渐变颜色以适应处理需要。效果如图 3-5-38、图 3-5-39 所示。

② 方法：确定要应用在图层图像上的发光的准确度，提供了“柔和”和“精

确”两个选项。如果设置成“柔和”，可以处理得比原图像的轮廓形态更自然，如果选择“精确”选项，则根据原图像的轮廓来准确地应用发光。

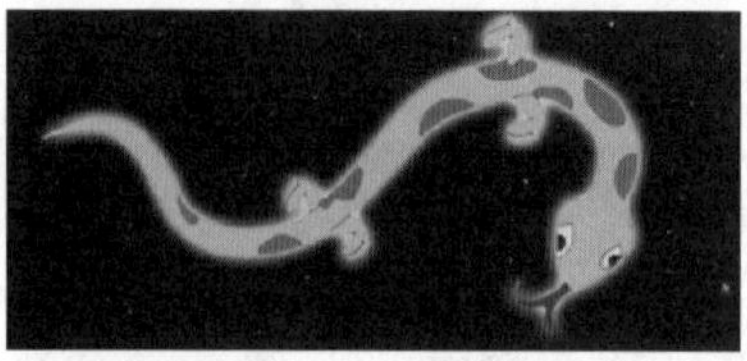

图 3-5-38 单色外发光

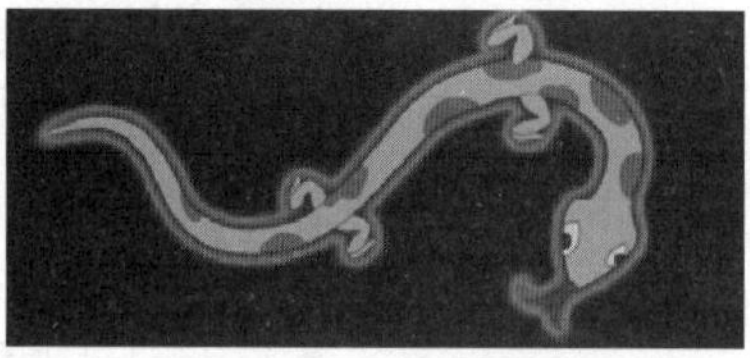

图 3-5-39 渐变色外发光

③ 扩展：可以调节发光效果的展开程度。

④ 大小：可以设置发光效果的大小，该值越大，应用范围就越广。

⑤ 范围：当等高线设置成线性没有特别的弯曲时，效果和扩展一样，可以确定颜色的展开程度，但当等高线有弯曲时，它可以改变发光的边框厚度，如图 3-5-40 所示。

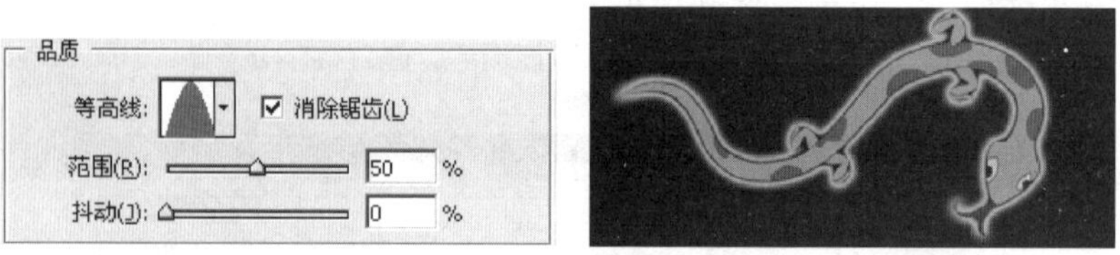

（a）调整参数　　（b）应用后的效果

图 3-5-40　调整参数及应用后的效果

教学实验 3-5：斜面与浮雕图层样式重点分析

实验素材 3-5

拓展资源 3-14：斜面和浮雕解析

⑥ 抖动：当发光颜色是渐变颜色时可以混合显示成点，因此在单色情况下没有特别影响。杂色只是用点显示，没有混合颜色，而抖动则混合了颜色后显示成点。

（4）内发光

在图层图像的里面应用霓虹灯效果，它的大部分选项都与外发光一样。

源：确定是在图层图像边缘上应用发光效果，还是居中应用发光效果。如果选择“边缘”单选按钮，就会根据“大小”变化，从外向里应用霓虹灯效果；如果选择“居中”单选按钮，则会在整体图层图像上应用发光效果，“大小”变大，外边部分不再应用，只在中央应用霓虹灯效果。所以如果设置成“居中”，可在图像上制作出与光反射相同的效果，如图 3-5-41 所示。

（5）斜面和浮雕

Photoshop 提供的斜面和浮雕图层样式是所有图层样式中使用最多的一种样式，通过简单的单击就可以制作出立体效果，经常应用于制作按钮或浮雕字。对话框如图 3-5-42 所示。

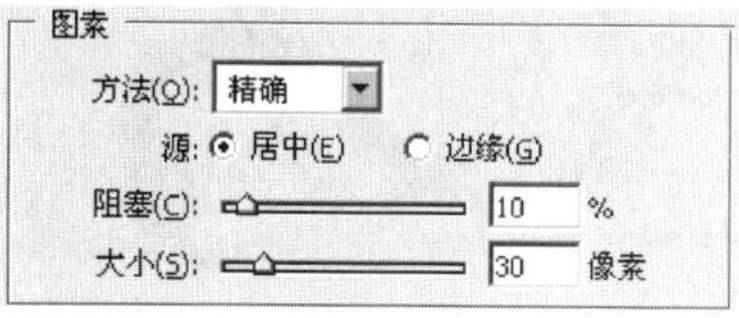

（a）选择“居中”单选按钮

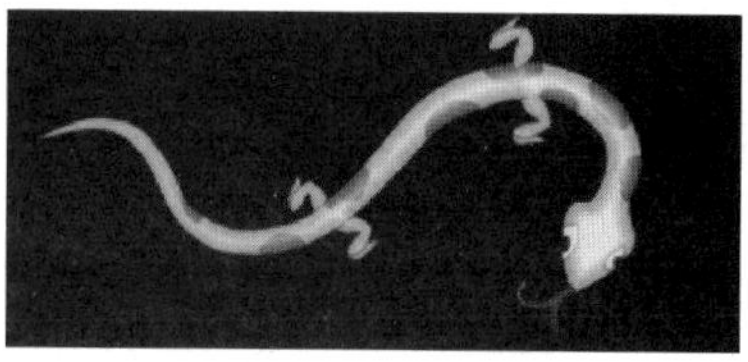

（b）效果 1

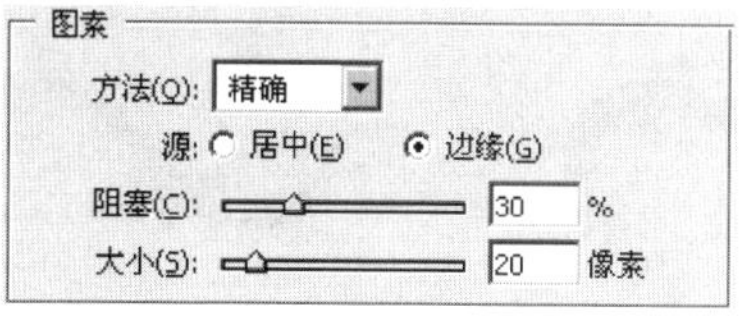

（c）选择“边缘”单选按钮

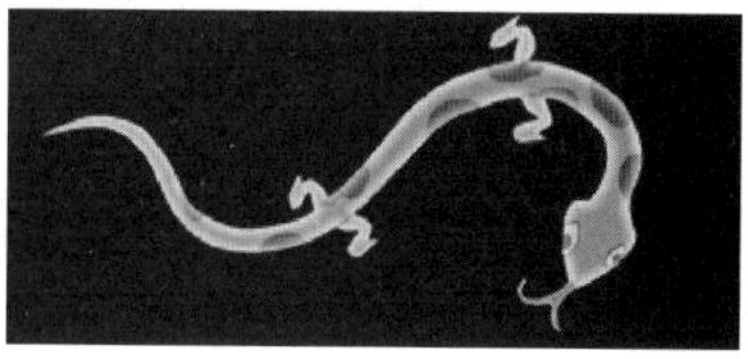

（d）效果 2

图 3-5-41　调整参数及应用后的效果

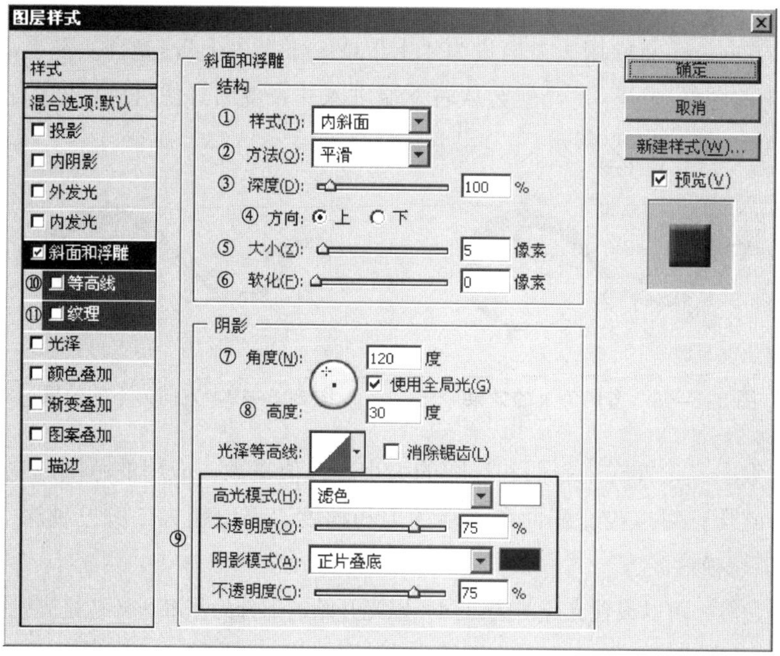

图 3-5-42　“斜面和浮雕”各参数

① 样式：可以选择 5 种斜面和浮雕效果。浮雕是圆角立体效果，斜面是生成斜角立体效果。描边浮雕可以在应用了描边样式的时候使用。效果如图 3-5-43～图 3-5-47 所示。

② 方法：可以通过 3 种选项来选择斜面和浮雕样式的精确程度。“平滑”，可以柔和地显示应用了斜面和浮雕的部分；“雕刻清晰”，比较锋利；“雕刻柔和”，更加锋利。

图 3-5-43　外斜面

图 3-5-44　内斜面

图 3-5-45　浮雕效果

图 3-5-46　枕状浮雕

图 3-5-47　描边浮雕

③ 深度：可确定斜面和浮雕应用深度，该值越大，应用角度就越大，表现效果就越锋利。

④ 方向：可将应用光方向设为“上”或“下”。“上”，光会从左上端进入显示成突出的图像；“下”，光就会从右下端进入并表现出好像进到里面的感觉，如图 3-5-48、图 3-5-49 所示。

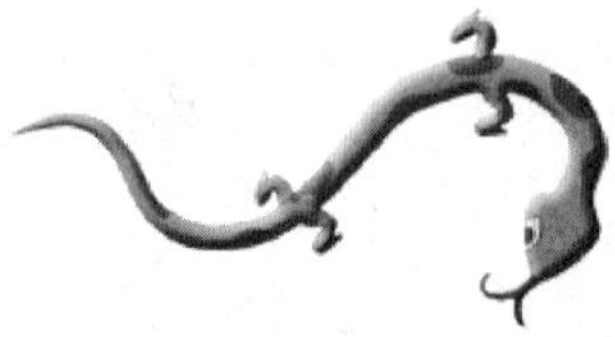

图 3-5-48　方向为上的效果

图 3-5-49　方向为下的效果

⑤ 大小：设置应用斜面和浮雕的大小。该值越大，应用的范围越宽。

⑥ 软化：可以设置斜面和浮雕的柔和程度。该值越大，颜色越深；该值越小，效果越模糊。

⑦ 角度：可以设置光照射的方向。以光开始的部分为基准，一边是高光区域，比较亮，一边是阴影区域，比较暗，进而生成立体效果，如图 3-5-50、图 3-5-51 所示。

图 3-5-50　角度为 120°

图 3-5-51　角度为-60°

⑧ 高度：可以在 0°～90°的范围里设置光照的角度。如果设置成 90°，就会得到光垂直照射图像的效果。

⑨ 高光模式/阴影模式：斜面和浮雕样式是根据光的方向和角度来显示高度区域和阴影区域制作出立体效果。高光模式设置要显示成较亮部分的颜色等选项，阴影模式则可以设置深色部分的颜色。

⑩ 等高线：勾选后会显示等高线窗口，在这里可以确定应用斜面和浮雕的轮廓的形态。

⑪ 纹理：勾选以后可以在图像上应用图案和浮雕效果。在这里可以使用载入图案的纹理，利用缩放等选项调节图案的大小等效果，如图 3-5-52、图 3-5-53 所示。

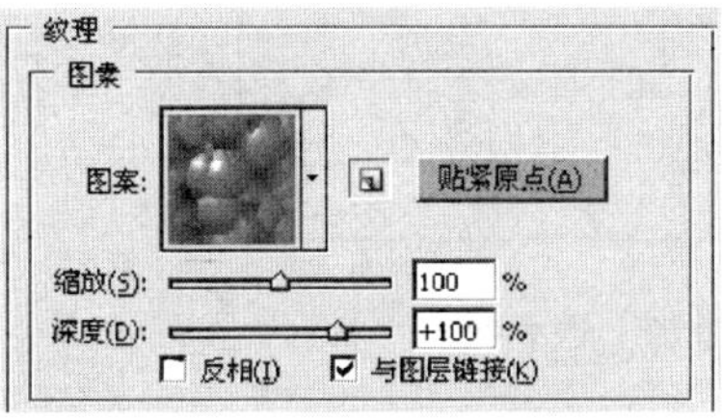

图 3-5-52　“纹理”各参数

图 3-5-53　应用后的效果

（6）光泽

制作成重叠几个图层图像的形态，可制作光泽效果。与一般图像相比，可利用各种颜色在制作图像上看到丰富的效果。结合其他样式使用可获得比单独使用更好的效果，如图 3-5-54 所示。

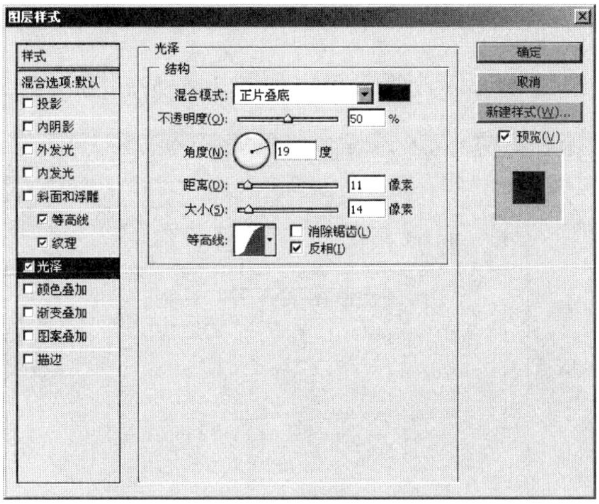

图 3-5-54　“光泽”各参数

（7）颜色叠加

可以在图层图像上填充颜色。它并不像选择“编辑”|“填充”命令那样在图层图像上直接填充颜色，而是利用样式进行填充，随时都可以删除应用的样式恢复成原图像，而且在填充颜色的同时，还可以应用混合模式以及不透明度值，如图 3-5-55、图 3-5-56 所示。

图片素材 3-6：
图 3-5-56

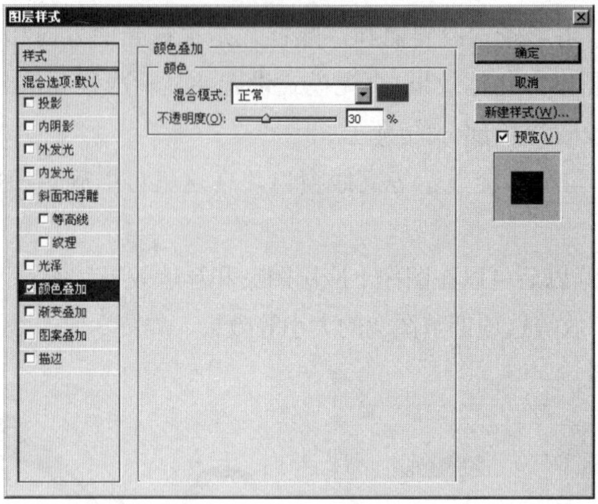

图 3-5-55 “颜色叠加”各参数

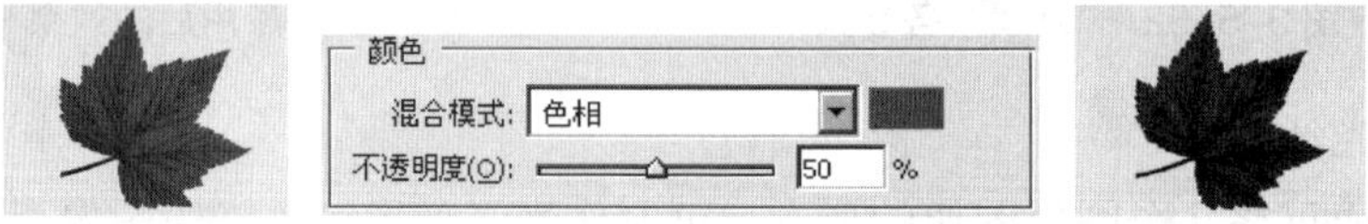

（a）原图像　　（b）调整“颜色”各参数　　（c）效果

图 3-5-56 原图像和应用图像

图片素材 3-7：
图 3-5-58

（8）渐变叠加

可在图层图像上重叠显示渐变颜色，如图 3-5-57、图 3-5-58 所示。

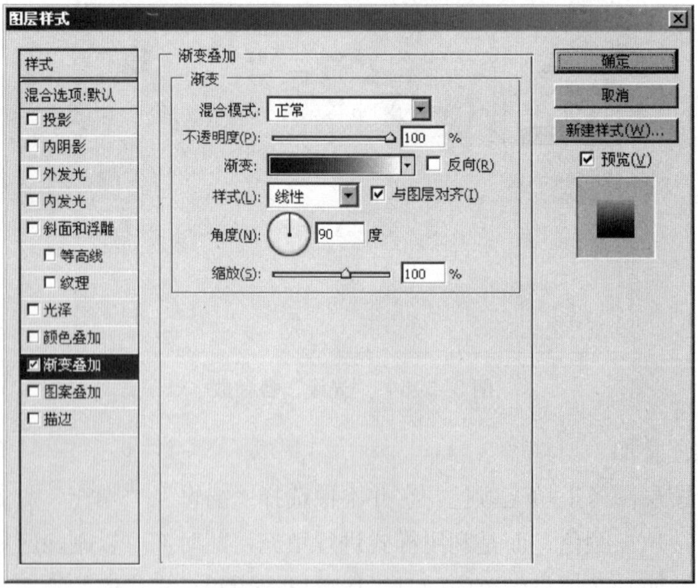

图 3-5-57 “渐变叠加”各参数

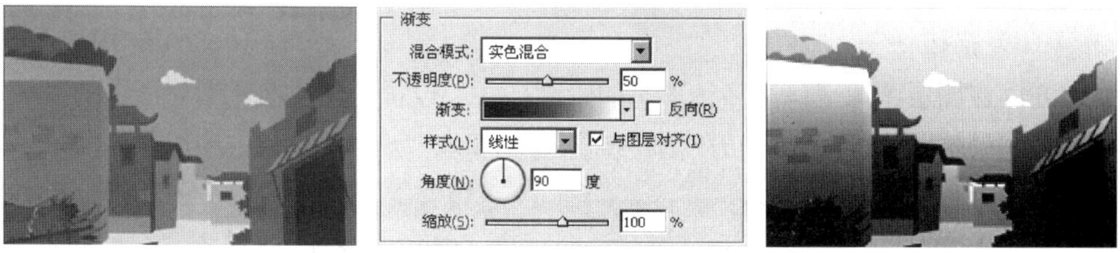

（a）原图像　　（b）调整“渐变”各参数　　（c）效果

图 3-5-58　原图像和应用图像

（9）图案叠加

图片素材 3-8：图 3-5-60

可在图层图像上应用图案，结合其他图层样式可获得比单独使用更丰富的效果，如图 3-5-59、图 3-5-60 所示。

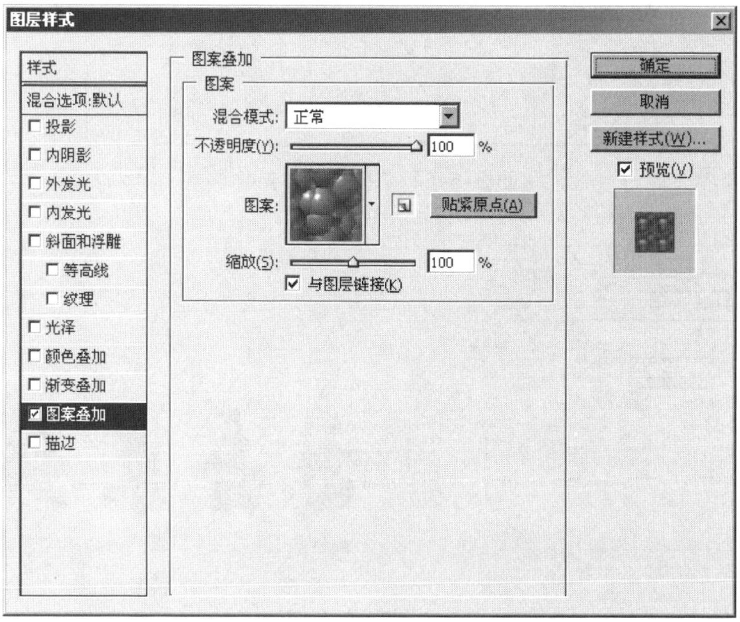

图 3-5-59　“图案叠加”各参数

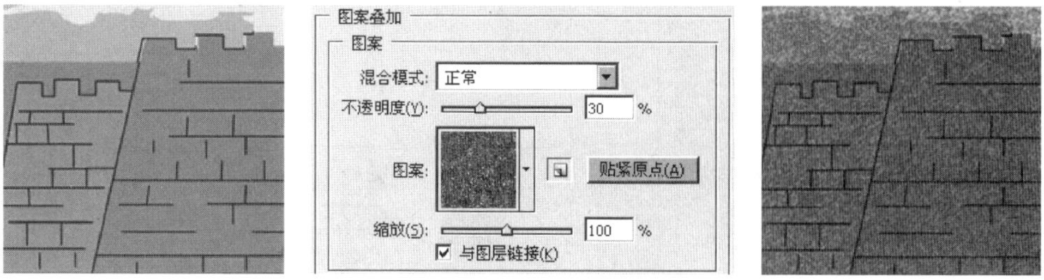

（a）原图像　　（b）调整“图案叠加”各参数　　（c）效果

图 3-5-60　叠加过程与效果

（10）描边

可以在图层图像上应用多种形态的轮廓样式。设置“图层样式”对话框的“填充类型”选项，可以在轮廓上应用颜色、渐变、图案，如图 3-5-61～图 3-5-64 所示。

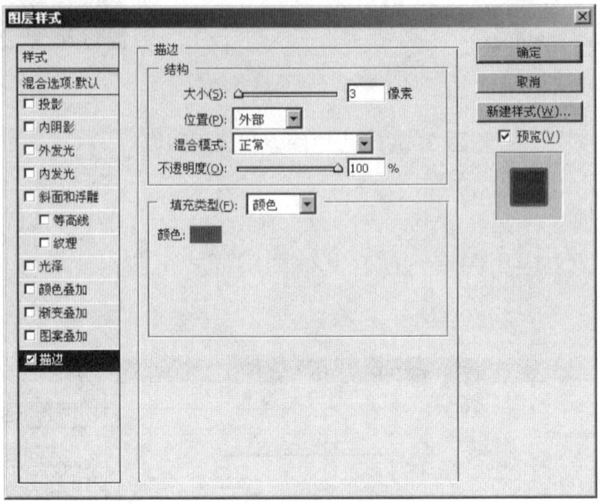

图 3-5-61 “描边”各参数

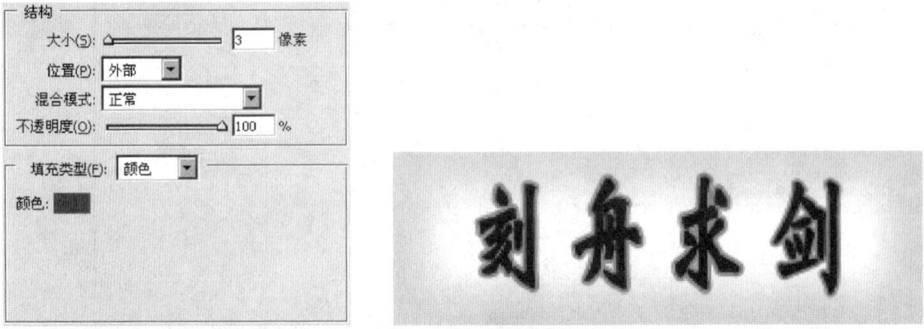

（a）调整“结构”各参数　　（b）效果

图 3-5-62 颜色描边

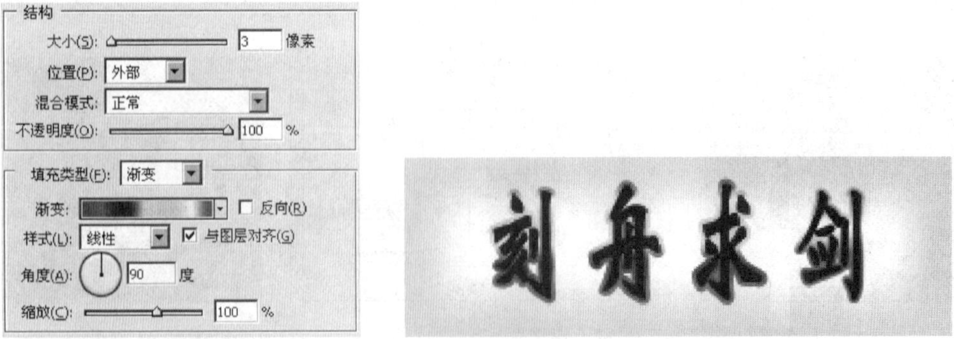

（a）调整“结构”各参数　　（b）效果

图 3-5-63 渐变描边

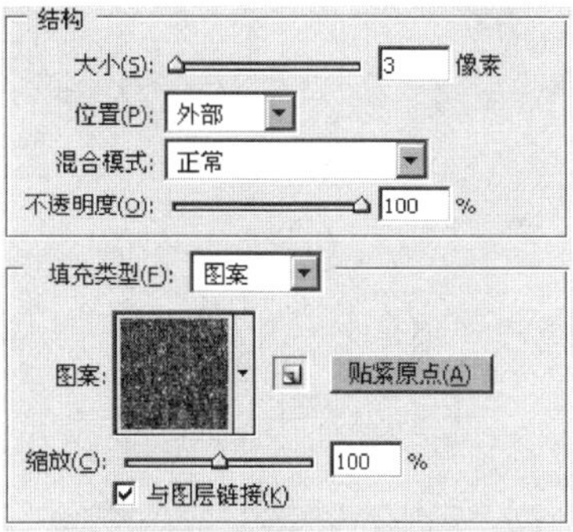

（a）调整“结构”各参数

（b）效果

图 3-5-64　图案描边

案例指导 3-2：
制作水滴效果

拓展资源 3-15：
混合选项解析

（11）混合选项

混合选项不会为图层添加效果，主要用来调整图层的不透明度和混合模式，并控制图层之间像素的混合方式。

拓展资源 3-16：
实例制作：奥运五环、铁艺效果

3.5.6　实例制作：制作小巷场景

该实例通过图层前后的不同顺序排列，实现小巷场景的制作。

① 新建一个空白文档，创建参数如图 3-5-65 所示。

② 选择白色背景图层，单击“图层”调板下方的“创建新图层”按钮，新建图层，命名为“天空”。在“天空”图层上再新建图层，并命名为“地面”，图层顺序如图 3-5-66 所示。

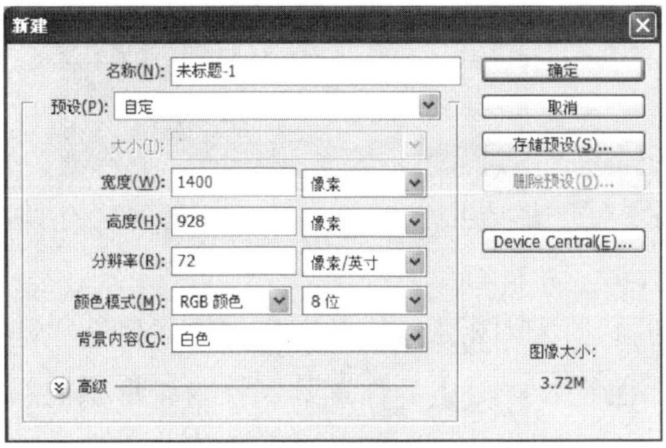

图 3-5-65　新建空白文档

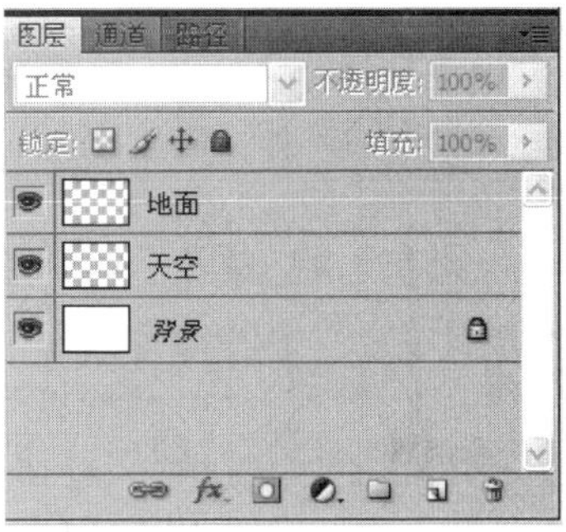

图 3-5-66　“图层”调板

③ 选择“天空”图层，使用渐变工具，设置渐变颜色参数如图 3-5-67 所示。在“天空”图层上自上而下拉出线性渐变，效果如图 3-5-68 所示。

④ 选择“地面”图层，使用矩形选框工具拉出方形选区，并用油漆桶工具对前景色进行选区内的颜色填充，前景色颜色设置为 R=223，G=231，B=210，选择“选择”|“取消选择”命令，取消选区。效果 3-5-69 所示。

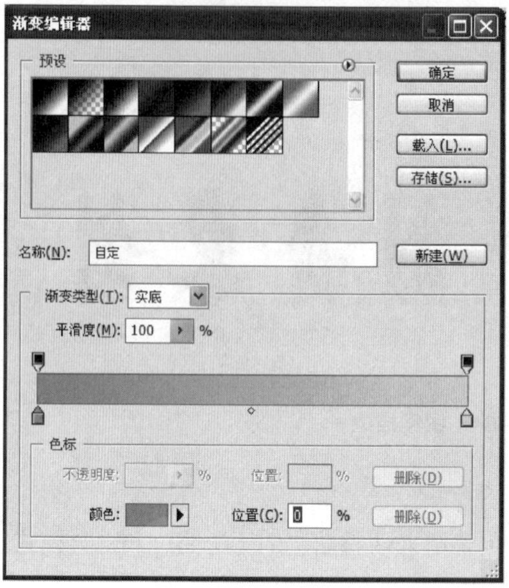

图 3-5-67　设置渐变颜色

图 3-5-68　拉出天空渐变

⑤ 新建图层，命名为“墙体”，使用钢笔路径工具，设置其属性为“形状图层”模式，颜色属性设置为 R=136，G=135，B=151。在“墙体”图层绘制建筑形状并自动填充颜色，如图 3-5-70 所示。

图 3-5-69　填充“地面”图层

图 3-5-70　填充效果

⑥ 在“墙体”图层之上，分别新建两个图层，各自命名为“门口”、“建筑侧面”。选择“门口”图层，使用钢笔路径工具，设置其属性为“形状图层”模式，颜色属性设置为 R=64，G=63，B=80，绘制出门口的黑洞形状；选择“建筑侧面”图层，使用钢笔路径工具，设置其属性为“形状图层”模式并单击“添加到形状区域”按钮，颜色属性设置为 R=96，G=95，B=110，绘出建筑侧面的背光形状。效果如图 3-5-71 所示。图层结构如图 3-5-72 所示。

⑦ 按住 Ctrl 键选择“墙体”、“门口”、“建筑侧面”3 个图层，选择“图层”|“图层编组”命令，将新建的图层组命名为“近处建筑”。图层结构如图 3-5-73 所示。

图 3-5-71　制作建筑门口与侧面背光部分

图 3-5-72　绘制建筑门口后的图层结构

⑧ 同样方法，使用钢笔工具和相应参数分别绘制出“中间建筑”组、“远处建筑”组，以及“近处植物”组、“中间植物”组和“远处植物”组。绘制结果如图 3-5-74 所示。

图 3-5-73　图层编组后的图层结构

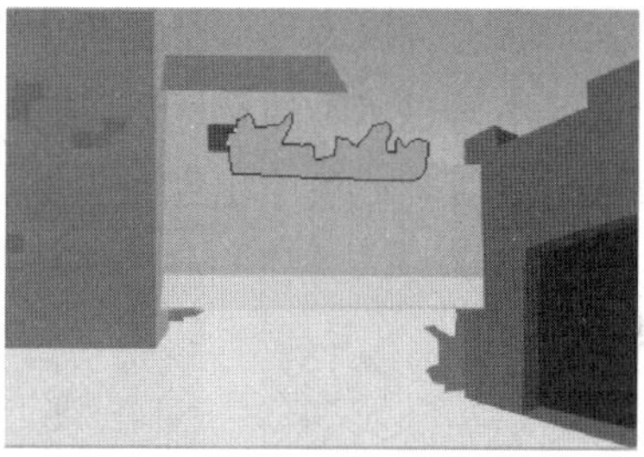

图 3-5-74　绘制近、中、远景物

⑨ 绘制完成后，依据近景在上，远景在下的原则，调整图层顺序，确保近景压盖远景的图层顺序。调整后的图层结构如图 3-5-75 所示。最终效果如图 3-5-76 所示。

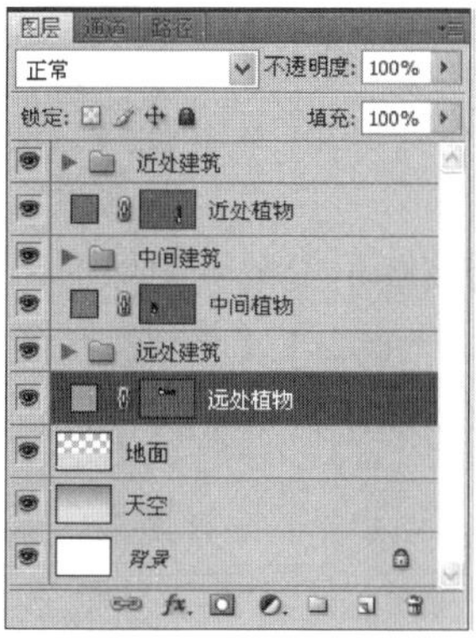

图 3-5-75　调整后的最终图层结构

图 3-5-76　最终效果

教学课件 3–6：
蒙版与通道

3.6 蒙版

教学实验 3–6：
掌握蒙版与通道

实验素材 3–6：

在 Photoshop 中，可以通过蒙版保护被选取或指定的区域不受编辑操作的影响，起到遮蔽的作用。快速蒙版、图层蒙版和 Alpha 通道是蒙版的三大类型。本节主要介绍快速蒙版和图层蒙版，Alpha 通道在第 3.7 节“通道”中介绍。

3.6.1 快速蒙版

快速蒙版是一种临时蒙版，可以与选区相互转换。与其他选择工具不同，快速蒙版的编辑性很强，可以使用任何绘图工具或滤镜编辑和修改。退出快速蒙版模式后，蒙版将转换为选区。

1. 创建快速蒙版

在图像中创建选区，单击工具箱底部“以快速蒙版模式编辑”按钮进入快速蒙版编辑状态，图像窗口标题栏中将出现“快速蒙版”字样。在快速蒙版状态下，原选区不再显示，原选区以外的图像上覆盖了一层半透明的红色。打开“通道”调板可以看到调板中出现了一个临时的快速蒙版通道，如图 3–6–1 所示。

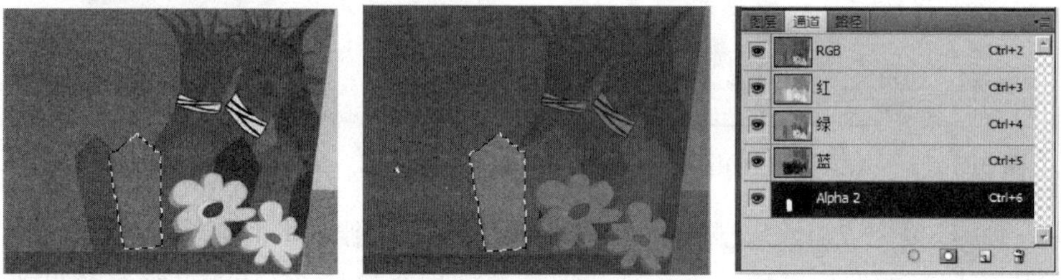

（a）原图像　（b）效果　（c）“通道”调板

图 3–6–1　创建快速蒙版

2. 编辑快速蒙版

在快速蒙版状态下，工具箱中的前景色和背景色会自动变成黑色和白色。图像上覆盖的红色将保护选区以外的区域，选中的区域则不受蒙版的保护。使用白色绘制时，可以擦除蒙版，使红色覆盖的区域变小，这样可以增加选择的区域；使用黑色绘制时，可以增加蒙版的区域，使红色覆盖的区域变大，这样可以减少选择的区域。

3. 快速蒙版选项

在默认情况下，快速蒙版模式会用不透明度为 50%的红色覆盖选区外的图像。

如果要修改蒙版的颜色和其他属性，可以双击工具箱中的“以快速蒙版模式编辑”按钮，弹出“快速蒙版选项”对话框，如图 3-6-2 所示。

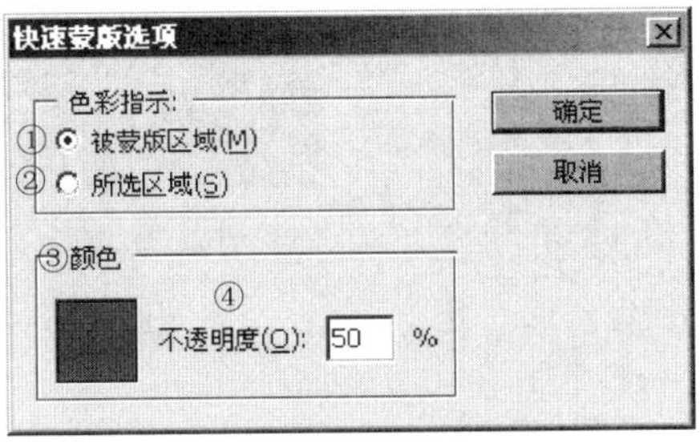

图 3-6-2 “快速蒙版选项”对话框

① 被蒙版区域：选区以外的图像将覆盖半透明红色。选中此单选按钮后，用黑色绘制可以扩大被蒙版区域减少选区，用白色绘制可以减小被蒙版区域扩大选区，工具箱中的“以快速蒙版模式编辑”按钮此时将变为一个带有灰色背景的白圆圈。

② 所选区域：原选区内的图像将覆盖半透明红色。选中此单选按钮后，用黑色绘制可以增加被蒙版区域扩大选区，用白色绘制可以减小被蒙版区域减少选区，工具箱中的“以快速蒙版模式编辑”按钮此时将变为一个带有白色背景的灰圆圈。

③ 颜色：修改蒙版颜色。单击颜色框体可在弹出的“拾色器”对话框中设置新的蒙版颜色。

④ 不透明度：设置蒙版颜色的不透明度，范围为 0%～100%。

提示：“颜色”和“不透明度”只能影响蒙版的外观，不影响保护蒙版下面的区域。

3.6.2　图层蒙版

拓展资源 3-17：图层蒙版解析

图片素材 3-9：图 3-6-3

图层蒙版是一张标准的 256 级色阶的灰度图像。在图层蒙版中，纯白色区域可以遮罩下面图层中的内容，显示当前图层中的图像；纯黑色区域可以遮罩当前图层中的内容，显示下面图层中的内容；蒙版中的灰色区域会根据其灰度值使当前图层中的图像呈现出不同层次的透明效果。

1. 创建图层蒙版

打开图像文件，如图 3-6-3 所示。

单击“图层”调板底部“添加图层蒙版”按钮，为“都市一角”图层添加蒙版。选择画笔工具，设置画笔大小和硬度，将前景色设为黑色，在画面上方涂抹，显示出物体，如图 3-6-4 所示。

（a）原始图像　（b）“图层”调板

图 3-6-3　原始图像

（a）效果　（b）“图层”调板

图 3-6-4　显示下层图像

2. 从选区中生成图层蒙版

打开图像文件“从选区中生成图层蒙版.jpg”，如图 3-6-5 所示。

使用工具箱中的魔棒工具，设置容差为 20，“添加到选区”方式，点选图像中的天空部分建立选区，效果如图 3-6-6 所示。

图 3-6-5　原始图像

图 3-6-6　建立选区

按 Ctrl+Shift+I 键进行反选，选中除天空外的部分。单击“图层”调板底部“添加图层蒙版”按钮，可以从选区中自动生成蒙版，选区内的图像是可见的，而选区外的图像则被蒙版遮罩，从而显示背景图层中的图像，效果如图 3-6-7 所示。

（a）效果　（b）“图层”调板

图 3-6-7　最终效果

3. 启用与停用蒙版

创建图层蒙版后，按住 Shift 键单击图层蒙版缩览图可暂时停用蒙版，此时蒙版缩览图上会出现一个红色的“×”，图像也会恢复到应用蒙版前的状态。按住

Shift 键再次单击图层蒙版缩览图可重新启用蒙版，恢复蒙版对图像的遮罩。

4. 复制与转移蒙版

按住 Alt 键将图层蒙版拖至另外的图层，放开鼠标可复制蒙版到目标图层。如果直接拖动图层蒙版至另外的图层，可将该蒙版转移到目标图层，源图层将不再有蒙版。

5. 应用与删除图层蒙版

单击图层蒙版缩览图，然后单击“图层”调板底部“删除图层”按钮，此时会弹出对话框，单击“应用”按钮，可将蒙版应用于图层，它会使原先被蒙版遮罩的区域成为真正的透明区域。单击“删除”按钮则仅删除图层蒙版，而不会清除任何像素，图层也将恢复到添加蒙版前的状态。

拓展资源 3-18：实例制作：合成图像

3.6.3　实例制作

图片素材 3-10：图 3-6-8

图片素材 3-11：图 3-6-9

该实例利用图层蒙版合成图像。

① 打开两个图像文件，如图 3-6-8、图 3-6-9 所示。

② 选择移动工具，将人物素材拖动到书房图像中。选择魔棒工具，在工具选项栏中将容差设置为 20，在人物图像背景区域单击选取，然后按 Shift+Ctrl+I 键反选选中人物，单击“图层”调板底部的“添加图层蒙版”按钮，创建图层蒙版，此时人物以外的区域将被蒙版遮罩，如图 3-6-10、图 3-6-11 所示。

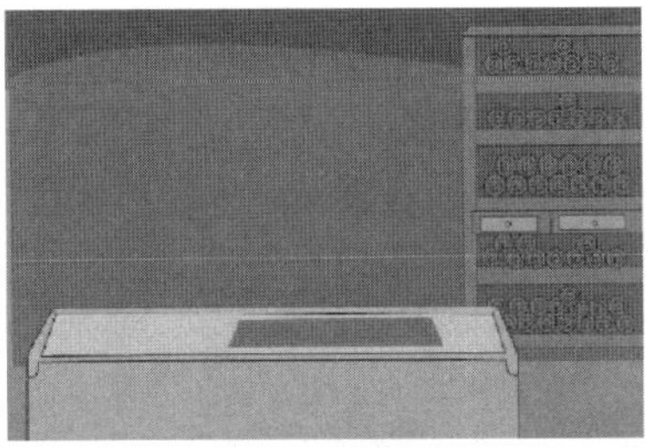

图 3-6-8　书房素材

图 3-6-9　人物素材

图 3-6-10　添加图层蒙版

图 3-6-11　遮罩后的效果

③ 将人物所在图层的不透明度设置为 50%，这样可以清楚地看到书桌的轮廓，为下一步调整遮罩做准备。如图 3-6-12 所示。

图 3-6-12 调整不透明度

3-6-13 素材图

3-6-14 合成图像

图片素材 3-12：图 3-6-16

④ 使用黑色画笔在人物蒙版上绘画使书桌部分显示出来，如图 3-6-13、图 3-6-14 所示。

⑤ 将该人物图层的不透明度恢复为 100%，效果如图 3-6-15 所示。

⑥ 用同样的方法，打开油灯图像素材，如图 3-6-16 所示。

⑦ 选择移动工具，将油灯素材拖动到书房图像中，选择“编辑”|“自由变换”命令进行缩放，并摆放至书桌相应位置，如图 3-6-17 所示。

图 3-6-15 恢复人物图层 100%不透明度显示

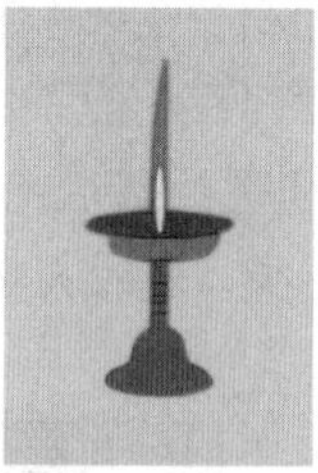

图 3-6-16 油灯素材

图 3-6-17 缩放和摆放油灯素材

⑧ 选择魔棒工具，在工具选项栏中将容差设置为 20，在油灯图像背景区域单击选取，然后按 Shift+Ctrl+I 键反选选中油灯，单击“图层”调板底部的“添加图层蒙版”按钮，创建图层蒙版，此时油灯以外的区域将被蒙版遮罩，最终效果如图 3-6-18、图 3-6-19 所示。

图 3-6-18　最终效果

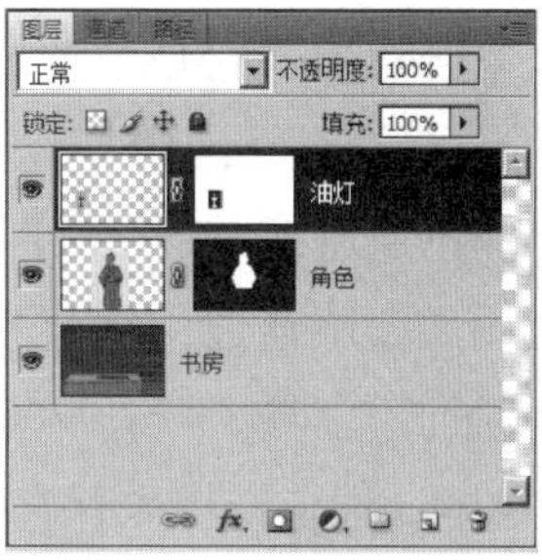

图 3-6-19　油灯遮罩效果

3.7　通道

教学课件 3-6：蒙版与通道

拓展资源 3-19：通道解析

教学实验 3-6：掌握蒙版与通道

实验素材 3-6

3.7.1　通道简介

在 Photoshop 中，可以通过蒙版保护被选取或指定的区域不受编辑操作的影响起到遮蔽作用，而通道是存储不同类型信息的灰度图像，主要用于存放图像的颜色分量和选区信息。将通道和蒙版结合起来使用，可以简化对相同选区的重复操作。在通道中可以方便地使用滤镜，创作出无法使用选取工具和路径工具制作的各种特效图像。

3.7.2　“通道”调板

通过“通道”调板可以显示各个颜色模式的相关通道，可添加 Alpha 通道等，便于提高工作效率，如图 3-7-1 所示。

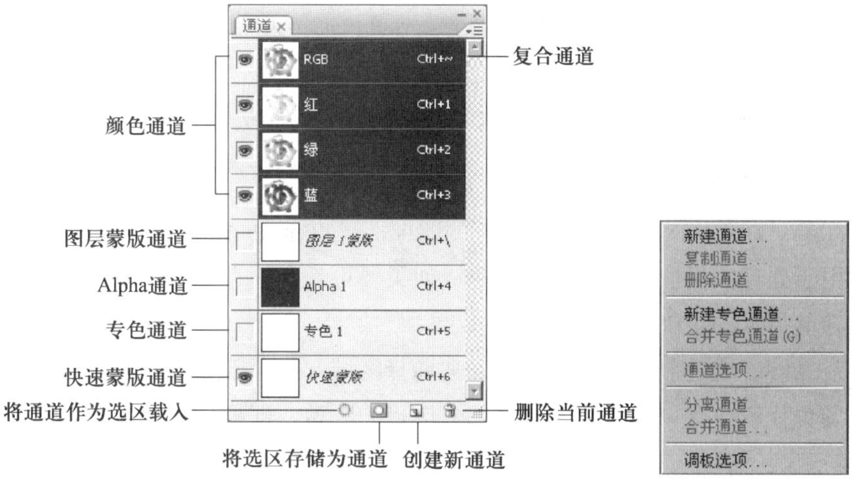

(a)“通道”调板　　(b)“通道”调板菜单

图 3-7-1　“通道”调板与菜单

① 复合通道：它是由各个颜色通道合并而成的通道。在复合通道下可以预览所有的颜色通道，编辑复合通道也将同时编辑所有的颜色通道。

② 颜色通道：用于记录图像颜色信息的通道。

③ 图层蒙版通道：创建图层蒙版时，在“通道”调板中会创建一个通道保存图层蒙版。

④ Alpha 通道：用来保存选区的通道。

⑤ 专色通道：用来记录专色油墨的通道。

⑥ 快速蒙版通道：在快速蒙版编辑状态下，可以载入当前通道中的选区。

⑦ 将通道作为选区载入：可将通道中的颜色比较淡的部分当作选区加载到图像中。

⑧ 将选区存储为通道：首先要建立选区，此时单击该图标可将当前的选区存储为新的通道。

⑨ 创建新通道：如果同时按住 Alt 键，可以设置新建通道的参数。如果按住 Ctrl 键，可以创建新的专色通道。

⑩ 删除当前通道：可以删除当前选择的通道，但复合通道不能删除。

3.7.3 通道的类型

拓展资源 3-20：通道类型解析

Photoshop 中包含 3 种类型的通道：颜色通道、Alpha 通道和专色通道，颜色通道保存了图像的颜色信息，Alpha 通道用来保存选区，专色通道用来存储专色。

1. 颜色通道

颜色通道的作用是记录构成图像的各个颜色信息。随着图像颜色模式的不同，“通道”调板上会自动显示相应的各个颜色通道。RGB 模式的图像有 4 个基本通道，即 R（红）、G（绿）、B（蓝）3 个单色通道和一个用于编辑图像的 RGB 复合通道；CMYK 模式的图像有 5 个基本通道，即 C（青）、M（洋红）、Y（黄）、K（黑）4 个原色通道和一个 CMYK 复合通道。

2. Alpha 通道

Alpha 通道可以将选区存储为灰度图像，可以添加 Alpha 通道来创建和存储蒙版用于处理或保护图像的某些部分。如果要更长久地存储一个选区，可以将该选区存储为 Alpha 通道。

在 Alpha 通道中，白色部分代表被选择区域，黑色部分代表未被选择区域，灰色部分代表具有一定透明度的被部分选择的区域，即羽化的区域。

3. 专色通道

专色通道是一种特殊的通道，用来存储专色。专色是特殊的预混油墨，用于替代或补充印刷色（CMYK）油墨。

拓展资源 3-21：通道的基本操作解析

3.7.4　通道的基本操作

1. 新建 Alpha 通道

单击“通道”调板中的“创建新通道”按钮，即可新建一个 Alpha 通道。如果在当前文档中创建了选区，则单击“将选区存储为通道”按钮，可以将选区保存为 Alpha 通道 。

2. 选择通道

单击“通道”调板中的通道即可实现该通道的选择。选择通道后，画面中会显示该通道的灰度图像，如图 3-7-2 所示。按住 Shift 键单击可选择多个通道，选择多个通道后，画面中会显示这些通道的复合图像，如图 3-7-3 所示。

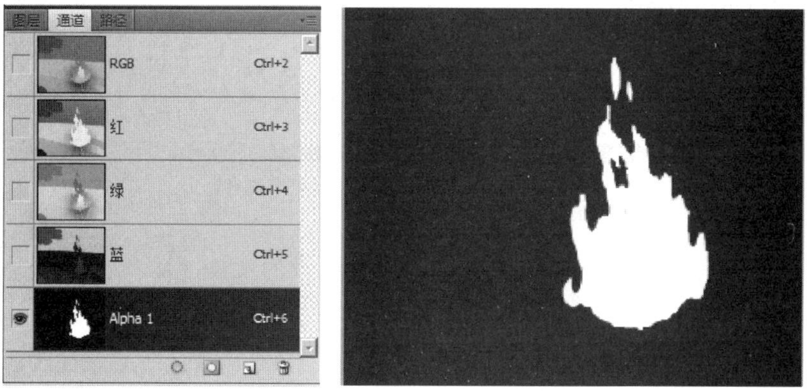

（a）“通道”调板　　（b）效果

图 3-7-2　选择一个通道

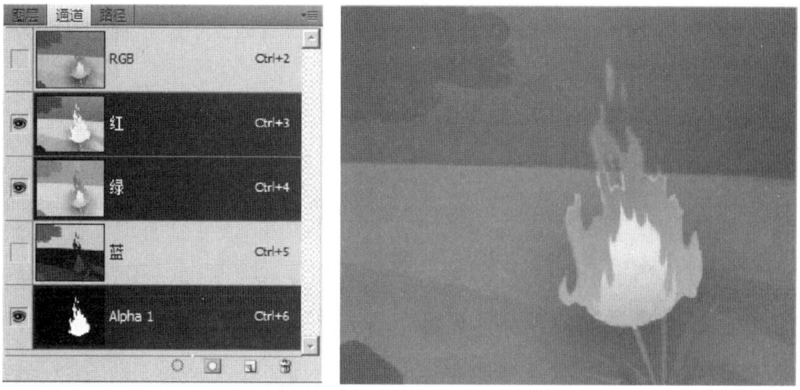

（a）“通道”调板　　（b）效果

图 3-7-3　选择多个通道

3. 编辑通道

蒙版存储在 Alpha 通道中。蒙版和通道都是灰度图像，因此可以使用绘画工具、编辑工具和滤镜像编辑任何其他图像一样对它们进行编辑。在蒙版上用黑色绘制的区域将会受到保护，而蒙版上用白色绘制的区域是可编辑区域。

要编辑某个通道，可选择该通道，然后使用绘画或编辑工具在图像中绘画。用白色绘画可以按 100%的强度添加选中通道的颜色。用灰色值绘画可以按较低的强度添加通道的颜色。用黑色绘画可完全删除通道的颜色。

4. 复制通道

① 在“通道”调板中，将要复制的通道拖动到调板底部的“创建新通道”按钮上即可复制该通道。

② 如果当前打开了多个图像文件，并且这些文档的像素尺寸相同，则在这些文档间也可以复制通道。选择要复制的通道，然后在“通道”调板菜单中选择“复制通道”命令，弹出“复制通道”对话框，如图 3-7-4 所示，在对话框中设置选项即可复制通道。

图 3-7-4 “复制通道”对话框

a．为：用来设置复制后的通道的名称。

b．目标：用来设置复制通道的目标文档，默认为当前文档。也可在下拉列表框中选择其他打开的文档，但这些文档必须与当前文档具有相同的分辨率和尺寸。

c．反相：勾选该复选框，复制后的通道将被反转。

5. 删除通道

在“通道”调板中选择要删除的通道，单击“删除当前通道”按钮可将其删除，也可直接将通道拖动到该按钮上进行删除。复合通道不能被复制，也不能被删除。颜色通道可被复制和删除，但如果删除了某个颜色通道，图像会自动转换为多通道模式，如图 3-7-5 所示。

6. 将选区存储为 Alpha 通道

选择“选择”|“存储选区”命令，将选区存储为 Alpha 通道。

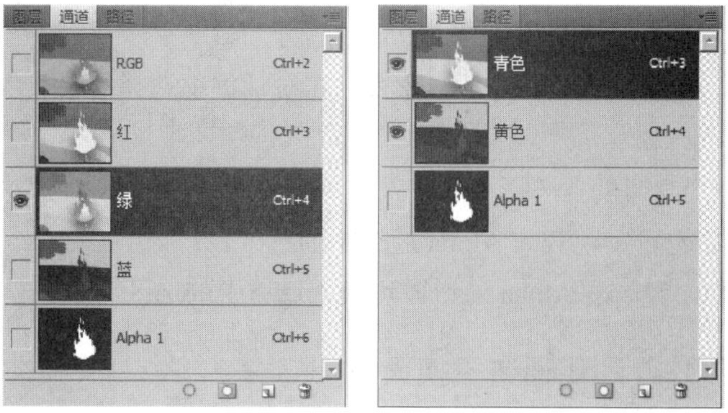

（a）删除前　　（b）删除后

图 3-7-5　删除通道

通过魔棒工具和“反转选区”命令得到的选区如图 3-7-6 所示。

选择“选择”|“存储选区”命令，此时将弹出对话框。在“名称”文本框中输入要保存的 Alpha 通道的名称，如图 3-7-7 所示。单击“确定”按钮，此时“通道”调板生成相应名称的 Alpha 通道，而且在图像窗口中设置成选区的部分显示成白色，如图 3-7-8 所示。

图 3-7-6　建立选区

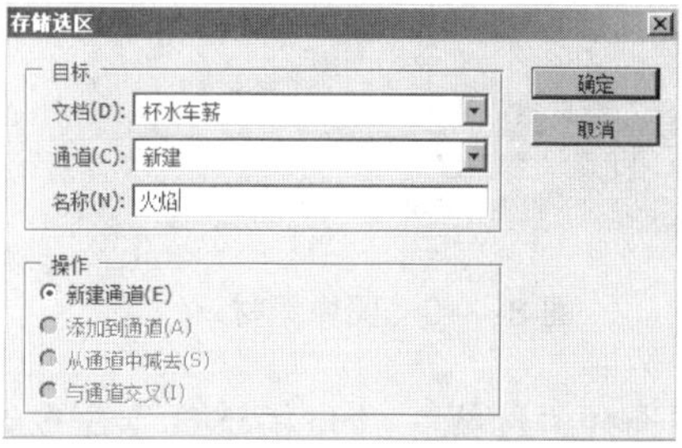

图 3-7-7　“存储选区”对话框

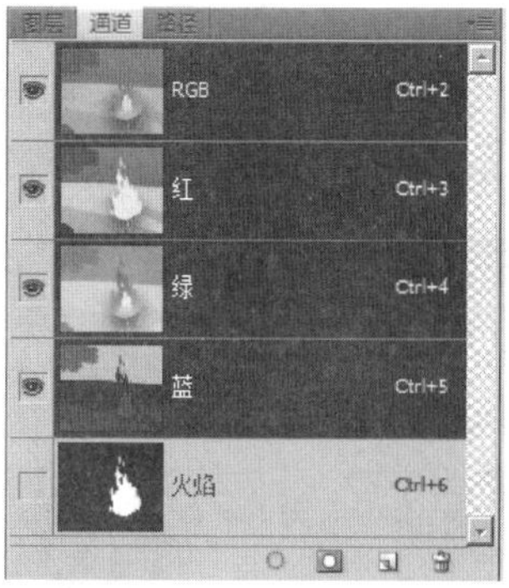

图 3-7-8　“通道”调板

7. 载入 Alpha 通道中的选区

直接将 Alpha 通道载入图像中可以轻松获得先前所存储的选区，有了选区后就可以对选区应用想要的特殊效果。

① 选择“选择”|“载入选区”命令，在对话框中选择需要载入的 Alpha 通道即可将选区载入。

② 在“通道”调板上选择将要载入的 Alpha 通道，然后单击“将通道作为选区载入”按钮也可实现载入 Alpha 通道中的选区。

③ 按住 Ctrl 键单击 Alpha 通道即可载入通道中的选区。

案例指导 3-3：通道与蒙版的应用

3.7.5 实例制作：利用通道更换天空

拓展资源 3-22：实例制作：特效文字

图片素材 3-13：图 3-7-9

通过利用通道进行抠像来深入了解通道的使用。

① 打开如图 3-7-9 所示图像。

② 使用魔棒工具，保持其“容差”属性参数值为默认的 30，单击图像素材的天空部分，得到默认选区，效果如图 3-7-10 所示。可以看到得到的选区并不理想。

图 3-7-9 图像素材

图 3-7-10 初始得到的选区

③ 选择“选择”|“取消选择”命令，取消选区。将当前文件的“图层”调板状态切换到“通道”调板状态，在其中的 4 个默认通道中，选择天空与景物明暗反差较大的“绿”通道，如图 3-7-11 所示。再次使用属性仍为默认值的魔棒工具，点选天空部分，得到较为理想的天空选区，如图 3-7-12 所示。

④ 在保持选区继续显示的状态下，显示并选择该素材的所有通道，如图 3-7-13 所示。切换回“图层”调板，如图 3-7-14 所示。

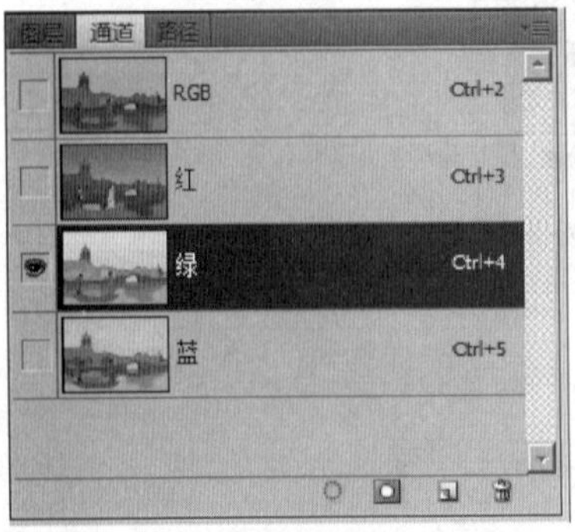

图 3-7-11 单独选择素材的“绿”通道

图 3-7-12 在“绿”通道中得到较为理想的选区

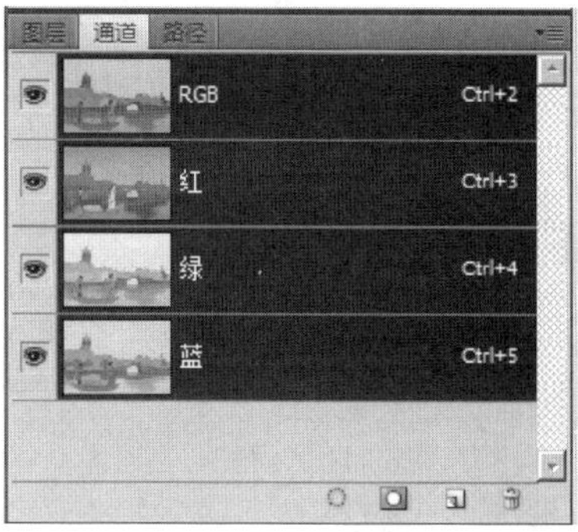

图 3-7-13　显示并选择所有通道

图 3-7-14　返回“图层”调板

⑤ 双击背景图层缩略图，在弹出的“新建图层”对话框中，重新命名新建的图层为“景物”，如图 3-7-15 所示，单击“确定”按钮。这样就把特殊的“背景图层”变为了“普通图层”，如图 3-7-16 所示。

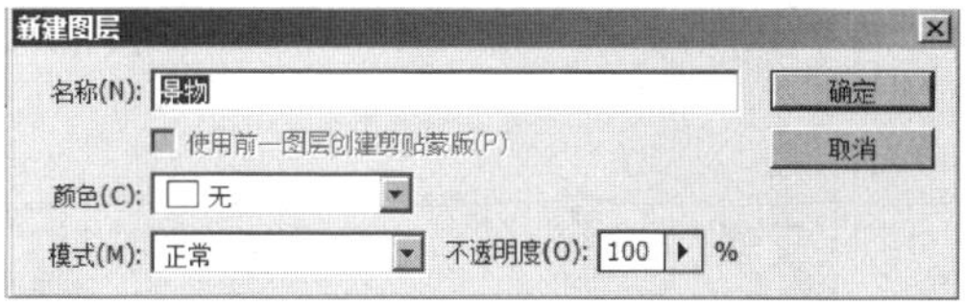

图 3-7-15　“新建图层”对话框

图 3-7-16　背景图层转化为普通图层

⑥ 按 Delete 键删除选区内的天空图层，然后新建图层，并命名为“云彩天空”，把“景物”图层拖放到“云彩天空”图层之上，如图 3-7-17、图 3-7-18 所示。

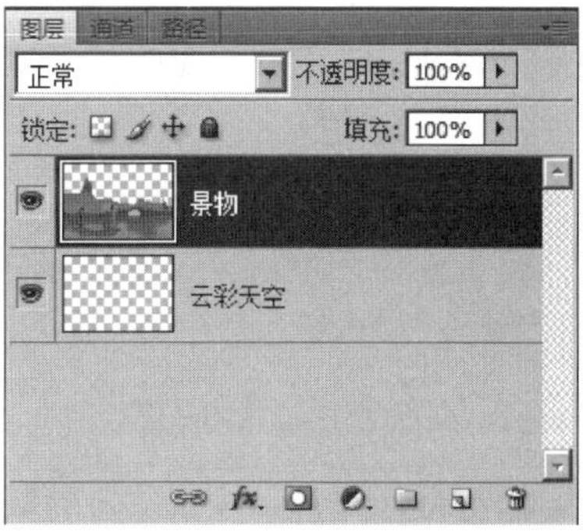

图 3-7-17　调整后的图层

图 3-7-18　删除原有天空后的效果

⑦ 设置前景色为白色，背景色为黑色，使用油漆桶工具对“云彩天空”图层进行颜色填充，如图 3-7-19 所示。

⑧ 选择“云彩天空”图层，选择“滤镜”|“渲染”|“分层云彩”命令，效果如图 3-7-20 所示。

图 3-7-19　使用前景色填充“云彩天空”图层

图 3-7-20　施加滤镜后的天空

⑨ 选择“云彩天空”图层，选择“图像”|“调整”|“色相/饱和度”命令，参数设置如图 3-7-21 所示。调整颜色后的最终效果如图 3-7-22 所示。

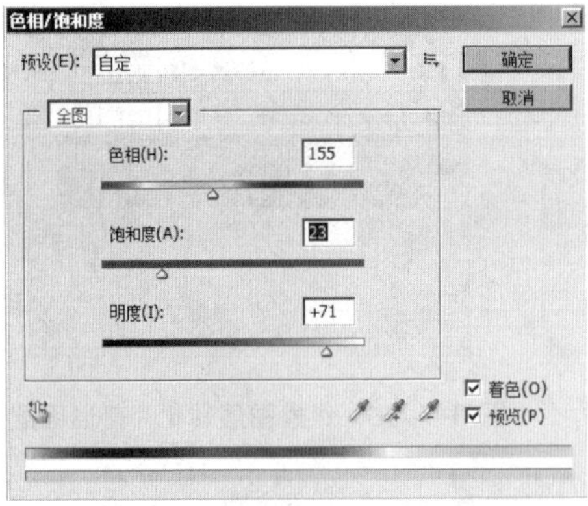

图 3-7-21　颜色调整参数

图 3-7-22　最终效果

3.8　路径

3.8.1　路径简介

路径在Photoshop中是使用贝赛尔曲线所构成的一段闭合或者开放的曲线段，由文字工具和矢量图形工具创建，具有矢量图形的特征，即点、线、方向的属性。路径是矢量对象，与分辨率无关，因此对其进行的缩放等操作会保持清晰的边缘而不会出现锯齿。

路径可以变换成选区，在实际工作中为了使用 Photoshop 进行细致的绘图或者选择区域，通常不使用一般的选框工具，而是使用钢笔工具通过编辑路径锚点灵活地改变路径形状来创建路径，然后将其转换为选区。

使用钢笔工具绘制的直线或曲线叫做“路径”，锚点是这些线段的断点，当用户选中并拖动曲线上的一个锚点时，锚点上就会延伸出一条或两条方向线，而每一条方向线的两端都有一个方向点。路径的外观都是通过锚点、方向线和方向点调节的，如图 3-8-1 所示。在 Photoshop 中制作的路径可以保存在“路径”调板上便于管理和使用。

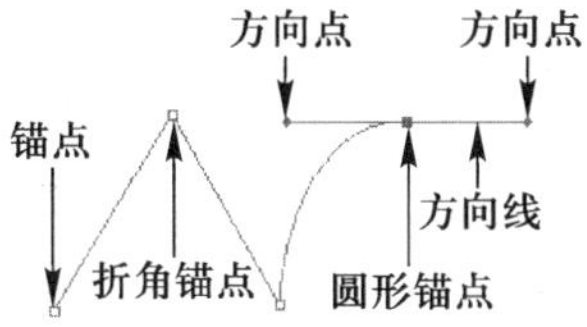

图 3-8-1　构成路径的元素

路径可以是没有起点或终点的闭合式路径，也可以是有明显终点的开放式路径。路径不必是由一系列线段连接起来的一个整体，它可以包含多个彼此完全不同而且相互独立的路径组件。

3.8.2 “路径”调板

“路径”调板上会显示当前正在制作的路径和被保存路径的缩览图和名称，因此非常便于管理。使用钢笔工具制作的所有路径都会在“路径”调板上自动保存为“工作路径”。但是，因为工作路径是在制作过程中临时保存的，所以如果想另存路径就必须要设置为其他名称，如图 3-8-2 所示。

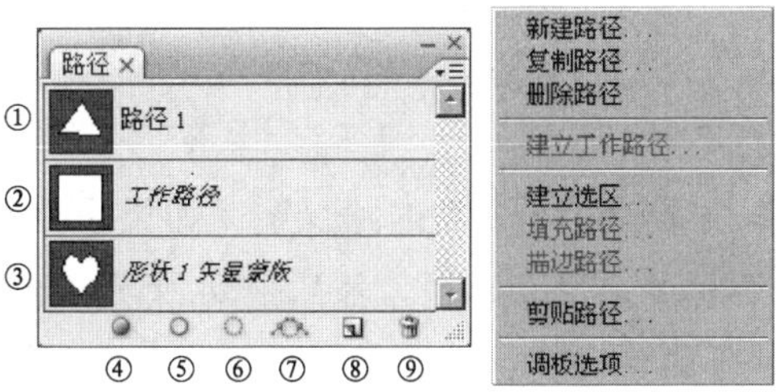

（a）“路径”调板　　（b）“路径”调板菜单

图 3-8-2　“路径”调板和菜单

① 一般路径：当前文件中包含的路径。

② 工作路径：未存储的临时工作路径，用于定义形状的轮廓。当前正在制作的路径会显示为“工作路径”，即使在“路径”调板上保存了几个路径，一次也只能选择一个路径。选择的路径会显示成蓝色，如果想取消路径的选择状态，按 Esc 键或者单击“路径”调板的空白区域即可。

③ 矢量蒙版路径：创建形状图层时生成的矢量蒙版，只有选择了形状图层，才会在“路径”调板中显示矢量蒙版的路径。

④ 用前景色填充路径：单击该按钮以后，路径区域填充上工具箱中的前景色。

⑤ 用画笔描边路径：利用建好的路径，并配合各种不同的绘图工具和画笔大小为路径描边，可以为图像制作特殊效果。例如，在原始图像中使用文字蒙版工具建立选区，在“路径”调板中将选区转化为路径，然后将前景色设置为黑色，选中工具箱中的画笔工具，在工具属性栏中设置相关属性，选择“路径”调板，单击该按钮，即可实现画笔描边路径。而且可以在“路径”调板菜单中选择“描边路径”命令后设置相关属性值，如图 3-8-3 所示。

（a）建立选区

（b）转化为路径

（c）描边效果

图 3-8-3　建立选区、转化为路径、描边效果

⑥ 将路径作为选区载入：将当前的路径转换成选区。

⑦ 从选区生成工作路径：将当前的选择区域转换成路径。只有在图像窗口上存在选区时才会激活该按钮。

⑧ 创建新路径：用于创建一个新的路径层。如果想复制保存在“路径”调板上的路径，可以先选择要复制的路径，然后拖动到该按钮上。

⑨ 删除路径：用于删除一个已经存在但是已经不需要的路径层。在“路径”调板中，直接将指定路径拖动到该按钮上也可进行删除。

3.8.3　创建路径的工具

拓展资源 3-23：设置绘图模式

利用工具箱中的钢笔工具组可以创建路径，每个工具都具有创建和修改路径的作用，如图 3-8-4 所示。

① 钢笔工具：可以绘制直线或曲线的路径。单击鼠标添加锚点可以生成直线路径，如果从单击的锚点开始拖动可以制作出曲线路径，如果制作曲线路径还会生成方向线和方向点，如图 3-8-5 所示。

图 3-8-4 钢笔工具组

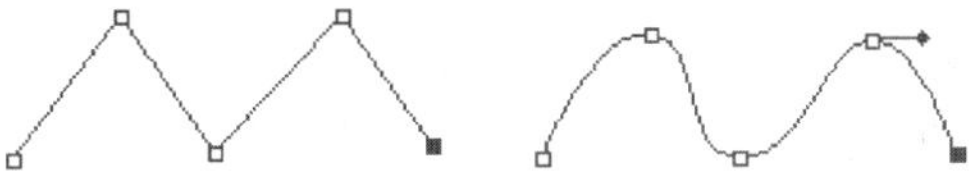

（a）直线路径 （b）曲线路径

图 3-8-5 直线路径及曲线路径

② 自由钢笔工具：像用铅笔画图拖动鼠标，可制作自由形态路径，如图 3-8-6 所示。

③ 添加锚点工具：在已经制作好的路径上添加锚点（单击锚点和锚点之间的线段添加锚点），如图 3-8-7 所示。

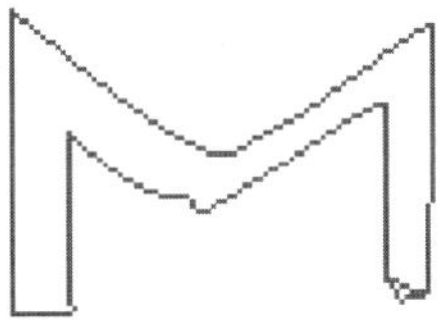

图 3-8-6 拖动鼠标创建不规则形态的路径

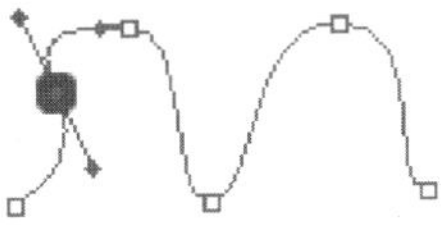

图 3-8-7 在工作路径上添加锚点

④ 删除锚点工具：在已经制作好的路径上单击锚点可以进行删除。删除锚点后，原来连接的路径也会被删除，如图 3-8-8 所示。

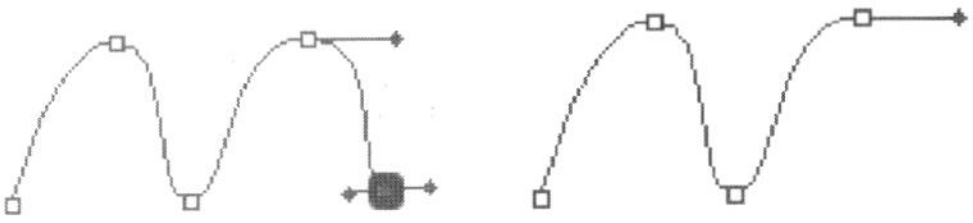

（a）删除前 （b）删除后

图 3-8-8 单击要删除的锚点，相关联的路径会被删除

⑤ 转换点工具：选择路径或者路径的一部分，并进行移动，或者改变锚点的属性。在锚点中，有具有曲线属性的圆形点和具有直线属性的折角点，转换点工具就是用于互换这两种锚点的，如图 3-8-9 和图 3-8-10 所示。

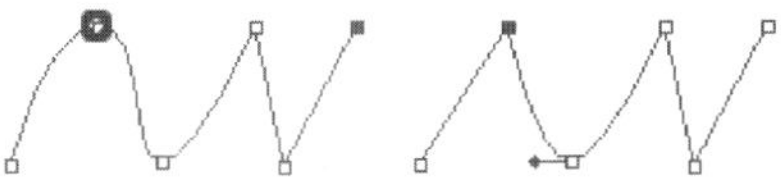

（a）变换前 （b）变换后

图 3-8-9 单击曲线锚点，变成直线

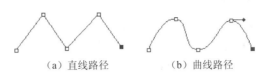

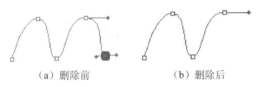

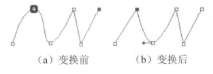

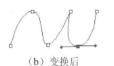

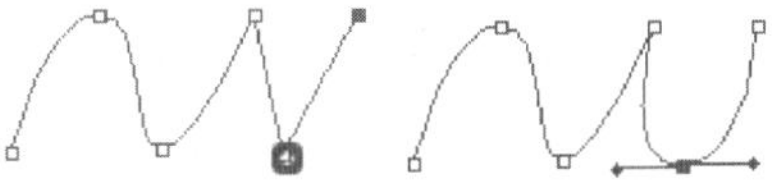

（a）变换前 （b）变换后

图 3-8-10 拖动直线锚点，可以变成曲线

3.8.4 编辑路径

1. 制作直线路径

直线路径通过单击鼠标生成锚点来制作。选择钢笔工具，单击图像的底面之

前先要确认是否已经单击了选项栏中的“路径”按钮。因为 Photoshop 除了可以使用钢笔工具制作路径以外，还可以制作矢量图形，因此使用钢笔工具制作路径时必须单击选项栏中的“路径”按钮。

① 在工具箱中选择钢笔工具，然后在直线开始的地方单击鼠标创建路径锚点。如果按住 Shift 键的同时单击鼠标，可以按照 45° 方向制作直线。

② 将鼠标移动到需要制作路径的位置上，单击鼠标，创建直线路径。继续单击，最后在起始点上单击就可以创建封闭的直线路径，如图 3-8-11 所示。

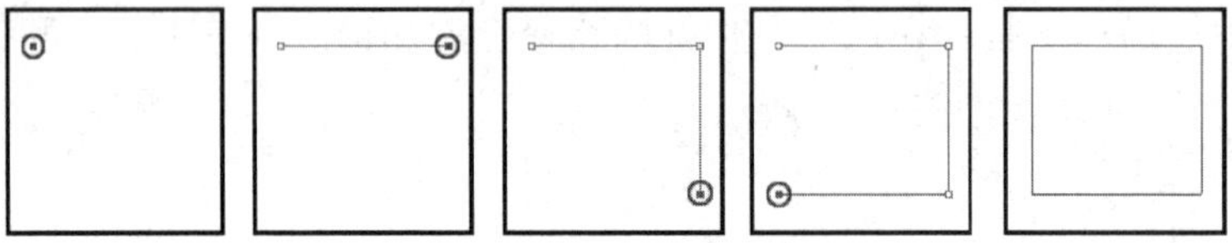

（a）第 1 步　（b）第 2 步　（c）第 3 步　（d）第 4 步　（e）第 5 步

图 3-8-11　创建封闭路径过程

提示：如果想创建不封闭的路径，可以在创建路径的时候，不连接到起始锚点上。按住 Ctrl 键后，鼠标指针会变成箭头形态，此时单击图像可制作出开放路径。

2. 制作曲线路径

曲线路径是根据方向线来确定下一个曲线方向，因此为了制作出准确的曲线路径必须控制好方向线。

① 选择钢笔工具，在路径起始位置单击，再按住鼠标进行拖动，就会显示方向线。此时如果按照想弯曲的方向进行拖动，鼠标指针的形态就会变成箭头，这样就可以控制方向线了。

② 移动鼠标指针，单击下一处进行拖动，制作曲线路径。若在制作路径过程中出错，按 Delete 键即可删除。

制作曲线路径的时候，必须先在已经生成的锚点上按住 Alt 键再单击鼠标，删除方向线后再进行操作，如图 3-8-12 所示。

图 3-8-12　制作曲线路径

3. 在路径上添加、删除锚点

为了变形已制作好的路径形态，可添加或者删除锚点，还可更改已经制作好的锚点形态。

如果想添加锚点，可以在工具箱中选择添加锚点工具，然后在创建好的路径上单击要添加锚点的位置。

鼠标指针变成了直接选择工具形态，在这种状态下，拖动锚点可以改变路径形态，如图 3-8-13 所示。

为了制作更精确的路径，使用缩放工具放大图像，然后再使用添加锚点工具，在路径上添加新的锚点。

使用这种方法添加锚点，并加以移动，可以修改已经创建好的路径形态，如图 3-8-14 所示。使用添加锚点工具在路径上添加锚点以后，两边会显示方向线，鼠标指针也变成直接选择工具的形态，此时拖动方向线可以精确地修改曲线形态。另外，按住 Alt 键拖动方向线，可以只控制一侧的方向线。

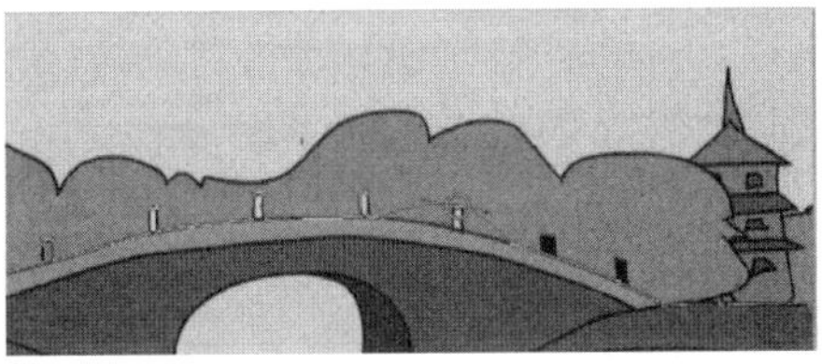

图 3-8-13　添加锚点改变路径形态

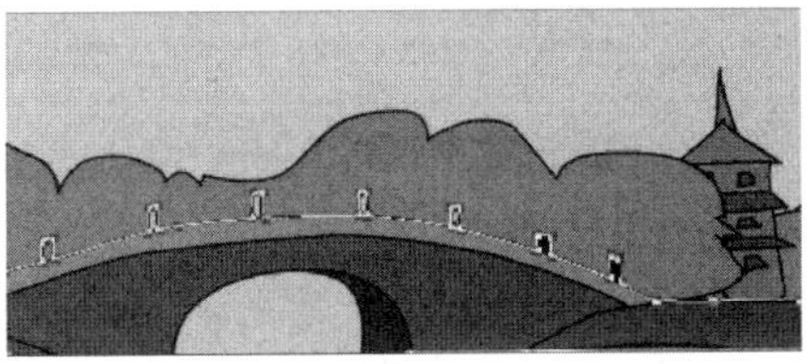

图 3-8-14　创建好的路径形态

如果想删除锚点，先在工具箱中选择删除锚点工具，然后单击要删除的锚点即可。

注意：选择添加锚点工具后，如果按住 Alt 键，点的形态就会变成锚点删除工具，此时可删除锚点。相反，在选择了删除锚点工具的状态下，按住 Alt 键，就会切换成添加锚点工具。

4. 路径的选择、移动和删除

选择路径可以使用路径选择工具或直接选择工具。路径选择工具在移动或删除整个路径时使用，直接选择工具是一种可以单独选择路径上包含的锚点的工具，主要用于更改或删除路径的元素中的部分内容。

（1）移动整个路径

使用路径选择工具选择路径以后，整个路径都将被选择，然后可按需要的方向进行拖动，如图 3-8-15 所示。

（2）移动锚点

使用直接选择工具可只选择构成路径的锚点，如图 3-8-16 所示。

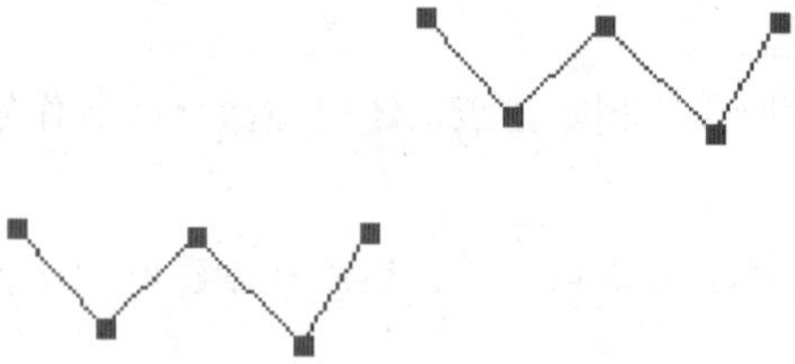

（a）移动前　　（b）移动后

图 3-8-15　移动整个路径

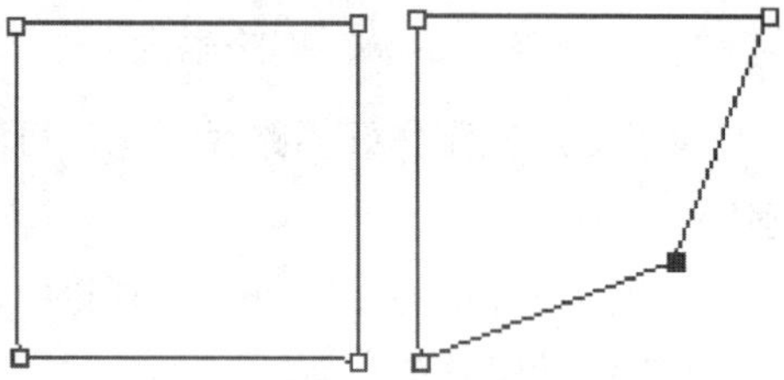

（a）移动前　　（b）移动后

图 3-8-16　移动锚点

（3）方向线的移动

使用直接选择工具移动锚点可改变曲线形态及直线角度，如图 3-8-17 所示。

（4）路径的删除

使用路径选择工具选择创建好的路径，按 Delete 键，整个路径将被删除。

（5）删除部分路径

使用直接选择工具选择锚点，按 Delete 键，可只删除连接在锚点上的两边，如图 3-8-18 所示。

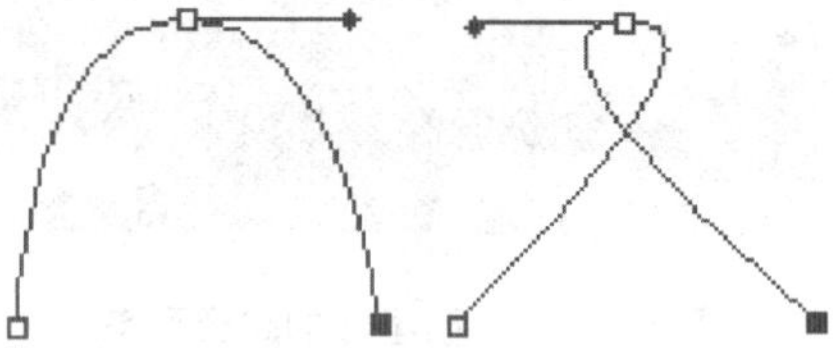

（a）移动前　　（b）移动后

图 3-8-17　方向线的移动

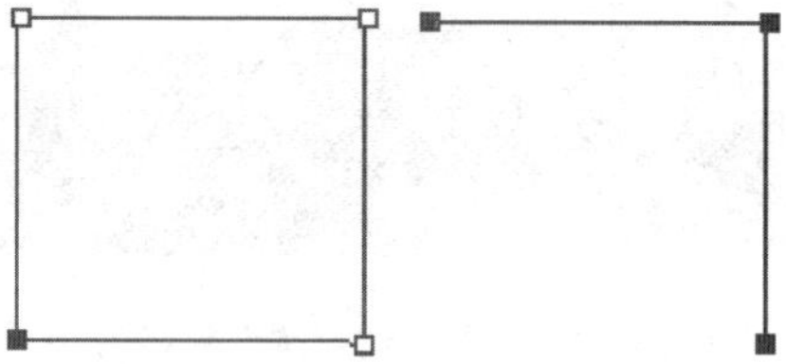

（a）删除前　　（b）删除后

图 3-8-18　删除部分路径

5. 变换路径

使用路径选择工具选择路径后，选择“编辑”|“变换路径”子菜单中的命令可以对当前路径进行旋转、缩放等操作，如图 3-8-19 所示。如果使用直接选择工具选择路径段后，则“变换路径”命令将变为“变换点”命令，其子菜单中的命令可以对当前路径进行缩放、旋转、斜切操作，如图 3-8-20 所示。

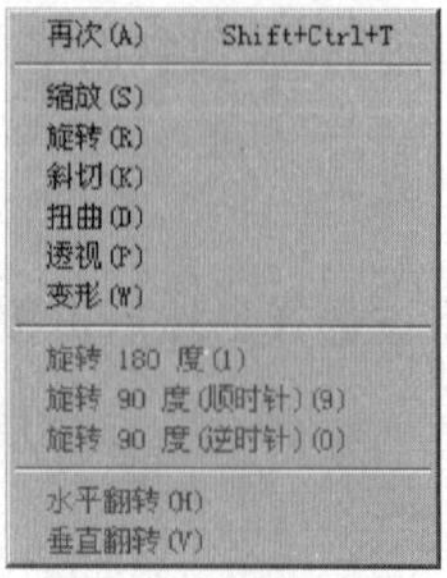

图 3-8-19　“变换路径”子菜单

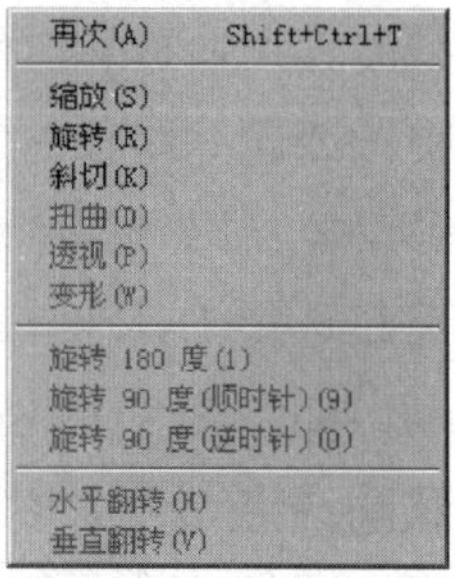

图 3-8-20　“变换点”子菜单

6. 存储工作路径

当使用钢笔工具或形状工具创建工作路径时，新的路径将以工作路径的形式出现在“路径”调板中，如图 3-8-21 所示。工作路径是临时路径，必须存储才能避免丢失，如果没有存储便取消了工作路径，当再次开始绘图时，新的路径将取代现有路径。

将名称拖动到“路径”调板底部的“创建新路径”按钮上可以存储工作路径，如图 3-8-22 所示。也可以选择“路径”调板菜单中的“存储路径”命令，然后在“存储路径”对话框中输入新的路径名称进行保存。

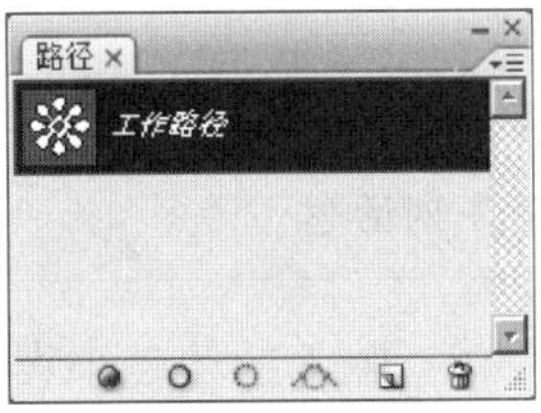

图 3-8-21　创建工作路径

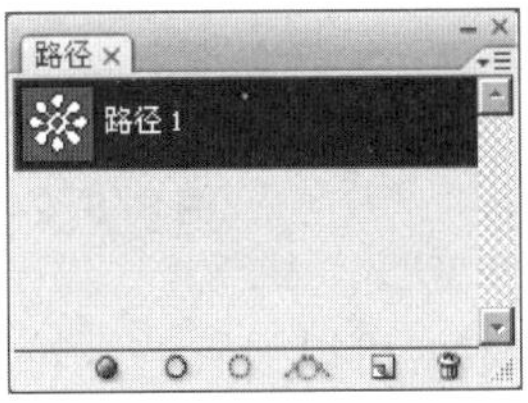

图 3-8-22　存储路径

3.8.5　应用路径

在创建路径后，可以将路径转换为选区，也可以对路径进行填充和描边，或者通过剪贴路径输出带有透明背景的图像。

1. 将路径转换为选区

“路径”调板上的封闭路径都可以在图像窗口中显示成选区。

① 使用当前设置将路径转换为选区：在“路径”调板中选择要转换成选区的路径，单击“路径”调板下端的“将路径作为选区载入”按钮，可将图像中的路径转换成选区，如图 3-8-23 所示。另外，如果按住 Ctrl 键的同时在“路径”调板中单击需要转换的工作路径，该路径也会转换成选区。

(a) 路径　　(b)“路径”调板　　(c) 选区

图 3-8-23　将路径转换为选区

② 将路径转换为选区并指定设置：在“路径”调板中选择工作路径后，如

果想改变设置，可以按住 Alt 键的同时单击“将路径作为选区载入”按钮，或者选择“路径”调板菜单中的“建立选区”命令。在弹出的“建立选区”对话框中设置各选项就可以改变选区，如图 3-8-24 所示。

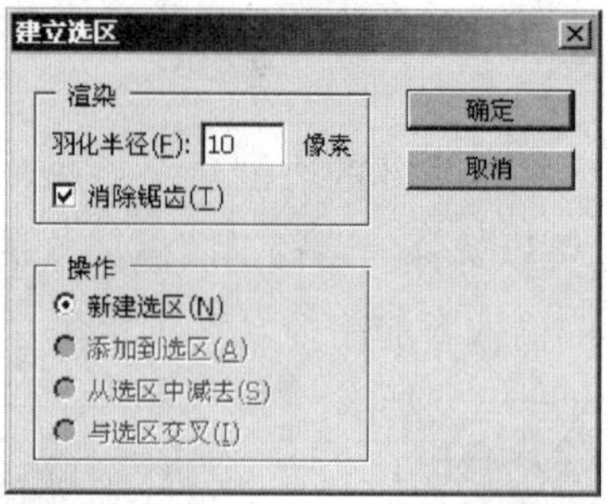

图 3-8-24 “建立选区”对话框

a. 羽化半径：可以设置选区轮廓的自然程度，输入的值越小设置的选区就越精确。

b. 消除锯齿：可对选区的轮廓进行消除锯齿处理。

c. 新建选区：与原来的选区没有关系，可以将选择路径转换成新的选区。

d. 添加到选区：在原来的选区上添加新的选区。

e. 从选区中减去：在原选区上删除新的选区。

f. 与选区交叉：只将原选区与新选区重叠部分设置成选区，如果没有重叠部分就没有选区。

2. 将选区转换成路径

可将图像窗口上显示的选区转换成路径使用。如果以此方法保存路径，在制作过程中可以随时再显示出选区，因此该功能非常实用。将选区转换成路径时，生成的路径轮廓由“建立工作路径”对话框中设置的容差值确定精确度。

① 使用当前设置将选区转换为路径：在图像中建立选区，然后单击“路径”调板下端的“从选区生成工作路径”按钮，选区就会保存成路径。

② 将选区转换为路径并指定设置：创建选区后，选择“路径”调板菜单中“建立工作路径”命令，弹出“建立工作路径”对话框，如图 3-8-25 所示。在对话框中设置“容差”值，范围为 0.5～10，该值越高，用于绘制路径的锚点越少，路径也越平滑。设置容差后，单击“确定”按钮可按照指定的方式将选区转换为路径，如图 3-8-26 所示。

3. 填充路径

创建路径后，可以对路径区域进行填充，填充颜色将出现在当前选择的图层中。

图 3-8-25　“建立工作路径”对话框

（a）“容差”值为 0.5　（b）“容差”值为 2.0

图 3-8-26　“容差”值为 0.5 和 2.0 的效果

① 使用当前填充设置填充路径：制作路径后，在“路径”调板中选择该工作路径，单击“路径”调板底部的“用前景色填充路径”按钮，可以使用前景色填充当前路径，如图 3-8-27 所示。

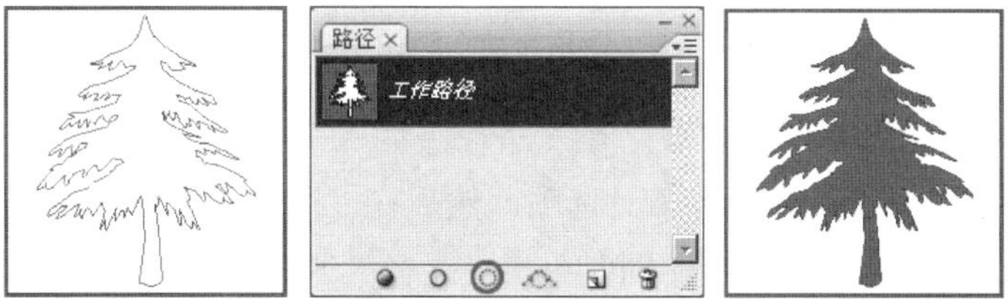

（a）原图像　（b）“路径”调板　（c）效果

图 3-8-27　使用当前填充设置填充路径

② 填充并指定设置：在“路径”调板中选中路径后，在“路径”调板菜单中选择“填充路径”命令，或者按住 Alt 键的同时单击“路径”调板底部的“用前景色填充路径”按钮，弹出“填充路径”对话框，指定设置后单击“确定”按钮即可填充路径，如图 3-8-28 所示。

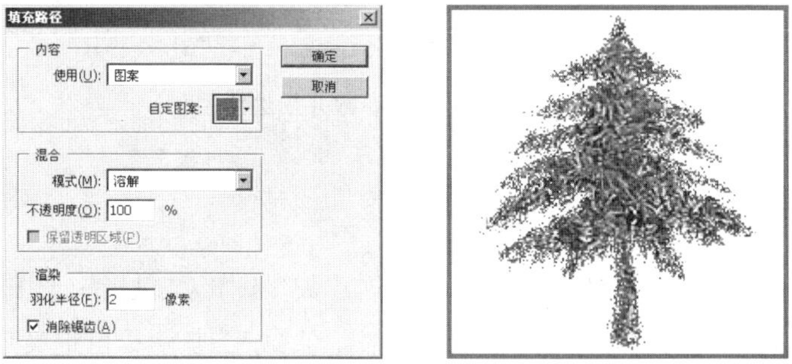

（a）“填充路径”对话框　（b）效果

图 3-8-28　设置参数并填充路径

4. 描边路径

描边路径是指绘制路径的边框。当描边路径时，描边颜色将出现在当前选择的图层中。如果图层蒙版或文字图层处于当前选择状态则无法描边路径。

① 使用当前描边设置描边路径：制作路径后，在“路径”调板中选择该工作路径，单击“路径”调板底部的“用画笔描边路径”按钮可以使用画笔工具的当前设置对当前路径描边，每次单击该按钮都会增加描边的不透明度，使描边看起来更粗，如图 3-8-29 所示。

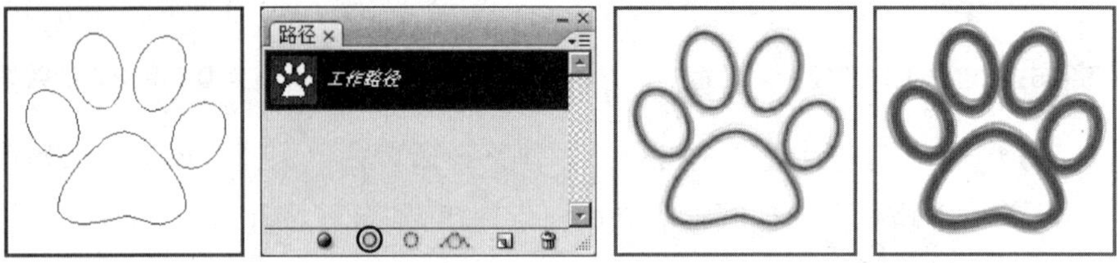

（a）原图像　（b）“路径”调板　（c）效果 1　（d）效果 2

图 3-8-29　使用当前描边设置描边路径

② 对路径描边并指定设置：在“路径”调板中选中路径后，选择用于描边路径的绘画或编辑工具，设置工具选项，然后在“路径”调板菜单中选择“描边路径”命令，或者按住 Alt 键的同时单击“路径”调板底部的“用画笔描边路径”按钮，弹出“描边路径”对话框，完成设置后单击“确定”按钮即可填充路径，如图 3-8-30 所示。在打开“描边路径”对话框前，必须选择工具并指定工具的设置才能控制描边的效果。

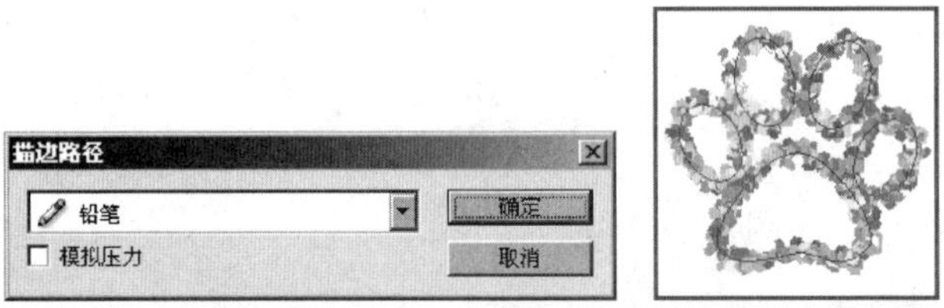

（a）“描边路径”对话框　（b）效果

图 3-8-30　设置参数并描边路径

3.8.6　创建矢量图形

Photoshop 提供了 6 种形状工具用来创建矢量图形，包括矩形工具、圆角矩形工具、椭圆工具、多边形工具、直线工具和自定义形状工具，使用它们可以创建各种几何形状的矢量图形，也可以从大量的预设形状中选择需要的形状进行绘制。

① 矩形工具：用来绘制矩形和正方形。选择该工具后，在画面中单击并拖动鼠标可创建矩形，按住 Shift 键拖动鼠标可创建正方形，如图 3-8-31 所示。

② 圆角矩形工具：用来绘制圆角矩形。选择该工具后，在画面中单击并

拖动鼠标可创建圆角矩形，按住 Shift 键拖动鼠标可创建圆角正方形。在其工具选项栏中通过设置“半径”选项来调整圆角半径，如图 3-8-32 所示。

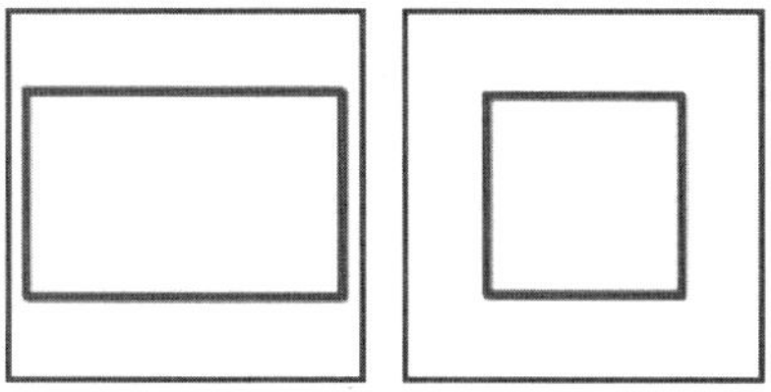

（a）矩形　　（b）正方形

图 3-8-31　绘制矩形和正方形

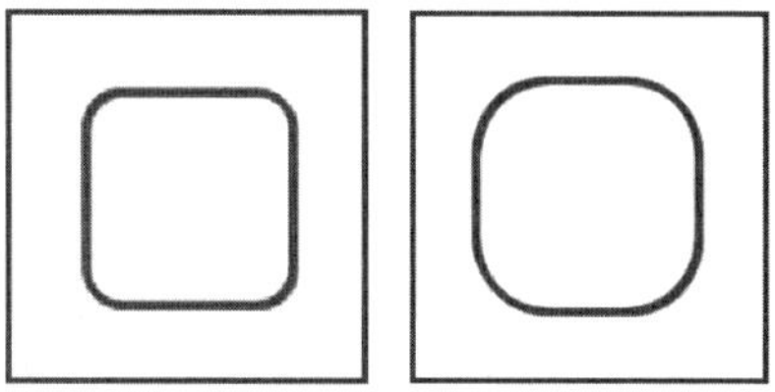

（a）圆角矩形　　（b）圆角正方形

图 3-8-32　绘制圆角矩形和圆角正方形

③ 椭圆工具：用来绘制椭圆形和圆形。选择该工具后，在画面中单击并拖动鼠标可创建椭圆形，按住 Shift 键拖动鼠标可创建圆形，如图 3-8-33 所示。

④ 多边形工具：用来绘制多边形和星形。选择该工具后，可在工具选项栏中设置多边形或星形的边数，范围为 3～100。在画面中单击并拖动鼠标可按预设边数创建多边形或星形，如图 3-8-34 所示。

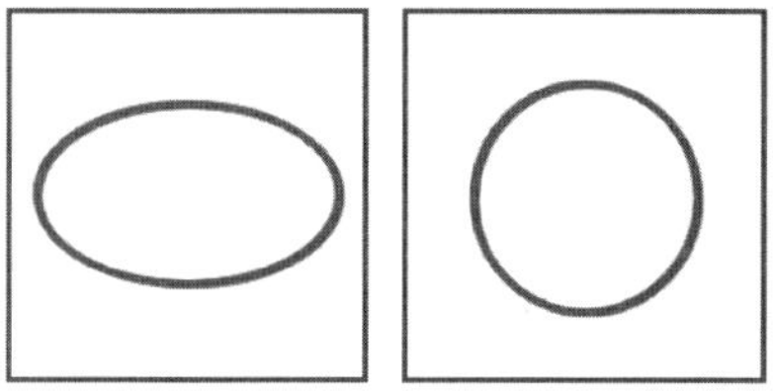

（a）椭圆形　　（b）圆形

图 3-8-33　绘制椭圆形和圆形

（a）多边形　　（b）星形

图 3-8-34　绘制多边形和星形

⑤ 直线工具：用来绘制直线和带有箭头的线段。选择该工具后，在画面中单击并拖动鼠标即可创建直线或线段，按住 Shift 键可以创建水平、垂直或以 45° 角为增量的直线。通过设置该工具选项栏下拉调板中的参数还可以创建箭头，如图 3-8-35 所示。

案例指导 3-4：制作水晶按钮

⑥ 自定义形状工具：用来绘制 Photoshop 预设的形状以及自定义的形状。选择该工具后，在工具选项栏的“形状”下拉调板中选择一种形状，然后在画面中单击并拖动鼠标即可创建该图形，如图 3-8-36 所示。

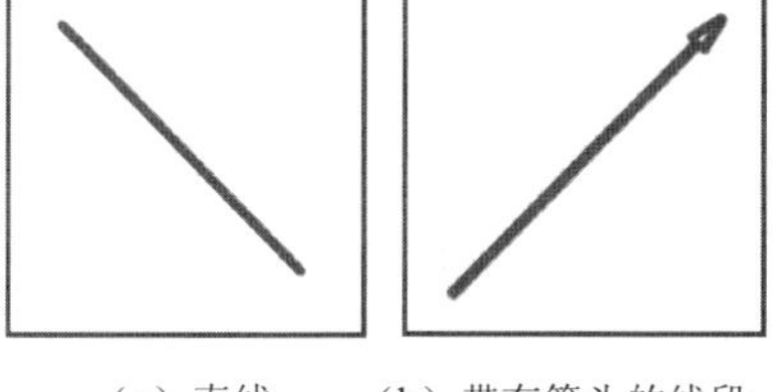

（a）直线　　（b）带有箭头的线段

图 3-8-35　绘制直线和带有箭头的线段

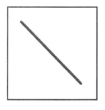

（a）形状 1　　（b）形状 2

图 3-8-36　绘制 Photoshop 预设形状

拓展资源 3-24：
实例制作：绘制
图标

3.8.7 实例制作：制作有足的蛇

通过使用钢笔工具绘制一条带足的蛇，学习路径工具的使用技巧。

① 按 Ctrl+N 键新建图像文件，参数设置如图 3-8-37 所示。

② 在白色背景图层上新建空白图层，并命名为“四足蛇”，如图 3-8-38 所示。

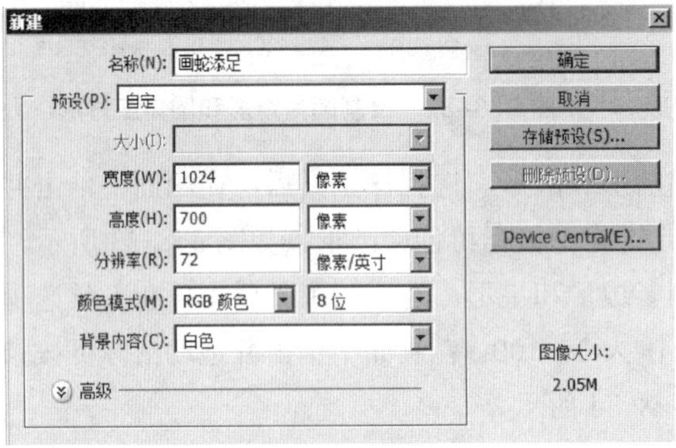

图 3-8-37 新建图像文件

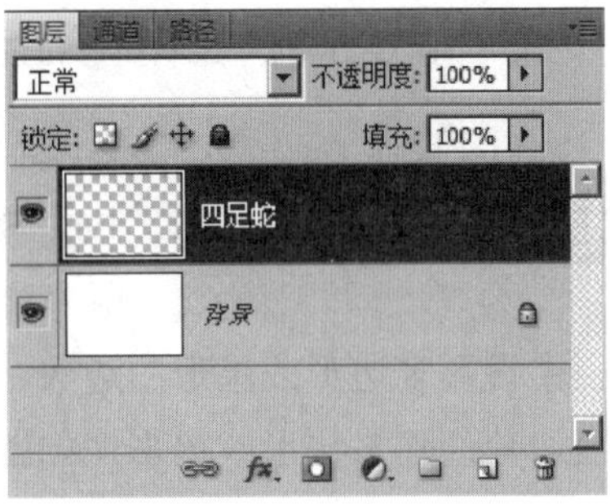

图 3-8-38 新建图层

③ 使用工具箱中的钢笔工具，其工具属性设置为“路径”模式，在“四足蛇”图层上勾画封闭蛇形路径，形成蛇身的主干形状。注意在钢笔工具状态下，配合 Ctrl 键点选需要调整位置和曲率的路径锚点，进行路径的修正，尽量使路径顺滑美观，如图 3-8-39 所示。

④ 转换到“路径”面板，单击面板底部“将路径作为选区载入”按钮，得到蛇形选区。效果如图 3-8-40 所示。

图 3-8-39 绘制蛇身路径

图 3-8-40 得到蛇形选区

⑤ 设置前景颜色，R=149，G=174，B=118，使用油漆桶工具，在“四足蛇”图层填充蛇形选区，选择“选择”|“取消选择”命令。效果如图 3-8-41 所示。

⑥ 新建图层并命名为“四足”，使用钢笔工具，其工具属性设置为“路径”绘制模式，采用“添加到路径区域”模式，绘制出四足蛇的四足形状。效果如图 3-8-42 所示。

⑦ 转换到“路径”面板，单击面板底部“将路径作为选区载入”按钮，得

到四足选区。回到“图层”面板，选择“四足”图层，使用“油漆桶工具”，在“四足蛇”图层填充蛇形选区，选择“选择”|“取消选择”命令，效果如图 3-8-43 所示。

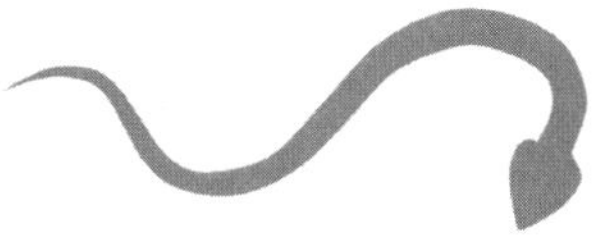

图 3-8-41　填充蛇形选区

图 3-8-42　绘制四足路径

图 3-8-43　填充四足图层

⑧ 使用同样的方法，分别绘制“斑纹”、“舌头”、“眼白”、“眼珠”图层，效果和图层结构如图 3-8-44、图 3-8-45 所示。

图 3-8-44　实现全部身体的绘制

图 3-8-45　绘制完成后的图层顺序

⑨ 选中“眼白”图层，单击图层下方的“添加图层样式”按钮，为白色眼白添加“内阴影”、“描边”效果。相应参数设置如图 3-8-46 所示，效果如图 3-8-47 所示。

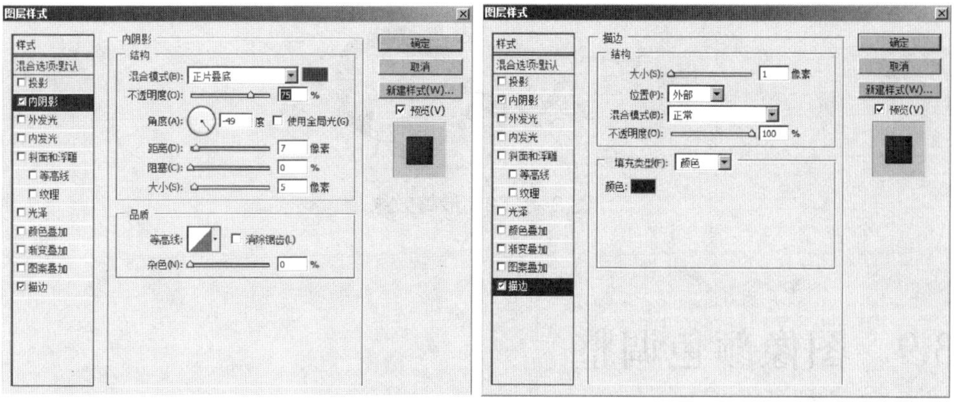

（a）“内阴影”各参数　　（b）“描边”各参数

图 3-8-46　设置内阴影和描边图层样式相关参数

图 3-8-47　描边效果

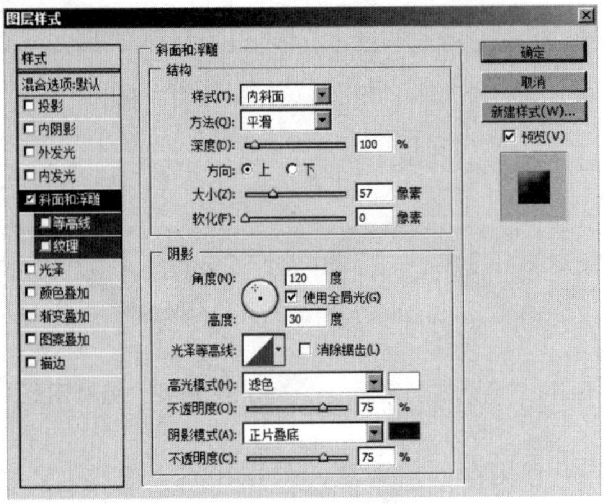

图 3-8-48　设置斜面和浮雕图层样式参数

图 3-8-49　为蛇身添加斜面和浮雕效果

⑩ 选择“四足蛇”图层，单击图层下方的“添加图层样式”按钮fx，为其添加“斜面和浮雕”效果，参数和效果如图 3-8-48、图 3-8-49 所示。

⑪ 在“四足蛇”图层上右击，在快捷菜单中选择“拷贝图层样式”命令，右击“四足”图层，在快捷菜单中选择“粘贴图层样式”命令，为 4 只蛇脚添加立体效果。同样的方法为“舌头”图层也添加“斜面和浮雕”图层特效。最终效果如图 3-8-50 所示。

图 3-8-50　最终效果

3.9　图像颜色调整

在 Photoshop 中，系统提供了众多调节图像色彩和色调的命令，以便对图像进行快速、简单及全局性地调整。图像颜色调整主要是对图像的色相、对比度和饱和度进行调整，从而有效地控制图像的色彩和色调，制作出高质量的图像。

教学课件 3-7：颜色调整

3.9.1　“直方图”调板

“直方图”调板用图形显示了图像每个亮度级别的像素数量，展现了像素在图像上的分布情况，如图 3-9-1 所示。默认情况下，直方图显示整个图像的色调范围，通过直方图可以查看图像的阴影、中间调和高光中包含的细节是否充足，以便为图像调整提供依据。

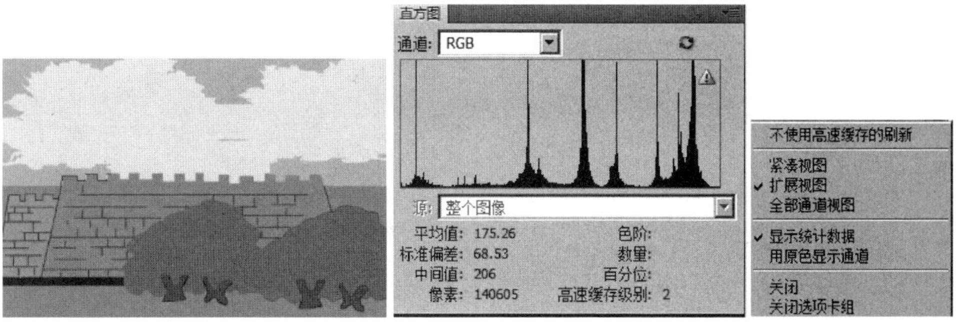

（a）图像　（b）“直方图”调板　（c）“直方图”调板菜单

图 3-9-1　“直方图”调板及菜单

① 调板的显示方式：在“直方图”调板菜单中可以选择直方图的显示方式，包括“紧凑视图”、“扩展视图”和“全部通道视图”。紧凑视图是默认的显示方式，是可不带统计数据或控件的直方图；扩展视图可显示带有统计数据和控件的直方图；全部通道视图可显示带有统计数据和控件的直方图，同时还显示每个通道的单个直方图（不包括 Alpha 通道、专色通道和蒙版）。

② 通道：当使用扩展视图或全部通道视图显示“直方图”调板时，可以在“通道”下拉列表框中选择一个通道以便“直方图”调板中单独显示该通道的直方图，如图 3-9-2 所示。

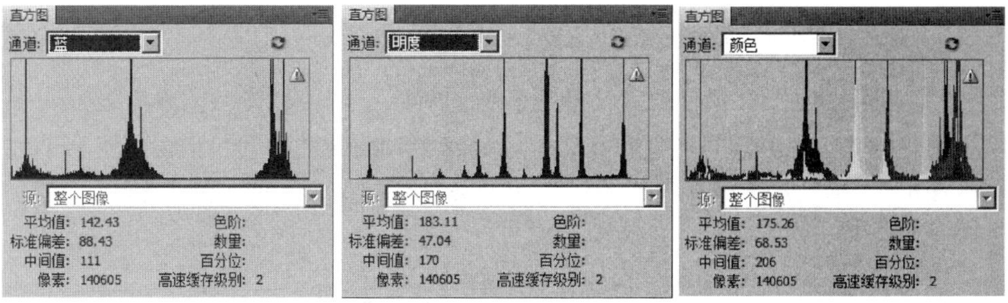

（a）“蓝”通道　（b）“明度”通道　（c）“颜色”通道

图 3-9-2　分别选择“蓝”、“明度”、“颜色”通道时的“直方图”调板

③ 不使用高速缓存的“刷新”按钮：可刷新直方图，显示当前状态下最新统计结果。

④ 高速缓存数据警告：从高速缓存而非文档的当前状态中读取直方图时，Photoshop 将对图像中的像素进行典型性取样来生成直方图，此时直方图的显示速度较快，但并不能及时显示统计结果，调板中便会显示标志。单击该标志，可刷新直方图。

⑤ 平均值：显示像素的平均亮度值。

⑥ 标准偏差：显示亮度值的变化范围。

⑦ 中间值：显示亮度值范围内的中间值。

⑧ 像素：显示用于计算直方图像素的总数。

⑨ 色阶：显示鼠标指针下面区域的亮度级别。

⑩ 数量：显示相当于光标下面亮度级别的像素总数。

⑪ 百分位：显示光标所指的级别或该级别以下的像素累计数。该值以图像中所有像素的百分数的形式来表示，从最左侧的 0%到最右侧的 100%。

⑫ 高速缓存级别：显示当前用于创建直方图的图像高速缓存级别。

3.9.2 图像的基本调整命令

拓展资源 3–25：图像基本调整命令解析

Photoshop 中提供了很多用于调整色彩和色调的命令，选择“图像”|“调整”命令，子菜单中包含用于调整图像颜色的一系列命令。在最基本的调整命令中，“自动色阶”、“自动对比度”和“自动颜色”命令可以自动调整图像的色调或者色彩，而“色彩平衡”和“亮度/对比度”命令则可以通过对话框中的选项进行调整。

1. “自动色阶”命令

“自动色阶”命令可自动调整图像中的黑场和白场。该命令将每个颜色通道中最亮和最暗的像素映射到纯白和纯黑，中间像素按比例重新分布，从而增强图像对比度。在像素值平均分布并需要以简单方式增加对比度的特定图像中，该命令可以提供较好效果，如图 3–9–3 所示。

2. “自动对比度”命令

“自动对比度”命令可以自动调整图像的对比度，使高光看上去更亮，阴影看上去更暗。该命令可以改进许多摄影或连续色调图案的外观，但由于不会单独调整通道，因此不会引入或消除色偏，无法改善单调颜色图像，如图 3–9–4 所示。

3. “自动颜色”命令

“自动颜色”命令可以通过自动搜索图像来标识阴影、中间调和高光，从而调整图像的对比度和颜色，如图 3–9–5 所示。

（a）原图像　　（b）效果

图 3-9-3　原图像和应用“自动色阶”命令后的图像

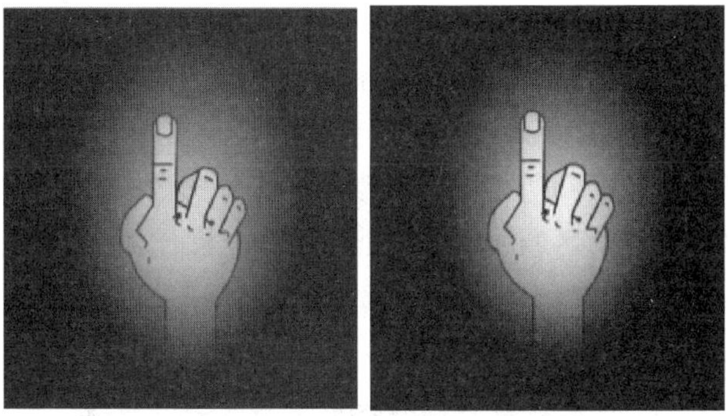

（a）原图像　　（b）效果

图 3-9-4　原图像和应用“自动对比度”命令后的图像

（a）原图像　　（b）效果

图 3-9-5　原图像和应用“自动颜色”命令后的图像

4. “色彩平衡” 命令

“色彩平衡” 命令可以更改图像的总体颜色混合。选择该命令后会弹出“色彩平衡”对话框，如图 3-9-6 所示。

① 色彩平衡：在“色阶”数值栏中输入数值或拖动滑块可向图像中增加或减少颜色。如将滑块移向“青色”，可在图像中增加青色减少红色；将滑块移向“红色”，可在图像中减少青色增加红色。

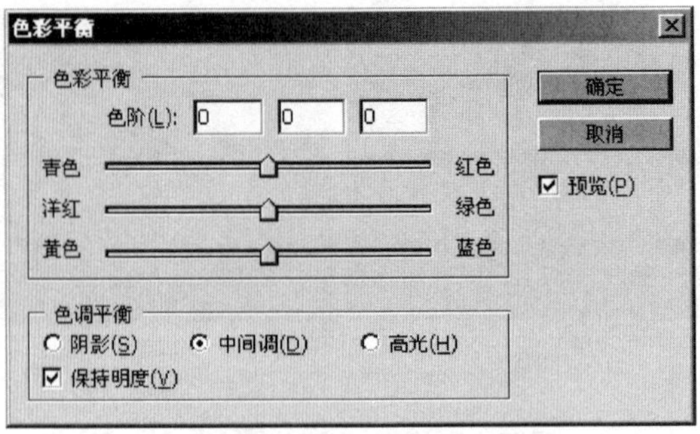

图 3-9-6 “色彩平衡”对话框

② 色调平衡：可选择一个色调范围来进行调整，包括“阴影”、“中间调”和“高光”。若勾选“保持明度”复选框，可防止图像亮度值随颜色更改而改变，进而保持图像色调平衡。

通过调整青色和红色等补色颜色的滑块，选择图像中的“阴影”区域、“中间调”区域以及“高光”区域添加新的过滤色彩，从而混合各处色彩以增加色彩的均衡效果，但图像上 100%白色和黑色部分不能利用色彩平衡功能调整颜色，如图 3-9-7 所示。

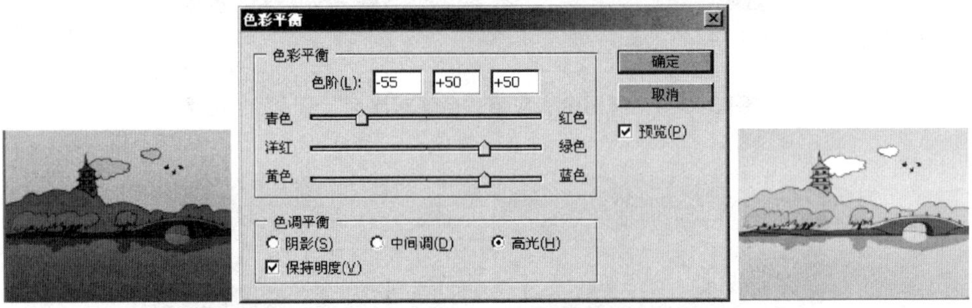

（a）原图像　　（b）参数设置　　（c）效果

图 3-9-7 原图像和应用“色彩平衡”命令后的图像

5. “亮度/对比度”命令

“亮度/对比度”命令可对图像色调范围进行简单调整。选择该命令后会弹出“亮度/对比度”对话框，向左侧拖动滑块可以降低亮度和对比度，向右侧拖动滑块可以增加亮度和对比度，如图 3-9-8 所示。

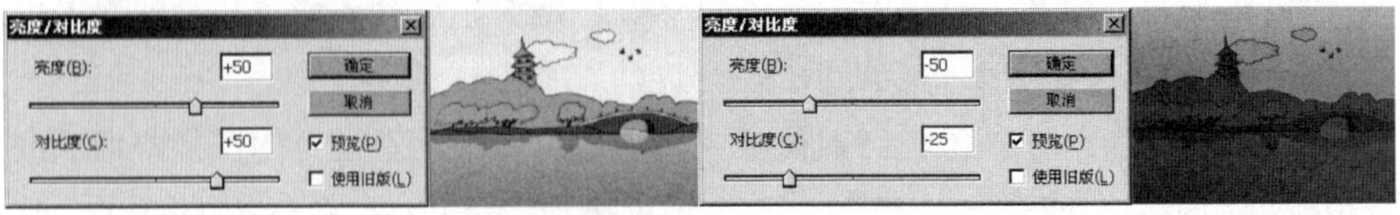

（a）参数设置 1　　（b）效果 1　　（c）参数设置 2　　（d）效果 2

图 3-9-8 应用“亮度/对比度”命令调整图像

3.9.3　图像颜色调整的高级操作

1. “色阶”命令

在 Photoshop 中，使用最多的图像调整方法就是对图像的颜色对比度和亮度的调节。如果是使用扫描仪扫描的图像或使用数码相机拍摄的照片，经常会出现图像清晰度下降的现象，此时利用“色阶”命令调整亮度和对比度，可以轻松提高图像的清晰度。

（1）“色阶”对话框

选择“图像”|“调整”|“色阶”命令后会弹出“色阶”对话框，如图 3-9-9 所示。在“输入色阶”区域，通过柱状图可以调整阴影、中间调、高光区域的明暗效果；在“输出色阶”区域，可以调节图像的整体亮度；利用吸管按钮，单击图像窗口上需要的亮度，可以调整整体图像的明暗度。

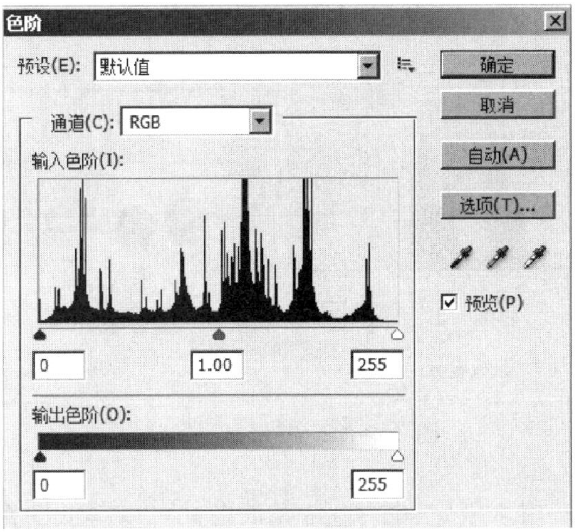

图 3-9-9　“色阶”对话框

① 通道：可以按照不同通道来应用色阶功能，在下拉列表框中选择需要的通道即可进行操作。

② 输入色阶：用来调整图像的阴影、中间调和高光区域，可拖动滑块调整，也可在滑块下面的文本框中输入数值进行调整。中间的直方图显示当前图像色调的像素分布情况，根据图像中每个亮度值（0～255）处的像素点的多少进行区分。直方图下面的滑块中，左边的黑色三角滑块是暗调滑块，控制图像的深色部分；中间的灰色三角滑块是中间调滑块，控制图像的中间色；右边的白色三角滑块是高光滑块，控制图像的高光部分，如图 3-9-10～图 3-9-12 所示。

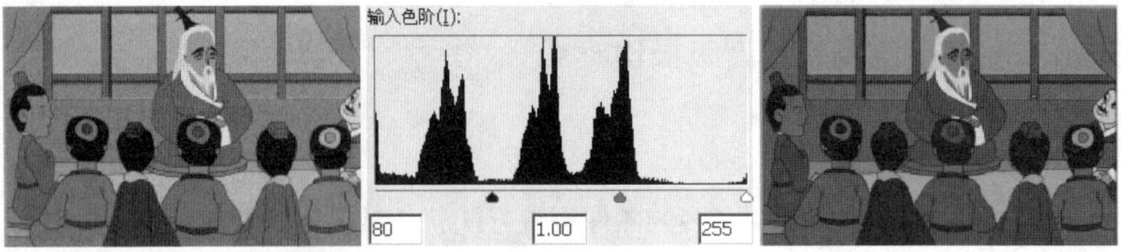

（a）原图像　　（b）参数设置　　（c）效果

图 3-9-10　扩展暗调区域

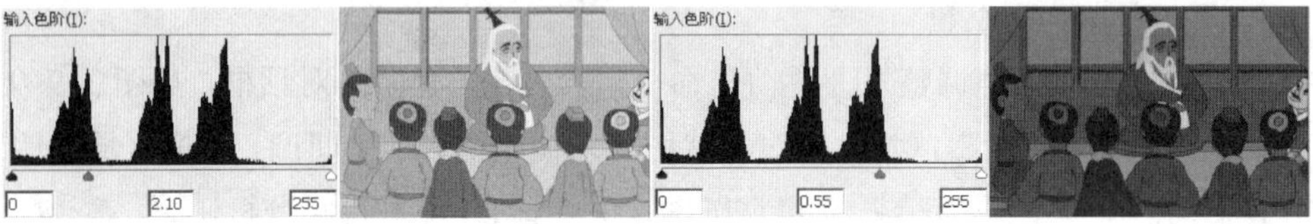

（a）参数设置 1　　（b）效果 1　　（c）参数设置 2　　（d）效果 2

图 3-9-11　扩展中间调区域

（a）参数设置　　（b）效果

图 3-9-12　扩展高光区域

③ 输出色阶：用来限定图像的亮度范围，可以降低图像的对比度。如图 3-9-13 所示。

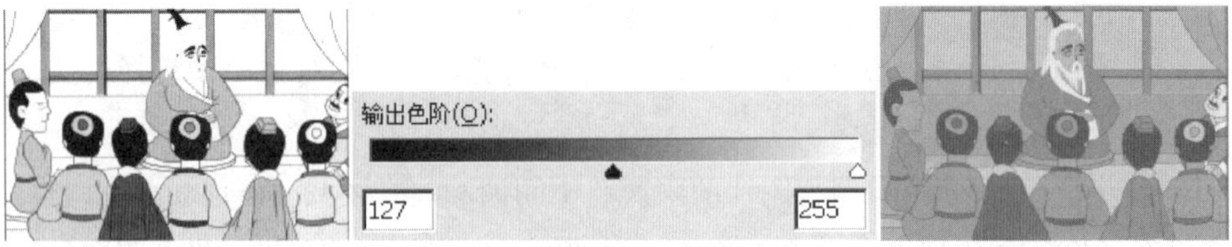

（a）原图像　　（b）参数设置　　（c）效果

图 3-9-13　调整输出色阶

④ 载入/存储：单击“载入”按钮，可以打开已保存的色阶文件，并直接应用到图像上，从而自动完成对图像的调整。单击“存储”按钮可以将当前正在制

作的色阶信息保存成色阶文件。

⑤ 自动：可以 0.5%的比例自动调整图像色阶，使图像的亮度分布更均匀，但使用此选项时容易产生色偏。

⑥ 选项：单击此按钮可打开“自动颜色校正选项”对话框，在对话框中可设置黑色和白色像素的比例。

⑦ 设置黑场工具：用来校正颜色。选择该工具后，在图像中单击取样，可以将取样点的颜色设置为图像中最暗的点，所有比它暗的像素都会变为黑色，如图 3-9-14 所示。

⑧ 设置灰场工具：设置图像的中间色调。选择该工具后，在图像中单击取样，可根据取样点像素的亮度来调整其他中间色调的平均亮度，如图 3-9-15 所示。

图 3-9-14　设置黑场后的效果

图 3-9-15　设置灰场后的效果

⑨ 设置白场工具：选择该工具后，在图像中单击取样，可以将取样点的颜色设置为图像中最亮的点，所有比它亮的像素都会变为白色，如图 3-9-16 所示。

图 3-9-16　设置白场后的效果

（2）利用色阶调整图像

通过应用“色阶”命令，可以调节图像中的亮度值范围，同时可调节图像的饱和度、对比度、明亮度等色彩值。另外利用该命令可修整清晰度下降的图像。

拓展资源 3-26：利用色阶调整图像

① 调整亮度与对比度。查看原图像（图 3-9-17），可以看到整个图像发暗。选择“图像”|“调整”|“色阶”命令，在弹出的“色阶”对话框中将中间调滑块和高光滑块均向左移动，将“输出色阶”区域中的两个滑块向中间移动，降低图像对比图，如图 3-9-18 所示。最终效果如图 3-9-19 所示。

图 3-9-17　原图像整体偏暗

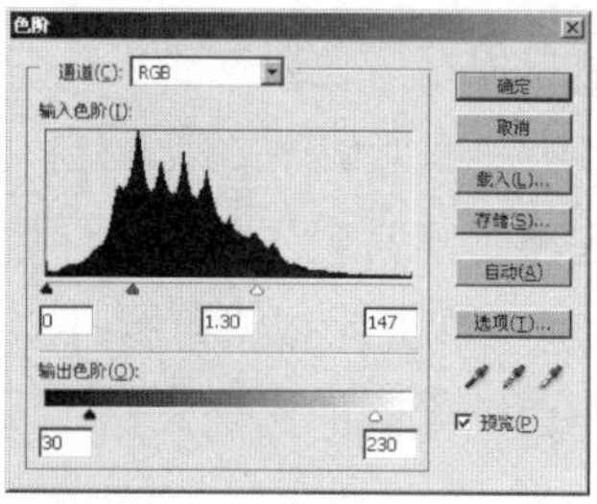

图 3-9-18　调整后的“色阶”参数

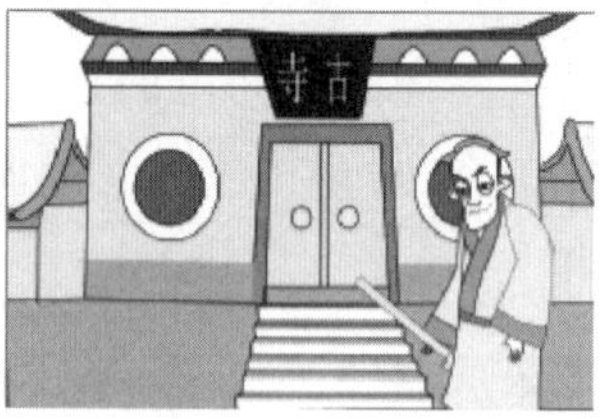

图 3-9-19　调整后的图像

② 打开图像文件，如图 3-9-20 所示。该图片颜色整体偏蓝，对于这样的图像，可以使用“色阶”对话框中的设置灰场工具进行校正。选择该工具后在图像中单击取样点，如图 3-9-21 所示。此时 Photoshop 会自动将该区域变为中性灰色从而校正整个图像，效果如图 3-9-22 所示。

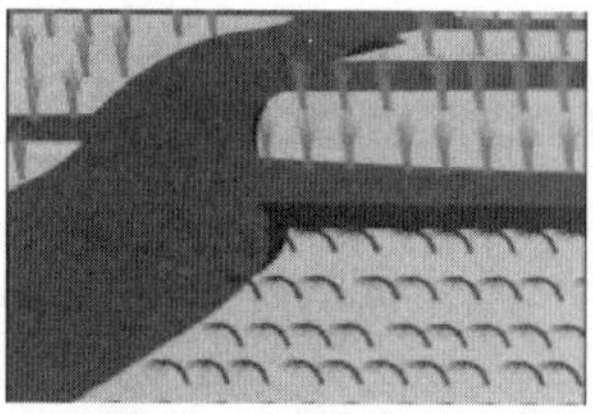

图 3-9-20 原图像

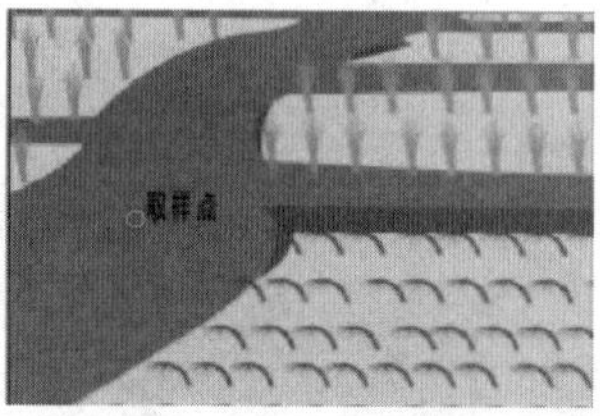

图 3-9-21 取样点

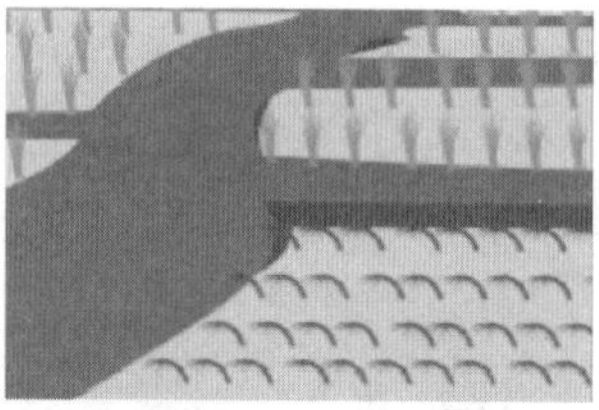

图 3-9-22　效果

教学实验 3-7：调色曲线工具的具体讲解；

实验素材 3-7

2. “曲线”命令

“曲线”命令与“色阶”命令一样都用于调整图像色调以及颜色，“色阶”命令通过高亮、中间调、暗调来调整图像，“曲线”命令利用伽玛曲线更细致地调整图像。“曲线”命令工作原理虽然比较复杂，却可以进行精确的图像调整工作，和“色阶”命令一样既可应用在整个图像上，也可应用在各种通道上，还可利用“曲线”命令修改 0～255 颜色范围内任意点的颜色值，从而更加全面地修改图像色调。

（1）“曲线”对话框

“曲线”命令可以比“色阶”命令更精确地修改亮度，但使用方法比较复杂，初级用户会不太适应。选择“图像”|“调整”|“曲线”命令后会弹出“曲线”对

话框，如图 3-9-23 所示。

① 预设：打开下拉列表框，如图 3-9-24 所示。选择“无”选项可通过拖动曲线来调整图像，调整曲线时该选项会自动变为“自定”，选择其他选项时则使用系统预设的调整设置。

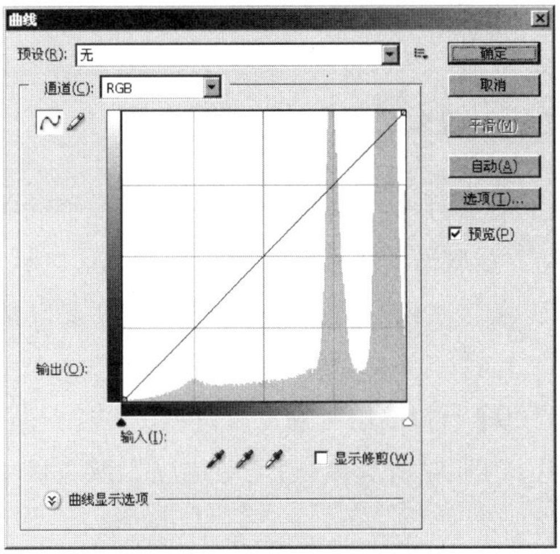

图 3-9-23　“曲线”对话框

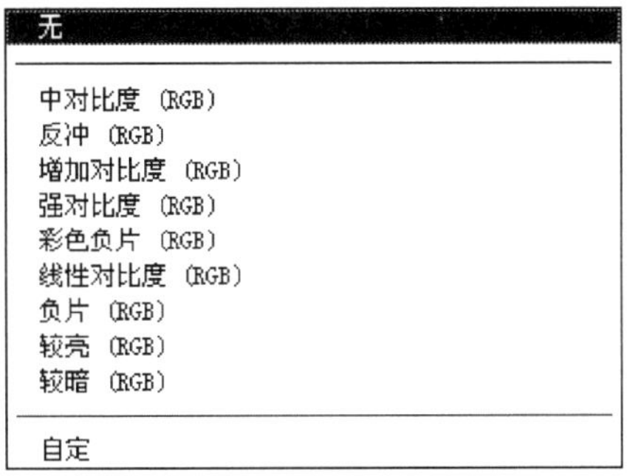

图 3-9-24　“预设”下拉列表框

② 通道：可以选择各个通道应用曲线功能，选择 RGB 后即可调整整体图像色调。

③ 编辑点以修改曲线：单击该按钮后，在曲线中单击可添加新的控制点，拖动控制点改变曲线形状可以对图像做出调整，如图 3-9-25 所示。默认情况下，将曲线向上移动可以使图像变亮，将曲线向下移动可以使图像变暗。

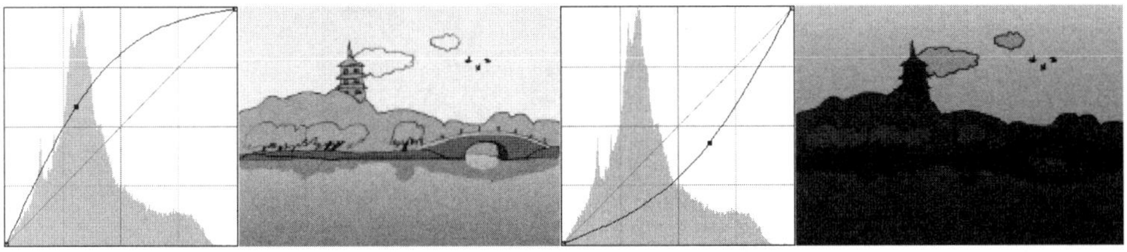

（a）曲线向上　（b）图像变亮　（c）曲线向下　（d）图像变暗

图 3-9-25　修改曲线效果

④ 使用铅笔绘制曲线：单击该按钮后，可以在对话框内绘制任意形状的曲线。如果要对曲线进行平滑处理，可以单击“平滑”按钮，如果单击按钮，则在曲线上显示控制点，如图 3-9-26 所示。

⑤ 输入色阶/输出色阶：“输入色阶”区域显示调整前的像素值，“输出色阶”区域显示调整后的像素值。

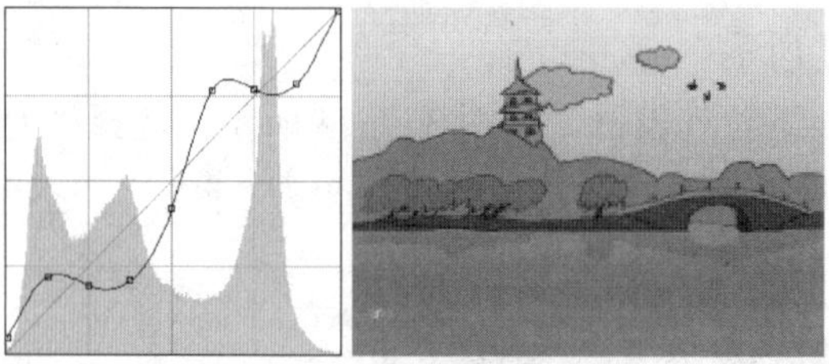

（a）曲线　　　　（b）效果

图 3-9-26　使用铅笔绘制曲线

⑥ 高光/中间调/阴影：移动曲线顶部的点可以调整图像的高光区域；移动曲线中间的点可以调整图像的中间调；移动曲线底部的点可以调整图像的阴影区域。

⑦ 黑场/灰场/白场吸管：3 个吸管工具与“色阶”对话框中的吸管工具功能相同。

⑧ 显示修剪：勾选该复选框可在调整黑场和白场时预览修剪。

⑨ 自动：单击该按钮可对图像应用“自动颜色”、“自动对比度”或“自动色阶”校正。

⑩ 选项：单击该按钮可弹出“自动颜色校正选项”对话框，在此可以设置与自动颜色有关的内容，如图 3-9-27 所示。自动颜色校正选项用来控制由“色阶”和“曲线”命令中的“自动颜色”、“自动色阶”、“自动对比度”和“自动”选项应用的色调和颜色校正。自动颜色校正选项允许指定阴影和高光的剪贴值为 100%，并为阴影、中间调和高光指定颜色值。

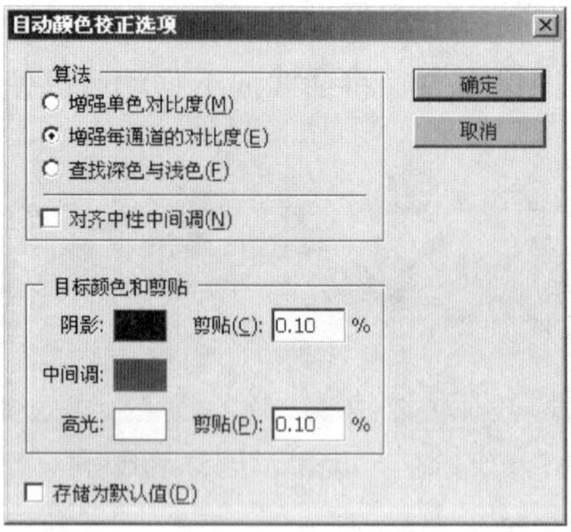

图 3-9-27　“自动颜色校正选项”对话框

（2）设置曲线显示选项

单击“曲线”对话框下部“曲线显示选项”面板前端按钮，可以显示或隐藏对话框中的“曲线显示选项”面板，如图 3-9-28 所示。使用“曲线显示选项”面板可以控制曲线网格显示。

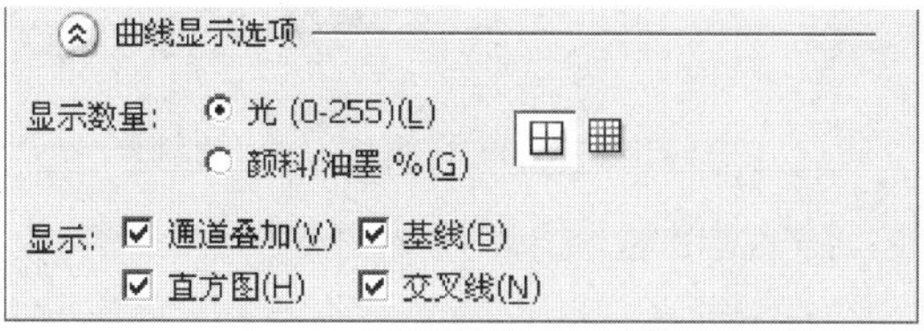

图 3-9-28　“曲线显示选项”面板

① 显示数量：选择“光（0-255）”或“颜料/油墨量%”单选按钮，可反转强度值和百分比的显示，如图 3-9-29 所示。

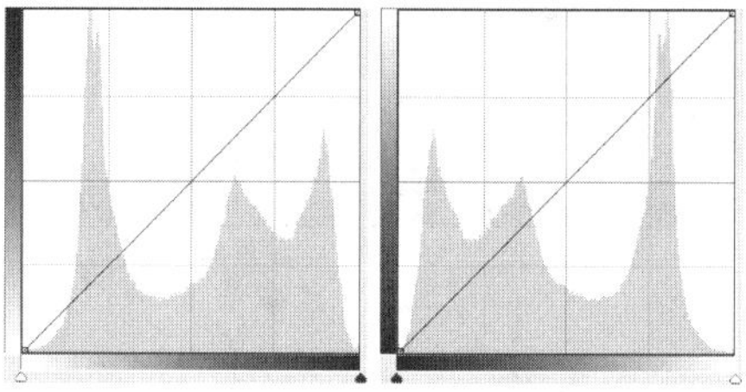

（a）光（0-255）　（b）颜料/油墨量%

图 3-9-29　不同显示数量的效果

② 简单网格/详细网格：单击“简单网格”按钮，将以 25%的增量显示网格线；单击“详细网格”按钮，将以 10%的增量显示网格线。按住 Alt 键单击网格可切换简单网格与详细网格。

③ 通道叠加：勾选该复选框，可以显示叠加在复合曲线上的颜色通道曲线。

④ 直方图：勾选该复选框，可以显示直方图叠加。

⑤ 基线：勾选该复选框可以在网格上显示以 45° 角绘制的基线。

⑥ 交叉线：勾选该复选框，在调整曲线时可显示水平线和垂直线以帮助用户在相对于直方图或网格进行拖动时将点对齐。

（3）曲线的使用

打开图像文件，按 Ctrl+M 键打开“曲线”对话框。在进行调整之前，色调都显示为一条直的对角基线，此时输入色阶（像素的原始强度值）和输出色阶（新颜色值）相同，如图 3-9-30 所示。

改变曲线形状可以调整图像色调和颜色。改变曲线仅需要用鼠标在曲线上单击、拖动即可。

① 在曲线上单击鼠标可增加调节点，最多可增加 14 个调节点。

② 拖动调节点即可调节图像色彩。

③ 按住 Shift 键单击控制点可以选择多个控制点。

④ 选择控制点后，按键盘上的方向键可以轻微移动控制点。

⑤ 将一个调节点拖出图表或选择一个调节点后按 Delete 键即可将其删除。

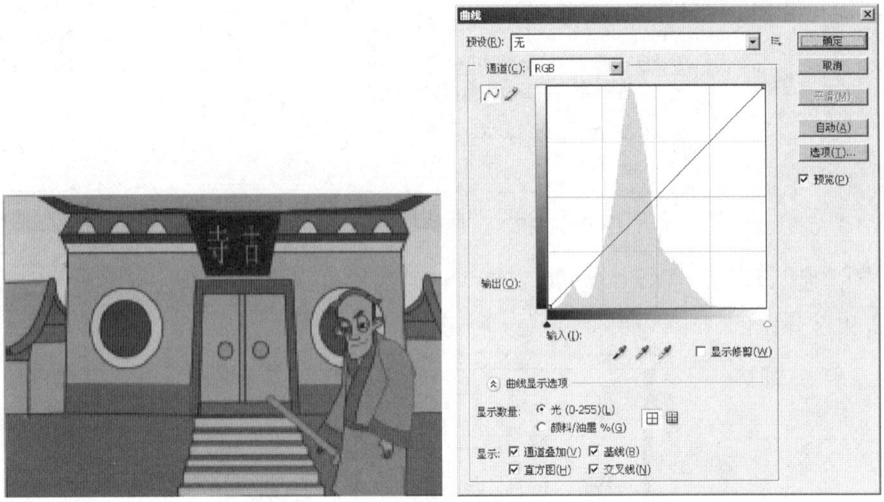

（a）原图像　　　　　　　　　　　　（b）“曲线”对话框

图 3-9-30　原图和“曲线”对话框

将曲线向上或向下移动将会使图像变亮或变暗，具体情况取决于对话框是设置为显示色阶还是显示百分比。

① 若在“显示数量”选项组中选择“光（0-255）”单选按钮，可将“曲线”对话框设置为显示色阶。此时移动曲线顶部的点将调整高光；移动曲线中心的点将调整中间值；移动曲线底部的点将调整阴影。上扬曲线可将图像调亮，如图 3-9-31 所示；下降曲线可将图像变暗，如图 3-9-32 所示。

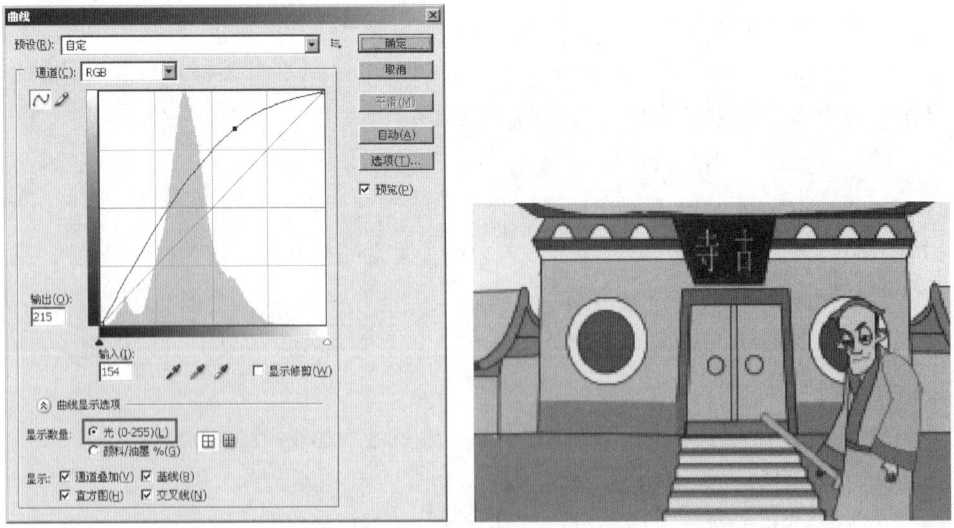

（a）“曲线”对话框　　　　　　　　　　（b）图像变亮

图 3-9-31　上扬曲线

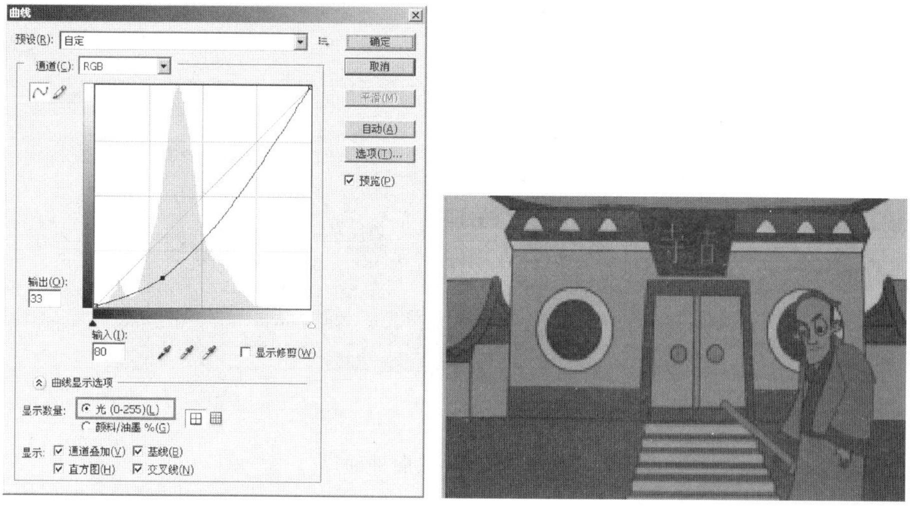

（a）“曲线”对话框　　（b）图像变暗

图 3-9-32　下降曲线

② 若在“显示数量”选项组中选择“颜料/油墨量%”单选按钮，可将“曲线”对话框设置为显示百分比，此时上扬曲线可将图像调暗，如图 3-9-33 所示；下降曲线则使图像变亮，如图 3-9-34 所示。

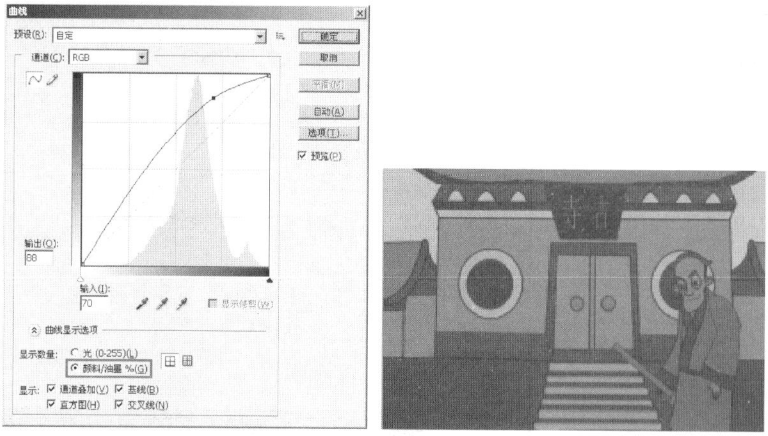

（a）“曲线”对话框　　（b）图像变暗

图 3-9-33　上扬曲线

提示：曲线中较陡的部分表示对比度较高的区域，较平的部分表示对比度较低的区域。

（4）利用曲线调整图像

打开一个图像文件，如图 3-9-35 所示。该图整体偏暗，对比度略显不够，通过“曲线”命令对其调整，增强图像效果。

拓展资源 3-27：利用曲线调整图像

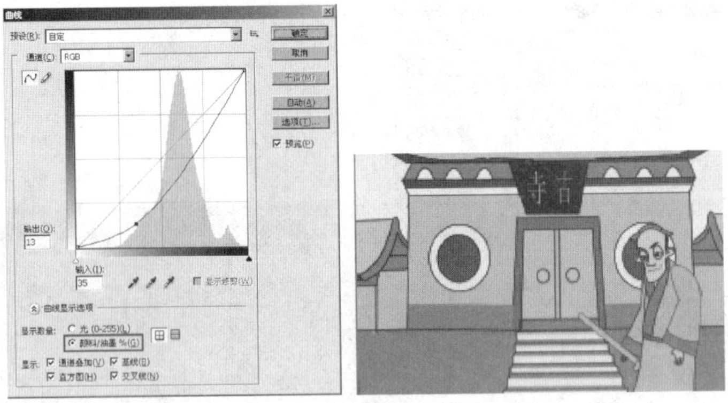

（a）“曲线”对话框　　（b）图像变亮

图 3-9-34　下降曲线

按 Ctrl+M 键打开“曲线”对话框。在曲线中间位置单击鼠标添加一个控制点，向上移动该控制点将图像整体调亮，如图 3-9-36 所示。通常情况下，在对大多数图像进行色调和色彩校正时只需进行较小的曲线调整。

图 3-9-35　原图像

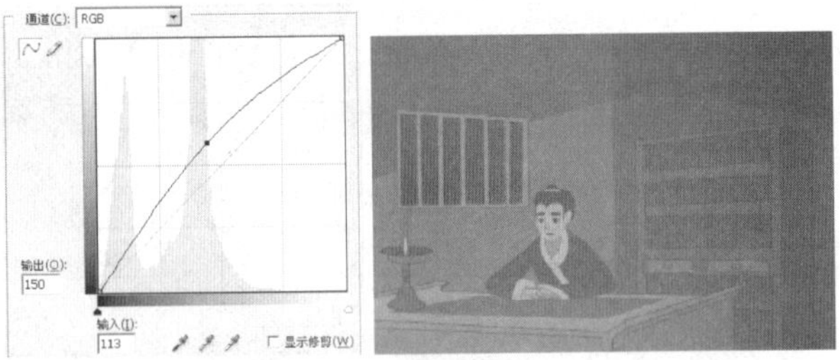

（a）调整曲线　　（b）效果

图 3-9-36　调整整体亮度

在当前控制点上下各添加一个控制点，将曲线调整为 S 形曲线，这样可增加图像对比度，如图 3-9-37 所示。

（a）调整曲线　　（b）效果

图 3-9-37　增加对比度

将“通道”设置为“红”，在曲线中部增加控制点并向上调整曲线增加红色；将“通道”设置为“蓝”，在曲线中部增加控制点并向下调整曲线增加蓝色。这样就增加了图像整体光照的效果，如图 3-9-38 所示。

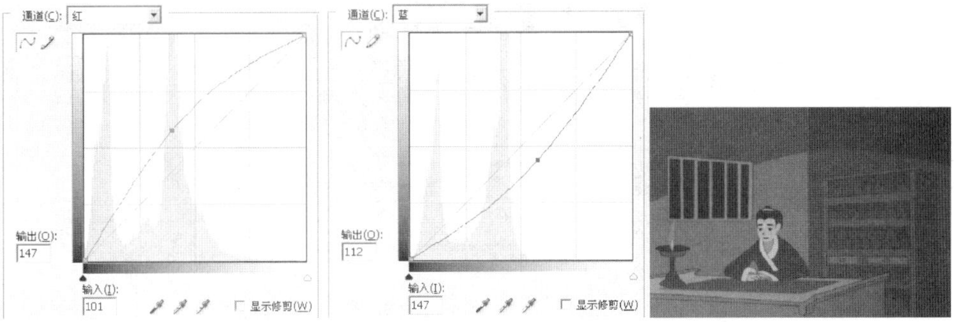

（a）向上调整曲线　　（b）向下调整曲线　　（c）效果

图 3-9-38　通过调整颜色增加图像效果

3.9.4　其他调整命令

拓展资源 3-28：其他调整命令解析

除了前面介绍的一些色彩调节命令之外，在“图像”|“调整”子菜单中还包含其他一些命令，在此作简单介绍。

① 黑白：该命令可以将彩色图像转换为灰度图像，同时保持对各颜色的转换方式的完全控制，也可以通过对图像应用色调来为灰度着色。

② 色相/饱和度：该命令可以调整图像中特定颜色分量的色相、饱和度和亮度，或者同时调整图像中的所有颜色。

③ 去色：该命令可以将图像的饱和度设置为 0，图像变成灰度图，可在不改变图像色彩模式的情况下变成单色图像，如图 3-9-39 所示。

（a）原图像　　（b）效果

图 3-9-39　“去色”命令

④ 匹配颜色：该命令将图像（源图像）颜色与其他图像（目标图像）颜色相匹配，或匹配多个图层或多个选区之间的颜色。该命令比较适合使多个图片颜

色保持一致，如图 3-9-40 所示。

(a) 原图像

(b) 目标图像

(c) 效果

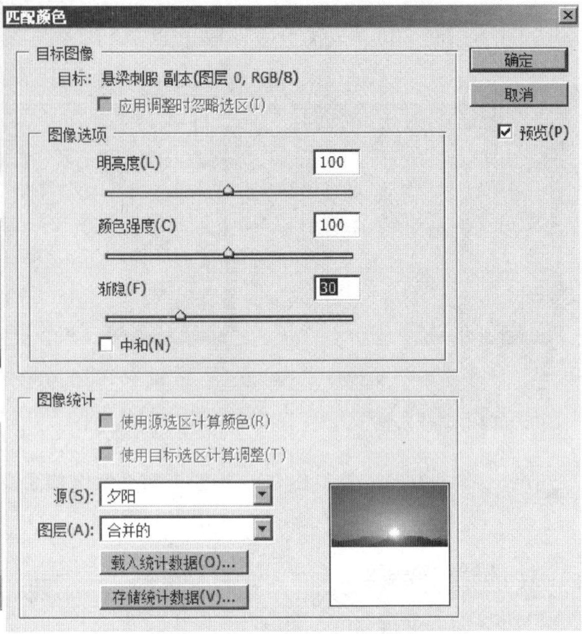

(d) “匹配颜色”对话框

图 3-9-40 “匹配颜色”命令

⑤ 可选颜色：可选颜色校正是高端扫描仪和分色程序使用的一种技术，用于在图像中的每个主要原色成分中更改印刷色的数量。使用该命令可以有选择地修改任何主要颜色中的印刷色数量而不会影响其他主要颜色，如图 3-9-41 所示。

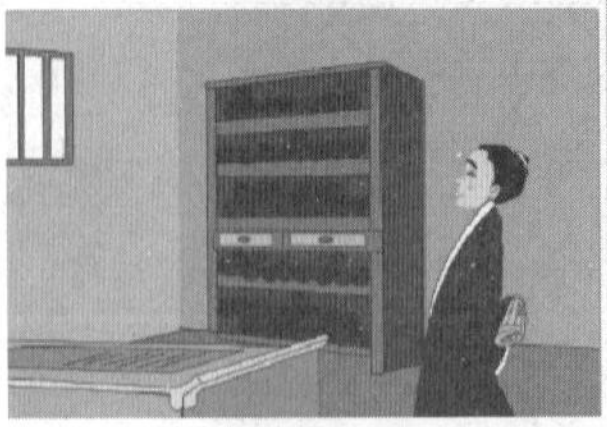

(a) 原图像

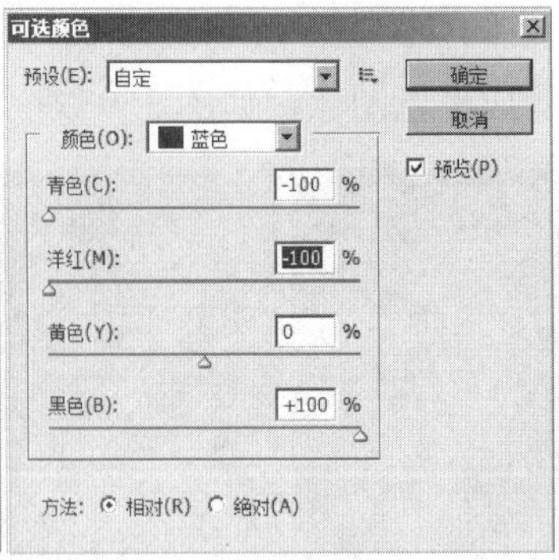

(b) “可选颜色”对话框

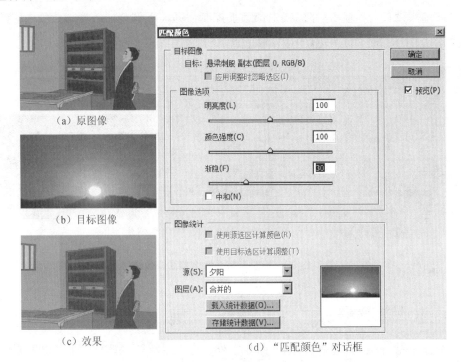

(c) 效果

图 3-9-41 “可选颜色”命令

⑥ 渐变映射：该命令将相等的图像灰度范围映射到指定的渐变填充色，如图 3-9-42 所示。

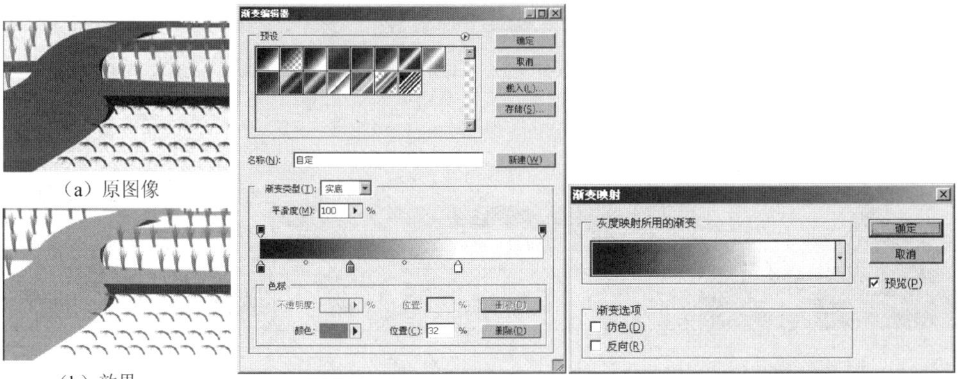

（a）原图像

（b）效果

（c）“渐变编辑器”对话框

（d）“渐变映射”对话框

图 3-9-42　“渐变映射”命令

⑦ 照片滤镜：该命令通过模仿在相机镜头前加装彩色滤镜，来调整通过镜头传输的光的色彩平衡和色温，或者使胶片曝光，如图 3-9-43 所示。

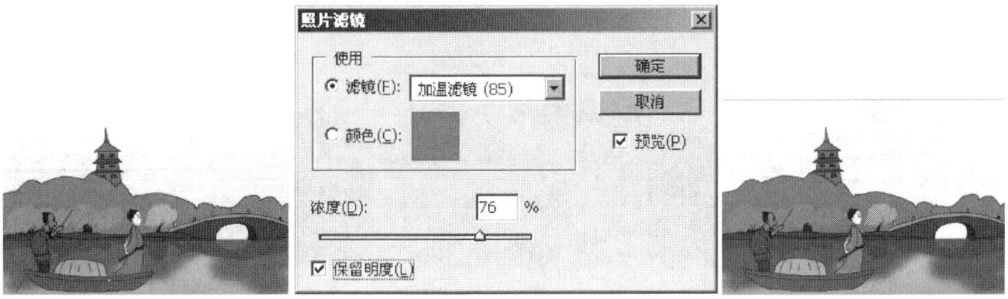

（a）原图像　　（b）“照片滤镜”对话框　　（c）效果

图 3-9-43　“照片滤镜”命令

⑧ 阴影/高光：该命令能够基于阴影或高光中的局部相邻像素来校正每个像素，从而调整图像的阴影和高光区域。

⑨ 阈值：该命令将灰度或彩色图像转换为具有高度反差的黑白图像。可在“阈值色阶”文本框中输入阈值，当像素的层次低于或等于阈值时设为黑色，高于阈值时设为白色，如图 3-9-44 所示。

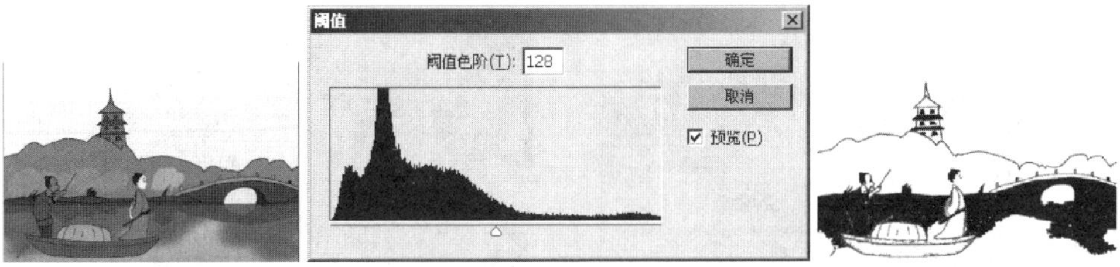

（a）原图像　　（b）“阈值”对话框　　（c）效果

图 3-9-44　“阈值”命令

⑩ 色调分离：该命令可以按照指定的“色阶”数减少图像颜色，从而减少图像层次而产生特殊的层次分离效果。如创建大的单调区域时，该命令非常有用，如图 3-9-45 所示。

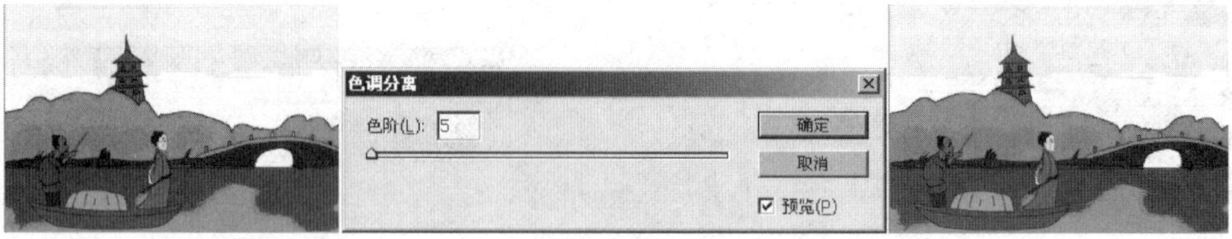

（a）原图像　（b）“色调分离”对话框　（c）效果

图 3-9-45 “色调分离”命令

⑪ 变化：该命令可以通过图像缩览图来调整图像的色彩平衡、对比度和饱和度，对于不需要精确颜色调整的平均色调图像最为有用。该命令还可以消除图像色偏，但不适用于索引颜色图像或 16 位/通道的图像，如图 3-9-46 所示。

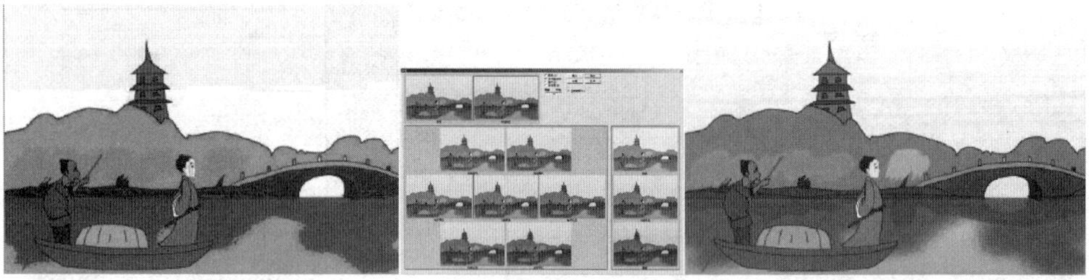

（a）原图像　（b）“变化”对话框　（c）效果

图 3-9-46 “变化”命令

拓展资源 3-29：实例制作：校正偏色照片

3.9.5 实例制作：校正偏色场景图片

图片素材 3-14：图 3-9-47

① 打开图像文件，如图 3-9-47 所示。该图像整体偏红需要校正，此时需要细心观察图像中最白和最黑的区域，即“白场”和“黑场”，如图 3-9-48 所示。

提示：白场和黑场不是指照片本身白色和黑色的地方，而是照片所反映的景物中最接近白色和黑色的点。

图 3-9-47 素材图

图 3-9-48 确定黑白区域

② 放大黑场的所在位置（可以放大图片到 1 500%），找出其中最黑的一个色块，然后选择“图像”|“调整”|“曲线”命令，选择黑色的吸管工具，在图像中单击最黑的一块以设置黑场，设置后的“曲线”对话框如图 3-9-49 所示，单击“确定”按钮，此时图像效果如图 3-9-50 所示。

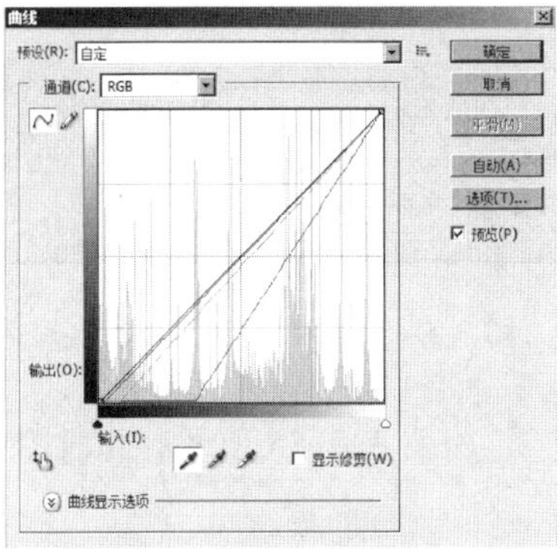

图 3-9-49　设置黑场

图 3-9-50　效果

③ 参考步骤 2 的方法，找出最白的色块，然后打开“曲线”对话框，选择白色的吸管工具，单击图中最白的色块，如图 3-9-51、图 3-9-52 所示。

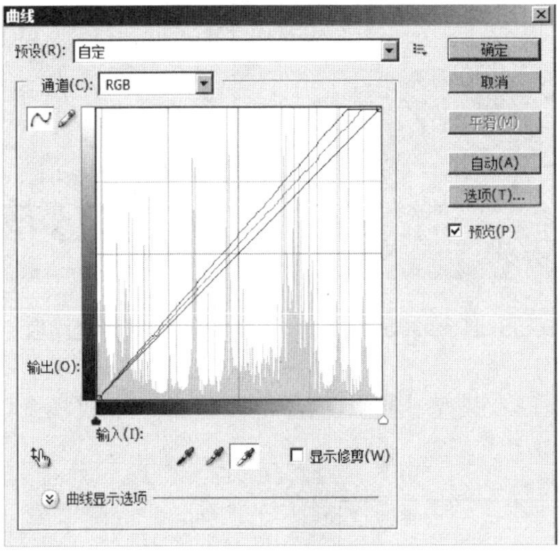

图 3-9-51 设置白场

图 3-9-52　效果

提示：前面的两个步骤就是确定图像黑场和白场的方法。经过确定黑场、白场后，图像中的偏色现象有了很大改善，接下来是关键步骤，精确地找出中性灰色。

④ 按 Ctrl+J 键复制“图层 1”图层，如图 3-9-53 所示。

⑤ 选择“编辑”|“填充”命令，设置使用“50%灰色”，如图 3-9-54 所示。

填充后图像变为灰色。

图 3-9-53 复制“图层 1”图层

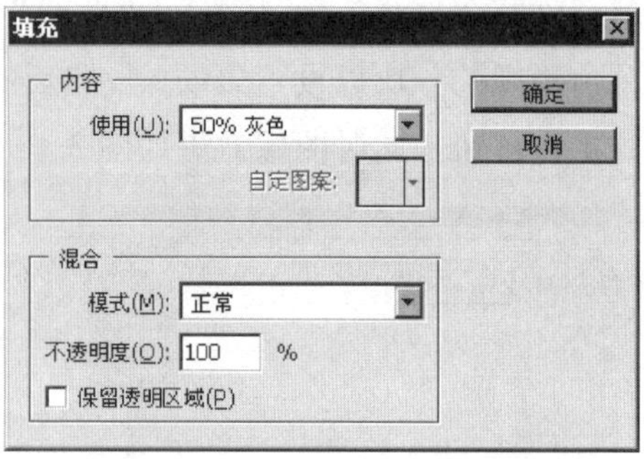

图 3-9-54 填充 50%灰色

⑥ 设置“图层 1”的混合模式为“差值”，如图 3-9-55 所示。此时图像的效果变得像负片一样，如图 3-9-56 所示。

⑦ 在“图层”调板底部单击“创建新的填充或调整图层”按钮，选择“阈值”选项，弹出“阈值”对话框，如图 3-9-57 所示，首先拖动调整点至最左边，此时图像变为全白色。然后在“阈值色阶”文本框中输入数值，从 1 开始向上递增，直到白色的照片出现第一点黑色为止。

图 3-9-55 设置混合模式

图 3-9-56 混合效果

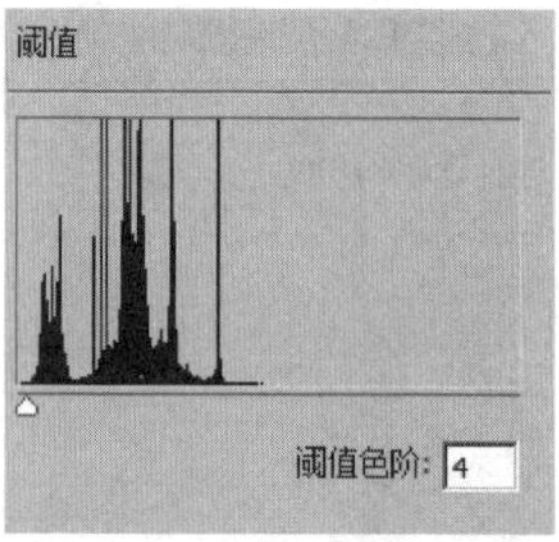

图 3-9-57 设置阈值

⑧ 放大图像，使用颜色取样器工具单击此黑色，可以单击一个或多个以作为标记，如图 3-9-58 所示。

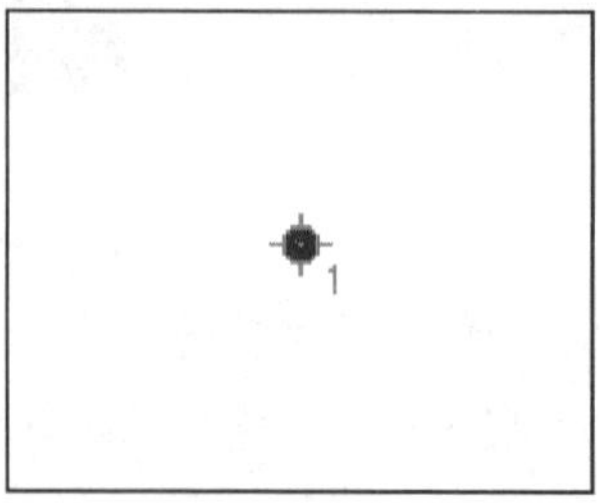

图 3-9-58 做标记

⑨ 在“图层”调板中删除“阈值 1”和“图层 1”图层。

⑩ 最后确定灰场，打开“曲线”对话框，选择灰色的吸管，然后单击图像中标记了的色块，如图 3-9-59、图 3-9-60 所示。

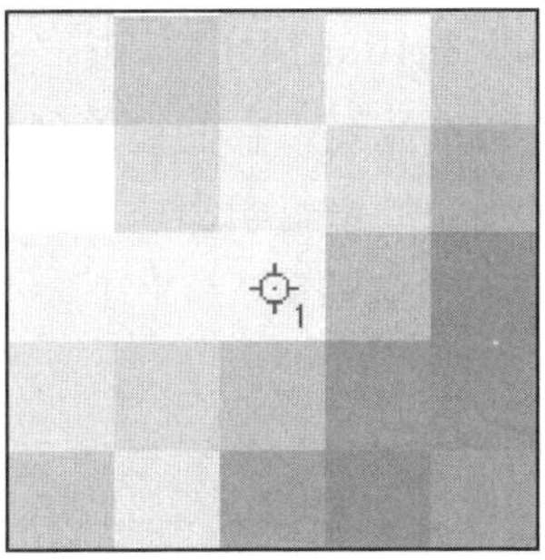

图 3-9-59　点选取样点

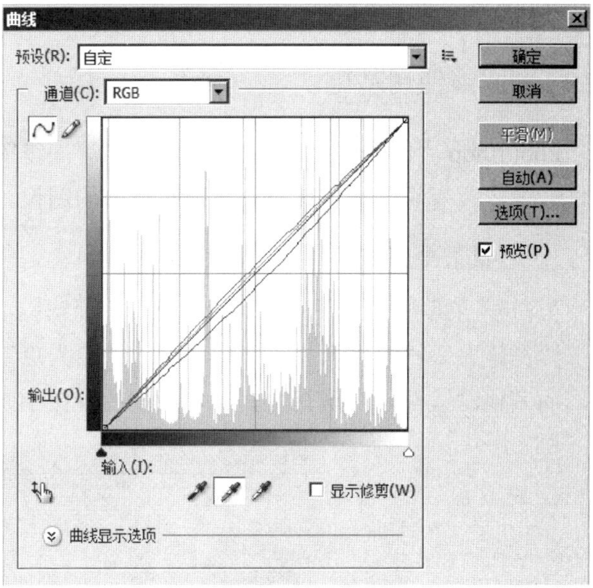

图 3-9-60　设置灰场

⑪ 删除标记后最终效果如图 3-9-61 所示。

（a）原图像　　（b）效果

图 3-9-61　矫正偏色后的图像与原图像的对比

3.10　滤镜

教学课件 3-8：
滤镜

滤镜主要用来处理图像的各种效果，它是 Photoshop 的特色工具之一，充分而适度地利用好滤镜不仅可以改善图像效果，掩盖缺陷，还可以在原有图像的基础上产生千变万化的特殊效果。Photoshop 滤镜大体可分为两类，一类是安装了

Photoshop 后基本提供的内置滤镜，另一类是通过插件提供的，用户可新添加安装的外部滤镜，这类滤镜安装后出现在“滤镜”菜单底部，其使用和内置滤镜使用方法相同。

3.10.1 滤镜使用基础

Photoshop 中的滤镜是一种插件模块，能够操纵图像中的像素按照特定规则重新排列或者改变颜色值，从而制作全新形态的图像。

1. 滤镜菜单

“滤镜”菜单中包含了 Photoshop 中的全部滤镜，如图 3-10-1 所示。其中“抽出”、“滤镜库”、“液化”、“图案生成器”、“消失点”是特殊滤镜，它们被单独列出，而其他滤镜都是依据其主要的功能被放置在不同类别的滤镜组中。

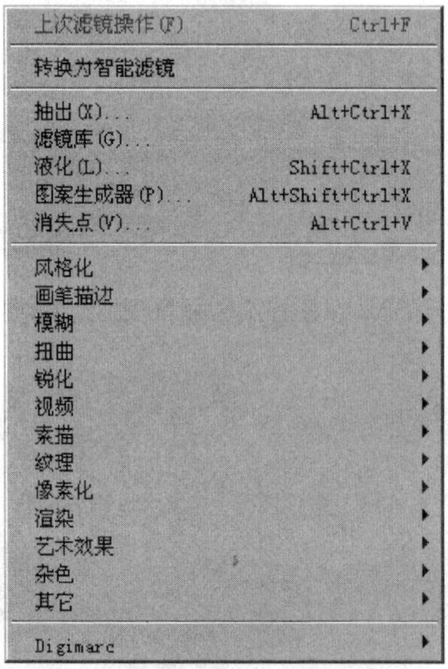

图 3-10-1 “滤镜”菜单

“滤镜”菜单中显示为灰色的命令是不可使用的，通常情况下是由于图像颜色模式造成的。如部分滤镜不能用于 CMYK 颜色模式图像，而 RGB 颜色模式图像则可以使用全部滤镜。

Photoshop 提供了多达一百多种滤镜，它们都按照不同的功能被放置在不同的组中，如“模糊”滤镜组中包含模糊图像的各种滤镜，“杂色”滤镜组中包含添加和清除杂色的各种滤镜。除了自身拥有的众多滤镜外，在 Photoshop 中还可以使用第三方开发的外部滤镜，最具代表性的是 KPT 和 Eye Candy 滤镜。外部滤镜种类繁多，各有特点，为在 Photoshop 中创建特殊效果提供了更多的解决办法。

教学实验 3-8：滤镜效果范围的控制

实验素材 3-8

2. 滤镜的使用

滤镜的种类很多，不可能将所有实现的功能全部记忆，因此在使用滤镜时应当探索一些有效的方法，遵守一些操作规则，这样才能有效地使用滤镜处理图像。

① 上一次使用过的滤镜将被放在“滤镜”菜单的顶部，选择它或按 Ctrl+F 可重复执行相同的滤镜命令。若某一滤镜执行时有对话框，则可以按 Ctrl+Alt+F 键重新打开上次执行滤镜时的对话框，在对话框内可重新设置滤镜参数。

② 滤镜既可以应用于图像整体，也可以在设置选区后加以使用，因此可以在整个图像的特定部分上应用滤镜制作出多种效果。

③ 滤镜处理效果以像素为单位进行计算，应用效果会因图像分辨率不同而不同。

④ 使用某一个滤镜处理图像后，“编辑”菜单中的“渐隐”命令变得可用，选择它可以打开“渐隐”对话框，通过设置“不透明度”和混合“模式”实现效果混合。

⑤ 如果在滤镜设置对话框中对自己调节的效果感觉不满意，希望恢复调节前的参数，可以按住 Alt 键，此时“取消”按钮变为“复位”按钮，单击该按钮可将参数重置为调节前状态。

⑥ 滤镜只能应用于图层的有色区域，对完全透明的区域没有效果（只有“云彩”滤镜可以应用在没有像素的透明区域）。而且滤镜对图像的颜色模式具有选择性，在 RGB 模式中，可以应用 Photoshop 中提供的所有滤镜；在 CMYK 模式中，有些滤镜就不可使用，如“艺术效果”滤镜组；在位图模式和索引模式中，所有滤镜都不可使用。另外，如果是 16 位/通道的图像，也有部分滤镜无法使用。

⑦ 若要在应用滤镜时不破坏原图像，并希望以后能够更改滤镜设置，可选择“滤镜”|“转换为智能滤镜”命令，将要应用滤镜的图像内容创建为智能对象，然后再使用滤镜处理。

3. 将图像转换为智能滤镜

智能滤镜为 Photoshop CS3 新增功能，是一种非破坏性滤镜，可像使用图层样式一样随时调整滤镜参数，隐藏或删除滤镜，而不会对图像造成任何实质性破坏。在 Photoshop 提供的滤镜中，除“抽出”、“液化”、“图案生成器”、“消失点”滤镜外，其他滤镜都可用作智能滤镜。

选择需要应用滤镜的图层，选择“滤镜”|“转换为智能滤镜”命令，可以将图层转换为智能对象，图层缩览图右下角会出现一个智能对象标志，如图 3-10-2 所示。

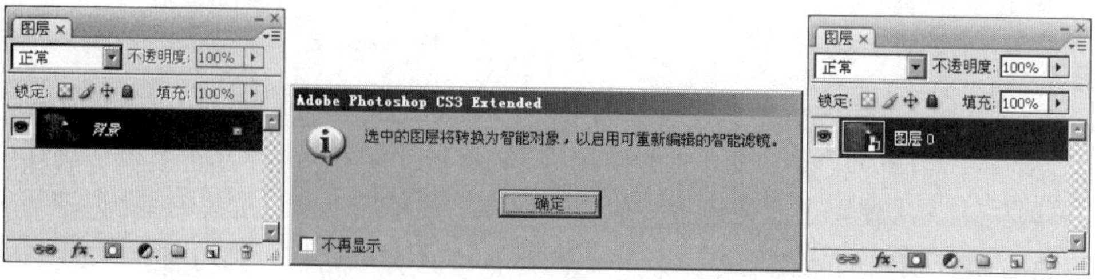

（a）转换前　　（b）提示框　　（c）转换后

图 3-10-2　将图像转换为智能滤镜

3.10.2　特殊功能的滤镜

“抽出”、“滤镜库”、“液化”、“图案生成器”、“消失点”是 5 个具有特殊功能的滤镜，它们都有各自独特的操作窗口和使用方法，有的甚至还有自己的工具。

1. 抽出

“抽出”滤镜用来将图像从复杂的背景中选取出来，即使对象的边缘细微、复杂或无法确定，也无须太多的操作就可以轻松将其从背景中抽出。抽出图像后，Photoshop 会将对象的背景内容删除使之成为透明区域。

① 打开图像文件，选择“滤镜” | “抽出”命令，弹出“抽出”对话框，如图 3-10-3 所示。

图 3-10-3　“抽出”对话框

② 选择边缘高光器工具，勾选“智能高光显示”复选框，调整画笔大小，沿人物的轮廓绘制边界，描绘轮廓应与对象及其背景稍微重叠，建立封闭轮廓区域，如图 3-10-4 所示。

图 3-10-4　绘制封闭轮廓

③ 选择填充工具，在边界内单击鼠标填充轮廓区域，如图 3-10-5 所示。

图 3-10-5　填充轮廓区域

④ 单击“预览”按钮预览抽出结果，如图 3-10-6 所示。如果发现有不够精确的地方，可以使用清除工具进行修改。单击“确定”按钮，将图像抽出。

图 3-10-6　预览抽出结果

2. 滤镜库

滤镜库是一个集合了多个滤镜的对话框。使用滤镜库可以将多个滤镜同时应用于同一图像，或者对同一图像多次应用同一滤镜，甚至可以使用对话框中的其他滤镜替换原有的滤镜。

选择“滤镜”|“滤镜库”命令，弹出“滤镜库”对话框，如图 3-10-7 所示。对话框左侧为图像效果预览区，中间为滤镜列表，右侧为滤镜参数设置区和效果图层编辑区。

在“滤镜库”对话框中可以对当前图像同时应用多个滤镜，将这些滤镜效果叠加起来可以创建更加丰富的滤镜效果。在添加第一个滤镜后，该滤镜将出现在对话框右下角的已应用滤镜列表中，单击“新建效果图层”按钮，可以继续添加一个效果图层。添加后可以选取要应用的其他滤镜，重复此过程可以添加多个滤镜。

滤镜效果图层与“图层”调板中的图层编辑方法十分相似，可以单击对话框中的“删除效果图层”按钮将其删除，也可以单击图标显示或隐藏滤镜效果。

图 3-10-7 “滤镜库”对话框

3. 液化

“液化”滤镜是修饰图像和创建艺术效果的强大工具，它能非常灵活地创建推拉、扭曲、旋转、收缩等变形效果，可以用来修改图像的任意区域。该滤镜可以应用于 8 位/通道或 16 位/通道图像。选择“滤镜”|“液化”命令，弹出“液化”对话框，如图 3-10-8 所示。对话框中提供了“液化”滤镜的工具、选项和图像预览。

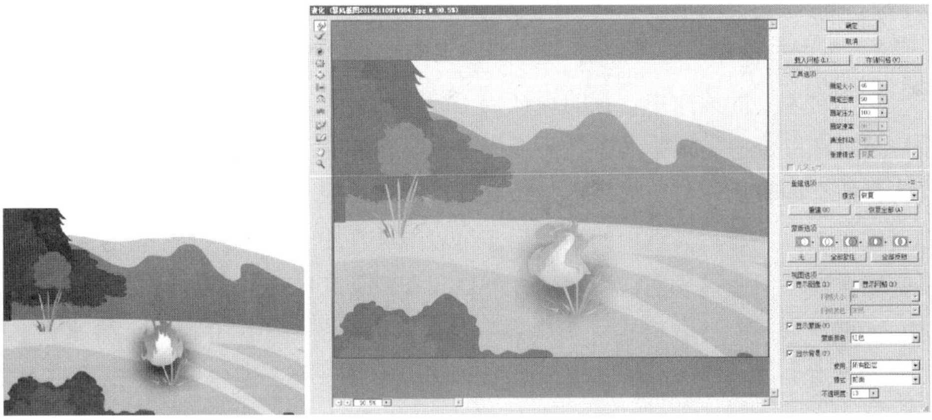

（a）原图像　　（b）“液化”对话框

图 3-10-8 “液化”滤镜

4. 图案生成器

“图案生成器”可以将选取的图像重新组合起来生成图案。选择“滤镜”|“图案生成器”命令，弹出“图案生成器”对话框，如图 3-10-9 所示。

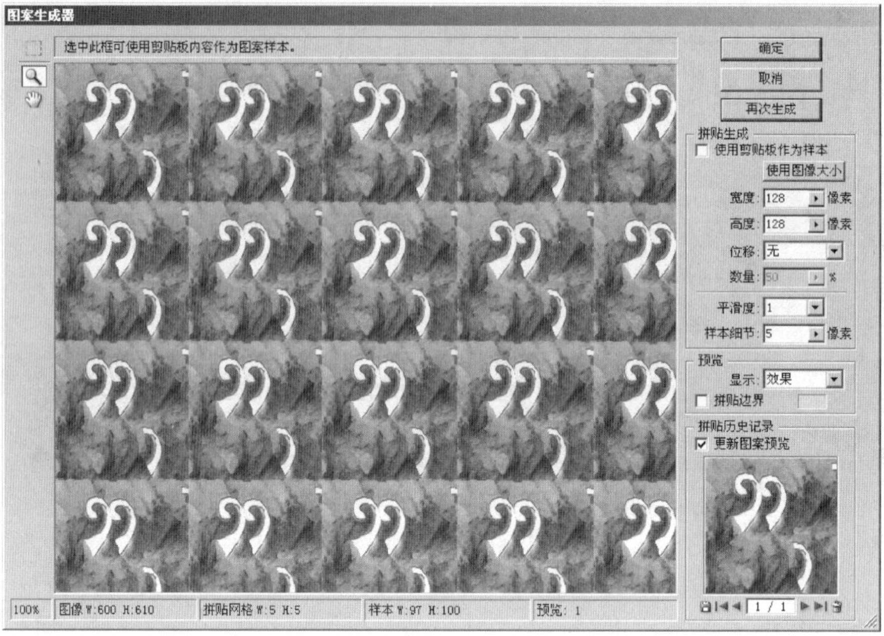

图 3-10-9 “图案生成器”对话框

使用矩形选框工具选取图像作为图案样本，设置相应选项后单击“生成”按钮即可拼贴图案。但单击“再次生成”按钮生成新的拼贴图案时，最多可以生成 20 次，如果超过了这个数量，新生成的拼贴将替换最先生成的拼贴。

5. 消失点

拓展资源 3-30：消失点解析

“消失点”滤镜可以简化在包含透视平面（如建筑物的一侧、墙壁、地面或任何矩形对象）的图像中进行的透视校正编辑的过程。在“消失点”对话框中，用户可以在图像中指定平面，然后应用绘画、仿制、复制或粘贴以及变换等编辑操作。所有编辑操作都将采用用户所处理平面编辑操作的方向，并且将它们缩放到透视平面，完成消失点中的工作后，可以继续在 Photoshop 中编辑图像。如果要在图像中保留透视平面信息，应以 PSD、TIFF 或 JPEG 格式存储文档。选择“滤镜”|“消失点”命令，弹出“消失点”对话框，如图 3-10-10 所示。

在“消失点”对话框中，通过编辑平面工具选择、编辑、移动透视平面并调整平面的大小；通过创建平面工具定义透视平面的 4 个角节点，调整平面的大小和形状；按住 Ctrl 键拖动平面的节点可以拉出新的平面。

在“消失点”对话框中，通过选框工具建立方形或矩形选区，建立选区后将光标移至选区内，按住 Alt 键拖动可复制图像，按住 Ctrl 键拖动可用源图像填充该区域；通过图章工具，按住 Alt 键在图像中单击可为仿制设置取样点，在其他区域移动鼠标可复制图像。

（a）原图像

（b）效果

（c）"消失点"对话框

图 3-10-10 "消失点"滤镜

3.10.3 部分典型滤镜效果

1. "风格化"滤镜组

拓展资源 3-31：
"风格化"滤镜组解析

"风格化"滤镜组主要作用于图像的像素，可以强化图像的色彩边界，所以图像的对比度对此类滤镜影响较大。该滤镜组最终营造出的是一种绘画或印象派的图像效果。

① 查找边缘：该滤镜能自动搜索图像像素对比度变化剧烈的边界，用相对于白色背景的深色线条来勾画图像边缘，得到图像的大致轮廓，并给背景填充白色，使一幅色彩浓郁的图像变成别具风格的速写。如果先加大图像对比度，然后再应用此滤镜，可以得到更多更细致的边缘。一般在需要强调图像特定部分的时候会使用该滤镜，如图 3-10-11 所示。

（a）原图像

（b）效果

图 3-10-11 原图像和应用"查找边缘"滤镜后的图像

② 风：在图像中增加一些小的水平线以达到具有动感的风吹效果。该滤镜

只在水平方向起作用，要生成其他方向的风吹效果，需要先将图像旋转，然后再使用该滤镜进行处理。

方法：选择应用在图像上的风的种类。“风”滤镜是细腻的微风效果；“大风”滤镜比“风”滤镜效果要强烈得多，图像改变很大，如图 3-10-12 所示；“飓风”滤镜是最强烈的风效果，图像已发生变形。

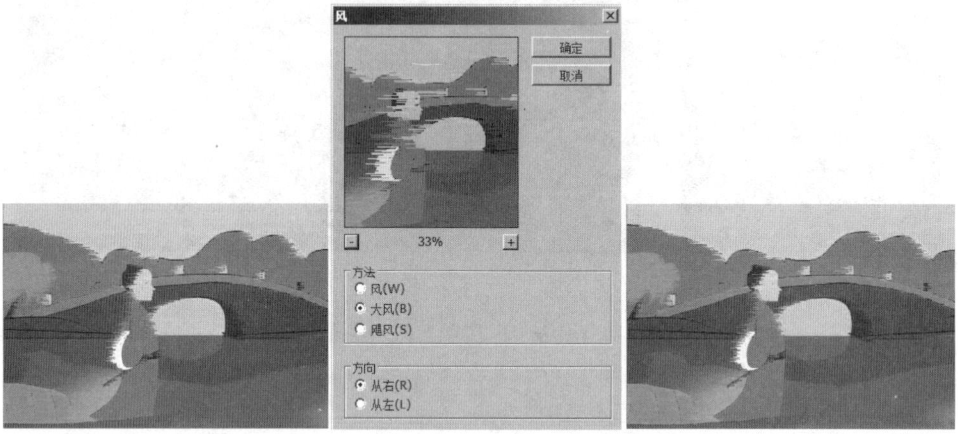

（a）原图像　　（b）“风”对话框　　（c）效果

图 3-10-12　原图像和应用“风”滤镜后的图像

③ 浮雕效果：通过勾画图像或选区的轮廓和降低周围色值来生成凸起或凹陷的浮雕效果。对比度越大的图像，浮雕效果越明显，如图 3-10-13 所示。

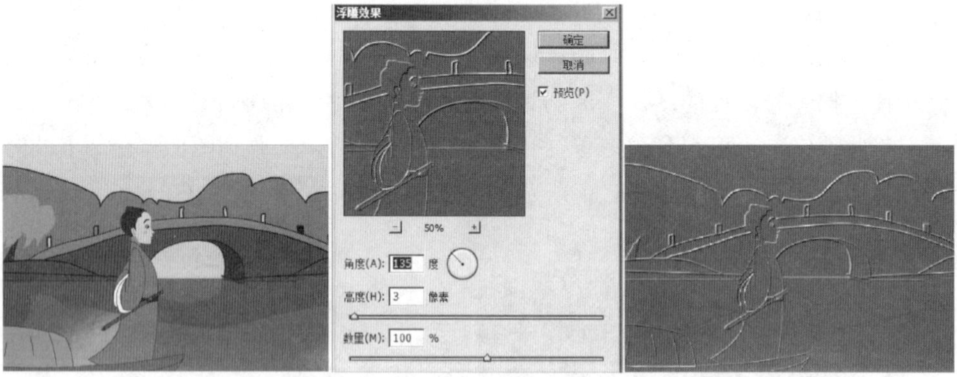

（a）原图像　　（b）“浮雕效果”对话框　　（c）效果

图 3-10-13　原图像和应用“浮雕效果”后的图像

④ 拼贴：将图像按指定值分裂为若干个正方形拼贴图块，从而形成拼图状效果。该滤镜会在各拼贴块之间产生一定空隙，空隙中的图像内容可在对话框中设定，如图 3-10-14 所示。

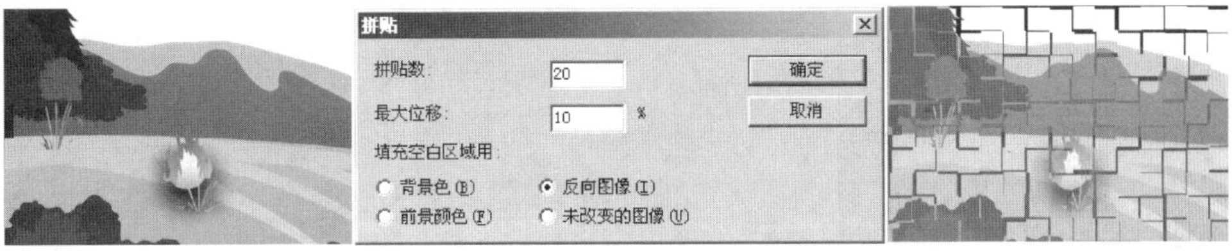

（a）原图像　（b）“拼贴”对话框　（c）效果

图 3-10-14　原图像和应用“拼贴”滤镜后的图像

⑤ 凸出：产生一个三维的立体效果，可将图像分割为指定的三维立体图或锥体，从而生成三维背景效果，该滤镜不能应用在 Lab 模式下。如图 3-10-15 所示。

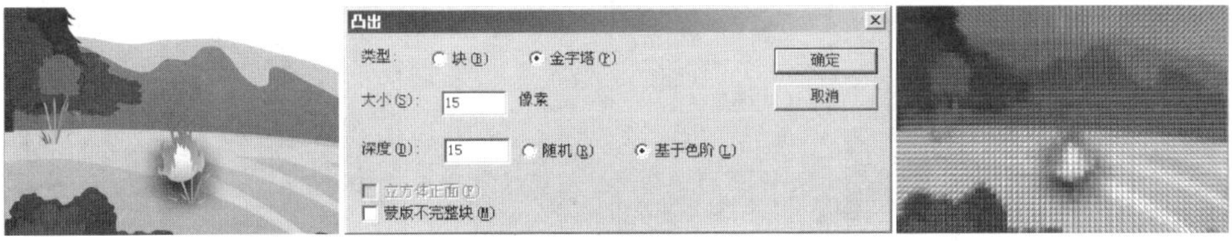

（a）原图像　（b）“凸出”对话框　（c）效果

图 3-10-15　原图像和应用“凸出”滤镜后的图像

⑥ 照亮边缘：和“查找边缘”滤镜一样，可自动识别图像边缘，并向其添加类似霓虹灯的光亮效果。如果想得到更强的效果，可多次使用此滤镜进行处理，但该滤镜不能应用在 Lab、CMYK 和灰度颜色模式下，如图 3-10-16 所示。

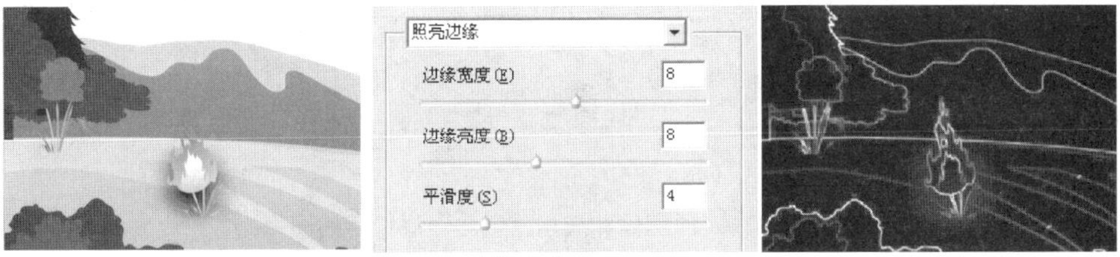

（a）原图像　（b）参数设置　（c）效果

图 3-10-16　原图像和应用“照亮边缘”滤镜后的图像

2. “画笔描边”滤镜组

拓展资源 3-32：“画笔描边”滤镜组解析

“画笔描边”滤镜组主要模拟使用不同的画笔和油墨勾画图像而创造出的绘画效果，有些滤镜则可以添加颗粒、绘画、杂色、边缘细节或纹理。使用该滤镜组中的滤镜时将打开滤镜库。该滤镜组不能应用在 CMYK 和 Lab 模式下。

① 成角的线条：使用对角线重新绘制图像，可以产生笔划倾斜效果。此时图像高光区域和阴影区域应用的是相反方向的线条，如图 3-10-17 所示。

（a）原图像　　（b）参数设置　　（c）效果

图 3-10-17　原图像和应用“成角的线条”滤镜后的图像

② 墨水轮廓：根据图像颜色边界用纤细线条勾画图像轮廓，类似钢笔画风格，如图 3-10-18 所示。

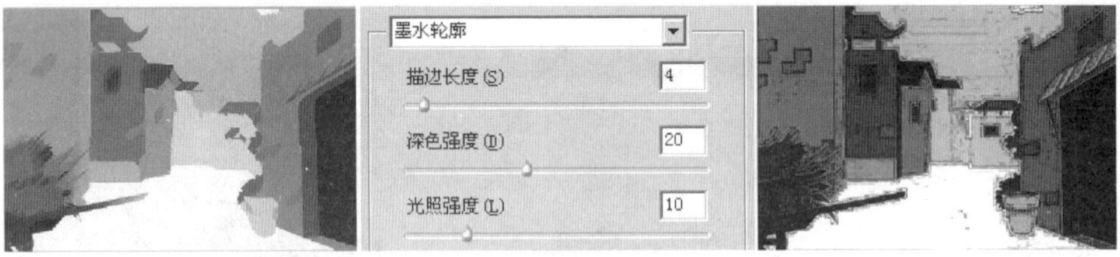

（a）原图像　　（b）参数设置　　（c）效果

图 3-10-18　原图像和应用“墨水轮廓”滤镜后的图像

③ 喷溅：创建一种好像用画笔在图像边线上喷水的效果，主要在制作被水浸透的效果时使用，如图 3-10-19 所示。

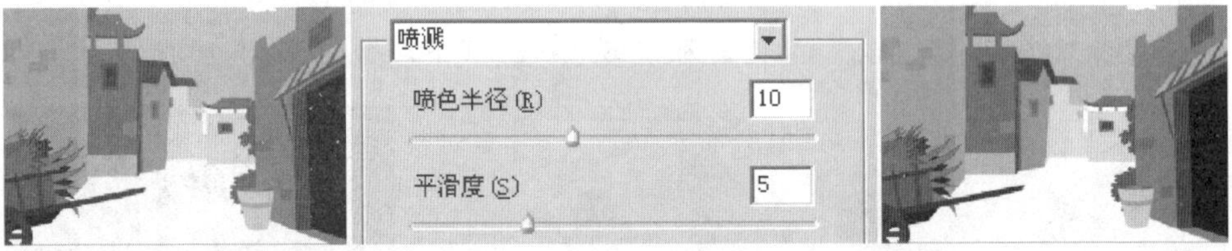

（a）原图像　　（b）参数设置　　（c）效果

图 3-10-19　原图像和应用“喷溅”滤镜后的图像

④ 强化的边缘：强化图像不同颜色之间的边界。设置较高的边缘亮度值将增大边界亮度，设置较低的边缘亮度值将降低边界亮度，如图 3-10-20 所示。

（a）原图像　　（b）参数设置　　（c）效果

图 3-10-20　原图像和应用“强化的边缘”滤镜后的图像

⑤ 烟灰墨：好像用湿毛笔沾上墨汁在渲纸上渲染的样子，类似应用“深色线条”滤镜后又“模糊”的效果。可在图像上渲染浓重黑色并使色块间边界变模糊，如图 3-10-21 所示。

（a）原图像　（b）参数设置　（c）效果

图 3-10-21　原图像和应用“烟灰墨”滤镜后的图像

⑥ 阴影线：类似用铅笔阴影线的笔触对所选图像进行勾画，可以在保留原始图像细节和特征的同时添加纹理，并使彩色区域变得粗糙。与“成角的线条”滤镜效果相似，但“成角的线条”滤镜会使原图像发生很大变形，而“阴影线”滤镜可在维持原图像状态下制作出只添加了铅笔描边的效果，如图 3-10-22 所示。

（a）原图像　（b）参数设置　（c）效果

图 3-10-22　原图像和应用“阴影线”滤镜后的图像

3. “模糊”滤镜组

拓展资源 3-33：“模糊”滤镜组解析

“模糊”滤镜组可以削弱相邻像素的对比度并柔化图像，使图像产生模糊效果。在去除图像杂色或创造特殊效果时会经常用到。

① 表面模糊：该滤镜用于创建特殊效果并消除杂色或颗粒，它能够在保留边缘的同时模糊图像，可用来创建特殊效果并消除杂色或颗粒。

阈值：控制相邻像素色调值与中心像素值相差多大时才能成为模糊的一部分，色调值差小于阈值的像素将被排除在模糊之外，如图 3-10-23 所示。

② 动感模糊：产生类似于以固定的曝光时间给一个移动的对象拍照，在表现对象的速度感时经常会用到。动感模糊是通过像素的平均颜色值来制作效果，此时平均值不是表现类似颜色的平均值，而是应用由与颜色模糊的方向和距离决定的平均值，如图 3-10-24 所示。

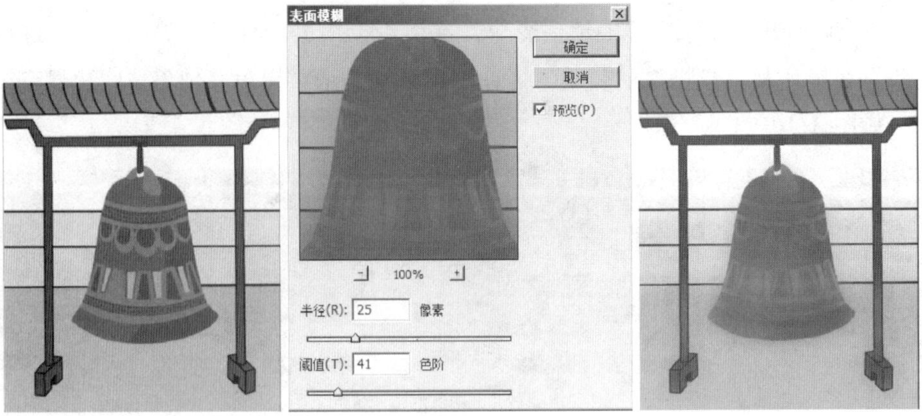

（a）原图像　（b）“表面模糊”对话框　（c）效果

图 3-10-23　原图像和应用“表面模糊”滤镜后的图像

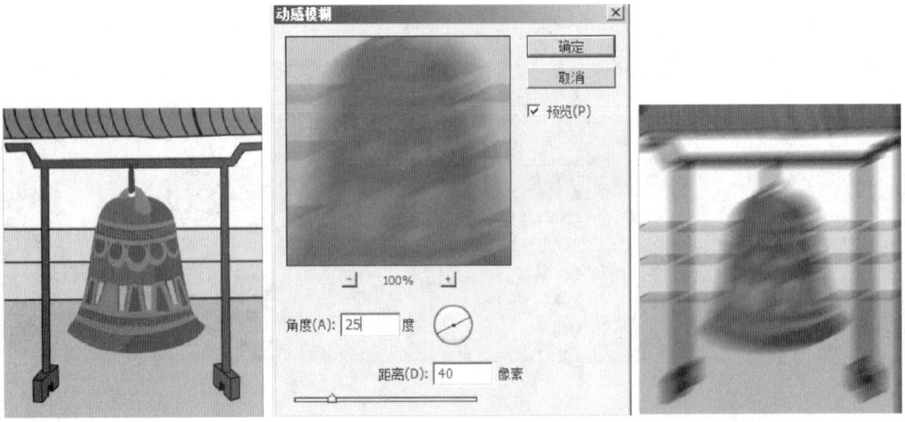

（a）原图像　（b）“动感模糊”对话框　（c）效果

图 3-10-24　原图像和应用“动感模糊”滤镜后的图像

角度：通过鼠标拖动锚点设置模糊角度，即控制图像模糊方向。

距离：设置动感模糊强度，即设置像素移动距离。

案例指导 3-5：制作地板上的水滴字

③ 方框模糊：该滤镜基于相邻像素的平均颜色值来模糊图像。

④ 高斯模糊：按指定的值快速模糊选中的图像部分，产生一种朦胧效果，甚至能造成难以辨认的雾化效果。经常用于阴影效果、水珠效果、文本加工等方面，如图 3-10-25 所示。

⑤ 径向模糊：模拟摄影时旋转相机或聚焦、变焦效果，从而可以将图像旋转成从中心辐射。由于该滤镜没有提供预览功能，因此在使用时，应先将“品质”设为“草图”，接近需要的效果时再提高品质，如图 3-10-26 所示。

（a）原图像　　（b）“高斯模糊”对话框　　（c）效果

图 3-10-25　原图像和应用“高斯模糊”滤镜后的图像

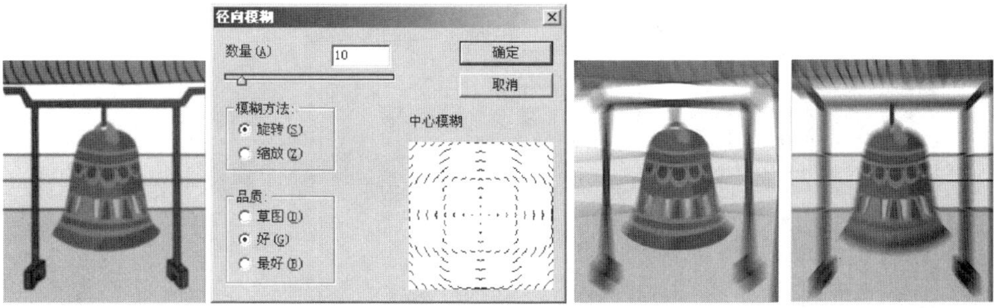

（a）原图　　（b）“径向模糊”对话框　　（c）“旋转模糊”效果　（d）“缩放模糊”效果

图 3-10-26　原图像和应用“径向模糊”滤镜后的图像

⑥ 镜头模糊：该滤镜可通过图像的 Alpha 通道或图层蒙版的深度值来映射图像中像素的位置，从而产生带有镜头景深的模糊效果。它可以使图像中的一些对象在焦点内而另一些区域变得模糊。

⑦ 特殊模糊：可以产生多种模糊效果，使图像的层次感减弱。该滤镜不对图像亮度差较大而轮廓清晰的部分产生作用，只在几乎没有亮度差的部分应用模糊，应用后的图像仍然维持原状，但显得更加清晰、干净。

⑧ 形状模糊：该滤镜可以使用指定形状创建特殊滤镜效果，如图 3-10-27 所示。

4. “扭曲”滤镜组

“扭曲”滤镜组通过对图像应用扭曲变形实现各种效果，但这里包含的滤镜都会在内存中被处理，可能占用大量内存。因此，如果分辨率和图像尺寸较大，最好先缩小尺寸和分辨率，然后再应用该组滤镜。

拓展资源 3-34：“扭曲”滤镜组解析

① 波浪：产生与“波纹”滤镜类似效果，可在图像上创建波状起伏图案，像水池表面的波纹，也可产生扭曲效果。通过设置多种选项控制图像变化的强烈程度，如图 3-10-28 所示。

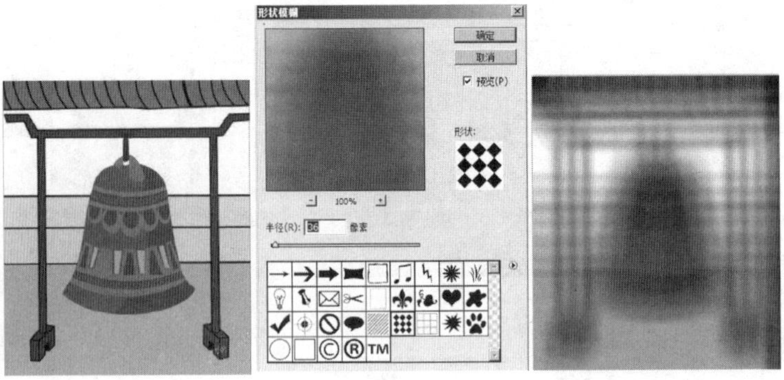

（a）原图像　　（b）“形状模糊”对话框　　（c）效果

图 3-10-27　原图像和应用“形状模糊”滤镜后的图像

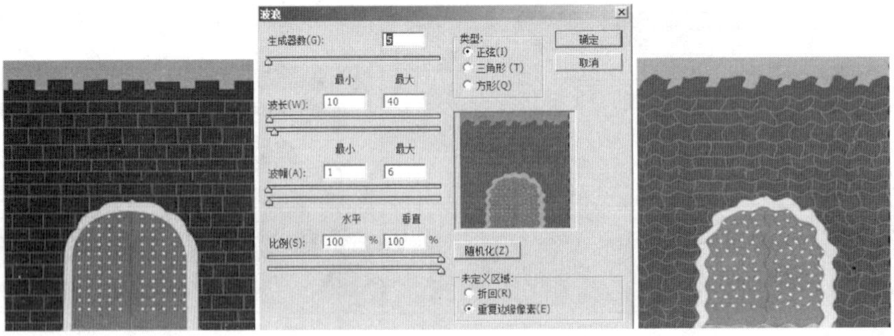

（a）原图像　　（b）“波浪”对话框　　（c）效果

图 3-10-28　原图像和应用“波浪”滤镜后的效果

② 玻璃：可以制作细小的纹理，使一幅图像产生好像是通过不同类型的玻璃看到的效果，该滤镜不能应用于 CMYK 和 Lab 模式的图像。

案例指导 3-6：
制作年轮效果

③ 极坐标：可将图像坐标从平面坐标转换为极坐标，或从极坐标转换为平面坐标。通过它可将矩形图像变形成圆形形态，或将圆形图像形态变形成矩形形态，如图 3-10-29 所示。

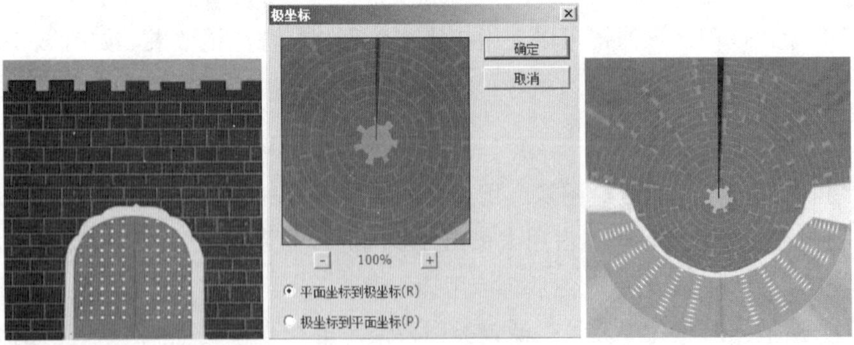

（a）原图像　　（b）“极坐标”对话框　　（c）效果

图 3-10-29　原图像和应用“极坐标”滤镜后的效果

④ 挤压：以原图像为中心，把图像挤压变形，产生离奇效果，如图 3-10-30 所示。

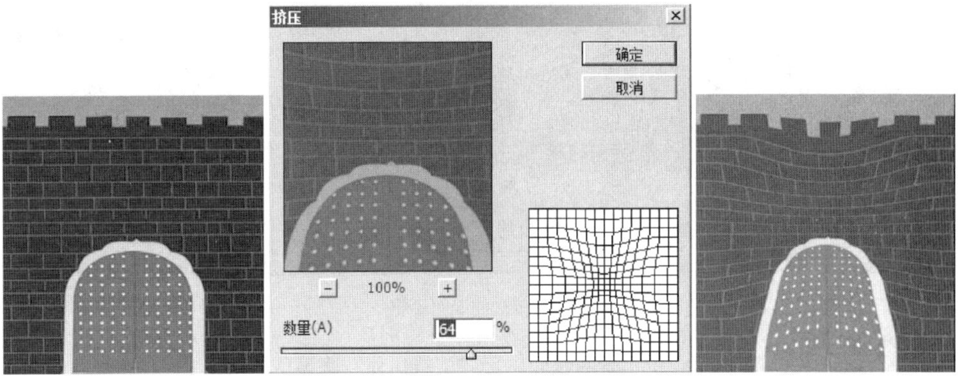

（a）原图像　　（b）“挤压”对话框　　（c）效果

图 3-10-30　原图像和应用“挤压”滤镜后的效果

⑤ 切变：沿对话框中指定的曲线纵向扭曲影像，而且可以控制指定点的数量来弯曲图像。若想横向应用曲线效果，可使用“编辑” | “变换”子菜单中的命令，如图 3-10-31 所示。

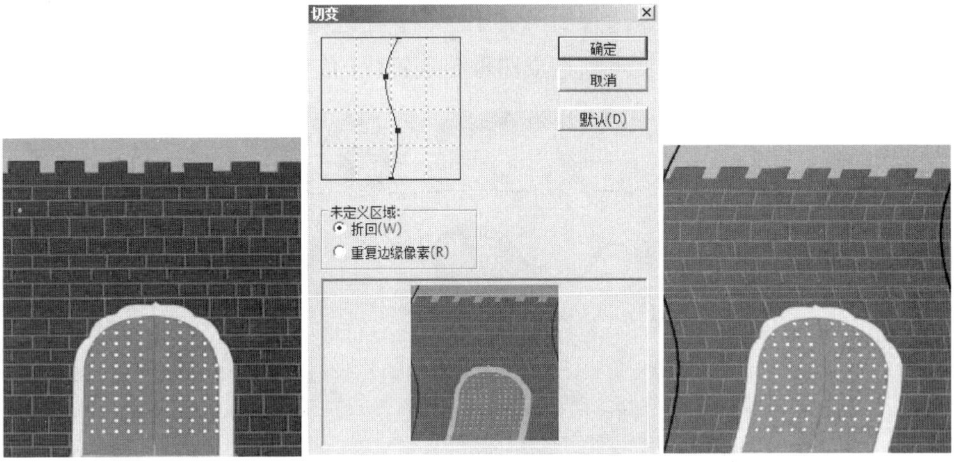

（a）原图像　　（b）“切变”对话框　　（c）效果

图 3-10-31　原图像和应用“切变”滤镜后的效果

⑥ 球面化：好像在图像周围放了凹凸透镜一样，使选区中心的图像产生凸出或凹陷的球体效果，类似挤压滤镜效果。

案例指导 3-7：制作宣传海报

⑦ 水波：可以模拟水池中的波纹，使图像产生类似于涟漪一样的波动效果。

⑧ 旋转扭曲：在图像中产生好像旋涡一样的旋转效果，漩涡会围绕图像中心进行，中心旋转得比边缘厉害，如图 3-10-32 所示。

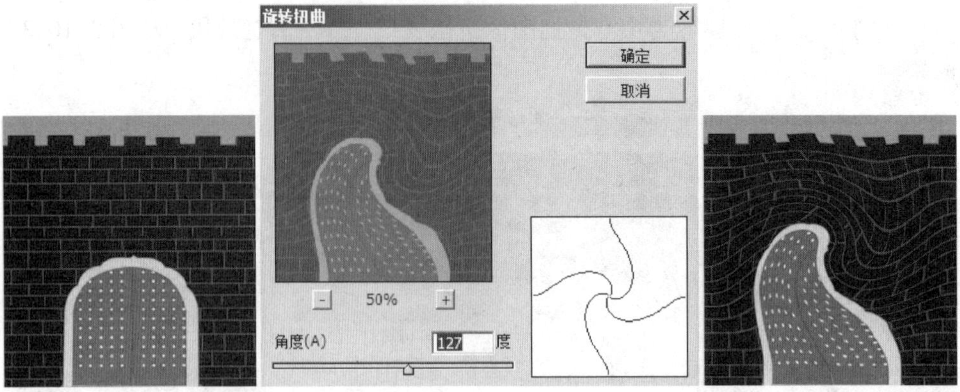

（a）原图像　　（b）“旋转扭曲”对话框　　（c）效果

图 3-10-32　原图像和应用“旋转扭曲”滤镜后的效果

拓展资源 3-35：“锐化”滤镜组解析

5. “锐化”滤镜组

“锐化”滤镜组通过增加相邻像素对比度来聚焦模糊的图像，使模糊图像变清晰。

① USM 锐化：和“锐化边缘”滤镜有些相似，该滤镜通过查找并锐化图像中发生显著颜色变化的区域（如边缘），可以制作出精确清晰的作品。对于专业色彩校正，可使用该滤镜调整边缘细节对比度，并在边缘的每侧生成一条亮线和一条暗线，此过程将使边缘突出，造成图像更加锐化的错觉，如图 3-10-33 所示。

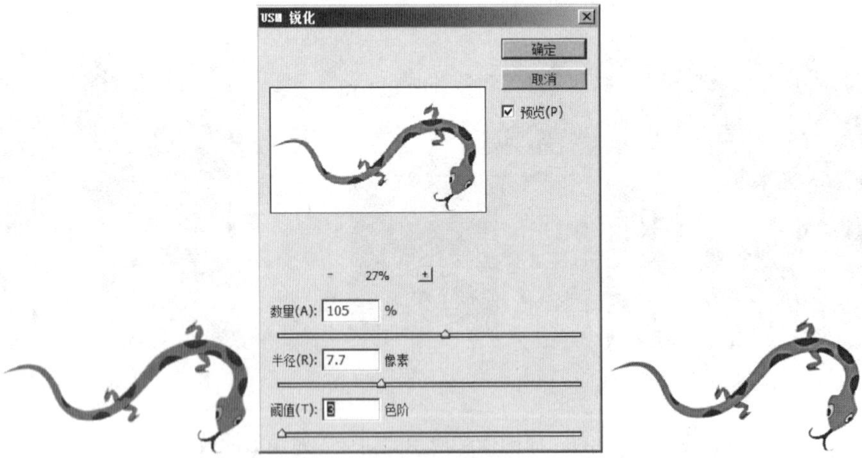

（a）原图像　　（b）“USM 锐化”对话框　　（c）效果

图 3-10-33　原图像和应用“USM 锐化”滤镜后的图像

② 进一步锐化：产生比锐化更强的锐化效果，相当于应用了 2～3 次锐化。

③ 锐化边缘：与锐化滤镜效果相同，但它只是锐化图像的边缘，提高轮廓清晰度同时保留总体平滑度，整体图像效果不变。与“USM 锐化”滤镜相比，该

滤镜是在不指定“数量”的情况下锐化边缘。

④ 智能锐化：该滤镜与“USM 锐化”滤镜比较相似，但它具有独特的锐化控制功能以设置锐化算法或控制在阴影和高光区域进行的锐化量。在进行操作时可将文档窗口缩放到 100%，以便精确查看锐化效果，如图 3-10-34 所示。

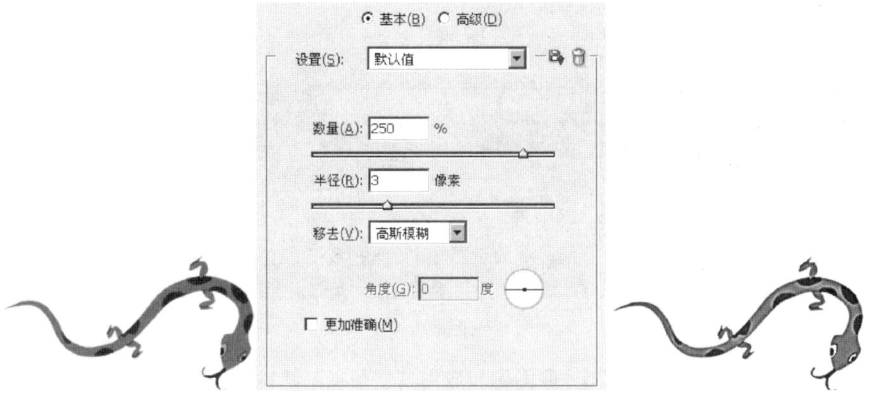

（a）原图像　　（b）参数设置　　（c）效果

图 3-10-34　原图像和应用“智能锐化”滤镜后的图像

6. “视频”滤镜组

该滤镜组属于 Photoshop 的外部接口程序，用来解决视频图像交换时系统差异的问题，主要调整从隔行扫描方式的设备中提取图像，可以将普通图像转换为视屏设备可以接收的图像。

① NTSC 颜色：解决当使用 NTSC 方式向电视机输出图像时色域变窄的问题，实际是将色彩表现范围缩小，将某些饱和度过大的图像转成近似的图像降低饱和度，这样就可避免图像的闪点现象。该滤镜对基于视频的因特网系统上的 Web 图像处理很有帮助。该滤镜不能应用于灰度、CMYK 和 Lab 模式的图像。如果一个 RGB 图像能够用于视频或多媒体时，可以使用该滤镜将由于饱和度过高而无法正确显示的色彩转换为 NTSC 系统可以显示的色彩。

② 逐行：在从通过隔行方式显示画面的视频设备中捕获图像时会生成扫描线，该滤镜可自动删除捕获画面的扫描线，从而消除混杂信号的干扰，使从视频上捕捉到的活动图像变得平滑，调整成可以在 Photoshop 中使用的最佳图像。该滤镜和分辨率有关，分辨率大效果不明显。在“逐行”对话框中可以选择“复制”或“插值”命令来替换扔掉的线条。该滤镜不能应用于 CMYK 模式的图像。

拓展资源 3-36：“素描”滤镜组解析

7. “素描”滤镜组

“素描”滤镜组可以将纹理添加到图像上，常用来模拟素描和速写等艺术效果或手绘图像效果，简化图像色彩，其中大部分滤镜在重绘图像时都要使用到前景色和背景色，因此设置不同的前、背景色可以获得不同的外观效果。该类滤镜不能应用在 CMYK 和 Lab 模式下。

① 便条纸：简化图像色彩使图像沿边缘线产生凹陷，生成类似浮雕凹陷压印图案形成标志效果。与“颗粒”滤镜和“浮雕效果”滤镜先后作用于图像所产生的效果类似，如图 3-10-35 所示。

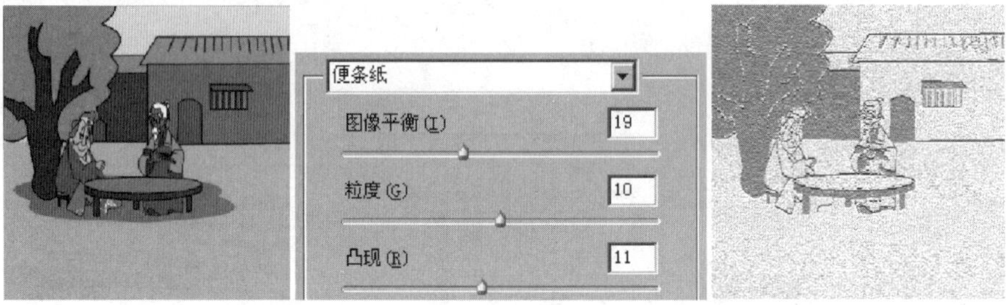

（a）原图像　（b）参数设置　（c）效果

图 3-10-35　原图像和应用“便条纸”滤镜后的图像

② 粉笔和炭笔：创建类似炭笔素描的效果。粉笔绘制图像背景，炭笔线条勾画暗区。粉笔绘制区应用背景色，炭笔绘制区应用前景色，如图 3-10-36 所示。

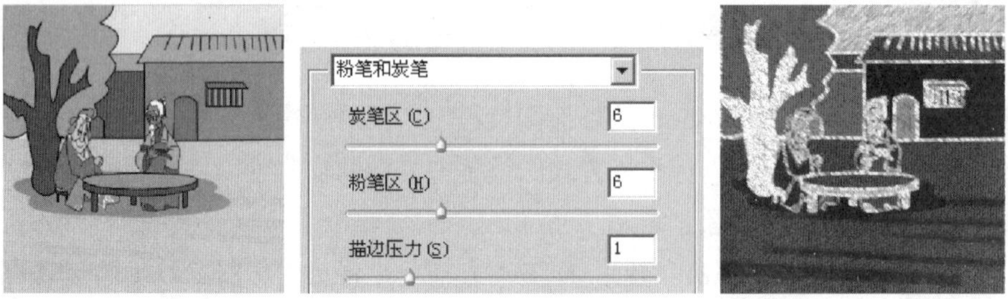

（a）原图像　（b）参数设置　（c）效果

图 3-10-36　原图像和应用“粉笔和炭笔”滤镜后的图像

③ 铬黄：把图像处理成发亮光液体金属样。亮部为高反射点，暗部为低反射点。应用滤镜后可使用“色阶”命令调整图像，增强图像对比度使金属效果更加强烈，如图 3-10-37 所示。

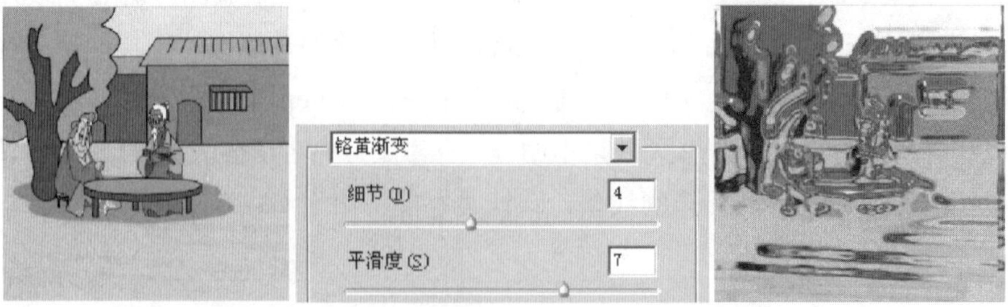

（a）原图像　（b）参数设置　（c）效果

图 3-10-37　原图像和应用“铬黄”滤镜后的图像

④ 绘图笔：使用线状油墨来勾画图像，使其产生钢笔纱描的效果。油墨应用前景色，纸张应用背景色。对于扫描图像，效果尤其明显，如图 3-10-38 所示。

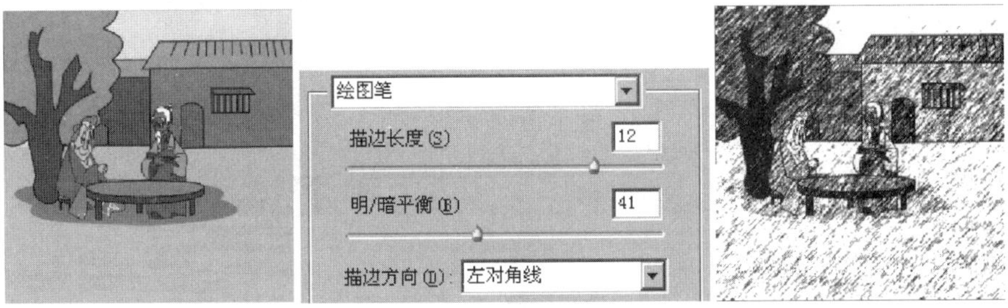

（a）原图像　　（b）参数设置　　（c）效果

图 3-10-38　原图像和应用“绘图笔”滤镜后的图像

⑤ 水彩画纸：产生类似纸张扩散和画面浸湿的涂抹效果并使颜色相互混合。该滤镜是“素描”滤镜组中唯一能够保留原图像色彩的滤镜，如图 3-10-39 所示。

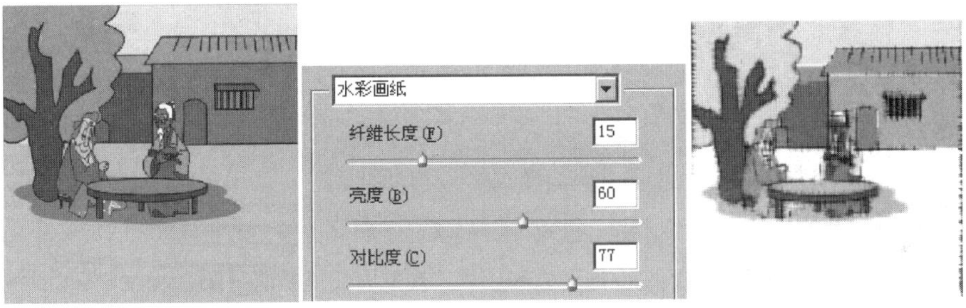

（a）原图像　　（b）参数设置　　（c）效果

图 3-10-39　原图像和应用“水彩画纸”滤镜后的图像

⑥ 撕边：重建图像使之呈现撕破的纸片状，用前景色对暗部区域着色，用背景色对亮部区域着色。对于文本或高对比度对象，该滤镜尤其有用，如图 3-10-40 所示。

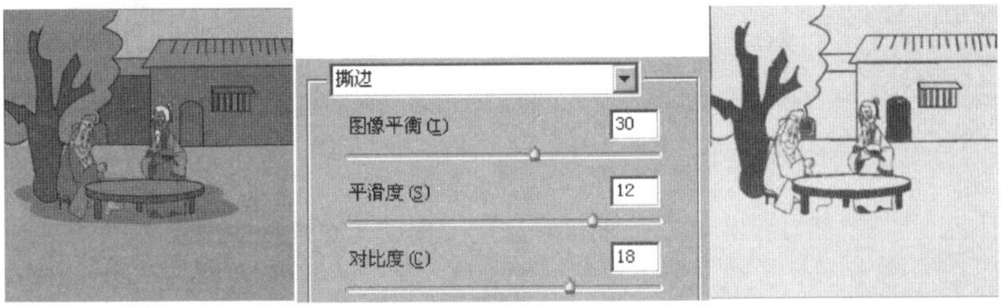

（a）原图像　　（b）参数设置　　（c）效果

图 3-10-40　原图像和应用“撕边”滤镜后的图像

⑦ 塑料效果：模拟塑料浮雕效果，并使用前景色和背景色为图像着色。暗

区凸起，亮区凹陷，如图 3-10-41 所示。

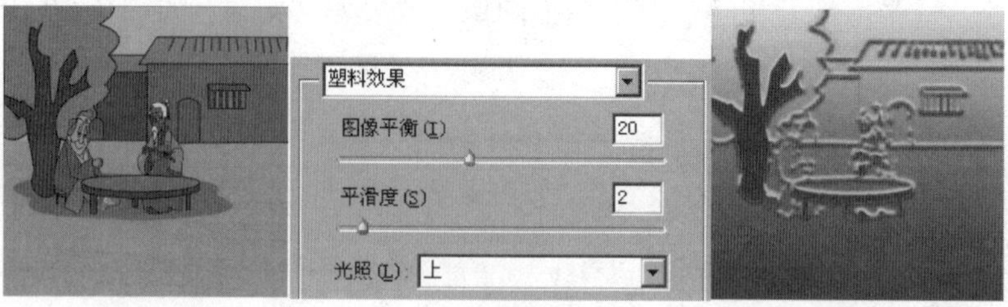

（a）原图像　（b）参数设置　（c）效果

图 3-10-41　原图像和应用“塑料效果”滤镜后的图像

⑧ 炭笔：产生色调分离、涂抹的素描效果。边缘使用粗线条绘制，中间色调用对角描边进行素描。炭笔使用前景色，纸张颜色使用背景色，如图 3-10-42 所示。

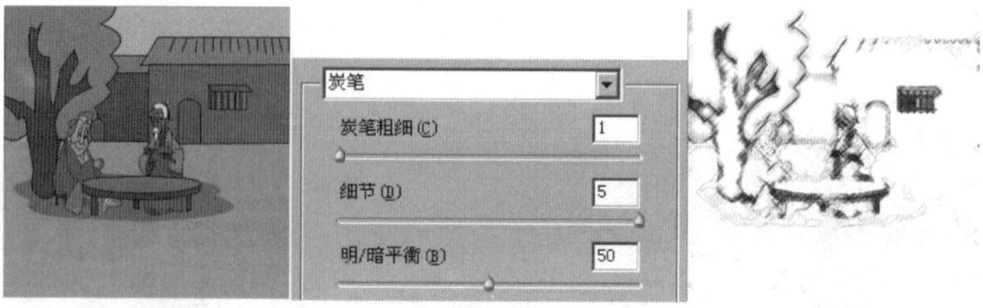

（a）原图像　（b）参数设置　（c）效果

图 3-10-42　原图像和应用“炭笔”滤镜后的图像

⑨ 网状：产生网眼覆盖效果，使图像呈现网状结构。使图像暗调区域结块，高光区域好像被轻微颗粒化。如图 3-10-43 所示。

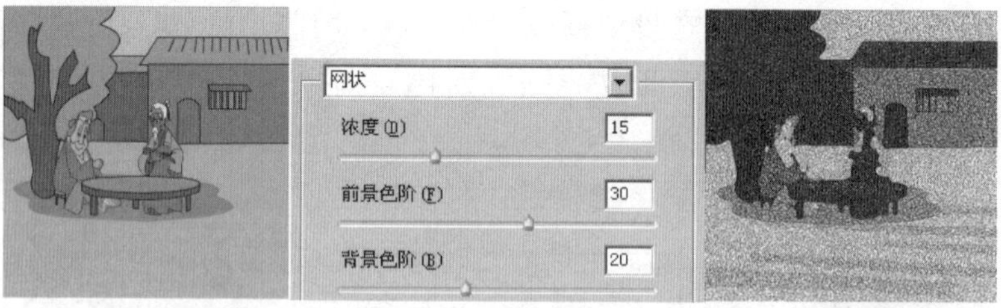

（a）原图像　（b）参数设置　（c）效果

图 3-10-43　原图像和应用“网状”滤镜后的图像

⑩ 影印：把一幅图像模仿成影印件效果，只突出一些明显边界轮廓，其轮廓用前景色勾出，其余部分使用背景色。

拓展资源 3-37：“纹理”滤镜组解析

8. “纹理”滤镜组

“纹理”滤镜组为图像创造各种立体纹理材质效果，使图像表面具有深度感或物质感或添加一种器质外观。该组滤镜不能应用于 CMYK 和 Lab 模式图像。

① 龟裂缝：顺着图像和轮廓产生浮雕或石制品特有的裂变效果。该滤镜可以为包含多种颜色值或灰度值的图像创建浮雕效果，如图 3-10-44 所示。

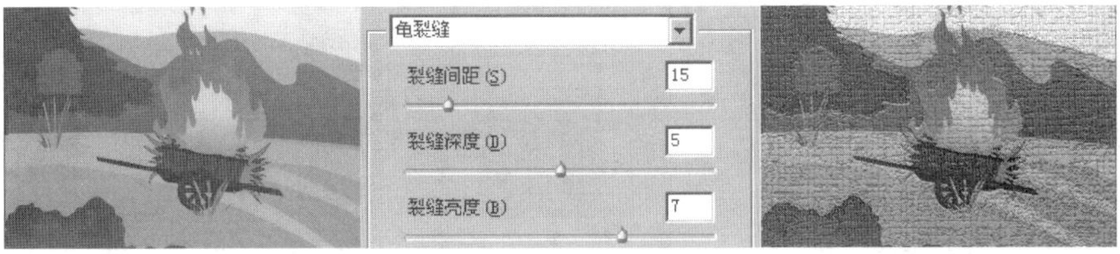

（a）原图像　（b）参数设置　（c）效果

图 3-10-44　原图像和应用“龟裂缝”滤镜后的图像

② 拼缀图：可以将图像分成规则排列的小方块，将每一个小方块图像像素颜色的平均值作为该方块颜色，并为方块间增加深色缝隙，如图 3-10-45 所示。

（a）原图像　（b）参数设置　（c）效果

图 3-10-45　原图像和应用“拼缀图”滤镜后的图像

③ 染色玻璃：将图像绘制成由小色块拼贴在一起形成的纹理效果，色块间缝隙由前景色填充，色块内部填充邻近像素颜色平均值，使图像产生彩色玻璃效果，如图 3-10-46 所示。

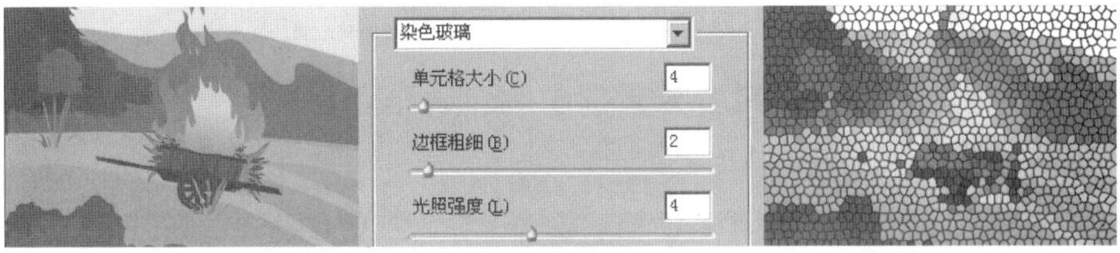

（a）原图像　（b）参数设置　（c）效果

图 3-10-46　应用“染色玻璃”滤镜后的图像

④ 纹理化：将选择的或创建的纹理应用于图像使图像呈现纹理质感，如图 3-10-47 所示。

拓展资源 3-38：“像素化”滤镜组解析

9. “像素化”滤镜组

“像素化”滤镜组通过将邻近颜色值相近的像素凝结成一个像素块使图像变

形，从而创建彩块、点状、晶格和马赛克等特殊效果。该滤镜组可以将图像分块或平面化，然后重新组合，可以把普通的图像制作成类似艺术制品的效果，但这类滤镜也常常会使原图像面目全非。

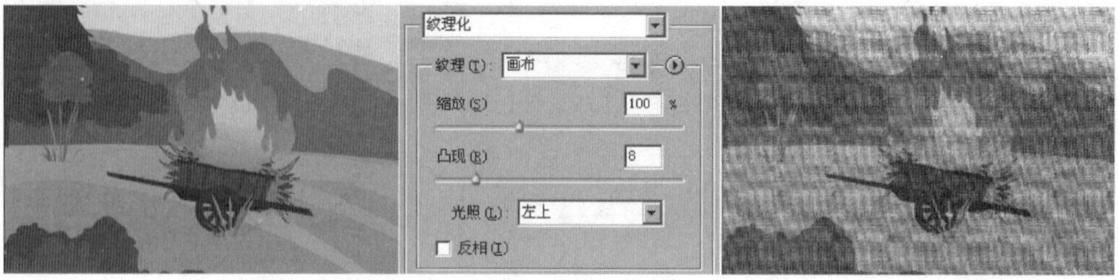

（a）原图像　　（b）参数设置　　（c）效果

图 3-10-47　原图像和应用“纹理化”滤镜后的图像

① 彩块化：将相邻像素用像素块来表现，类似手绘效果或使现实主义图像产生类似抽象派的效果。一般在将普通图像变成具有绘画感觉的图像时采用该滤镜。

② 彩色半调：使图像变成网点状。利用选项可按网点大小和不同通道设置网点角度。在整个图像中，高光部分上生成的网点较小，阴影部分上生成的网点较大，如图 3-10-48 所示。

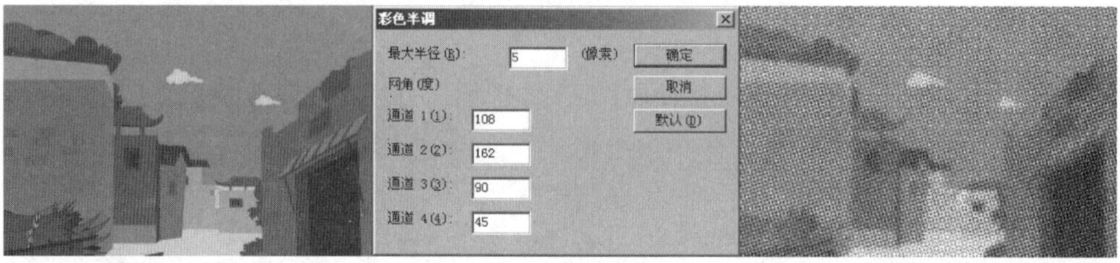

（a）原图像　　（b）“彩色半调”对话框　　（c）效果

图 3-10-48　原图像和应用“彩色半调”滤镜后的效果

③ 晶格化：使图像相近像素集中到多边形色块中产生结晶颗粒，如图 3-10-49 所示。

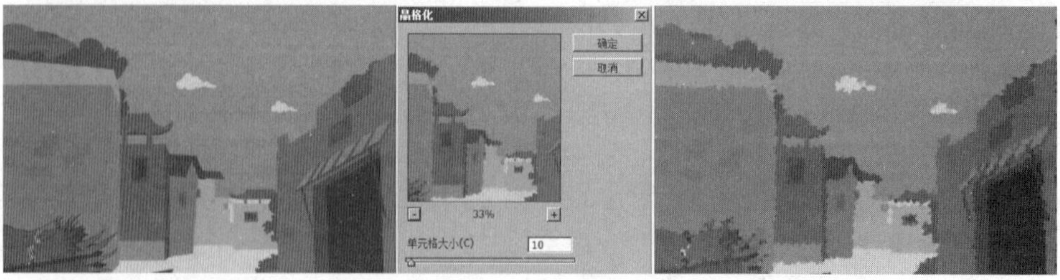

（a）原图像　　（b）“晶格化”对话框　　（c）效果

图 3-10-49　原图像和应用“晶格化”滤镜后的效果

④ 马赛克：将邻近像素结为方形块，块内图像像素应用平均颜色表示，产生一种模糊化的马赛克效果。如图 3-10-50 所示。

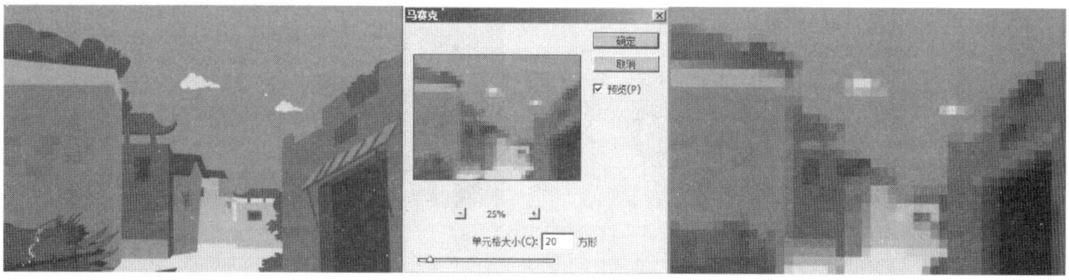

（a）原图像　　（b）“马赛克”对话框　　（c）效果

图 3-10-50　原图像和应用“马赛克”滤镜后的效果

⑤ 碎片：通过 4 次复制图像像素，并将每次复制的副本都稍微移动，使图像产生一种模糊重叠的好像没有对准焦距的效果。

⑥ 铜版雕刻：可以在图像中随机生成各种不规则的点、线、笔划，使图像产生一种年代久远的金属板效果。该滤镜将图像转换为黑白区域的随机图案或彩色图像中完全饱和颜色的随机图案，如图 3-10-51 所示。

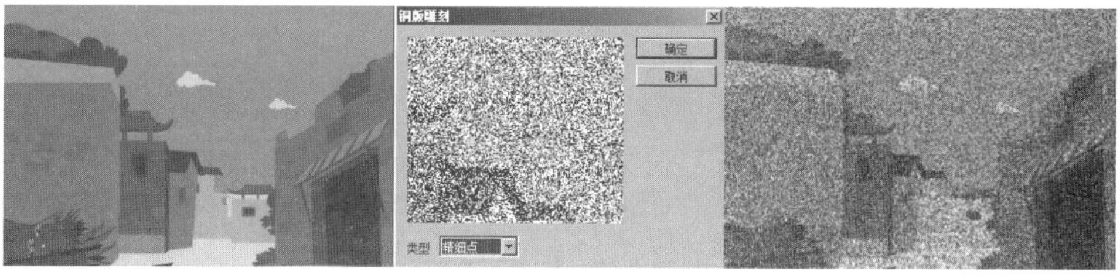

（a）原图像　　（b）“铜版雕刻”对话框　　（c）效果

图 3-10-51　原图像和应用“铜版雕刻”滤镜后的效果

10. “渲染”滤镜组

“渲染”滤镜组可以使图像产生云彩图像、折射图像和模拟光线反射的扭曲图案，还可以创建纹理进行填充。

① 分层云彩：使用随机生成的介于前景色与背景色之间的值来生成云彩图案。这个滤镜的反复使用，次与次之间会产生负片的色彩，而且多次使用后会出现大理石一样的纹理。此滤镜不能应用于 Lab 模式图像。“云彩”滤镜可以在不影响原图像的情况下生成云彩效果，而“分层云彩”滤镜是在生成云彩的同时，通过混合模式“差值”与原图像合成，如图 3-10-52 所示。

② 光照效果：利用照明样式和照明种类使图像呈现光照效果，通过改变不同的参数可设置照明的亮度、颜色、范围等，可制作具有朦胧感觉的现场照明等

拓展资源 3-39：“渲染”滤镜组解析

案例指导 3-8：制作星球效果

案例指导 3-9：制作纪念币

效果。该滤镜不能应用于灰度、CMYK 和 Lab 模式图像。

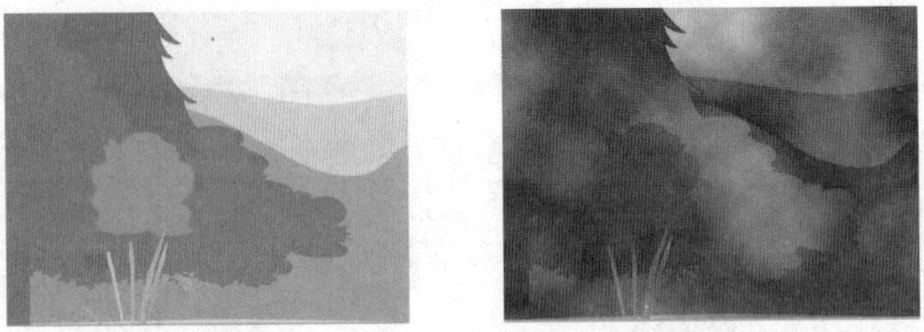

（a）原图像　　（b）效果

图 3-10-52　原图像和应用“分层云彩”滤镜后的图像

“添加照明”图标：将图标拖动到预览窗口可在保留原有照明的同时添加相同样式的新照明，如图 3-10-53 所示。

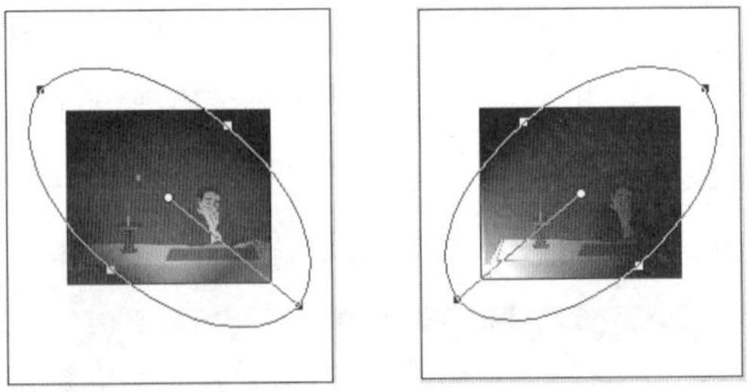

（a）添加前　　（b）添加后

图 3-10-53　添加前和添加后

光照类型：“点光”当光源照射范围为椭圆形时为斜射状态，投射下椭圆形光圈，当光源照射范围为圆形时为直射状态，效果与全光源相同；“平行光”从远处照射光，光照角度不会发生变化，就像太阳光一样均匀地照射整个图像；“全光源”光源为直射状态，投射下圆形光圈，如图 3-10-54、图 3-10-55 所示。

（a）点光　　（b）平行光　　（c）全光源

图 3-10-54　点光、平行光、全光源

③ 镜头光晕：使图像产生明亮光线进入相机镜头时产生的折射效果。常在

表现玻璃、金属等反射的反射光，或者凸出图像的特定部分时会使用此滤镜。该滤镜不能应用于灰度、CMYK 和 Lab 模式图像，如图 3-10-56 所示。

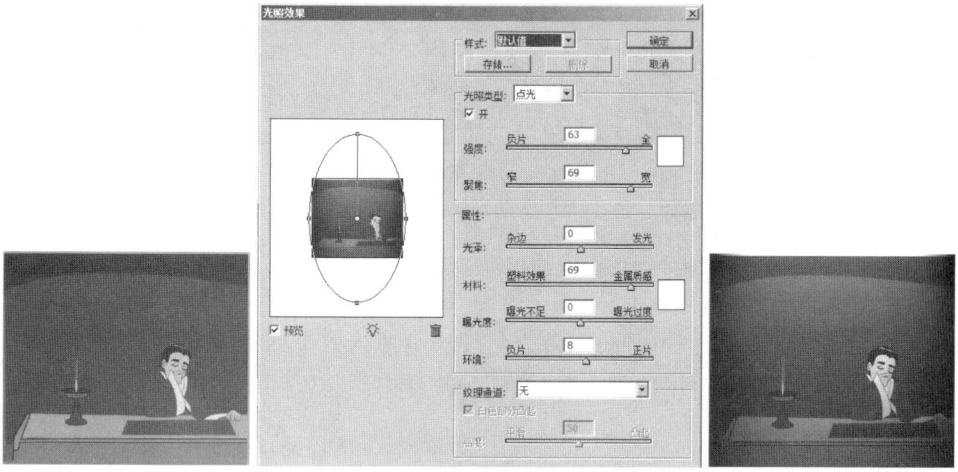

（a）原图像　　（b）“光照效果”对话框　　（c）效果

图 3-10-55　原图像和应用“光照效果”滤镜后的图像

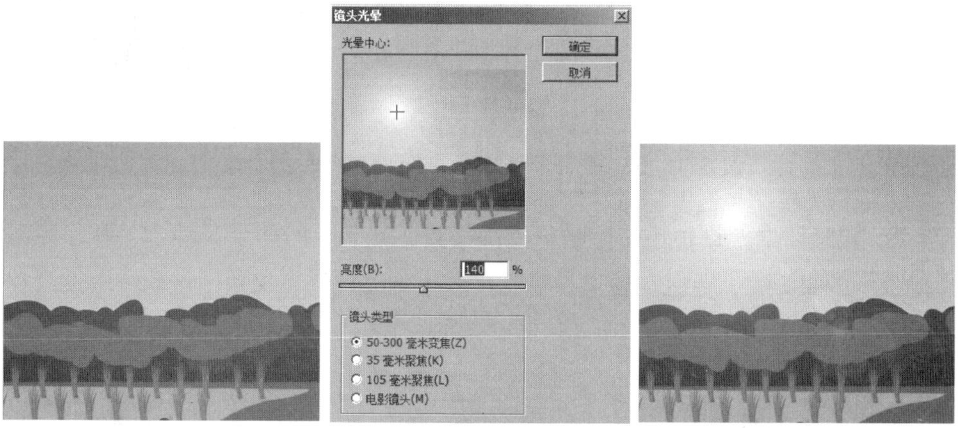

（a）原图像　　（b）“镜头光晕”对话框　　（c）效果

图 3-10-56　原图像和应用“镜头光晕”滤镜后的图像

④ 云彩：使用介于前景色和背景色间的随机值生成柔和的云彩效果，若按住 Alt 键使用将会生成色彩相对分明的云彩效果，是唯一能在透明图层上产生效果的滤镜，如图 3-10-57 所示。

拓展资源 3-40：“艺术效果”滤镜组解析

11. “艺术效果”滤镜组

“艺术效果”滤镜组模拟自然或传统介质效果使图像看起来更贴近绘画或艺术效果，通常用于表现绘画感觉或纯商业的作品。该组滤镜不能应用于 CMYK

和 Lab 模式图像。

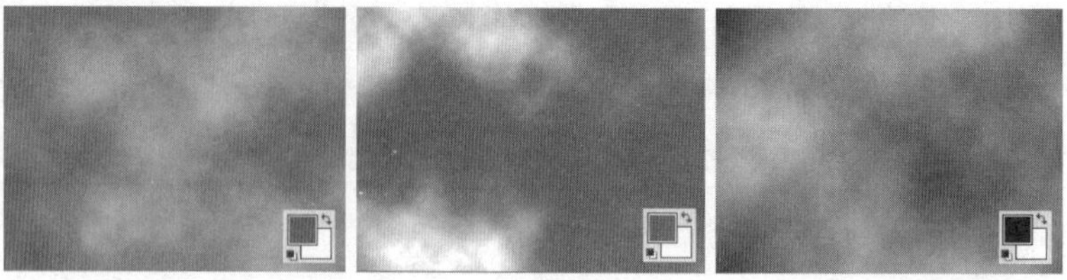

（a）前景色为蓝色和背景色为白色　（b）按住 Alt 键生成的云彩效果　（c）前景色为黑色和背景色为白色

图 3-10-57　应用“云彩”滤镜后的图像

① 壁画：产生类似壁画仿旧效果。使用类似区域平均颜色来粗糙绘制图像，轮廓应用黑色或灰色表现出带有斑纹的图像。使用后与原图像相比会显得比较暗。如图 3-10-58 所示。

（a）原图像　（b）参数设置　（c）效果

图 3-10-58　原图像和应用“壁画”滤镜后的图像

② 粗糙蜡笔：模拟用彩色蜡笔绘画效果在图像表面产生一种不平整、浮雕感的纹理效果。在亮色区域粉笔厚重几乎看不见纹理，在深色区域粉笔较淡纹理清晰。如图 3-10-59 所示。

（a）原图像　（b）参数设置　（c）效果

图 3-10-59　原图像和应用“粗糙蜡笔”滤镜后的图像

③ 底纹效果：模拟将选择的纹理与图像相互融合在一起的效果，如图 3-10-60 所示。

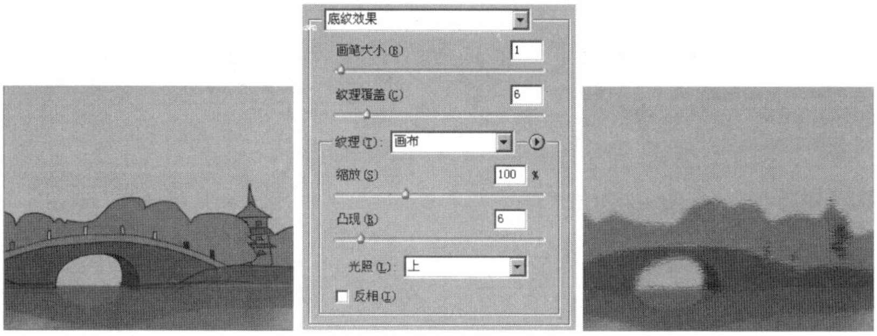

（a）原图像　　（b）参数设置　　（c）效果

图 3-10-60　原图像和应用“底纹效果”滤镜后的图像

④ 调色刀：降低图像细节使相近颜色相互融合，图像呈现出绘制在湿润画布上的效果，如图 3-10-61 所示。

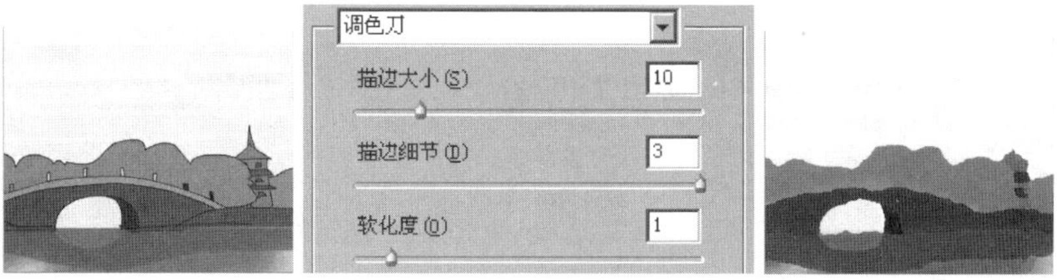

（a）原图像　　（b）参数设置　　（c）效果

图 3-10-61　原图像和应用“调色刀”滤镜后的图像

⑤ 海报边缘：使用黑色线条绘制图像边缘，减少图像颜色数，显示简单画面，可以将图像转换成美观的海报效果，如图 3-10-62 所示。

（a）原图像　　（b）参数设置　　（c）效果

图 3-10-62　原图像和应用“海报边缘”滤镜后的图像

⑥ 绘画涂抹：使用不同类型的效果涂抹图像，可制作出好像手绘的效果。如图 3-10-63 所示。

⑦ 木刻：将图像描绘成如同用彩色纸片拼贴的一样，使图像产生剪纸、木刻效果。可以把图像单纯化，按照相似颜色构成面，可制作出由单纯的面和线组成的图像效果。如图 3-10-64 所示。

（a）原图像　　（b）参数设置　　（c）效果

图 3-10-63　原图像和应用“绘画涂抹”滤镜后的图像

（a）原图像　　（b）参数设置　　（c）效果

图 3-10-64　原图像和应用“木刻”滤镜后的图像

⑧ 水彩：模拟水彩风格使图像产生一种水彩画效果，图像细致部分会变得简单。在颜色变化强烈的区域中，该滤镜会使颜色饱满，因此颜色对比会更强烈。如图 3-10-65 所示。

（a）原图像　　（b）参数设置　　（c）效果

图 3-10-65　原图像和应用“水彩”滤镜后的图像

⑨ 涂抹棒：用较短的对角线条涂抹图像的暗区以柔化图像，使其产生一种条状涂抹效果。图像高光部分，画面会变得更亮，因此会丢失细节，如图 3-10-66 所示。

（a）原图像　　（b）参数设置　　（c）效果

图 3-10-66　原图像和应用“涂抹棒”滤镜后的图像

12. “杂色”滤镜组

拓展资源 3-41：“杂色”滤镜组解析

拓展资源 3-42：“其他”滤镜组和 Digimarc 滤镜组解析

图像杂色显示为随机的无关像素，这些像素不是图像细节的一部分。“杂色”滤镜组用于添加或移去杂色，以及带有随机分布色阶的像素，有助于将选区混合到周围的像素中。

① 蒙尘与划痕：可以捕捉图像或选区中不相似的像素，并将其融入周围的图像中减少杂点。通过“半径”和“阈值”设置的各种组合，或者在图像选区中应用该滤镜，从而在锐化图像和隐藏瑕疵间取得平衡。该滤镜对于移除扫描图像中的杂点和折痕特别有效。使用该滤镜前最好先在图像中需要处理的部分建立选区，再针对选区使用该滤镜，如图 3-10-67 所示。

（a）原图像　（b）“蒙尘与划痕”对话框　（c）效果

图 3-10-67　原图像和应用“蒙尘与划痕”滤镜后的图像

② 添加杂色：为应用较多的杂色滤镜，可在图像上加入一些随机分布的不规则的杂点，产生特殊底纹效果。也可通过该滤镜减少羽化选区或渐进填充中的条纹，或使经过重大修饰的区域看起来更真实，如图 3-10-68 所示。

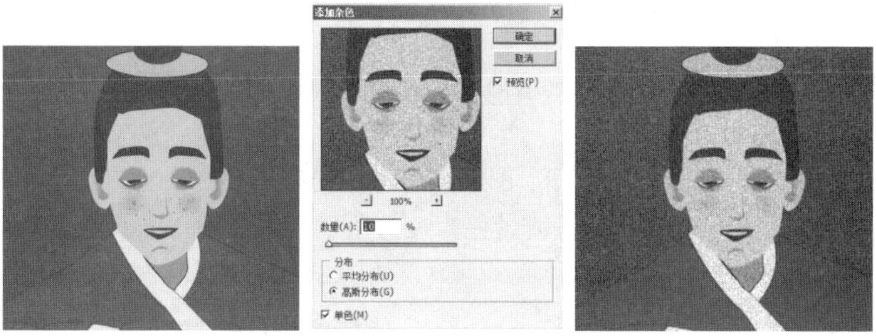

（a）原图像　（b）“添加杂色”对话框　（c）效果

图 3-10-68　原图像和应用“添加杂色”滤镜后的图像

③ 中间值：将看上去很不一样的杂点，通过混合像素的亮度使其自动变为像素的中间亮度值从而减少杂色，适合用来消除或减少图像上的动态效果。在使用该滤镜时，最好是将杂点部分设置成选区进行处理，如图 3-10-69 所示。

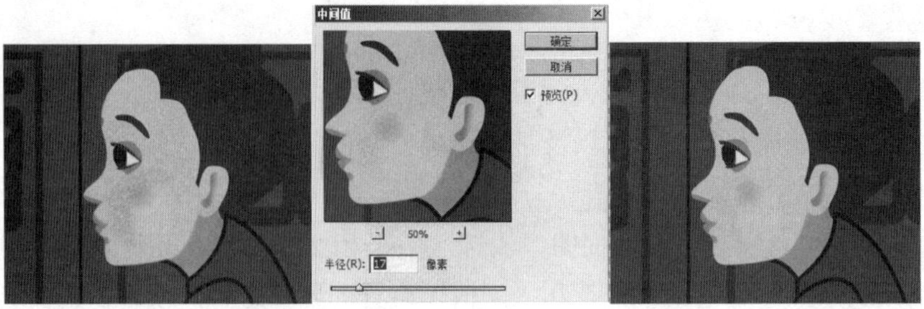

（a）原图像　　（b）“中间值”对话框　　（c）效果

图 3-10-69　原图像和应用“中间值”滤镜后的图像

拓展资源 3-43：实例制作：印刷电路板、蓝色光圈效果、水晶花效果

3.10.4　实例制作

1. 制作铁钟凹痕肌理效果

图片素材 3-15：图 3-10-70

① 打开图像素材，图像以背景图层方式载入，双击背景图层缩略图，在弹出的对话框中重新命名该图层为“大钟”，这样素材就由背景图层变为普通图层，如图 3-10-70、图 3-10-71 所示。

图 3-10-70　打开图像

图 3-10-71　重命名图层

② 使用魔棒工具，取消勾选“连续”复选框，单击画面白色背景，得到白色背景选区，按 Delete 键删除选区内容，选择“选择” | “取消选择”命令，取消选区。效果如图 3-10-72 所示。

③ 选择“图层” | “新建” | “图层”命令，先后新建两个空白图层，并各自命名为“裂纹”、“背景”。调整前景色为纯白色，使用油漆桶工具，对两个图层分别进行颜色填充，调整图层顺序，效果如图 3-10-73 所示。

图 3-10-72　删除素材背景

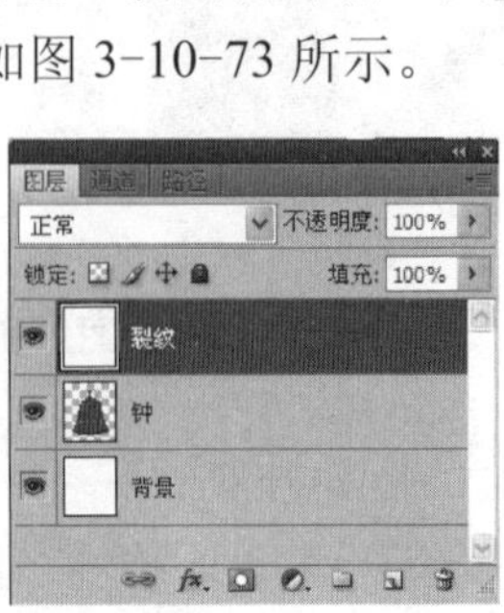

图 3-10-73　新建图层

④ 选择“裂纹”图层，选择“滤镜”|“纹理”|“龟裂纹”命令，相关参数如图 3-10-74 所示，效果如图 3-10-75 所示。

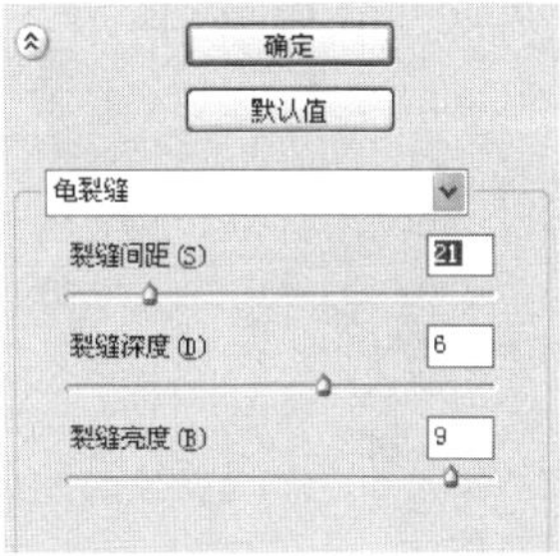

图 3-10-74　滤镜参数

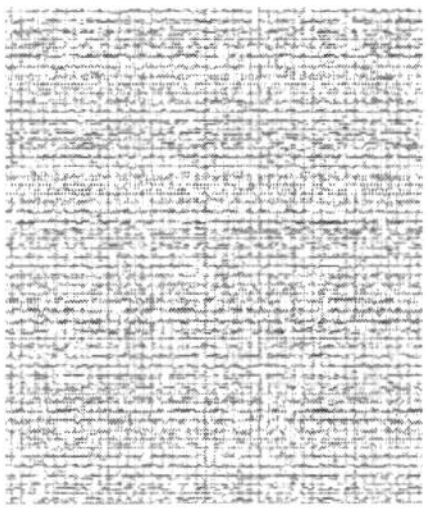

图 3-10-75　效果

⑤ 隐藏“背景”图层，选择“裂纹”图层，右击，选择“创建剪贴蒙版”命令，效果如图 3-10-76，图层结构如图 3-10-77 所示。

图 3-10-76　创建图层蒙版

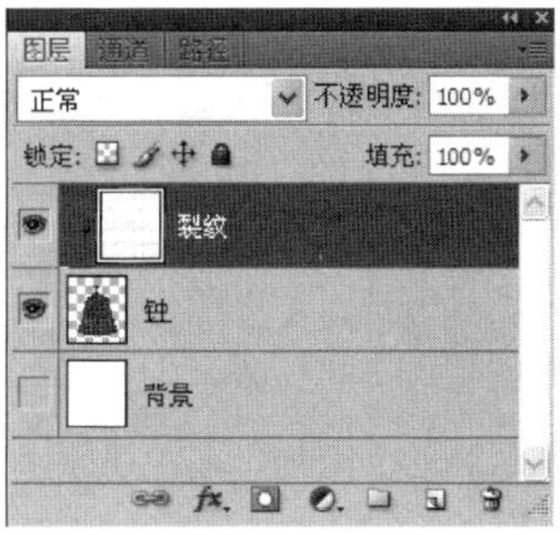

图 3-10-77　图层结构

⑥ 选择“裂纹”图层，修改其图层叠加方式为“线性加深”模式。选择“编辑”|“变换”|“变形”命令，如图 3-10-78 所示进行变形操作。确定变形操作，效果如图 3-10-79 所示。

⑦ 选择“裂纹”图层，单击“图层”调板下方的“添加矢量蒙版”命令，为其纹理图层添加矢量蒙版，如图 3-10-80 所示。

图 3-10-78　变形

图 3-10-79　效果

图 3-10-80　添加矢量蒙版

⑧ 选择白色矢量蒙版，选择“滤镜”|“渲染”|“纤维”命令，参数设置如图 3-10-81 所示。

⑨ 恢复“背景”图层的显示，最终效果如图 3-10-82 所示。

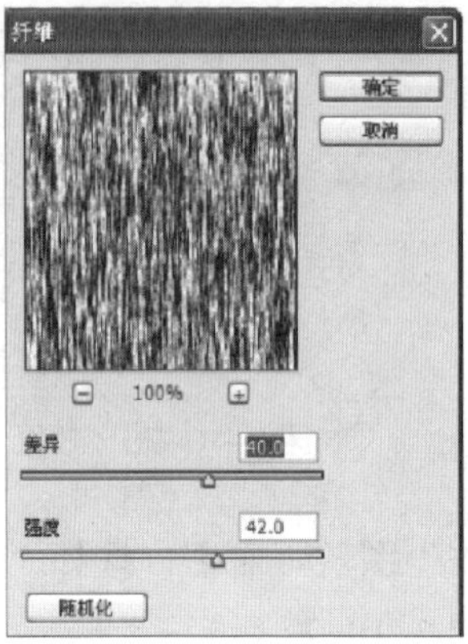

图 3-10-81　参数设置

图 3-10-82　最终效果

2. 制作四脚蛇木刻效果

① 新建空白文档，命名为“画蛇添足木刻”。参数设置如图 3-10-83 所示。

② 选择“图层”|“新建”|“图层”命令，在背景图层上新建图层，并命名为“木板底色”。调整前景色颜色为 R=140，G=95，B=12，使用油漆桶工具进行颜色填充。效果如图 3-10-84 所示。

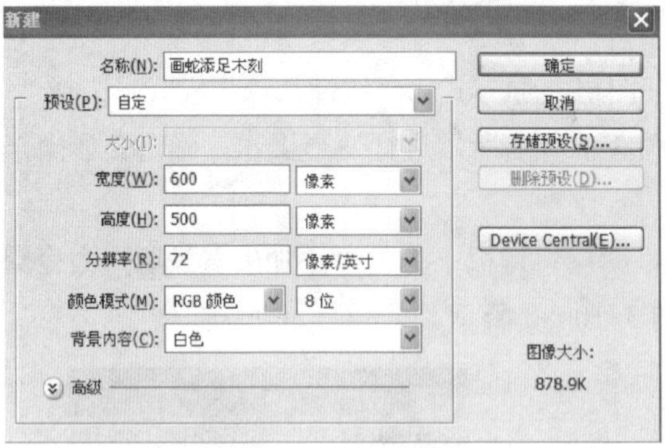

图 3-10-83　新建空白文档

图 3-10-84　用前景色填充图层

③ 保持前景色不变，R=140，G=95，B=12，单击工具栏底端“设置背景色”按钮，对背景色进行设置，颜色参数为 R=96，G=93，B=16。

④ 选择“木板底色”图层，选择“滤镜”|“渲染”|“纤维”命令，在弹出的“纤维”对话框中，进行如图 3-10-85 所示的设置，效果如图 3-10-86 所示。

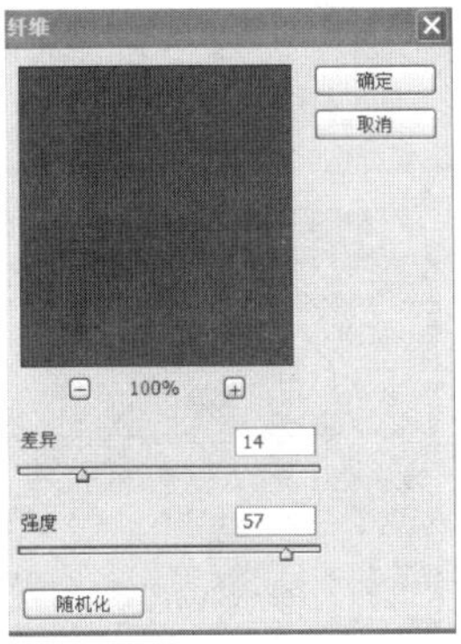

图 3-10-85　“纤维”对话框

图 3-10-86　“纤维”滤镜效果

⑤ 选择魔棒工具，设置其容差属性值为 10，取消勾选“连续”复选框，在当前画面中单击与背景色同样颜色的部分，效果如图 3-10-87 所示。

⑥ 在选区范围内右击，在弹出的快捷菜单中选择“通过拷贝的图层”命令，生成新的图层，新图层命名为“木纹机理”。图层结构如图 3-10-88 所示。

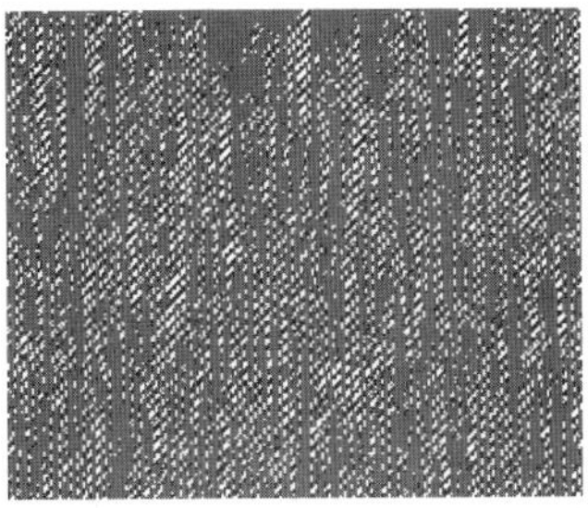

图 3-10-87　使用魔棒工具得到背景色部分选区

图 3-10-88　生成“木纹机理”图层

⑦ 单击“图层”调板下方“添加图层样式”按钮，为“木纹机理”图层添加图层样式，图层样式参数设置如图 3-10-89 所示，效果如图 3-10-90 所示。

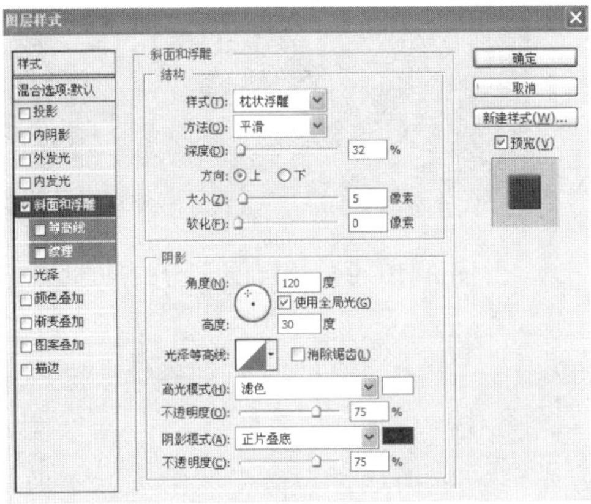

图 3-10-89　图层样式参数设置

图 3-10-90　增加图层样式后的木纹机理效果

图片素材 3-16：
图 3-10-91

⑧ 选择“文件”|“打开”命令，打开四脚蛇图像素材，这是一张背景镂空的图片。效果如图 3-10-91 所示。

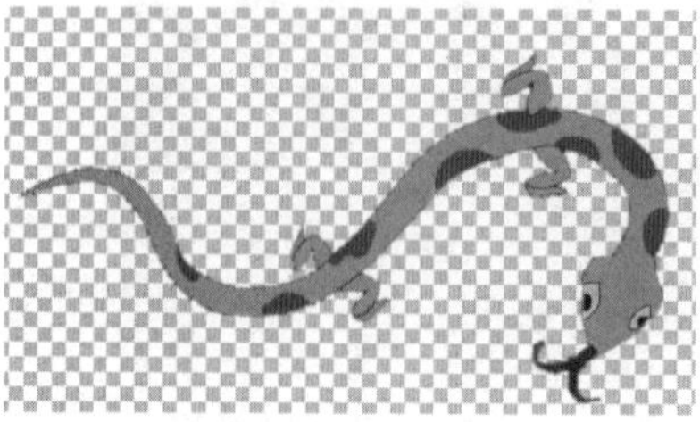

图 3-10-91　四脚蛇图像素材

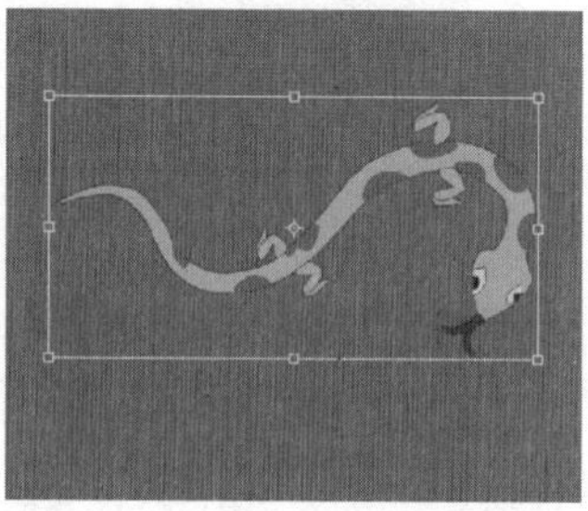

图 3-10-92　导入并放置四脚蛇图像素材

⑨ 把四脚蛇素材拖入到“画蛇添足木刻”文档的顶级图层位置，并将图层命名为“四脚蛇”。选择“编辑”|“自由变换”命令对它的大小和位置进行调整。调整结果如图 3-10-92 所示。按 Enter 键确认变形结果。

⑩ 选择“四脚蛇”图层，选择“选择”|“色彩范围”命令，使用吸管工具吸取蛇身上的浅绿色部分，并进行如图 3-10-93 所示的参数设置。得到的选区如图 3-10-94 所示。

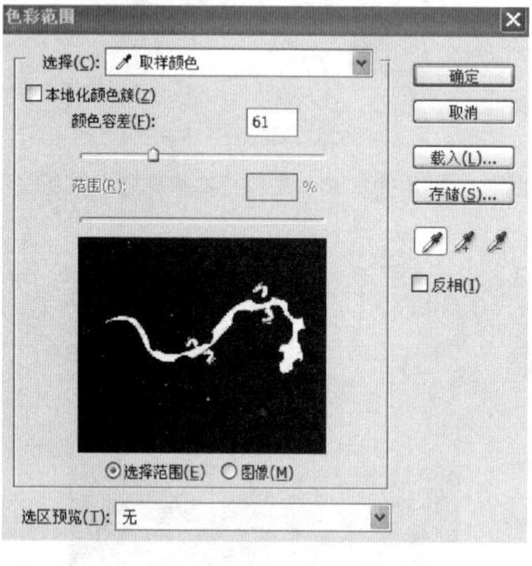

图 3-10-93　“色彩范围”对话框

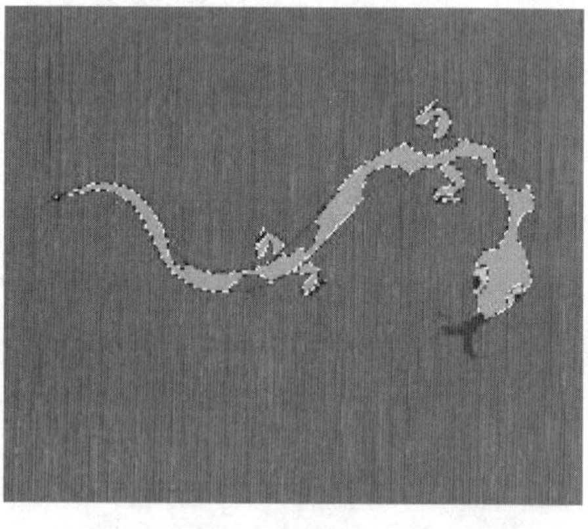

图 3-10-94　得到的部分蛇身选区

⑪ 保持选区继续存在，选择“木纹机理”图层，按 Delete 键进行删除。得到的结果如图 3-10-95 所示，图层结构如图 3-10-96 所示。

⑫ 选择“四脚蛇”图层，选择“选择”|“取消选择”命令取消选区。最后设置此图层的混合方式为“深色”。最后效果如图 3-10-97 所示，图层结构如图 3-10-98 所示。

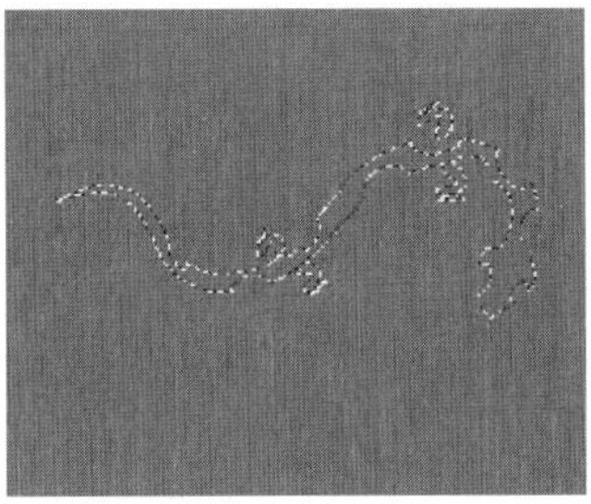

图 3-10-95　删除蛇形木纹机理部分

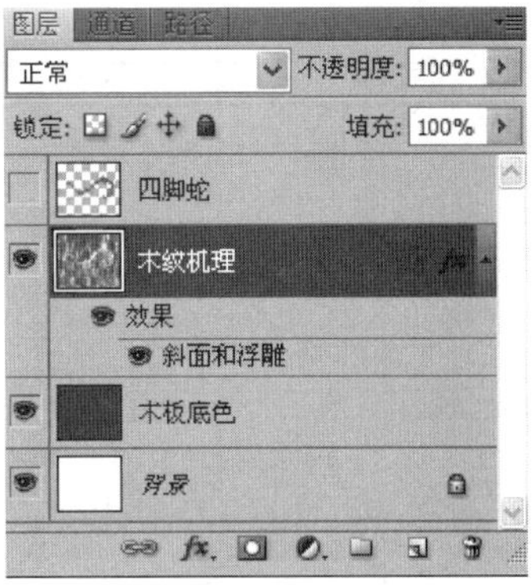

图 3-10-96　当前图层结构

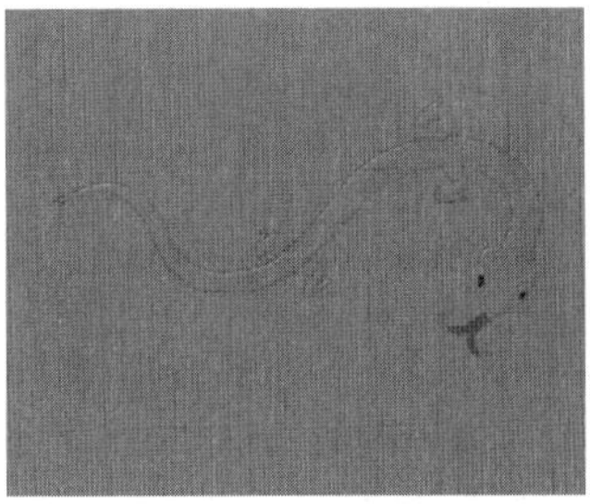

图 3-10-97　最终效果

图 3-10-98　最终图层结构

3.11　综合实例

拓展资源 3-44：综合实例：制作宝马图标、围棋棋盘

3.11.1　《中华成语跟我学》项目首页界面插图制作

① 选择“文件”|“新建”命令（按 Ctrl+N 键）创建图像文件，具体参数设置如图 3-11-1 所示。

② 调整前景色为 R=0，G=100，B=178，使用椭圆工具，设置其绘制属性为“形状图层”模式，在背景层上绘制如图 3-11-2 所示蓝色椭圆形状，形成新图层，默认名称为“形状 1”。

③ 选择“形状 1”图层，选择“图层”|“复制图层”命令，在“形状 1”图层上自动生成“形状 1 副本”图层，双击其图层缩略图，在弹出的“拾取实色”窗口中设置颜色为 R=23，G=126，B=206。

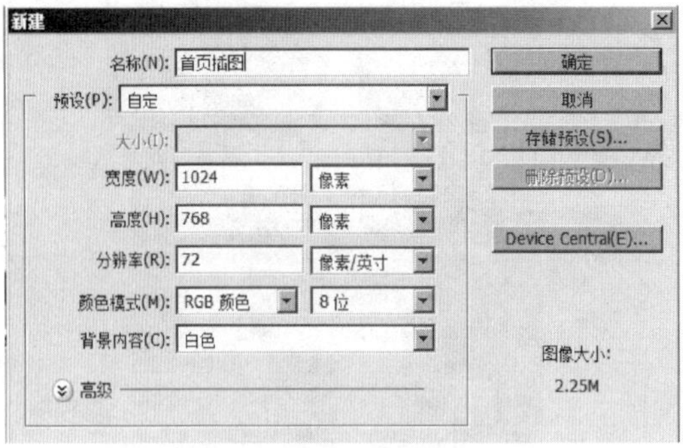

图 3-11-1　新建文件

图 3-11-2　绘制椭圆形状

④ 选择“形状 1 副本”图层，选择“编辑”|“自由变换路径”命令，按 Shift+Alt 键，对“形状 1 副本”图层进行等比缩放，效果和图层结构如图 3-11-3、图 3-11-4 所示。

图 3-11-3　等比缩放形状

图 3-11-4　当前图层结构

⑤ 按 Enter 键确认变形，使用同样的方法，先后制作出其他复制形状，并依此等比缩放比例调整颜色。颜色设置：“形状 1 副本 2” R=110，G=162，B=213；“形状 1 副本 3” R=165，G=194，B=229；“形状 1 副本 4” R=214，G=225，B=238；“形状 1 副本 5” R=225，G=225，B=225。效果和图层结构如图 3-11-5、图 3-11-6 所示。

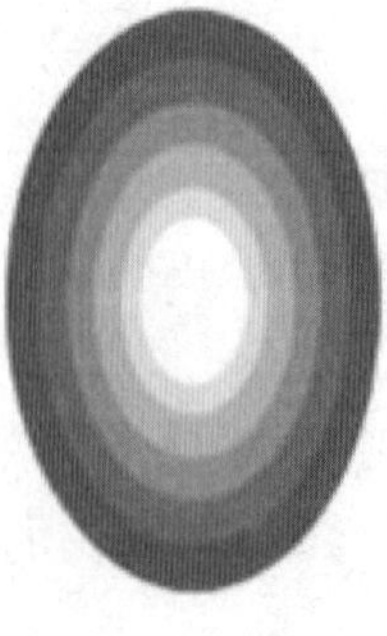

图 3-11-5　依次缩放和重新调整形状的颜色

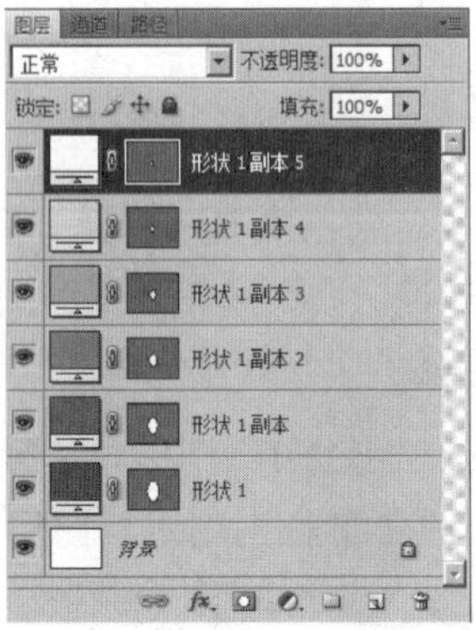

图 3-11-6　当前图层结构

⑥ 选择所有形状图层，选择“选择”|“图层编组”命令，并命名为“浪花”，图层结构如图 3-11-7 所示。

⑦ 使用相同的方法，更多的复制“海浪”图层组，按照如图 3-11-8 所示方式进行排列，注意利用“选择”|“图层编组”命令对复制出的众多图层按照“前浪”、“中浪”、“后浪”的顺序进行管理，最顶级图层组命名为“海”，图层结构如图 3-11-9 所示。

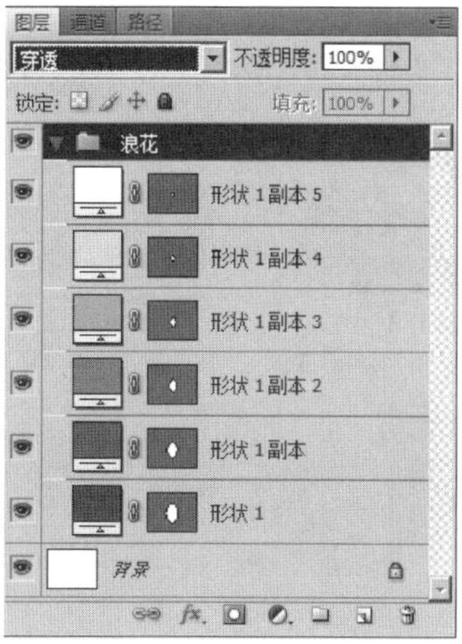

图 3-11-7　建立单行、单列选区

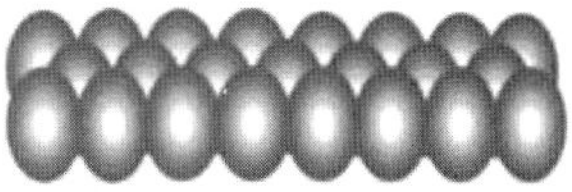

图 3-11-8　复制并交错排列的“海浪”图层组

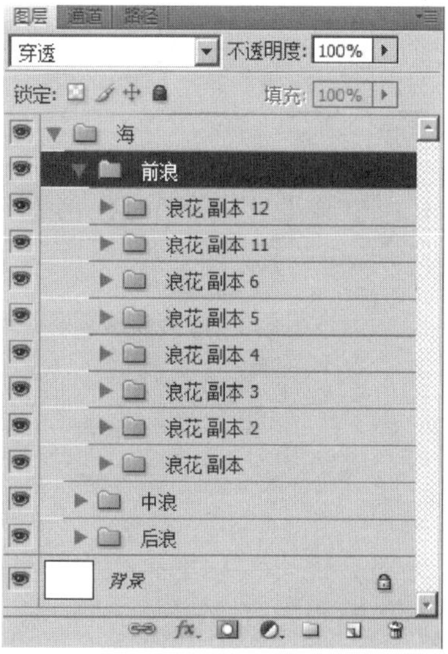

图 3-11-9　当前图层结构

⑧ 选择“海”图层组，选择“编辑”|“自由变换路径”命令，对其进行整体的形状修正，效果如图 3-11-10 所示，按 Enter 键确认变形。

⑨ 使用钢笔工具，重复相同的制作思路，实现“岩石”图层组。选择“编辑”|“自由变换路径”命令，调整“岩石”图层组和“海”图层组的位置和大小比例，效果和图层结构如图 3-11-11、图 3-11-12 所示。

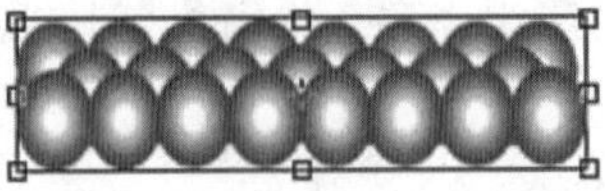

图 3-11-10　整体的形状修正

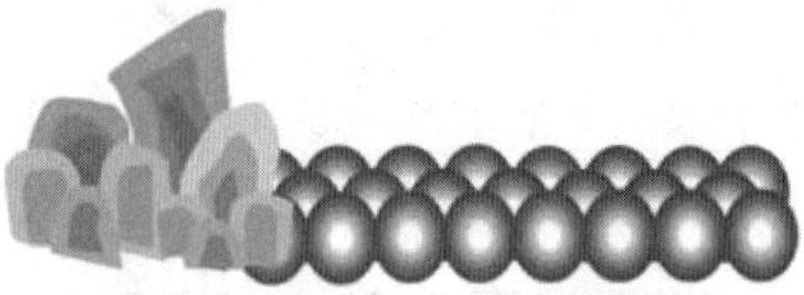

图 3-11-11　制作并调整“岩石”图层组

图 3-11-12　当前图层结构

⑩ 使用钢笔工具，设置其绘制属性为“形状图层”模式，以任意颜色在画面中绘制山峦形状，形成新的图层，修改名称为“山峦形状 01”，如图 3-11-13 所示。

⑪ 选择“山峦形状 01”图层，在“图层”调板底部单击“添加图层样式按钮”，为其添加图层样式，参数设置如图 3-11-14 所示。效果和图层结构如图 3-11-15、图 3-11-16 所示。

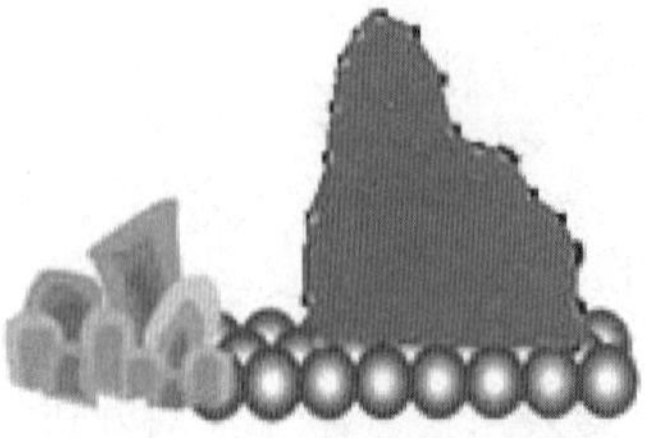

图 3-11-13　绘制山峦形状

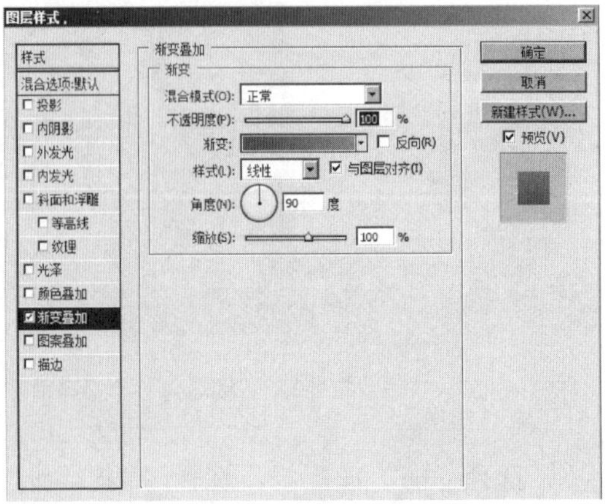

图 3-11-14　图层样式参数设置

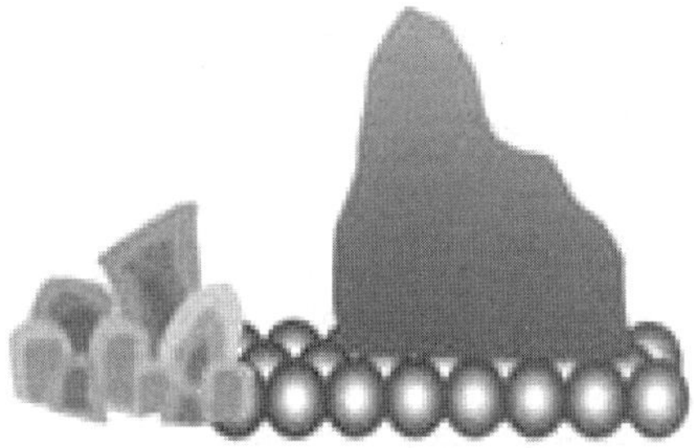

图 3-11-15　渐变叠加后的效果

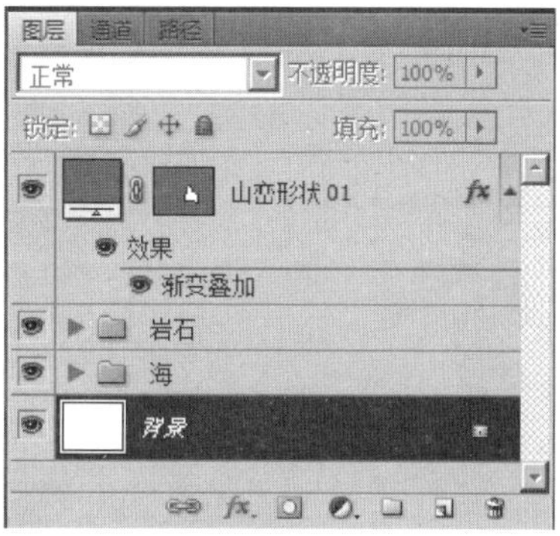

图 3-11-16　添加图层样式后的图层结构

⑫ 使用相同的方法，绘制出山体的其他层次并命名。选中所有山体图层，选择“选择”|“图层编组”命令，为其编组并命名为“前排山峦”。效果如图 3-11-17 所示。图层结构如图 3-11-18 所示。

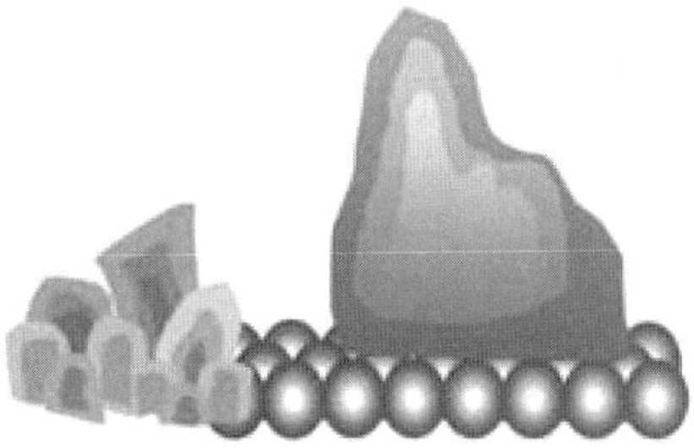

图 3-11-17　绘制山峦其他层次

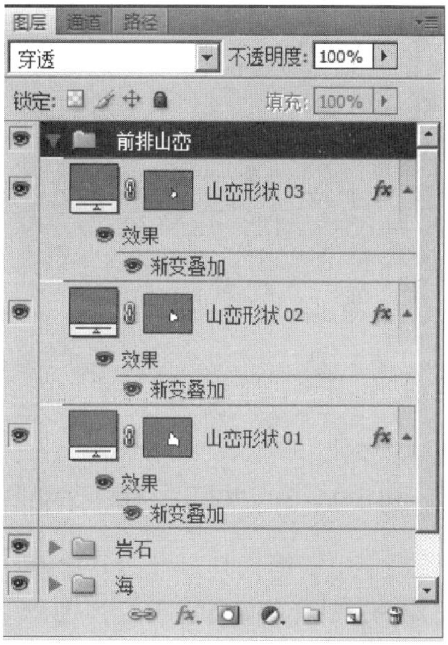

图 3-11-18　当前图层结构

⑬ 使用相同的方法，制作出山峦的其他部分。选择“选择”|“图层编组”命令对其进行编组。调整图层结构。效果如图 3-11-19 所示，图层结构如图 3-11-20 所示。

⑭ 颜色设置为 R=210，G=162，B=62，使用钢笔工具，设置其绘制属性为“形状图层”模式，在画面中绘制树干形状，形成新的图层，修改图层名称为“树干”。在“图层”调板底部单击“添加图层样式按钮”，为其添加图层样式，参数设置如图 3-11-21 所示。所得效果如图 3-11-22 所示。

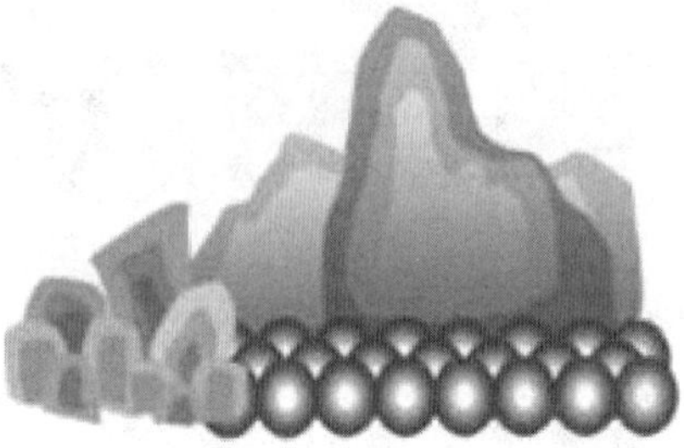

图 3-11-19　绘制山峦其他部分

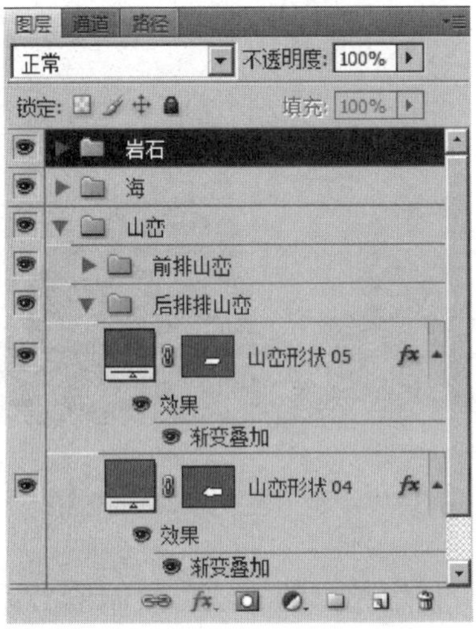

图 3-11-20　调整后的图层结构

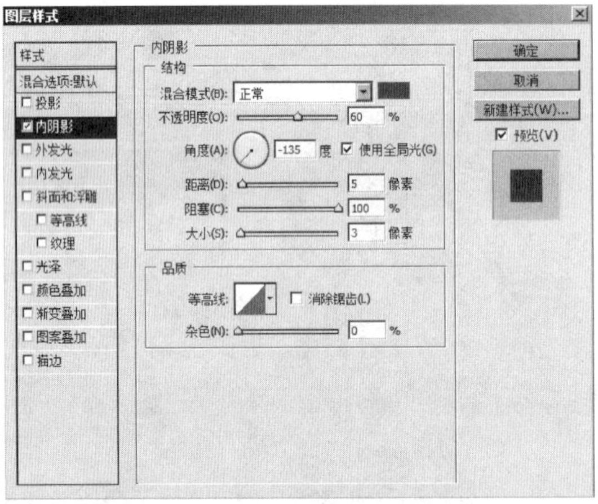

图 3-11-21　“树干”图层样式参数设置

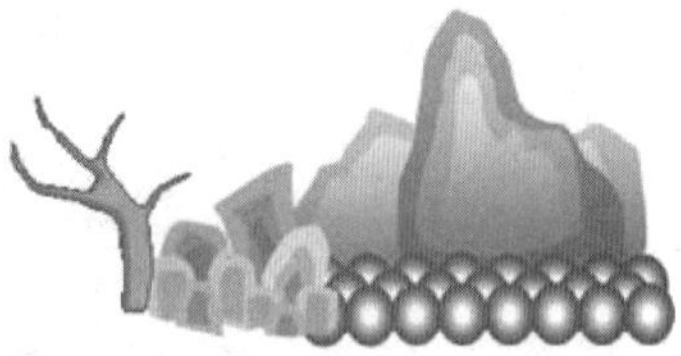

图 3-11-22　树干造型

⑮ 使用钢笔工具，设置其绘制属性为“形状图层”模式，在画面中绘制树冠形状，形成新的图层，修改图层名称为“树冠底色”。在“图层”调板底部单击“添加图层样式按钮”，为其添加图层样式，参数设置如图 3-11-23 所示，所得效果如图 3-11-24 所示。

⑯ 设置前景色为 R=10，G=128，B=59。使用直线工具，设置其绘制属性为“形状图层”模式，选用“添加到形状选区绘制模式”，绘制树冠的纹路，如图 3-11-25 所示。

⑰ 选择“树冠底色”图层和“树冠纹路”图层，选择“选择”|“图层编组”命令，为其编组并命名为“树冠”。连续选择“图层”|“复制组”命令，复制出多个“树冠”组。调整其前后图层顺序和图像大小。效果如图 3-11-26 所示，图层结构如图 3-11-27 所示。

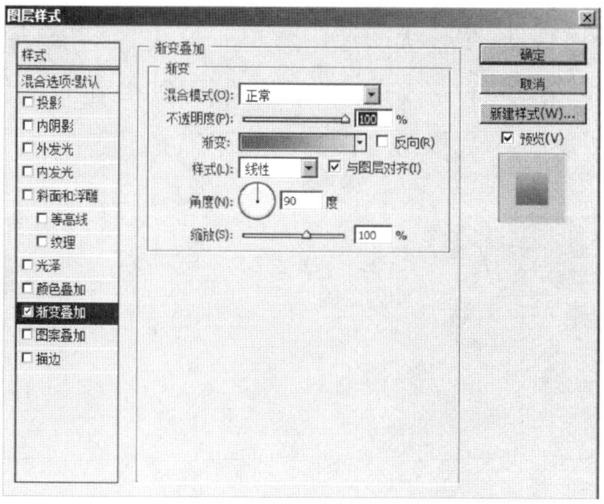

图 3-11-23　“树冠底色”图层样式参数设置

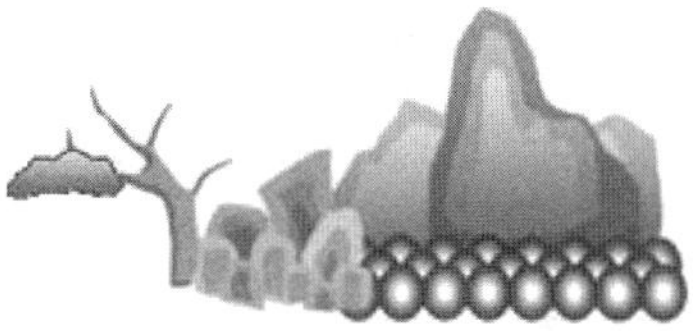

图 3-11-24　树冠造型

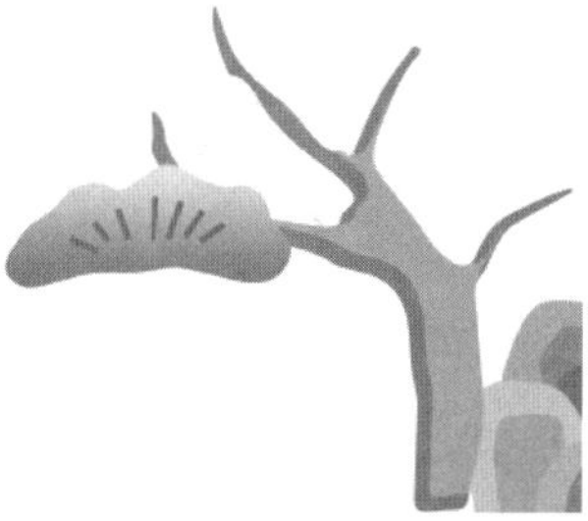

图 3-11-25　绘制树冠纹路

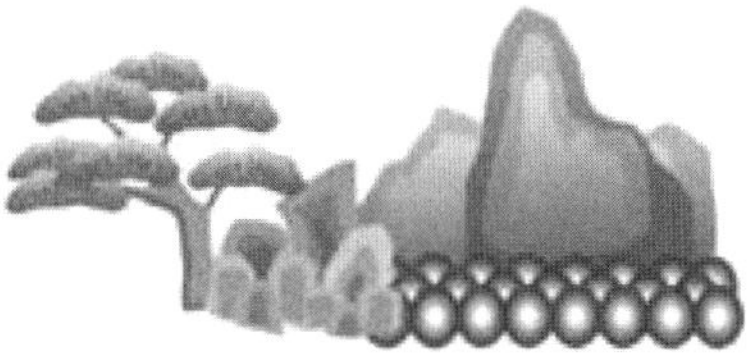

图 3-11-26　复制树冠

⑱ 选择“树冠”图层组和“树干”图层，选择“选择”|“图层编组”命令，为其编组并命名为“树木左”。选择“图层”|“复制组”命令，复制“树木左”图层组，并为其改名为“树木右”。选择“编辑”|“自由变换”命令，在变形框内右击，选择“水平翻转”命令，左右翻转整个复制出的树木图像，调整其位置。效果如图 3-11-28 所示。图层结构如图 3-11-29 所示。按 Enter 键执行变形结果。

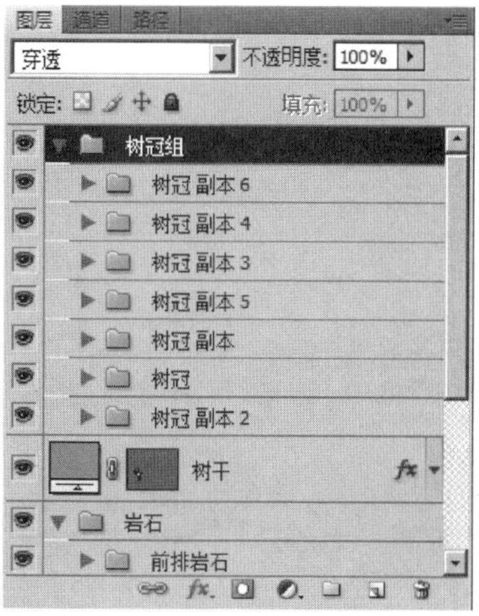

图 3-11-27　当前图层结构

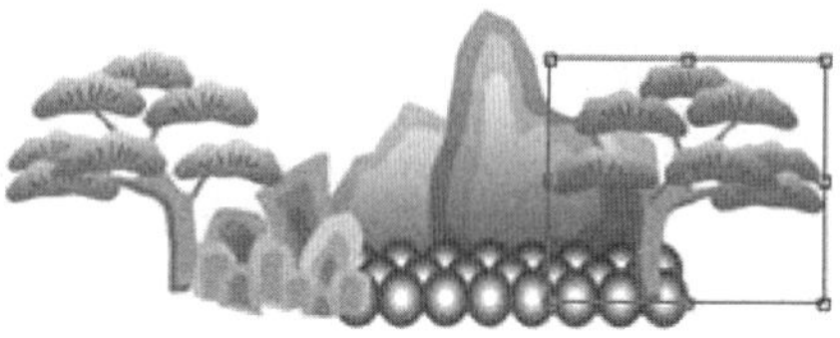

图 3-11-28　翻转整个复制出的树木

⑲ 使用钢笔工具，设置其绘制属性为“形状图层”模式，配合“添加到形状选区绘制模式”和“渐变叠加”图层样式效果，先后绘制出其他花草图像。效果如图 3-11-30 所示。调整后的图层顺序如图 3-11-31 所示。

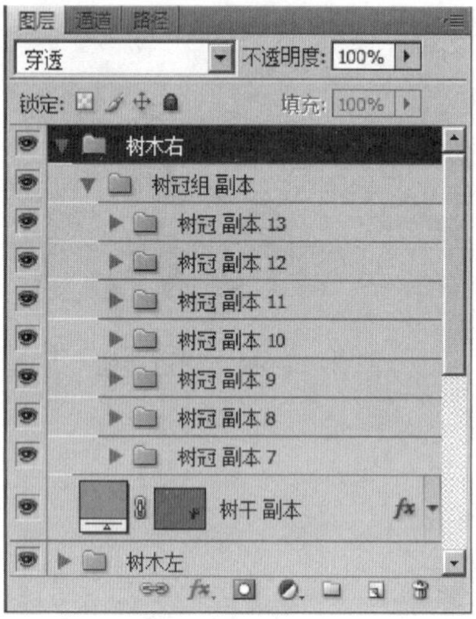

图 3-11-29　得到两棵树木后的图层结构

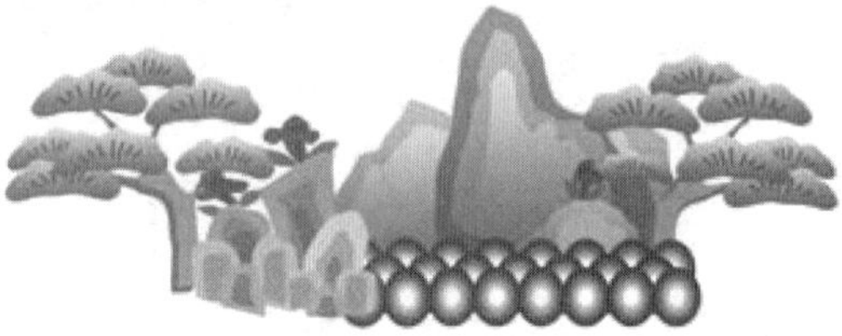

图 3-11-30　效果

⑳ 隐藏背景色。设置前景色为纯白色，使用钢笔工具，设置其绘制属性为“形状图层”模式，在此图层上绘制出白色卷浪的装饰图案，命名图层为“白色卷浪”，调整其到最顶层。效果如图 3-11-32 所示。

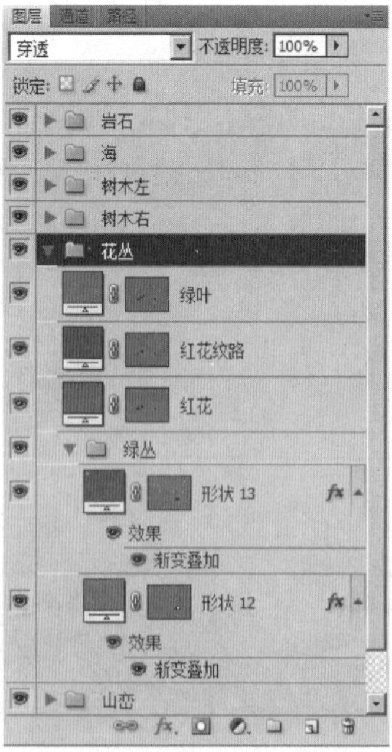

图 3-11-31 调整后的图层顺序

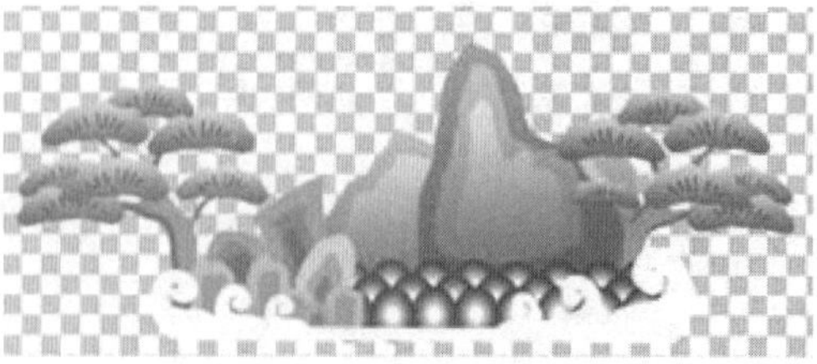

图 3-11-32　绘制“白色卷浪”图层

㉑ 使用钢笔工具，设置其绘制属性为“形状图层”模式，配合“添加到形状选区绘制模式”，绘制白云与瀑布的图形效果，命名图层为“瀑布与白云”。效果如图 3-11-33 所示，调整后的图层结构如图 3-11-34 所示。

图 3-11-33　绘制瀑布与白云的效果

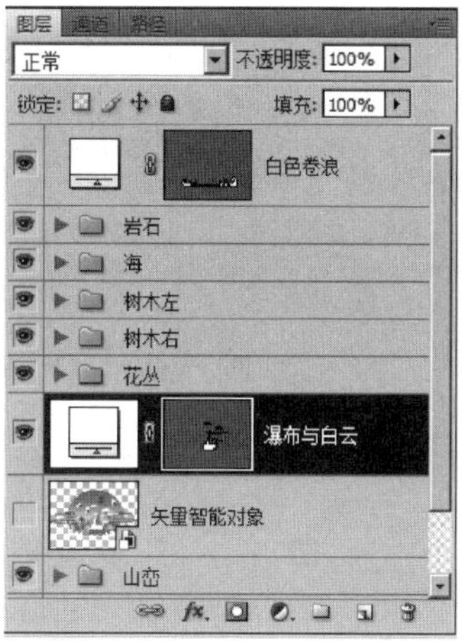

图 3-11-34　调整后的图层结构

㉒ 在背景图层之上新建“天空背景”图层，使用椭圆选框工具，按 Shift+Alt 键从中心拉出正圆选区，使用渐变工具，以“线性渐变”方式从上至下拉出渐变。渐变颜色设置如图 3-11-35 所示，按 Ctrl+D 键取消选区。类似方法制作出红色太阳图案，效果如图 3-11-36 所示。

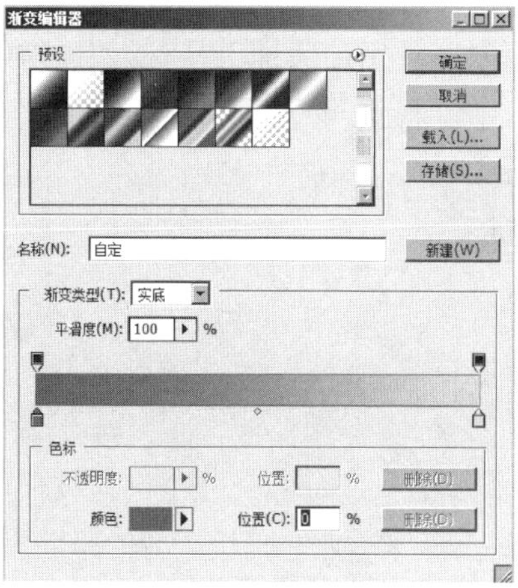

图 3-11-35　设置渐变色

图 3-11-36　添加天空背景效果

㉓ 选择“文件”|“打开”命令，载入多个仙鹤素材。选择“编辑”|“自由变换”命令对仙鹤素材进行缩放和定位。最终效果和图层结构如图 3-11-37、图 3-11-38 所示。

图 3-11-37　最终效果

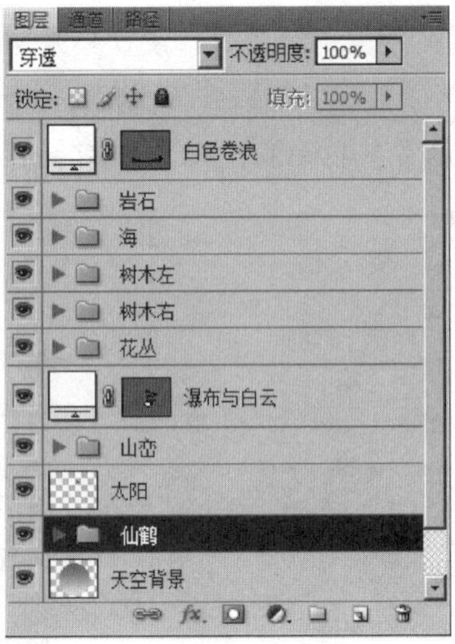

图 3-11-38　最终图层结构

㉔ 选择“文件”|“储存为”命令，把当前结果以 png 格式输出，作为备用素材。命名为“项目页面首页插图”。

3.11.2　合成项目首页界面

① 选择“文件”|“新建”命令（按 Ctrl+N 键）创建图像文件，具体参数设置如图 3-11-39 所示。

② 单击“图层”调板下端“创建新图层”按钮，创建新图层并命名为“背景颜色”。设置前景色为 R=252，G=238，B=171，使用油漆桶工具，用当前前景色填充“背景颜色”图层，如图 3-11-40 所示。

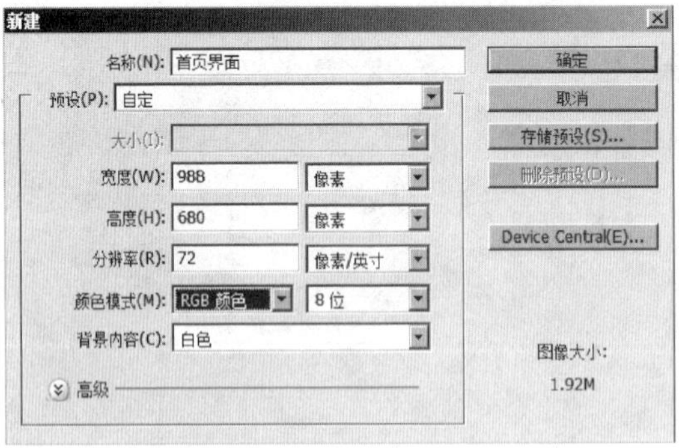

图 3-11-39　新建文件

图 3-11-40　填充背景层

③ 重复上面操作，单击“创建新图层”按钮，创建新图层并命名为“蒙版”。设置前景色为 R=204，G=166，B=100，使用油漆桶工具，用新的前景色填充“蒙版”图层，如图 3-11-41 所示。

④ 使用钢笔工具，在“蒙版”图层上绘制如图 3-11-42 所示路径。

⑤ 在“钢笔工具”状态下，右击，选择“建立选区”命令，在弹出的“建立选区”对话框中，设置羽化值为 1，单击“确定”按钮，建立不规则选区。选择“蒙版”图层，按 Delete 键，删除选区内内容。效果如图 3-11-43 所示。

图 3-11-41 填充“蒙版”图层

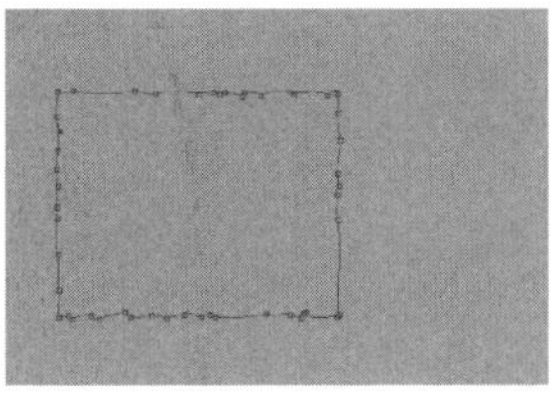

图 3-11-42 绘制不规则路径

⑥ 选择“文件”|“打开”命令，打开 3.2.8 节所完成的“项目页面首页插图”素材。配合移动工具，把此素材拖入到刚刚新建的“首页界面”文档中，并命名图层为“插图”。效果如图 3-11-44 所示。

图 3-11-43 填充“蒙版”图层

图 3-11-44 拖入插图素材

⑦ 调整图层顺序，并选择“编辑”|“自由变换”命令，对“插图”图层内容进行等比缩放和定位。效果如图 3-11-45 所示，图层结构如图 3-11-46 所示。

图 3-11-45 调整素材位置和大小

图 3-11-46 图层结构

⑧ 选择“泼墨 01”图层，选择“图层”|“创建剪贴蒙版”命令。使泼墨笔触只出现在背景部分，效果如图 3-11-47 所示。图层结构如图 3-11-48 所示。

⑨ 使用同样的方法，分别引入其他素材，注意通过设置“变亮”的图层混

合模式来加强墨迹笔触图层之间的通透感。调整后的效果如图 3-11-49 所示，图层结构如图 3-11-50 所示。

图 3-11-47　生成剪贴蒙版后的效果

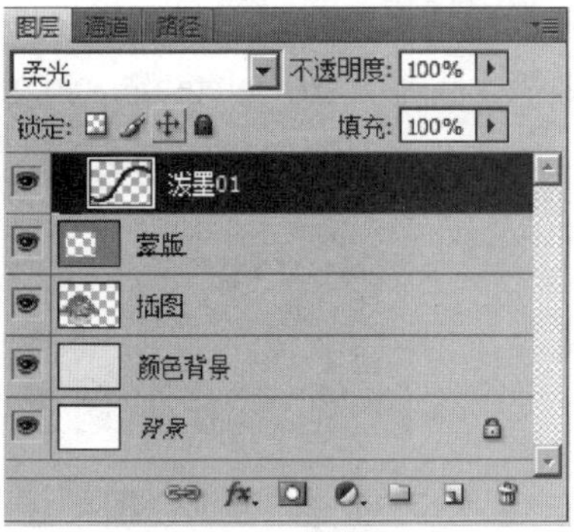

图 3-11-48　生成剪贴蒙版后的图层结构

图 3-11-49　引入其他素材后的效果

图 3-11-50　引入其他素材后的图层结构

⑩ 使用横排文字工具T，在文档中生成如图 3-11-51 所示的相应文字，配合移动工具摆放文字的位置。文字参数设置如图 3-11-52 所示。

图 3-11-51　生成文字后的效果

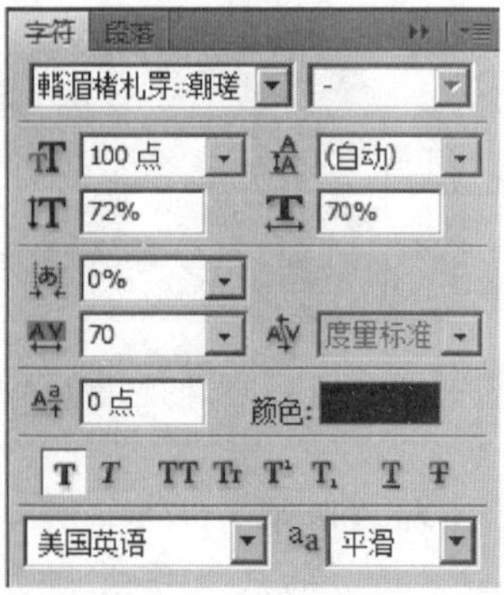

图 3-11-52　设置文字参数

⑪ 选择文字图层，单击图层下方的“添加图层样式”按钮，为文字图层添加图层样式。图层样式参数设置如图 3-11-53 所示，效果如图 3-11-54 所示。

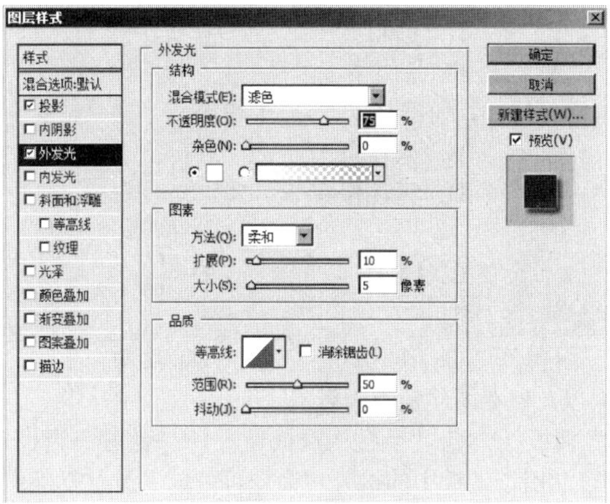

图 3-11-53　图层样式参数设置　　　　图 3-11-54　添加图层样式后的文字效果

⑫ 使用上述方法，依次导入“按钮”、“目录缩略图”等素材，选择“编辑” |“自由变换”命令并按 Shift 键，对导入的素材内容进行等比缩放和调整位置。注意配合选择“图层” |“图层编组”命令对众多的图层进行分组管理。最终效果如图 3-11-55 所示，最终图层结构如图 3-11-56 所示。

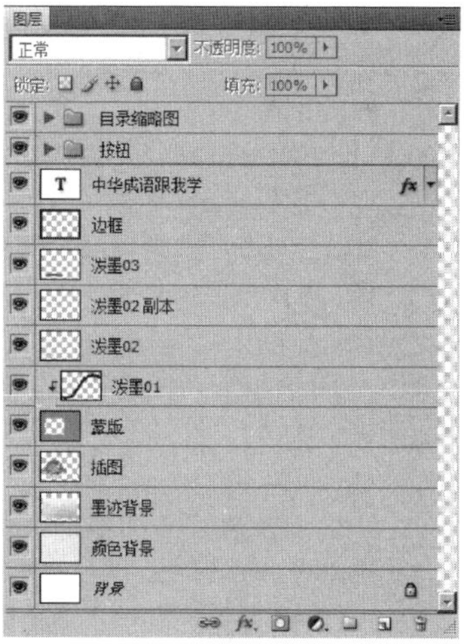

图 3-11-55　最终效果　　　　图 3-11-56　最后的图层结构

习题 3

一、单选题

1. Photoshop 默认文件格式后缀是（　　）（如 Word 默认的是 doc），此格式可以保留图像中的各个图层，有助于用户重新修改图像效果。

A．JPG　　B．GIF　　C．TIF　　D．PSD

2．RGB 颜色模式是一种（　　）。

A．屏幕显示模式　　B．色彩模式

C．印刷模式　　D．油墨模式

3．如果要将图像保存为数据量较少的文件格式，可选择（　　）命令。

A．保存　　B．保存为

C．存储为 Web 格式　　D．无法保存

4．以下属于选择工具的是（　　）。

A．　　B．　　C．　　D．

5．下面的工具中不能用于创建选区的是（　　）。

A．套索　　B．选框　　C．切片　　D．魔棒

6．（　　）用于记录图像的颜色数据以及保存图层蒙版内容。

A．“图层”调板　　B．“通道”调板　　C．“颜色”调板　　D．“路径”调板

7．Photoshop 系统中提供了（　　），利用该调板中的批处理命令可完成大量重复操作。

A．“图层”调板　　B．“历史”调板　　C．“动作”调板　　D．“通道”调板

8．下面不是 Photoshop 中提供的图层合并方式的是（　　）。

A．向上合并　　B．合并可见图层

C．拼合图层　　D．合并链接图层

9．下面图层可以将图像自动对齐和分布的是（　　）。

A．调节图层　　B．链接图层

C．填充图层　　D．背景图层

10．Photoshop 提供了很多种图层混合模式，下面混合模式可以在绘图工具中使用而不能在图层间使用的是（　　）。

A．溶解　　B．清除　　C．混合　　D．B 和 C

11．下列操作中能删除当前图层的是（　　）。

A．将此图层鼠标拖至垃圾桶图标上

B．在“图层”调板右边的弹出式菜单中选择“删除图层”命令

C．直接按 Delete 键

D．A 和 B

12．蒙版文件是一个（　　）图像。

A．灰度　　B．RGB

C．二色　　D．以上说法均不正确

13．（　　）模式无须使用“通道”调板，就可以将选区作为蒙版进行编辑，它可以将（　　）快速变成一个（　　），然后进行编辑，再转换为选区使用。

A．快速蒙版　　B．标准编辑　　C．选区　　D．蒙版

14．Alpha 通道最主要的用途是（　　）。

A．保存图像色彩信息　　B．保存图像未修改前的状态

C．用来存储和建立选择范围　　D．是为路径提供的通道

15．下面不是路径组成部分的是（　　）。

A．线段　　B．像素　　C．方向点　　D．节点

16．以下说法错误的是（　　）。

A．开放路径不能转化为封闭的选择区域

B．封闭路径可以转化为封闭的选择区域

C．封闭的选择区域可以转化为封闭路径

D．封闭的选择区域不能转化为封闭路径

17．若将曲线点转换为直线点，应采用的操作是（　　）。

A．使用选择工具单击曲线点　　B．使用钢笔工具单击曲线点

C．使用锚点转换工具单击曲线点　　D．使用铅笔工具单击曲线点

18．（　　）命令可提供最精确的色彩调整。

A．“色阶调整”　　B．“亮度/对比度”

C．“曲线调整”　　D．“色彩平衡”

19．（　　）命令用来调整色偏。

A．“色调均化”　　B．“阈值”

C．“色彩平衡”　　D．“亮度/对比度”

20．（　　）颜色模式可使用的内置滤镜最多。

A．RGB　　B．CMYK　　C．灰度　　D．位图

21．在使用滤镜过程中，为了使处理后的图像与原图像具有很好的融合效果，可在应用前先对其进行（　　）处理。

A．模糊　　B．涂抹　　C．羽化　　D．边缘加深或减淡

22．不能应用于 CMYK 和 Lab 模式的图像的滤镜组是（　　）。

A．“画笔描边”滤镜组　　B．“纹理”滤镜组

C．“艺术效果”滤镜组　　D．A、B、C 皆是

23．（　　）滤镜只对 RGB 图像起作用。

A．“马赛克”　　B．“光照效果”

C．“波纹”　　D．“浮雕效果”

二、填空题

1．数字化图像在计算机中有两种实现方法：__①__和__②__，在计算机里采用__③__来描绘其大小等特征。

2．Photoshop 的工作界面由__①__、__②__、__③__、__④__、__⑤__、__⑥__和__⑦__组成。

3．对于对比度较高的图像，使用_____工具可方便地跟踪要选择图像的轮廓。

4．在工具箱中，若某工具右下角带有______符号，表示此工具有隐藏工具。

5．魔棒工具用于选择__①__相近的图像区域，选项栏中的“容差”值__②__，选区选中颜色范围值越大。

6．要将所作的操作步骤存储下来，方便以后调用应创建________。

7．在 Photoshop 中可以还原多步操作的调板是________。

8．文字工具中的文字蒙版工具是设置文字形态的，不生成新图层，生成的文本图层一般都不是位图图像，而是__①__。为了应用滤镜和其他多种效果，就必须转换成__②__。

9．________是所有图像的基本图层，不能应用图层重叠顺序的移动、图层不透明度值的调节等各种图层效果。

10．如果要在文字图层、形状图层、矢量蒙版或智能对象等包含矢量数据的图层，以及填充图层上使用绘画工具或滤镜，应先将图层________，使图层中的内容转换为光栅图像，然后才能进行编辑。

11．Photoshop 提供的________功能将几个图层制作成图层文件夹，方便对多个图层进行管理。

12．__①__、__②__和__③__是蒙版的三大类型。

13．Photoshop 中包含 3 种类型的通道：__①__、__②__和__③__。

14．“路径”是 Photoshop 中一种用于进一步产生其他类型线条的线条，通常由一段或多段没有精度和大小之分的点、直线和__①__组成，是不包含任何像素的__②__图形。

15．在用 Photoshop 进行高分辨率操作时，通常不使用一般的选框工具，而是使用______来创建路径。

16．在 Photoshop 中，使用最多的图像调整方法就是对图像颜色的________的调节。

17．________命令是在使用 Photoshop 调整图像颜色时最常使用的菜单命令。

18．使用扫描仪扫描的图片或使用数码相机拍摄的照片，经常会出现图像清晰度下降的现象，此时利用________命令调整亮度和对比度，可以轻松提高图像清晰度。

19．滤镜的处理是以________为单位的，它的效果会因图像分辨率的不同而不同。

20．___①___模式和___②___模式不可以使用任何滤镜，要结束正在生成的滤镜效果，只需按___③___键即可。在滤镜设置窗口中对自己调节的效果感觉不满意，希望恢复调节前的参数，可按住___④___键，这时“取消”按钮会变为“复位”按钮。

三、问答题

1．什么是矢量图？什么是位图？两者的区别是什么？

2．Photoshop 支持哪些颜色模式？请分别说明其含义。

3．简述图像大小与画布大小的关系。

4．试述建立选区的方法及其技巧。

5．Photoshop 为用户提供了哪些浮动调板？

6．简述图层原理。在 Photoshop 中可以创建哪些类型的图层？

7．简述对图层混合模式的理解。

8．简述对快速蒙版和图层蒙版的理解。

9．简述通道在图像处理中的作用。

10．简述对路径的理解。

11．简述路径与选区间的转化。

12．Photoshop 中有哪些主要的色彩调节方式？试述其作用。

13．滤镜的功能是什么？使用滤镜时需要注意哪些规则？

四、操作题

1．熟悉 Photoshop 操作界面。

2．通过网络搜索，结合所学，练习 Photoshop 常用快捷键的操作。

3．熟悉 Photoshop 工具箱及选项栏。

4．打开一幅图像，给图层设置图层样式及混合模式。

5．利用 Alpha 通道建立选区。

6．利用钢笔工具绘制曲线。

7．熟悉选区与路径的互换操作。

8．运用各种图像颜色调整命令，对图像进行加工处理。

9．对图像尝试使用介绍的滤镜进行操作，比较效果。

五、实践题

1．利用渐变工具制作彩虹图像。

2．制作水中倒影。

3．利用“动作”调板快速调整一批图片的大小。

4．利用图层制作奥林匹克五环标志。

5．利用图层样式制作水滴效果。

6．利用通道制作透明字。

7．利用路径工具制作环形文字。

8．使用调整图像的方法将普通生活照制作成艺术照。

9．制作宝马图标效果。

10．制作围棋棋盘效果。

第 4 章
多媒体动画 Flash

学习指导

学习指导 4：
知识结构与学习方法指导

多媒体动画 Flash 是一种流媒体二维动画，它不仅可以通过文字、图片、视频、声音等综合手段展现动画意图，还可以通过强大的交互功能实现与观看者的互动，被广泛地应用到各个领域，如教育、商业、艺术等，已成为当前动画发展的主流。本章首先对动画特征、应用领域、Flash 工具进行介绍，接着概述使用 Flash 绘制和使用不同资源（图形、声音、文字等）、创作不同形式动画作品的方法和技巧，然后阐述综合实例 Flash MV 的相关知识与制作过程，最终达到能够设计与制作优美、实用多媒体动画的学习目标。

✧ 结构示意图

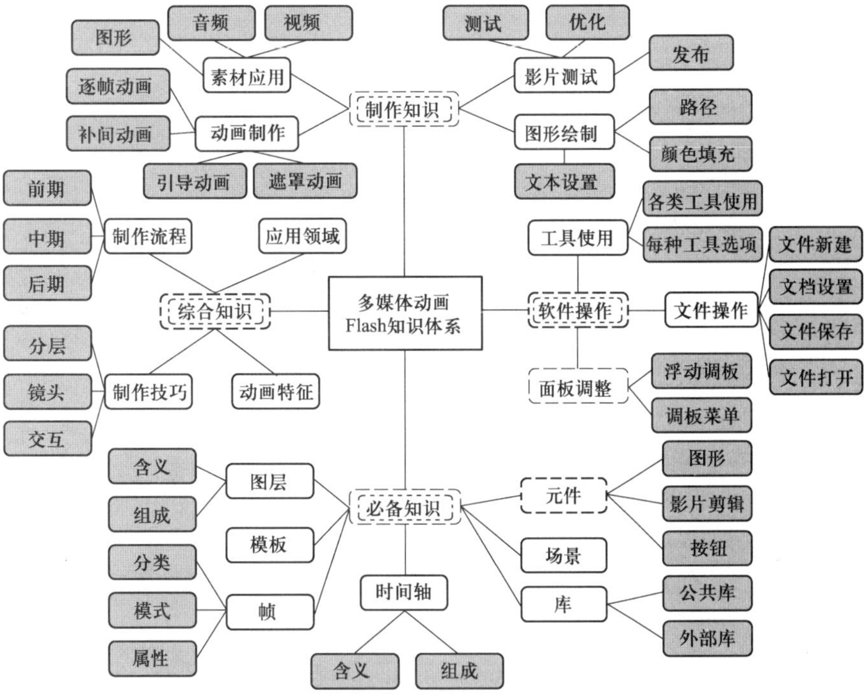

✧ 关键知识

要求读者掌握的关键知识主要包括：动画本质的理解、时间轴的概念、辅助工具的使用、图形和文本的设计与绘制、帧与图层的使用、外部素材的使用、三大类元件的制作与运用、不同类型元件实例的特征与使用、库的操作与使用、不同类型动画的制作与各自特点、简单控制语句的使用、场景的创建与使用、影片的测试与发布、综合实例的设计与开发等。

✧ 学习模式

在动画学习过程中，由于涉及众多重要概念，初学者应先从基本概念入手，掌握每个概念的含义和适用性，然后掌握常用工具的基本用法，接着利用已有的素材尝试制作出相关作品，最终达到能够分析和制作优美动画的学习目标。因此，读者应遵循“学”、“仿”、“做”为一体的学习模式。“学”：课堂学习，通过教师讲解，读者应该积极地学习重点概念及其含义，学习动画制作中所涉及的所有知识点；“仿”：课下模仿，在课堂学习结束后，读者应积极主动地模仿教师所提供的案例作品，将课堂中的知识进行巩固强化；“做”：项目制作，在熟练掌握动画知识和操作技能后，读者应积极主动地将其应用起来，主动制作作品参加比赛或将其应用到实际生活中，为自己将来就业开辟一条新途径。

教学课件 4-1：
Flash 基础知识

4.1 初识 Flash

1. Flash 动画简介

Flash 动画是一种以 Web 应用为主的二维动画形式，它不仅可以通过文字、图片、视频、声音等综合手段展现动画意图，还可以通过强大的交互功能实现与动画观看者的互动。

Flash 软件是目前非常流行的二维动画制作软件之一，它是矢量图编辑和动画制作的专业软件，能将矢量图、位图、音频、动画和交互等多种素材有机地、灵活地结合在一起，创建美观、新奇、交互性强的动画。

2. Flash 动画特征

Flash 动画之所以广泛流行，这和它本身的特点有很大关系。Flash 动画与其他动画相比较来说，有以下几方面的特点。

① 空间较少。这些矢量图像不受网络资源的制约，无论如何进行缩放均不失真。

② 交互性强。Flash 动画具有较强的交互优势，可以更好地满足用户需要。

用户可以通过单击、选择等动作来控制动画的运行过程和结果，这些是传统动画所无法比拟的。

③ 流式播放技术。Flash 动画采用流的形式进行播放。文档中前面的一部分内容下载之后，文件即可播放，同时后面的文档会继续下载并进入到播放队列。

④ 传播性强。Flash 动画由于文件小、传输速度快、播放采用流式技术的特点，所以可以放在网上供人欣赏和下载，具有较好的广泛传播性。

⑤ 轻便灵活。Flash 动画有崭新的视觉效果，比传统的动画更加轻便与灵巧，更加绚丽和“酷”。可以毫无疑问地说，Flash 动画已经成为一种新时代的艺术表现形式。

⑥ 人工少，成本低。相对于传统动画来说，使用 Flash 制作的动画能够大大地减少人力、物力方面的资源消耗。同时，在制作时间上也会大大缩短。

⑦ 适用范围广泛。使用 Flash 软件制作的动画适用范围极其广泛。它可以应用于网页制作、网络广告、小游戏、MTV、视频短片、多媒体课件等多个领域。

⑧ 表现形式多样。Flash 动画可包含文字、图片、声音、动画、音频、视频等多种媒体内容。

⑨ 作品发布形式多样。Flash 作品可以发布成为多种多样的格式，如 SWF、GIF、JPG、HTML、PNG、EXE 等。

⑩ 支持其他文件的导入。Flash 中可以导入 Photoshop、Illustrator、WAV、MP3 等文件。可以把 PSD 和 AI 的源文件方便地导入到 Flash 中，并对其进行编辑。

⑪ ActionScript 开发功能。使用新的 ActionScript 语言可以节省时间，该语言具备比较完整的程序语言构架、改进的性能、增强的灵活性和更加直观的结构等开发特点。

⑫ 跨媒体播放形式。在浏览器端安装一次插件，就可以快速启动并观看动画。现在的浏览器中还设置了对 Flash 流式动画的支持，同时，Flash 动画也可以在电视、电影中播映。

3. Flash 应用领域

拓展资源 4-1：Flash 发展前景

Flash 动画能够在浏览器中进行观看，随着 Internet 网络的不断推广，Flash 动画被应用到许多领域，如教育、艺术、商业等。它亦能够在独立的播放器中播放，越来越多的多媒体教学光盘和电子杂志也开始使用 Flash 制作。总的来说，主要的应用领域有下面几个方面。

（1）Flash 动画

Flash 动画有两个方向：娱乐短片和影视动画。其中娱乐短片指的是利用 Flash

制作动画短片供大家娱乐，是一个发展潜力很大的领域；影视动画指的是利用 Flash 制作动画使其能够在电视屏幕或电影银幕上进行播放，这样的短片制作需要有较强的美术功底和较丰富的专业知识。

（2）网页广告

现在任何一个商业网站，都存在一些动感时尚的 Flash 广告。根据调查资料显示，国外的很多企业都愿意采用 Flash 制作广告，因为它既可以在网络上发布，同时也可以存为视频格式在传统的电视台播放。一次制作，多平台发布，所以必将会得到更多企业的青睐。

（3）网页设计

为达到视觉冲击力，很多企业网站往往在进入主页前播放一段使用 Flash 制作的欢迎页（也称为引导页）。此外，很多网站的 Logo（站标，网站的标志）和导航条也使用 Flash 动画。有时也使用 Flash 制作交互功能较强的网站。使用 Flash 制作宣传网站也是目前一个流行趋势。

（4）多媒体教学课件

相对于其他软件制作的课件，Flash 课件具有体积小、表现力强的特点。在制作实验演示、算法演示、多媒体教学光盘时，Flash 动画得到大量的使用。

（5）游戏

使用 Flash 的动作脚本功能可以制作一些有趣的小游戏，如看图识字、贪吃蛇、棋牌类游戏等。因为 Flash 游戏具有体积小的优点，一些手机厂商已在手机中嵌入 Flash 游戏。国外一些大公司将网络广告和网络游戏结合起来，让观众参与其中，大大增强了广告效果。

（6）产品展示

由于 Flash 有强大交互功能，一些大公司如 Dell、三星等，都喜欢利用它来展示产品。可通过方向键选择产品，再控制观看产品功能、外观等，互动展示比传统展示方式更胜一筹。

（7）MTV

这也是一种应用比较广泛的形式。在一些 Flash 制作的网站，几乎每天都有新的 MTV 作品产生。在国内，用 Flash 制作 MTV 也开始有了商业应用。

（8）应用程序开发

由于任何支持 ActiveX 的程序设计系统都可使用 Flash 动画，所以越来越多的应用程序界面应用到了 Flash 动画，如金山词霸的安装界面等。

4. Flash 制作流程

一般来说，Flash 动画制作过程包括三部分：前期制作、中期制作和后期制作。前期制作包括策划、选材、素材准备、脚本、角色造型设计、场景设计和分镜头等；中期制作是将在前期做的种种准备付诸实施；Flash 动画制作完成后，要对它进行后期的收尾工作，包括添加音乐、审核修改、添加 Loading、重播按钮、版权声明、测试发布等。

4.2　Flash 基础

教学实验 4-1：Flash CS4 操作界面和面板操作

4.2.1　Flash 软件界面

启动 Flash CS4 后，即可在开始界面中选择文件的类型，进入 Flash CS4 的主界面。菜单放在窗口的顶部，时间轴放在编辑区的下方，工具箱放在最右边。这样的布局使工作区域更加整洁，为用户提供更大的发挥空间，方便用户操作。典型的 Flash CS4 主界面如图 4-2-1 所示。

图 4-2-1　Flash CS4 软件主界面

一般来说，在使用 Flash CS4 创建或编辑影片时，会涉及如下几个关键的区域：标题栏、菜单栏、工具箱、编辑区、时间轴等，下面分别进行介绍。

1. 标题栏

和其他 Windows 应用程序一样，Flash CS4 界面的标题栏用于显示应用程序的图标和名称。

2. 菜单栏

拓展资源 4-2：Flash CS4 菜单详细介绍

Flash CS4 的界面窗口也采用 Windows 的经典窗口模式，菜单栏位于标题栏的下方，由“文件”、“编辑”、“视图”、“插入”、“修改”、“文本”、“命令”、“控制”、“调试”、“窗口”和“帮助”等 11 个菜单组成。

3. 工具箱

一般情况下，工具箱位于主界面的右侧，呈长条状。工具箱被灰色的分隔线分为选区工具、绘图工具、视图调整工具、颜色修饰工具和选项设置工具 5 个部分。

工具箱中的工具并没有全部显示出来，有些工具在开始的时候被隐藏起来。如果工具图标的右下角带有◢标记，则表示该工具还包含其他工具。将光标放在工具图标的右下角◢标记上，按住左键不放，则可从弹出的工具列表中选择所需工具。

4. 编辑区

编辑区又称为“绘图编辑区”或“工作编辑区”，是 Flash 中编辑和绘制动画内容的地方，由编辑栏、舞台、工作区组成，如图 4-2-2 所示。

编辑区中间白色的区域为舞台，是最终发布影片的可视区域。舞台四周浅灰色的区域是工作区，编辑栏位于编辑区上方。如果打开了多个 Flash 文档，在编辑栏将以选项卡形式显示文档名称，单击文档名称右侧的“关闭”按钮关闭当前动画文档而不退出 Flash 编辑环境。

状态栏位于编辑栏的下端。用来显示动画的场景编辑状态和元件编辑状态。

在“显示比例”文本框中输入数值改变舞台中对象的显示比例。单击文本框右侧的下拉按钮，弹出如图 4-2-3 所示的下拉列表，通过列表中的选项亦能够对舞台中对象显示比例进行修改。

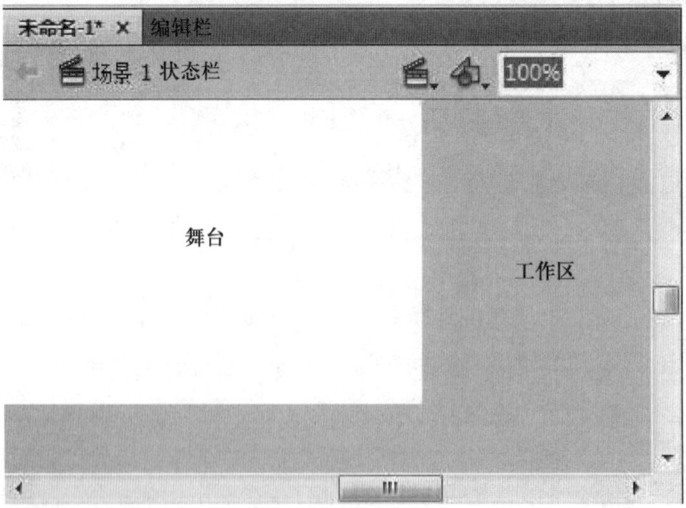

图 4-2-2 编辑区

图 4-2-3 显示比例

5. 时间轴

时间轴面板在整个窗口的最下方，主要用于创建动画，控制动画播放等操作，显示影片长度、帧内容及影片结构信息。整个时间轴分为左、右两大部分，左侧为图层区；右侧为时间线控制区，由播放头、帧、时间轴标尺及状态栏组成，如图 4-2-4 所示。通过该窗口，用户可以进行不同类型的动画创建，设置图层属性，为影片添加声音等操作，是 Flash 中进行动画编辑的基础。

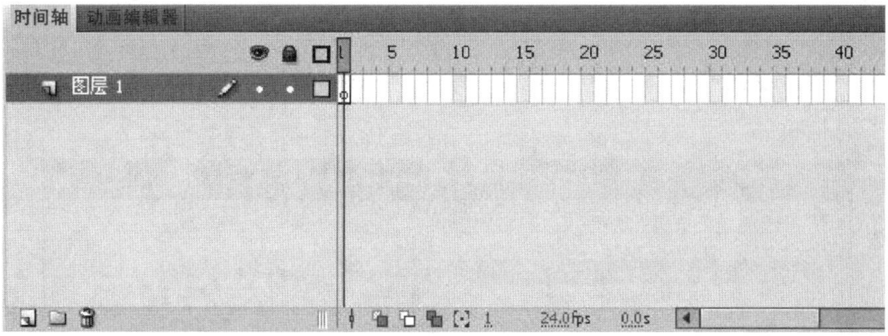

图 4-2-4　时间轴

4.2.2　新建 Flash 文件

在 Flash CS4 中，可以通过多种方法来创建文档，一般使用开始页面、新建命令、模板 3 种方法，下面分别进行介绍。

1. 使用开始页面创建文档

在启动 Flash 软件时，首先打开如图 4-2-5 所示的开始页面。

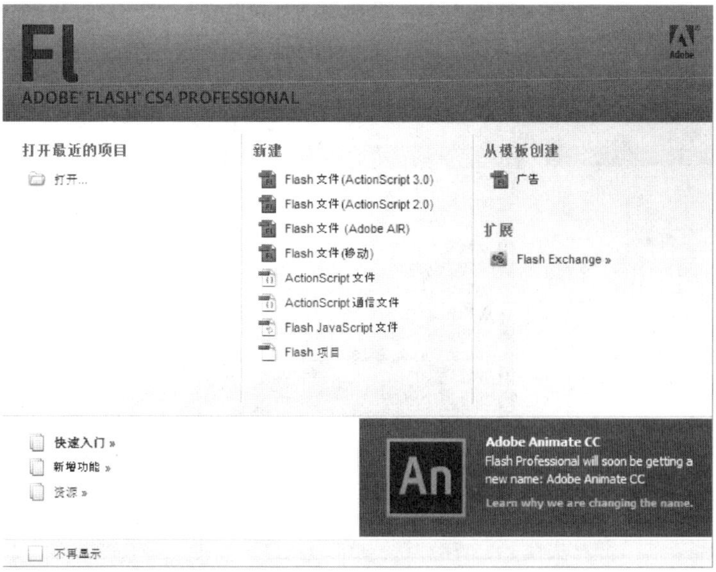

图 4-2-5　开始页面

在“新建”区域，选择某个选项创建和该选项相关的文档。如选择“Flash 文件（ActionScript 3.0）”选项，即创建支持脚本语言 ActionScript 3.0 的文档。

2. 使用新建命令创建文档

在 Flash CS4 的工作界面中，选择“文件”|“新建”命令（快捷键为 Ctrl+N），弹出如图 4-2-6 所示的“新建文档”对话框。

3. 使用模板创建新文档

选择图 4-2-6 中的“模板”选项卡，对话框变成如图 4-2-7 所示的“从模板新建”对话框。

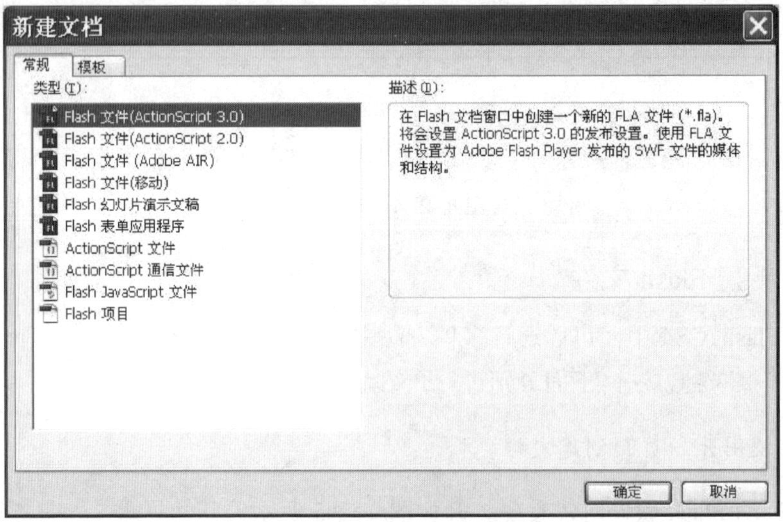

图 4-2-6 “新建文档”对话框

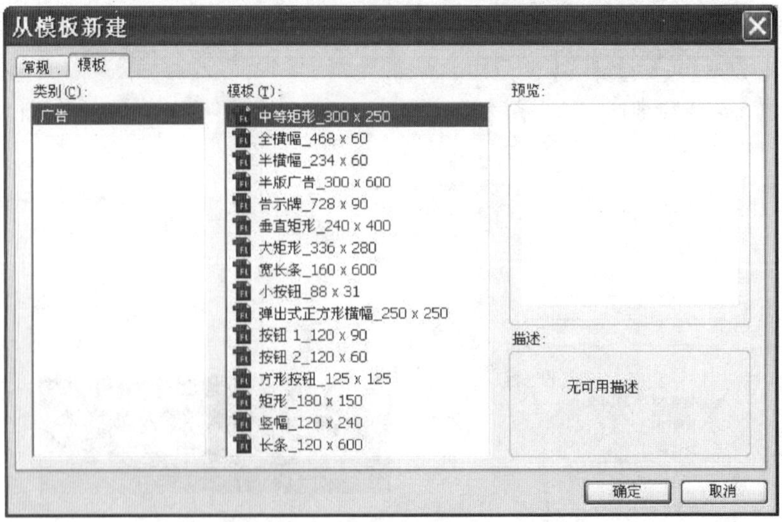

图 4-2-7 “从模板新建”对话框

在 Flash CS4 中，其默认类别为广告，再从“模板”列表框中选择一个模板，单击“确定”按钮新建一个基于此模板的文档。

4.2.3　文档的设置

屏幕中间的大块白色矩形称为“舞台”，与现实生活中剧院的舞台一样，是播放影片时观众所观看的区域。同样，和现实中的舞台一样，用户可以根据需要对舞台和舞台中的元素进行设置。

1. 舞台属性的设置

在 Flash CS4 中，如选中舞台某个对象，则在“属性”面板中将显示该对象的相关属性。选中舞台后，在“属性”面板中显示其属性信息，如图 4-2-8 所示。

在“属性”面板底部，可以看到默认情况下舞台的尺寸被设置为 550×400 像素。单击“编辑”按钮，将弹出“文档属性”对话框，如图 4-2-9 所示。在“宽”和“高”文本框中，输入新的像素尺寸，单击“背景颜色”按钮，为舞台选择一种新颜色，单击“确定”按钮可完成舞台的属性设置。通过下面的方法亦能够实现对舞台信息的相关设置。

① 通过在“属性”面板中单击“舞台”按钮来更改“舞台”的颜色。

② 通过选择“修改”|“文档”命令打开“文档属性”对话框。

③ 直接按 Ctrl+J 键亦可打开“文档属性”对话框。

图 4-2-8　舞台属性

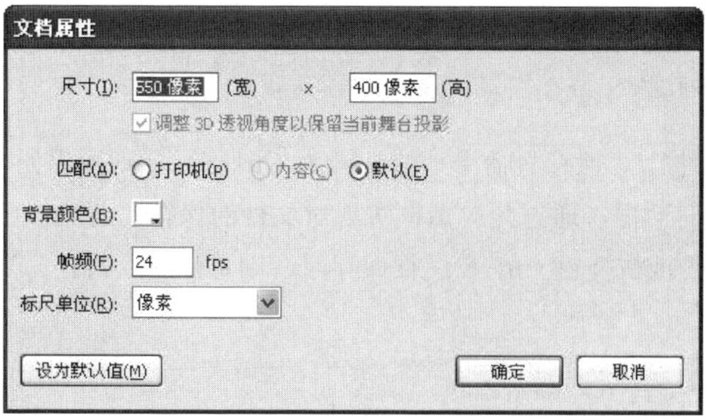

图 4-2-9　“文档属性”对话框

2. 舞台显示比率

为了编辑的需要，需对舞台的显示比率进行缩放，缩放比率的范围取决于显示器分辨率和文档大小。舞台最小缩小比率为 8%，最大放大率为 2 000%。100% 显示是系统默认的舞台显示状态，最能真实反映动画的显示效果。对舞台显示比率的缩放一般通过下面两种方法来完成。

① 选择“视图” | “缩放比率”命令可以实现对舞台的缩放，如图 4-2-10 所示。

② 从舞台上方的下拉式菜单中选择不同的缩放比率，如图 4-2-11 所示。

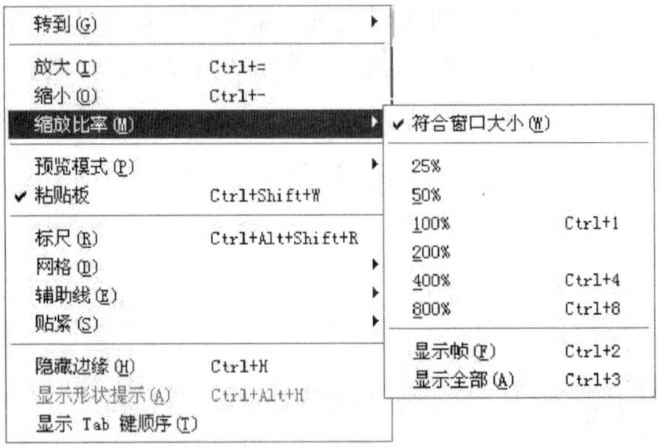

图 4-2-10 “缩放比率”命令

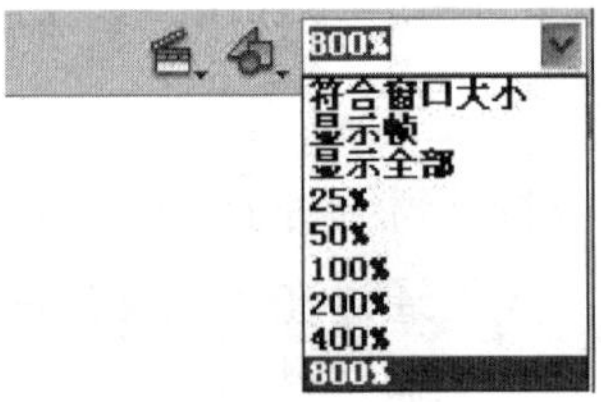

图 4-2-11 不同缩放比率

也可通过下面几种方法来改变舞台的显示比率。

① 选择“视图” | “放大”命令，或按命令后面的快捷键，来放大显示比例。

② 选择“视图” | “缩小”命令，或按命令后面的快捷键，来缩小显示比例。

4.2.4 文件保存

在对 Flash 文档进行编辑的过程中或编辑之后，要对 Flash 文档进行保存，以免正在操作的信息丢失并便于以后使用。在 Flash CS4 中，提供了多种保存文档的方法，下面分别进行介绍。

1. 利用“保存”命令

选择“文件” | “保存”命令（快捷键为 Ctrl+S），则弹出如图 4-2-12 所示的“另存为”对话框，通过此对话框实现对文件的保存。若文档已经保存过，使用“保存”命令或快捷键 Ctrl+S 进行保存时，则不弹出“另存为”对话框且文档自动保存。

2. 利用“另存为”命令

如果需要将当前 Flash 文档存储为其他格式，更改原文档部分信息且保留原

文档等操作，可以选择“文件”|“另存为”命令（快捷键为 Ctrl+Shift+S），弹出如图 4-2-12 所示的“另存为”对话框，设置相关内容后，单击“保存”按钮即可。

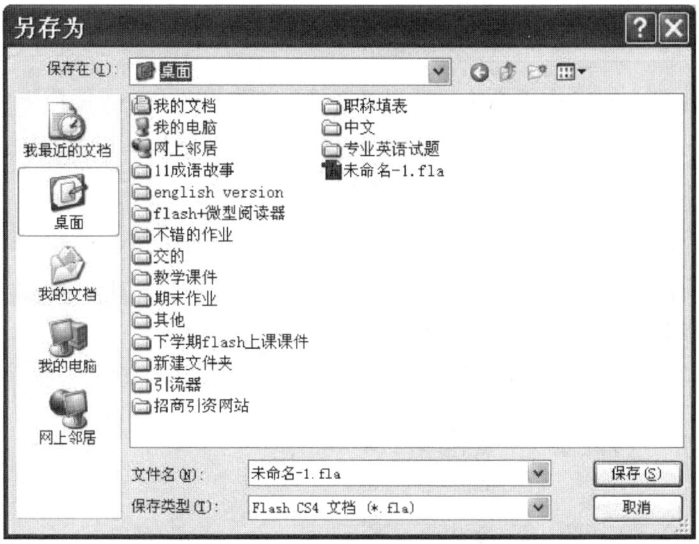

图 4-2-12　“另存为”对话框

3. 利用“保存并压缩”命令

如果想把 Flash 文档进行保存的同时也实现对其压缩，则可以选择“文件”|“保存并压缩”命令，此命令在保存文档的同时对文档进行压缩，使得文档的体积变小。

4. 利用“另存为模板”命令

“另存为模板”命令一般用来将其设置的文档保存为模板，以供将来使用。此命令不用来保存文档内容，仅仅保存文档的相关设置。在设置好文档的相关属性之后，选择“文件”|“另存为模板”命令，弹出如图 4-2-13 所示的“另存为模板”对话框。

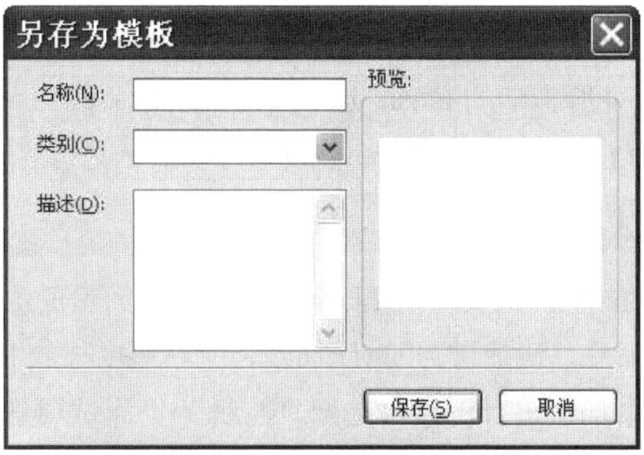

图 4-2-13　“另存为模板”对话框

4.2.5 文件打开

对文档进行信息添加和修改是最基本操作，打开文档的方法也有多种。

1. 使用打开命令打开文档

在 Flash CS4 的工作界面中，选择“文件”|“打开”命令（快捷键为 Ctrl+O），弹出如图 4-2-14 所示的“打开”对话框。在“查找范围”下拉列表框中指定要打开文件的存储路径，在对话框中选择所需打开的文档，然后单击“打开”按钮或直接双击文档即可将其打开。

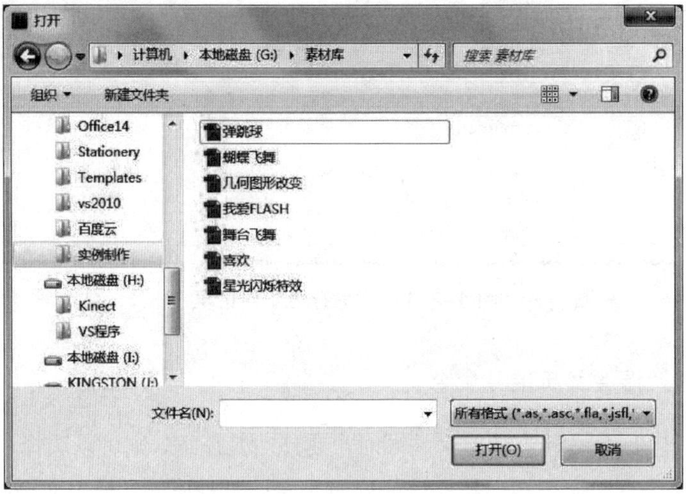

图 4-2-14 “打开”对话框

2. 通过打开最近的项目打开文档

选择“文件”|“打开最近的文档”命令，在其下级菜单中选择需要打开的文档即可。

一般来说，用户也可以通过下面两种方法打开 Flash CS4 的文档。

① 如果已经打开 Flash CS4 软件，选择一个 Flash 文件后，直接将其拖动到 Flash 窗口，可以打开所拖动的 Flash 文件。

② 在没有启动 Flash CS4 软件时，选择一个 Flash 文档后，双击此文档即可。

4.2.6 影片的测试

在完成 Flash 动画后，需要查看 Flash 动画效果。简单的测试方法是选择“控制”|“测试影片”命令，快捷键为 Ctrl+Enter，能够顺序播放 Flash 动画中的所有场景。若需要对单个场景进行测试，选择“控制”|“测试场景”命令，快捷键为 Ctrl+Alt+Enter，能够对当前场景的相关信息进行测试。关于影片测试的其他信息，

在后面章节将做详细介绍。

4.2.7　实例制作：我爱 Flash

教学实例 4-1：我爱 Flash

以“我爱 Flash”为例，介绍 Flash 软件的使用方法和整个 Flash 文件的制作流程。

① 新建 Flash 文件。设置文档相关属性，本实例中所设置属性如图 4-2-15 所示。

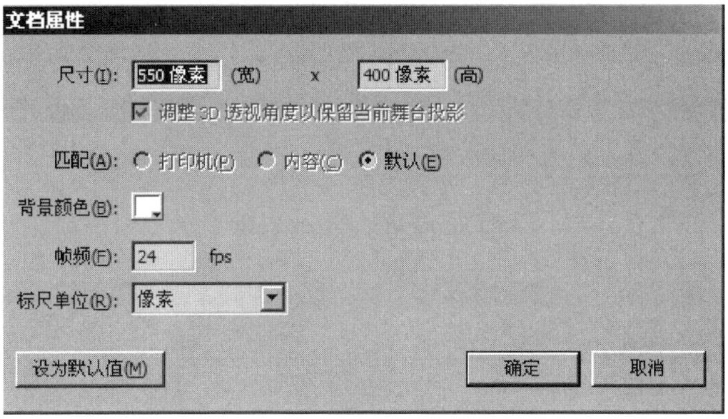

图 4-2-15　“文档属性”对话框

② 在工具箱中，选择文本工具（快捷键为 T），打开“属性”面板，设置字符的大小、颜色、字体，设置具体内容如图 4-2-16 所示。

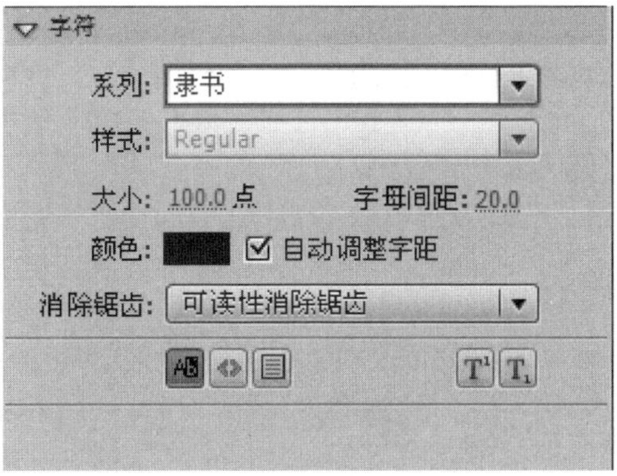

图 4-2-16　字符属性

③ 返回舞台，在时间轴的第 1 帧所对应的舞台上写上文字“我”。同时按 Ctrl+B 键打散（分离）文字，如图 4-2-17 所示。

④ 在时间轴的第 25 帧上按 F7 键插入空白关键帧。在该帧所对应的舞台上写上文字“爱”，同时按 Ctrl+B 键打散（分离）文字，如图 4-2-18 所示。

⑤ 在时间轴的第 55 帧上按 F7 键插入空白关键帧。在该帧所对应的舞台上

写上文字“Flash”，连续两次按 Ctrl+B 键打散（分离）文字，如图 4-2-19 所示。

图 4-2-17 “我”效果

图 4-2-18 “爱”效果

图 4-2-19 “Flash”效果

⑥ 选中第 1 到 55 帧，如图 4-2-20 所示。右击，在弹出的快捷菜单中选择“创建补间形状”命令完成动画，时间轴如图 4-2-21 所示。

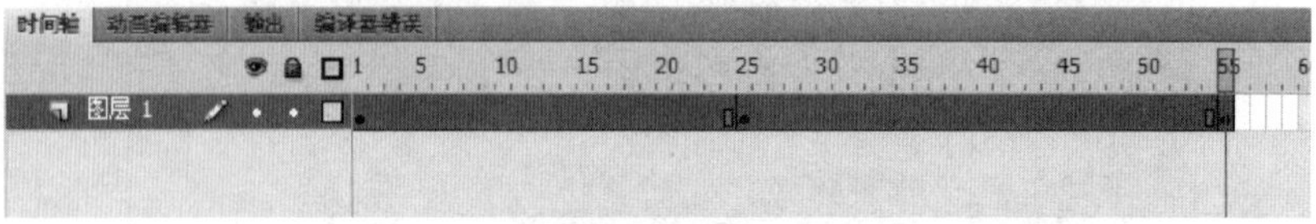

图 4-2-20 选中帧效果

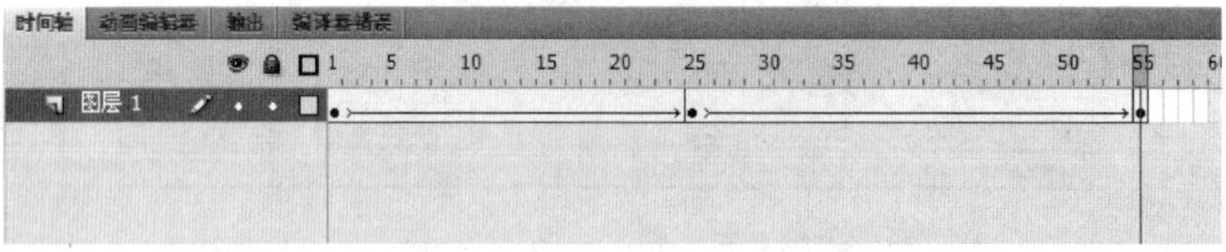

图 4-2-21 时间轴信息

⑦ 选择“文件”|“保存”命令或者单击工具栏中的“保存”按钮，设置保存路径，将当前文件保存为“我爱 Flash.fla”，如图 4-2-22 所示。

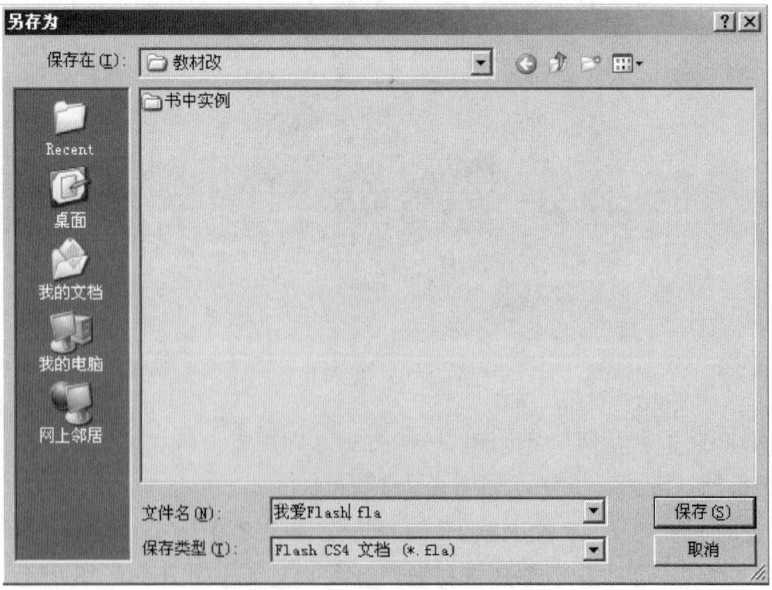

图 4-2-22 “另存为”对话框

⑧ 选择“控制”|“测试影片”命令（快捷键为 Ctrl+Enter），在 Flash 播放器中预览效果，如图 4-2-23 所示。

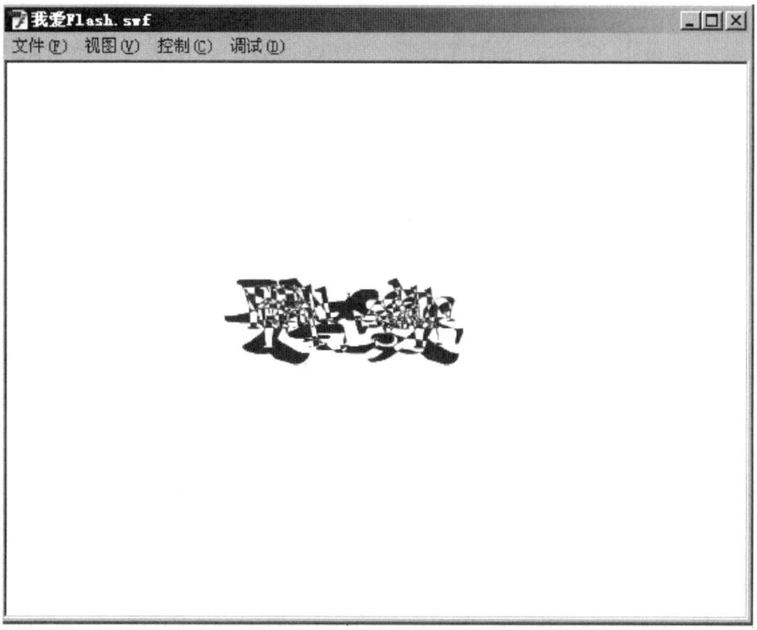

图 4-2-23　最终效果

⑨ 分析所预览的效果，调整直到满意为止。

实例小结：通过本例，读者可以掌握使用 Flash 制作动画的步骤，同时体会到应用 Flash 多媒体动画工具制作动画是一件十分有趣的事情。

4.3　Flash 领域的必备知识

4.3.1　时间轴

使用动画编辑工具的读者会发现，在每类动画编辑工具中，均存在一个时间轴，为什么要使用时间轴呢？这不得不从动画的本质说起。什么是动画呢？讲几个小故事吧。

故事 1：记得有段时间对绘画特别感兴趣，每天画上几张。忽然有一天，自己在一叠纸上按顺序画了小鸡跳的动作之后，偶然翻动那叠纸，发现小鸡似乎真的跳了起来。再次翻动，发现自己翻得快就能看到小鸡跳，翻得慢的时候看到的是一张一张的静止画面。

故事 2：当连续对一个人物拍下动作，在计算机上快速浏览照片的时候，会感觉到这个人物像真的在运动一样，感觉像是自己拍了一小段电影。

为什么会看到人物好像真的动起来了呢？其实这种有趣的现象是源于人们的视觉特征，这就是动画的本质。明白了动画形成的原因，就能够很好地理解时间轴的作用。在设定了一定的帧频之后，时间轴按照帧频设定的速度向前滑动，从而将每一帧的舞台信息显示在屏幕上。

4.3.2 图层

动画是由图形按照一定的顺序播放而形成的，图层是用来管理这些图形和图像的。图层是时间轴的一部分，采用综合透视原理，用户可以在不同的图层中放置对象，这样对象在编辑或动画制作的时候就不会相互影响，而且所有的图层在时间轴上都是默认从第一帧开始播放的。

1. 图层的概念

图层是一个图案要素的载体。一般来说，各个图层的内容相互联系表示一个主题。图层给用户提供了一个相对独立的创作空间，用户可利用图层很清楚地将不同的图形和素材分类，从而在编辑或修改时对修改部分与非修改部分进行分离。因此图层在 Flash 中起着相当重要的作用。

2. 创建图层和图层文件夹

在新建一个 Flash 文件之后，会发现在“时间轴”面板的左侧会自动产生一个“图层 1”图层，如图 4-3-1 所示。在图层的左下侧是图层控制按钮，包括“新建图层”、“新建图层文件夹”和“删除图层”等按钮，图层的右上角是“显示/隐藏”图层、“锁定图层”按钮，如图 4-3-2 所示。

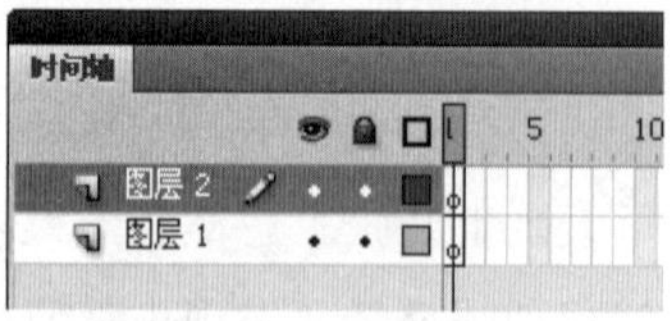

图 4-3-1 默认图层

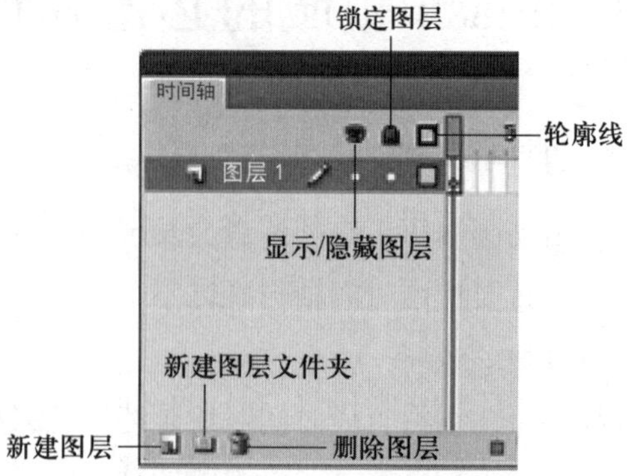

图 4-3-2 图层控制按钮

当新建 Flash 文件后，可单击“新建图层”按钮新建图层。新建图层自动以“图层 2”命名。实际上，每次新建图层时均以“图层+数字”命名，且新建图层会自动出现在当前选定图层上方。

当单击“新建图层文件夹”按钮时，会在“图层”面板生成一个名称为“文件夹 1”的文件夹。将同一类图层放在一个图层文件夹中，方便对图层管理。如创建背景的图层文件夹，设置好之后，将不变的背景放进去，如图 4-3-3 所示。和图层命名规则一样，也可以为图层文件夹命名。

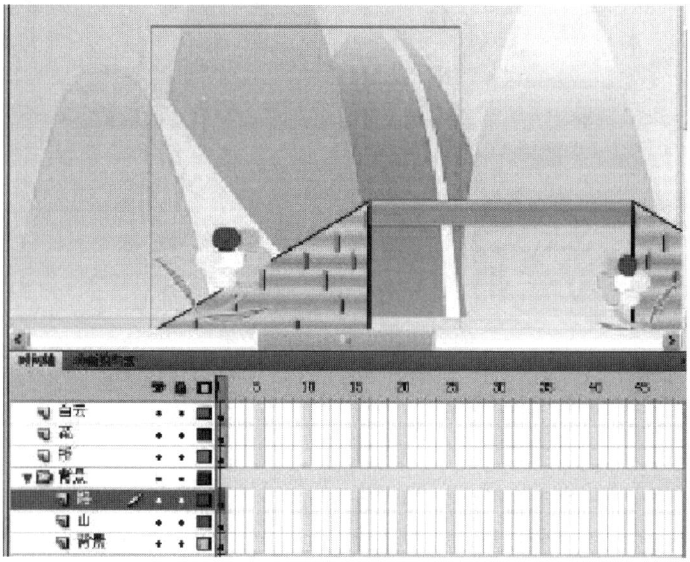

图 4-3-3　图层和图层文件夹

提示：选中要放入文件夹的图层，直接拖入到文件夹的位置，松开鼠标可将选中的图层放入文件夹中，进入文件夹的图层的名称比原来的位置会缩进一点。

3. 图层的命名

为图层命名的方法很简单，直接双击要命名的图层名称，如图 4-3-4 所示。名称区域处于可编辑状态，重新输入新名称，如图 4-3-5 所示。这时候“图层 1”图层就被命名为“背景”图层。

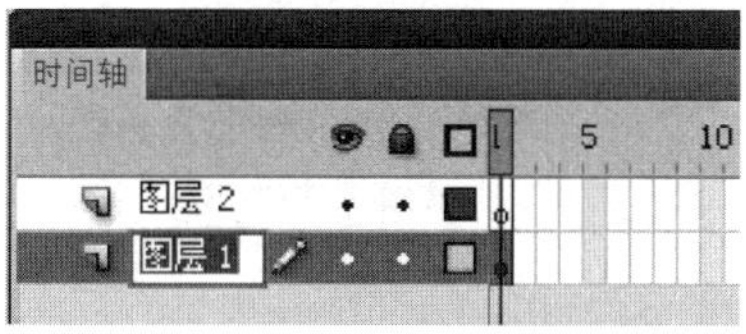

图 4-3-4　默认的图层名字

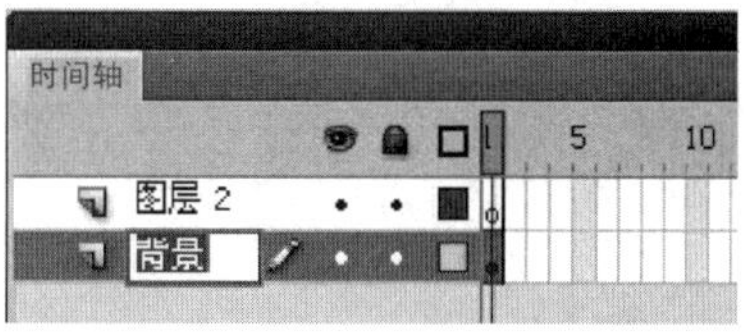

图 4-3-5　更改后的图层名字

4. 移动图层

为了得到满意的动画或背景效果，有时候需要对图层的位置进行移动。如可以将“花”与“桥”这两个图层的位置进行交换（通过移动图层完成），效果如图 4-3-6 所示。图层移动之后，整个场景就发生了改变，原因是在上面图层的信息会遮住下面图层的信息。

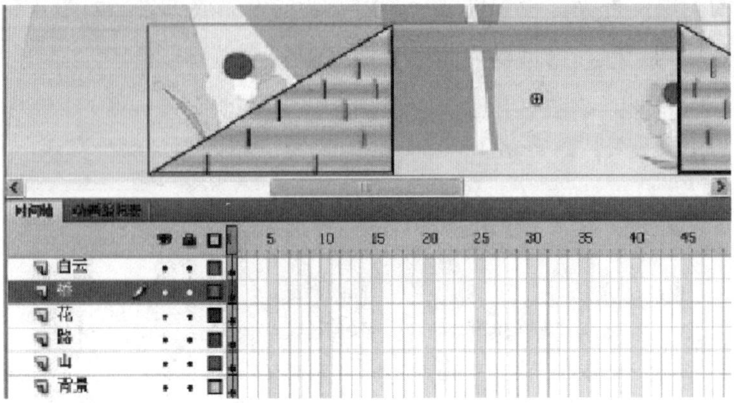

图 4-3-6　移动图层效果

5. 选择图层

为了对图层进行编辑、删除等操作，必须要先选择图层，被选中的图层标记为蓝色。选择连续图层的方法为：按住 Shift 键的同时在另外一个图层上单击，即可选择多个连续的图层。若在图 4-3-6 的状态下按住 Shift 键的同时在“背景”图层上单击，得到的效果如图 4-3-7 所示。选中不连续的图层的方法为：按住 Ctrl 键的同时在另外图层上单击，即可选择多个不连续的图层。若在图 4-3-6 中所示的状态下，按住 Ctrl 键的同时分别在“背景”、“路”图层上单击，得到的效果如图 4-3-8 所示。

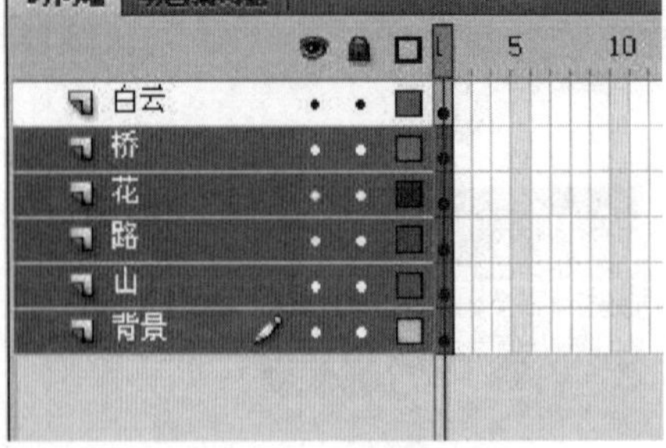

图 4-3-7　选中连续图层

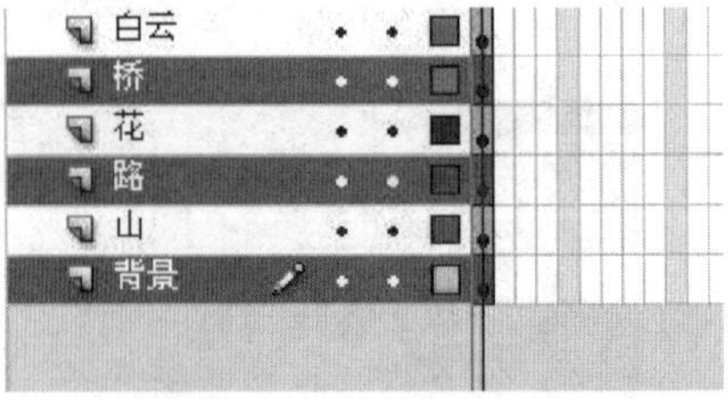

图 4-3-8　选中不连续图层

6. 删除图层

对于不再需要的图层，用户选中之后可以对其进行删除。在 Flash CS4 中删除图层的方法有拖动删除、利用按钮删除和利用右键菜单删除 3 种。下面给出详细介绍。

① 选取要删除的图层，然后单击“删除图层”按钮。

② 选取要删除的图层，然后按住鼠标左键不放，将其拖动到“删除图层”按钮上。

③ 选取要删除的图层，然后右击，在弹出的快捷菜单中选择“删除图层”命令。

7. 锁定和解锁图层

在编辑某个图层中的对象时，希望其他图层中的对象正常显示在编辑区中且不希望被修改，可以将其图层锁定。若要编辑锁定图层则要对图层解锁。在“锁定图层”图标下面均有·图标，如图 4-3-9 所示。锁定与解锁图层的方法如下：单击“锁定图层”图标正下方要锁定的图层上的·图标，当·图标变为图标时，表示该图层已被锁定，如图 4-3-10 所示，对应的“白云”图层中的白云将不能被编辑，再次单击图标即可解锁。

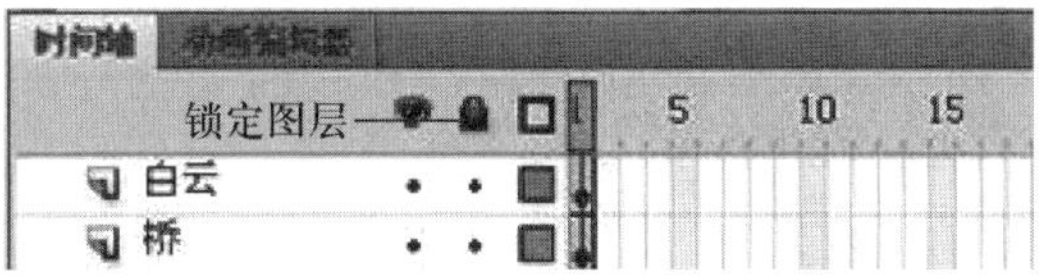

图 4-3-9　“锁定图层”图标

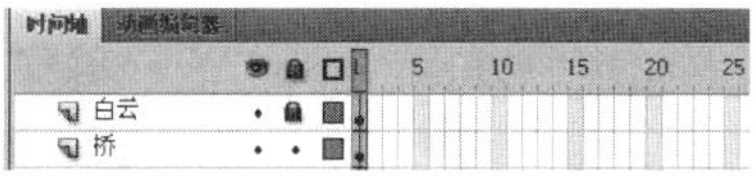

图 4-3-10　锁定图层效果

8. 显示/隐藏图层

在编辑某个对象时为了防止其他图层的影响，可通过隐藏图层将其他图层信息进行隐藏。处于隐藏状态的图层不能进行编辑且此图层对应舞台中的信息不可见。在“显示/隐藏图层”图标下面均有·图标，如图 4-3-11 所示。隐藏图层的方法如下：单击图层区的按钮下方要隐藏图层上的 • 图标，当·图标变为 ✕ 图标时该图层就处于隐藏状态，如图 4-3-12 所示。并且当选取该图层时，图层上出现图标表示不可编辑。再次单击 • 图标则该图层将处于显示状态。

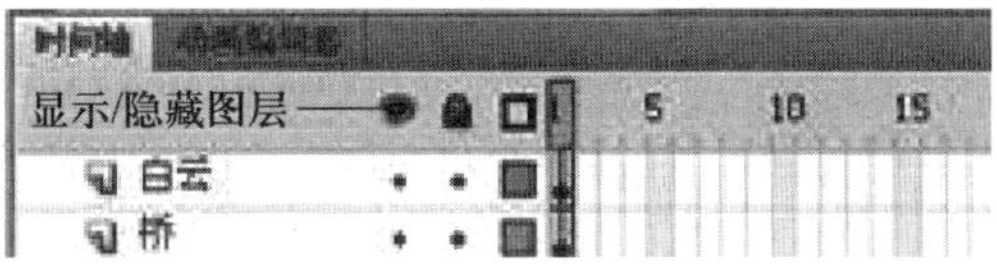

图 4-3-11　“显示/隐藏图层”图标

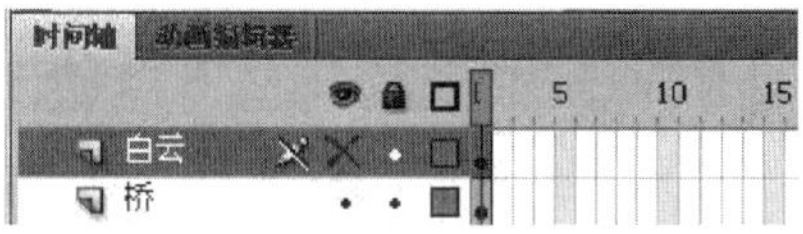

图 4-3-12　隐藏图层效果

9. 显示轮廓线

为了看清楚图像是不是一个完整的封闭区域，可将图层设定为轮廓线模式，处于轮廓线状态的图层可以进行编辑。在"轮廓线"图标下面均有□图标，如图 4-3-13 所示。像设置图层"显示/隐藏"一样，可以设定某个图层显示为轮廓线形式。当"轮廓线"图标变为空心时，该图层就处于轮廓线显示状态，如图 4-3-14 所示。再次单击"轮廓线"图标，则该图层将处于填充显示状态，如图 4-3-13 所示。

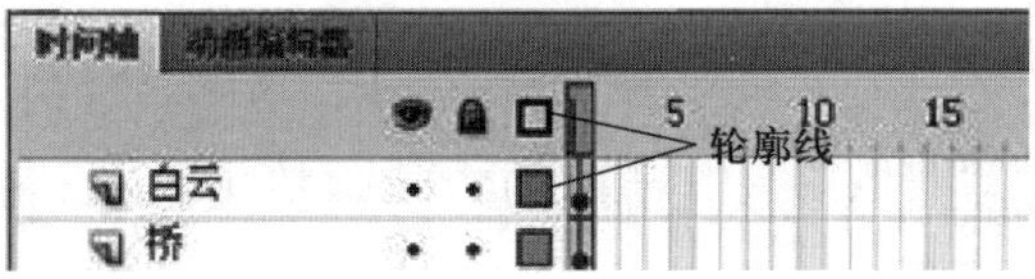

图 4-3-13 "轮廓线"图标　　　　图 4-3-14 显示轮廓线效果

如果单击的是"时间轴"面板中的 👁 图标、🔒 图标、□图标，则同时控制所有图层。如单击时间轴上的□图标，所有图层将处于轮廓线显示状态，如图 4-3-15 所示。用户可以根据需要对轮廓颜色进行编辑。双击图层中的小方块标识，将弹出"图层属性"对话框，如图 4-3-16 所示。单击"轮廓颜色"选项的黑色三角按钮，弹出"颜色"面板，选择特定颜色即可。

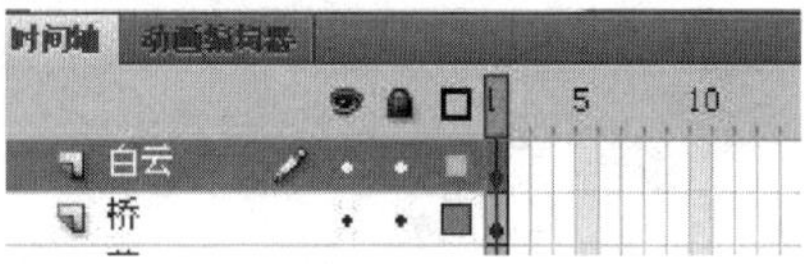

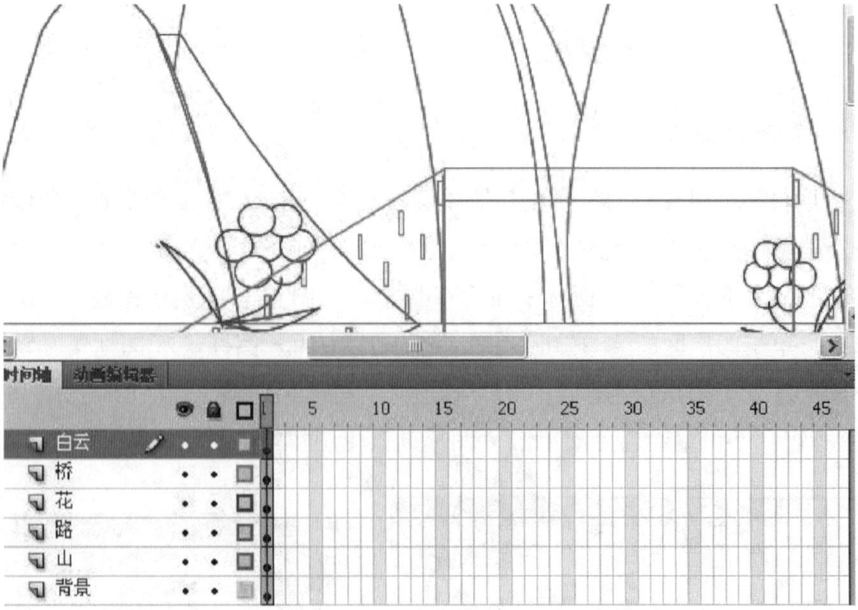

图 4-3-15 显示轮廓线图形效果

10. 图层的分类

在 Flash CS4 中，图层根据其作用分为五大类。通过图 4-3-16 的图层类型可以看出，分别是一般、遮罩层、被遮罩、文件夹、引导层。本节重点所讲解的是一般图层，后面 4 类图层在做引导动画和遮罩动画时才用到，这部分知识在基本动画制作部分做详细介绍。

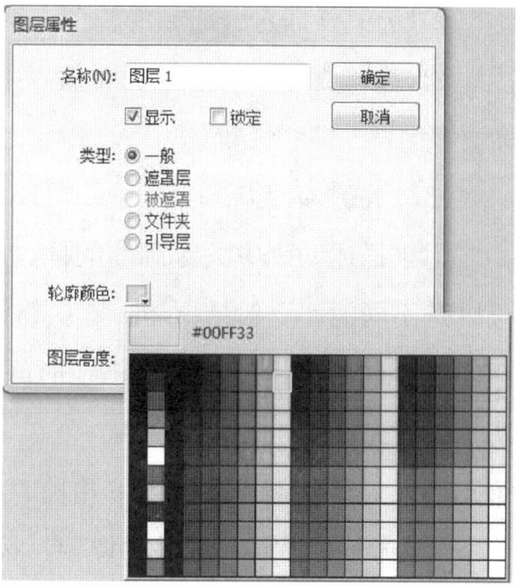

图 4-3-16　显示轮廓线颜色设定

4.3.3　帧

根据前面所了解到的动画的本质，动画实际上是一系列静止的画面，利用人眼会对运动物体产生视觉残像的原理，通过连续播放给人的感官造成一种“动画”效果。在 Flash 中，静止图像放在不同帧上，也就是说 Flash 中的动画是通过对时间轴中的帧进行编辑而制作的。

1. 帧的类型

Flash CS4 的帧可以分为空白帧、普通帧、关键帧、空白关键帧、过渡帧等类型。这些帧在时间轴上，会以不同的图标来显示。下面介绍帧的类型及其所对应的图标和用法。

（1）空白帧

帧中不包含任何对象（如图形、声音和影片剪辑等），相当于一张空白的胶卷，表示什么内容都没有，如图 4-3-17 所示。

（2）普通帧

普通帧是最为常见的帧，一般是为了延长影片播放的时间而使用的，在关键帧后出现的普通帧为灰色，如图 4-3-18 所示。而在空白关键帧后出现的普通帧为白色。

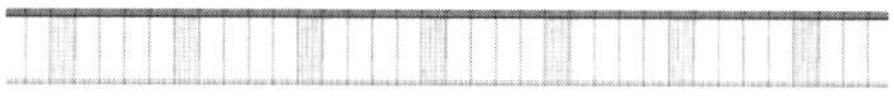
图 4-3-17　空白帧

图 4-3-18　普通帧

插入普通帧的方法有以下几种。

① 选中要插入普通帧的位置，按 F5 键。

② 选中要插入普通帧的位置，选择“插入”|“时间轴”|“帧”命令。

③ 选中要插入普通帧的位置，右击，在弹出的快捷菜单中选择“插入帧”命令。

（3）关键帧

用来描述动画中关键画面的帧，每个关键帧中的画面内容可以是相同的，也可以是不同的。一般情况下，在关键帧中应设置不同的信息。用户可以编辑所对应的舞台的所有内容。关键帧在时间轴中显示为黑色实心小圆点，如图 4-3-19 所示。

插入关键帧的方法有以下几种。

① 选中要插入关键帧的位置，按 F6 键。

② 选中要插入关键帧的位置，选择“插入”|“时间轴”|“关键帧”命令。

③ 选中要插入关键帧的位置，右击，在弹出的快捷菜单中选择“插入关键帧”命令。

（4）空白关键帧

空白关键帧与关键帧的性质和行为完全相同，不同的是它不包含任何内容，空心圆点表示空白关键帧。当新建层时，会自动创建一个空白关键帧，如图 4-3-20 所示。

图 4-3-19 关键帧

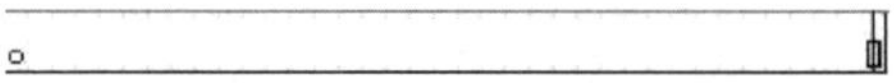

图 4-3-20 空白关键帧

插入空白关键帧的方法有以下几种。

① 选中要插入空白关键帧的位置，按快捷键 F7 键。

② 选中要插入空白关键帧的位置，选择“插入”|“时间轴”|“空白关键帧”命令。

③ 选中要插入空白关键帧的位置，右击，在弹出的快捷菜单中选择“插入空白关键帧”命令。

（5）过渡帧

过渡帧一般用在做补间动画时的两个关键帧之间，选择的补间形式不一样，获得帧的效果也不同。如做形状补间时，过渡帧用浅绿色填充并由箭头连接，效果如图 4-3-21 所示，做传统补间时，过渡帧用浅蓝色填充并用箭头连接，效果如图 4-3-22 所示。

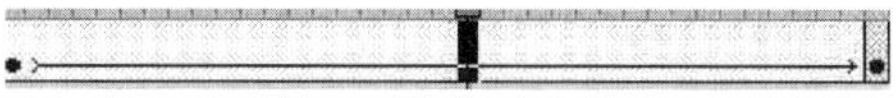

图 4-3-21　形状补间的过渡帧

图 4-3-22　传统补间的过渡帧

除了这几种帧，在以后的学习过程中还会遇到标签帧、注释帧、锚记帧等。

① 标签帧。以一面小红旗开头，后面标有文本的帧，表示帧的标签，也可理解为帧的名字。

② 注释帧。以双斜杠为起始符，后面标有文本的帧，表示帧的注释。在制作多帧动画时，为了避免混淆，可以在帧中添加注释。

③ 锚记帧。以锚形图案开头，同样后面可以标有文本。

2. 帧的模式

在时间轴标尺的末端，有一个“帧模式”按钮，如图 4-3-23 所示。单击此按钮，将弹出如图 4-3-24 所示的快捷菜单，通过此菜单项可以设置控制区中帧的显示状态。

拓展资源 4-3：
帧状态信息

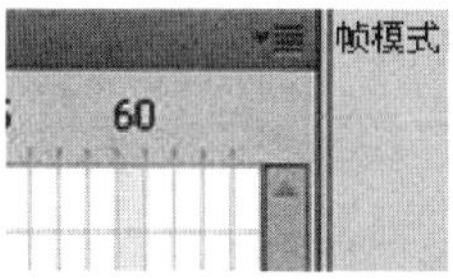

图 4-3-23　“帧模式”按钮

图 4-3-24　帧的模式快捷菜单

3. 帧的属性

每一个关键帧都有自己的属性，其中包括关键帧名称、标签、动画类型、声音效果和动作响应等。可以通过对属性参数的设置来修改某一帧的属性，设置该帧的动画效果及其动画参数。

选中时间轴中的某一个关键帧后，在“属性”面板中显示对应该帧的可设置属性。若所选中关键帧为普通的关键帧，可设置的属性信息如图 4-3-25 所示；若所选择的关键帧后面有传统补间，可设置的属性信息如图 4-3-26 所示；若所选择的关键帧后面有形状补间，则所对应的属性信息如图 4-3-27 所示；若所选择的帧中包括声音，可设置的属性信息如图 4-3-28 所示。

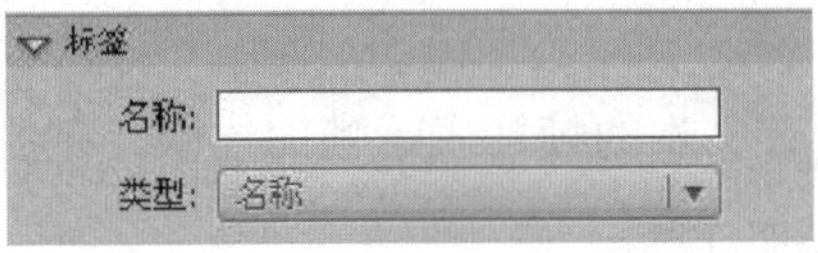

图 4-3-25　普通的关键帧

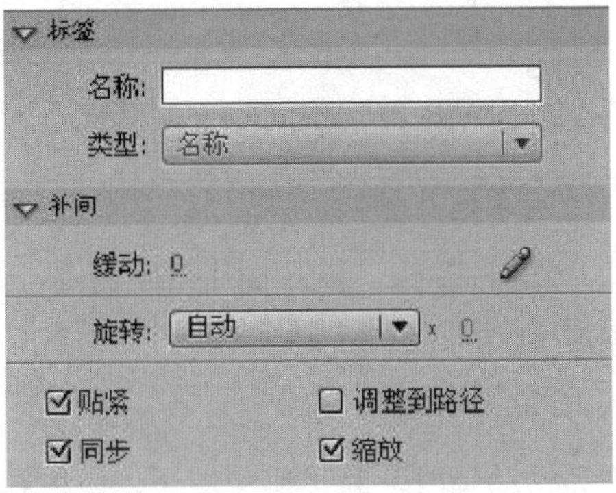

图 4-3-26　后面有传统补间

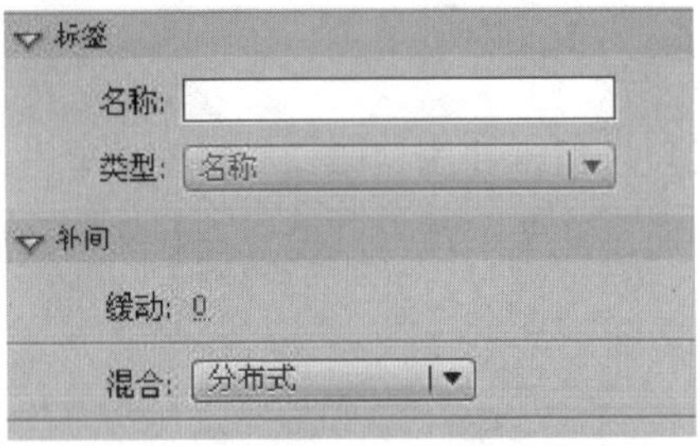

图 4-3-27　后面有形状补间

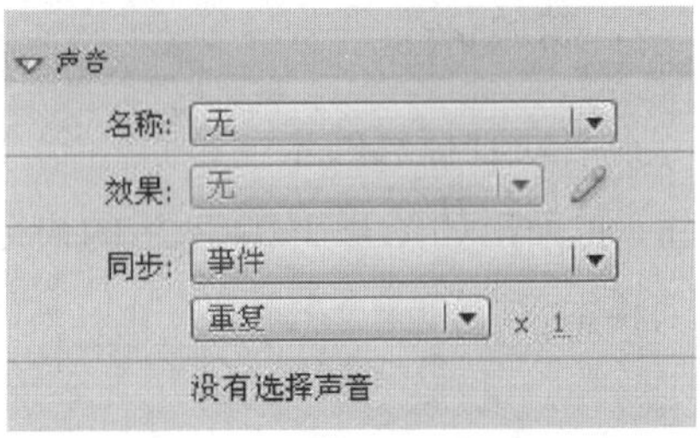

图 4-3-28　帧中含有声音信息

对于普通关键帧的“属性”面板，主要包括帧标签的设置和帧的声音设置两大部分。

使用帧标签可以为该关键帧添加标记、注释信息或命名锚记，如图 4-3-29 所示。当输入帧标签之后，可以在“标签类型”下拉列表框中进行选择，如图 4-3-30 所示。

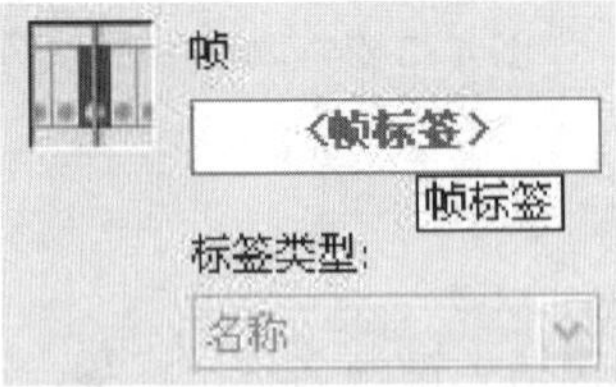

图 4-3-29　“帧标签”文本框

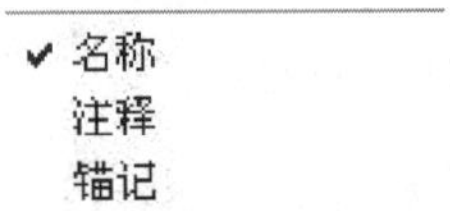

图 4-3-30　“标签类型”下拉列表框

不同的帧标签的表示方法和作用不同，下面分别对其进行阐述。

① 添加帧标签：在时间轴中选择需要加入标记的关键帧，在“帧标签”文本框中直接输入文字，最后按 Enter 键，则为该关键帧加入标签，如图 4-3-31 所示。加入帧标签后的帧在时间轴上的状态如图 4-3-32 所示，在其帧上出现一个小红旗的图标。

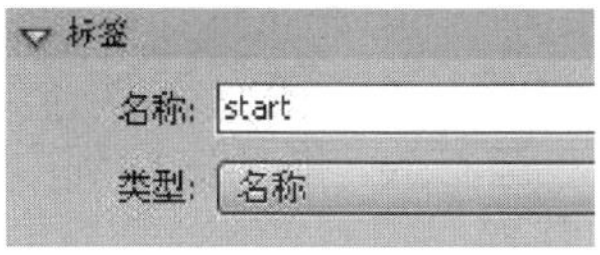

图 4-3-31　帧标签设置

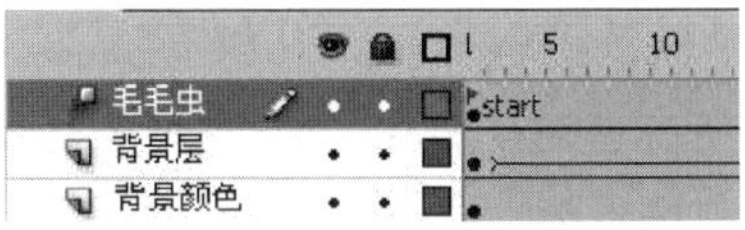

图 4-3-32　帧标签效果

② 添加帧注释：如果要为某个关键帧加入注释。一种方法是在“帧标签”文本框中输入以“//”开头的字符，按 Enter 键；另一种方法是在“帧标签”文本框中输入字符后，在“标签类型”下拉列表框中选择“注释”选项，则系统会自动在“帧标签”文本框的字符前面加上“//”。通过这两种方法，均可为该关键帧加入注释，如图 4-3-33 所示。加入帧注释后的帧在时间轴上的状态如图 4-3-34 所示，在帧上增加一个绿色的符号。

图 4-3-33　帧注释设置

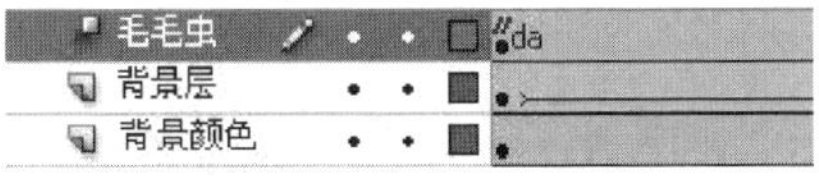

图 4-3-34　帧注释效果

③ 添加命名锚记：添加命名锚记的方式和添加帧注释的方式大同小异，不同之处在于标签类型选择为锚记，效果如图 4-3-35 所示。

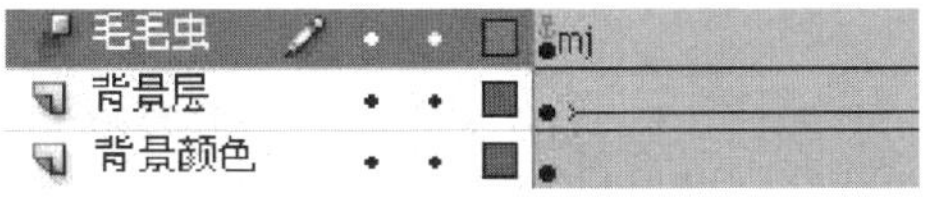

图 4-3-35　锚记效果

4. 编辑帧

Flash CS4 提供了强大的帧编辑功能，用户可以在菜单中选择帧操作命令来完成各种帧操作，也可以在时间轴上选中某种帧后右击，在弹出的快捷菜单中选择各种编辑帧的命令。

① 插入帧。对不同帧的插入方法，在“帧的类型”部分给出了相关的介绍，在此不再赘述。

② 选取帧。在对帧进行选取时，将涉及单个帧的选取和多个帧的选取。

对单个帧的选取有以下几种方法，被选中的帧显示为蓝色。

a. 单击要选取的帧。

b. 选取该帧在舞台中的内容从而选中帧。

c. 若某图层只有一个关键帧，单击图层名能够选取该帧。

对多个帧的选取有以下几种方法。

a. 在所要选择的帧的头帧或尾帧按住鼠标左键不放，拖动鼠标到所要选的帧的另一端松开鼠标，从而选中多个连续的帧。

b. 在所要选择的帧的头帧或尾帧按 Shift 键，再单击所选多个帧的另一端，从而选中多个连续的帧。

c. 单击图层，选中该图层所有的帧，如图 4-3-36 所示。

d. 选中某帧后按下 Ctrl 键，单击其他帧，能够选取多个不连续的帧，如图 4-3-37 所示。

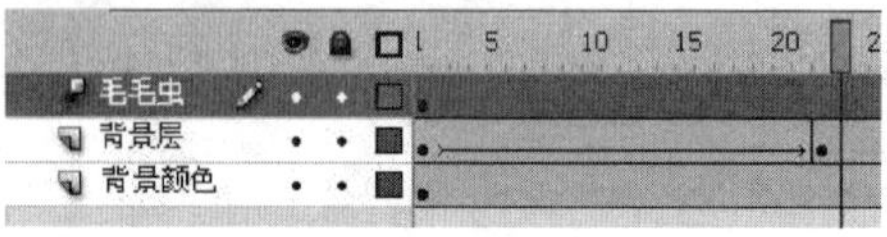

图 4-3-36 选中图层的帧

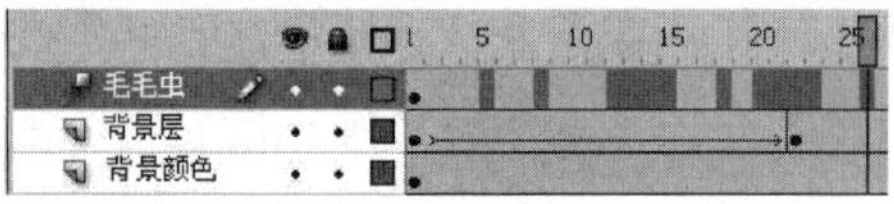

图 4-3-37 选中不连续帧

③ 删除帧。在时间轴上选择需要删除的一个或多个帧，然后右击，在弹出的快捷菜单中选择“删除帧”命令，即可删除被选择的帧。若删除的是连续帧中间的某一个或几个帧，后面的帧会自动提前填补空位。在时间轴上，两个帧之间是不能有空缺的。如果要使两帧间不出现任何内容，可以使用空白关键帧，如图 4-3-38 所示。

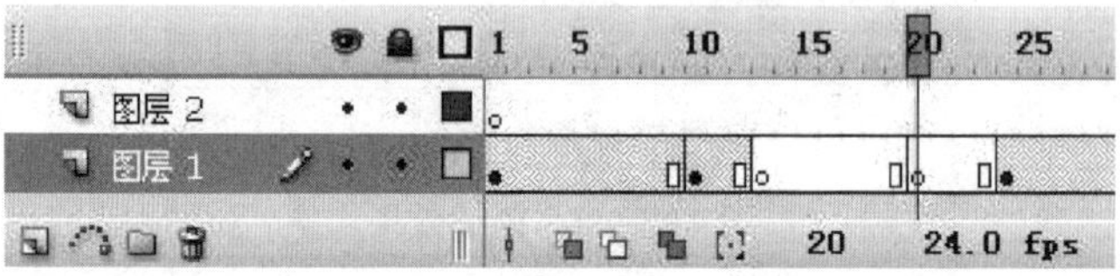

图 4-3-38 空白关键帧效果

④ 剪切帧。在时间轴上选择需要剪切的一个或多个帧，然后右击，在弹出的快捷菜单中选择“剪切帧”命令，即可剪切掉所选择的帧，被剪切后的帧保存在 Flash CS4 的剪贴板中，在需要时可以重新使用。

⑤ 复制帧。选择需要复制的一个或多个帧，可对帧进行复制操作，复制帧的方法有以下两种。

a. 右击，在弹出的快捷菜单中选择“复制帧”命令，即可复制所选择的帧。在时间轴上选择需要复制帧的位置，右击，在弹出的快捷菜单中选择“粘贴帧”命令，即可将帧复制到当前位置。

b. 按住 Alt 键不放，拖动选择的帧到指定的位置，即可将选中的帧复制到指定的位置。

⑥ 粘贴帧。在时间轴上选择需要粘贴帧的位置，右击，在弹出的快捷菜单中选择“粘贴帧”命令，即可将复制或者被剪切的帧粘贴到当前位置。

⑦ 移动帧。选中要移动的帧后，可以通过下面两种方法进行移动操作。

a．右击，在弹出的快捷菜单中选择“剪切帧”命令，即可移动所选择的帧。在时间轴上选择需要移动帧的位置，右击，在弹出的快捷菜单中选择“粘贴帧”命令，即可将被剪切的帧移动到当前位置。

b．在选中帧上按住鼠标左键不放，并进行拖动，到新位置释放鼠标即可。用户可以在本图层的时间轴上进行拖动，也可以将帧移动到时间轴上其他图层的任意位置。

⑧ 翻转帧与同步元件。翻转帧的功能可以使所选定的一组帧按照顺序翻转过来，使原最后 1 帧变为第 1 帧，原第 1 帧变为最后 1 帧，反向播放动画。其方法是在时间轴上选择需要翻转的一段帧，然后右击，在弹出的快捷菜单中选择“翻转帧”命令，效果如图 4-3-39 所示。

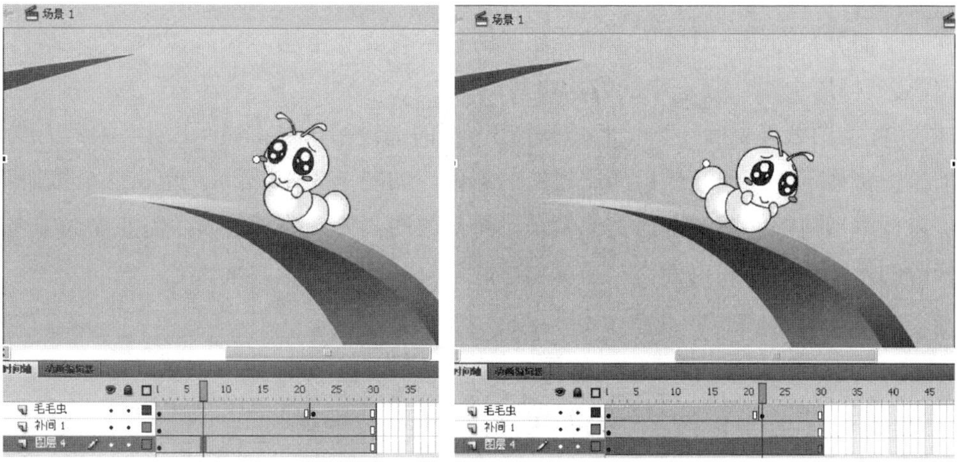

（a）使用“翻转帧”命令前　　（b）使用“翻转帧”命令后

图 4-3-39　“翻转帧”命令

⑨ 帧的转换。普通帧可以转换为空白关键帧或者关键帧。实现方法是右击需要转换的帧，在弹出的快捷菜单中选择“转换为关键帧”或者“转换为空白关键帧”命令，如图 4-3-40 所示。

5. 洋葱皮工具

在时间轴下方有一个工具条，使用其上的图形工具按钮可以改变帧的显示方式，方便动画设计者观察动画的前后关联，如图 4-3-41 所示。

图 4-3-40　帧的快捷菜单

图 4-3-41　洋葱皮工具按钮

下面分别介绍工具条上各图形工具按钮的含义和用法。

① 帧居中 。使选中的帧居中显示。

② 绘图纸外观 。单击此按钮，在方框的关键帧信息将显示出来，而只有当前帧正常显示，其他帧显示为比较淡的彩色，如图 4-3-42 所示。单击这个按钮，可以调整当前帧的图像，而其他帧是不可修改的。要修改其他帧，需要先选中要修改的帧。这种模式也称为“洋葱皮模式”。

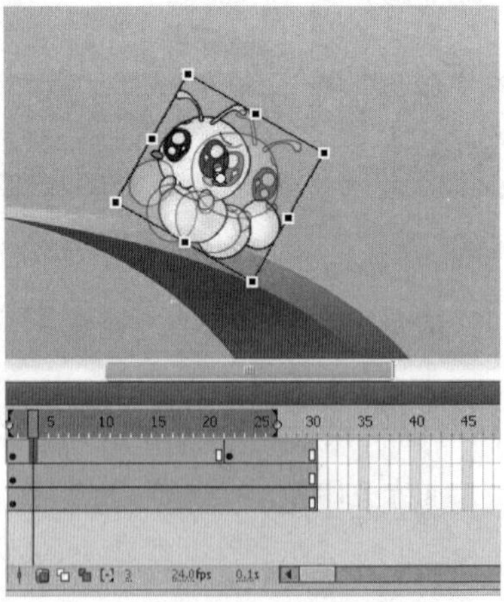

图 4-3-42　绘图纸外观效果

③ 绘图纸外观轮廓 。单击该按钮同样会以洋葱皮的方式显示前后几帧，不同的是，当前帧正常显示，非当前帧以轮廓线形式显示，如图 4-3-43 所示。在图

案比较复杂的时候，仅显示外轮廓线有助于正确定位。

④ 编辑多个帧。对各帧的编辑对象都进行修改时需要使用此按钮，在单击“洋葱皮模式”或“洋葱皮轮廓模式”按钮的时候，再单击编辑多个帧按钮，即可对整个序列中的对象进行修改。单击“编辑多个帧”图标后，舞台中的对象如图 4-3-44 所示。

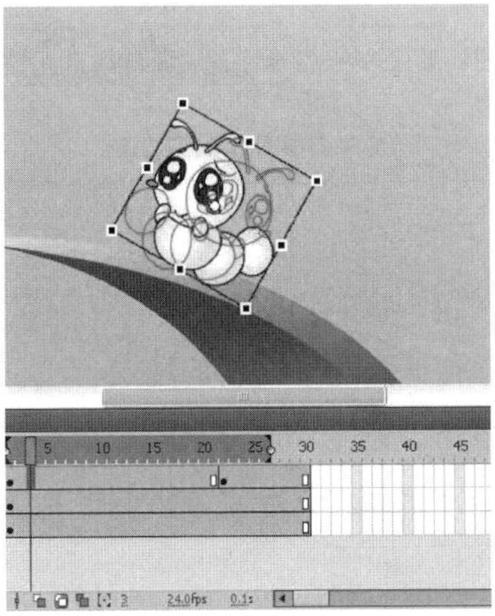

图 4-3-43　绘图纸外观轮廓效果

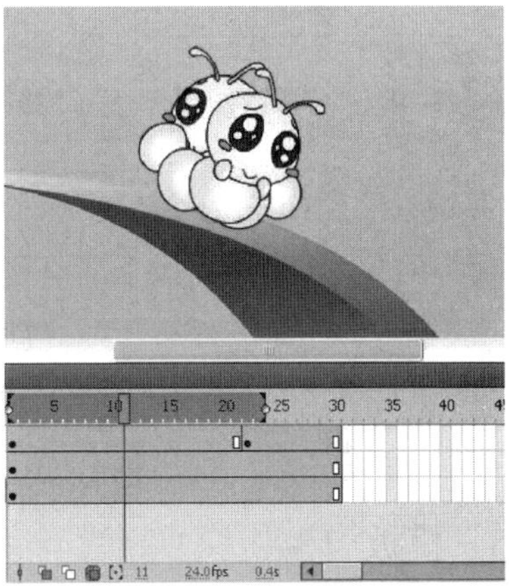

图 4-3-44　编辑多个帧效果

⑤ 修改绘图纸标记。这个按钮决定洋葱皮显示的方式。该按钮包括一个下拉菜单，其中有 5 个选项，如图 4-3-45 所示。

a. 始终显示标记：开启或隐藏洋葱皮模式。

b. 锚记绘图纸：固定洋葱皮的显示范围，使其不随动画的播放而改变。

c. 绘图纸 2：以当前帧为中心的前后 2 帧范围内以洋葱皮模式显示。

d. 绘图纸 5：以当前帧为中心的前后 5 帧范围内以洋葱皮模式显示。

e. 所有绘图纸：将所有的帧以洋葱皮模式显示。

当选择以上任何一个选项后，在时间轴上方的时间标尺上都会出现两个标记，在这两个标记中间的帧都会显示出来，也可以拖动这两个标记扩大或缩小洋葱皮模式的显示范围。

4.3.4　场景

场景指在复杂的 Flash 动画中，几个相互联系，而又性质不同的分镜头，即不同场景之间的组合和互换构成一部精彩的多镜头动画。一般比较大型的动画和复杂的动画经常使用多个场景。

在 Flash CS4 中，通过“场景”面板对影片的场景进行控制。选择“窗口”|“其他面板”|“场景”命令（快捷键为 Shift+F2），则打开“场景”面板，如

图 4-3-46 所示。

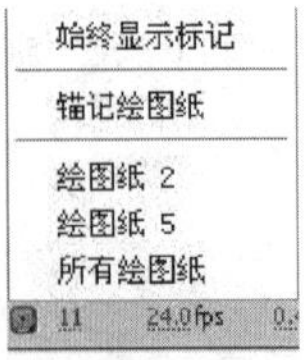

图 4-3-45 “修改绘图纸标记”下拉菜单

图 4-3-46 场景面板

对场景的操作主要包括复制、新建、删除和重命名，其方法如下。

① 单击“场景”面板上的“复制场景”按钮，复制当前场景。

② 单击“场景”面板上的“新建场景”按钮，添加一个新的场景。

③ 单击“场景”面板上的“删除场景”按钮，删除当前场景。

④ 双击场景名，则场景名处于可编辑状态，直接对其进行编辑即可。

4.3.5 模板

模板是 Flash 中一个特殊的文件，它是用来保存相同信息的文件结构。可选择“文件”|“新建”命令，在弹出的对话框中选择软件本身的模板，也可以将自己所制作的 Flash 文件设定为模板。

教学实例 4-2：喜欢表情

4.3.6 实例制作：喜欢表情

通过此实例使读者深刻理解 Flash 中图层与帧的概念及应用。

① 新建 Flash 文件。设置文档相关属性，本实例中所设置属性如图 4-3-47 所示。

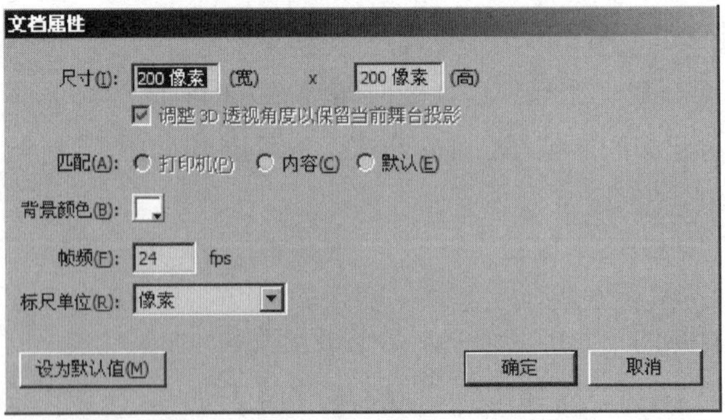

图 4-3-47 “文档属性”对话框

② 将图层 1 命名为“头部”，如图 4-3-48 所示。然后用钢笔工具在“头部”

图层的第一帧所对应的舞台上勾出女孩头部轮廓，如图 4-3-49 所示。

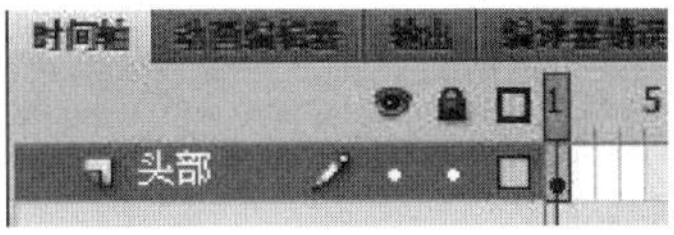

图 4-3-48　“头部”图层

图 4-3-49　头部轮廓

③ 用颜料桶工具为女孩头部填充颜色。填充后效果如图 4-3-50 所示。

④ 在“头部”图层上方新建一个图层 2，命名为“眼睛”，如图 4-3-51 所示。

⑤ 用钢笔工具在“眼睛”图层上勾出两个心形作为眼睛轮廓，如图 4-3-52 所示。

图 4-3-50　头部效果

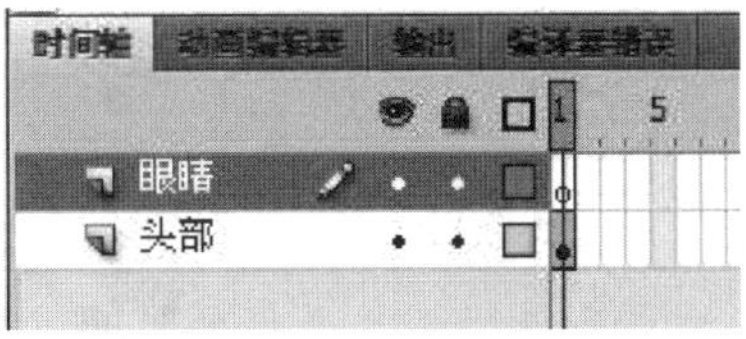

图 4-3-51　新建图层 2

图 4-3-52　眼睛轮廓

⑥ 用颜料桶工具为女孩眼睛填充颜色。填充后效果如图 4-3-53 所示。

⑦ 在“眼睛”图层上方新建一个图层 3，命名为“耳朵”，如图 4-3-54 所示。

图 4-3-53　眼睛效果

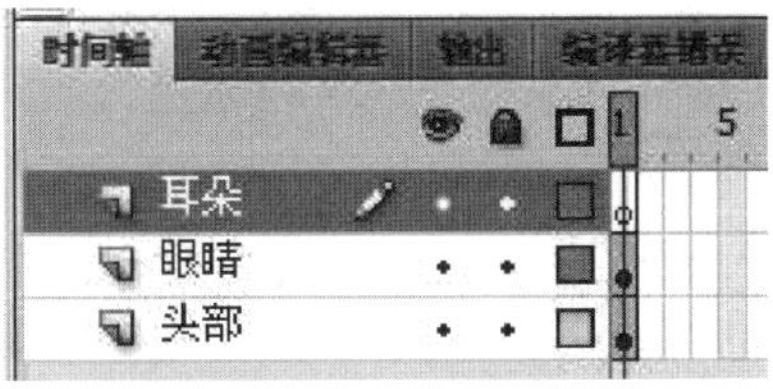

图 4-3-54　新建图层 3

⑧ 用钢笔工具在“耳朵”图层上勾出耳朵轮廓，如图 4-3-55 所示。

⑨ 用颜料桶工具为女孩耳朵填充颜色。填充后效果如图 4-3-56 所示。

图 4-3-55　耳朵轮廓

图 4-3-56　耳朵效果

⑩ 通过移动图层调整“耳朵”图层的位置，调整后时间轴信息如图 4-3-57 所示，女孩头像效果如图 4-3-58 所示。

⑪ 在“眼睛”图层上方新建图层 4 和图层 5，分别命名为“嘴”和“皇冠”，

图层信息如图 4-3-59 所示。分别在两个图层上使用钢笔工具绘制嘴巴和皇冠的轮廓，如图 4-3-60 所示。使用颜料桶工具分别对嘴巴和皇冠进行填色，效果如图 4-3-61 所示。

⑫ 分别在“嘴”、“眼睛”、“头部”图层的第 6 帧上插入关键帧，如图 4-3-62 所示。

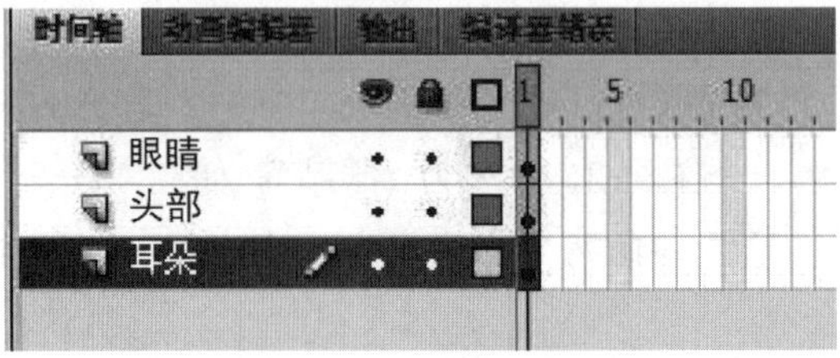

图 4-3-57　时间轴信息

图 4-3-58　调整后效果

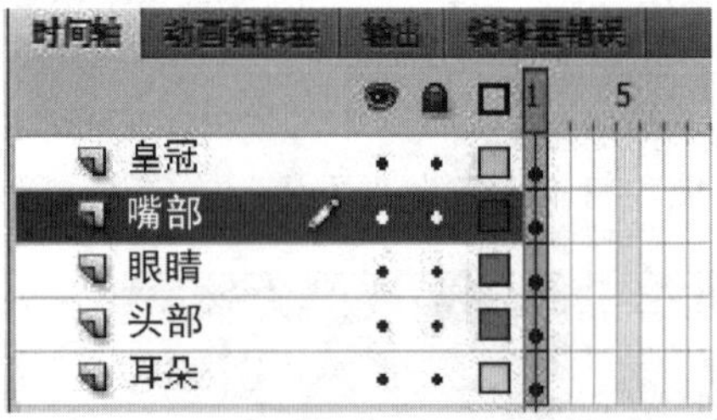

图 4-3-59　新建图层 4 和 5

图 4-3-60　嘴巴和皇冠轮廓

图 4-3-61　嘴巴和皇冠效果

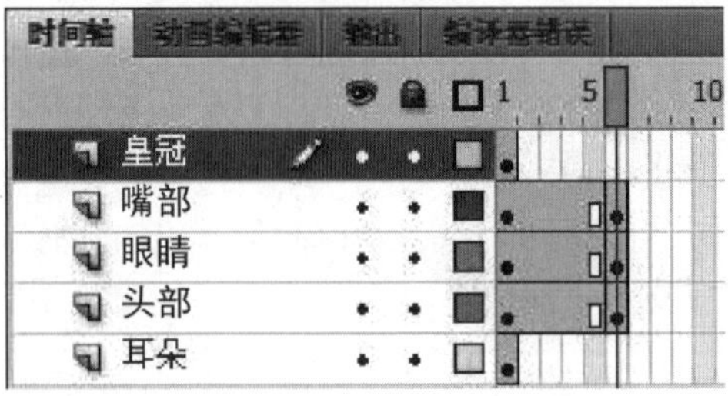

图 4-3-62　插入关键帧

⑬ 改变“嘴”、“眼睛”、“头部”图层的第 6 帧上所对应的信息。将“嘴”图层上的第 6 帧的嘴巴下面的口水部分拖短一点，将“眼睛”图层上的第 6 帧的眼睛用任意变形工具放大一点，将“头部”图层上的第 6 帧的女孩的小辫子翘起来一点，改变后的效果如图 4-3-63 所示。

⑭ 在所有图层第 14 帧上按 F5 键补充前面的信息，图层信息如图 4-3-64 所示。

图 4-3-63　更改后效果

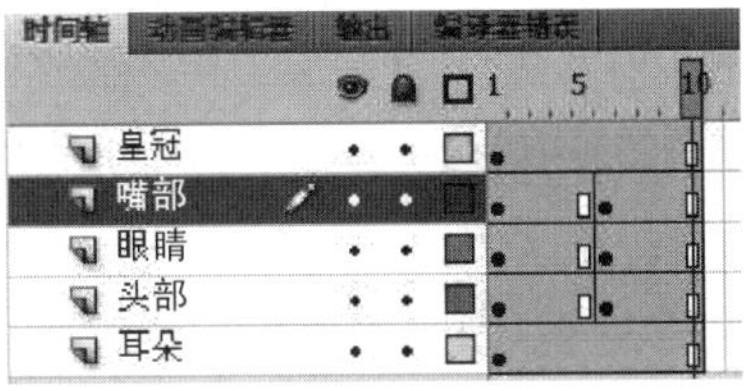

图 4-3-64　图层信息

⑮ 选择“文件”|“保存”命令或者单击工具栏中的“保存”按钮，设置保存路径，将当前文件保存为“喜欢表情.fla”，如图 4-3-65 所示。

⑯ 选择“控制”|“测试影片”命令（快捷键为 Ctrl+Enter），在 Flash 播放器中预览效果，如图 4-3-66 所示。

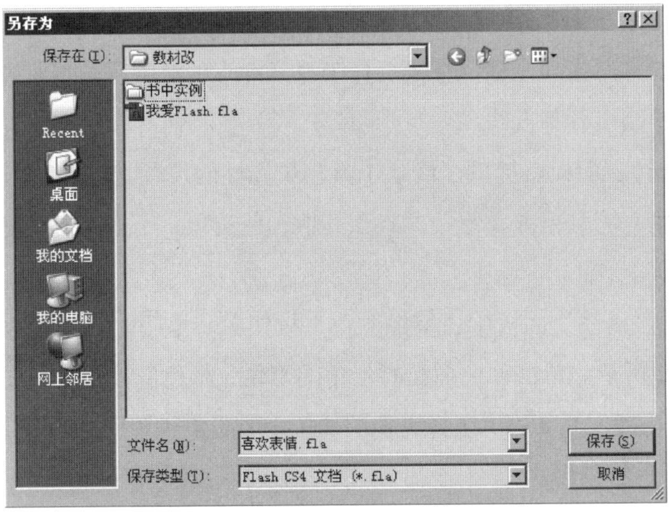

图 4-3-65　“另存为”对话框

图 4-3-66　预览效果

⑰ 分析所预览的效果，调整直到满意为止。

实例小结：本实例全部制作完毕。通过本例希望读者可以掌握 Flash 中图层和帧的相关操作，包括图层的新建、移动、重命名等，同时明白图层的上遮下原理。

教学课件 4-2：Flash 绘制图形图像

教学实验 4-2：图形绘制与文本编辑

4.4　绘制图形图像

4.4.1　Flash CS4 中的图形类型

在 Flash 中，所处理的图形通常分为位图图像和矢量图形两种类型。

4.4.2 使用“工具”面板中的绘制工具

在 Flash CS4 中，图形包括两大部分：路径和图形。在路径和图形的绘制中，还将使用到不同的绘制模式，这部分重点讲解绘制的相关内容。

1. 路径的绘制

在 Flash CS4 中，绘制路径和路径点是最基本的操作，绘制路径的工具有线条工具、铅笔工具和钢笔工具。具体用哪些工具，主要由工具本身的特征和自己所使用的熟练程度决定。

（1）线条工具

使用线条工具可以轻松绘制出平滑的直线。单击该工具箱中的“线条工具”图标，或直接按 N 键（不区分大小写，后面的快捷键也一样），将光标移动到工作区后变成十字形，说明此工具已经被激活。在直线的起点按住鼠标左键不放，然后沿着要绘制的直线的方向拖动光标，在需要作为直线终点的位置释放鼠标左键，在工作区中会自动绘制出一条直线。

选择线条工具后，“属性”面板就提供了线条工具相关属性的设置，如图 4-4-1 所示。其中包括笔触颜色、笔触粗细、笔触样式和其他一些选项，下面对这些选项做详细介绍。

① 线条颜色。单击“属性”面板中“笔触颜色”按钮，弹出 Flash CS4 的调色面板，如图 4-4-2 所示。单击调色面板右上角的“系统颜色”按钮，打开 Windows 的系统调色托盘，可以从中选择更多的颜色，如图 4-4-3 所示。单击“禁用颜色”按钮，颜色将禁用。

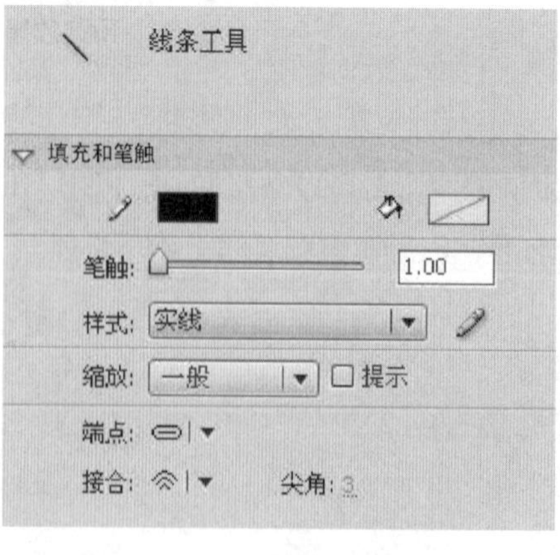

图 4-4-1　线条工具属性

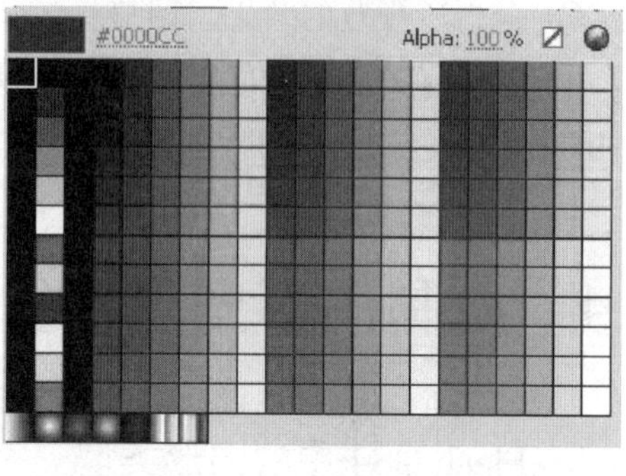

图 4-4-2　调色面板

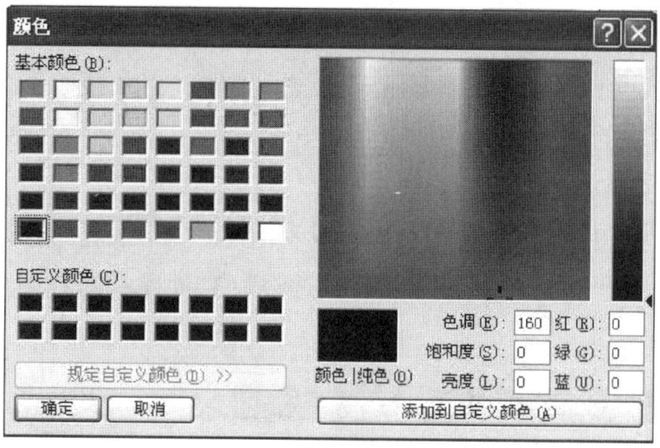

图 4-4-3 “颜色”对话框

② 线条粗细。在“属性”面板中，可以使用两种方法来设置笔触的粗细。一是拖动“笔触”滑块进行调整，二是直接在文本框中输入笔触的高度值，范围是 0.1~200。如图 4-4-4 所示的笔触分别是设置线条工具笔触高度为 1 像素和 10 像素时，所绘制的图像的效果。

（a）1 像素　　（b）10 像素

图 4-4-4 线条笔触

③ 样式。选择预置笔触样式和自定义笔触实现样式的变化。在“属性”面板中的“样式”下拉列表框中选择所绘制的线条类型。把线条粗细定为 3 像素(pt)，选择不同的线型和样式，绘制出各种类型的线条如图 4-4-5 所示。

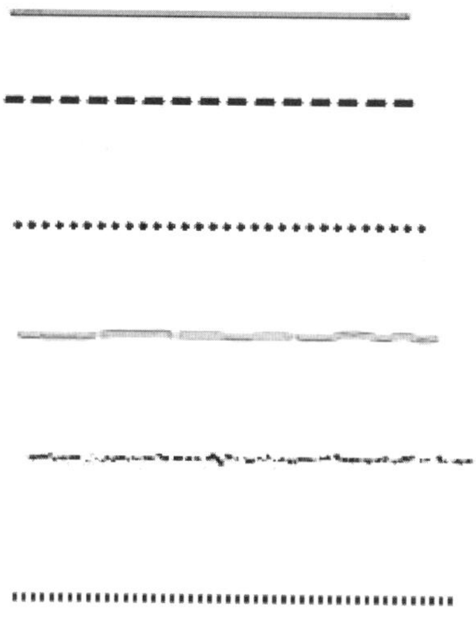

图 4-4-5 不同类型的线条

④ 在“样式”下拉列表框右边的编辑类定义按钮。单击该按钮，弹出“笔触样式”对话框。在该对话框中可以对实线、虚线、点状线、锯齿状线、点描线和斑马线进行相应的属性设置，如图 4-4-6 所示。根据需要设置好属性参数，就可以使用新属性绘制直线。

⑤“端点”按钮。单击此按扭，在弹出的菜单中选择线条端点的样式，共有“无”、“圆角”、“方形”3 种样式可供选择，3 种样式的效果分别如图 4-4-7 所示。

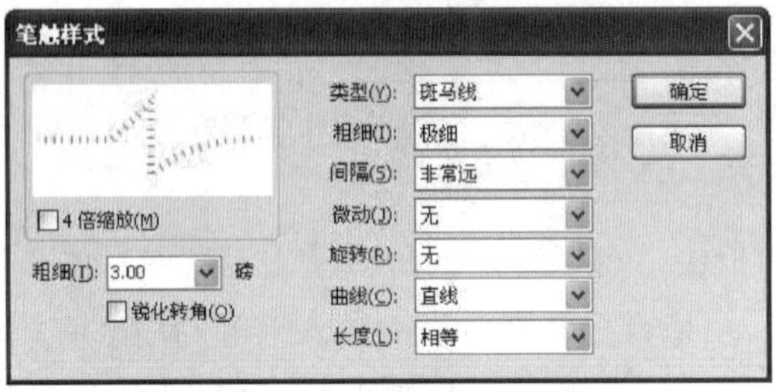

图 4-4-6 “笔触样式”对话框

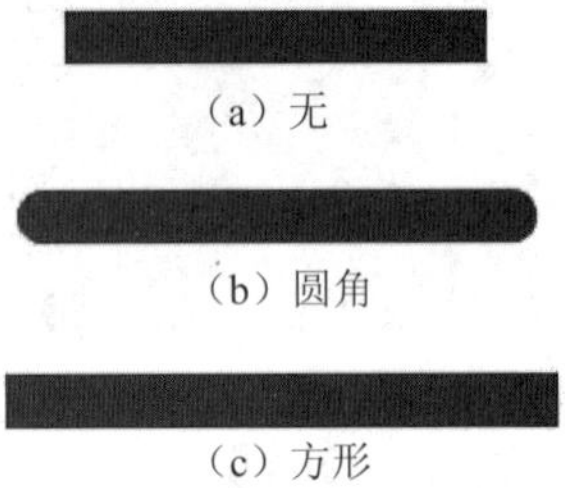

图 4-4-7 端点样式

⑥“接合”按钮。接合是指设置两条线段相接处拐角的端点形状。Flash CS4 提供了 3 种接合点的形状，即“尖角”、“圆角”和“斜角”。在左侧的文本框中输入尖角的数值为 6 时，分别选择接合为“尖角”、“圆角”和“斜角”所得到的 3 种样式的效果如图 4-4-8 所示。

（2）铅笔工具

铅笔工具是一种手绘工具，使用铅笔工具可以在 Flash CS4 中随意绘制路径、不规则形状。如果有一定的美术基础，用户就可像日常生活中使用铅笔那样使用铅笔工具绘制任何需要的图形。并且在绘制完成后，Flash CS4 还能够帮助用户把不是直线的路径变直或者把路径变平滑。在工具箱中选择了铅笔工具后，在“属性”面板中将显示铅笔工具的属性，如图 4-4-9 所示。

(a) 尖角　(b) 圆角　(c) 斜角

图 4-4-8 不同样式下的线型

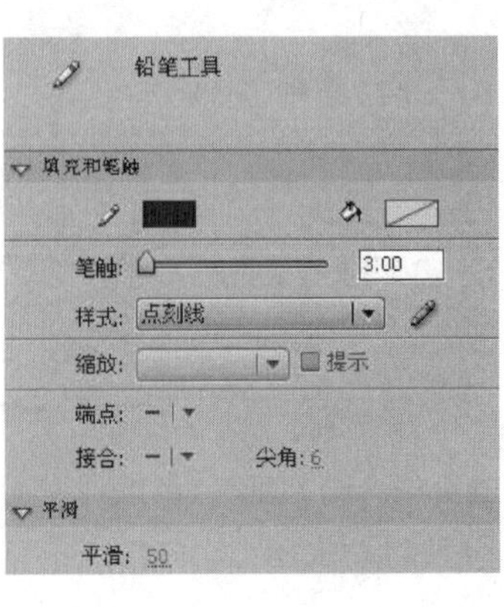

图 4-4-9 铅笔工具属性

铅笔工具的“属性”面板与线条工具的十分相似，它们之间最大的区别在于线条工具在绘制线条时自由度上受到很大的限制，只能绘制各种直线，而铅笔工具可以绘制出比较柔和的曲线。当选中铅笔工具后，单击工具箱“选项”面板中的“铅笔模式”按钮，将弹出如图 4-4-10 所示的铅笔模式设置列表，其中包括“直线化”、“平滑”和“墨水”3 个选项。附属选项中的这 3 种模式能够进一步协助铅笔工具绘制相关线条，分别使用直线化模式、平滑模式和墨水模式绘制线条的效果如图 4-4-11 所示，特别要注意这 3 种模式对拐角的处理。

图 4-4-10　铅笔工具模式

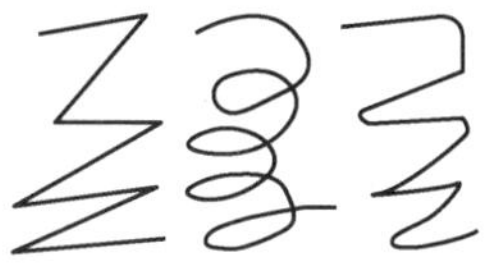

图 4-4-11　不同线型

（3）钢笔工具

钢笔工具可以绘制精确的路径，其主要作用是绘制贝塞尔曲线，它是由路径点调节路径形状的曲线。它可以用来绘制直线和曲线，但其使用方法和铅笔工具有很大的差别。在创建直线或曲线的过程中，可以先绘制直线或曲线，再调整直线段的角度和长度以及曲线段的斜率。钢笔工具的“属性”面板和线条工具是一模一样的，下面重点介绍钢笔工具的使用方法。

① 使用钢笔绘制直线。使用钢笔工具绘制直线路径的步骤如下。

a．在工具箱中选择钢笔工具（快捷键是 P）。

b．在“属性”面板中设置笔触和填充属性。

c．返回工作区，在舞台上单击，确定第一个路径点。

d．单击舞台上其他位置绘制一条直线路径，继续单击可以添加相连接的直线路径，如图 4-4-12 所示。

e．如果要结束路径绘制，可以按住 Ctrl 键，在路径外单击。要闭合路径，可以将鼠标指针移到第一个路径点上单击，如图 4-4-13 所示。

图 4-4-12　绘制路径

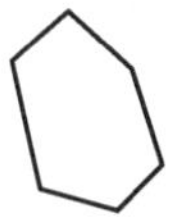

图 4-4-13　绘制封闭路径

② 使用钢笔绘制曲线。使用钢笔工具绘制曲线路径的步骤如下。

a．在工具箱中选择钢笔工具（快捷键是 P）。

b．在“属性”面板中设置笔触和填充属性。

c．返回工作区，在舞台上单击，确定第一个路径点。

d．拖曳出曲线的方向。在拖曳时，路径点的两端会出现曲线的切线手柄。

e．释放鼠标，将指针位置放在希望曲线结束的位置单击，然后向相同或相反的方向拖拽，如图 4-4-14 所示。

f．如果要结束路径绘制，可以按住 Ctrl 键，在路径外单击，如图 4-4-15 所示。要闭合路径，可以将鼠标指针移到第一个路径点上单击，则将形成封闭的曲线。

图 4-4-14　切线句柄

图 4-4-15　绘制效果

注意：只有曲线点才会有切线句柄。

2．图形的绘制

使用 Flash CS4 中的基本形状工具可快速绘制想要的图形。在 Flash CS4 所提供的图形工具中，绘制时一般包括两项：笔触和填充。其中笔触一般为图形的轮廓，填充为图形的颜色。

（1）矩形工具和基本矩形工具

矩形工具□用于绘制长方形和正方形。选择矩形工具，则“属性”面板对应的为矩形属性设置的相关信息，如图 4-4-16 所示。

笔触的颜色设置和线条工具的一致，不同的是矩形工具的“属性”面板有一个“填充色”选项，该选项和工具箱中的颜料桶工具完全相同，用来设置绘制闭合区域的填充色。如图 4-4-16 所示设置矩形工具的属性后，在舞台中绘制矩形，即可得到如图 4-4-17 所示的矩形。

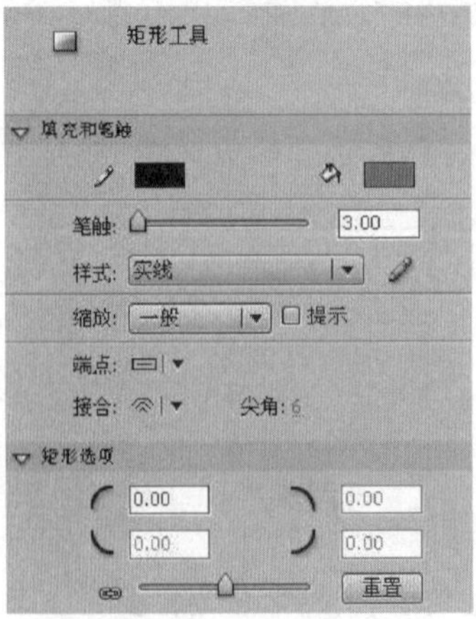

图 4-4-16　矩形工具属性

图 4-4-17　矩形效果

矩形工具的“属性”面板重点是用来设置矩形的圆角度数属性，在“属性”面板中输入一个数值或者拖动文本框下面的滑块改变文本框的属性值，即可得到圆角矩形。设置文本框的值为-50 和 50 时所得到的矩形形式如图 4-4-18 所示。

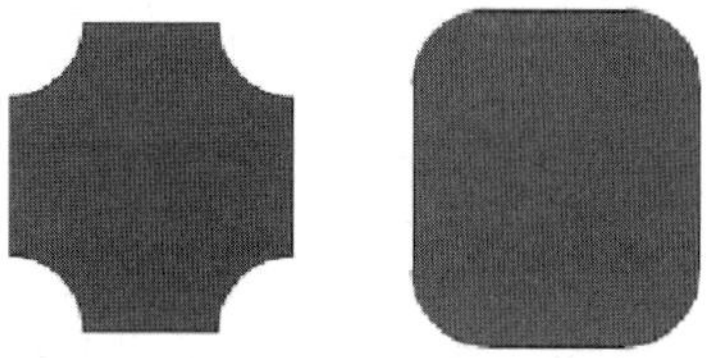

（a）矩形选项为-50　（b）矩形选项为 50

图 4-4-18 不同类型的矩形

提示：选中矩形工具之后，按住 Shift 键绘制矩形，得到的是正方形或圆角正方形。

（2）椭圆工具和基本椭圆工具

使用椭圆工具绘制的图形是椭圆或圆形图案，用户根据需要任意设置椭圆路径的颜色、样式和填充色。当选择工具箱中的椭圆工具时，在“属性”面板中显示的信息如图 4-4-19 所示。

椭圆工具的“属性”面板除了椭圆选项外，其他的选项和矩形工具的一致。

① 开始角度/结束角度：椭圆的起始点和结束点的角度，使用这两个控件可以将椭圆或圆形修改为扇形、半圆或其他有创意的形状。

② 内径：椭圆的内径，也是椭圆的内侧。其值介于 0 和 99 之间，表示内径变化的百分比。当然，可以通过拖动滑块和输入值进行设置。

③ 闭合路径：确定椭圆的路径（如果指定了内径，则有多条路径）是否闭合。如果指定了一条开放路径，但未对生成的形状应用任何填充，则仅绘制笔触，默认勾选此复选框。

提示：选中椭圆工具或基本椭圆工具后按住 Shift 键绘制椭圆，得到正圆、正扇面或正圆环。

（3）多角星形工具

单击矩形工具右下角的三角形，会出现多角星形工具，此工具可以用来绘制各式各样的多角星形和多边形。单击多角星形工具，“属性”面板中显示的信息如图 4-4-20 所示。

多角星形的绘制方法和矩形、椭圆的绘制方法一致，不同的是“属性”面板下面多出了一个“选项”按钮，单击此按钮，弹出如图 4-4-21 所示的“工具设置”

对话框。在其中的“样式”下拉列表框中可以选择多边形或星形；可以在“工具设置”对话框中定义多边形或星形的边数，数值介于 3 至 32 之间；“星形顶点大小”文本框中只能输入介于 0 至 1 之间的数值，用于指定星形顶点的深度，数字越接近 0，创建的顶点就越深。在绘制多边形时，星形顶点深度对多边形没有影响。

默认情况下，使用多角星形工具绘制的图形为正五边形。在“工具设置”对话框中设置不同的参数，可以绘制各种类型的多边形和星形，如图 4-4-22 所示。

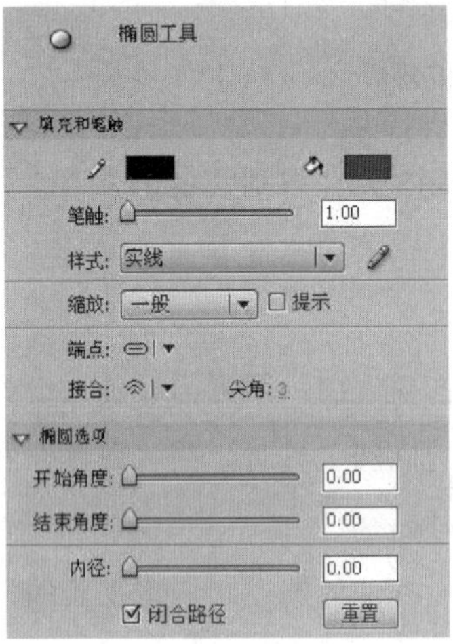

图 4-4-19　椭圆工具属性

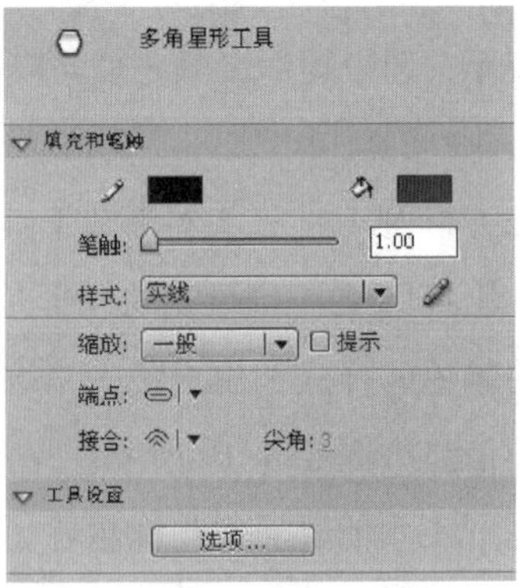

图 4-4-20　多角星形工具

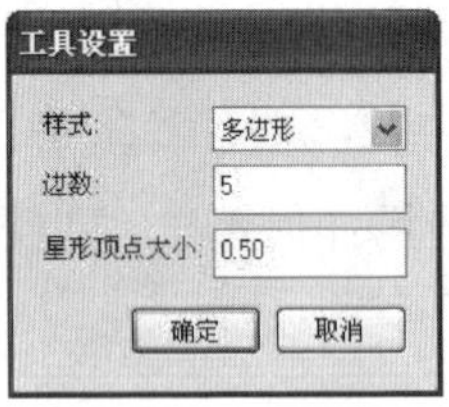

图 4-4-21　设置面板

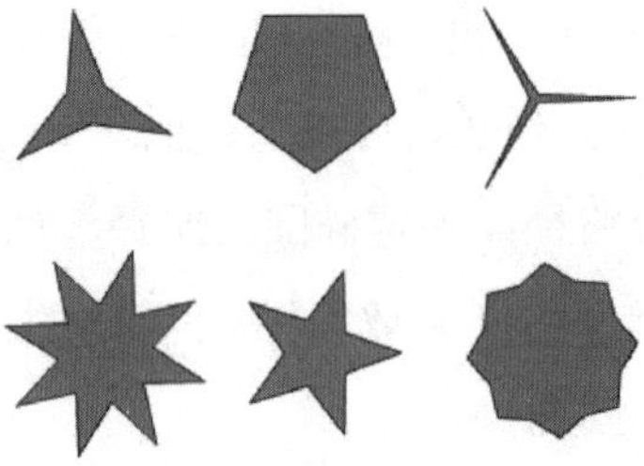

图 4-4-22　不同类型的多角星形

（4）刷子工具

刷子工具可以创建特殊效果。使用刷子工具能绘制出刷子般的笔触，也可以对图形进行大面积上色。使用刷子工具可以给任意区域和图形进行颜色填充。刷子大小在更改舞台的缩放比率级别时保持不变，所以当舞台缩放比率降低时，刷子会显得更大。

激活刷子工具后，需要设置绘制参数，在这里主要是填充色的设置，可以使用工具箱的“颜色”面板中的填充色工具进行设置，也可以在“属性”面板中设置。当选中刷子工具时，Flash CS4“属性”面板中显示的信息如图 4-4-23 所示。除了填充色和平滑度的设置外，工具箱的“选项”面板中将出现刷子的附加功能选项，如图 4-4-24 所示。

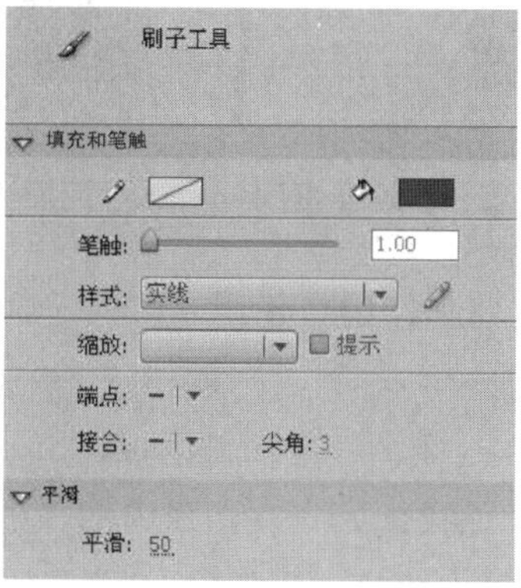

图 4-4-23　刷子工具属性

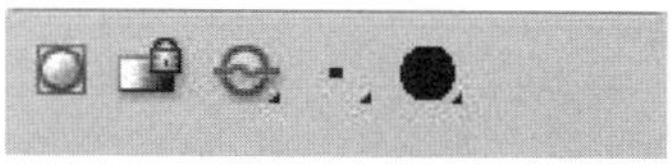

图 4-4-24　刷子工具的不同选项

下面详细介绍“选项”面板中的各种选项的功能。

① 刷子模式。在“选项”面板中单击按钮后，将弹出“刷子模式”下拉列表框，如图 4-4-25 所示。下面对刷子的几种模式分别进行阐述，原始示例图形如图 4-4-26 所示。

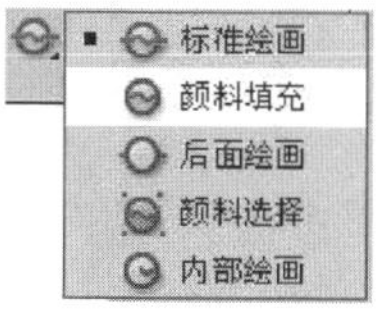

图 4-4-25　刷子工具的模式选择

图 4-4-26　原始图

a. 标准绘画。可以涂改舞台中的任意区域，能在同一图层的线条和填充上涂色。使用刷子的“标准绘画”模式对其上色后的效果如图 4-4-27 所示。

b. 颜料填充。只能涂改图形的填充区域，图形的轮廓线不会受其影响。使用“颜料填充”模式对其填充后的效果如图 4-4-28 所示。

c. 后面绘画。涂改时不会涂改对象本身，只涂改对象的背景，不影响线条和填充。使用“后面绘画”模式对其填充后的效果如图 4-4-29 所示。

图 4-4-27 “标准绘画”效果 图 4-4-28 “颜料填充”效果 图 4-4-29 “后面绘画”效果

d．颜料选择。涂改只对预先选择的区域起作用。使用“颜料选择”模式对其填充后的效果如图 4-4-30 所示。

e．内部绘画。涂改时只涂改起始点所在封闭曲线的内部区域，如果起始点在空白区域，就只能在这块空白区域内涂改。如果起始点在图形内部，则只能在图形内部进行涂改。如图 4-4-31 所示是使用“内部绘画”模式对图 4-4-26 填充后的效果。

图 4-4-30 “颜料选择”效果

图 4-4-31 “内部绘画”效果

② 刷子大小和刷子形状。利用刷子的大小选项，可以设置刷子的大小，共有 8 种不同大小尺寸的刷子可供选择，如图 4-4-32 所示。利用刷子的形状选项，可以设置刷子的不同形状，共有 9 种形状的刷子样式可以选择，如图 4-4-33 所示。

图 4-4-32 刷子大小

图 4-4-33 刷子形状

3. 其他工具

（1）锁定填充

“锁定填充”按钮是一个开关按钮。当使用渐变色作为填充色时，单击按钮，可将上一笔触的颜色变化规律锁定，作为这一笔触对该区域色彩变化规范。也可锁定渐变色或位图填充，使填充看起来好像扩展到整个舞台，并且用该填充涂色的对象就好像是显示下面的渐变或位图的遮罩。

（2）橡皮擦工具

橡皮擦工具用来擦除图形的外轮廓和内部颜色。有多种擦除模式，可以设置为只擦除图形的外轮廓和侧部颜色，也可以定义只擦除图形对象的某一部分的内容。可以在实际操作时根据具体情况设置不同的擦除模式。在绘图工具箱中选择橡皮擦工具，橡皮擦工具没有相应的属性选项。但在工具箱的“选项”面板中，有如图 4-4-34 所示的选项功能设置的附加属性。

① 橡皮擦模式。单击“橡皮擦模式”按钮将弹出“橡皮擦模式”下拉列表，如图 4-4-35 所示。

图 4-4-34　附加属性

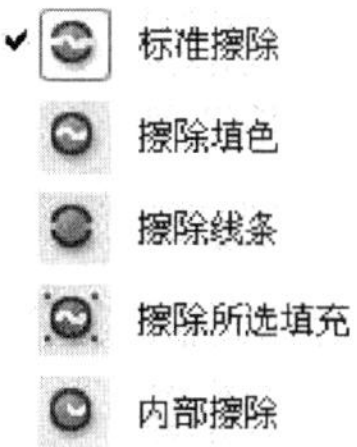

图 4-4-35　“橡皮擦模式”下拉列表

a. 标准擦除。将擦除橡皮擦经过的所有区域，可以擦除同一层上的笔触和填充。此模式是 Flash CS4 的默认工作模式，如图 4-4-36 所示。

b. 擦除填色。选择此模式后，拖动橡皮擦可以擦除舞台上的任何填充区域，但是会保留轮廓线，如图 4-4-37 所示。

图 4-4-36　“标准擦除”效果

图 4-4-37　“擦除填色”效果

c. 擦除线条。选择此模式后，可以拖动橡皮擦擦除舞台上的曲线或轮廓线，但是会保留填充区域，如图 4-4-38 所示。

d. 擦除所选填充。选择此模式，可以拖动橡皮擦在舞台上擦除被选择的填充区域，但是未被选择的填充区域不会被擦除，如图 4-4-39 所示。

e. 内部擦除。只擦除橡皮擦起始位置所在的填充区域内部，如图 4-4-40

所示。

②“水龙头”按钮。功能类似颜料桶和墨水瓶功能的反作用，即将图形的填充色整体去掉，或者将图形的轮廓线全部擦除，只需在要擦除的填充色或者轮廓线上单击即可。

③ 橡皮擦形状。单击“橡皮擦形状”按钮右边的下拉箭头，打开如图 4-4-41 所示的“橡皮擦形状”下拉列表，从中选择所需要的橡皮擦形状。

图 4-4-38 “擦除线条”效果

图 4-4-39 “擦除所选填充”效果

图 4-4-40 “内部擦除”效果

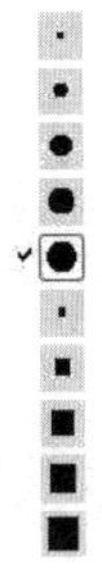

图 4-4-41 “橡皮擦形状”下拉列表

4.4.3 使用辅助工具

拓展资源 4-4：Flash 中辅助工具的应用

舞台可以放置屏幕上的显示的文本、图像和视频，集中了所有要展示的动画元素。若这些对象需要用户精确地定位到舞台上某个位置，必须借助一些辅助工具。Flash CS4 提供了 3 种辅助工具用于对象的精确定位，即标尺、辅助线和网格。

1. 标尺

标尺能帮助用户测量、组织和计划作品布局，选择“视图”|“标尺”命令打开标尺（快捷键为 Ctrl+Alt+Shift+R），此时垂直标尺和水平标尺会出现在文档窗口边缘，如图 4-4-42 所示。

由于 Flash CS4 的图形是以像素为单位进行度量的，所以大部分情况下，标尺以像素为单位，如果需要更改标尺的单位，可以在“文档属性”对话框中设置，如果需要显示或隐藏标尺，可以再一次单击标尺命令或按快捷键 Ctrl+Alt+Shift+R。

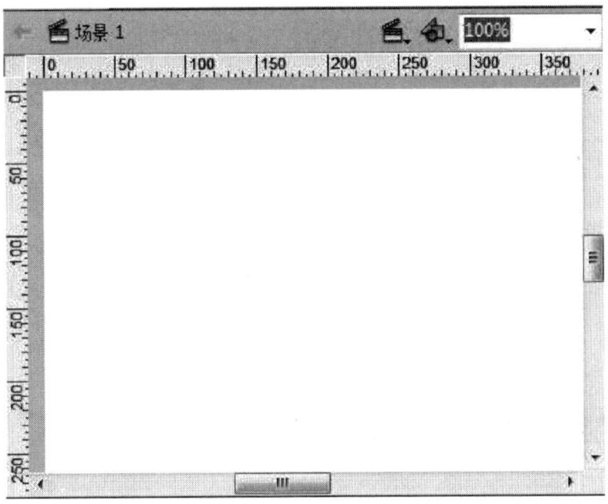

图 4-4-42　标尺效果

2. 辅助线

辅助线是用户从标尺中拖到舞台上的线条，主要用于放置和对齐对象。用户可以使用辅助线来标记舞台上的重要部分，如边距、舞台中心点和要精确地进行工作的区域等。要使用辅助线，必须先打开标尺，然后从标尺的上面或左侧拖动水平辅助线和垂直辅助线到舞台上，这时在舞台中会出现如图 4-4-43 所示的辅助线。用户可以在设定的区域内部进行动画设置。

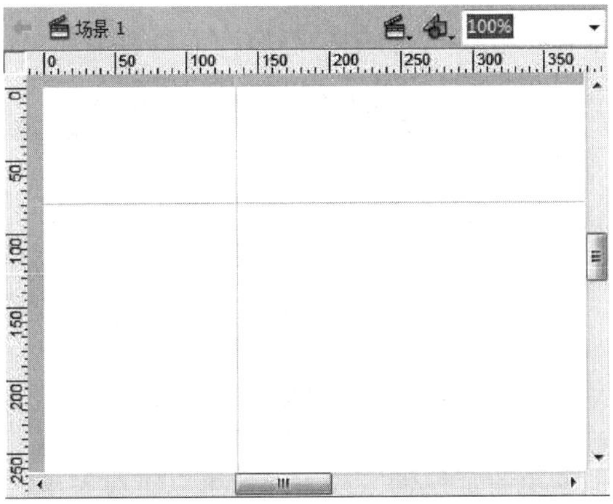

图 4-4-43　辅助线效果

对于多余或者不需要的辅助线，可以将其拖曳到标尺位置处，则辅助线在舞台中将不再显示。或者选择“视图”|“辅助线”|“隐藏辅助线”命令隐藏辅助线（快捷键为 Ctrl+；），然后所设置的所有辅助线将被全部隐藏。若要移动辅助线，则选中辅助线，按住鼠标直接拖动即可。

单击“视图”|“辅助线”命令右侧的黑色小三角符号或者在舞台上单击鼠标

右键，则弹出如图 4-4-44 所示的快捷菜单。可以通过菜单上面的命令对辅助线进行操作。

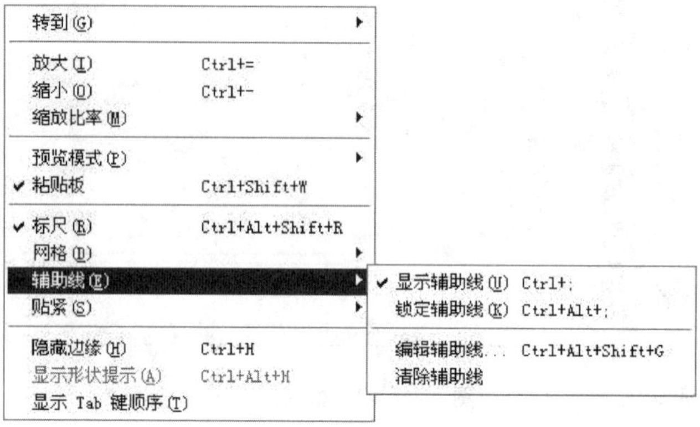

图 4-4-44 辅助线子菜单

若要删除辅助线，请在辅助线处于解除锁定状态时，选中辅助线后将其拖拽到水平或垂直标尺的位置，或使用图 4-4-44 中的“清除辅助线”命令。

若要辅助线在特定位置不动，则可将辅助线锁定。选择“视图”|“辅助线”|“锁定辅助线”命令（快捷键为 Ctrl+Alt+;），将辅助线进行锁定。锁定后的辅助线只有被解锁后才能进行移动或者删除。

选择“编辑辅助线”命令（快捷键为 Ctrl+Alt+Shift+G）后，弹出如图 4-4-45 所示的辅助线的属性窗口。用户可以通过此属性窗口对辅助线相关属性进行设置。

图 4-4-45 辅助线属性窗口

用户可以通过拖动重新定位辅助线，而且可以将对象与辅助线对齐，也可以锁定辅助线以防止它们意外移动，最终辅助线不会随文档一同导出。

3. 网格

Flash CS4 网格在舞台上显示为一个由横线和竖线构成的体系，它对于精确放置对象很有用。用户可以查看和编辑网格、调整网格大小以及更改网格的颜色。选择“视图”|“网格”命令右侧的黑色小三角符号或者在舞台上单击鼠标右键将弹出如图 4-4-46 所示的菜单。

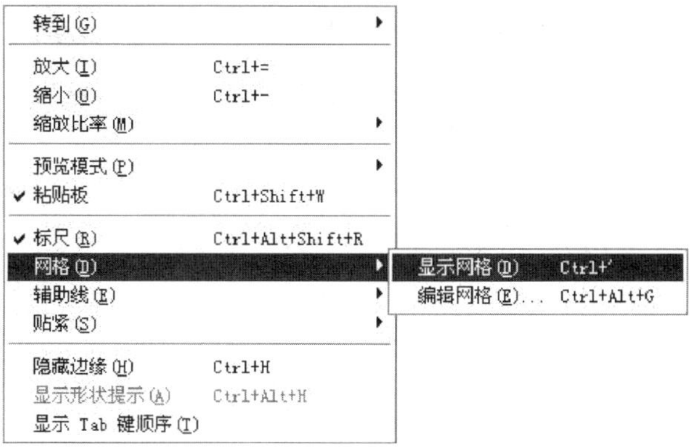

图 4-4-46　网格的子菜单

在子菜单中选择“显示网格”命令（快捷键为 Ctrl+’）后，在舞台上将出现如图 4-4-47 所示的网格。用户可以根据所显示的网格更加精确地定位对象的位置。

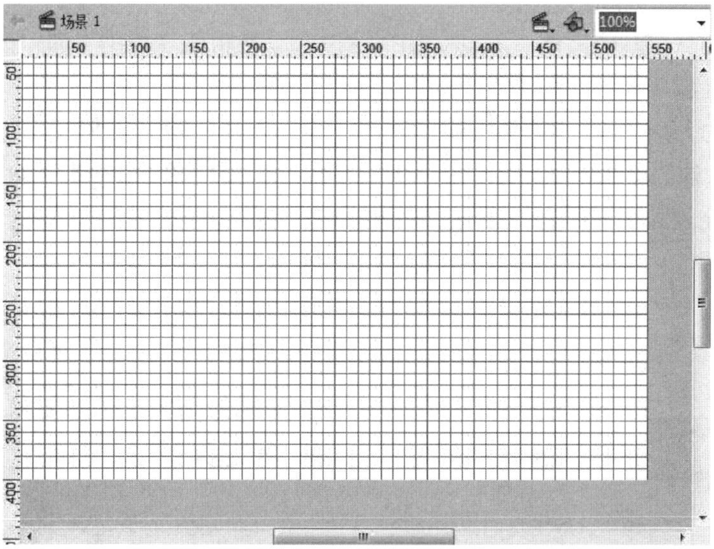

图 4-4-47　显示网格效果

在子菜单中选择“编辑网格”命令（快捷键为 Ctrl+Alt+G）后，将弹出如图 4-4-48 所示的“网格”对话框。可以通过此窗口更改网格颜色或网格尺寸。

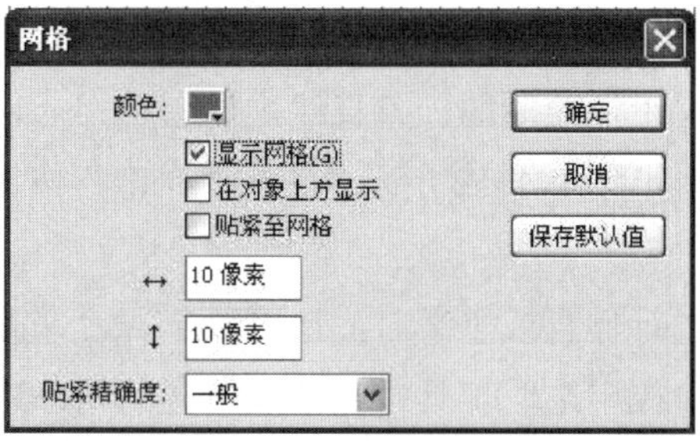

图 4-4-48　“网格”对话框

✧ 选择“在对象上方显示”，则网格将显示在舞台对象的上方。

✧ 选择“贴紧至网格”，则绘制或添加对象时，对象将紧贴网格显示。

✧ 选择菜单栏“视图”|“对齐”|“对齐网格”命令（快捷键为 Ctrl+Shift+’），可使对象与网格对齐。

4.4.4 图形的基本操作

1. 图形选择

（1）选取工具

选取工具（又称为箭头工具），其快捷键是 V，它是工具箱中使用率较高的工具之一，主要作用是选择工作区中的对象。在绘图操作过程中，常常先选择需要处理的对象，然后对这些对象进行各种处理，而选择对象通常是使用选取工具来完成。

选取工具没有相应的“属性”面板，但在工具箱的“选项”面板上有一些相应的附加选项，具体的选项设置如图 4-4-49 所示。

① 贴紧至对象。单击按钮，使其变为选中状态，此时使用选取工具拖动对象，光标处将出现一个小圆圈，将对象向其他对象移动，当靠近目标对象时，小圆圈会自动吸附上去。此功能有助于将两个对象很好地连接在一起，如图 4-4-50 所示。

图 4-4-49 选取工具的附加选项

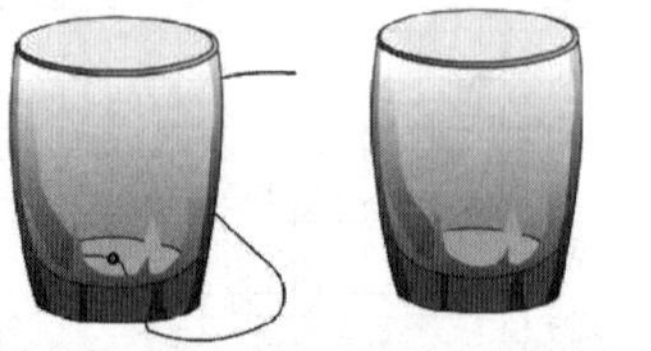

图 4-4-50 贴紧至对象效果

②“平滑”按钮。此功能可以对选中的矢量图形的图形块或线条进行平滑化修饰，使图形变得更加柔和。选择绘制的矢量图形或线条，单击按钮，可对选取的对象进行平滑化修饰。选中一条线条，可多次单击此按钮对线条进行平滑处理，直到线条的平滑程度达到要求为止。

在舞台中存在使用铅笔绘制的一条直线，如图 4-4-51 所示。单击“平滑”按钮一次，则线条变化如图 4-4-52 所示。单击“平滑”按钮两次，则线条变化如图 4-4-53 所示。

注意：在对线条进行伸直或平滑时，还可以选择“修改”菜单中的“直线”命令或“平滑”命令。在用选取工具对线条或填充的轮廓进行处理时，有以下几种方法。

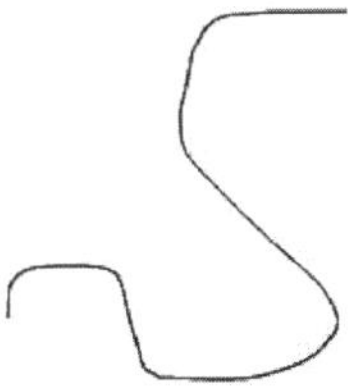

图 4-4-51　原始图形

图 4-4-52　进行一次平滑处理

图 4-4-53　进行两次平滑处理

a. 在舞台上，当鼠标靠近线条上任意一点后，按住鼠标左键拖动即可改变线条的形状，如图 4-4-54 所示，放开鼠标后则直线如图 4-4-55 所示。让光标靠近填充区域的轮廓上任意一边后，按住鼠标左键拖动即可改变填充区域的形状，如图 4-4-56 所示，放开鼠标后则图像如图 4-4-57 所示。

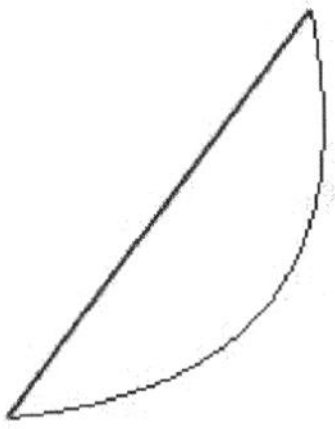

图 4-4-54　拖动线条

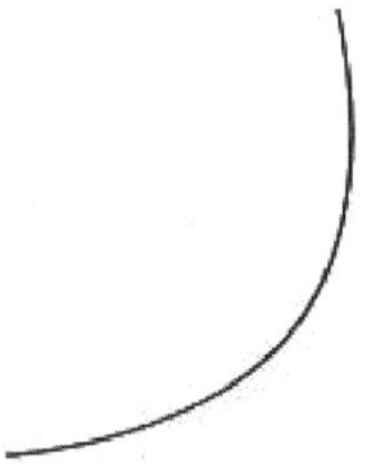

图 4-4-55　效果 1

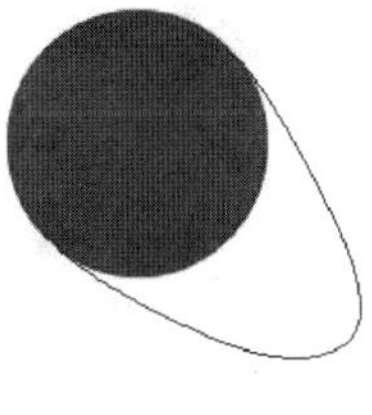

图 4-4-56　拖动图形边缘

图 4-4-57　效果 2

b. 按住 Ctrl 键的同时拖动线条，可以在线条上增加新的角点。按住 Ctrl 键的同时拖动如图 4-4-58 所示的线条，放开鼠标得到如图 4-4-59 所示的带有角点的线条。

c. 将箭头移动到矩形的角时会出现一个直角标志，按住鼠标可将线条向任意方向拉伸。若按住 Ctrl 键拖动直线端点，则 Flash CS4 会自动捕捉线条使其处于水平与垂直方向位置。

（2）部分选取工具

部分选取工具是图形造型编辑工具，方便对路径上的控制点进行选取、拖动、调整路径方向及删除节点等操作，使图形达到理想的造型效果。当某一对象被部分选取工具选中后，图形轮廓上将出现很多控制点，如图 4-4-60 所示。通过调整控制点改变图形，如图 4-4-61 所示。

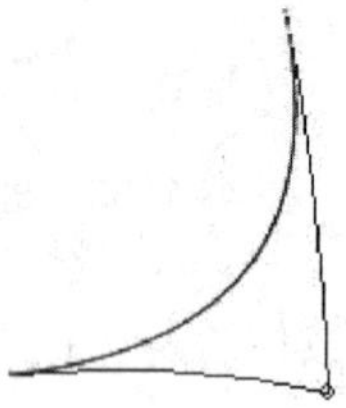

图 4-4-58　按键拖动

图 4-4-59　效果 3

图 4-4-60　控制点出现

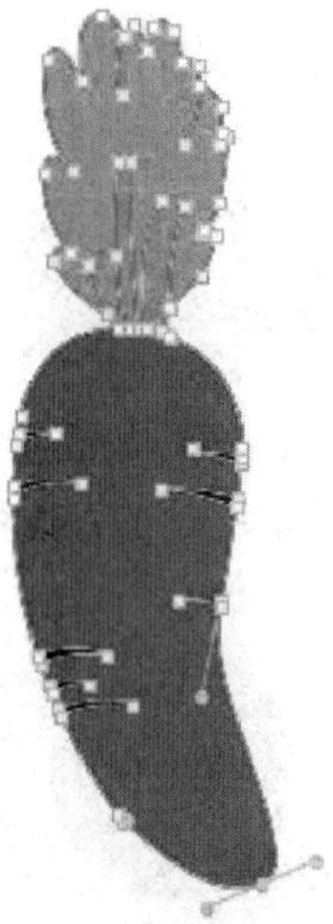

图 4-4-61　改变控制点

使用部分选取工具能够改变线形和图形的外形，图 4-4-60 和图 4-4-61 中显示了更改图形的外形时部分选取工具的用法。下面介绍部分选取工具的基本用法。

① 在绘图工具箱中选择铅笔工具，在舞台上绘制一条任意曲线，如图 4-4-62 所示。

② 在绘图工具箱中选择部分选取工具，然后使用该工具单击刚刚创建的曲线，这时在曲线上将显示出所有节点，使用鼠标拖动这些节点，可改变曲线形状，如图 4-4-63 所示。

图 4-4-62　原始图形

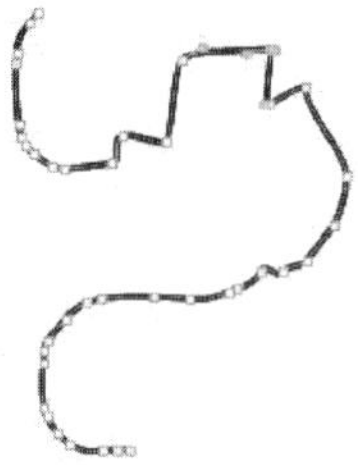

图 4-4-63　使用部分选取工具后的效果

（3）套索工具

套索工具是用来选择对象的，主要用于处理位图。和选取工具相比，套索工具的选择方式有所不同。使用套索工具可以自由选定要选择的区域，而不像选取工具将整个对象都选中。

使用套索工具选择对象前，可以对其属性进行设置。套索工具没有相应的“属性”面板，但在工具箱的“选项”面板中，有一些相应的附加选项，具体的选项设置如图 4-4-64 所示。其中包括魔术棒工具、魔术棒设置、多边形模式。下面对其进行详细介绍。

① 魔术棒工具。该工具可以在位图中快速选择颜色近似的所有区域。在对位图进行魔术棒操作前，必须先将该位图打散，再使用魔术棒工具进行选择，如图 4-4-65 所示。只要在图上单击，然后按住 Shift 键，就会有连续的区域被选中。

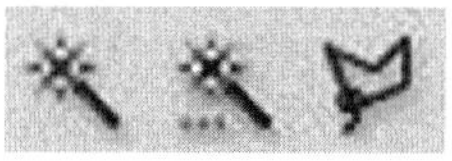

图 4-4-64　魔术棒选项

图 4-4-65　魔术棒效果

② 魔术棒设置。单击该工具，弹出“魔术棒设置”对话框，如图 4-4-66 所示。

a. 阈值：用来设置所选颜色的近似程度，只能输入 0~200 之间的整数，数值越大，差别大的其他邻接颜色就越容易被选中。

b. 平滑：所选颜色近似程度的单位，默认为“一般”。

③ 多边形模式。单击该按钮切换到多边形套索模式，通过配合鼠标的多次单击，圈选出直线多边形选择区域，双击自动封闭图形，如图 4-4-67 所示。

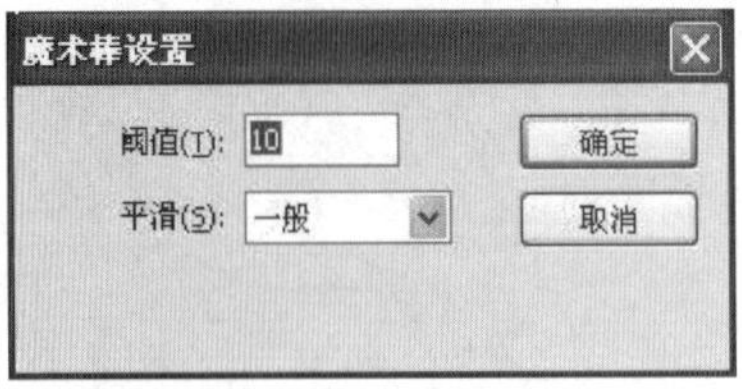

图 4-4-66 “魔术棒设置”对话框

图 4-4-67 “多边形模式”效果

2. 绘制模式

在 Flash 中，可以使用不同的绘制模式绘制对象。在绘制过程中，这些模式各有特征和利弊。

（1）合并绘制模式

默认绘制模式重叠绘制的形状时，它们会自动进行合并。当用户绘制在同一图层中互相重叠的形状时，顶层的形状会截去在其下面与其重叠的形状。例如，在舞台中绘制两个颜色不同的圆，如图 4-4-68 所示。然后将红色的圆叠加到黄色的圆上面，如图 4-4-69 所示。然后选择红色圆形并进行移动，则效果如图 4-4-70 所示。

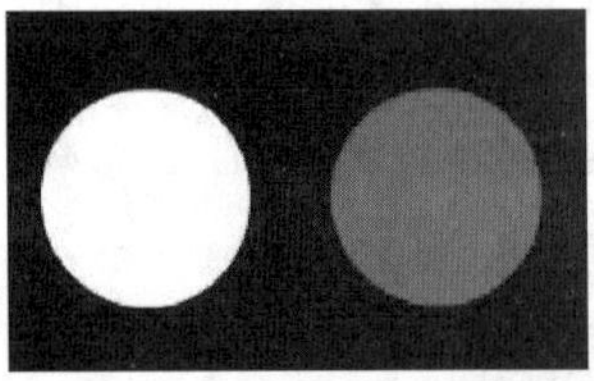

图 4-4-68 原始图形

图 4-4-69 两个图形重叠

图 4-4-70 再次分离

当形状既包含笔触又包含填充时，它们可以单独进行合并。在合并绘制模式下绘制一个五角星，如图 4-4-71 所示。当使用鼠标单击填充时，笔触不处于选中状态，如图 4-4-72 所示。单击笔触时，填充不处于选中状态。可将笔触和填充进行分离，如图 4-4-73 所示。

提示：该模式可以用来绘制图形，如在上述折叠圆的例子中绘制出漂亮的小月牙。

（2）对象绘制模式

创建称为绘制对象的形状。绘制对象是在叠加时不会自动合并在一起的单独图形对象。Flash CS4 将每个形状创建为单独的对象，可以分别进行处理。形状的笔触和填充不是单独的元素，并且重叠的形状也不会相互更改。选择用对象绘制模式创建形状时，Flash CS4 会在形状周围添加矩形边框来标识它，如图 4-4-74 所示。

图 4-4-71　原始图形

图 4-4-72　选中填充颜色

图 4-4-73　笔触和填充分离

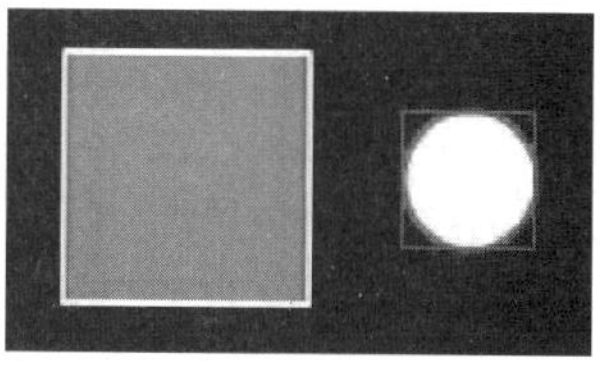

图 4-4-74　对象绘制效果

4.4.5　排列、组合和分离对象

1. 对齐对象

Flash CS4 提供了“对齐”菜单和“对齐”面板，通过它们都能够实现对多个显示对象进行精确定位。下面重点介绍通过使用“对齐”面板对齐对象，“对齐”菜单中的选项大致与“对齐”面板的功能类似。

选择“窗口”|“对齐”命令（快捷键为 Ctrl+K），打开“对齐”面板，如图 4-4-75 所示。

“对齐”面板中包含“对齐”、“分布”、“匹配大小”、“间隔”和“相对于舞台”5 个选项组。通过对选中对象的不同对齐选项的选择，能够得到不同的结果。

拓展资源 4-5：对齐操作的不同对齐模式操作

2. 合并对象

在 Flash CS4 中可将多个绘制对象根据选择合并模式合并成一个对象。选择需要合并的多个对象，选择“修改”|“合并对象”命令，打开“合并对象”子菜单，如图 4-4-76 所示。在 Flash CS4 中，合并对象的模式有 4 种：“联合”、“交集”、“打孔”和“裁切”。通过选择对选中对象的不同合并选项，能够得到不同的合并结果。

拓展资源 4-6：对象的合并模式

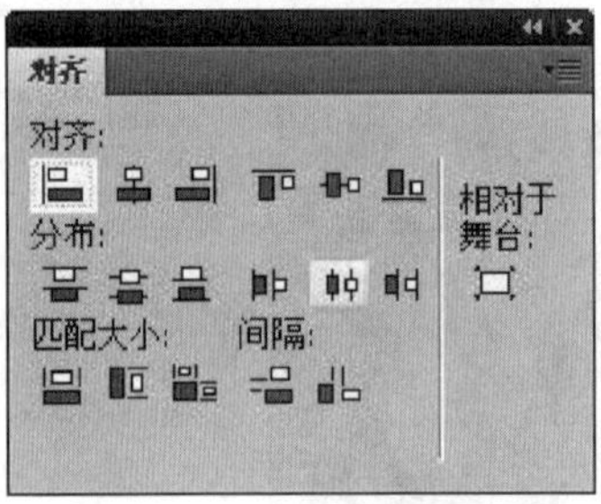

图 4-4-75 “对齐”面板

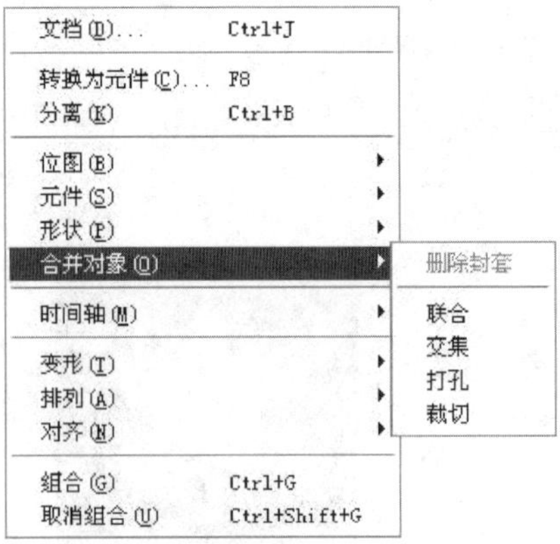

图 4-4-76 “合并对象”子菜单

3. 对象的复制、移动和删除

对于舞台中的显示对象，可以进行移动、复制、删除操作，下面分别进行介绍。

（1）移动对象

移动对象可以通过下面几种方法来进行。

① 通过拖动移动对象：选中要移动的对象，选择选取工具并将指针放在对象上，将其拖到新位置即可。

② 通过粘贴移动对象：选中要移动的对象，选择“编辑”|“剪切”命令（快捷键为 Ctrl+X），然后选择其他位置、图层、场景或文件，再选择“编辑”|“粘贴到当前位置”命令（快捷键为 Ctrl+Shift+V），将所选内容粘贴到相对于舞台的同一位置。若选择“编辑”|“粘贴到中心位置”命令（快捷键为 Ctrl+V），则将所选内容粘贴到工作区的中心。

③ 用方向键移动对象：选中要移动的对象，按相应的方向键，则选中的对象将一次移动 1 个像素点。

在进行对象的移动时，需要注意以下几点。

a．按住 Shift 键和方向键可以让所选对象一次移动 10 个像素点。

b．选择了“贴紧至像素”选项时，可使用方向键以文档像素网格（而不是以屏幕像素）为像素增量移动对象。

c．使用属性检查器移动对象：选中要移动对象，更改对应“属性”面板左上角位置 x 和 y 值。

d．使用“信息”面板移动对象：选中要移动的对象，选择“窗口”|“属性”命令（快捷键为 Ctrl+I），则弹出如图 4-4-77 所示的“信息”面板。在其中修改 x 和 y 值即可。

（2）复制对象

复制对象可以通过下面几种方法来进行。

① 通过拖动复制对象：选中要复制的对象，单击选取工具并将鼠标指针放在对象上，按住 Alt 键将其拖到新位置。

② 通过快捷键复制对象：选中要复制的对象，按 Ctrl+D 键，则直接实现对所选对象的复制。

③ 通过粘贴复制对象：选中要复制的对象，选择“编辑”|“复制”命令（快捷键为 Ctrl+C），然后选择其他位置、图层、场景或文件，再选择“编辑”|“粘贴到当前位置”命令（快捷键为 Ctrl+Shift+V），将所选内容粘贴到相对于舞台的同一位置。若选择“编辑”|“粘贴到中心位置”命令（快捷键为 Ctrl+V），则将所选内容粘贴到工作区的中心。

④ 用剪贴板复制对象：可以将剪贴板中其他应用程序的对象通过“粘贴”命令（快捷键为 Ctrl+V）复制到 Flash 文件中。复制到剪贴板上的元素都消除了锯齿，因而它们在其他应用程序中看起来与在 Flash 文件中一样好。对于包含位图图像、渐变、透明或蒙版图层的帧，此功能非常有用。

⑤ 通过“变形”面板复制对象：可以创建对象的缩放、旋转或倾斜副本。选择要复制的对象，选择“窗口”|“变形”命令（快捷键为 Ctrl+T），弹出如图 4-4-78 所示的“变形”面板。输入缩放、旋转或倾斜值，此处设定旋转的度数为 30°，多次单击面板中的“重制选区和变形”按钮，得到如图 4-4-80 所示的变形后的效果，可以看出是直接按照 30° 的旋转方向将图 4-4-79 中的原始图形复制了多份。

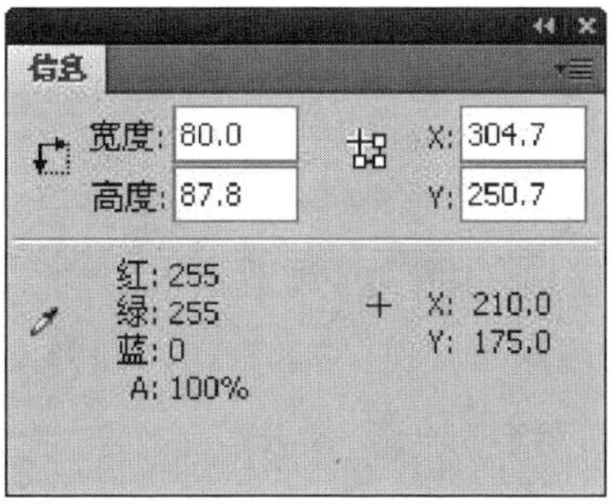

图 4-4-77　“信息”面板

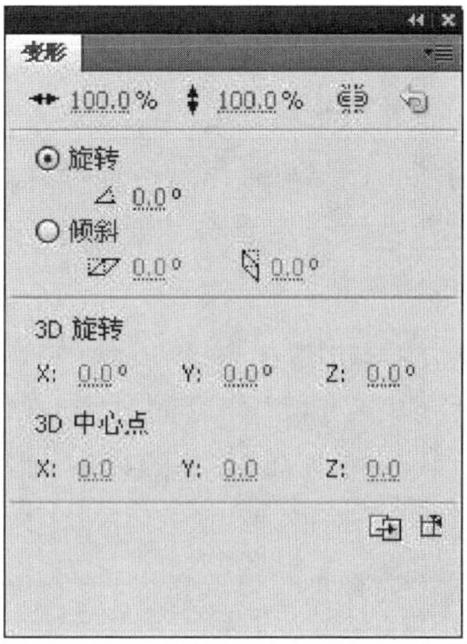

图 4-4-78　“变形”面板

图 4-4-79 原始图形

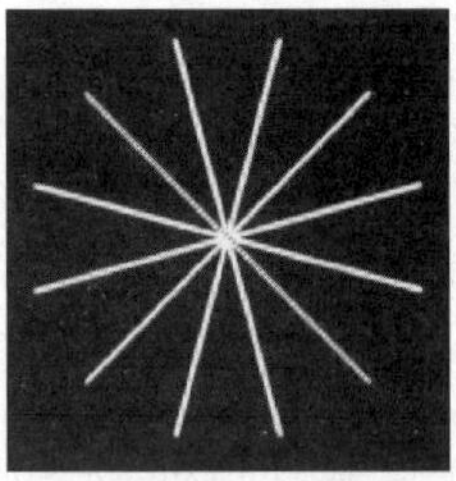

图 4-4-80 变形后的效果

（3）删除对象

要想让对象不显示在舞台上，可以将其从舞台中删除，删除对象的步骤如下。

① 选择一个或多个要删除的对象。

② 执行下列操作之一。

a．按 Delete 键或 Backspace 键。

b．选择“编辑”|“清除”命令（快捷键为 Backspace）。

c．选择“编辑”|“剪切”命令（快捷键为 Ctrl+X）。

提示：选中要处理的对象，右击，亦能实现对显示对象的移动、复制和删除操作。

4. 组合对象与分散到图层

组合对象指的是将对象形成一个统一的整体，分散操作常用于将舞台中比较复杂的对象的不同部分分散在多个图层，下面分别介绍它们的使用方法。

（1）组合对象

组合对象的操作会涉及对象的组合与取消组合两部分，组合后的各个对象可以被同时移动、复制、缩放和旋转等。当需要对组合对象中的某个对象进行单独的编辑时，可以对其分离后再进行编辑。组合不仅可以在对象和对象之间，也可以在组合和组合对象之间。

将多个图形进行组合：选择舞台中要组合的对象，如图 4-4-81 所示。选择“修改”|“组合”命令（快捷键为 Ctrl+G），将所选对象组合成一个整体，如图 4-4-82 所示。

对于已经组合的对象可以取消组合，一般用到的方法有以下两种。

① 选中要取消组合的对象，如图 4-4-82 所示。选择“修改”|“取消组合”命令（快捷键为 Ctrl+Shift+G），则得到如图 4-4-81 所示的效果。

② 选中要取消组合的对象，如图 4-4-82 所示。在对象上右击，在弹出的快捷菜单中选择“分离”命令，则亦得到如图 4-4-81 所示的效果。

如果要对组合的对象进行编辑，亦可以在组合后的对象上双击，进入到组合对象的内部，单独编辑组合的对象，如图 4-4-83 所示。

图 4-4-81　原始图形

图 4-4-82　组合效果

图 4-4-83　组合对象编辑

（2）分散到图层

Flash CS4 提供了非常方便的命令——分散到图层，帮助用户快速地把同一图层的多个对象分别放置到不同的图层中。选择一个图层中所对应舞台上的多个对象，如图 4-4-84 所示。选择“修改” | “时间轴” | “分散到图层”命令（快捷键为 Ctrl+Shift+D），舞台的选中对象将被放置到不同图层所对应的舞台中，如图 4-4-85 所示。

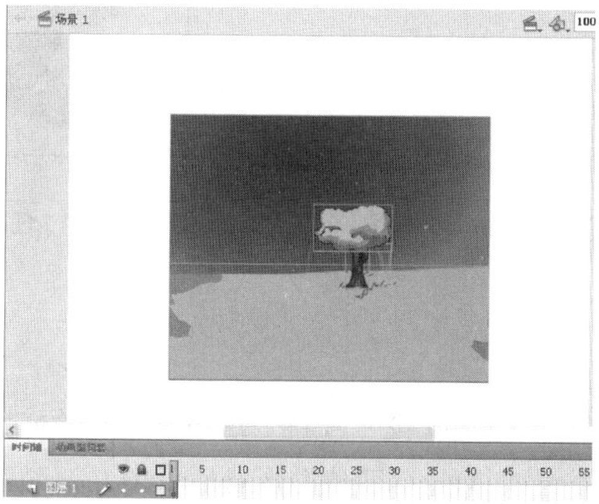

图 4-4-84　原始图形

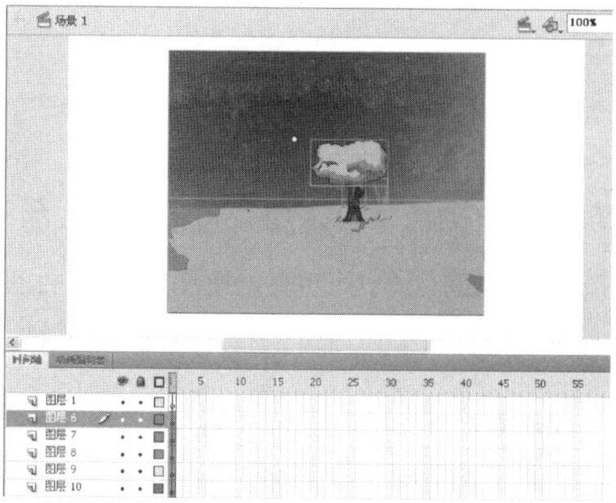

图 4-4-85　分散到图层效果

4.4.6 对象的变形

对象的变形通过任意变形工具来完成。任意变形工具主要用于对各种对象进行缩放、旋转、倾斜、扭曲和封套等操作。通过任意变形工具，可以将对象变形为自己需要的各种样式。

任意变形工具没有相应的“属性”面板。但在工具箱的“选项”面板中有一些选项设置，设有相关的工具。其具体的选项设置如图 4-4-86 所示。

选择任意变形工具（快捷键为 Q），在工作区中单击将要进行变形处理的对象，对象四周将出现如图 4-4-87 所示的调整句柄。通过调整句柄对选择对象进行各种变形处理，也可以通过工具箱“选项”面板中的任意变形工具的功能选项来设置。

图 4-4-86 任意变形工具附加选项

图 4-4-87 任意变形工具句柄

1. 旋转

单击“选项”面板中的“旋转与倾斜”按钮，将光标移动到所选图形边角的句柄（黑色小方块）上，当光标变成形状后单击并拖动鼠标，即可对选取的图形进行旋转处理，如图 4-4-88 所示。移动光标到所选图形的中心，在光标变成“箭头”形状后对图形中心点进行位置移动，可以改变图形在旋转时的轴心位置，如图 4-4-89 所示。

2. 缩放

单击“选项”面板中的“缩放”按钮，可以对选取的图形进行水平、垂直缩放或等比例缩放。按住角上的黑色小方块，使用鼠标进行拖拽，能够进行水平、垂直等比例缩放。按住边上的黑色小方块，使用鼠标进行拖拽，能够进行水平缩放或垂直缩放。

3. 扭曲

对于 Flash CS4 中的矢量图形，单击“选项”面板中的“扭曲”按钮，移动光标到所选图形边角的黑色方块上，在光标改变为▷形状时按住鼠标左键并拖动，可以对所选图形进行扭曲变形，如图 4-4-90 所示。释放鼠标后可得到如图 4-4-91 所示的图形。

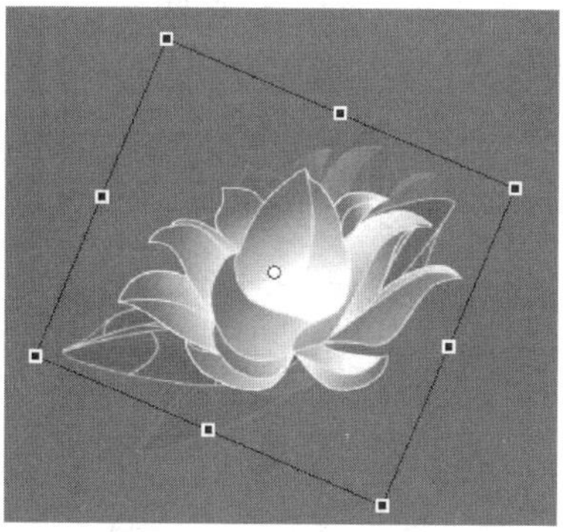

图 4-4-88　旋转效果

图 4-4-89　中心点调整

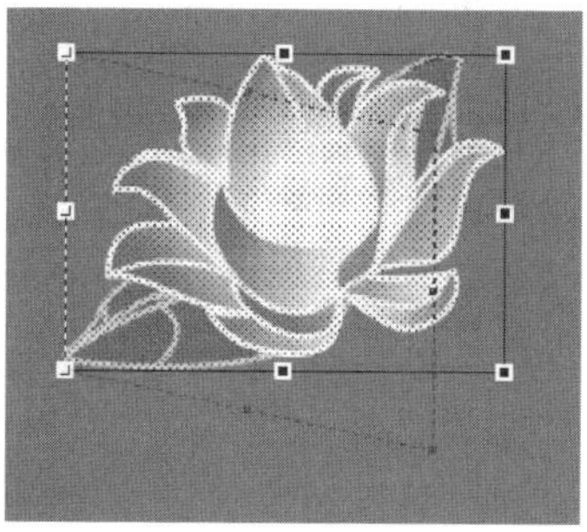

图 4-4-90　扭曲选择

图 4-4-91　扭曲效果

4. 封套

对于 Flash CS4 中的矢量图形，单击“选项”面板中的“封套”按钮，可以在所选图形的边框上设置封套节点，用鼠标拖动封套节点及控制点，可以对图形进行封套。使用封套工具选中如图 4-4-92 所示的图像，使用封套工具调整后，效果如图 4-4-93 所示。

5. 倾斜

选择任意变形工具后，在没有选择“选项”面板上的任何选项时，可以对选中对象进行倾斜操作。移动光标到所选图形边缘的黑色小方块上，当光标变为水平或垂直箭头时按住鼠标左键并拖动鼠标，可以对图形进行水平或垂直方向上的倾斜变形。使用倾斜工具选中如图 4-4-92 所示的图像，调整后效果如图 4-4-94 和图 4-4-95 所示。

图 4-4-92　原图像

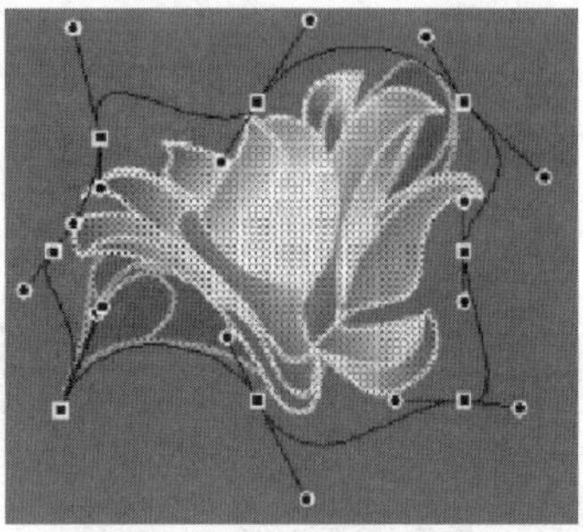

图 4-4-93　封套效果

图 4-4-94　倾斜效果 1

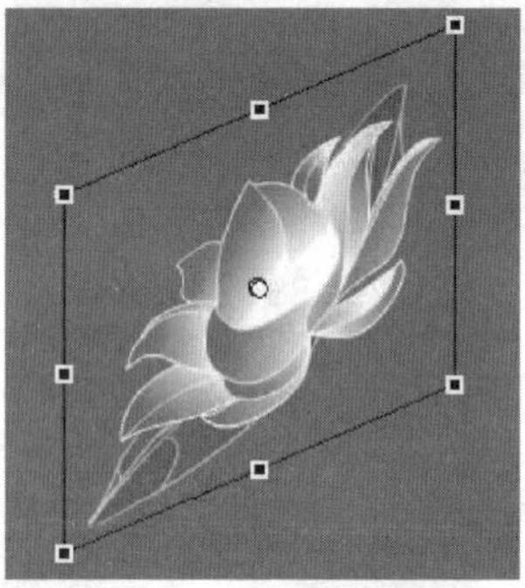

图 4-4-95　倾斜效果 2

4.4.7　填充对象

在绘制图形时，前面使用的是颜料桶和笔触的默认颜色上色。Flash CS4 提供了设定颜色的相关工具，包括颜料桶工具、墨水瓶工具、渐变变形工具和滴管工具。

1. “颜色”面板

在阐述为图形上色之前，先介绍 Flash CS4 中所提供的“颜色”面板，可以通过“颜色”面板设置颜色。选择“窗口”|“颜色”命令或按 Shift+F9 键，则弹出如图 4-4-96 所示的面板，包括笔触和颜料桶选择、颜色类型、颜色示例、使用位图填充图像等内容。

（1）笔触和颜料桶选择

通过鼠标单击选择是对笔触设置还是对颜料桶进行设置，图 4-4-96 中显示的是选择对颜料桶进行颜色设置，若更改为笔触设置，直接单击“笔触”按钮即可。

（2）颜色类型

“类型”下拉列表框如图 4-4-97 所示，主要有“无”、“纯色”、“线性”、“放射状”和“位图”5 种形式。它们代表的含义如下。

① 无：表示禁止颜料桶或者笔触的颜色。

② 纯色：表示选择单一的颜色填充。

③ 线性：表示沿线性轨道混合的渐变。

④ 放射状：表示从一个中心角点出发沿环形轨道混合的渐变。

⑤ 位图：允许用可选的位图图形平铺所选的填充区域。

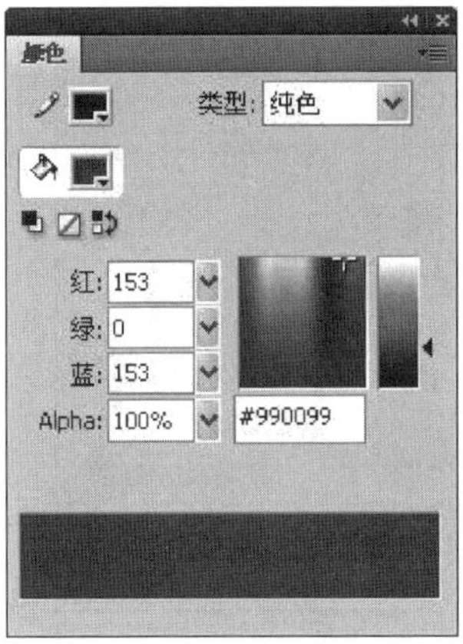

图 4-4-96　“颜色”面板

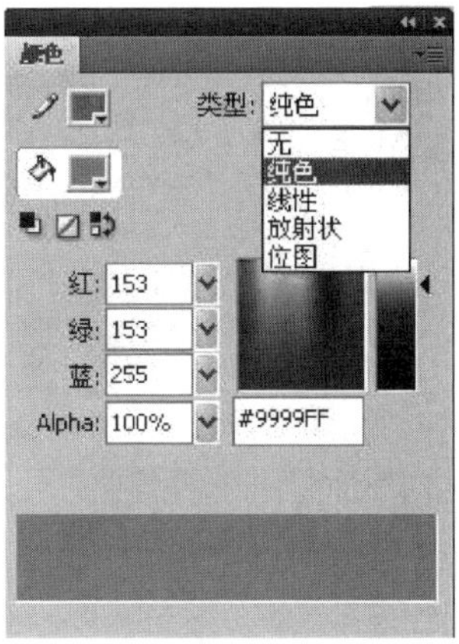

图 4-4-97　颜色类型

（3）颜色示例

在“类型”下拉列表框中，选择“线性”选项，在面板下方将出现线性渐变颜色，如图 4-4-98 所示。选择“放射状”选项，在面板下方将出现放射状渐变颜色，如图 4-4-99 所示。

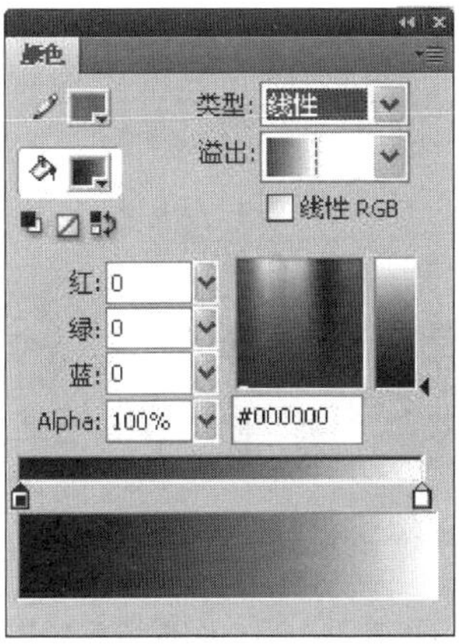

图 4-4-98　线性设置

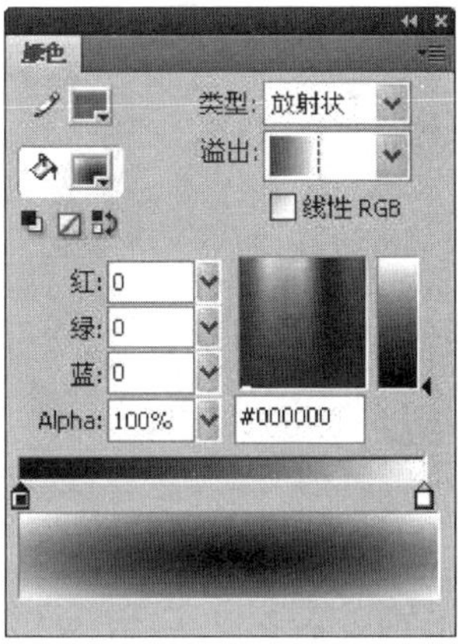

图 4-4-99　放射状效果

“线性”和“放射状”颜色都通过滑块调整。滑块的设定包括以下几个方面。

① 添加滑块。在为图形填充渐变色时，系统所提供的黑白渐变并不能满足

制作要求。此时，用户可以自定义渐变色。选择一种渐变色后，设置渐变类型，然后将鼠标指针放置到颜色条的某个空白位置，鼠标的指针变成带有加号的箭头形状，此时单击即可添加一个颜色滑块，如图 4-4-100 所示。

② 设置滑块。选中一个颜色滑块，在颜色选择区选择一种颜色，则所定位的颜色就是该滑块的颜色，可以通过颜色调节区的滑块调整选中的颜色。调整滑块后如图 4-4-101 所示。

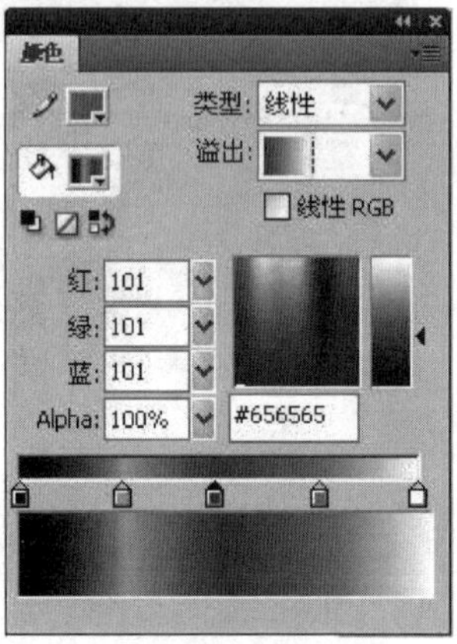

图 4-4-100　色块调整

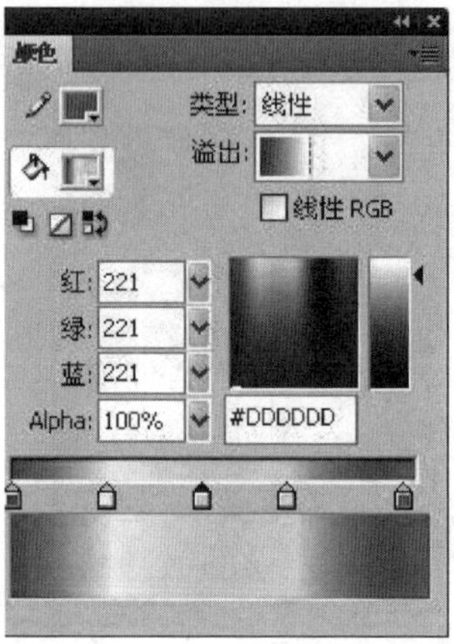

图 4-4-101　滑块颜色调整

③ 调整滑块。左右拖动滑块，可以更改在颜色条上的分布。颜色调整完成后，即可看到图形填充的渐变色如图 4-4-102 所示，填充效果如图 4-4-103 所示。

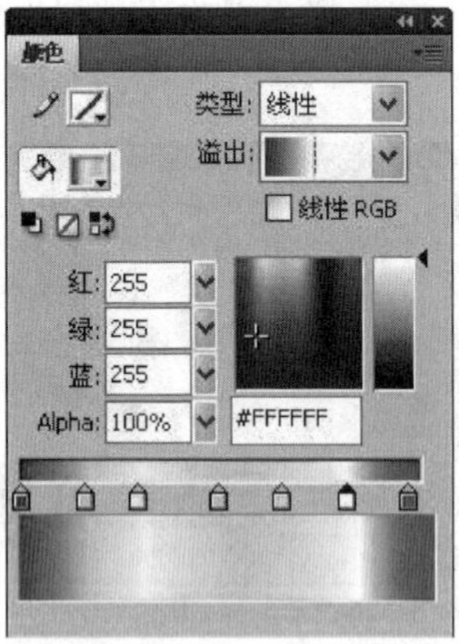

图 4-4-102　颜色设置

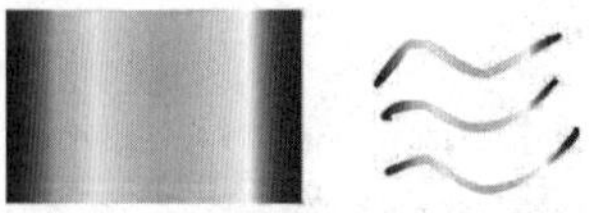

（a）渐变颜色　　（b）图形填充

图 4-4-103　图形填充效果

④ 删除滑块。若设置的颜色滑块过多，可以进行删除滑块操作。选中要删除的颜色滑块，按住鼠标左键不放向颜色示例区进行拖曳，即可把选中的颜色滑块删除。

（4）使用位图填充图像

在 Flash CS4 中，提供了使用位图的形式对对象进行填充。在“类型”下拉列表框中选择“位图”选项，将弹出如图 4-4-104 所示的“导入到库”对话框。浏览选择要使用的位图图像，选中图像后“颜色”面板如图 4-4-105 所示。在颜色浏览区可以看到导入的位图，要导入其他位图图像可以直接单击图 4-4-105 中的“导入”按钮。设定“类型”为“位图”后，选择矩形工具，在舞台中绘制矩形，得到如图 4-4-106 所示的效果。

图 4-4-104　“导入到库”对话框

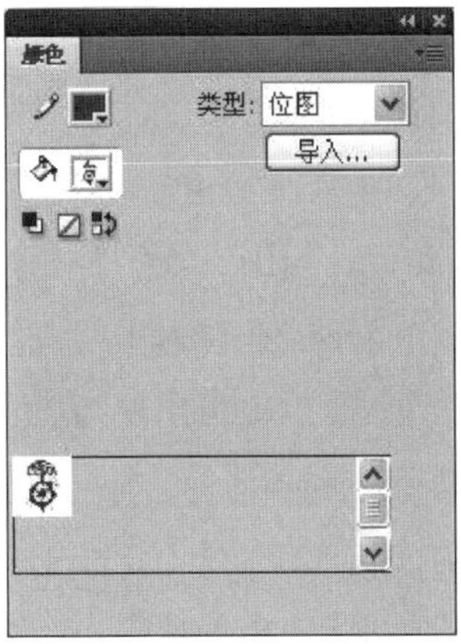

图 4-4-105　“颜色”面板

图 4-4-106　位图填充效果

2. 颜色工具

在设置好“颜色”面板后，可以使用颜料桶工具、墨水瓶工具为已绘制图形上色，使用渐变变形工具调整填充的颜色，使用滴管工具获取颜色。下面对这几类工具进行介绍。

（1）颜料桶工具

颜料桶工具用于对封闭的轮廓范围或图形块区域进行颜色填充。填充颜色可使用纯色也可使用渐变色，还可使用位图。选择工具箱中的颜料桶工具（快捷键为 K），光标在工作区中变成一个小颜料桶，在要改变或填充颜色的区域单击，即可实现改变或填充颜色。

颜料桶工具有 3 种填充模式：单色填充、渐变填充和位图填充。通过选择不同的填充模式，可以使用颜料桶制作出不同的效果。在工具栏的“选项”面板内，有一些颜料桶工具特有的附加功能选项，如图 4-4-107 所示。

① 颜料桶模式。单击按钮，弹出一个下拉列表框，用户可以在此选择颜料桶工具判断近似封闭的空隙宽度，“空隙大小”下拉列表如图 4-4-108 所示。选择“封闭小空隙”选项，使用铅笔画一个不完全封闭的区域，使用颜料桶填充后则得到如图 4-4-109 所示的图形。

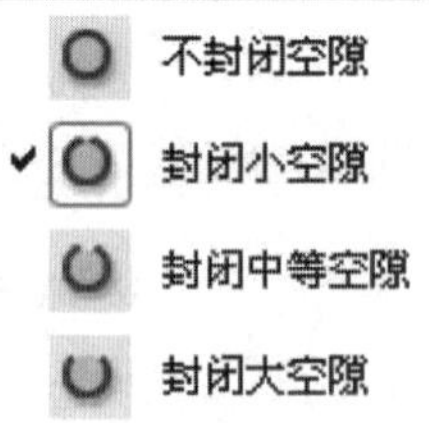

图 4-4-107　颜料桶的附加功能选项　图 4-4-108　封闭的空隙大小　图 4-4-109　填充效果

② 颜色锁定。单击“选项”面板中的“锁定”按钮，可锁定填充区域。其作用和刷子工具的附加功能中的填充锁定功能相同。

（2）墨水瓶工具

墨水瓶工具不仅可以改变已有边框线的颜色、粗细、线型等属性，还可为没有边框的矢量图块添加边框线。墨水瓶工具本身不能在舞台中绘制线条，只能对已有线条进行修改。选择墨水瓶工具后，“属性”面板上将出现与墨水瓶工具有关的属性，如图 4-4-110 所示。

选择工具箱中的墨水瓶工具（快捷键为 S），光标在工作区中将变成一个墨水瓶的形状，表明此时已经激活了墨水瓶工具。选中需要使用墨水瓶工具来添加轮廓的图形对象，在“属性”面板中设置好线条的色彩、粗细及样式，将光标移至图像边缘并单击，为没有边框的图形添加边框线或者修改图形的边框线，如图 4-4-111 所示。

提示：若墨水瓶工具的作用对象是矢量图形，则可以直接给其添加轮廓。如果对象是文本或点阵，则需要先将其分离或打散，然后才可以使用墨水瓶工具添加轮廓。

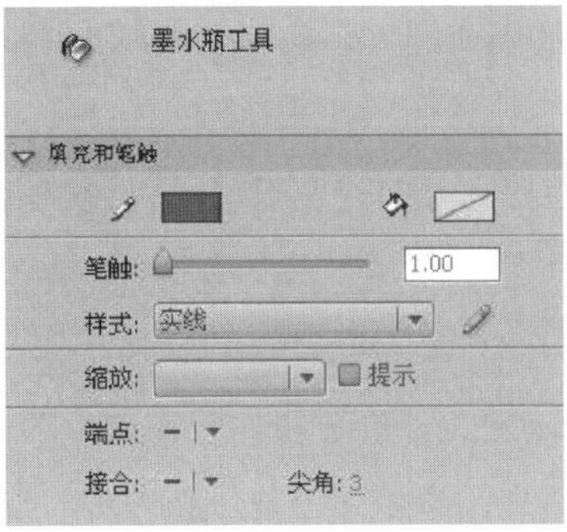

图 4-4-110　墨水瓶工具属性

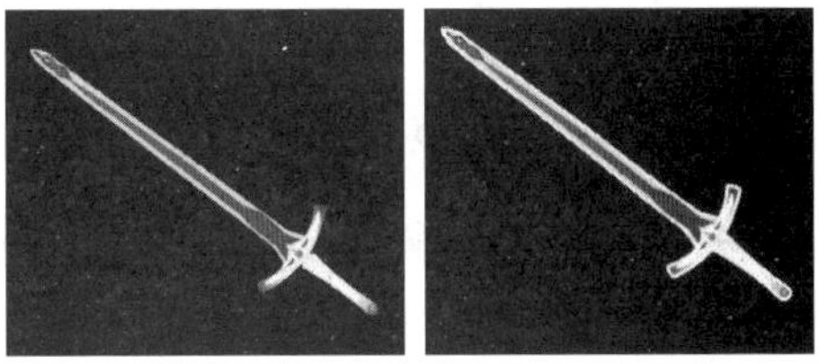

（a）原图像　　（b）效果

图 4-4-111　墨水瓶工具效果

（3）渐变变形工具

渐变变形工具主要用于对填充颜色进行各种方式的变形处理，如选择过渡色、旋转颜色和拉伸颜色等。下面介绍使用渐变变形工具的具体操作方法。

① 选择椭圆工具，按住 Shift 键在舞台上绘制无填充色的圆，如图 4-4-112 所示。

② 单击按钮，在“颜色”面板中设定填充颜色为黑绿放射状渐变色。然后在舞台上单击已绘制的图形，将其填充，效果如图 4-4-113 所示。

③ 单击按钮，在舞台的椭圆填充区域内单击，这时在椭圆的周围出现一个渐变圆，在圆上共有 3 个小的空心圆圈、一个小的空心方形控制点，拖动这些控制点填充色会发生变化，如图 4-4-114 所示。

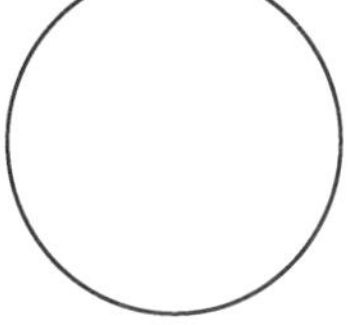

图 4-4-112　绘制无填充圆

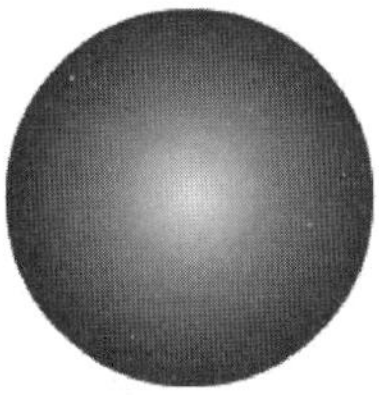

图 4-4-113　填充后的效果

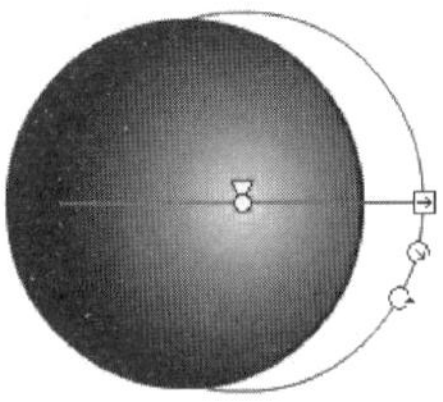

图 4-4-114　使用渐变变形后的效果

由图 4-4-114 可以看出，渐变变形工具中有 4 个控制点，通过改变控制点的位置改变颜色的填充样式。下面对这 4 个控制点进行说明。

a. 调整渐变圆中心。用鼠标拖动图形中心位置的圆形控制点，可移动填充中心的亮点位置。

b．调整渐变圆长宽比。用鼠标拖动位于圆周上的方形控制点，可以调整渐变圆的长宽比。

c．调整渐变圆大小。用鼠标拖动位于圆周上的渐变圆大小控制点，可以调整渐变圆的大小。

d．调整渐变圆方向。用鼠标拖动圆周上的渐变圆方向控制点，可以调整渐变圆的倾斜方向。

（4）滴管工具

滴管工具用于对色彩进行采样，可以拾取描绘色、填充色以及位图图形等。在拾取描绘色后，滴管工具自动变成墨水瓶工具，在拾取填充色或位图图形后自动变成颜料桶工具。

使用滴管工具时，将滴管的光标先移动到需要采集色彩特征的区域上，然后在需要某种色彩的区域上单击，即可将滴管所在点的具体颜色采集出来，接着移动到目标对象上，再单击，刚才所采集的颜色就被填充到目标区域了。

4.4.8 文本处理

Flash CS4 不仅具备优秀的绘图功能，而且在文字创作方面也毫不逊色。运用它可以创作出静止漂亮的文字，也可以制作出具有绚丽动画效果的文字，还可以产生激活和交互效果的文字。在 Flash CS4 中对文字进行处理需要用到文本工具 T，合理使用文本工具 T 可以增加 Flash 动画的整体效果，使动画显得更加丰富多彩。此部分重点介绍文本工具的使用。

1. 创建文本框

Flash CS4 动画中几乎所有的文字都是通过文本工具 T 实现的，根据文本字段在动画中的功能不同，可以将其分为以下 3 类：静态文本字段、动态文本字段和输入文本字段。

（1）创建静态文本

在默认情况下，使用文本工具创建的文本框为静态文本框，在发布的 Flash 作品中是无法修改的。要创建静态文本框，需首先选取文本工具，在舞台上单击进行文本的输入，绘制好的静态文本框没有边框。静态文本的“属性”面板信息如图 4-4-115 所示。

拓展资源 4-7：静态文本框中的属性信息

在“文本类型”下拉列表框中，其选项包括 3 个部分，如图 4-4-116 所示。静态文本中的相关属性信息和 Word 中的大致相同。

图 4-4-115　文本属性信息

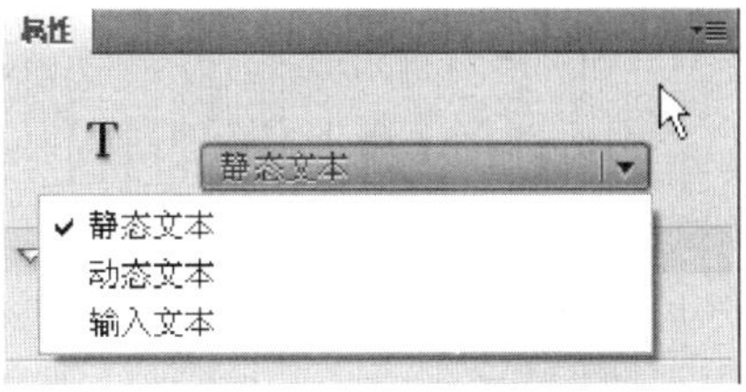

图 4-4-116　文本类型

（2）创建动态文本

动态文本框中输入的文本是可以修改的。动态文本框的内容既可以在影片制作过程中输入，也可以在影片播放过程中动态修改。

动态文本框相对于静态文本框的属性不同之处有以下两点。

① 实例名称：通过给动态文本框命名，如图 4-4-117 所示，可以使用 ActionScript 脚本语言对动态文本框中的文本进行控制，这样就大大增加了影片的灵活性。

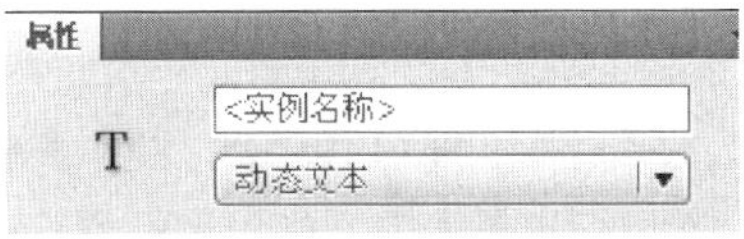

图 4-4-117　实例名称

图 4-4-118　行为选项

② 行为：设置动态文本或输入文本的行为类型，如图 4-4-118 所示。

（3）创建输入文本

一般来说，用户应用输入文本是想在影片播放过程中即时输入文本。一些利用 Flash 制作的留言簿和邮件收发程序都大量使用了输入文本。其“属性”面板中有一个“最大字符数”属性，用来限定输入的最大字符数，如图 4-4-119 所示。

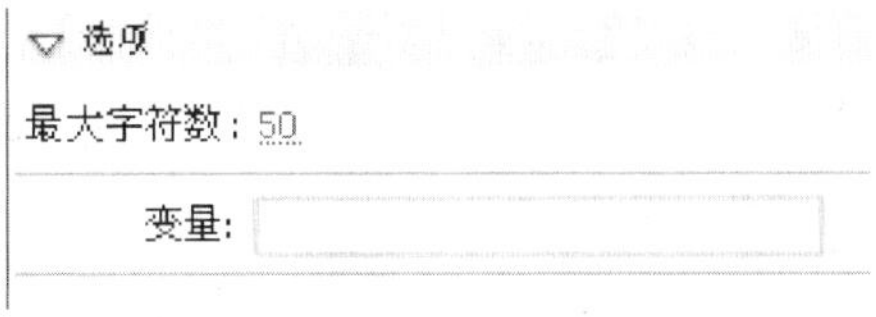

图 4-4-119　最大字符数设定

2. 分离文本

文本分离指的是将一组可操作和配置的字符转换为最基本的形式，即矢量形状，从而可以以任何方式对其进行处理或从图形的角度对其进行操作。一旦文本被分离，就不能再作为文本进行操作，如不能再进行字体改变、段落设置以及其他普通的文字设置。

分离文本的具体操作步骤如下。

① 新建一个 Flash 文件，从工具箱中选择文本工具，在对应舞台中输入相关信息，然后选择选择工具，选中文本块，将其调整到合适的位置，如图 4-4-120 所示。

② 选择“修改”|“分离”命令（快捷键为 Ctrl+B），选定文本块中的每个字符将被放置一个单独的文本块，文本依然保持在同一位置上，分离后的文本如图 4-4-121 所示。

图 4-4-120　文字信息

图 4-4-121　分离后文字

③ 分离后的文本被分解为一个个独立的字符，此时对其中的任意字符进行单独的操作，都不会影响其他字符。图 4-4-122 所示为对其中某些字符进行位置调整后的效果。

④ 如果再次选择“修改”|“分离”命令（或再次按 Ctrl+B 键），将使第 1 次分离过的文本转换为图形，文字以虚点的形式展现，如图 4-4-123 所示。

图 4-4-122　调整位置后的效果

图 4-4-123　再次分离后的效果

⑤ 对文本进行渐变色填充后，效果如图 4-4-124 所示。

在进行字体设计时，系统所提供的字体往往不能满足设计者的需求，那么如何使用 Flash CS4 里面没有的字体？下面重点阐述这个问题。

① 首先下载准备使用的 TTF 字体文件，如图 4-4-125 所示。

② 把字体文件复制到 C:\WINDOWS\Fonts 文件夹中。

③ 选择想要改变字体的文本，再在“属性”面板的“系列”下拉列表框中选择刚才复制的字体即可，如图 4-4-126 所示。

拓展资源 4-8：绘制可爱小鸡

图 4-4-124　使用颜色渐变填充后的效果

图 4-4-125　字体文件

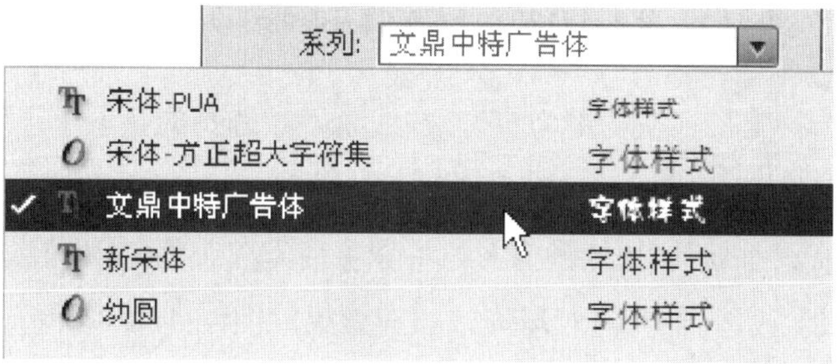

图 4-4-126　字体选项

4.4.9 实例制作

拓展资源 4-9：点刻字的制作

1. 绘制小船

通过此实例使读者掌握应用 Flash 绘制小物品的方法和技巧。制作步骤如下。

教学实例 4-3：绘制小船

① 新建 Flash 文件。设置文档相关属性，本实例中所设置属性如图 4-4-127 所示。

② 选择工具箱中的线条工具（快捷键为 N）。将填充去掉，笔触颜色调为黑色，笔触大小为 1 px，样式为实线，画出小船的大致轮廓，如图 4-4-128 所示。

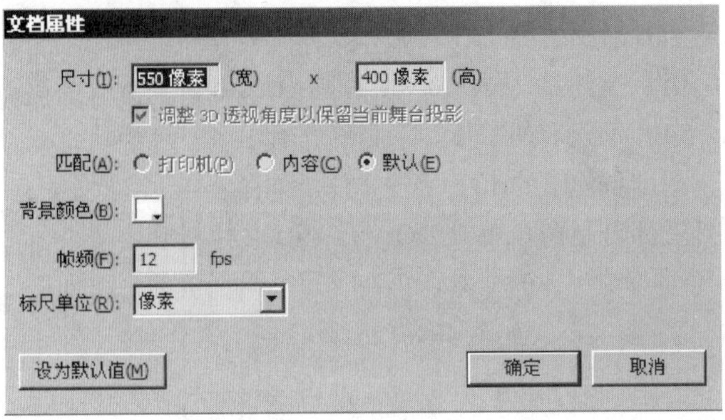

图 4-4-127 “文档属性”对话框

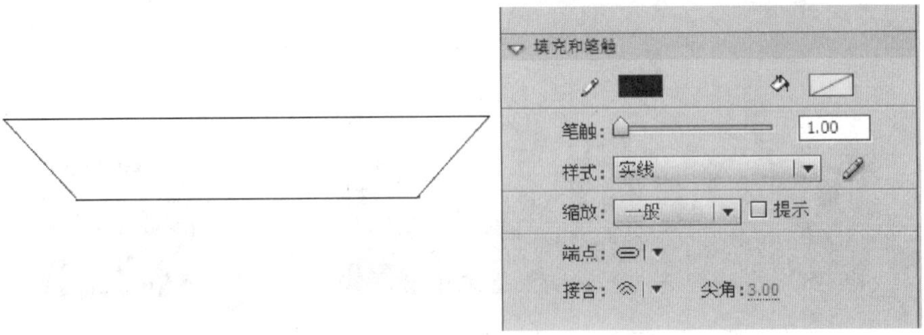

（a）小船轮廓　　（b）线性设置

图 4-4-128 小船轮廓及其线性设置

③ 使用选择工具（快捷键为 V），在线条不被选择的状态下，将其拉弯至所需的弯度，船身轮廓如图 4-4-129 所示。

④ 使用油漆桶工具（快捷键为 K），将颜色调为深灰色(RGB 值分别为 R=129，G=127，B=112)。并将船身进行填充，填充效果如图 4-4-130 所示。

⑤ 继续使用线条工具在船身上画出直线，然后使用选择工具将其调整，调整完成后的小船效果如图 4-4-131 所示。

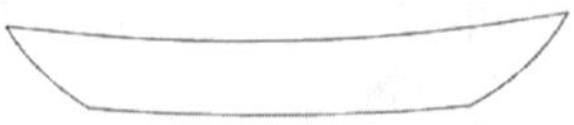

图 4-4-129 船身轮廓

图 4-4-130 船身填充

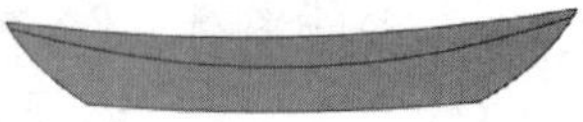

图 4-4-131 船身修饰

⑥ 使用线条工具大致画出船篷的形状，使用调整工具对其进行调整，调整后的效果如图 4-4-132 所示。

⑦ 使用颜料通工具将船篷填充为浅褐色，其颜色的设置值为 R=184，G=179，B=139。填充后的效果如图 4-4-133 所示。

图 4-4-132　船篷轮廓

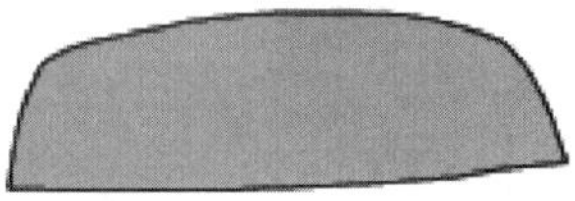

图 4-4-133　船篷填充

⑧ 使用线条工具在船篷上相应的地方画出线条，并使用调整工具将其进行不同程度的调整，调整后的效果如图 4-4-134 所示。

⑨ 选中船身的所有内容，按 Ctrl+G 键，将其组合，如图 4-4-135 所示。选中船篷的所有内容，按 Ctrl+G 键，将其组合，如图 4-4-136 所示。调整船身和船篷的位置，如图 4-4-137 所示。

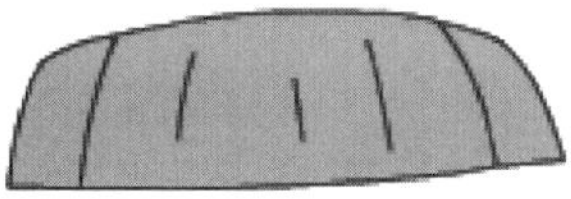

图 4-4-134　船篷修饰

图 4-4-135　船身组合

图 4-4-136　船篷组合

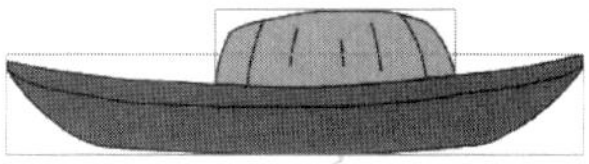

图 4-4-137　调整后的效果

⑩ 使用选择工具框选整个小船，按 F8 键将其转化为元件，如图 4-4-138 所示。此处为元件命名为“小船”。

图 4-4-138　转换为元件

⑪ 选择“文件”|“保存”命令或者单击工具栏中的“保存”按钮，设置保存路径，将当前文件保存为“小船.fla”。

⑫ 选择“控制”|“测试影片”命令（快捷键为 Ctrl+Enter），在 Flash 播放器中预览效果，如图 4-4-139 所示。

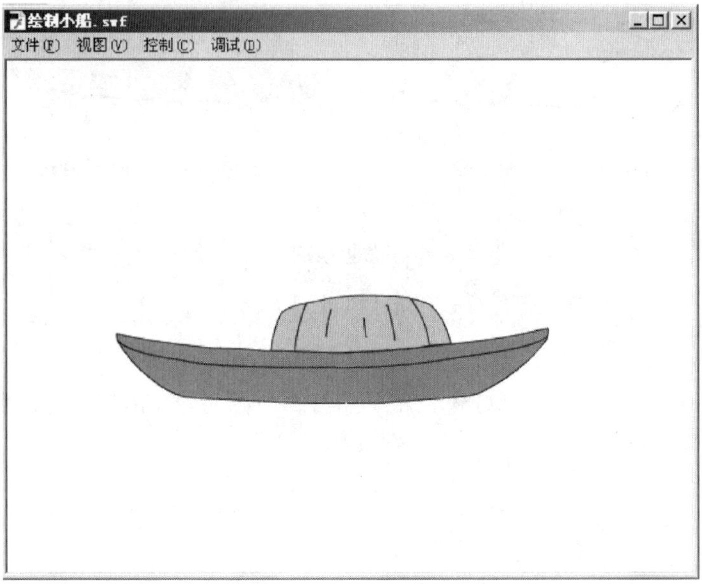

图 4-4-139 最终效果

实例小结：本实例全部制作完毕。通过本例读者应该掌握使用 Flash 绘制事物的步骤，掌握元件的使用方法，掌握线条工具、选择工具、颜料桶工具的使用方法。

教学实例 4-4：卡通树

2. 卡通树

通过此实例使读者掌握应用 Flash 绘制卡通树的方法和技巧。

① 新建 Flash 文件。设置文档相关属性，本实例中所设置属性如图 4-4-140 所示。

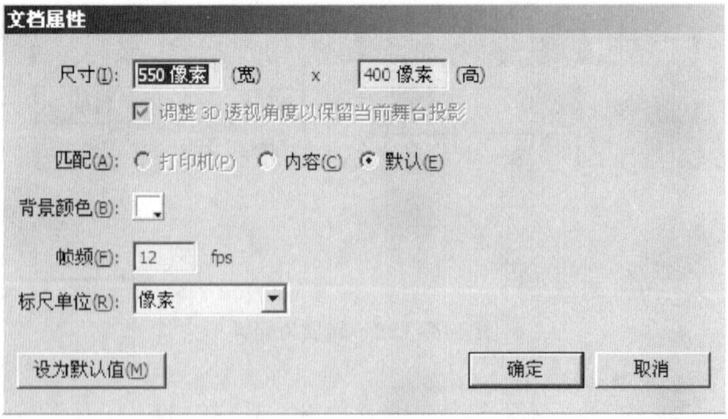

图 4-4-140 “文档属性”对话框

② 选择“文件”|“导入”|“导入到舞台”命令，弹出“导入”对话框，如图 4-4-141 所示。

图 4-4-141　“导入”对话框

③ 选择要使用的素材，单击图 4-4-141 中的“打开”按钮，将其导入到舞台。把“图层 1”命名为“底图背景”并锁定，效果如图 4-4-142 所示。

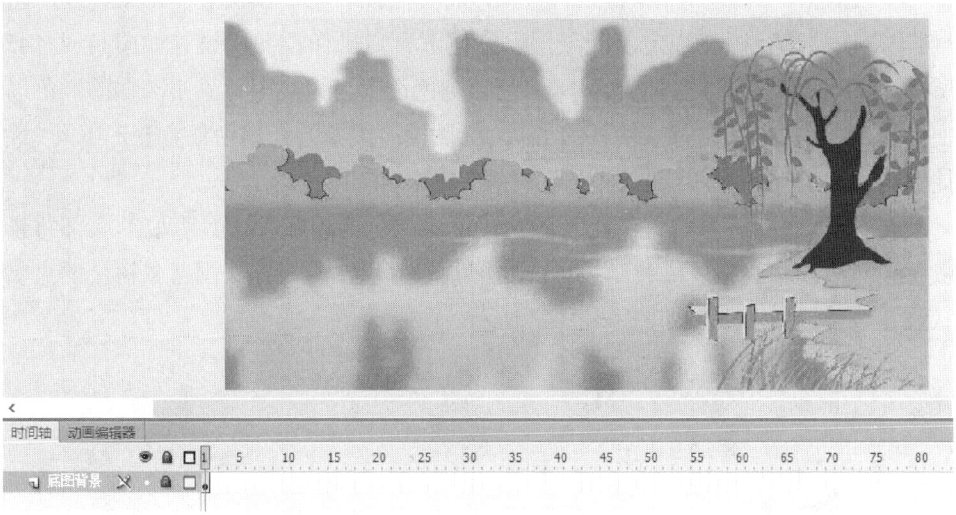

图 4-4-142　底图背景

④ 新建一个图层，命名为“树干”，并用钢笔工具对底图背景的树干轮廓进行描边，注意钢笔颜色设为与其底图不一样的颜色，以便对照底图调整其合适位置，细化周边。效果如图 4-4-143 所示。

⑤ 选择颜料桶工具，调出吸管工具，对底图背景的树干颜色进行吸取。这时，再选中颜料桶工具，对“树干”图层的树干轮廓进行颜色填充。再选择选择工具（快捷键为 V）对其轮廓线双击，按 Delete 键将其轮廓线删除，为了显示更好的效果，将“底图背景”图层隐藏。效果如图 4-4-144 所示。

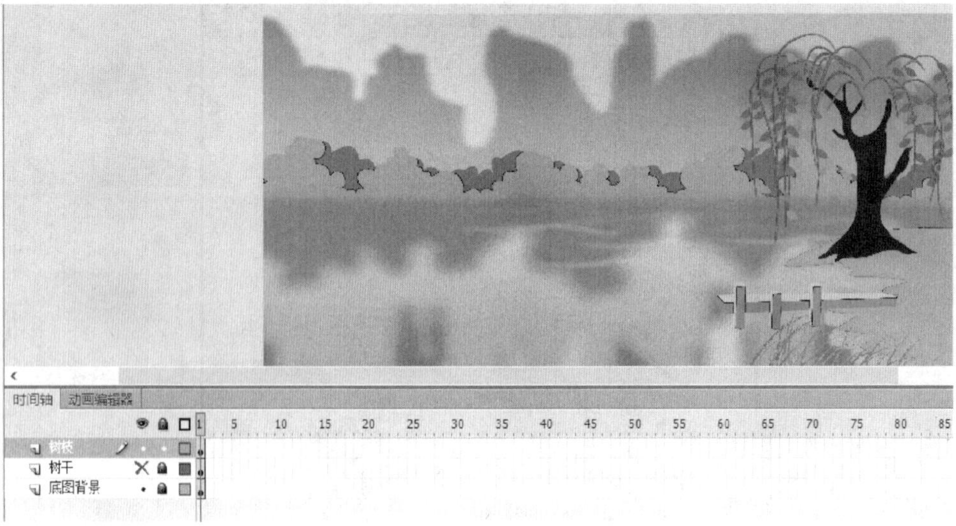

图 4-4-143　树干描边效果

⑥ 新建一个图层并命名为“树枝”，将“底图背景”图层显示出来，同时将“树干”图层进行图层锁定及隐藏，以方便下一步操作，图层设置如图 4-4-145 所示。选择线条工具（快捷键为 N），笔触颜色设置为与底图背景不一样的颜色以便操作，然后根据底图背景树枝的形状绘制线条，线条的粗细由任意变形工具（快捷键为 Q）进行调整，绘制好的线条如图 4-4-146 所示。

⑦ 根据底图背景树枝结构及颜色，笔触颜色为用吸管工具吸取的底部背景颜色，然后选中线条区域将其设置成底图背景颜色，再根据底图背景树枝的点刻状设置线条形状。效果如图 4-4-147 所示。

图 4-4-144　填充处理

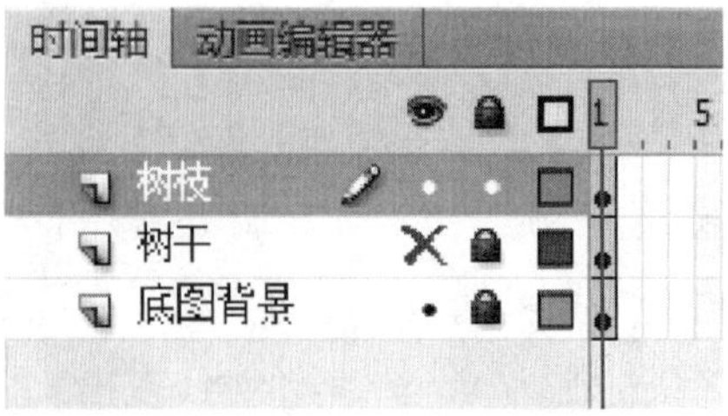

图 4-4-145　图层设置

图 4-4-146　绘制树枝

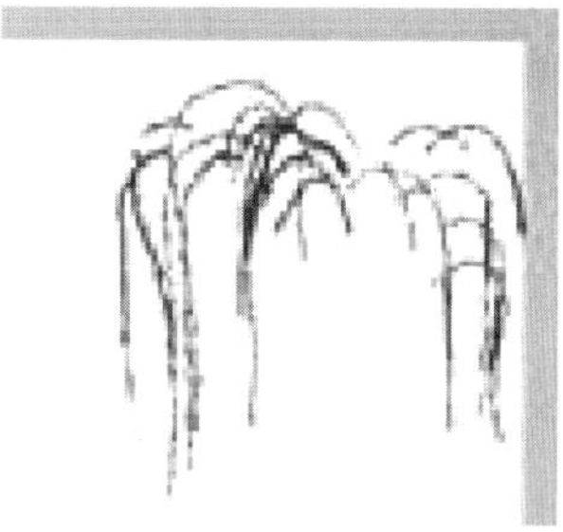

图 4-4-147　绘制好的树枝

⑧ 新建一个图层并命名为“树叶”，将“树枝”图层锁定并隐藏，图层设置如图 4-4-148 所示。在“树叶”图层上选择钢笔工具（快捷键为 P），按照“底图背景”图层的树叶轮廓进行绘制，并用颜料桶工具填充相同颜色，再选择“插入”|“新建元件”命令（快捷键为 F8），并命名为“树叶”，如图 4-4-149 所示。

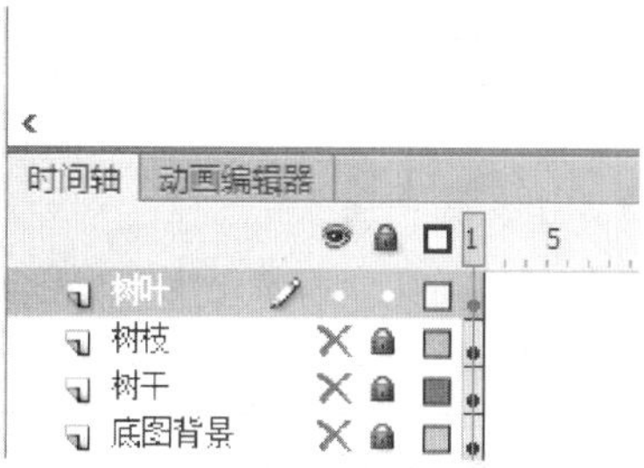

图 4-4-148　图层设置

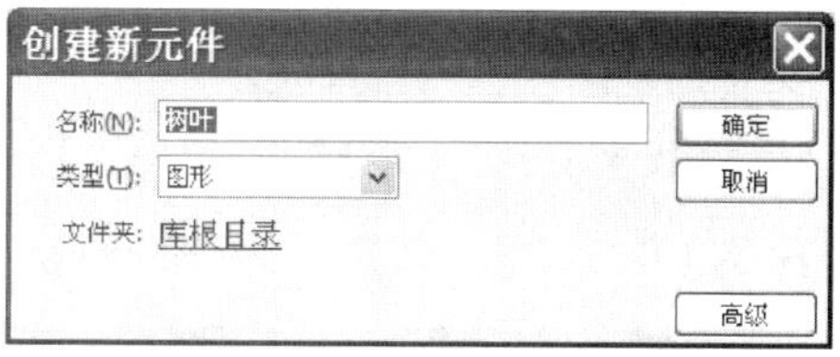

图 4-4-149　“树叶”元件

⑨ 将设置好的“树叶”元件从库中拖动到舞台，与其“底图背景”图层中的树叶位置相同，并进行调整。最终调整效果如图 4-4-150 所示。

⑩ “树叶”图层绘制完成以后，将其锁定，然后显示树干和树枝所在的图层，将“底图背景”图层隐藏，这时就可以看到所绘制的小树了。最终效果如图 4-4-151 所示。

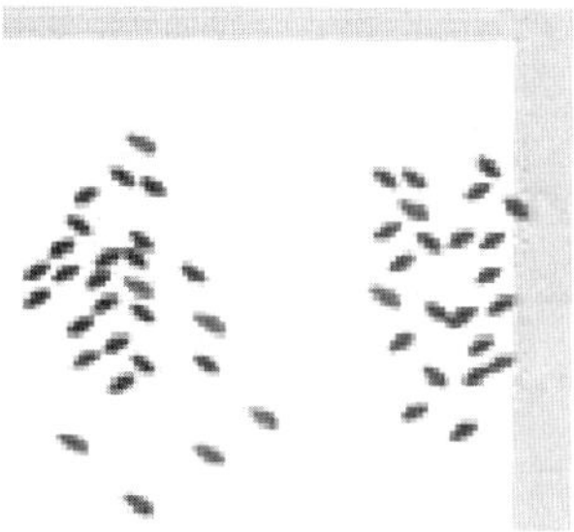

图 4-4-150　树叶布局

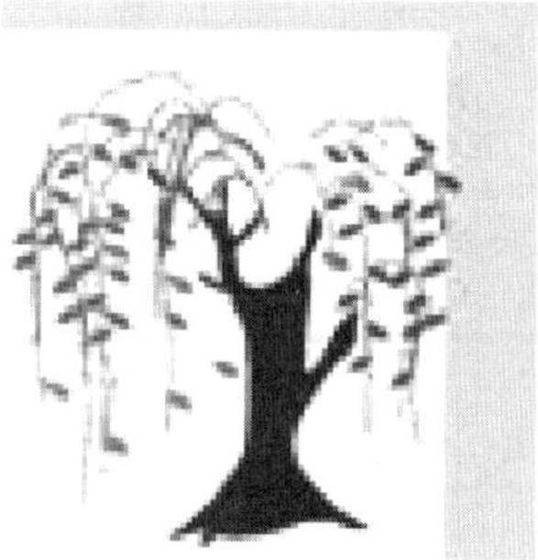

图 4-4-151　小树效果

⑪ 选择"文件"|"保存"命令或者单击工具栏中的"保存"按钮，设置保存路径，将当前文件保存为"小船.fla"。

实例小结：本实例全部制作完毕。通过本例读者应该掌握使用 Flash 绘制小树的步骤，掌握线条工具、选择工具、钢笔工具及颜料桶工具的使用技巧，了解元件的使用方法。

案例指导 4-1：Flash 中的图形与文字

4.5 导入外部素材

Flash 支持将其他应用程序创建的各种矢量图形和位图图像，除此之外，还可以导入视频、声音等媒体元素，并支持对其相应的编辑处理。

1. 导入位图

（1）导入位图

要想把位图导入到 Flash 文档中，操作步骤如下。

① 选择"文件"|"导入"|"导入到舞台"命令，弹出"导入到库"对话框，如图 4-5-1 所示。

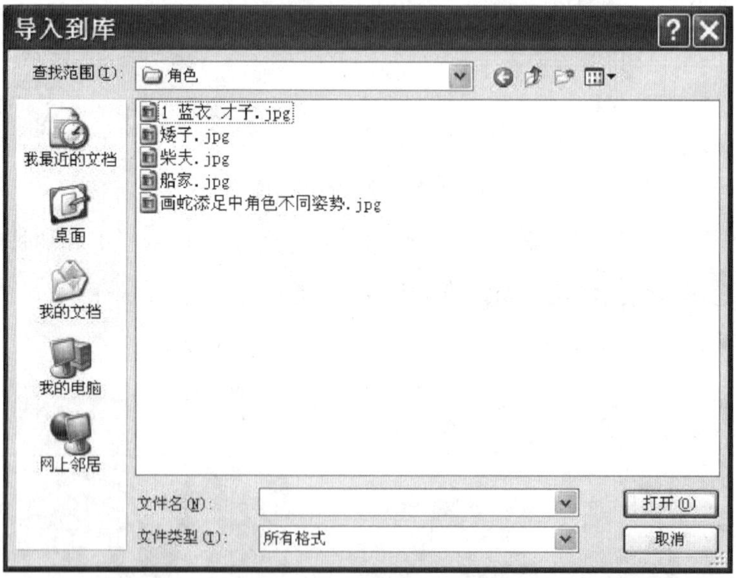

图 4-5-1 "导入到库"对话框

② 选择要导入的位图，单击"打开"按钮即可。

除了能够将素材导入到舞台，还可以将素材导入到库，打开外部库，导入视频等。根据需要，选择其中一种，则弹出相应的导入设置的对话框，在弹出对话框中选择需要导入的文件即可。

（2）将位图粘贴到 Flash 文档

要将其他应用程序中的位图直接粘贴到当前的 Flash 文档中，其操作步骤如下。

① 将其他应用程序的图像复制到剪贴板上。

② 选择“编辑”|“粘贴到中心位置”命令或“编辑”|“粘贴到当前位置”命令。

③ 编辑导入的位图图像。

对导入的位图图像，用户可以消除锯齿，平滑图像边缘。也可以设置压缩以减小位图文件的大小，以及格式化文件，从而控制位图的大小和外观。

2. 导入其他格式图像文件

除了导入位图，亦能够导入下面几种类型的图像。

① 任意影像序列：GIF 动画、PICT、JPE、SWF、WMF、TIF、PSD、PIC、PCT 等。

② FreeHand 或 Adobe Illustrator、Photoshop 或 PDF 文件，被导入为当前层中的群组。

③ 可以使用 LoadMovie 动作或方法在运行期间将 JPEG 文件导入到 Flash 影片中。

注意：对于序列图像，在导入时系统将提醒是否进行序列导入，提示框如图 4-5-2 所示。单击“是”按钮将序列图像全部导入，且每张图像分散在时间轴上同一个图层的连续关键帧；单击“否”按钮则将仅仅导入当前选中的文件。

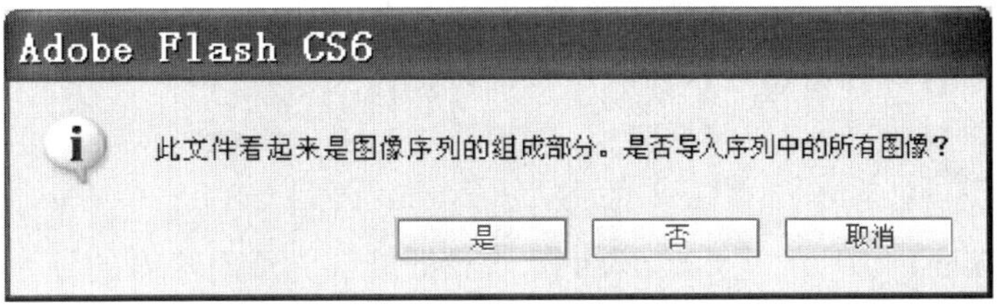

图 4-5-2　图像序列导入时的提示框

3. 导入视频文件

Flash 支持 QuickTime、Windows、Macintosh 和 DirectX 播放器的媒体文件，因此这些媒体文件均可导入到 Flash 中。选择“文件”|“导入”|“导入视频”命令，弹出“导入视频”对话框，如图 4-5-3 所示。

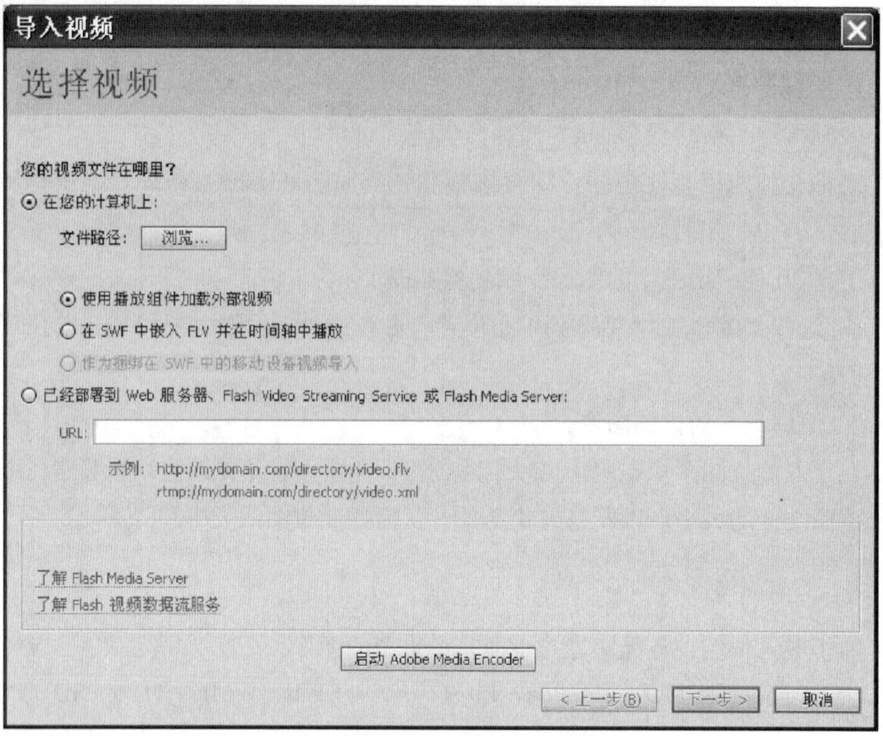

图 4-5-3 “导入视频”对话框

（1）导入视频的文件格式

Flash 中能够导入多种视频文件类型，如 QuickTime 影片、Windows 视频、MPEG 影片、数字视频、Windows Media、Macromedia Flash 视频等。这些视频的文件格式和使用方法均有所不同，但在 Flash 中均能够使用。

（2）导入视频剪辑

“导入视频”向导为将视频导入到 Flash 中提供了简洁的界面，此向导使用户可以选择是否将视频剪辑导入为嵌入文件或链接文件。

4. 导入声音文件

声音是 Flash 影片的重要组成部分，Flash 能够完成对声音的导入、绑定和剪裁。在 Flash 中，既可以为整部影片添加声音，也可以单独为影片中的某个元件添加声音。一般来说，Flash 支持的声音文件有 MP3 和 WAV。下面介绍在 Flash 中导入声音的步骤。

① 新建或打开一份 Flash 文档。

② 选择“文件”|“导入”|“导入到库”命令，弹出如图 4-5-4 所示的对话框。

图 4-5-4 “导入到库”对话框

③ 在“查找范围”下拉列表框中选择素材文件的位置，在“文件类型”下拉列表框中选择“所有声音格式”选项，再在列表框中选择要导入的素材文件，如选择“录音.mp3”文件。

④ 单击“打开”按钮，即可将声音文件导入到“库”面板中，如图 4-5-5 所示。

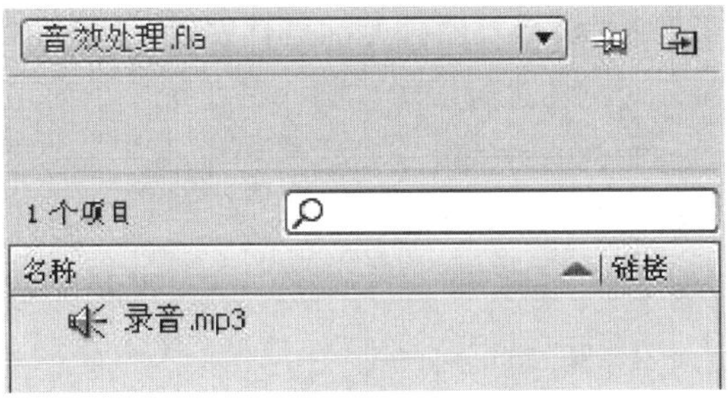

图 4-5-5 “库”面板信息

对已经导入的声音，可以在 Flash 中对其进行声音编辑。

拓展资源 4-10：Flash 中的声音编辑

4.6 元件、实例和库

拓展资源 4-11：元件的特征

4.6.1 元件

1. 元件概念

元件是 Flash 动画中最基本的元素。Flash 动画中的元件就像影视剧中的演员、道具等，都是具有独立身份的元素。在 Flash 中，一个元件可以被多次使用，各元件间可相互嵌套。

2. 元件分类

在 Flash CS4 中，元件的类型一共有 3 种，分别是图形元件、影片剪辑元件和按钮元件。不同元件类型有着不同的特征，适合不同的应用情况。

① 图形元件。一般来说，静态的图像和随时间轴播放的动作在重复使用时创建为图形元件，图形元件的时间轴和影片场景的时间轴同步运行。

② 影片剪辑元件。影片剪辑是 Flash 中最常用的元件类型，主要用于创建具有一段独立主题内容的动画片段和做特殊的效果。影片剪辑元件拥有自己独立的时间轴，影片剪辑元件支持 ActionScript 脚本和声音，具有交互性，是用途和功能最多的一类元件。

③ 按钮元件。具有多种状态，并且会在影片播放时响应鼠标的单击、滑过及按下等动作，然后执行指定的动作，是实现动画交互效果的关键对象。从外观上，按钮可以是任何形式。

3. 元件创建

（1）创建图形元件

对于图像元件来说，可以通过两种方法进行创建。一种是创建一个空白元件，然后在元件的编辑窗口对元件进行编辑；另一种是选中当前工作区中的对象将其转换为元件。下面通过实例的方式分别对这两种方法进行阐述。

① 新建图形元件，其操作步骤如下。

a. 新建一个 Flash 文件或打开一个已经存在的 Flash 文件。

b. 选择“插入”|“新建元件”命令（快捷键为 Ctrl+F8），则弹出如图 4-6-1 所示的“创建新元件”对话框。

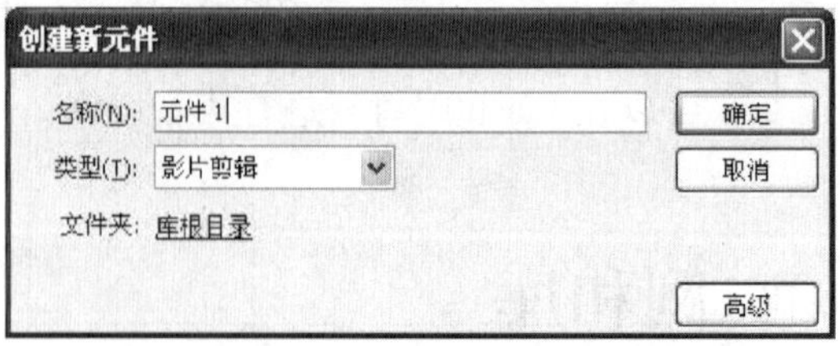

图 4-6-1 “创建新元件”对话框

c. 在弹出的对话框中输入新元件的名称，并且在“类型”下拉列表框中选择“图形”选项。默认情况下，新创建的元件保存到库中。

d. 单击“确定”按钮，Flash CS4 会自动进入到当前图形元件的编辑界面，如图 4-6-2 所示。同时在“库”面板中多了一个“星星”对象。在库中可以看到，图形元件的图标为▣。

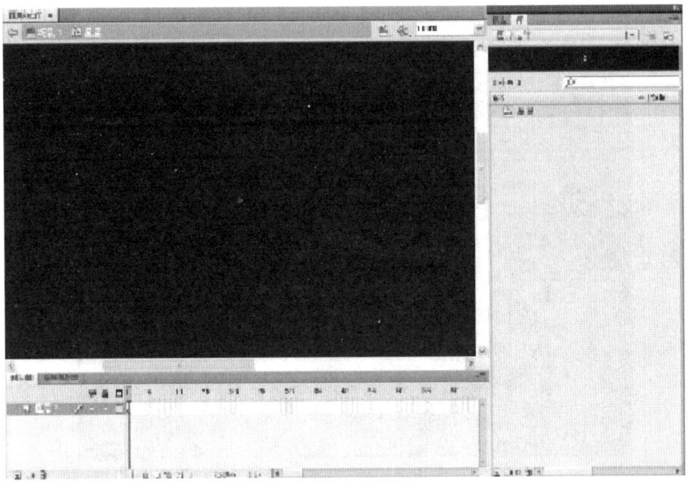

图 4-6-2　图形元件编辑界面

e. 用户可在其中绘制图形，输入文本或导入图像，此处绘制星星，如图 4-6-3 所示。

图 4-6-3　图形元件信息

f. 元件创建完毕后，单击舞台左上角的场景名称，即可返回到场景的编辑状态。此时场景中是没有星星的，但是在“库”面板中，可以看到“星星”元件。

g. 要将创建的元件应用到舞台中，只需选中“库”面板中的元件，按住鼠标直接拖拽元件到舞台中即可，如图 4-6-4 所示。在舞台中出现了一个星星，库中元件仍旧存在。可以多次将库中的元件拖拽到舞台上，在舞台中可以出现多个显示对象。

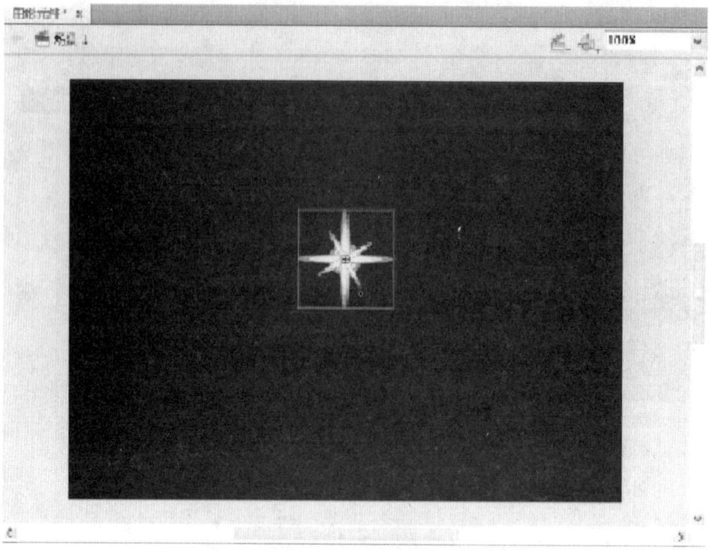

图 4-6-4　将元件放在舞台中

② 转换图形为元件，操作步骤如下。

a. 打开一个 Flash 文件，选中舞台中要转换为元件的图形，如图 4-6-5 所示。

b. 选择“修改”|“转换为元件”命令（快捷键为 F8），或在选中对象上面右击，在弹出的快捷菜单中选择“转换为元件”命令，则弹出“转换为元件”对话框，如图 4-6-6 所示。

c. 在对话框中输入新元件的名称，设置元件的类型为“图形”，设定相关信息，单击“确定”按钮，即可将所选中图形转换为元件。

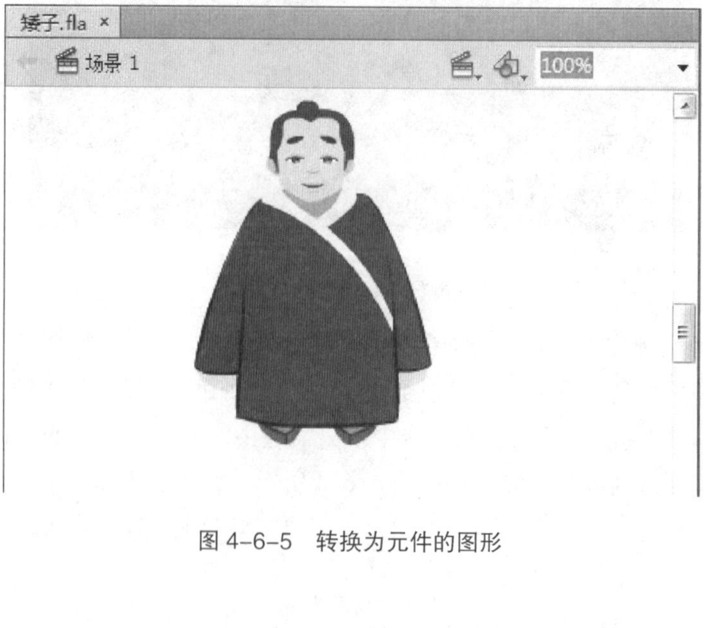

图 4-6-5　转换为元件的图形

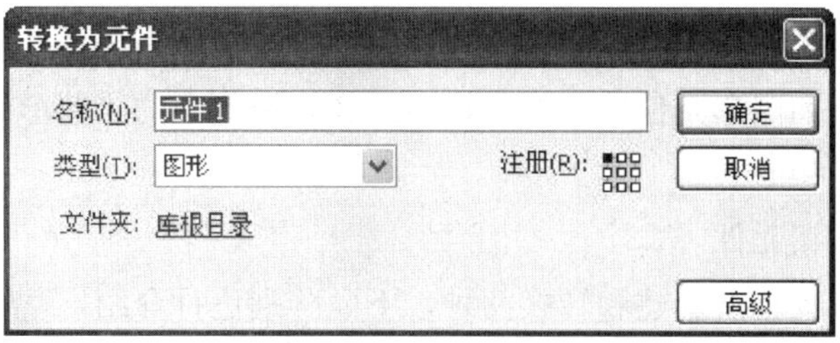

图 4-6-6　“转换为元件”对话框

d. 若把转换的元件文件夹设定为库根目录，和新建元件一样，可以在“库”面板查看所生成的元件。和新建的图形元件不同的是，转换后的元件实例已经在舞台中存在，如图 4-6-7 所示。如果需要继续在舞台中添加元件的实例，可以从“库”面板中拖拽元件到舞台，也可以直接复制舞台中元件的对象，如图 4-6-8 所示。

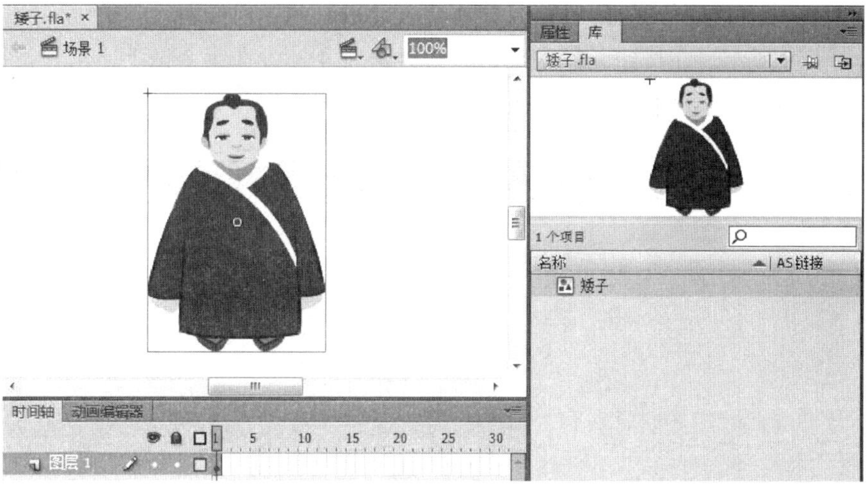

图 4-6-7　元件效果

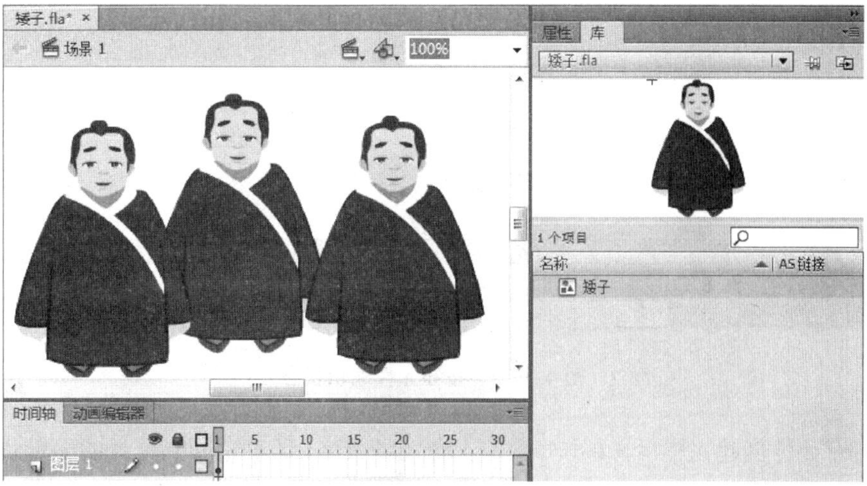

图 4-6-8　多个元件

（2）创建影片剪辑

其创建方法和图形元件的方法一样，只要将类型中的“图形”改为“影片剪辑”即可。

（3）创建按钮元件

它的创建方式也有新建和转换两种，下面分别进行介绍。

① 新建按钮元件。操作步骤如下。

a．新建一个 Flash 文件或打开一个已经存在的 Flash 文件。

b．选择“插入”|“新建元件”命令（快捷键为 Ctrl+F8），弹出如图 4-6-1 所示的“创建新元件”对话框。

c．在弹出的对话框中输入新元件的名称，并且在“类型”下拉列表框中选择“按钮”选项。默认情况下，新创建的元件保存到库中。

d．单击“确定”按钮，Flash CS4 会自动进入到当前按钮元件的编辑状态，如图 4-6-9 所示。在按钮元件内部，系统默认有 4 帧。在每个帧上，用户可以在其所对应的舞台上绘制图形，输入文本或者导入图像等，如图 4-6-10 所示。

图 4-6-9　按钮元件编辑状态

e．元件创建完毕后，单击舞台左上角的场景名，即可返回到场景的编辑状态。在返回到场景的编辑状态后，选择“窗口”|“库”命令（快捷键为 Ctrl+L），可

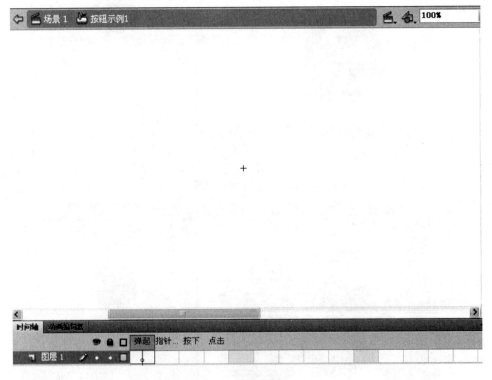

以在打开的“库”面板中找到刚刚制作的元件，如图 4-6-11 所示。在库中可以看到，按钮元件的图标为[icon]。

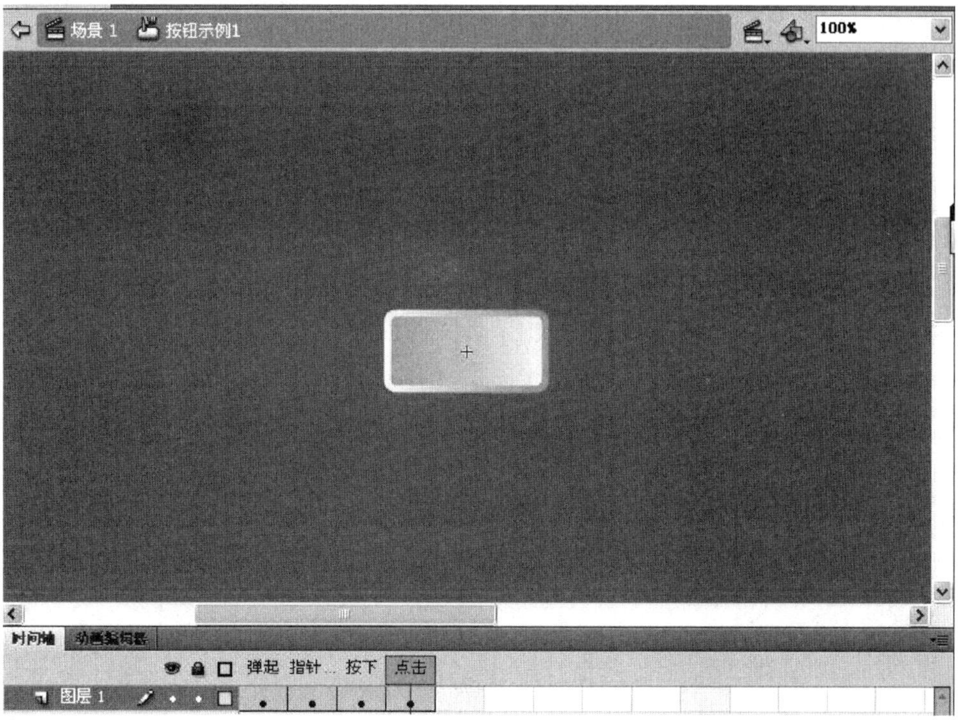

图 4-6-10　设定按钮

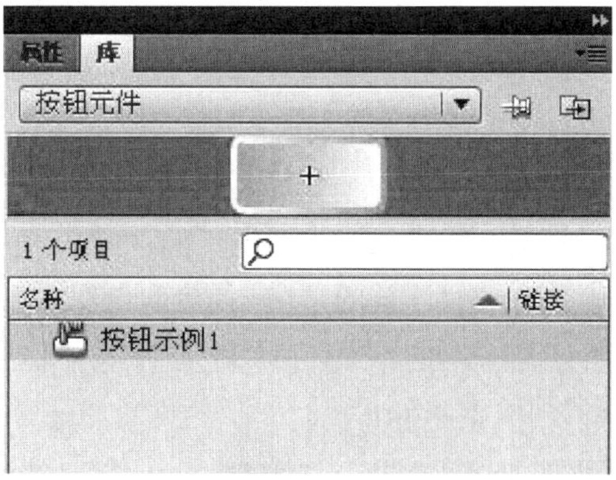

图 4-6-11　库中的按钮元件

f. 像图形元件一样，要在舞台中使用新创建的按钮元件，只需从“库”面板中拖拽该元件到舞台中即可。

② 转换为按钮元件。像图形元件一样，可以将舞台中已经存在的对象转换为按钮元件。具体操作步骤如下。

a. 打开一个 Flash 文件，选中舞台中要转换为元件的图形，如图 4-6-12 所示。

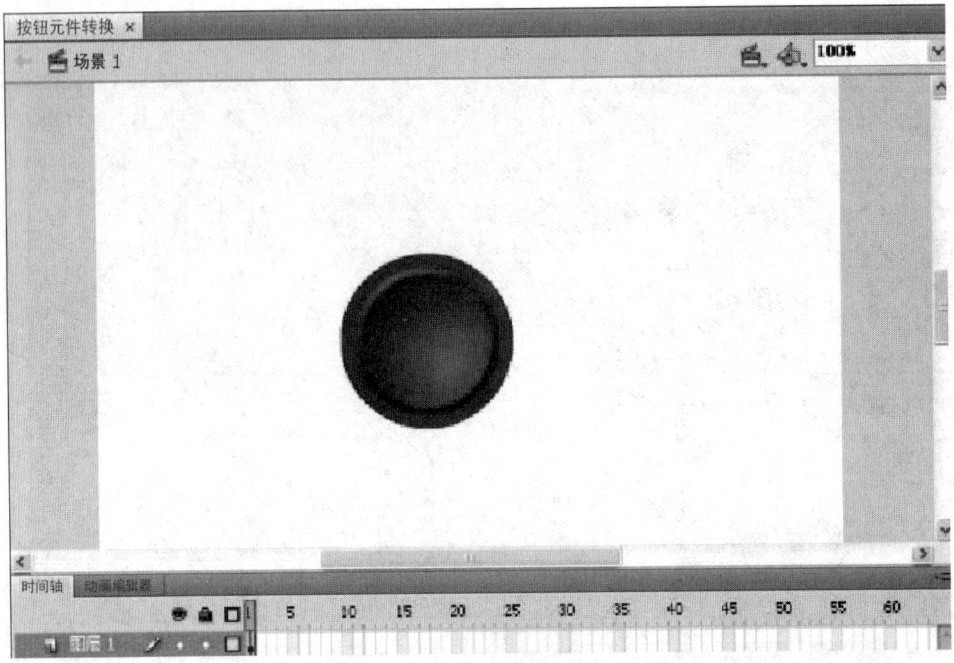

图 4-6-12　转换为元件的图形

b. 选择“修改”|“转换为元件”命令（快捷键为 F8）或在选中对象上右击，在弹出的快捷菜单中选择“转换为元件”命令，弹出“转换为元件”对话框，如图 4-6-6 所示。

c. 在对话框中输入新元件的名称，设置元件的类型为“按钮”，设置相关信息，单击“确定”按钮，即可完成元件的转换操作。

d. 若把转换的元件的文件夹设定为库根目录，可以在“库”面板中查看所生成的元件。和新建的按钮元件不同的是，转换后的元件实例已经在舞台中存在，如图 4-6-13 所示。如果需要继续在舞台中添加元件的实例，可以从“库”面板中拖拽这个元件到舞台，如图 4-6-14 所示。

提示：被转换的图形默认在按钮元件的第一帧，并且其他 3 帧不被设置。

在 Flash CS4 中，进入按钮元件编辑区，其时间轴和其他元件的不一样。它共有 4 帧，对应此类元件的 4 种状态，并且每种状态在时间轴中都有特定的名称与之对应，分别为“弹起”、“指针经过”、“按下”和“单击”。按钮元件的时间轴并不会随着时间播放，而是根据鼠标事件选择播放某一帧。按钮元件的 4 个帧分别响应 4 种不同的鼠标事件。下面对其含义进行阐述。

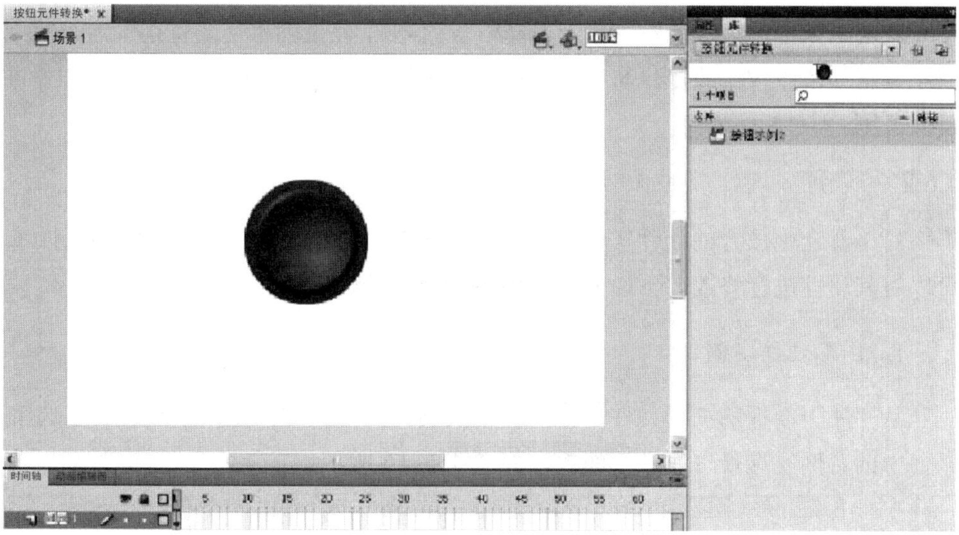

图 4-6-13　元件效果

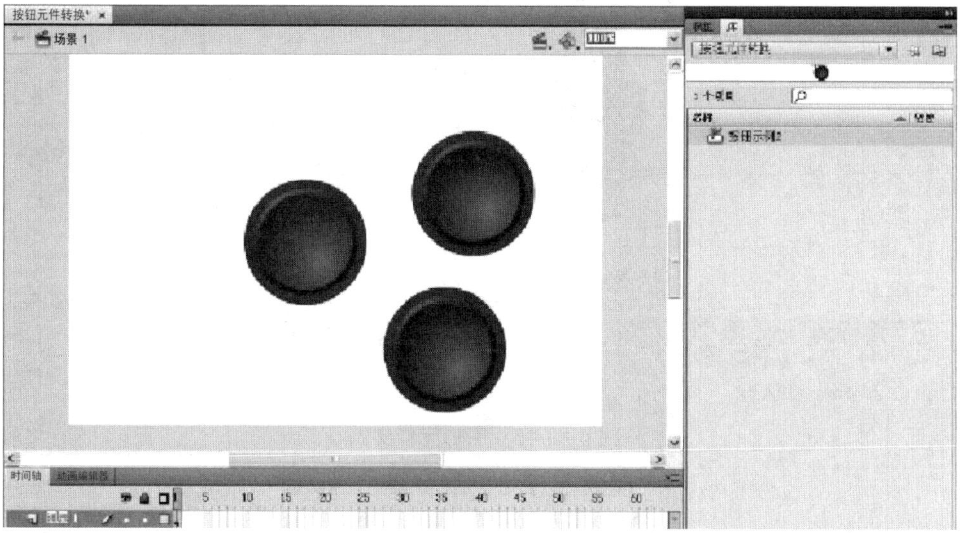

图 4-6-14　多个元件

① 弹起：是按钮在通常情况下呈现的状态，该状态为按钮的初始状态，其中包括一个默认的关键帧，用户可以在该帧中绘制各种图形或者插入影片剪辑元件。

② 指针经过：当鼠标指针移动到该按钮的上面，但没有按下鼠标时的状态。如果希望在鼠标指针移动到该按钮上时能够出现一些内容，则可以在此帧上添加内容。

③ 按下：当鼠标指针移动到按钮上面并且按下鼠标左键时，按钮所处的状态。如果希望在按钮按下时发生变化，也可以在此帧所对应的舞台上绘制图形或放置元件。

④ 单击：定义鼠标单击的有效区域，只有当鼠标进入到这一区域时，按钮

才开始响应鼠标的动作。这一帧仅仅代表一个区域，该范围不需要特别设定，Flash CS4 会自动依照按钮的“弹起”或“指针经过”状态时的面积作为对鼠标单击的反应范围。

4.6.2 实例

对于舞台中放置的元件实例，对应的“属性”面板将显示对应实例的属性，可以对其属性进行修改。下面分别介绍不同类型元件实例的属性设置。

1. 图形元件实例

从“库”面板的图形元件中拖动一个实例到舞台，如图 4-6-15 所示。选中舞台中的实例，选择“属性”面板，如图 4-6-16 所示。

图 4-6-15　图形元件实例

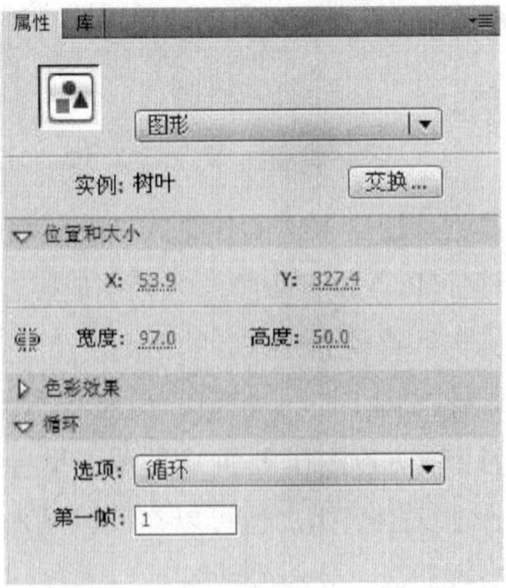

图 4-6-16　图形元件实例属性

图形元件实例属性包括实例类型、交换、位置和大小、色彩效果和循环这几个方面。其中位置和大小属性和前面的绘制对象十分相似，在此不再赘述。下面重点介绍其他属性。

① 实例类型。单击图 4-6-16 中图形右侧的下拉按钮，则弹出如图 4-6-17 所示的列表，通过该列表能够实现实例类型的转换。

② 交换。单击“交换”按钮，则弹出如图 4-6-18 所示的对话框。库中所有的元件对象被显示在列表中。使用此命令能够成批地替换某个元件的实例。

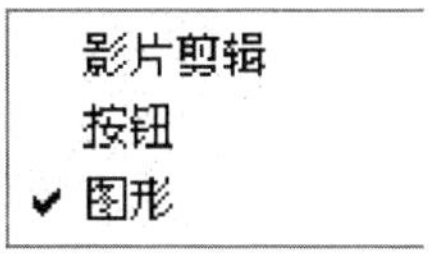

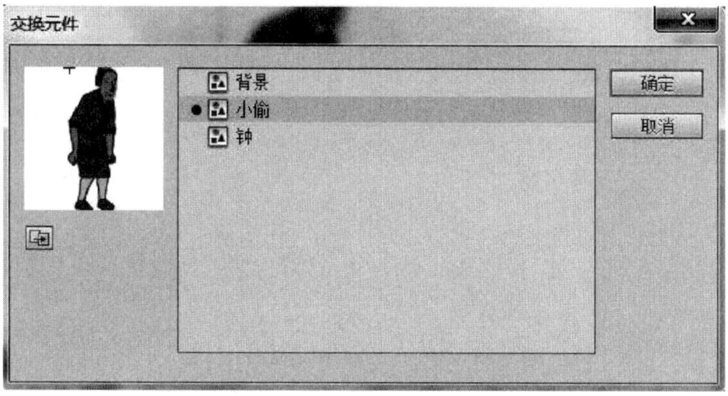

图 4-6-17　实例类型　　　　图 4-6-18　“交换元件”对话框

③ 色彩效果。默认情况下，色彩效果的选项为“无”，在如图 4-6-19 所示的“样式”下拉列表框中，可以对其进行相关的设置。

④ 循环。循环属性主要是针对还有动画信息的元件来说的，若元件木身只有一帧，则此属性一般使用默认值。在此属性中，包含两方面的内容：选项和第一帧。“选项”下拉列表如图 4-6-20 所示。

a. 循环：从所设定的“第一帧”位置循环播放元件的内容。

b. 播放一次：从所设定的“第一帧”位置将后面元件的内容播放一遍。

c. 单帧：只播放当前所选定的“第一帧”信息，元件内部的内容不播放。

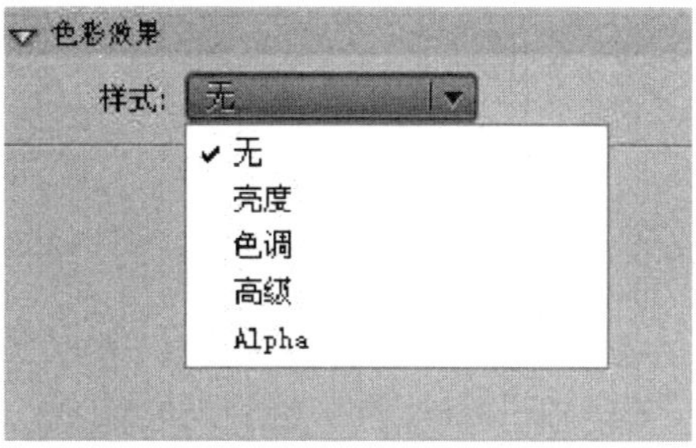

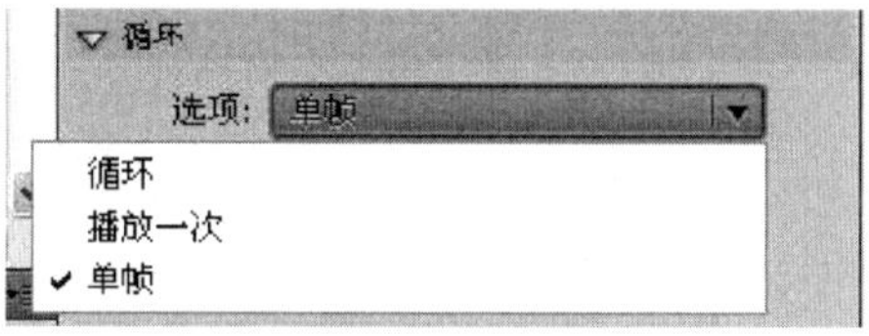

图 4-6-19　色彩效果的样式　　　　图 4-6-20　循环模式

2. 影片剪辑元件实例

从“库”面板影片剪辑元件中拖动一个实例到舞台中，如图 4-6-21 所示。选中舞台中的实例，查看“属性”面板，如图 4-6-22 所示。其中实例示例、交换、位置和大小、色彩效果与图形元件实例十分相似，在此不再赘述。下面重点介绍其他属性。

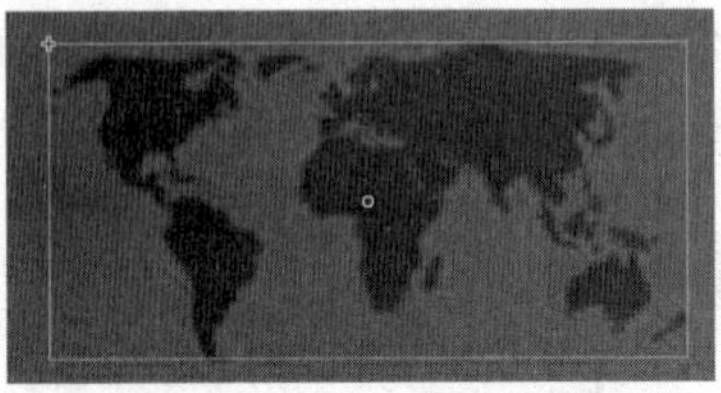

图 4-6-21　影片剪辑元件实例

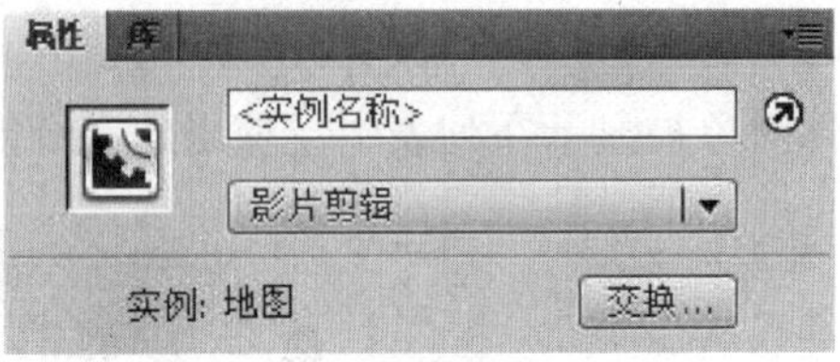

图 4-6-22　影片剪辑元件实例属性

（1）实例名称

“实例名称”文本框中可以为所选中的实例命名。一般来说，只有在脚本中控制实例时，才为实例设定一个名称，否则此处一般不做修改。

（2）3D 定位和查看

单击“3D 定位和查看”按钮，展开“3D 定位和查看”属性，如图 4-6-23 所示。在 X、Y、Z 后面的横线上输入相应的数值来设定舞台对象在 X、Y、Z 方向的位置；接下来在宽度和高度后面的横线上输入相应的数值来设定舞台对象的大小；在透视角度后面的横线上输入相应的数值来设定舞台对象的透视角度；在 X、Y 后面的横线上输入相应的数值来设定舞台对象的消失点。

（3）显示

“显示”属性用来设置对象的“混合”模式。在 Flash 动画制作中使用“混合”功能可以得到多层复合的图像效果。该模式将改变两个或两个以上重叠对象的透明度或者颜色相互关系，使结果显示重叠影片剪辑中的颜色，从而创造独特的视觉效果。“混合”下拉列表框如图 4-6-24 所示。通过此列表，能够为元件实例添加一系列的显示效果。

拓展资源 4-12：元件实例显示效果

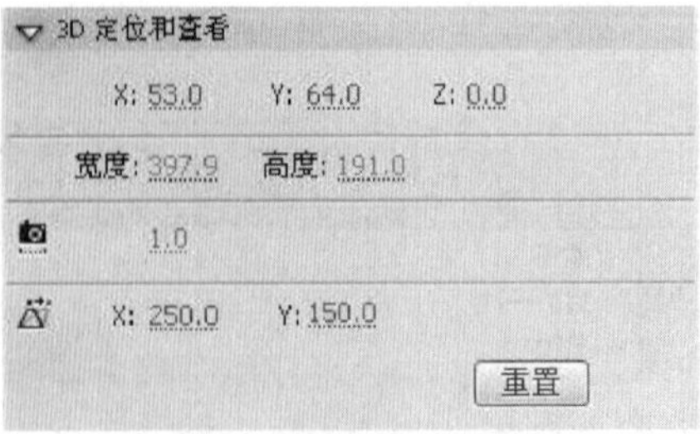

图 4-6-23　“3D 定位和查看”属性

图 4-6-24　“混合”下拉列表框

（4）滤镜

"滤镜"属性的作用是为所选中的影片剪辑实例设置滤镜效果，其用法和 Photoshop 中的一致，下面进行简单的介绍。单击"滤镜"按钮，展开滤镜的属性，如图 4-6-25 所示。

拓展资源 4-13：影片剪辑的滤镜操作

可以看到，在滤镜"属性"面板中，下面一排是滤镜的设置按钮，分别是添加滤镜、预设、剪贴板、启用和禁止滤镜、重置滤镜和删除滤镜。通过这些按钮的使用能够为影片剪辑元件实例添加一系列的滤镜效果。其中 Flash 中所提供的滤镜样式如图 4-6-26 所示。

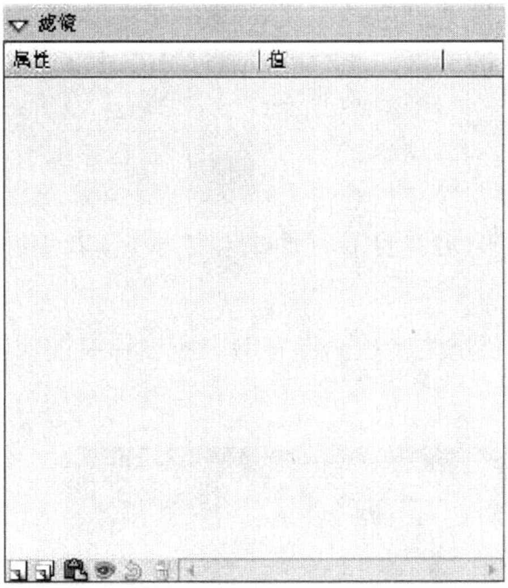

图 4-6-25　"滤镜"属性

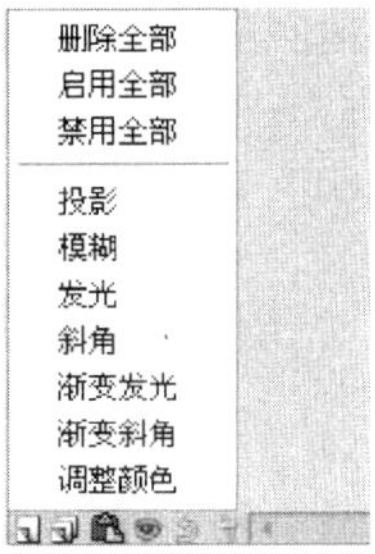

图 4-6-26　滤镜选项

4.6.3　库

库是存放动画元素的地方，里面可以存放的文件类型包含图形、按钮、影片剪辑、位图、声音和视频等。设置好一个动画后，打开其"库"面板。拖动右侧的滚动条可以查看"库"面板中的所有信息。在"库"面板中，可以看到在每个元素前面，均有一个图标，这些图标代表不同的元素类型，下面分别介绍其含义与用途。

① 图形：Flash 电影中基本的组成元件，可以是简单图片，也可以是一段动画。

② 按钮：Flash 影片中用以互动的重要元件。

③ 影片剪辑：用以创建可以重用的动画片段或者简单图形，拥有独立动画效果的文件。

④ 位图：所有导入到 Flash 电影中使用的位图都将以独立的文件存入。

⑤ 声音：声音可以被应用到按钮、影片剪辑及场景中，是电影具有生动效果的重要元素。在 Flash 中可以对导入的声音进行简单的编辑处理，得到需要的声音效果。

⑥ 链接视频与嵌入视频：Flash 电影的视频素材，实际上是以具有连续图像内容的图片序列方式导入的。

⑦ 文字字型 A：用于在 SWF 文件中嵌入字体，即使播放该 SWF 文件的设备上没有安装此类字体，采用该字体的文件亦能够正常显示。

拓展资源 4-14：库中元素的操作

拓展资源 4-15：调用其他动画的库

在“库”面板中可对元件进行各种操作，如新建元件，更改元件属性，删除元件，新建元件文件夹分类管理元件和重命名元件等。在制作 Flash 动画的过程中，有时需要用到另外一个文档中的元素，此时可以通过打开外部库的方法将其他动画的素材导入当前库中。

4.6.4 实例制作：星光闪烁

教学实例 4-5：星光闪烁

以“星光闪烁”为例作为本节的实例演示，通过此实例使读者掌握应用基本 Flash 元件和库的方法与技巧。

① 新建 Flash 文件。设置文档相关属性，本实例中所设置属性如图 4-6-27 所示。

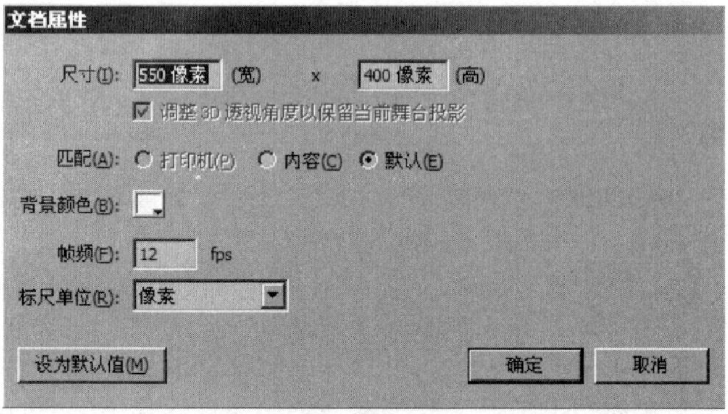

图 4-6-27 “文档属性”对话框

② 将图层 1 命名为“背景”，如图 4-6-28 所示。

③ 选择工具箱中的矩形工具（快捷键为 R)。选择“窗口”|“颜色”命令（快捷键为 Shift+F9）打开“颜色”面板，设置填充颜色为黑色，绘制与舞台大小一样的矩形，效果如图 4-6-29 所示。背景颜色设为黑色，主要是为了增加一种神秘的感觉，而且更能突出光线的效果，与动画设置的环境相搭配。

④ 新建一个元件，取名为“光球”，类型为“图形”，然后在工具栏里选取椭圆工具(快捷键为 O)，按住 Shift 键在工作区绘制一个正圆形，效果如图 4-6-30 所示。

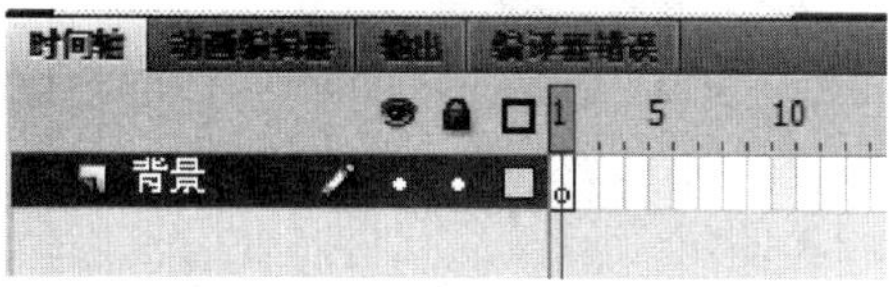

图 4-6-28　时间轴信息

图 4-6-29　背景

图 4-6-30　正圆

⑤ 选择“窗口”|“颜色”命令，打开“颜色”面板，设置填充效果如图 4-6-31 所示。其中第一个滑块颜色选取成白色，但 Alpha 值设置为 100%，表示不透明，最好不要放在最左边，否则，中间的白点就太小；第二个滑块为浅黄色，Alpha 值设置成 0%，即为全透明。这样设置以后，将会达到很好的视觉效果，如图 4-6-32 所示。

⑥ 新建一个元件，取名为“光线 1”，类型为“图形”。选择“窗口”|“颜色”命令（快捷键为 Shift+F9），打开“颜色”面板，设置填充颜色如图 4-6-33 所示。其中两头的滑块颜色选取成黄色，但 Alpha 值设置为 0%，即全透明的黄色。中间滑块的颜色也选取成黄色，但 Alpha 值设置为 80%，部分透明。

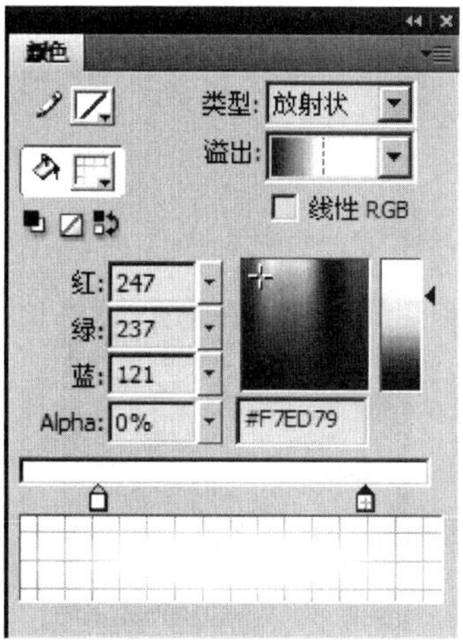

图 4-6-31　颜色设置

图 4-6-32　光球

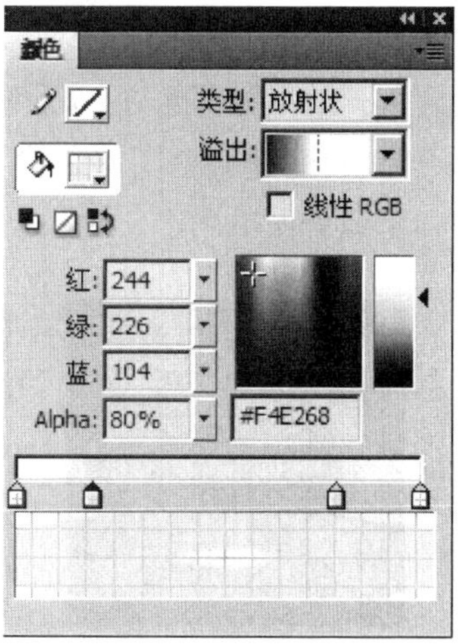

图 4-6-33　颜色设置

⑦ 在工具栏里选取矩形工具（快捷键为 R），在黑色背景的电影上任意画一个区域，矩形框高度大概为 1 像素，此时会有光线的效果。复制并调整光线，设置“光线 1”的效果如图 4-6-34 所示。

⑧ 新建一个元件，取名为“光线 2”，类型为“图形”。选择“窗口”|“颜色”命令（快捷键为 Shift+F9），打开“颜色”面板，设置填充颜色如图 4-6-35 所示。其中在两边的滑块颜色设为粉红色，Alpha 值为 0%；中间滑块的颜色设为白色，Alpha 值为 100%。

图 4-6-34　光线 1

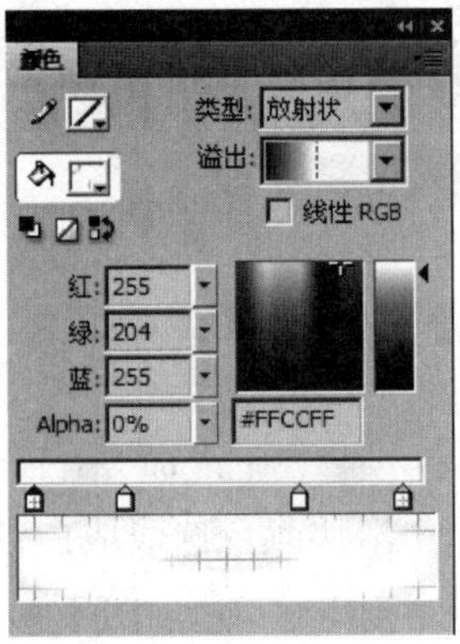

图 4-6-35　颜色设置

⑨ 在工具栏里选取矩形工具（快捷键为 R），在黑色背景电影上任意画一个区域，矩形框高度大概为 1 像素。复制并调整光线，设置“光线 2”效果如图 4-6-36 所示。

⑩ 新建一个元件，设为“影片剪辑”，并命名为“星星”。从库中拖放出“光线 1”元件放入图层 1 第 1 帧所对应的舞台上。

⑪ 新建一个图层，从库中拖放出“光线 2”元件放入图层 2 第 1 帧所对应的舞台上，效果如图 4-6-37 所示。

⑫ 再新建一个图层，将“光球”元件拖入，调整大小和位置。这样星星的整体形状就做出来了，效果如图 4-6-38 所示。

图 4-6-36　光线 2

图 4-6-37　星光

图 4-6-38　星星

⑬ 选择“插入”|“创建新元件”命令，新建一个影片剪辑，命名为“运动的星星”，按 Ctrl+L 键调出元件库，把刚才做好的星星拖放到工作区中心，注意和十字重合，如图 4-6-39 所示。

⑭ 选取这个星星，运用工具栏中的任意变形工具把这个星星放大，然后在第 20 帧处按 F5 键，插入一个普通帧，并且锁住这个层。

⑮ 再新建一个图层，从元件库中拖入一个星星，放在刚做好的大星星的中心，再在第 20 帧处按 F6 键插入一个关键帧。

⑯ 把第 20 帧的星星拖到大星星的一个角上，再把这个星星的透明度设为 40%，返回第 1 帧设为“运动渐变”动作，如图 4-6-40 所示。

图 4-6-39　星星 1

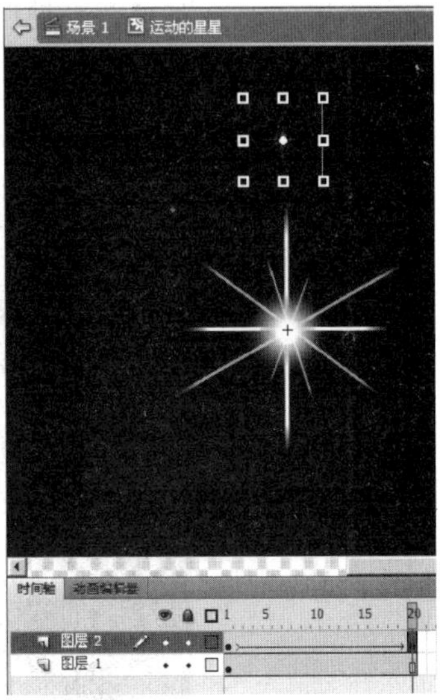

图 4-6-40　星星 2

⑰ 再新建一个图层，把图层 2 第 1 帧的星星复制到图层 3 的第 1 帧，这样做是为了使星星能重合，按照图层 2 的做法把它设为运动渐变，这次要把第 20 帧的星星放到大星星的另一个角上，依次做好 5 个层的运动星星，如图 4-6-41 所示。

⑱ 把大星星图层连同星星一起删除，如图 4-6-42 所示，因为只是用它来起辅助作用，设定星星的位置。

图 4-6-41　全部星星

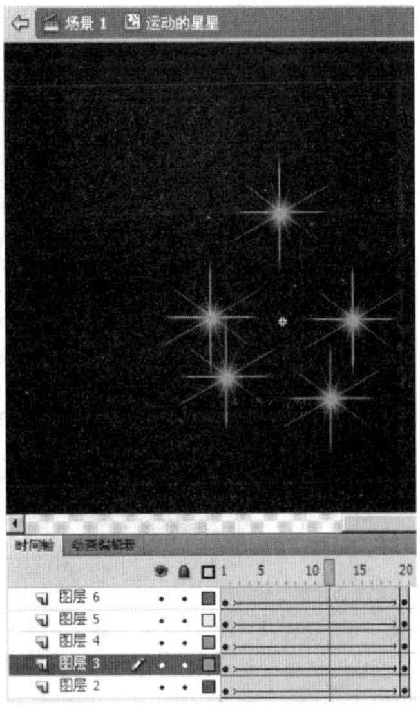

图 4-6-42　运动的星星

⑲ 选择“插入”|“创建新元件”命令，再新建一个影片剪辑，命名为“运动”，现在是设置流星的运动路径。本实例中用的是一个椭圆，也可根据目的的不同画出不同的动运路径。在第 100 帧处按 F5 键插入一个帧，然后锁定这个图层，如图 4-6-43 所示。

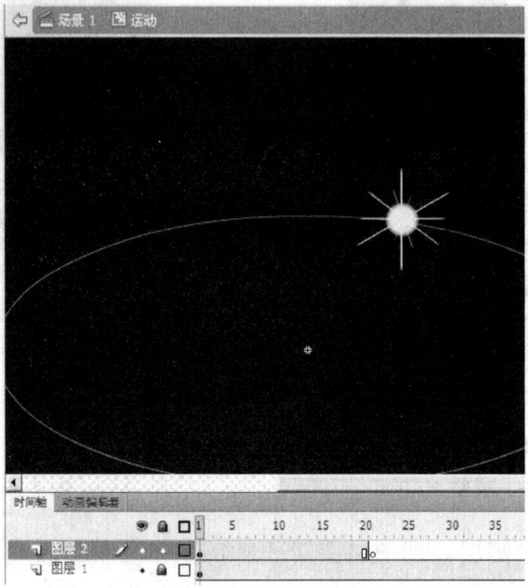

图 4-6-43 星星 1

⑳ 新建一个图层，把刚才做好的“运动的星星”元件拖到第 1 帧，中点对好运动路径的开头，再在第 20 帧处按 F7 键，这样“运动的星星”做完了 20 帧的运动后就会停下来，如图 4-6-44 所示。

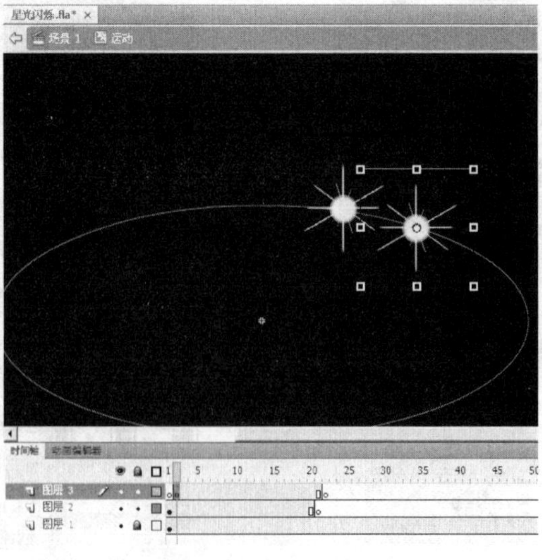

图 4-6-44 星星 2

㉑ 新建一个图层，在第 2 帧处按 F7 键，然后把“运动的星星”元件拖到第 2 帧，这颗星星一定要放到第一颗星星的后面，中心对好运动路径，再在第 21 帧处按 F7 键。

㉒ 新建一个图层，在第 3 帧处按 F7 键，然后把“运动的星星”元件拖到第 3 帧，这个星星放在第二个星星的后面，中心也要对好运动路径，然后在第 22 帧处按 F7 键。

㉓ 依照这样的方法把星星依次排成设定的运动路径。最后把图层 1 的运动路径删除，如图 4-6-45 所示。

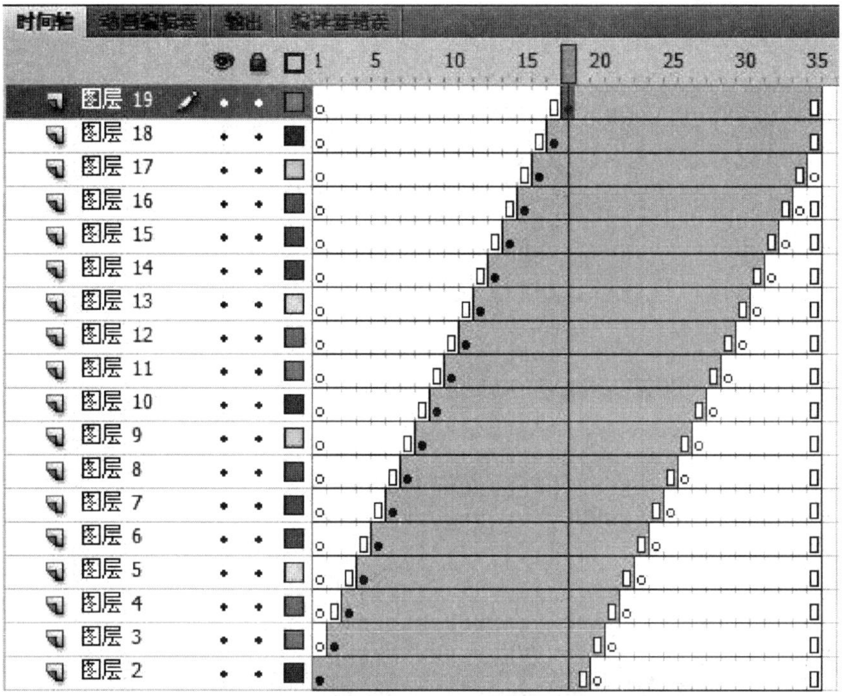

图 4-6-45　运动

㉔ 把“运动”元件的影片剪辑拖放到场景中，选择“文件”|“保存”命令或者单击工具栏中的“保存”按钮，设置保存路径，将当前文件保存为“星光闪烁.fla”，如图 4-6-46 所示。

㉕ 选择文件的“库”面板，“库”面板中的信息如图 4-6-47 所示。

㉖ 选择“控制”|“测试影片”命令（快捷键为 Ctrl+Enter），在 Flash 播放器中预览效果，如图 4-6-48 所示。

㉗ 分析所预览的效果，调整直到满意为止。

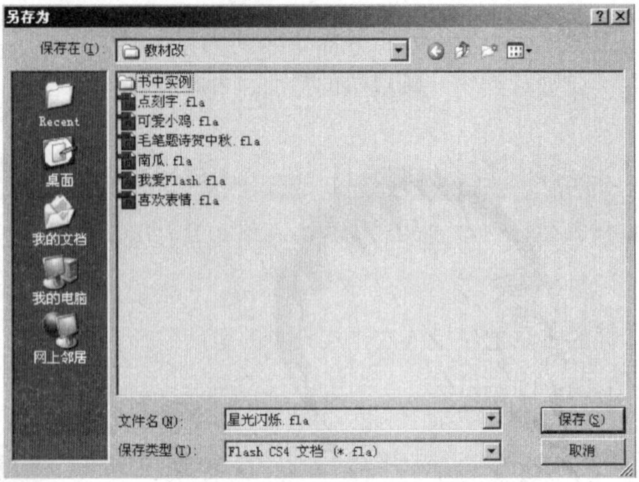

图 4-6-46 “另存为”对话框

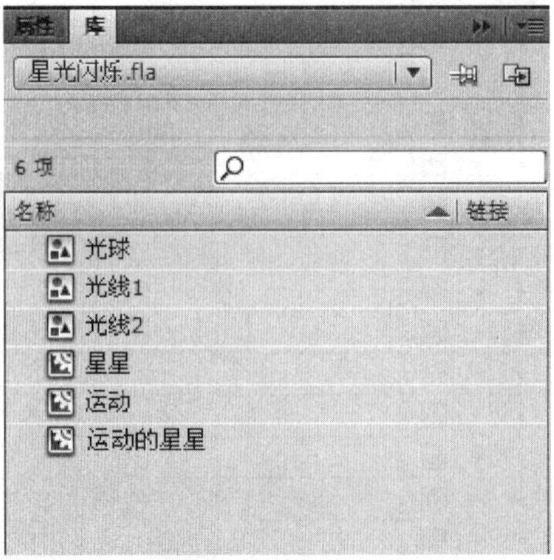

图 4-6-47 库信息

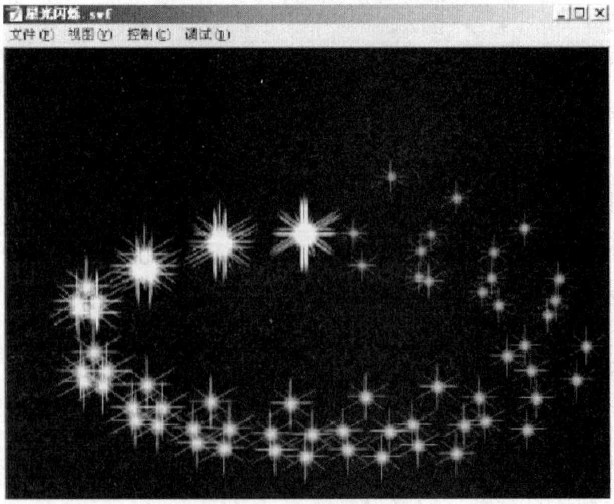

图 4-6-48 最终效果

实例小结：通过本例读者应该掌握基本 Flash 动画元件的制作方法和使用技巧、库的作用。

教学课件 4-3：Flash 基本动画制作

4.7　基本动画形式

教学实验 4-3：基本动画制作

通过 Flash CS4 软件能够实现多种动画效果，这些动画效果均通过基本动画形式制作。在 Flash CS4 中所使用的基本动画类型有逐帧动画、补间动画、传统补间动画和补间形状 4 大类。同时，还可根据图层类型设置引导层动画和遮罩动画。动画类型不同，其生成原理和制作方法也不同。本节重点介绍动画基本类型和制作方法，其中制作方法通过简单实例来介绍。

4.7.1　逐帧动画

逐帧动画指的是在每一帧中放置不同的信息而形成的动画。前面讲到，只有在关键帧中才能放置信息，所以这里的帧指的是“关键帧”；不同的信息之间的变化应该持有连续性，否则看到的将是跳动的画面，而非流畅的画面。

由于逐帧动画的帧序列内容不一样，不仅增加制作负担而且最终输出的文件体积也很大。但它的优势也很明显：因为它与电影播放模式相似，很适合于表演很细腻的动作，如头发飘动、人物走路、奔跑与跳跃等。

拓展资源 4-16：逐帧动画——弹跳球的制作

实例：人物小动画

下面制作一个简短的人物动作动画，实现一个站立的男人衣服随风摆动的运动过程。具体操作步骤如下。

教学实例 4-6：人物小动画

① 新建 Flash 文件。设置文档相关属性，本实例中所设置的属性如图 4-7-1 所示。

② 绘制如图 4-7-2 所示的人物，其人物图层设置如图 4-7-3 所示。

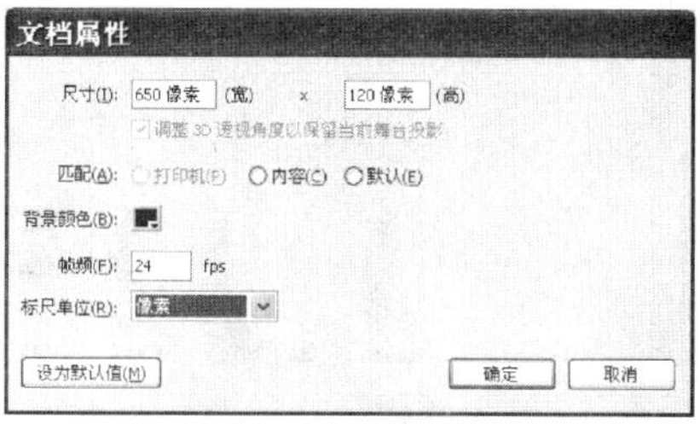

图 4-7-1　“文档属性”对话框

图 4-7-2　人物

图 4-7-3　图层设置

③ 单击“头部 2”图层关键帧，选中眼睛部分将其转化为元件，类型选择为“图形”，并命名为“眼睛 2”。双击“眼睛 2”元件，进入元件的编辑模式。第一个关键帧上眼睛的状态如图 4-7-4 所示，为正常眼睛状态。在第 2 帧处插入关键

帧，绘制眼睛状态如图 4-7-5 所示，为闭眼的过渡状态。在第 3 帧处插入关键帧，绘制眼睛状态如图 4-7-6 所示，为闭眼状态。

图 4-7-4　眼睛

图 4-7-5　半闭眼

图 4-7-6　闭眼

④ 返回到“头部 2”元件内部，按 F5 键延伸所有图层的第 1 帧到第 30 帧。在“眼睛”图层的第 25 帧处插入关键帧，选中舞台中的“眼睛”元件，此时“属性”面板如图 4-7-7 所示。在“属性”面板中的“循环”下拉列表框中选择“单帧”选项，并在第一帧后面的文本框中输入数字“2”。同样的，在第 26 帧处插入关键帧，选中舞台中的“眼睛”元件，在“属性”面板中的“循环”下拉列表框中选择“单帧”选项，并在第一帧后面的文本框中输入数字“3”。在“眼睛”图层的第 27 帧处插入关键帧，选中舞台中的“眼睛”元件，在“属性”面板中的“循环”下拉列表框中选择“单帧”选项，并在第一帧后面的文本框中输入数字“2”。这样，保证了眼睛每隔 1 秒钟眨一下的效果。

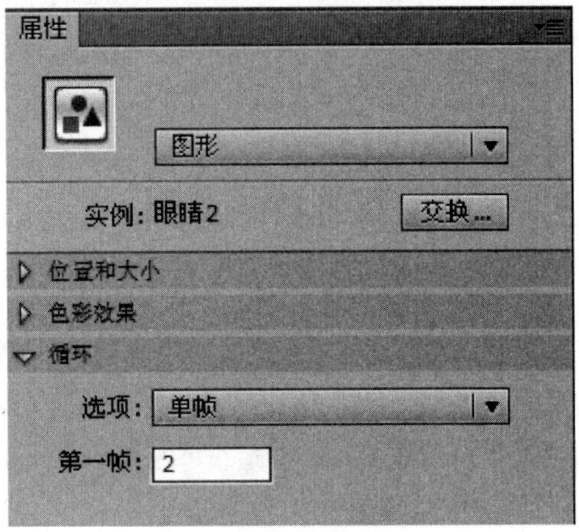

图 4-7-7　相关属性

⑤ 单击“身体 2”图层的关键帧，选中舞台中的身体将其转换为元件，类型选择为“图形”，并为元件命名为“身体 2”。双击“身体 2”元件，进入元件的编辑模式。分别插入如图 4-7-8 所示的关键帧，然后在每个关键帧处按照风吹衣衫飘的运动规律对身体进行调整，调整完成后每个关键帧上所对应的设置如图 4-7-9 所示。

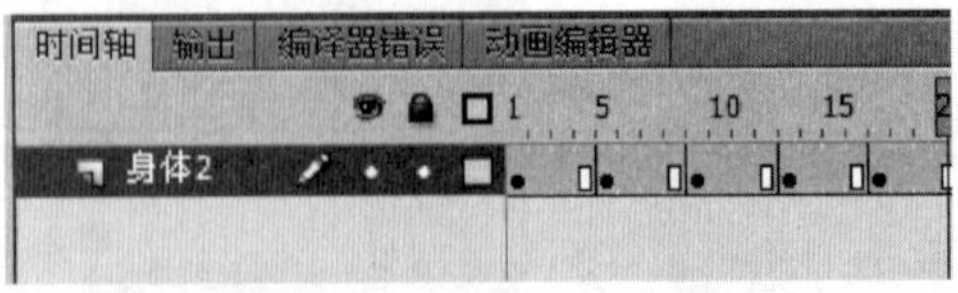

图 4-7-8　“身体 2”动画时间轴

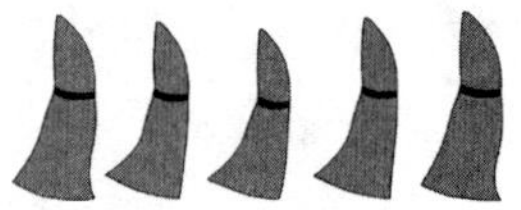
图 4-7-9　身体 2 不同效果

⑥ 选中图 4-7-8 中的第 5 帧到第 15 帧上的所有关键帧，在第 21 帧处右击，在弹出的快捷菜单中选择“粘贴帧”命令，使得图 4-7-8 中的关键帧延长至第 30 帧，和前面眨眼动作的频率保持一致。

⑦ 单击“右胳膊 2”图层的关键帧，选中舞台中的身体将其转换为元件，类型选择为“图形”，并为元件命名为“右胳膊 2”。双击“右胳膊 2”元件，进入元件的编辑模式。分别插入如图 4-7-10 所示的关键帧，然后在每个关键帧处按照风吹衣衫飘的运动规律对右胳膊进行调整，调整完成后每个关键帧上所对应的效果如图 4-7-11 所示。

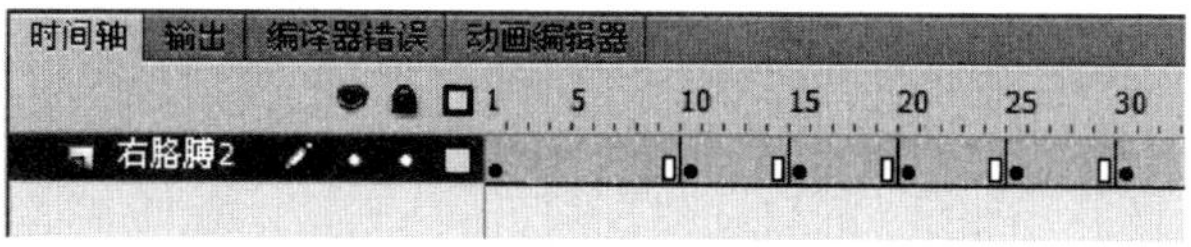

图 4-7-10　时间轴设置

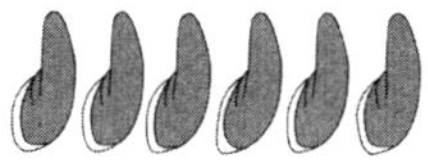

图 4-7-11　右胳膊 2 不同效果

⑧ 用同样的方法调整左胳膊的运动效果。

⑨ 选中舞台中的佩剑，将其转化为元件，类型选择为“图形”，并为元件命名为“佩剑”，并将其移动到合适的位置。

⑩ 将所有图层的帧全部延续到第 30 帧，如图 4-7-12 所示。

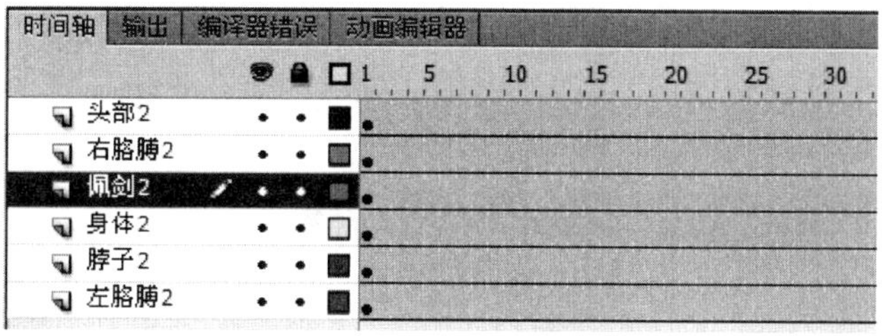

图 4-7-12　加长帧后的时间轴

⑪ 选择“控制”|“测试影片”命令（快捷键为 Ctrl+Enter），在 Flash 播放器中预览效果，如图 4-7-13 所示。

图 4-7-13　预览效果

⑫ 分析所预览的效果，调整直到满意为止。

实例小结：本实例使用逐帧动画完成了人物在船上的小动画。通过此动画的制作，读者应该掌握图形元件状态的制作和选帧方法的应用。

4.7.2 动作动画

动作动画即传统补间动画，指的是在某一个关键帧中定义元件实例的位置、大小、颜色和透明度等属性，然后在时间轴的下一关键帧改变这些属性，再由 Flash CS4 软件来完成这些属性的改变过程而形成的动画。

传统补间动画是一种比较有效地产生动画效果的方式，同时还能尽量减少文件的体积。因为在传统补间动画中，Flash CS4 软件只保存帧帧之间不同的信息。

1. 实例：弹跳球

教学实例 4-7：跳弹球

下面制作一个动作动画，实现一个小球从上面落下并弹回的过程。具体操作步骤如下。

① 新建 Flash 文件。设置文档相关属性，本实例中所设置的属性如图 4-7-14 所示。

② 在舞台中使用椭圆工具绘制如图 4-7-15 所示的圆。

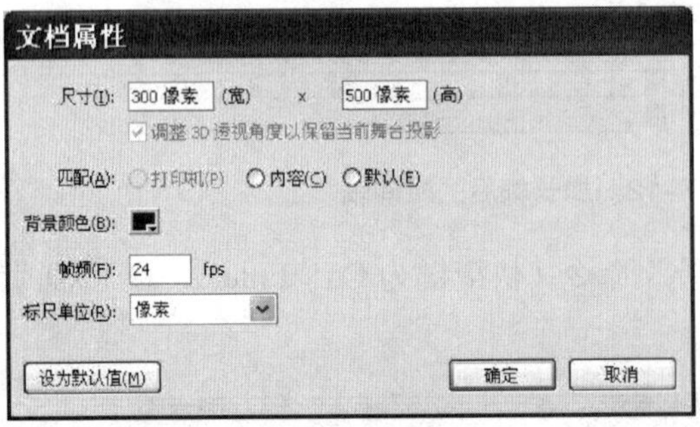

图 4-7-14 “文档属性”对话框

图 4-7-15 绘制圆

③ 选中舞台中的圆，将其转换为元件，并为元件命名为“小球”。

④ 在第 20 帧处插入关键帧，如图 4-7-16 所示。

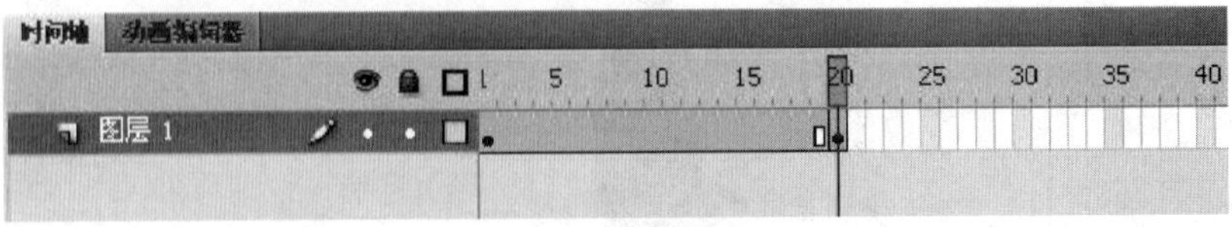

图 4-7-16 时间轴信息

⑤ 更改第 20 帧所对应的舞台中小球的信息，此处更改其位置如图 4-7-17 所示。

⑥ 在时间轴上选择最后一帧前面的任意一帧，右击，弹出如图 4-7-18 所示的快捷菜单。

图 4-7-17　球的位置

图 4-7-18　帧的快捷菜单

⑦ 选择“创建传统补间”命令，即可为选择的关键帧创建传统补间动画，如图 4-7-19 所示。

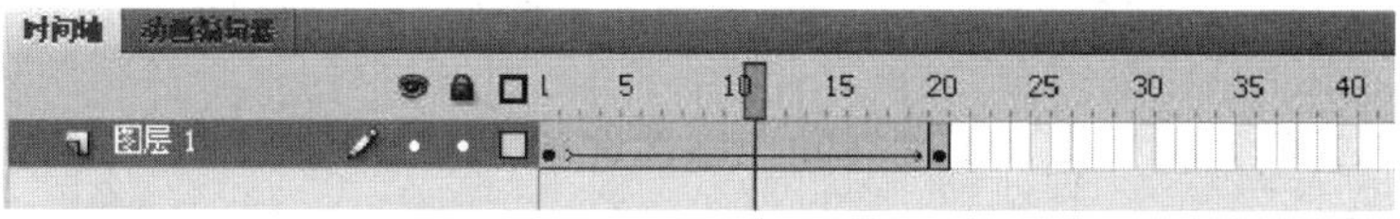

图 4-7-19　时间轴信息

⑧ 使用鼠标选择第 2 帧到第 19 帧中的任意一帧，可以看到系统自动补间的效果。例如，选择第 5 帧和第 15 帧，系统为这两帧补间的效果如图 4-7-20 所示。使用“绘图纸外观”可以看到小球的位置改变如图 4-7-21 所示。

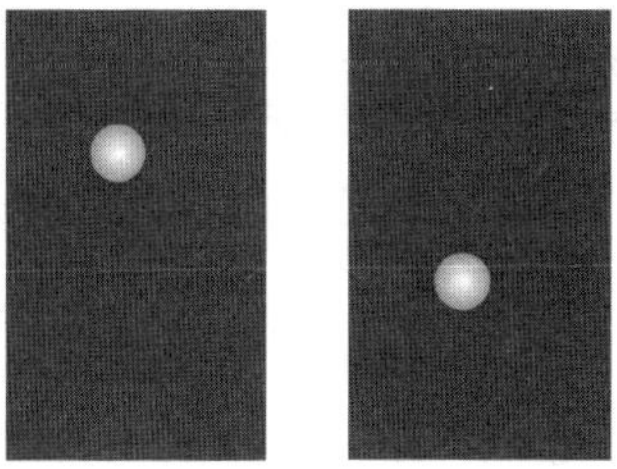

（a）第 5 帧　（b）第 15 帧

图 4-7-20　关键帧 5 和 15 对应的舞台信息

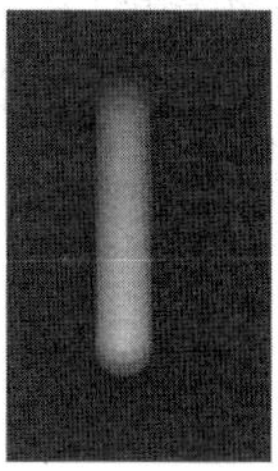

图 4-7-21　“绘图纸外观”效果

⑨ 选择“控制”|“测试影片”命令（快捷键为 Ctrl+Enter），在 Flash 播放器中预览效果，如图 4-7-22 所示。

⑩ 分析所预览的效果，调整直到满意为止。

2. 传统补间动画中帧的“属性”面板

当创建传统补间成功时，帧的颜色将变为浅蓝色。选中这些帧中的任一帧查看“属性”面板，则“属性”面板如图 4-7-23 所示。

图 4-7-22　动画效果

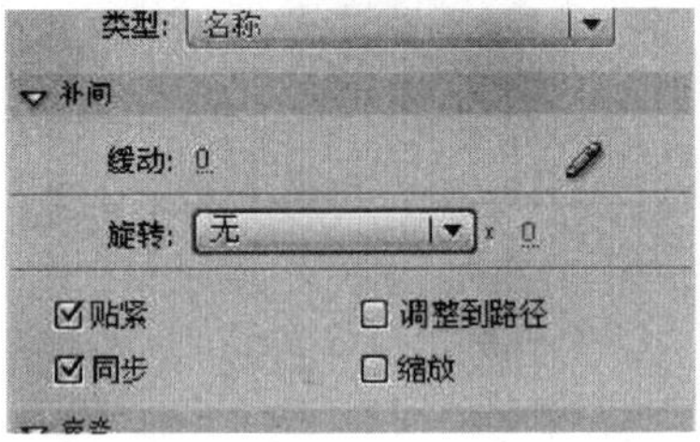

图 4-7-23　补间帧属性

在“属性”面板中，多了“补间”属性选项。包含“缓动”、“旋转”及其他选项，下面分别进行介绍。

① “缓动”选项。用来改变物体运动的速度。其值的范围是[-100,100]，负值使得运动速度越来越快，即做加速运动，正值使得速度越来越慢，即做减速运动。右侧文本框的信息设置方式和设置内容与补间形状的一样。不同的是在右侧多了“编辑缓动”按钮，单击此按钮，弹出如图 4-7-24 所示的“自定义缓入/缓出”对话框，可以在此对话框中设置想要的缓动形式。

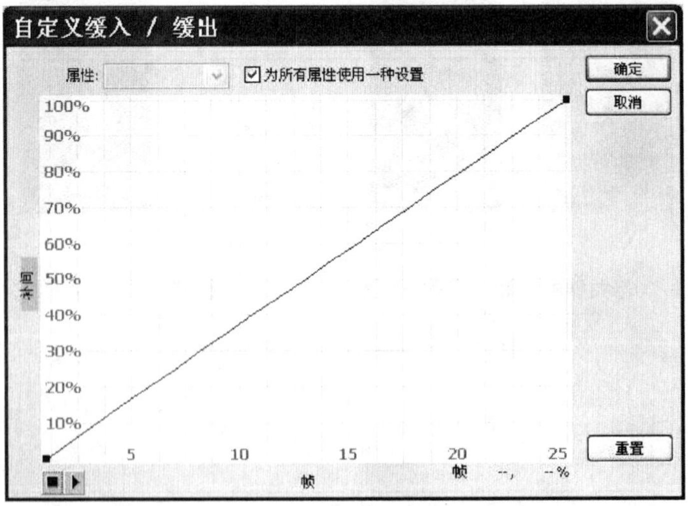

图 4-7-24　“自定义缓入/缓出”对话框

② “旋转”选项。用来设置物体在补间动画的同时进行自旋转的方向。“旋

转”下拉列表框如图 4-7-25 所示。

下拉列表框中包括“无”、“自动”、“顺时针”、“逆时针”4 个选项。

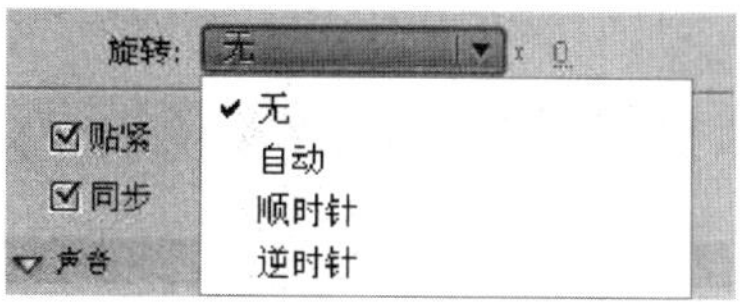

图 4-7-25 “旋转”下拉列表框

a. 无：表示没有旋转效果。

b. 自动：表示如果结束帧相对于起始帧旋转了一定角度，实例会自动旋转。

c. 顺时针：表示即使结束帧相对于起始帧没有任何旋转角度也会生成做顺时针旋转效果。

d. 逆时针：同顺时针的概念基本相同，差别在于该选项是逆时针旋转。

在其右面有一个文本框，用来设置旋转的次数。

③ “缩放”复选框。只有在设置缩放动画时才用到。当制作完缩放动画后，必须勾选“缩放”复选框，缩放效果才会出现。

④ “调整到路径”复选框。一般用于有引导层的动画。勾选该复选框，元件在沿引导线移动的过程中，元件的中心点与引导线始终保持垂直。

⑤ “贴紧”复选框。一般用于有引导层的动画，可使某一对象在某一帧处对齐引导线的位置。

⑥ “同步”复选框。用来设定影片剪辑元件动画在主动画中能够完成循环。为图形元件做了补间动画并又做选帧操作，需要取消勾选此复选框。

4.7.3 形状动画

形状补间动画是由于两个相邻关键帧中的矢量图形发生改变而形成的动画效果，如形状、色彩、大小等某个方面或多个方面发生改变。当选择创建补间形状动画后，Flash CS4 会自动在两个关键帧之间插入逐渐变形的图形。

在制作补间形状动画时，在两个关键帧中的内容必须是处于分离状态的图形，独立的图形元件不能创建补间形状动画。使用补间形状，能够轻松创建几何变形和渐变色改变的动画效果。

1. 实例：几何图形动画

教学实例 4-8：几何图形动画

制作第一个补间形状动画，让五角星渐变成圆，再渐变成五角星。具体操作步骤如下。

① 新建一个 Flash 文件。设置文档相关属性，本实例中所设置属性如图 4-7-26 所示。

② 在舞台中使用多边形工具绘制如图 4-7-27 所示的五角星。

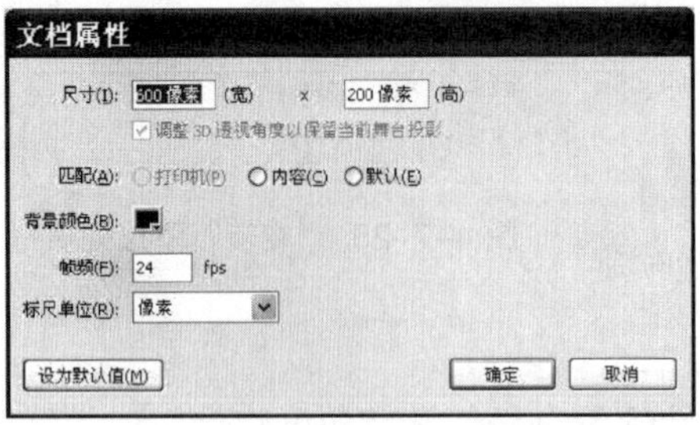

图 4-7-26 “文档属性”对话框

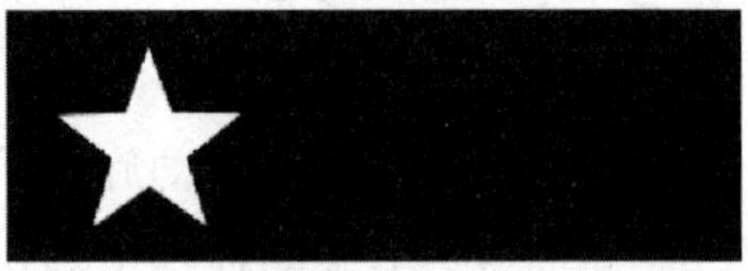

图 4-7-27 绘制的五角星

③ 在第 20 帧处插入空白关键帧，如图 4-7-28 所示。

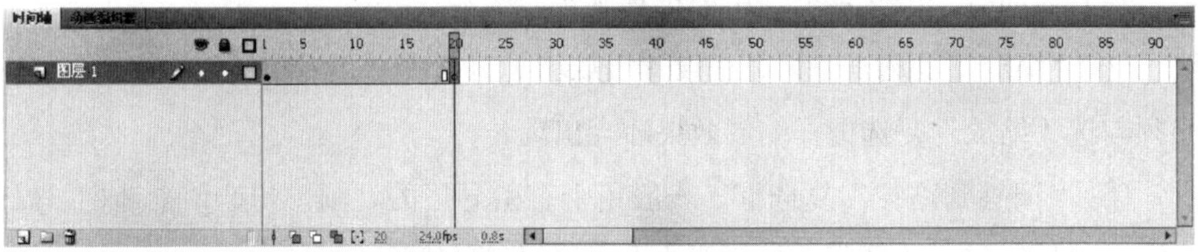

图 4-7-28 时间轴信息

④ 在第 20 帧所对应的舞台中使用椭圆工具绘制圆，并打开“编辑多个帧”对话框调整圆的位置，如图 4-7-29 所示。

⑤ 在时间轴上选择最后一帧前面的任意一帧，右击，弹出如图 4-7-30 所示的快捷菜单。

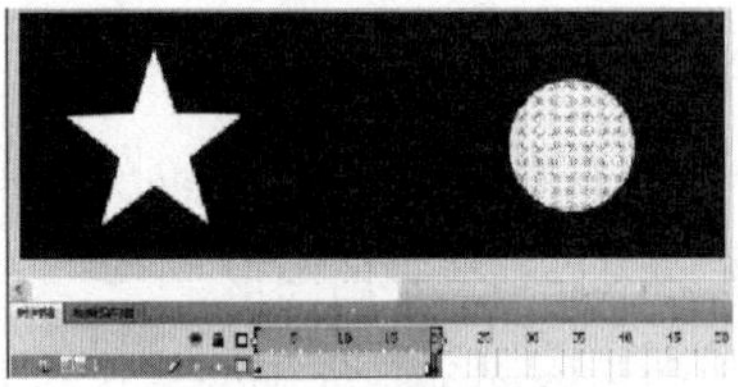

图 4-7-29 绘制圆信息

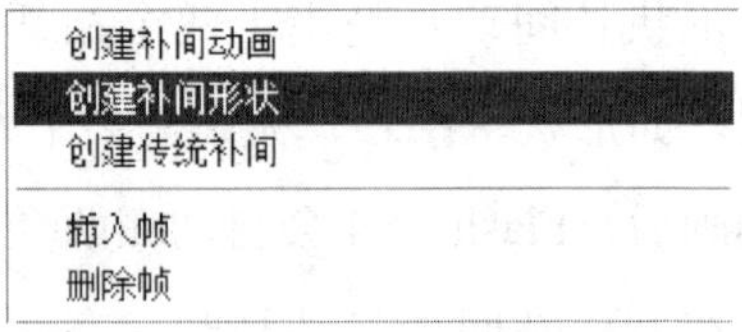

图 4-7-30 普通帧的快捷菜单

⑥ 选择“创建补间形状”命令，即可为所选择的关键帧创建形状补间动画，如图 4-7-31 所示。

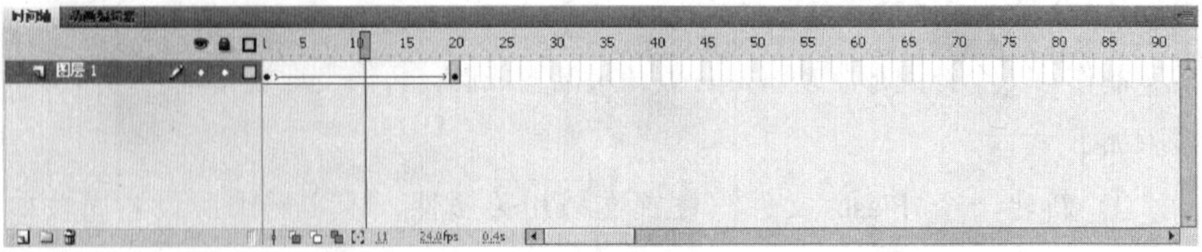

图 4-7-31 时间轴信息

⑦ 选择第 2 帧到第 19 帧中的任意一帧，可以看到系统自动补间的形状。例如，选择第 5 帧和第 15 帧，系统为这两帧补间的效果如图 4-7-32 所示。

（a）第 5 帧　　　　（b）第 15 帧

图 4-7-32　关键帧 5 和 15 对应的舞台信息

⑧ 圆转化为五角星。将第 1 帧信息复制到第 40 帧，选择第 20 帧到第 39 帧之间的任意一帧，选择“创建补间形状”命令，如图 4-7-33 所示。

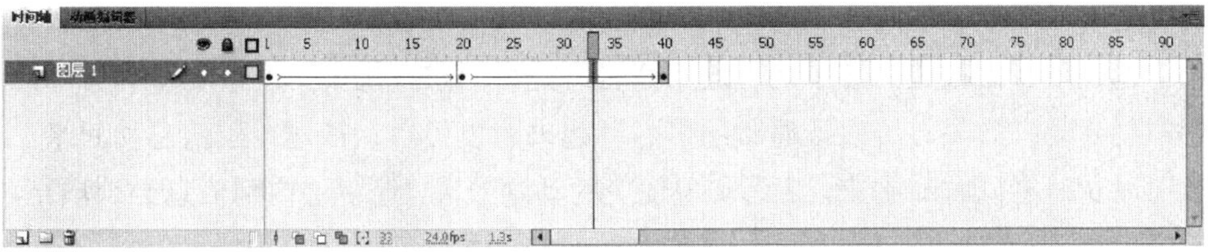

图 4-7-33　时间轴信息

⑨ 选择“控制”|“测试影片”命令（快捷键为 Ctrl+Enter），在 Flash 播放器中预览效果，如图 4-7-34 所示。

步骤 10：分析所预览的效果，调整直到满意为止。

图 4-7-34　动画效果

2. 补间形状帧的“属性”面板

当创建补间形状成功时，帧的颜色将变为浅绿色，“属性”面板如图 4-7-35 所示。同其他元素“属性”面板相比，多了“补间”属性选项。里面包含“缓动”和“混合”选项，下面分别对这两项进行介绍。

① 缓动。用来设置物体的速度变化，后面的输入值在-100 到 100 之间。设置值为正值时，说明其速度越来越慢；值为负值时，说明其速度越来越快。值越大速度变化越明显。

② 混合。设置关键帧间形状变化效果，“混合”下拉列表框如图 4-7-36 所示。

a．分布式：指关键帧之间的动画形状变化会比较平滑。

b．角形：指关键帧之间的动画形状变化会保留明显的角和直线的痕迹。

图 4-7-35　形状补间帧的属性

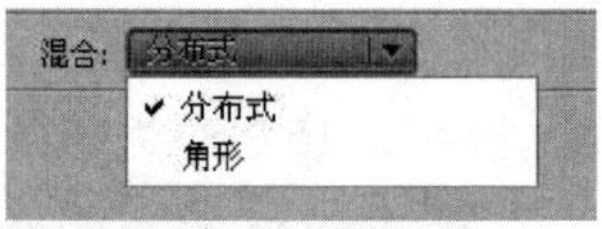

图 4-7-36　“混合”下拉列表框

4.7.4　遮罩动画

拓展资源 4-17：遮罩动画——隔墙望景制作

遮罩动画指的是通过遮罩来完成的动画，制作此类动画至少需要两个图层，其中一个图层中放置遮罩事物，另一个图层中放置被遮罩事物。在制作遮罩动画时，必须记住遮住的信息就是显示出来的信息。

教学实例 4-9：片头动画

遮罩事物就像一个窗口，通过该窗口看到被遮罩事物的内容。当放置在不同图层上时，要把这些图层和遮罩层关联起来。值得注意的是，一个遮罩只能包含一个遮罩项目，按钮内部不能有遮罩，也不能将遮罩应用于另一个遮罩。可以为遮罩创建动画效果，可以让遮罩层信息动起来，也可以让被遮罩层信息动起来，还可以让两者同时动起来，从而实现优美的动画效果。遮罩层内部信息必须填充，笔触做遮罩时没有效果。

实例：片头动画

下面制作一个动画片头，实现一个画轴从中间缓缓展开的效果。具体操作步骤如下。

① 新建一个 Flash 文件。设置文档相关属性，本实例中所设置属性如图 4-7-37 所示。

② 将“图层 1”命名为“底图”。在工具栏中选择矩形工具（快捷键为 R），在舞台上画一个矩形，并使用颜料桶工具（快捷键为 K）填充颜色，其中颜色的设置值为 R=204，G=102，B=0。填充效果如图 4-7-38 所示。

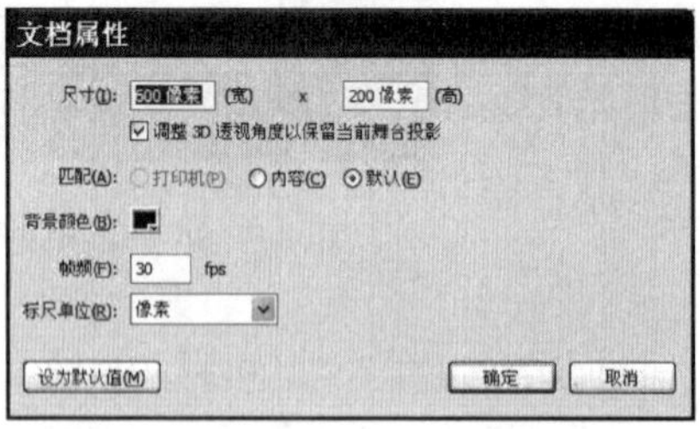

图 4-7-37　“文档属性”对话框

图 4-7-38　绘制底图

③ 选中绘制的图形，按 F8 键将其转换为图形元件，并将元件命名为“底图”。

④ 选择“文件”|“导入”|“导入到库”命令，选择一张合适的图片，导入到库中。

⑤ 双击“底图”元件，进入“底图”元件的编辑状态。新建一个图层，命

名为“底图装饰”。将步骤 4 导入的图片从库中拖放到“底图装饰”图层所对应的舞台上，对其复制并调整位置，使其环绕一圈，效果如图 4-7-39 所示。

⑥ 新建一个图层，命名为“白板”。在其所对应的舞台上绘制一个填充为白色、线条为黑色的矩形，效果如图 4-7-40 所示。

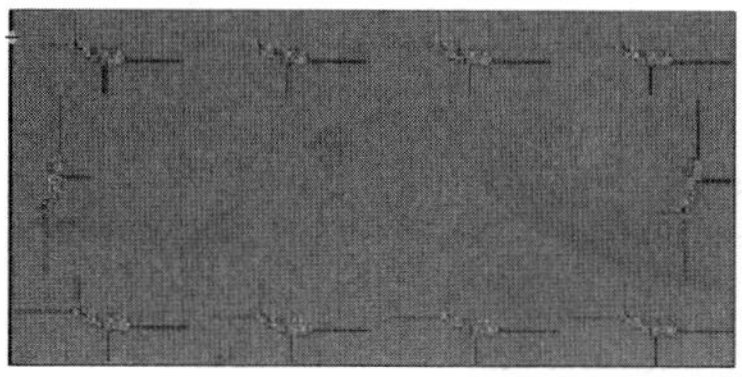

图 4-7-39　装饰底图

图 4-7-40　绘制白色矩形

⑦ 选中绘制好的白色矩形，转换为影片剪辑元件（快捷键为 F8），并命名为“白板”。

⑧ 新建一个图层，命名为“文字”。选择文字工具（快捷键为 T），设置其属性如图 4-7-41 所示。在“文字”图层所对应的舞台上输入“刻舟求剑”4 个字。使用选择工具调整其位置，设置“消除锯齿”为“可读性消除锯齿”，如图 4-7-42 所示。选中“刻舟求剑”4 个大字，将其转换为图形元件。

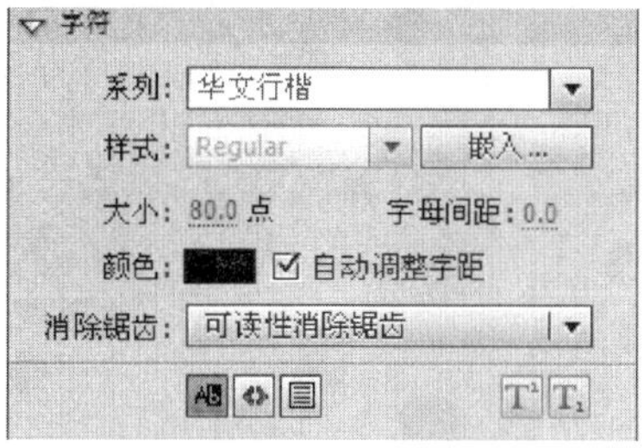

图 4-7-41　文字设置

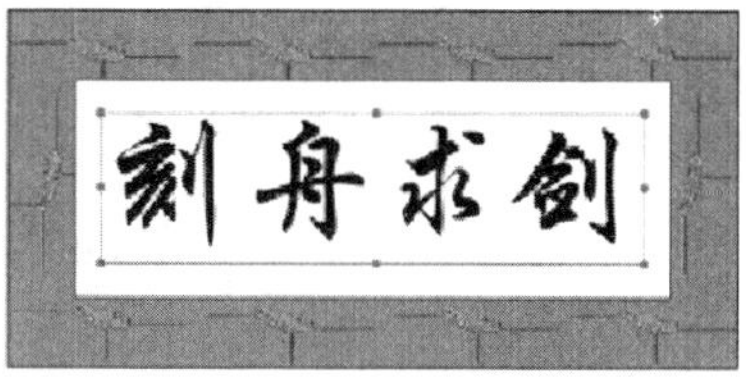

图 4-7-42　文字信息

⑨ 新建一个图层，命名为“遮罩块”。在“遮罩块”图层所对应的舞台上使用矩形工具绘制一个黑色矩形框。使用矩形工具画一个填充为黑色、线条为无的窄小矩形。选择“视图”|“标尺”命令调整矩形框的位置，调整完成后效果如图 4-7-43 所示。

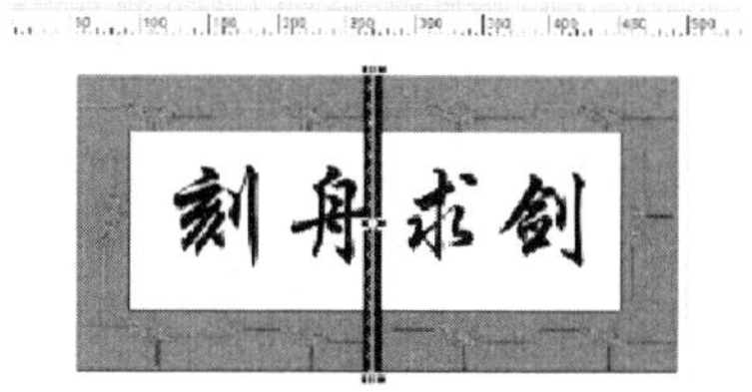

图 4-7-43　最初的黑色矩形框

⑩ 在所有图层的第 70 帧处选择帧，按 F5 键插入帧。将“遮罩块”图层中的普通帧转换为关键帧，完成后效果如图 4-7-44 所示。

⑪ 调整“遮罩块”图层所对应舞台上的矩形遮罩块，使得其遮住下面的“底图”元件，调整后效果如图 4-7-45 所示。

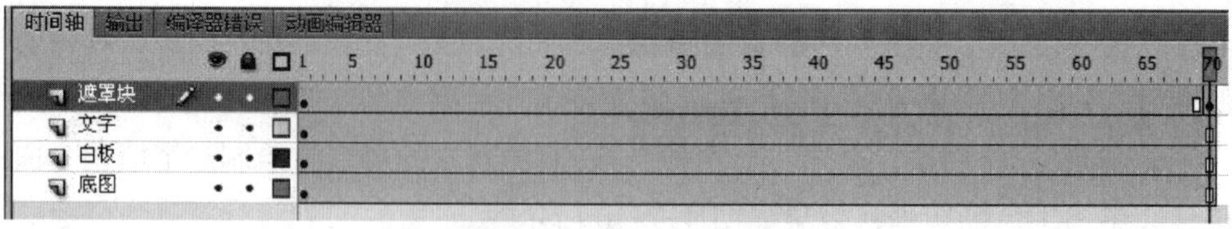

图 4-7-44　时间轴设置

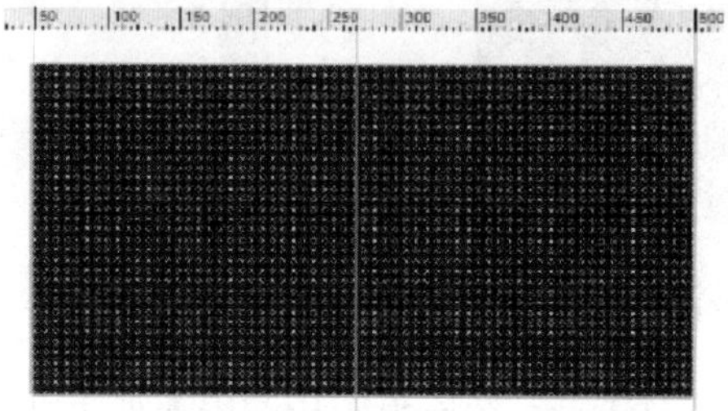

图 4-7-45　调整后的黑色矩形框

⑫ 选中图 4-7-45 中“遮罩块”图层中的任一帧，在弹出的快捷菜单中选择“创建补间形状”命令，则系统将自动为 Flash 创建补间动画，时间轴效果如图 4-7-46 所示。

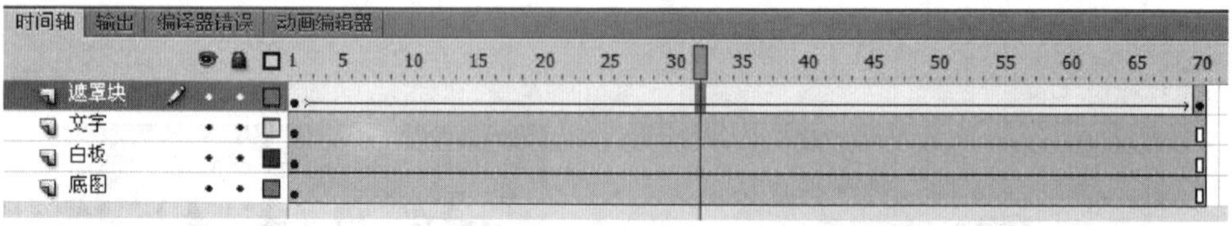

图 4-7-46　时间轴效果

⑬ 选中“遮罩块”图层，将其属性设置为“遮罩层”。分别拖动下面 3 个图层，使得它们处于被遮罩层的状态，调整后图层效果如图 4-7-47 所示。

⑭ 新建两个图层，分别命名为“左卷轴”和“右卷轴”，如图 4-7-48 所示。

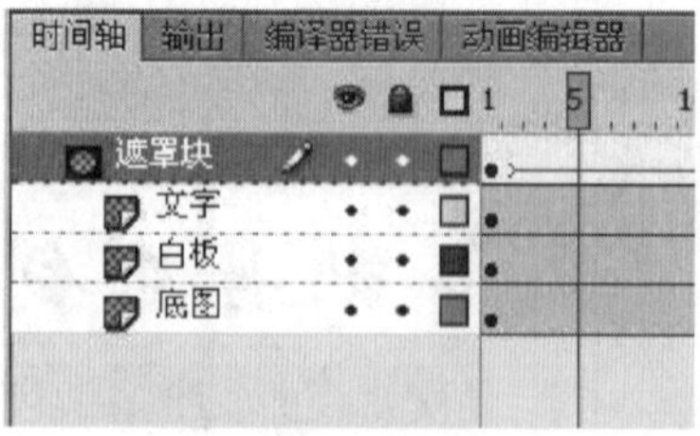

图 4-7-47　时间轴信息

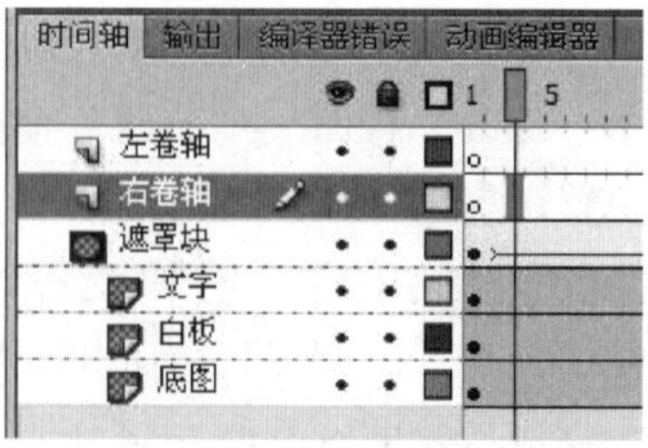

图 4-7-48　时间轴信息

⑮ 选中“左卷轴”图层第 1 帧所对应的舞台，选择“文件”|“导入”|“导

入到舞台”命令，选择卷轴图片，将卷轴图片导入到舞台中，如图 4-7-49 所示。

⑯ 选中卷轴图片，按 F8 键将其转换为图形元件，命名为“卷轴”。

⑰ 选中“左卷轴”图层第 1 帧，按住 Alt 键同时拖出鼠标，将其拖放到“右卷轴”图层的第 1 帧，实现复制的功能。调整舞台中卷轴的位置，使其排列如图 4-7-50 所示。

图 4-7-49　导入图片

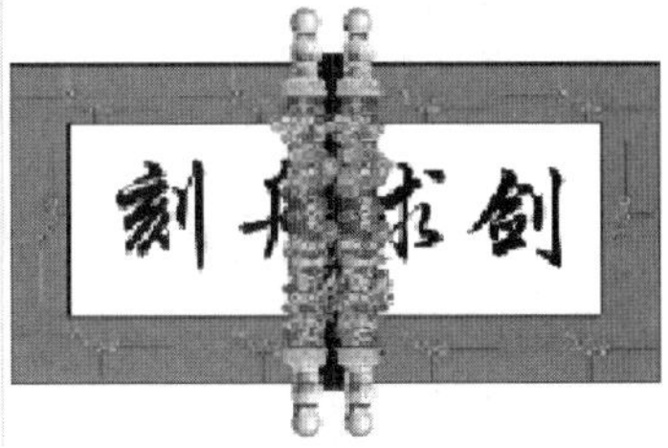

图 4-7-50　排列

⑱ 选中“左卷轴”图层第 1 帧所对应舞台中的卷轴元件，选择“修改”|“变形”|“水平翻转”命令，使得两个卷轴元件实例相对，效果如图 4-7-51 所示。

⑲ 分别在“左卷轴”图层和“右卷轴”图层的第 70 帧处插入关键帧，调整所对应的元件实例位置如图 4-7-52 所示。

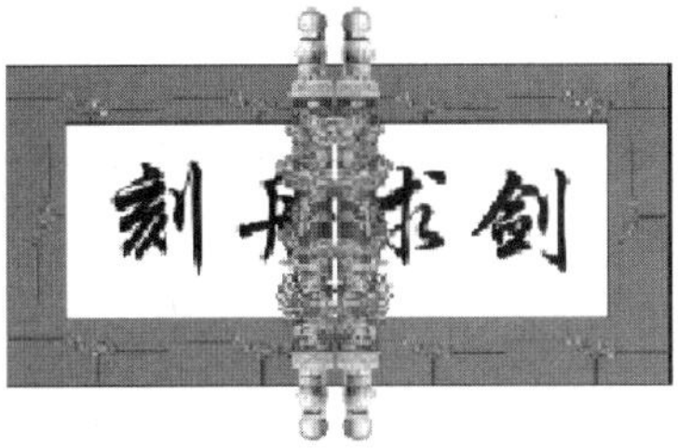

图 4-7-51　卷轴位置

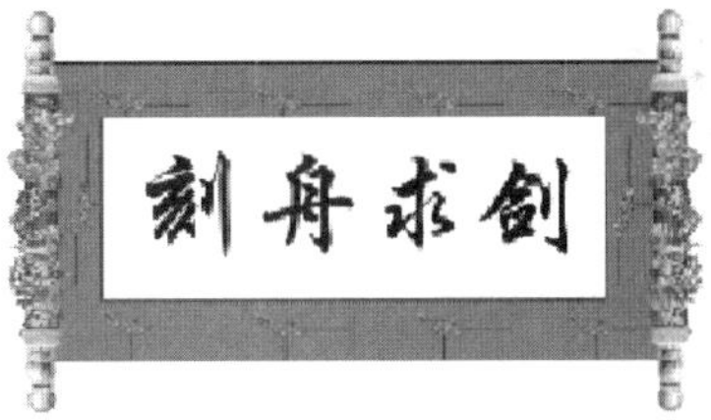

图 4-7-52　卷轴位置

⑳ 分别在“左卷轴”图层和“右卷轴”图层的第 1 帧和第 70 帧之间创建补间动画，动画创建完成后时间轴设置如图 4-7-53 所示。

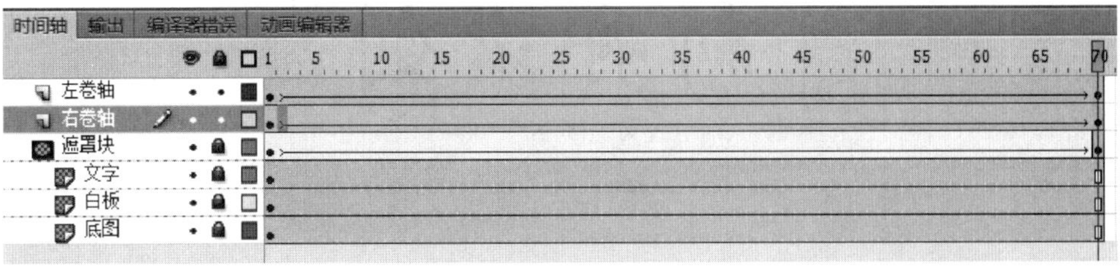

图 4-7-53　时间轴信息

㉑ 为了使得卷轴展开的效果和实际生活中打开卷轴的效果更加接近，分别

在所有图层的第 7 帧和第 62 帧处插入关键帧，如图 4-7-54 所示。移动第 7 帧到第 12 帧，移动第 62 帧到第 58 帧，调整后时间轴设置如图 4-7-55 所示。

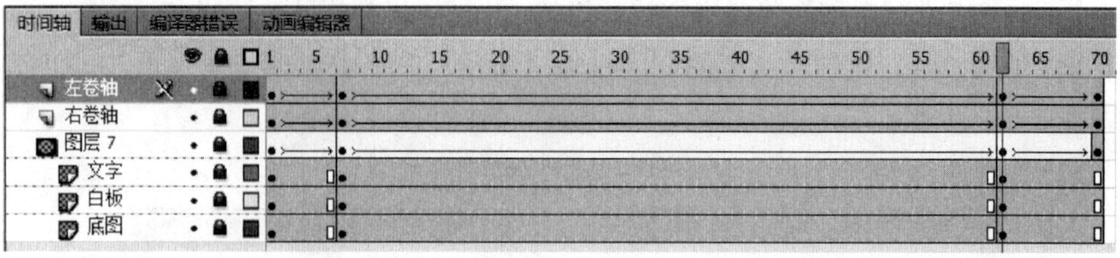

图 4-7-54　时间轴中要调整的帧

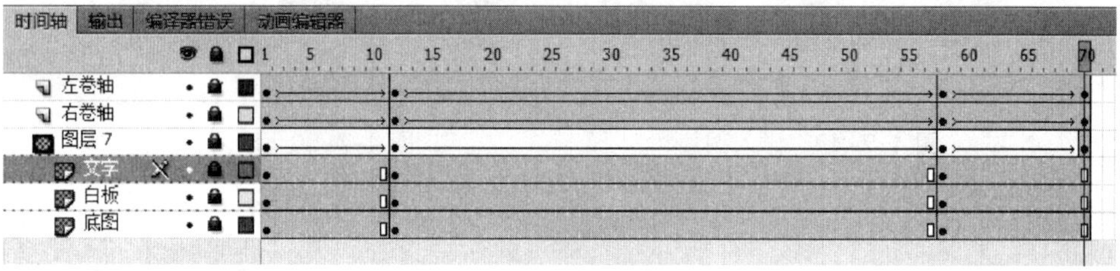

图 4-7-55　调整后帧的位置

㉒ 选中第 1 帧到第 12 帧补间动画中的任一帧，在所对应“属性”面板中调整缓动值为-50。同样，选中第 58 帧到第 70 帧补间动画中的任一帧，在所对应“属性”面板中调整缓动值为 50。

㉓ 选择“控制”|“测试影片”命令（快捷键为 Ctrl+Enter），在 Flash 播放器中预览效果，如图 4-7-56 所示。

㉔ 分析所预览的效果，调整直到满意为止。

图 4-7-56　最终效果

4.7.5　引导层动画

在现实生活中，事物往往并不是沿直线运动的，如蝴蝶飞舞，地球绕着太阳公转等。对于这样的曲线运动，大大增加了制作动画的难度。为了解决这个问题，Flash CS4 提供了自定义路径的功能，通过此功能可以让运动对象沿着某一个绘制好的路径进行移动，而所绘制的路径在 Flash 电影中并不显示。这种类型的动画是所谓的引导层动画。

在引导层动画中，至少有两个图层，其中之一必须是引导层。在引动层中，绘制运动对象要使用的运动轨迹（路径）、元件实例、组、图像块或文本块均可以沿着这些路径运动。对于这些移动对象，一般把它们分别单独放置在一个图层。可以把一个图层链接到一个运动引导层，也可以将多个图层链接到一个运动引导层，使多个对象沿同一条路径进行移动。

教学实例 4-10：蝴蝶飞舞

实例：蝴蝶飞舞

绘制一只蝴蝶，制作蝴蝶翅膀扇动动画，把整个蝴蝶扇动的动画制作成蝴蝶元件。接着在引导层绘制蝴蝶飞舞的路径，通过设置引导动画实现蝴蝶在花丛中飞舞，具体操作步骤如下。

① 新建一个 Flash 文件。设置文档相关属性，本实例中所设置属性如图 4-7-57 所示。

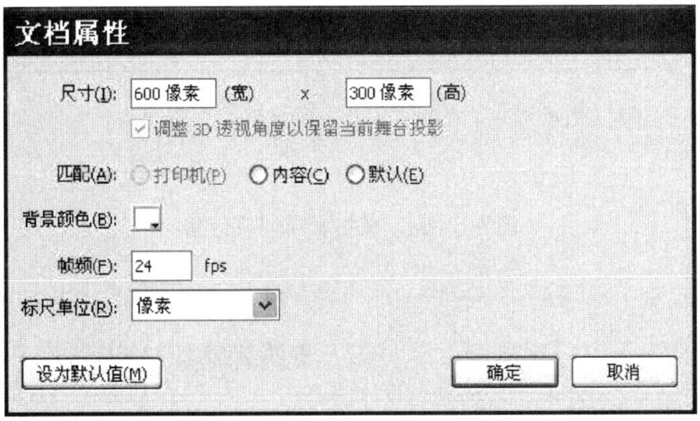

图 4-7-57　“文档属性”对话框

② 在舞台中使用绘制工具分别绘制蝴蝶的身体和一侧翅膀，如图 4-7-58 所示。

③ 选中蝴蝶的翅膀，按 F8 键将其转换为影片剪辑元件。选中蝴蝶身体，按 Ctrl+G 键将其组合。

④ 双击舞台中“蝴蝶翅膀”元件实例，进入“蝴蝶翅膀”元件的编辑区域，如图 4-7-59 所示。

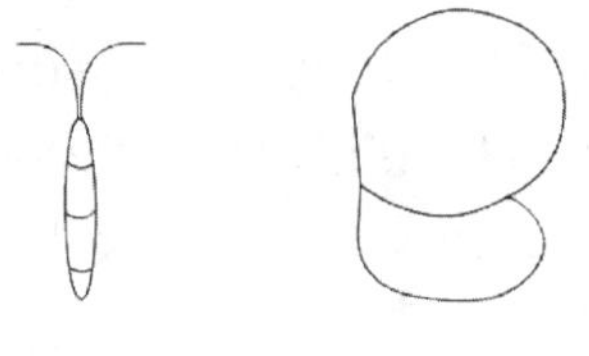

（a）身体　　（b）一侧翅膀

图 4-7-58　绘制信息

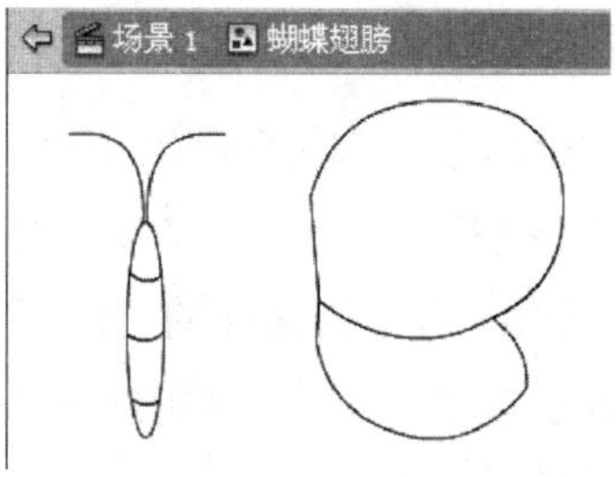

图 4-7-59　翅膀元件内部

⑤ 依次在元件时间轴的第 3、5、7、9 帧插入关键帧，如图 4-7-60 所示。

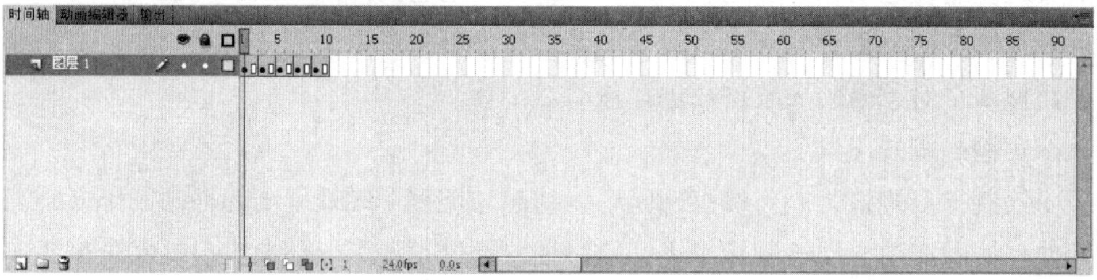

图 4-7-60　翅膀元件时间轴信息

⑥ 依次修改第 3、5、7、9 关键帧中所对应舞台的舞蝶翅膀形状，如图 4-7-61 所示。

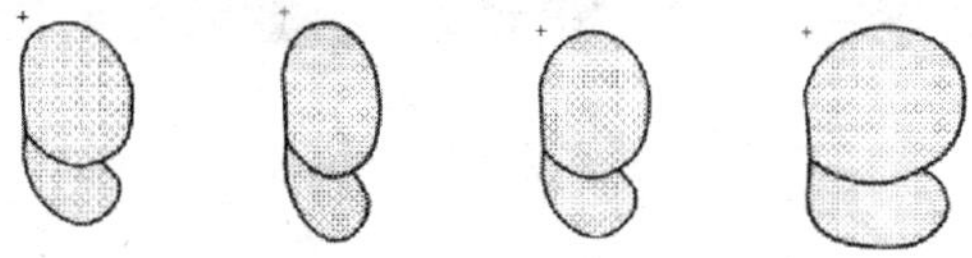

图 4-7-61　关键帧所对应信息

⑦ 返回场景，拖动库中“蝴蝶翅膀”元件实例到舞台中，如图 4-7-62 所示。

⑧ 选中其中一个“蝴蝶翅膀”元件，选择“修改”|“变形”|“水平翻转”命令，翻转后效果如图 4-7-63 所示。

⑨ 选择颜料桶工具为蝴蝶翅膀和身体上色，并调整身体和翅膀的位置，整理后效果如图 4-7-64 所示。

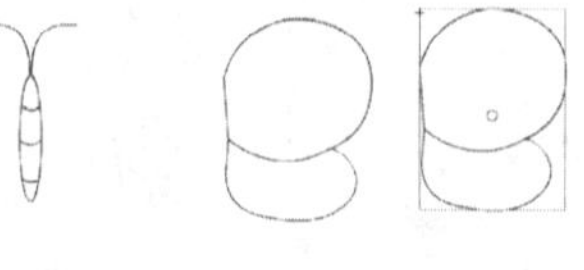

图 4-7-62　舞台信息

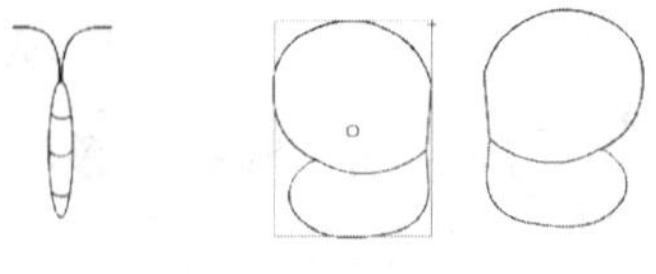

图 4-7-63　翻转后效果

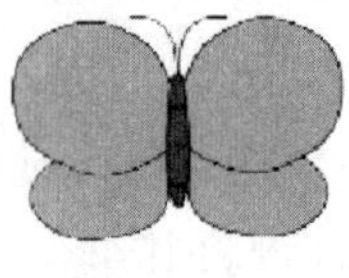

图 4-7-64　上色后效果

⑩ 选中上好色的蝴蝶，按 F8 键将其转换为影片剪辑元件，命名为“蝴蝶”。

⑪ 选择“控制”|“测试影片”命令（快捷键为 Ctrl+Enter），在 Flash 播放器中预览蝴蝶扇动翅膀的效果，如图 4-7-65 所示。

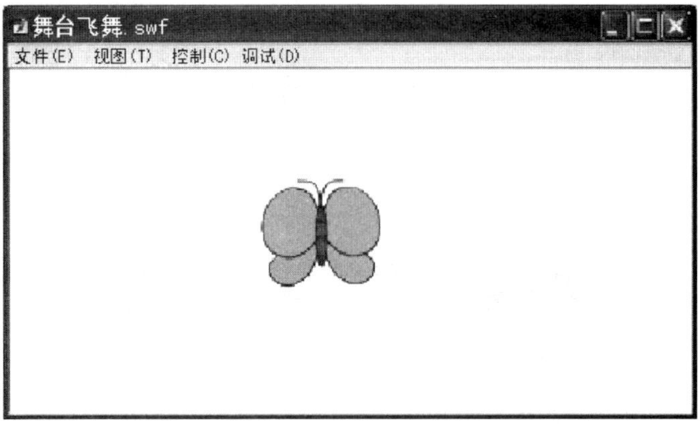

图 4-7-65　扇动翅膀动画

⑫ 分析所预览的效果，调整直到满意为止。然后选中翅膀和身体，将其转换为元件。

⑬ 锁定蝴蝶所在图层，新建一个图层，如图 4-7-66 所示。

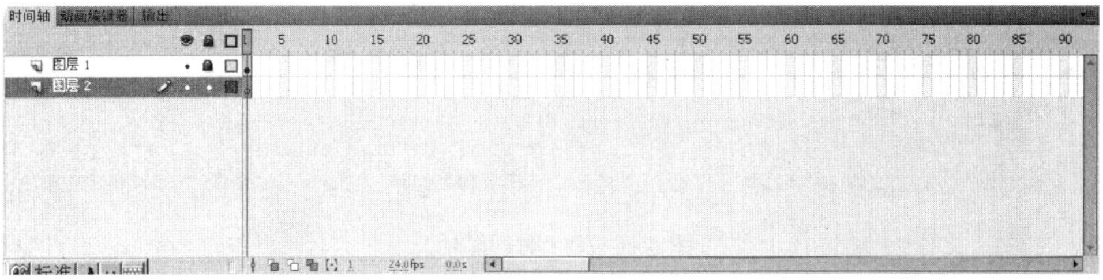

图 4-7-66　时间轴信息

⑭ 在“图层 2”的第 1 帧所对应的舞台中绘制蝴蝶飞舞的背景，如图 4-7-67 所示。

图 4-7-67　背景

⑮ 锁定背景所在图层，新建一个图层，如图 4-7-68 所示。

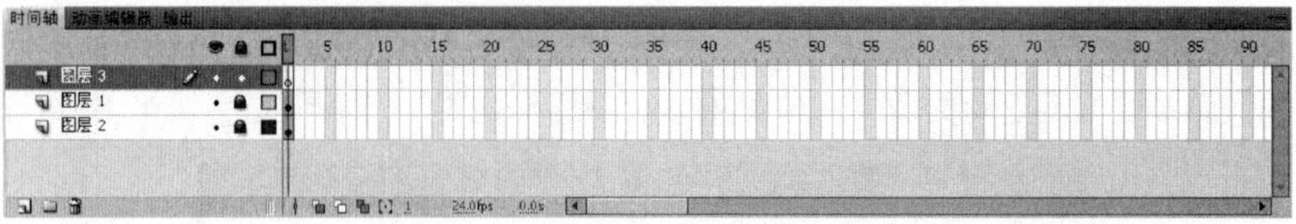

图 4-7-68　时间轴信息

⑯ 使用铅笔工具在“图层 1”的第 1 帧所对应的舞台中绘制飞舞的路径，并进行调整，如图 4-7-69 所示。

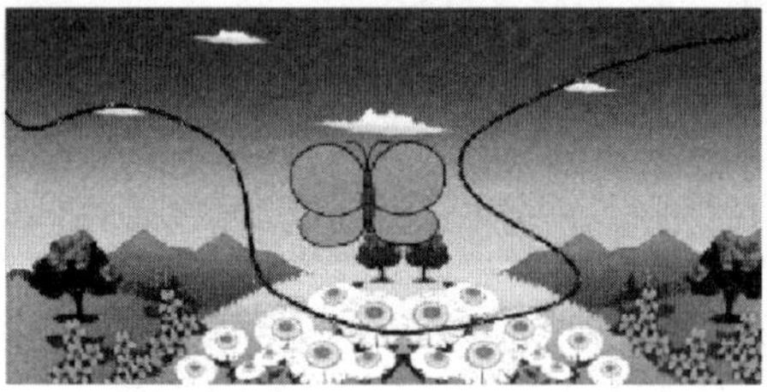

图 4-7-69　引导线

⑰ 在“图层 3”的第 50 帧处插入帧，如图 4-7-70 所示。

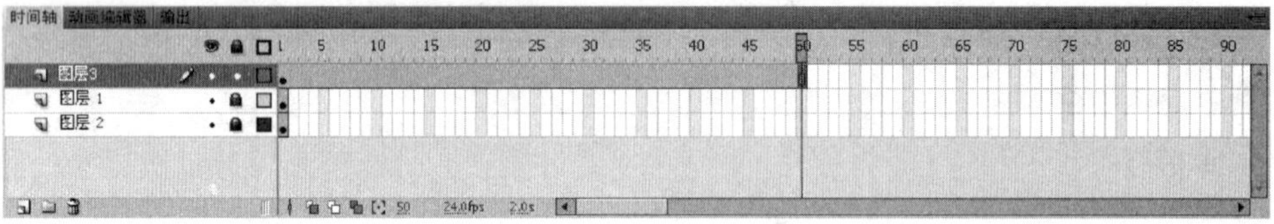

图 4-7-70　时间轴信息

⑱ 为“图层 1”解锁，将“图层 3”锁定。设置“图层 3”为引导层，其方法有以下两种。

a．选中“图层 3”，右击，在弹出的快捷菜单中选择“引导层”命令。

b．选中“图层 3”，右击，在弹出的快捷菜单中选择“属性”命令，在“属性”面板中设置图层类型为“引导层”。

设置完成后如图 4-7-71 所示。

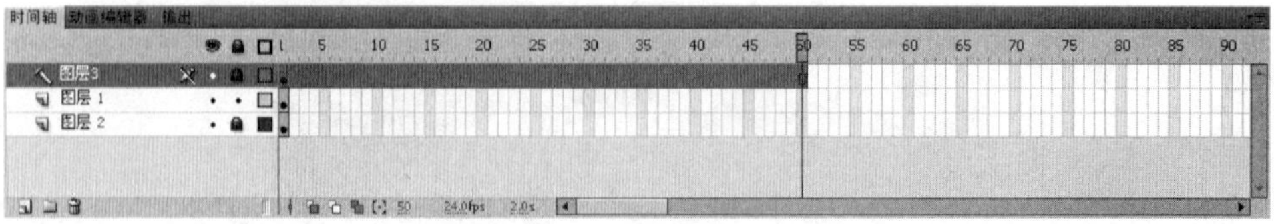

图 4-7-71　时间轴信息

⑲ 使用鼠标拖动“图层 1”，将其放置“图层 3”的下方，如图 4-7-72 所示。

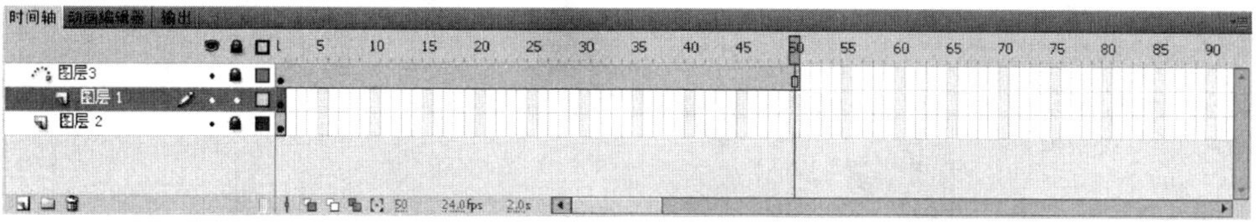

图 4-7-72　时间轴信息

⑳ 将“图层 1”的第 1 帧所对应的舞台中的元件实例拖到路径上一侧。注意中间的一个空心圆点一定要套在线上。松开鼠标后，效果如图 4-7-73 所示。

图 4-7-73　蝴蝶信息

㉑ 在“图层 1”的第 50 帧处插入关键帧，如图 4-7-74 所示。

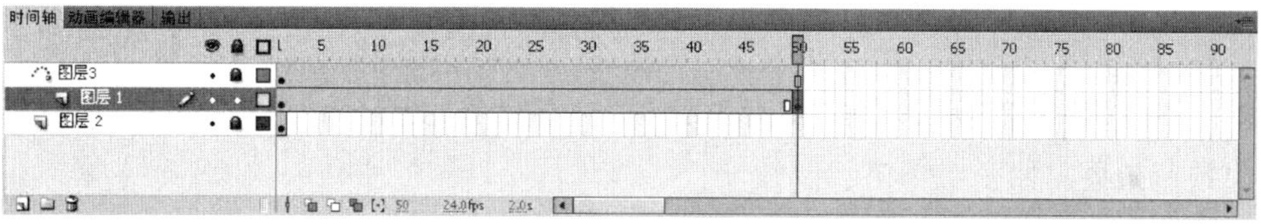

图 4-7-74　时间轴信息

㉒ 将“图层 1”的第 50 帧的元件实例拖到路径的另一侧，如图 4-7-75 所示。

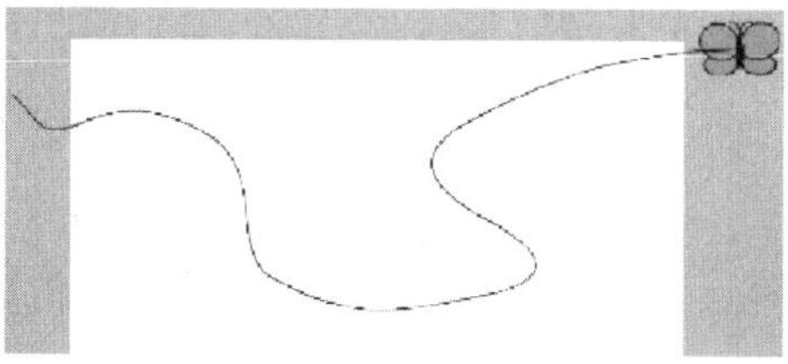

图 4-7-75　蝴蝶信息

㉓ 在“图层 1”的第 1 帧和第 50 帧之间创建传统补间，如图 4-7-76 所示。

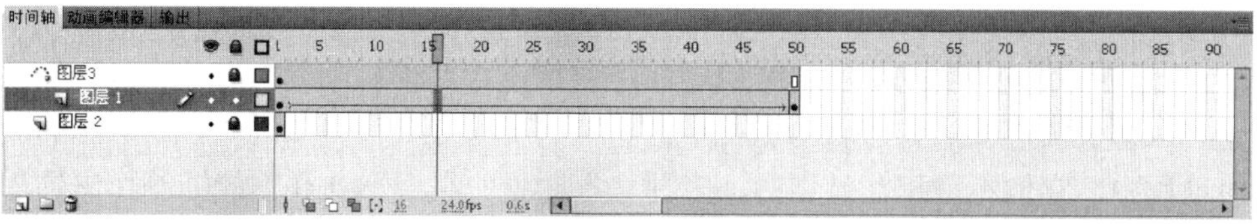

图 4-7-76　时间轴信息

㉔ 选中“图层 1”创建传统补间的帧，在“属性”面板中的“补间”属性中勾选“调整到路径”复选框，如图 4-7-77 所示。

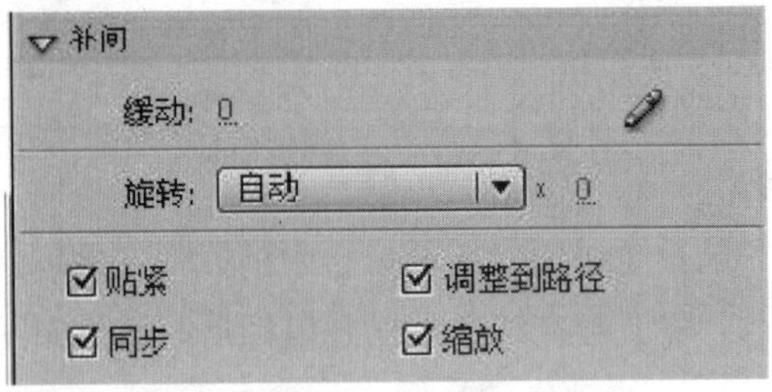

图 4-7-77 “补间”属性设置

㉕ 在“图层 2”的第 50 帧处插入帧，如图 4-7-78 所示。

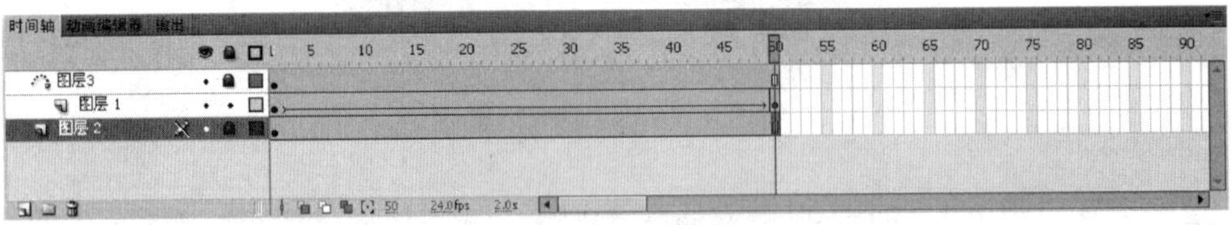

图 4-7-78 时间轴信息

㉖ 选择“控制”|“测试影片”命令（快捷键为 Ctrl+Enter），在 Flash 播放器中预览效果，如图 4-7-79 所示。

图 4-7-79 动画效果

案例指导 4-2：Flash 中的基本动画

㉗ 分析所预览的效果，修改直到满意为止。

拓展资源 4-18：动画实例制作：毛笔题诗贺中秋

实例小结：通过实例的演示，掌握 Flash 中最基本的动画形式。在制作动画的过程中，它们不是相互孤立的，多种基本动画的组合形式往往能够制作出更加优美的动画。

4.8　测试与发布影片

教学课件 4-4：影片的测试与控制

在动画发布前需要先对动画进行测试才能保证浏览器正常载入影片的速度。发布 Flash 作品是最后一步，也是最重要一步。一些元件、声音和帧等，在制作完成后，应该马上对其进行测试。

4.8.1　动画控制

Flash 动画可以通过交互进行控制，这些交互功能要通过 Flash 脚本实现。Flash 脚本所使用的语言是 ActionScript 3.0，是针对 Flash Player 运行时环境的编程语言。该语言采用面向对象编程思想，封装了 Flash 所使用的大部分类，在写代码时可以直接使用，对没有学过编程的人来说上手十分快。在需要写代码的帧中打开“动作”面板（快捷键为 F9），如图 4-8-1 所示。

图 4-8-1　“动作”面板

在“动作”面板中可以直接输入所要使用的语句。下面介绍几条常使用的语句。

1. 控制播放头的语句

① play()：播放头播放。

② stop()：播放头停止。

③ gotoAndPlay(帧号或帧标签)：播放头到某帧进行播放。

④ gotoAndStop(帧号或帧标签)：播放头停止在某帧。

注意：帧标签是一个字符串，使用时需要加上界定符“ ”。

2. 控制影片剪辑的语句

若想对影片剪辑进行动画控制，首先需要在“属性”面板上对影片剪辑命名，在名字后面加上“.”，再使用上面的 4 条语句实现影片剪辑的播放、停止、从某帧开始播放和停止在某帧。

3. 场景的跳转语句

如果想实现播放头在场景间进行跳转，所使用的语句如下。

gotoAndPlay(帧号或帧标签,场景名)：播放头跳转到场景名的某帧进行播放。

4.8.2 发布影片

在发布之前需定义发布的格式及进行相应的设置，以达到最佳效果。在“发布设置”对话框中，可以一次性发布多种格式，且每种格式均保存为指定的发布设置。

1. 发布设置

选择“文件”|“发布设置”命令。弹出“发布设置”对话框，如图 4-8-2 所示。

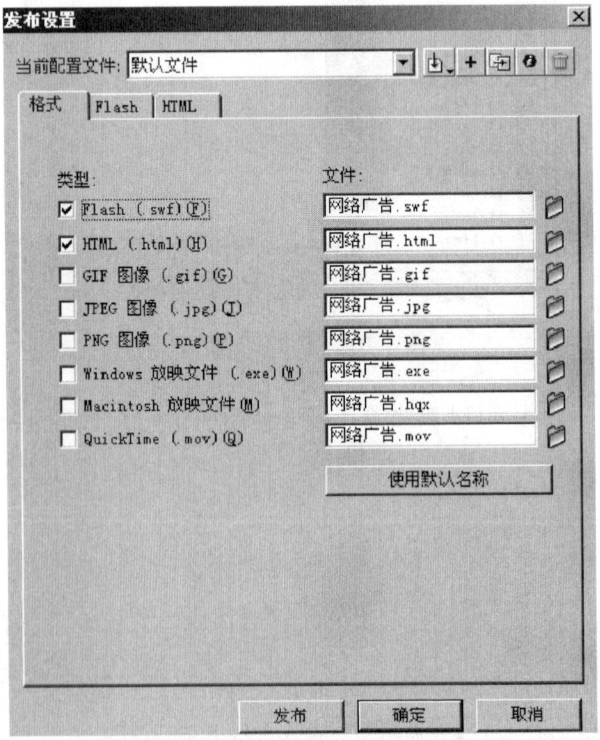

图 4-8-2 “发布设置”对话框

勾选“类型”选项组中的格式，可以设置发布的文件类型。同时在右侧的面板中添加所选文件类型的格式设置面板。

单击“确定”按钮保存设置，关闭“发布设置”对话框；单击“取消”按钮不保存设置，关闭“发布设置”对话框；单击“发布”按钮，立即使用当前设置发布指定格式的影片。

2. Flash 发布设置

SWF 文件可以保留影片中的所有功能，这种格式导出的文件为 Flash 的首选格式，可以进行的设置如图 4-8-3 所示。

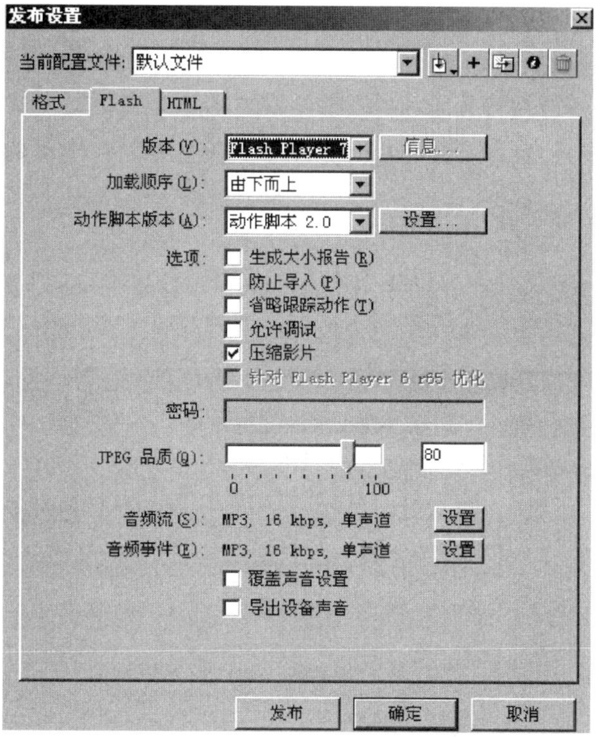

图 4-8-3　Flash“发布设置”对话框

在进行文件发布之前，往往会对对话框的信息进行设置。其中，对话框中的信息含义如下。

① 版本：设置观看影片时需要的最低版本。

② 加载顺序：加载影片时，设置图层的加载顺序。在下拉列表框中有两种选择：“由下而上”，首先加载最底层，随后加载上面的所有图层；“由上而下”，首先加载最上层，随后加载下面的所有图层。

③ 动作脚本版本：设置观看或执行影片交互式动作时需要的动作脚本版本。

④ 生成大小报告：在发布影片后自动创建一个文本文件，其中包括影片中

各帧的大小、字体以及导入的文件等信息。该文件与影片文件同名，被保存在影片所在文件夹中。

⑤ 防止导入：防止导出的影片被导入 Flash 进行编辑，勾选此复选框后，可以设置密码，只有知道密码才可以导入影片进行编辑。

⑥ 省略跟踪动作：删除导出影片中的跟踪动作，防止别人查看文件源代码。

⑦ 允许调试：允许调试 HTML 文件中的 SWF 文件。

⑧ 压缩影片：可以压缩含有大量脚本和其他素材的 SWF 文件。

⑨ JPEG 品质：设置影片中所有 JPEG 文件的压缩率。

⑩ 音频流和音频事件：设置影片中所有数据流声音与事件声音的压缩率。单击它们后面的“设置”按钮，在弹出的“声音设置”对话框中进行设置。

⑪ 覆盖声音设置：勾选此复选框后，如果在“声音设置”对话框中进行设置，那么将忽略所有在音频流和音频事件中的设置。

⑫ 导出设备声音：勾选此复选框后，同时导出影片中的设备声音。

3. HTML 发布设置

用于设置 SWF 文件在 HTML 文件中的属性，使导出影片生成 HTML 文件，如图 4-8-4 所示。HTML 发布中重点设置两个方面的内容。

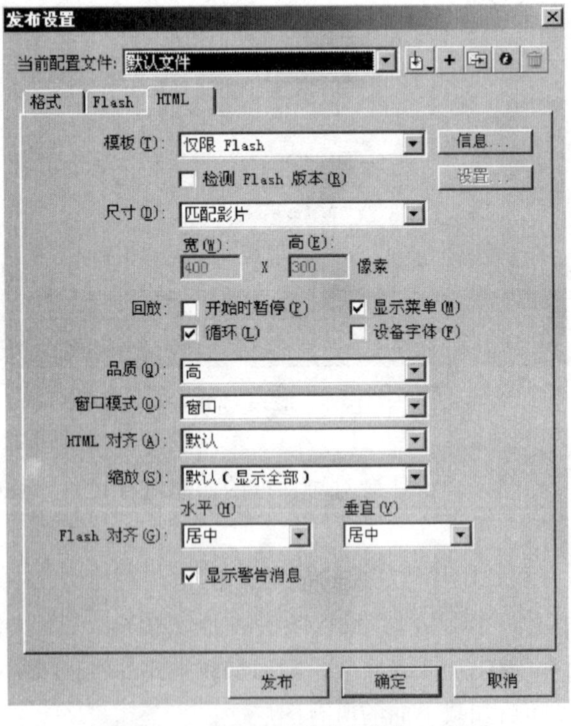

图 4-8-4　HTML“发布设置”对话框

① 设置影片自适应浏览器窗口大小。在“尺寸”下拉列表框中选择“匹配

影片”选项，此时影片随着网页的尺寸调整自身的尺寸。

② 设置影片充满浏览器窗口。在“缩放”下拉列表框中选择“精确匹配”选项，此时影片无论网页窗口大小，均自动充满整个浏览器窗口。

4. 其他文件发布设置

如果想将影片发布成其他文件格式，首先要在“发布设置”对话框中的“格式”选项卡中勾选其他文件类型，接着出现相应文件的选项卡，才能对其进行发布设置。

5. 发布预览

“发布预览”命令可使指定文件格式在默认浏览器中打开，可预览影片类型以“发布设置”对话框中的选项为基础，选择“文件”|“发布预览”命令，在弹出的下一级子菜单中进行选择。

4.8.3　导出影片

导出影片不像发布那样可以对影片各方面进行设置，它可以把当前影片全部导出为 Flash 支持的格式。影片导出类型有两种：导出图像与导出影片，下面对这两种方式分别进行介绍。

1. 导出图像

选择“文件”|“导出”|“导出图像”命令，弹出“导出图像”对话框，如图 4-8-5 所示。

图 4-8-5　“导出图像”对话框

在“文件名”文本框中输入文件的名称，接着在“保存类型”下拉列表框中选择一种文件格式，单击“保存”按钮，弹出相应的文件格式对话框，例如，选择 Flash 影片（.swf）文件，则弹出“导出 Flash Player”对话框。

在对话框中设置影片相关属性，其中的设置选项与“发布设置”对话框中的设置选项相同，设置完毕后单击“确定”按钮导出图像。

2. 导出影片

选择“文件”|“导出”|“导出影片”命令，弹出“导出影片”对话框，如图 4-8-6 所示。

图 4-8-6 “导出影片”对话框

在“导出影片”对话框中保存的文件是动态的，导出影片的操作与导出图像类似，但在选择“保存类型”选项时有所不同，在“导出影片”对话框中保存的文件应注意以下选项的特点。

① 选择 Flash 影片（*.swf）文件，导出的文件是动态 SWF 文件，只有在安装了 Flash 播放器的浏览器中才能播放，这也是 Flash 动画的默认保存文件类型。

② 选择 WAV 音频（*.wav）文件，仅导出影片中的声音文件。

③ 选择 Adobe Illustrator 序列文件（*.ai）文件，保存影片中每一帧中的矢量信息，在保存时可以选择编辑软件的版本，然后在 Adobe Illustrator 中进行编辑。

④ 选择 GIF 序列文件（*.gif）文件，保存影片中每一帧的信息组成一个庞大的动态 GIF 动画。此时可以将 Flash 理解为制作 GIF 动画的软件。

⑤ 选择 JEPG 序列文件（*.jpg）文件，将影片中每一帧的图像依次导出为多个 JPG 文件。

值得注意的是，在发布和导出影片之前，往往要测试影片的下载性能，如果下载功能较差，可以进行优化以减小 Flash 文件的体积。

拓展资源 4-19：测试影片下载性能

拓展资源 4-20：优化影片

4.9　综合实例

教学课件 4-5：综合实例

4.9.1　动画短片的制作过程

拓展资源 4-21：MTV 的制作实例

教学实验 4-4：综合实例制作

完成一部动画短片需要一个完整的制作流程，在制作前要先完成一系列准备工作，如筛选故事、编写剧本、准备素材等。制作过程中，在完成动画编辑的同时，还需要对字幕进行处理。如果有新的元素，可视情况而更改加入。因此，一般来说，动画短片的制作过程分为三大部分：前期准备、中期制作、测试发布。在每个过程中重点要实现的任务如图 4-9-1 所示。

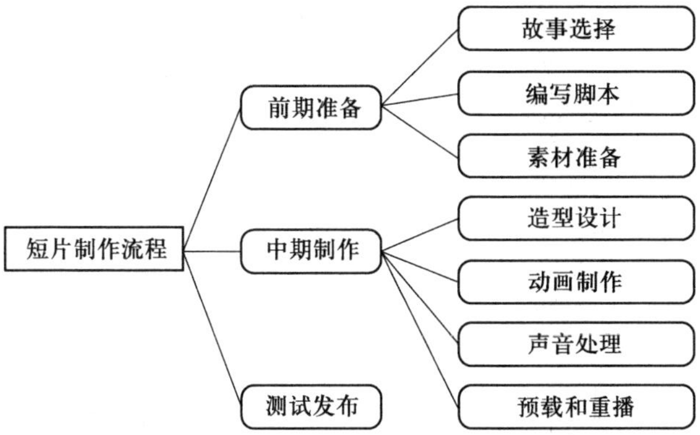

图 4-9-1　动画短片制作流程

1. 前期准备

在制作动画短片前，要对制作的动画短片做一些准备工作。这些准备工作包括 3 个方面。

（1）故事选定和处理

一部好的动画短片通常讲述一个动人心弦的故事，能引起人们情感共鸣的故事题材选择在动画片的制作中起到至关重要的作用，优秀的动画题材能将动画片演绎得更加具有观赏价值。

（2）剧本的编写

故事选定后，接下来需要确定短片所采用的风格，以及要表现的情节内容和角色形象等。在策划的过程中，建议读者将策划出来的内容以文字或草图的方式记录下来，记录下的信息即为所谓的脚本，可以是文字描述，也可以使用草图勾勒，重点是让其形成后面制作动画的依据。

（3）素材的准备

剧本和动画构思完成后，接下来要根据策划的内容，有针对性地搜索动画短片中需用的文字、图片以及声音等素材。有时为了对 Flash 文档进行精简，也需要对所收集的素材进行相关处理。

2. 中期制作

如果说前期的准备是在想，那么中期制作就是要做，是实现短片的关键。在短片的制作中，重点完成的工作有造型设计、动画制作、声音和字幕处理及加载和重播。

① 造型设计。如果整个短片全部使用外部图形，这部分可直接跳过。如果是手绘的，必须把角色、场景、道具在 Flash 中十分规范地实现。

② 动画制作。如果动画是由一个人完成的，那么根据脚本，将所设置的素材放入 Flash 中，制作相关的动画即可。如果动画部分是由多个人完成的，就需要把动画分成若干个小段，每个人完成其中的一段或多段，全部完成后再将其串成一个完整的动画。

③ 声音和字幕处理。声音一般借助专业的音频软件来完成。字幕是十分关键的一部分，短片中的字幕制作重点思考两个方面的问题：声音和字幕同步问题，字幕效果问题。

④ 加载和重播。在完成了全部动画制作后，往往会为动画加上一个“Loading”，使得制作好的 Flash 发布到网上后能够不至于处于无画面的等待状态。在 Loading 和动画之间加上一个“播放”按钮来控制动画的播放，结束部分添加一个“重播”按钮来控制动画的重复播放。

3. 测试发布

完成动画的一系列制作后，选择“控制”|“测试影片”命令（快捷键为 Ctrl+Enter），观看短片的最终效果，并根据测试结果对短片的不妥之处进行调整。

教学实例 4–11：刻舟求剑

4.9.2 动画短片《刻舟求剑》的制作与实现

1.《刻舟求剑》概述

《刻舟求剑》典出《吕氏春秋·察今》记述的一则寓言，说的是楚国有人坐船渡河时，不慎把剑掉入江中，他在船上刻下记号。当船停驶时，他才沿着记号跳入河中找剑，遍寻不获。这则寓言告诉人们，用静止的眼光去看待不断发展变化的事物，必然要犯脱离实际的主观唯心主义错误。

2.《刻舟求剑》造型设计

在此动画短片中，需要绘制艄公和楚国人两个人物。艄公设计的造型有两个，一个是划船的造型，另一个是蹲着看楚国人摸剑的造型，如图 4-9-2 所示。楚国人设计的造型有 4 个，分别是在船上看风景的造型、刻记号的造型、摸剑的造型和质问艄公的造型，如图 4-9-3 所示。

为了方便后面做动画，在 Flash 中人物造型的过程中，直接对其进行了分层。艄公划船造型所对应的时间轴如图 4-9-4 所示，艄公蹲下的造型所对应的时间轴如图 4-9-5 所示。

楚国人看风景的造型所对应的时间轴如图 4-9-6 所示，楚国人刻记号的造型所对应的时间轴如图 4-9-7 所示，楚国人摸剑的造型所对应的时间轴如图 4-9-8 所示，楚国人质问艄公的造型所对应的时间轴如图 4-9-9 所示。

（a）造型 1　（b）造型 2

图 4-9-2　艄公造型

（a）造型 1　（b）造型 2　（c）造型 3　（d）造型 4

图 4-9-3　楚国人造型

图 4-9-4　艄公划船分层

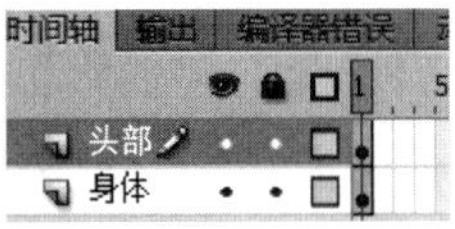

图 4-9-5　艄公蹲下分层

图 4-9-6　看风景分层

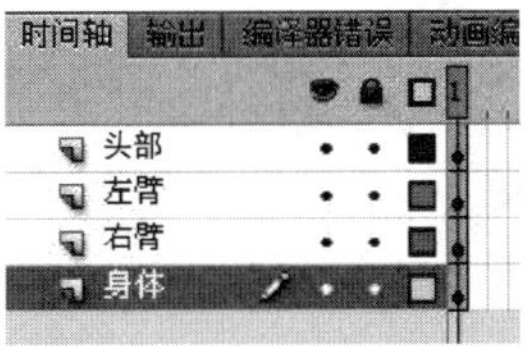

图 4-9-7　刻记号分层

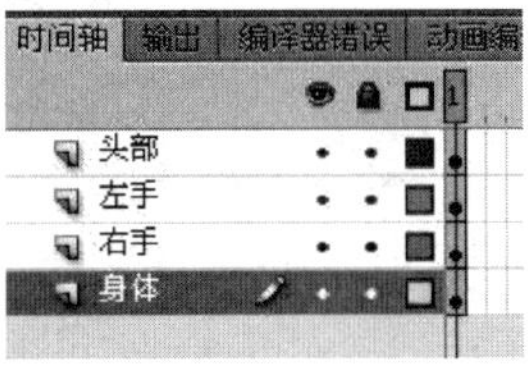

图 4-9-8　摸剑分层

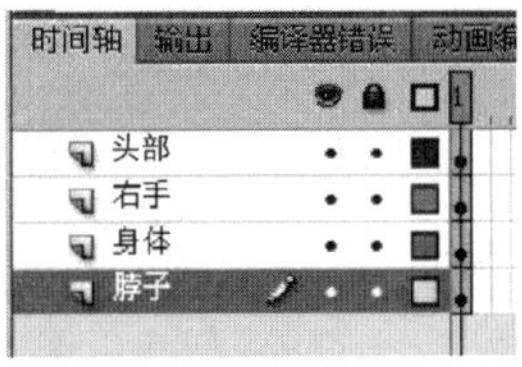

图 4-9-9　质问分层

3.《刻舟求剑》场景设计

对于《刻舟求剑》短片中的场景，涉及人物在场景中进行活动的，对其进行分层。没有涉及的，使用 Photoshop 绘制几张图片，然后将图片导入到短片的镜头中作为背景来使用。

场景一：片头设计。用卷轴方式完成此动画，其动画制作过程在 4.7.4 节中已做详细描述。

场景二：设计的是楚国人在乘船的场景。设计了江边小桥和垂柳，远处高山和大塔。整体效果如图 4-9-10 所示。分图层绘制场景中的蓝天、树木、塔等对象，如图 4-9-11 所示。

图 4-9-10　场景二效果

图 4-9-11　场景二分层

在此场景中，由于树木的枝条会随风摆动，所以为枝条添加动画效果。树木元件的时间轴如图 4-9-12 所示，关键帧所对应的树枝形状如图 4-9-13 所示。

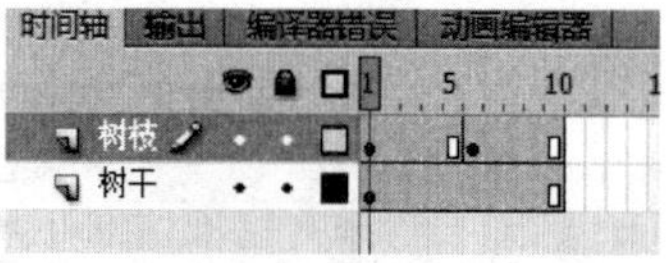

图 4-9-12　树木元件时间轴

图 4-9-13　树木的状态

场景三：描述的是船到岸后楚国人找剑，整个画面使用的是一张静态图片。将其导入到短片的镜头中作为背景来使用，场景三的效果如图 4-9-14 所示。

图 4-9-14　场景三效果

4.《刻舟求剑》动画设计

（1）艄公划船动画

下面介绍艄公划船动画的制作步骤。

① 选择“插入”|“新建元件”命令，建立名称为“艄公划船”的图形元件。

② 将如图 4-9-2 所示的艄公划船的造型复制到此元件中。

③ 将艄公的每个部分转换为图形元件，并且恰当地命名。

④ 首先要把篙的动画制作完成。在第 5、10、15、30、40、50 帧处插入关键帧，并调整各帧中篙的位置，如图 4-9-15 所示。在第 15 帧和第 30 帧之间、第 30 帧和第 40 帧之间设置传统补间动画，如图 4-9-16 所示。

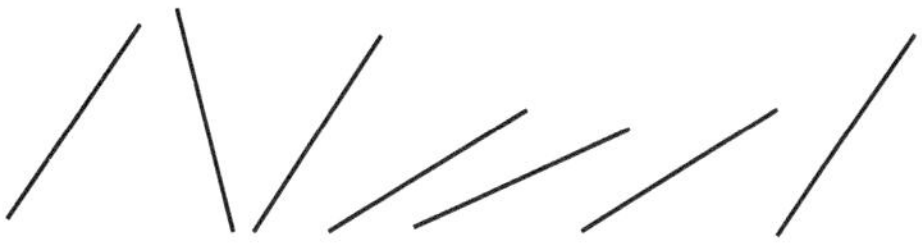

图 4-9-15　篙的状态

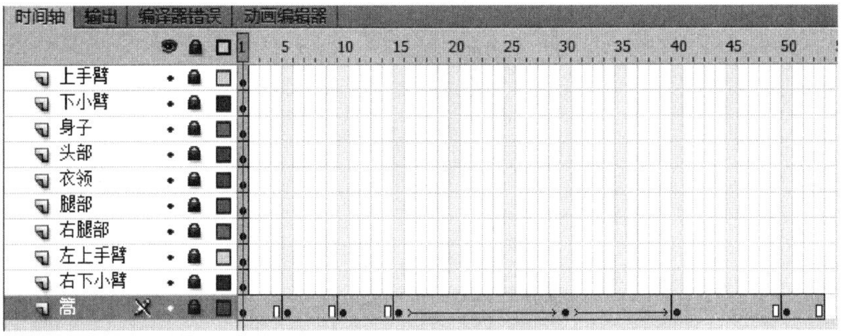

图 4-9-16　时间轴设置

⑤ 选中所有图层的第 5 帧，插入关键帧，修改艄公的姿势，如图 4-9-17 所示。为所对应的时间轴添加动画效果，如图 4-9-18 所示。

图 4-9-17　艄公的姿势

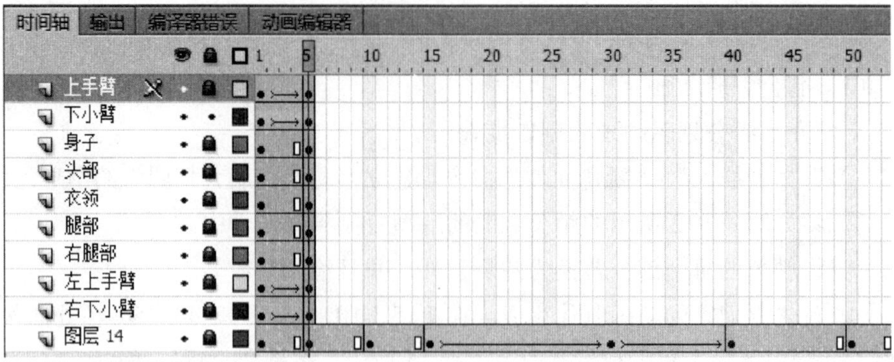

图 4-9-18 时间轴设置

⑥ 选中所有图层的第 10 帧，插入关键帧，修改艄公的姿势，如图 4-9-19 所示。时间轴的设置如图 4-9-20 所示。

图 4-9-19 艄公的姿势

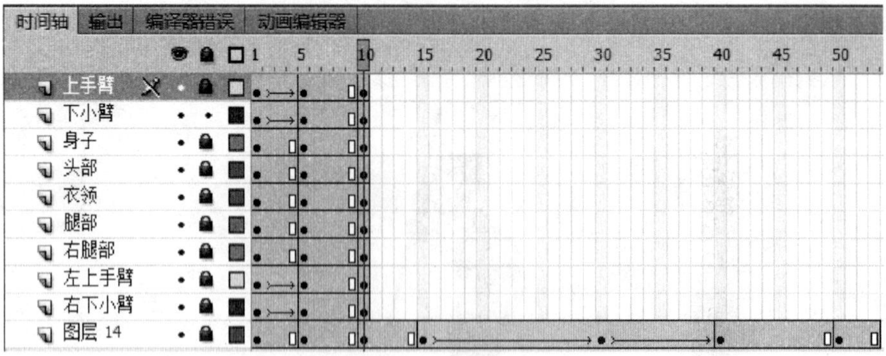

图 4-9-20 时间轴设置

⑦ 选中所有图层的第 15 帧，插入关键帧，修改艄公的姿势，如图 4-9-21 所示。时间轴的设置如图 4-9-22 所示。

图 4–9–21　艄公的姿势

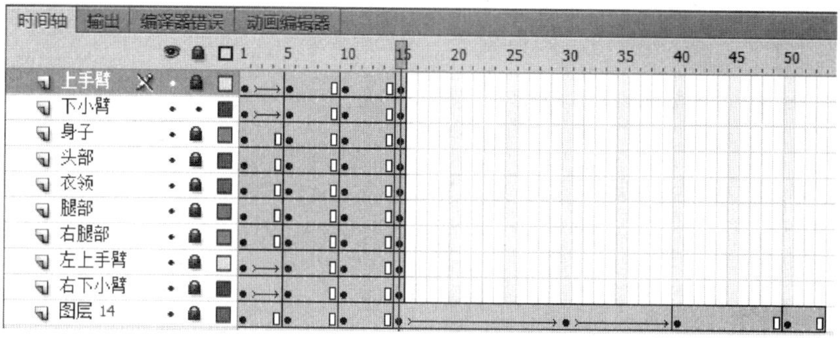

图 4–9–22　时间轴设置

⑧ 选中所有图层的第 30 帧，插入关键帧，修改艄公的姿势，如图 4–9–23 所示。时间轴的设置如图 4–9–24 所示。

图 4–9–23　艄公的姿势

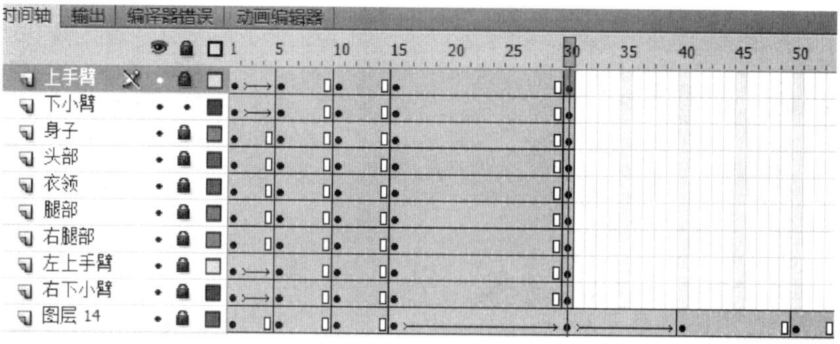

图 4–9–24　时间轴设置

⑨ 选中所有图层的第 40 帧，插入关键帧，修改艄公的姿势，如图 4-9-25 所示。时间轴的设置如图 4-9-26 所示。

图 4-9-25　艄公的姿势

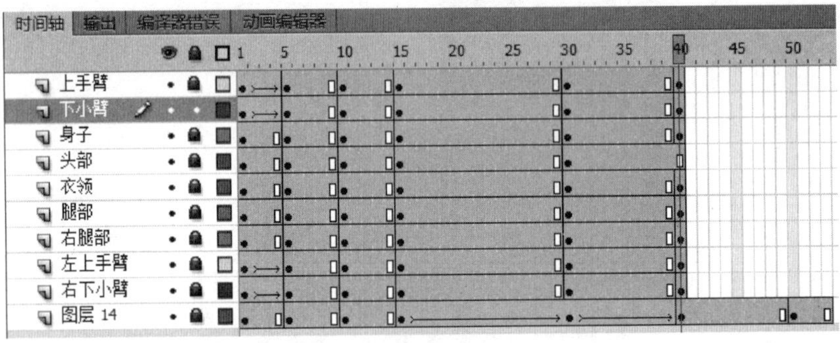

图 4-9-26　时间轴设置

⑩ 选中所有图层的第 50 帧，插入关键帧，修改艄公的姿势，如图 4-9-27 所示。时间轴的设置如图 4-9-28 所示。

图 4-9-27　艄公的姿势

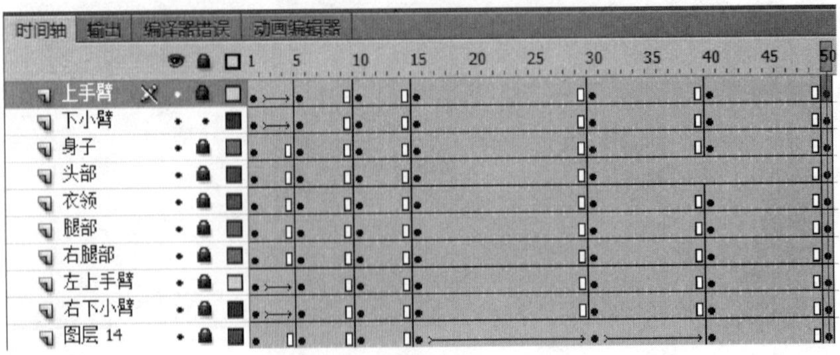

图 4-9-28　时间轴设置

⑪ 由于第 15 帧到第 30 帧、第 30 帧到第 40 帧间的姿势变化不是很大，且画面停留时间过长，所以在这些关键帧之间设置了传统补间动画，设置完成后时间轴如图 4-9-29 所示。

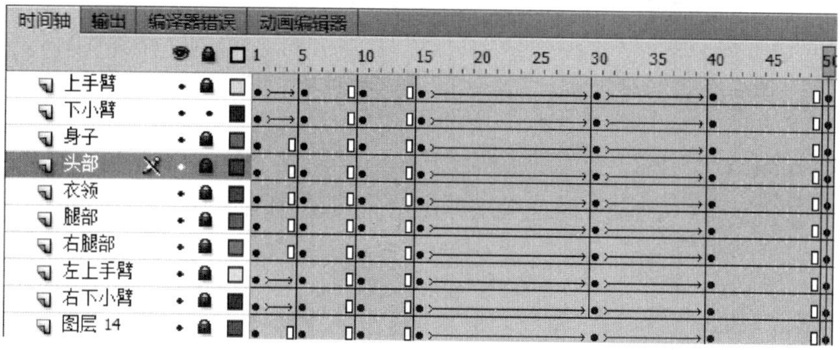

图 4-9-29　时间轴设置

到此为止，艄公划船的动画就完成了。最后选择“控制”|“测试影片”命令（快捷键为 Ctrl+Enter），在 Flash 播放器中预览效果，分析所预览的效果，调整直到满意为止。

（2）楚国人站立动画

此动画在前面章节描述了制作过程，完成了“楚国人站立”元件的制作。

（3）楚国人吟诗动画

楚国人看着江边景色如此优美，不由得挥动衣袖，朗诵起了诗歌。其朗诵诗歌的造型如图 4-9-30 所示，所对应的时间轴如图 4-9-31 所示。接下来介绍楚国人吟诗动画的实现过程。

① 选择“插入”|“新建元件”命令，建立名称为“楚国人吟诗”的图形元件。

② 将如图 4-9-31 所示的帧复制到“楚国人吟诗”元件内部的第一帧。

图 4-9-30　吟诗造型

图 4-9-31　分层

③ 选中“身体 2”图层所对应的舞台中的信息，如图 4-9-32 所示。按 F8 键将其转换为元件，并命名为“身体 2”，如图 4-9-33 所示。

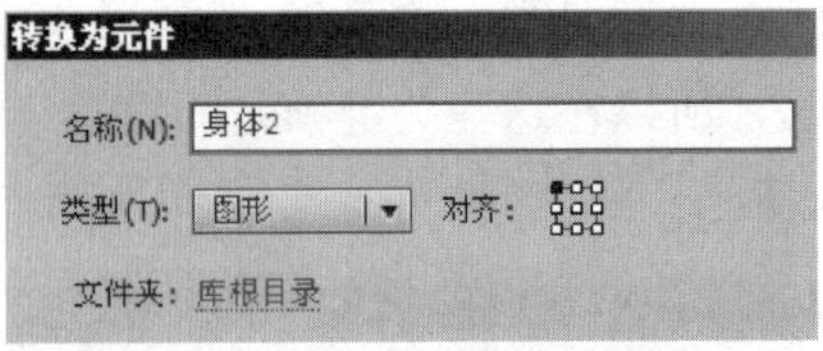

图 4-9-32　身体　　　　图 4-9-33　“转换为元件”对话框

④ 分别在“身体 2”元件图层 1 的第 5、9、13、17 帧处插入关键帧，时间轴设置如图 4-9-34 所示。在对应关键帧上分别修改楚国人身体状态，如图 4-9-35 所示。

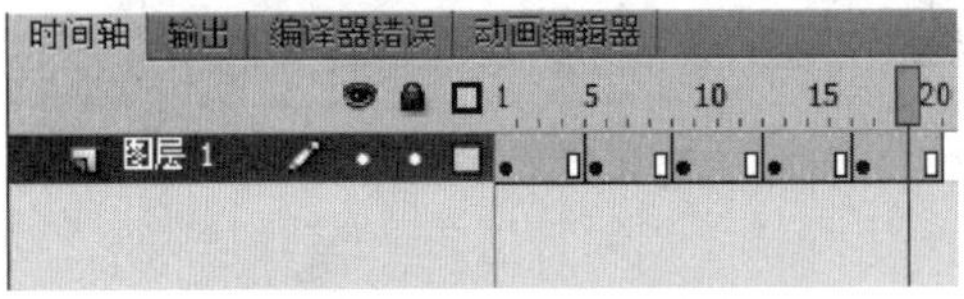

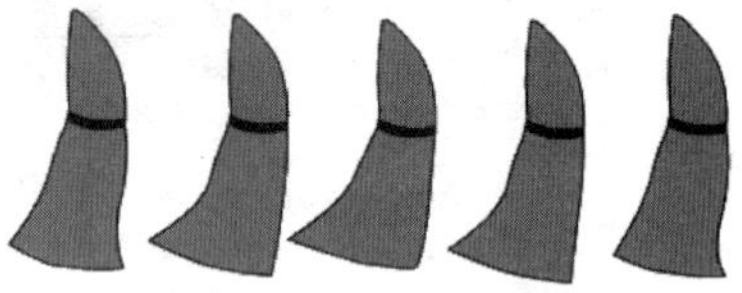

图 4-9-34　时间轴设置　　　　图 4-9-35　衣服状态

⑤ 选中“左胳膊 2”图层所对应的舞台中的信息，如图 4-9-36 所示。按 F8 键将其转换为元件，并命名为“左胳膊 2”，如图 4-9-37 所示。

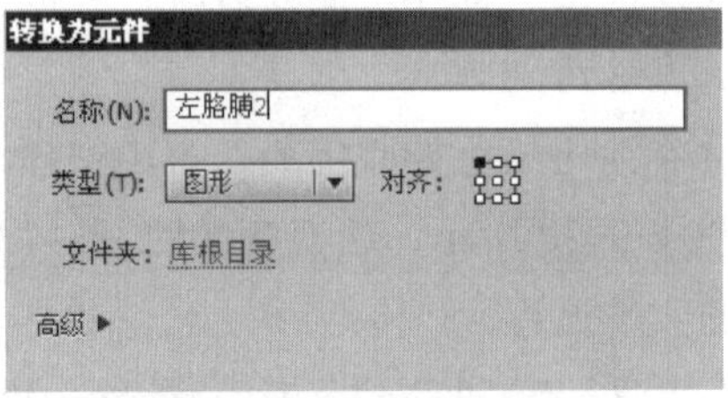

图 4-9-36　左胳膊　　　　图 4-9-37　“转换为元件”对话框

⑥ 分别在“左胳膊 2”元件内图层 1 的第 2、10、14、18、22、26、30 帧处插入关键帧，时间轴的设置如图 4-9-38 所示。在对应的关键帧上分别修改楚国人的左胳膊状态，如图 4-9-39 所示。

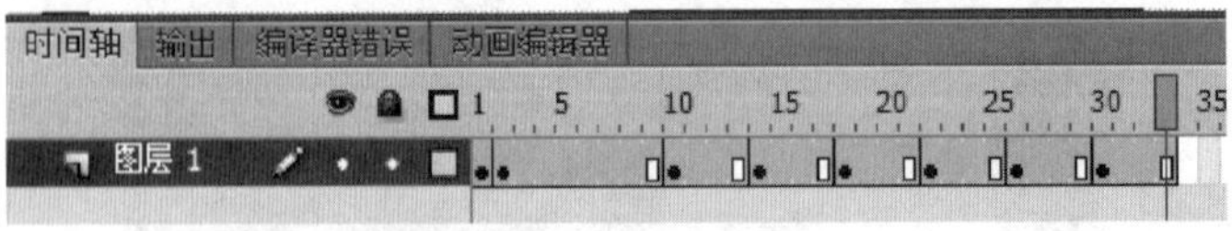

图 4-9-38　时间轴设置

图 4-9-39　左胳膊状态

⑦ 选中“右胳膊 2”图层所对应的舞台中的信息，如图 4-9-40 所示。按 F8

键将其转换为元件，并命名为“右胳膊 2”。

⑧ 分别在“右胳膊 2”元件内图层 1 的相应位置插入关键帧，完成后时间轴的设置如图 4-9-41 所示。在对应的关键帧上分别修改楚国人的右胳膊状态，如图 4-9-42 所示。

图 4-9-40　右胳膊

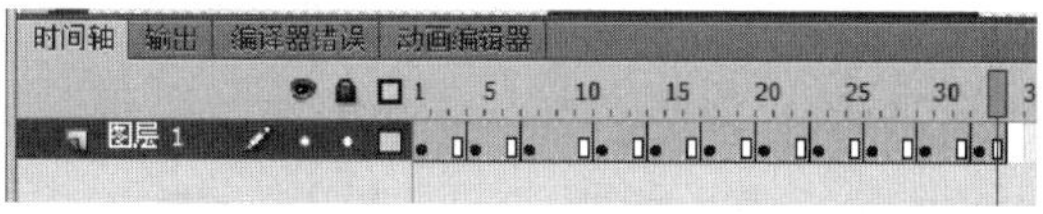

图 4-9-41　时间轴设置

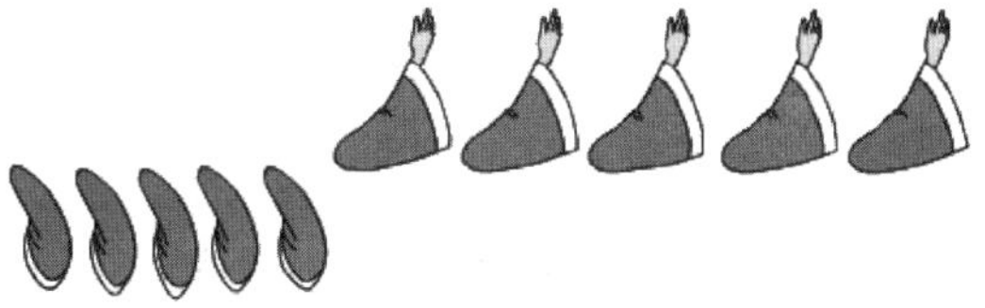

图 4-9-42　右胳膊状态

⑨ 选中“头部 2”图层所对应的舞台中的信息，如图 4-9-43 所示。按 F8 键将其转换为元件，并命名为“头部 2”，如图 4-9-44 所示。

图 4-9-43　头部

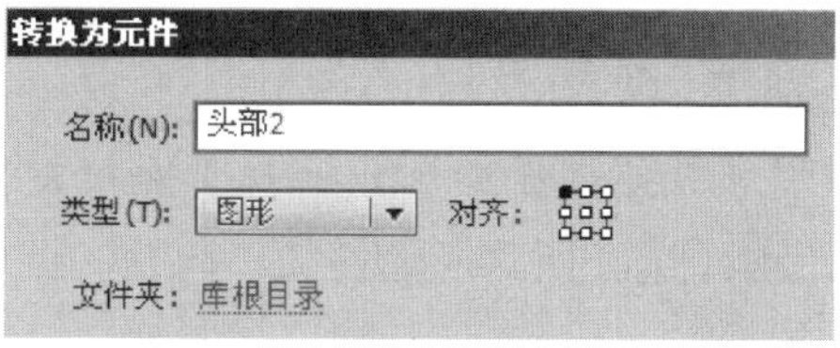

图 4-9-44　“转换为元件”对话框

⑩ 分别在“头部 2”元件内图层 1 的相应位置插入关键帧，完成后时间轴的设置如图 4-9-45 所示。在对应的关键帧上分别修改楚国人的头部状态，如图 4-9-46 所示。

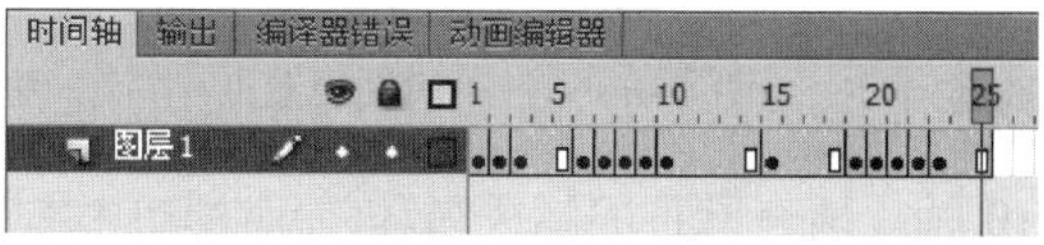

图 4-9-45　时间轴设置

图 4-9-46　楚国人头部状态

⑪ 进入“楚国人吟诗”元件的编辑状态中。选中所有图层的第 6 帧，选择“插入关键帧”命令，完成后时间轴设置如图 4-9-47 所示。选择所对应元件的不同帧和调整其位置，完成后楚国人姿势如图 4-9-48 所示。例如，楚国人的头部选择的是第 15 帧，选中头部元件，如图 4-9-49 所示。打开“属性”面板，在“循环”属性的“选项”下拉列表框中选择“单帧”选项，如图 4-9-50 所示。在“第一帧”文本框中输入“21”，如图 4-9-51 所示。调整舞台中的头部元件，如图 4-9-52 所示。其他元件的操作与此类似，在此不再赘述。

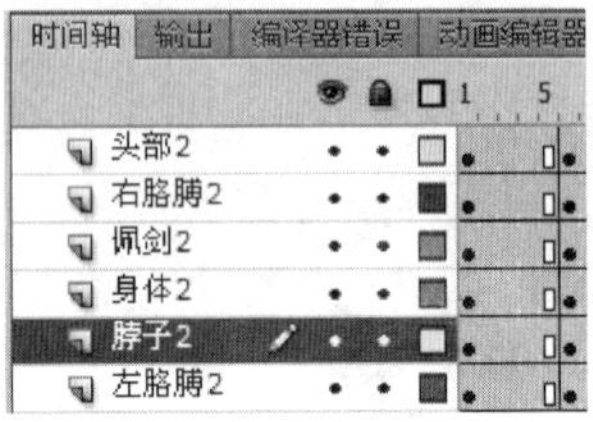

图 4-9-47　时间轴设置

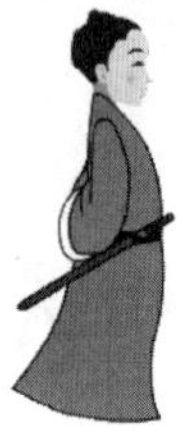

图 4-9-48　姿势

图 4-9-49　选中头部

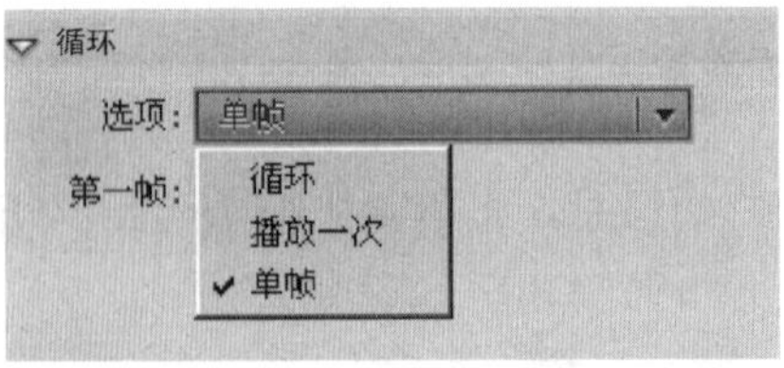

图 4-9-50　选择“单帧”选项

图 4-9-51　设置第一帧

⑫ 选中所有图层的第 10 帧，选择“插入关键帧”命令，完成后时间轴设置如图 4-9-53 所示。选择所对应元件的不同帧和调整其位置，完成后楚国人姿势如图 4-9-54 所示。

图 4-9-52　头部

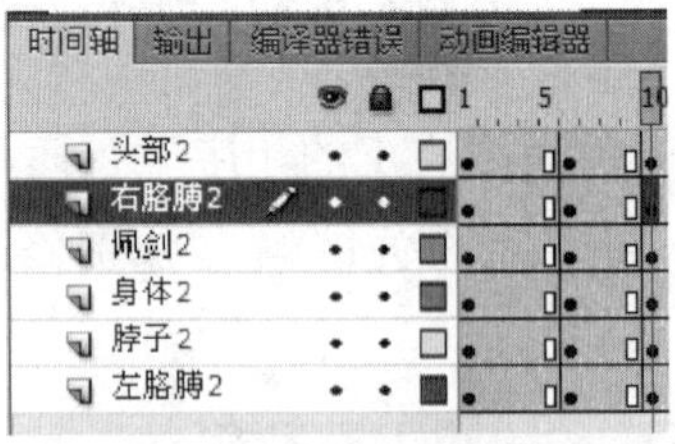

图 4-9-53　时间轴设置

图 4-9-54　姿势

⑬ 设置在第 10 帧上所有元件的相关循环效果。选中“右胳膊 2”元件，选择图 4-9-50 中的“循环”选项，在“第一帧”文本框中输入“21”。选中“左胳膊 2”元件，选择图 4-9-50 中的“循环”选项，在“第一帧”文本框中输入“10”。选中“身体 2”元件，选择图 4-9-50 中的“循环”选项，在“第一帧”文本框中输入“1”。选中“头部 2”元件，选择图 4-9-50 中的“单帧”选项，在“第一帧”文本框中输入“21”。

⑭ 分别插入如图 4-9-55 所示的关键帧，设置不同位置的关键帧，接着分别设置这些关键帧的循环效果。选择“头部 2”图层的第 17 帧，选中其所对应舞台中的“头部 2”元件，选择图 4-9-50 中的“单帧”选项，在“第一帧”文本框中输入“20”。选择“头部 2”图层的第 18 帧，选中其所对应舞台中的“头部 2”元件，选择图 4-9-50 中的“单帧”选项，在“第一帧”文本框中输入“15”。选择“头部 2”图层的第 41 帧，选中其所对应舞台中的“头部 2”元件，选择图 4-9-50 中的“播放一次”选项，在“第一帧”文本框中输入“19”。选择“头部 2”图层的第 45 帧，选中其所对应舞台中的“头部 2”元件，选择图 4-9-50 中的“单帧”选项，在“第一帧”文本框中输入“1”。选择“右胳膊 2”图层的第 29 帧，选中其所对应舞台中的“右胳膊 2”元件，选择图 4-9-50 中的“循环”选项，在“第一帧”文本框中输入“21”。选择“左胳膊 2”图层的第 29 帧，选中其所对应舞台中的“左胳膊 2”元件，选择图 4-9-50 中的“循环”选项，在“第一帧”文本框中输入“10”。

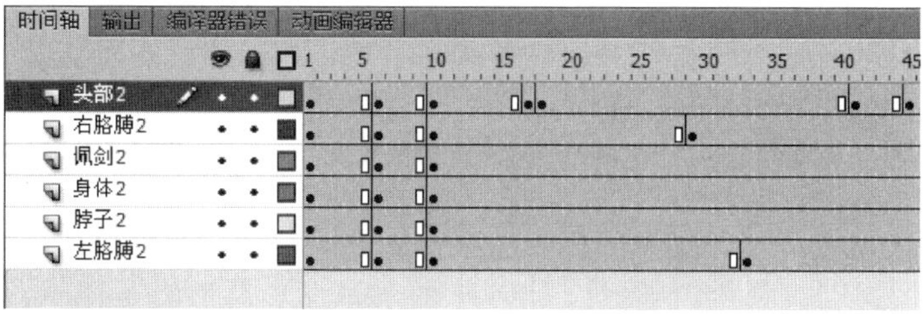

图 4-9-55　吟诗动画的时间轴设置

到此为止，楚国人吟诗的动画就完成了。最后选择“控制”|“测试影片”命令（快捷键为 Ctrl+Enter），在 Flash 播放器中预览效果，分析所预览的效果，调整直到满意为止。

（4）剑落水动画

分析剑落水动画的动作。在剑将从楚国人身上落下时，首先进行抖动。由于抖动过于厉害，从楚国人身上掉下来，落入江中。在江中将会引起浪花溅起，且浪花溅起得越来越小。接下来介绍剑落水动画的实现过程。

① 选择“插入”|“新建元件”命令，建立名称为“剑落水”的图形元件。

② 将所绘制的剑复制到元件内部的第一帧，选择“视图”|“标尺”命令打开标尺，调整宝剑的位置如图 4-9-56 所示。

③ 分别在“图层 1”的第 5、9 帧处插入关键帧，时间轴设置如图 4-9-57 所示。调整第 5 帧所对应舞台上剑的位置如图 4-9-58 所示。调整第 9 帧所对应舞台上剑的位置如图 4-9-59 所示。

④ 选中“图层 1”的第 1 帧到第 9 帧，在第 14 帧处单击鼠标右键，在弹出的快捷菜单中选择“粘贴帧”命令，粘贴完成后时间轴如图 4-9-60 所示。

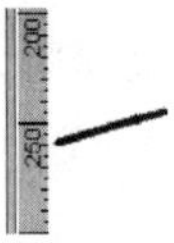

图 4-9-56　剑位置

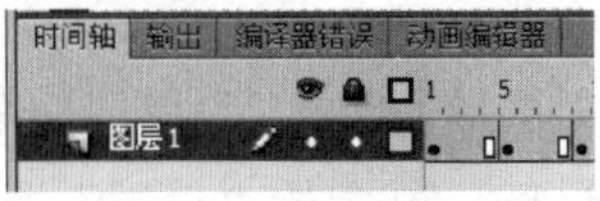

图 4-9-57　时间轴设置

图 4-9-58　剑位置

图 4-9-59　剑位置

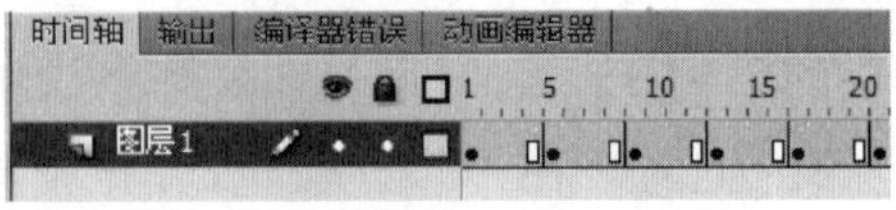

图 4-9-60　时间轴设置

⑤ 继续在“图层 1”的第 25、29、33 帧处插入关键帧。调整第 25 帧所对应舞台上剑的位置如图 4-9-61 所示，调整第 62 帧所对应舞台上剑的位置如图 4-9-62 所示，调整第 29 帧所对应舞台上剑的位置如图 4-9-63 所示。

图 4-9-61　剑位置

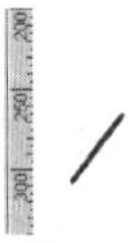

图 4-9-62　剑位置

图 4-9-63　剑位置

⑥ 选择“插入”|“新建元件”命令，建立“浪花”图形元件，如图 4-9-64 所示。

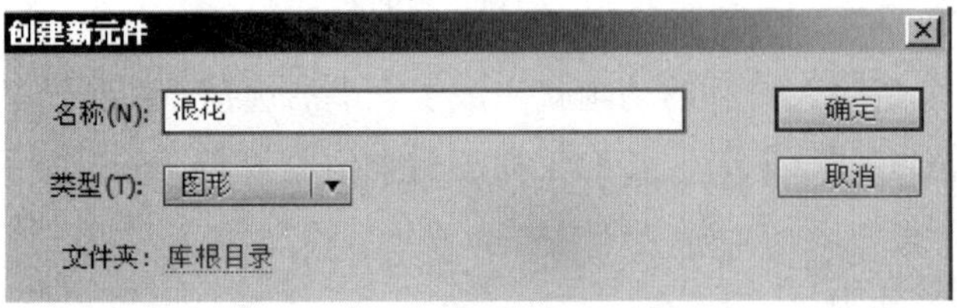

图 4-9-64　创建“浪花”元件

⑦ 分别在“浪花”元件内图层 1 的相应位置插入关键帧，完成后时间轴的设置如图 4-9-65 所示。在对应的关键帧上分别绘制浪花形状，如图 4-9-66 所示。

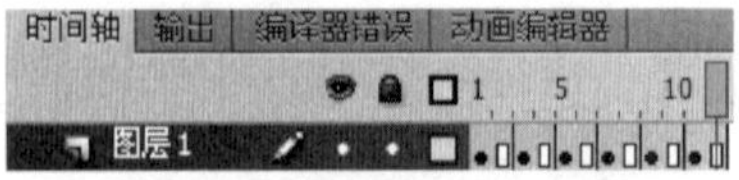

图 4-9-65　时间轴设置

图 4-9-66　不同关键帧上的浪花形状

⑧ 进入“剑落水”元件的编辑状态中，在“图层 1”的第 39 帧处插入空白关键帧，拖动库中的“浪花”元件到舞台中，设置其属性如图 4-9-67 所示。

⑨ 继续在“图层 1”的第 83 帧处插入关键帧，设置其属性如图 4-9-68 所示。

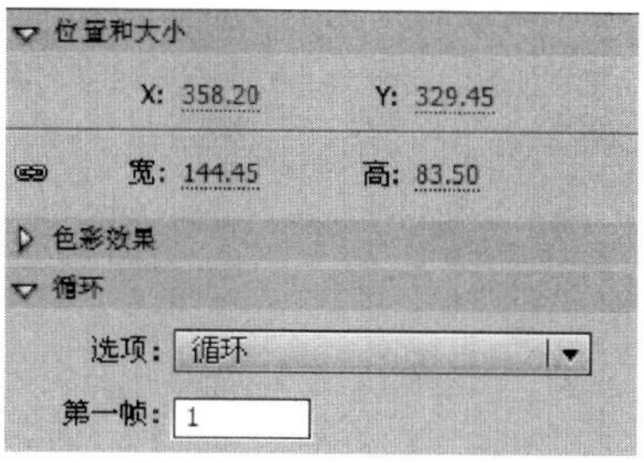

图 4-9-67　“浪花”元件属性设置

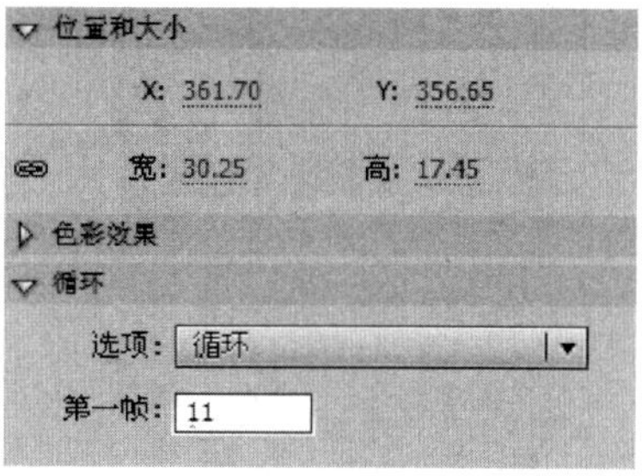

图 4-9-68　“浪花”元件属性设置

⑩ 在“图层 1”的第 39 帧和第 83 帧之间创建传统补间动画，并设置其补间动画的属性如图 4-9-69 所示。

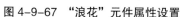

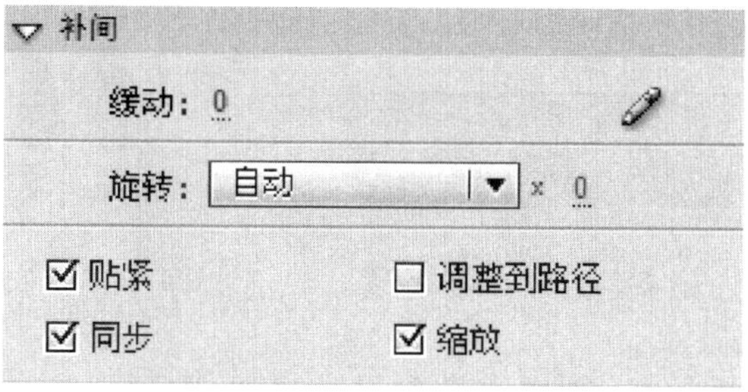

图 4-9-69　补间动画属性设置

到此为止，浪花的动画就完成了。最后选择“控制”|“测试影片”命令（快捷键为 Ctrl+Enter），在 Flash 播放器中预览效果，分析所预览的效果，调整直到满意为止。

（5）楚国人刻记号动画

分析楚国人刻记号的动作。当楚国人准备在船上刻下记号的时候，他一只手按下船身，一只手拿起小刀，在船身上面划下深深的记号。同时，由于记号在船身上面一个比另外一个高，所以他的身体也将渐渐地向上抬动。接下来介绍楚国人刻记号动画的实现过程。

① 选择“插入”|“新建元件”命令，建立名称为“楚国人刻记号”的图形元件。

② 将图 4-9-7 中的帧复制到“楚国人刻记号”元件内部的第一帧。为了能够放置要刻划的线，在名为“胳膊”的图层下面新建 3 个图层，分别命名为“1 线”、“2 线”和“3 线”，如图 4-9-70 所示。此时，舞台中所对应的画面如图 4-9-71 所示。

③ 选中“胳膊”图层所对应的舞台中的左胳膊信息，如图 4-9-72 所示。按 F8 键将其转换为元件，并命名为“刻记号的左胳膊”。

图 4-9-70　刻记号分层

图 4-9-71　画面

图 4-9-72　左胳膊

④ 在“刻记号的左胳膊”元件中“刻记号的左胳膊”图层的第 2 帧处插入关键帧，时间轴设置如图 4-9-73 所示。在对应的关键帧上设置刻记号的左胳膊状态，如图 4-9-74 所示。

图 4-9-73　时间轴设置

图 4-9-74　左胳膊状态

⑤ 选中“胳膊”图层所对应的舞台中的右胳膊信息，如图 4-9-75 所示。按 F8 键将其转换为元件，并命名为“刻记号的右胳膊”。

⑥ 在“刻记号的右胳膊”元件中“刻记号的右胳膊”图层的第 2 帧处插入关键帧，时间轴设置如图 4-9-76 所示。在对应的关键帧上设置刻记号的右胳膊状态，如图 4-9-77 所示。

⑦ 选中图 4-9-70 所示的“身子”图层所对应舞台中的信息，如图 4-9-78 所示。按 F8 键将其转换为元件，并命名为“刻记号的身体”。

图 4-9-75　右胳膊

图 4-9-76　时间轴设置

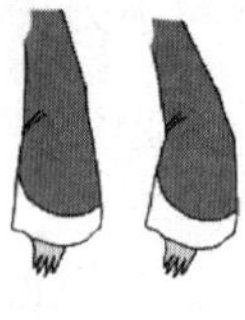

图 4-9-77　右胳膊状态

图 4-9-78　身体

⑧ 分别在“刻记号的身体”元件内名称为“刻记号的身体”图层的第 2、3 帧处插入关键帧，时间轴的设置如图 4-9-79 所示。在对应的关键帧上分别修改楚国人的身体状态，如图 4-9-80 所示。

⑨ 选择“插入”|“新建元件”命令，建立名称为“记号”的图形元件。双击“图层 1”将其命名为“记号”，在其所对应的舞台上绘制如图 4-9-81 所示的

记号。新建一个图层，命名为“遮罩”，在其所对应的舞台上绘制如图 4-9-82 所示的遮罩块。在“遮罩”图层所对应的图层的第 15 帧处插入关键帧，将其所对应舞台的遮罩块拉伸如图 4-9-83 所示。选中“遮罩”图层的前 14 帧的任意一帧，右击，在弹出的快捷菜单中选择“创建补间形状”命令。右击“遮罩”图层，在弹出的快捷菜单中选择“遮罩层”命令，则“遮罩”图层被设置为遮罩层，下面“记号”图层自动生成被遮罩层。记号动画完成后效果如图 4-9-84 所示。

图 4-9-79　时间轴设置

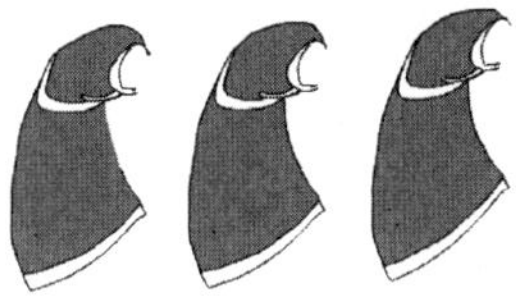
图 4-9-80　身体状态

图 4-9-81　记号

图 4-9-82　色块 1

图 4-9-83　色块 2

⑩ 双击“楚国人刻记号”元件，进入其编辑状态。在第 5 帧处插入关键帧，如图 4-9-85 所示。设置楚国人的姿势如图 4-9-86 所示。将“记号”元件从库中拖动到“1 线”图层所对应的舞台中，放在如图 4-9-87 所示的位置。

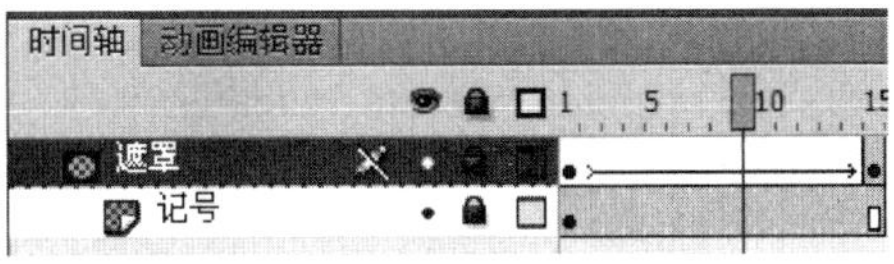

图 4-9-84　时间轴设置

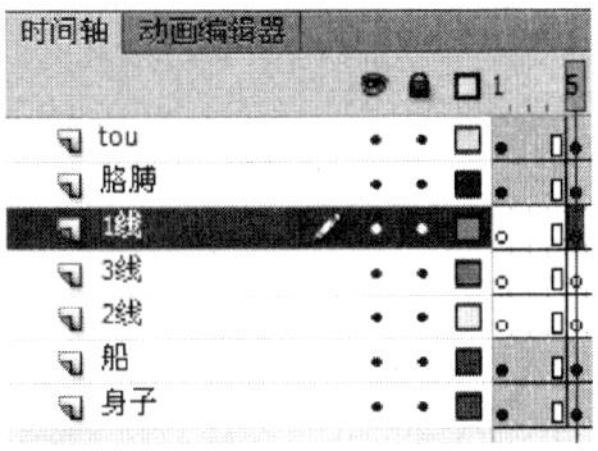

图 4-9-85　时间轴设置

图 4-9-86　楚国人的姿势

图 4-9-87　记号位置

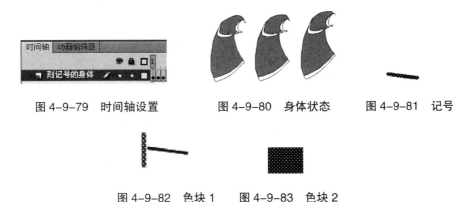

⑪ 在第 20 帧处插入关键帧，如图 4-9-88 所示。设置楚国人的姿势如图 4-9-89 所示。这样，楚国人就刻下了第 1 个小记号。使用同样的插入帧和设置楚

国人姿势的方法，最终完成楚国人刻记号的效果如图 4-9-90 所示。

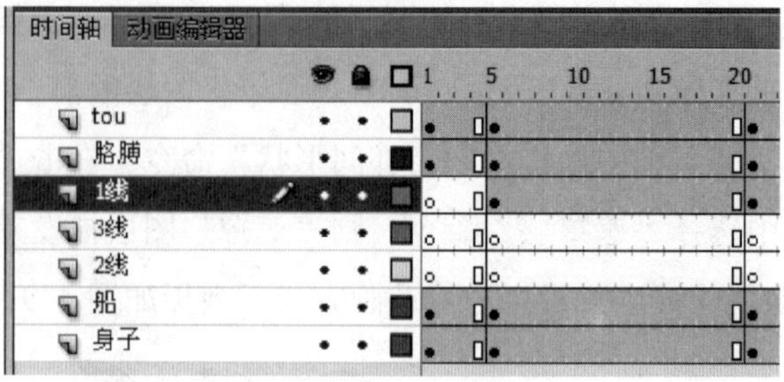

图 4-9-88　时间轴设置

图 4-9-89　楚国人的姿势

图 4-9-90　刻完记号后效果

到此为止，楚国人刻记号的动画就完成了。选择“控制”|“测试影片”命令（快捷键为 Ctrl+Enter），在 Flash 播放器中预览效果，分析所预览的效果，调整直到满意为止。

（6）楚国人摸剑动画

分析楚国人摸剑的动作。在楚国人进行摸剑的时候，由于其手放在了水下，所以仅仅制作其在水面上的动作即可。接下来介绍楚国人摸剑动画的实现过程。

① 选择“插入”|“新建元件”命令，建立名称为“楚国人摸剑”的图形元件。

② 由于在摸剑的时候水发生波动，所以此处元件中设置了两个图层，分别是“人”和“水纹”，如图 4-9-91 所示。

③ 选择“插入”|“新建元件”命令，建立名称为“摸剑”的图形元件。将图 4-9-8 中的帧复制到“摸剑”元件内部的第 1 帧，如图 4-9-92 所示。楚国人姿势如图 4-9-93 所示。同时调整楚国人头部的中心点如图 4-9-94 所示，调整楚国人左右手的中心点如图 4-9-95 所示。

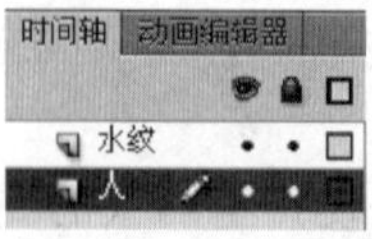

图 4-9-91　时间轴设置

图 4-9-92　时间轴设置

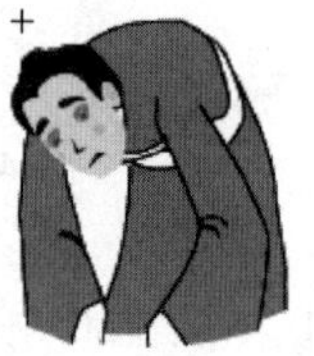

图 4-9-93　姿势

图 4–9–94　头部中心点

图 4–9–95　左右手中心点

④ 分别在第 10、20、29、39、48、58 帧处插入关键帧，时间轴设置如图 4–9–96 所示，调整楚国人的姿势如图 4–9–97 所示。

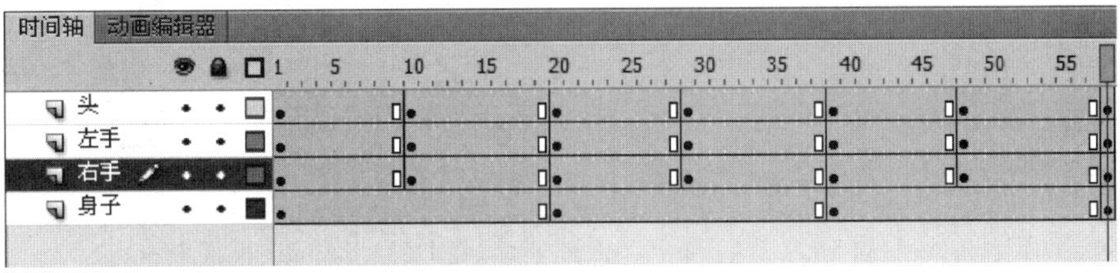

图 4–9–96　时间轴设置

图 4–9–97　楚国人的姿势

⑤ 选择时间轴上的帧，如图 4–9–98 所示。在选中帧上右击，在弹出的快捷菜单中选择“创建传统补间”命令创建动画，完成动画后时间轴设置如图 4–9–99 所示。

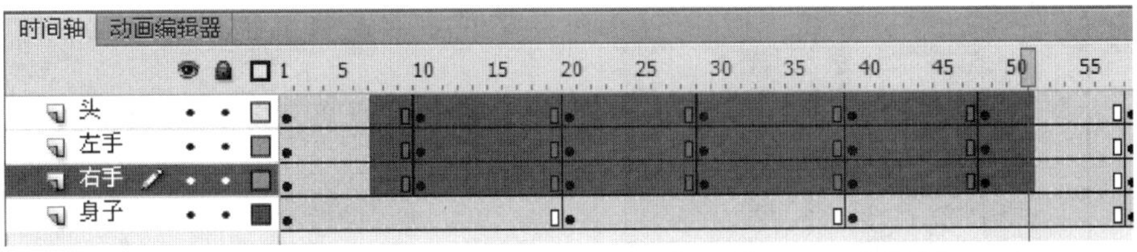

图 4–9–98　选中的帧

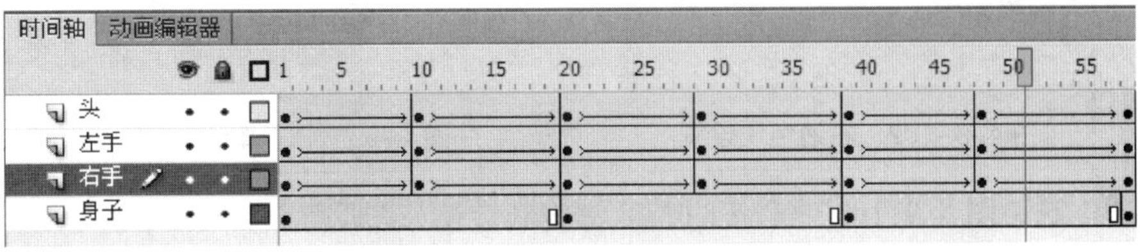

图 4–9–99　完成动画后的时间轴

⑥ 选择“插入”|“新建元件”命令，建立名称为“水纹”的图形元件。再将“图层 1”重新命名为“水影”，在其所对应的舞台上绘制如图 4-9-100 所示的形状。

⑦ 选择“窗口”|“颜色”命令，打开“颜色”面板，设置颜色填充类型为“线性”，左边色块的设置如图 4-9-101 所示，右边色块的设置如图 4-9-102 所示。

⑧ 使用设置好的颜色为图 4-9-100 的形状上色，并调整颜色如图 4-9-103 所示。

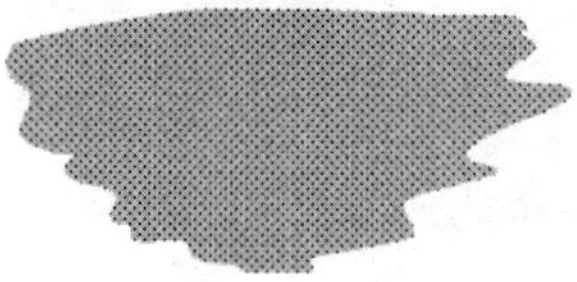

图 4-9-100　绘制形状

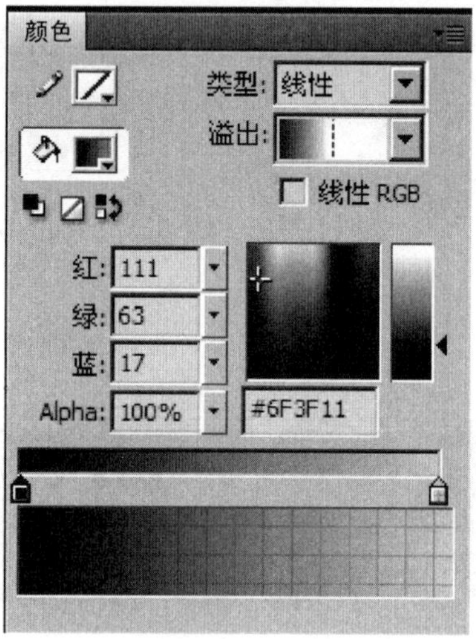

图 4-9-101　左边色块设置

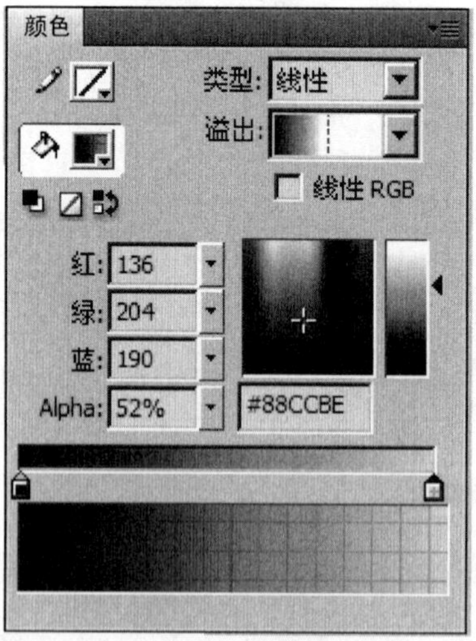

图 4-9-102　右边色块设置

图 4-9-103　填充完成后的形状

⑨ 选中图 4-9-103 的形状，按 F8 键将其转换为图形元件，并命名为“水影”，如图 4-9-104 所示。

⑩ 双击“水影”元件，使其处于编辑状态。在其“图层 1”所对应的时间轴的第 9 帧和第 16 帧处分别插入关键帧，如图 4-9-105 所示。

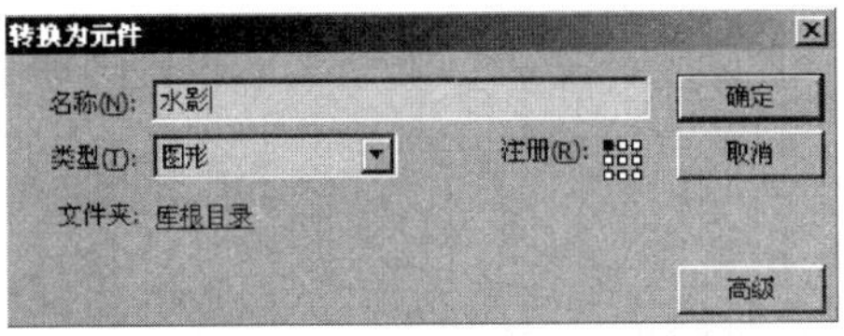

图 4-9-104　“转换为元件”对话框

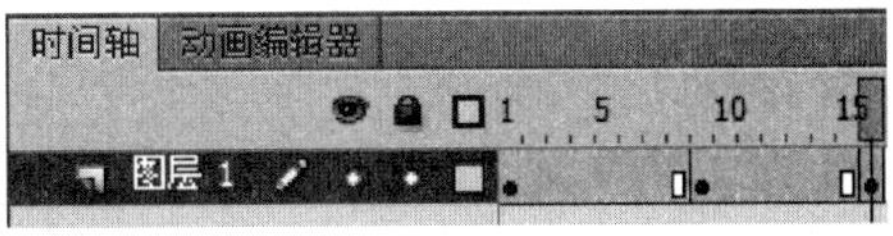

图 4-9-105　时间轴设置

⑪ 在图 4-9-105 所对应的关键帧处设置水影的形状如图 4-9-106 所示。

⑫ 选择图 4-9-105 时间轴上的帧，如图 4-9-107 所示。在选中帧上右击，在弹出的快捷菜单中选择“创建传统形状”命令创建动画，完成动画后时间轴设置如图 4-9-108 所示。

图 4-9-106　水影形状

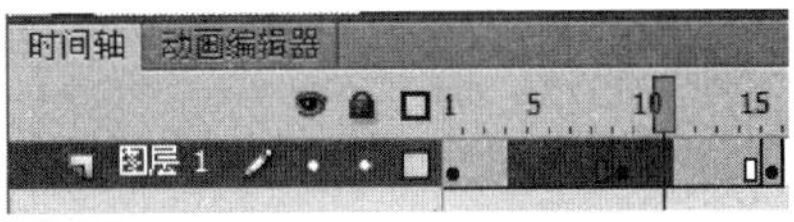

图 4-9-107　选中的帧

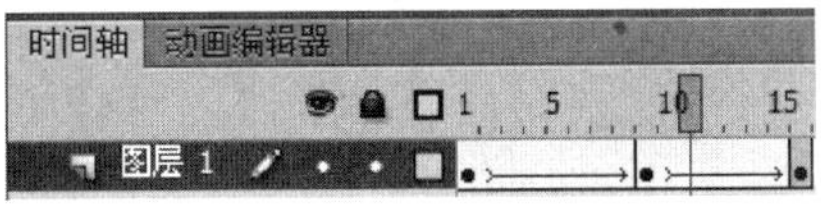

图 4-9-108　完成动画后的时间轴

⑬ 返回到“水纹”元件中，新建一个图层，并命名为 “内水纹 1”。在其所对应的舞台上绘制如图 4-9-109 所示的形状。

⑭ 选择“窗口”|“颜色”命令，打开“颜色”面板，设置颜色如图 4-9-110 所示。

图 4-9-109　绘制形状

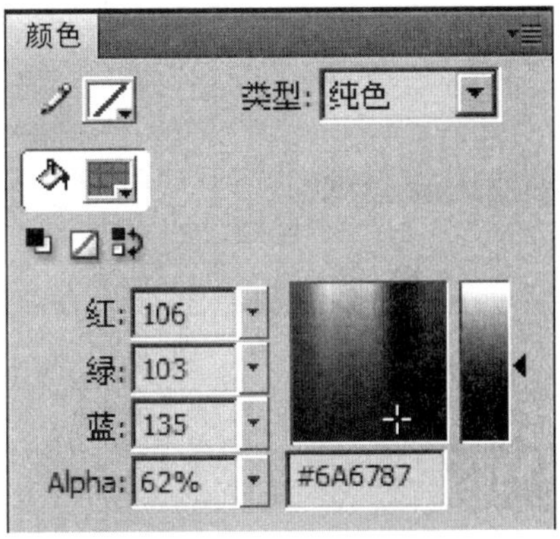

图 4-9-110　色块设置

⑮ 使用设置好的颜色为图 4-9-109 的形状上色，并调整颜色如图 4-9-111 所示。

⑯ 选中图 4-9-109 的形状，按 F8 键将其转化为图形元件，并命名为“内水纹”，如图 4-9-112 所示。

图 4-9-111 填充完成后的形状

图 4-9-112 “转换为元件”对话框

⑰ 在其“内水纹 1”图层所对应的时间轴的第 25 帧处分别插入关键帧，按照如图 4-9-113 所示设置此处的元件属性。

⑱ 在“水纹”元件中新建两个图层，分别命名为“内水纹 2”和“内水纹 3”，如图 4-9-114 所示。

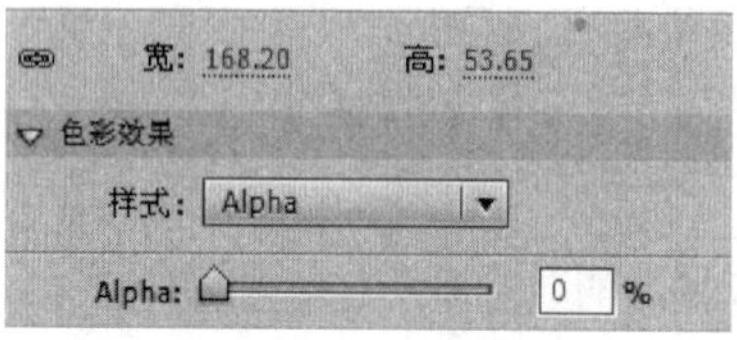

图 4-9-113 属性设置

图 4-9-114 图层设置

⑲ 分别在“内水纹 2”图层的第 10 帧和“内水纹 3”图层的第 20 帧处插入关键帧。复制“内水纹 1”图层中的帧，在关键帧处粘贴所复制的帧，完成后时间轴如图 4-9-115 所示。

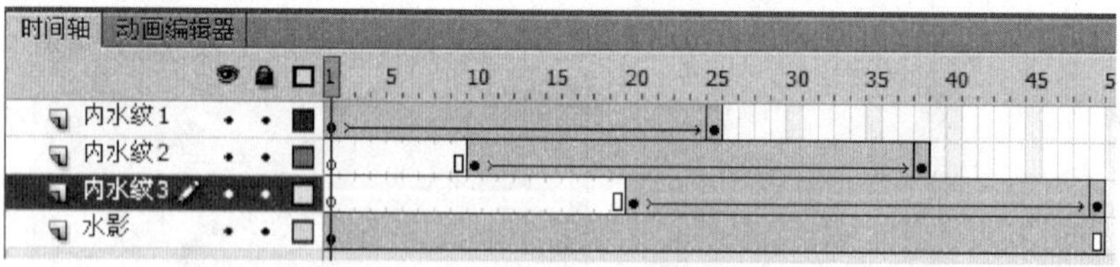

图 4-9-115 动画完成后的时间轴

⑳ 返回到“楚国人摸剑”元件中，将“摸剑”元件拖放到“人”图层所对应的舞台中，将“水纹”元件拖放到“水纹”图层所对应的舞台中，设置完成后的效果如图 4-9-116 所示。分别在第 60、120、180 帧处插入关键帧。调整第 120 帧所对应舞台中的信息，调整第 60、180 帧所对应舞台中的信息，调整后的效果

如图 4-9-117 所示。

图 4-9-116　楚国人摸剑动作

图 4-9-117　调整舞台信息后的楚国人摸剑动作

到此为止，楚国人摸剑的动画就完成了。最后选择“控制”|“测试影片”命令（快捷键为 Ctrl+Enter），在 Flash 播放器中预览效果，并分析所预览的效果，进而调整直到满意为止。

（7）楚国人质疑动画

楚国人在水中没有摸到剑，不明白自己为什么在刻记号的位置找不到剑。他站在岸上想了想，指着刻记号的地方对艄公开始发问。接下来介绍楚国人质疑动画的实现过程。

① 选择“插入”|“新建元件”命令，建立名称为“楚国人质疑”的图形元件。

② 将图 4-9-9 中的帧复制到“楚国人质疑”元件内部的第 1 帧，如图 4-9-118 所示。楚国人姿势如图 4-9-119 所示。

图 4-9-118　时间轴设置

图 4-9-119　姿势

③ 选中“头”图层所对应的舞台中的头信息，如图 4-9-120 所示。按 F8 键将其转换为元件，并命名为“质疑头”，如图 4-9-121 所示。

图 4-9-120　质疑头

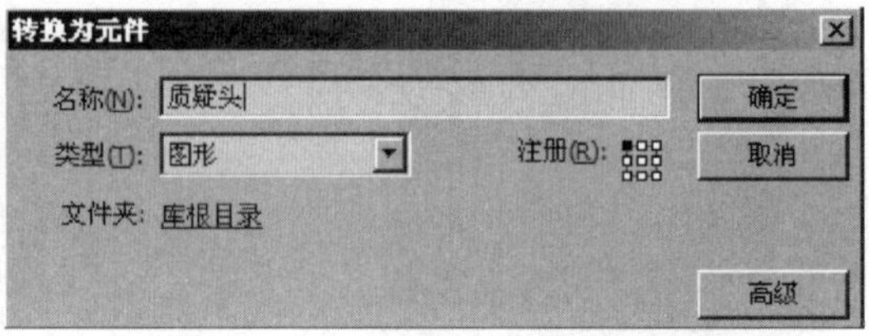

图 4-9-121　“转换为元件”对话框

④ 分别在“质疑头”元件内图层 1 的第 5、9、13 帧处插入关键帧，时间轴的设置如图 4-9-122 所示。在对应的关键帧上设置头的状态，如图 4-9-123 所示。

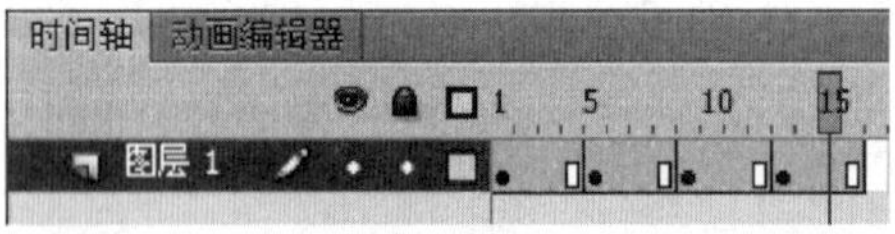

图 4-9-122　时间轴设置

图 4-9-123　头的状态

⑤ 选中“右手”图层所对应的舞台中的信息，如图 4-9-124 所示。按 F8 键将其转换为元件，并命名为“质疑右手”，如图 4-9-125 所示。

图 4-9-124　右手

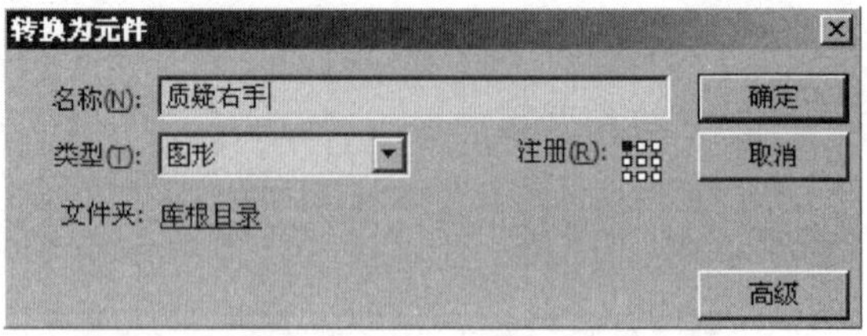

图 4-9-125　“转换为元件”对话框

⑥ 在“质疑右手”元件内图层 1 的第 2 帧处插入关键帧，时间轴的设置如图 4-9-126 所示。在对应的关键帧上设置质疑右手的状态，如图 4-9-127 所示。

⑦ 选中“身子”图层所对应的舞台中的信息，如图 4-9-128 所示。按 F8 键将其转换为元件，并命名为“质疑身体”，如图 4-9-129 所示。

图 4-9-126　时间轴设置

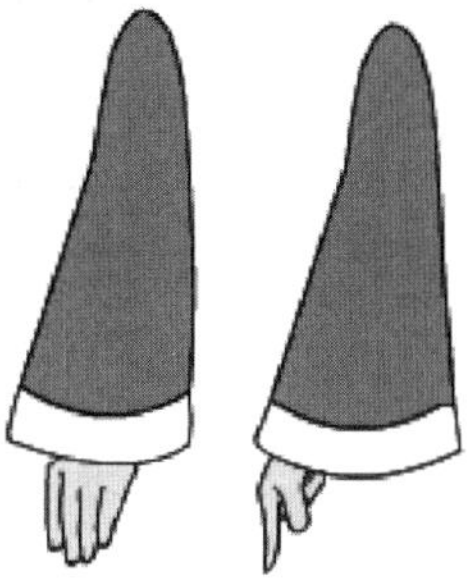

图 4-9-127　右手的状态

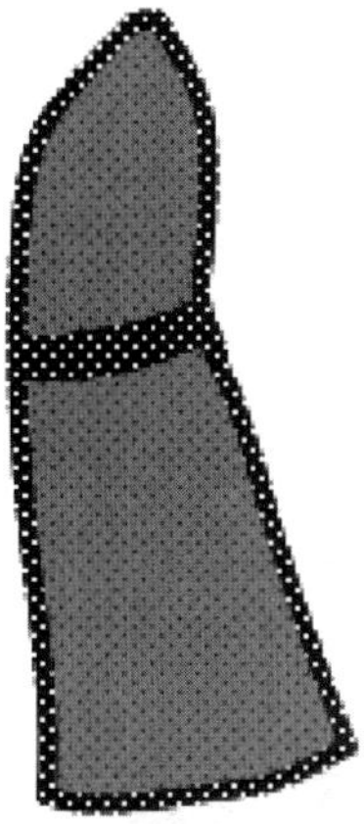

图 4-9-128　身体

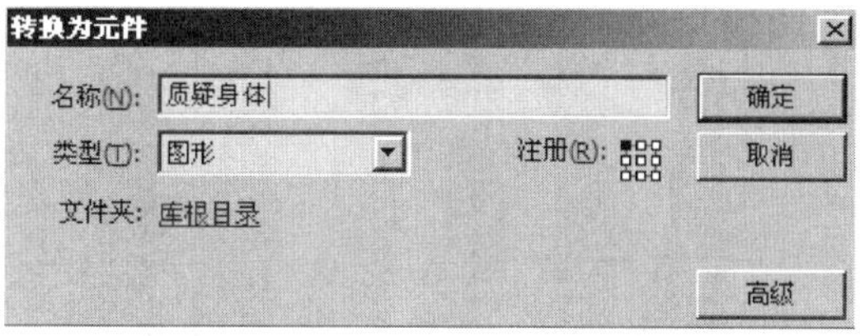

图 4-9-129　“转换为元件”对话框

⑧ 在“质疑身体”元件内图层 1 的第 2 帧处插入关键帧，时间轴的设置如图 4-9-130 所示。在对应的关键帧上设置质疑身体的状态，如图 4-9-131 所示。

图 4-9-130　时间轴设置

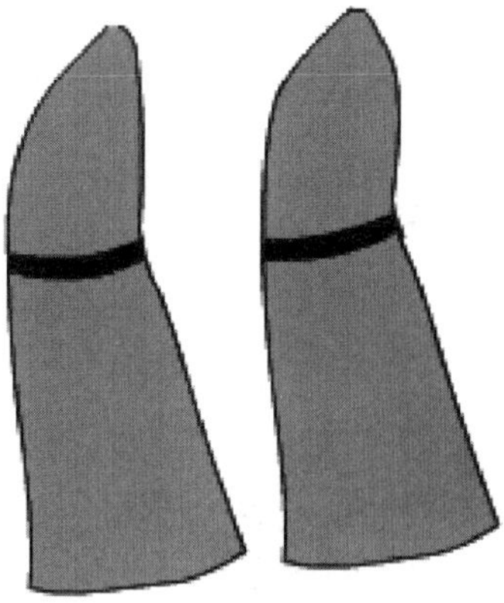

图 4-9-131　身体的状态

⑨ 选中“脖子”图层所对应的舞台中的信息，如图 4-9-132 所示。按 F8 键将其转换为元件，并命名为“质疑脖子”，如图 4-9-133 所示。

图 4-9-132　脖子

图 4-9-133　“转换为元件”对话框

⑩ 返回到“楚国人质疑”元件的编辑状态，分别在第 2、10、15、20、24、29、34、39、45 帧处插入关键帧，时间轴设置如图 4-9-134 所示，调整楚国人姿势如图 4-9-135 所示。

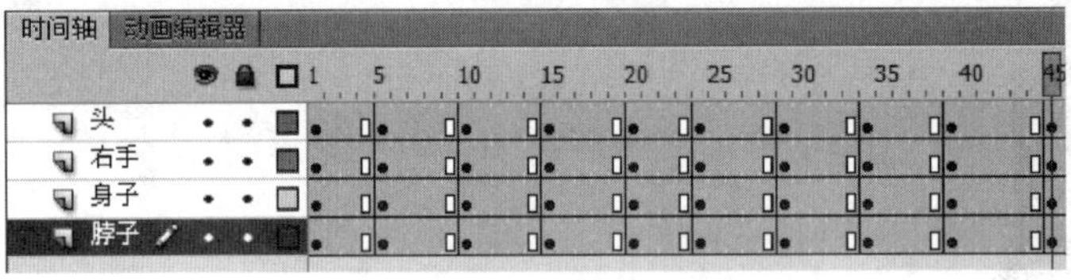

图 4-9-134　时间轴设置

图 4-9-135　楚国人姿势

⑪ 继续在第 57 帧处插入关键帧，通过选帧调整楚国人姿势后的效果如图 4-9-136 所示。调整胳膊的中心点后的效果如图 4-9-137 所示。后面继续插入关键帧，对关键帧上胳膊的位置进行微调，使其完成楚国人指向记号的动作，最终时间轴设置如图 4-9-138 所示。

图 4-9-136　楚国人姿势

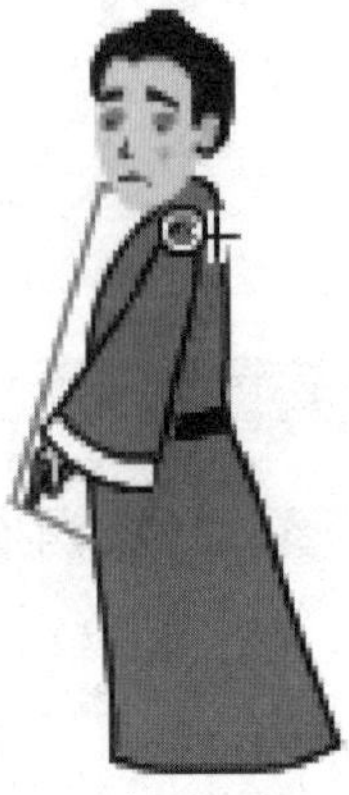

图 4-9-137　中心点位置

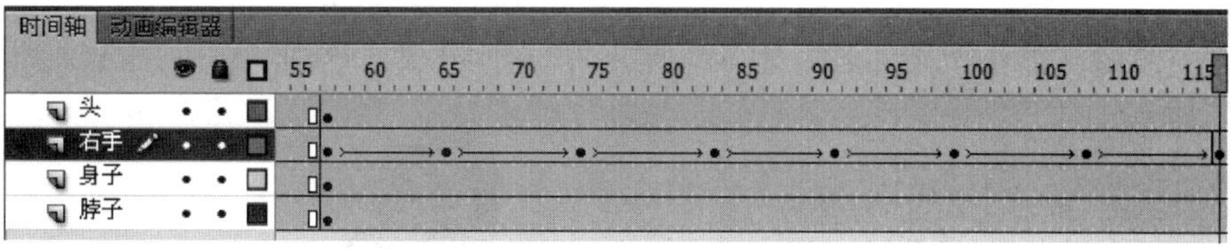

图 4-9-138　时间轴设置

⑫ 继续在后面插入关键帧，完成后时间轴设置如图 4-9-139 所示。关键帧上对应的楚国人的姿势如图 4-9-140 所示。

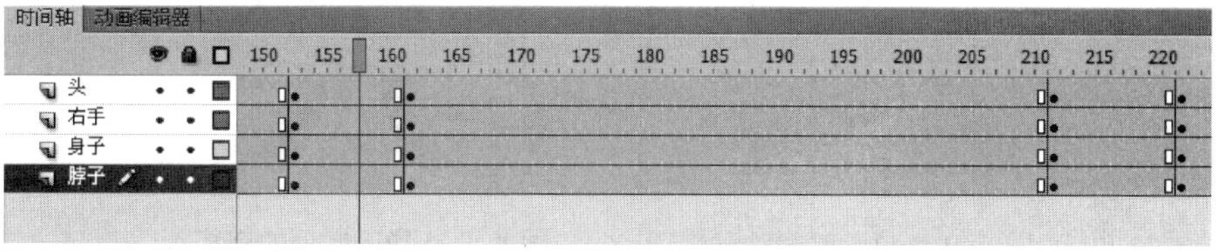

图 4-9-139　时间轴设置

图 4-9-140　楚国人的姿势

到此为止，楚国人质疑的动画就完成了。最后选择“控制”|“测试影片”命令（快捷键为 Ctrl+Enter），在 Flash 播放器中预览效果，并分析所预览的效果，进而调整直到满意为止。

（8）艄公答疑动画

艄公对楚国人的问题感到十分好笑，他先笑了笑，然后对楚国人的问题进行答疑。由于艄公设置的是背面，所以动画制作相对简单。接下来介绍艄公答疑动画的实现过程。

① 选择“插入”|“新建元件”命令，建立名称为“艄公答疑”的图形元件。

② 将图 4-9-5 中的帧复制到“艄公答疑”元件内部的第 1 帧，由于为艄公添加了手指的动作，所以将其右胳膊从身体中分离出来，设置完成后时间轴设置如图 4-9-141 所示。艄公的姿势如图 4-9-142 所示。

③ 选中“头”图层所对应的舞台中的头信息，如图 4-9-143 所示。按 F8 键

将其转换为元件，并命名为“艄公答疑头”，如图 4-9-144 所示。

图 4-9-141　时间轴设置

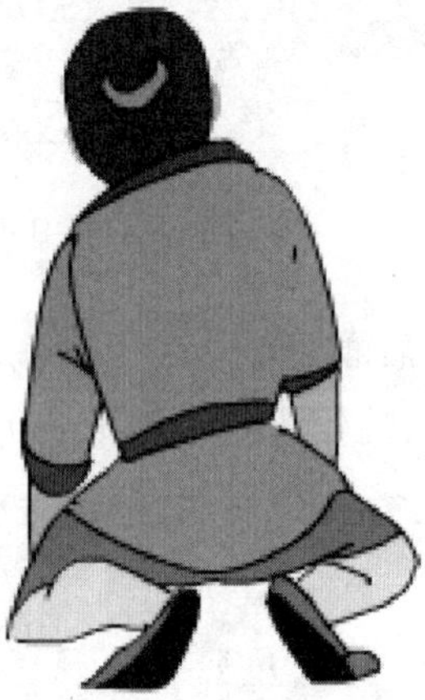

图 4-9-142　艄公的姿势

图 4-9-143　头

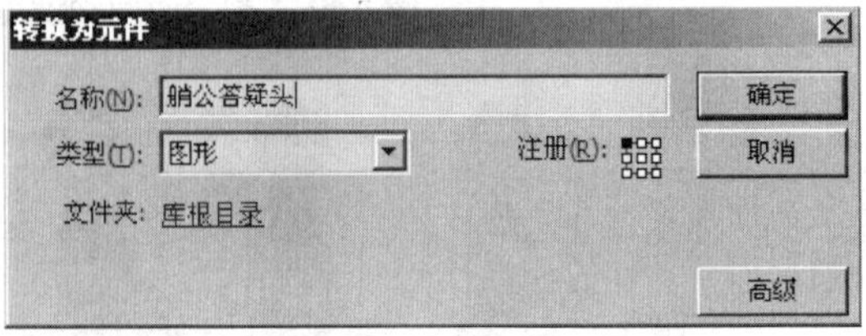

图 4-9-144　“转换为元件”对话框

④ 选中“右手”图层所对应的舞台中的信息，如图 4-9-145 所示。按 F8 键将其转换为元件，并命名为“艄公答疑右手”，如图 4-9-146 所示。

图 4-9-145　右手

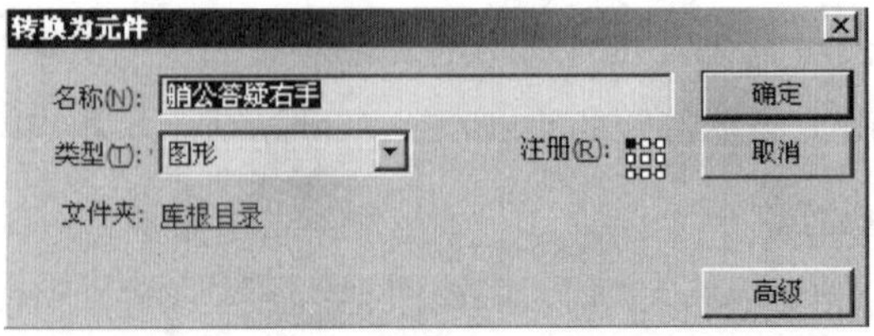

图 4-9-146　“转换为元件”对话框

⑤ 选中“身体”图层所对应的舞台中的信息，如图 4-9-147 所示。按 F8 键将其转换为元件，并命名为“艄公答疑身体”，如图 4-9-148 所示。

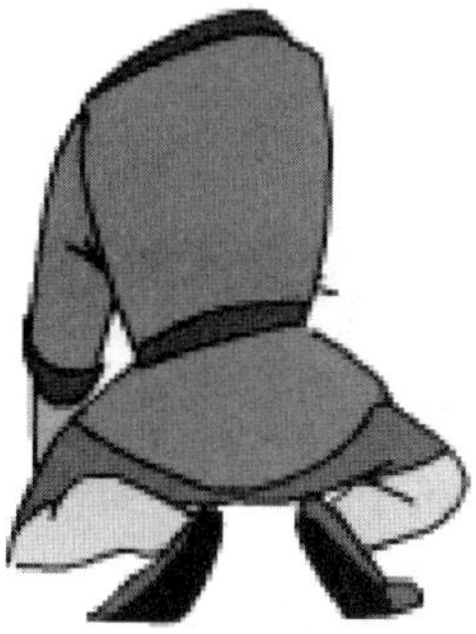

图 4-9-147　答疑身体

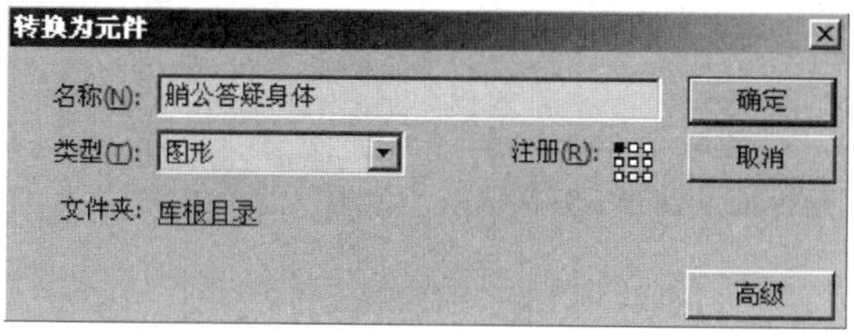

图 4-9-148　“转换为元件”对话框

⑥ 分别在“艄公答疑”元件的第 10、13 帧处插入关键帧，时间轴的设置如图 4-9-149 所示。在对应的关键帧上设置艄公的姿势，如图 4-9-150 所示。

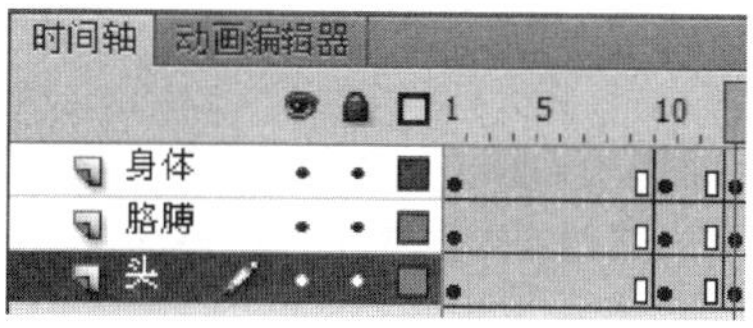

图 4-9-149　时间轴设置

图 4-9-150　艄公的姿势

⑦ 选中第 10 帧到第 13 帧的信息，在选中帧上右击，在弹出的快捷菜单中选择“复制帧”命令，在时间轴的后面选择“粘贴帧”命令，完成粘贴后的时间轴设置如图 4-9-151 所示。

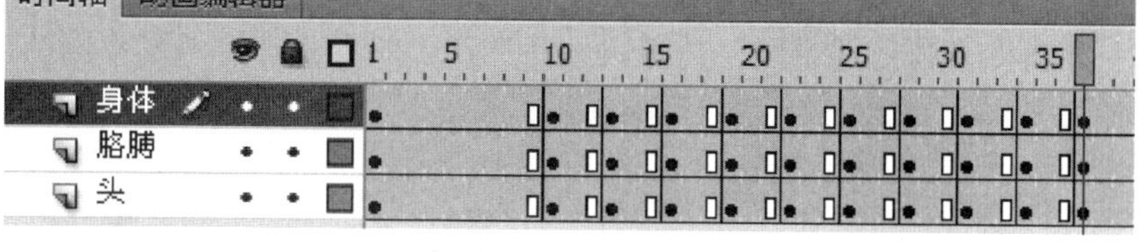

图 4-9-151　时间轴设置

⑧ 继续在“艄公答疑”元件的第 120、130 帧处插入关键帧，时间轴的设置如图 4-9-152 所示。在对应的关键帧上设置艄公的姿势，如图 4-9-153 所示。

⑨ 继续在“艄公答疑”元件的后面插入关键帧，调整艄公的姿势，直到完成与楚国人对话的效果。

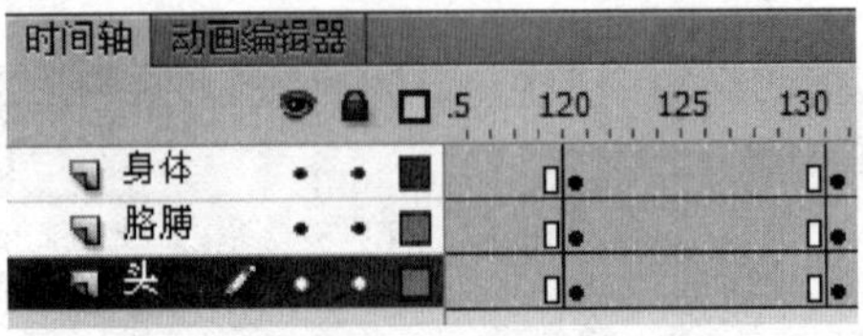

图 4-9-152　时间轴设置

图 4-9-153　艄公的姿势

到此为止，艄公答疑的动画就完成了。最后选择“控制”|“测试影片”命令（快捷键为 Ctrl+Enter），在 Flash 播放器中预览效果，并分析所预览的效果，进而调整直到满意为止。

5.《刻舟求剑》分镜头设计

在《刻舟求剑》这个短片中，总共设计了 4 个镜头，下面分别介绍镜头的实现。

（1）镜头一

镜头一主要是完成片头制作。本短片中使用卷轴的方式打开整个场景的画面，其动画制作过程在 4.7.4 节中已做详细描述，在此不再赘述。但是在此生成的元件为“片头”。

（2）镜头二

镜头二描述的是楚国人在江上的变化和艄公划船的动画，下面阐述其具体的实现步骤。

① 选择“插入”|“新建元件”命令，建立名称为“镜头 2”的图形元件。

② 插入三个新图层，分别命名为“船”、“艄公”和“楚国人”，如图 4-9-154 所示。

③ 分别将“艄公划船”、“楚国人站立”和“船”元件导入到不同图层所对应的舞台上，调整其相对位置如图 4-9-155 所示。

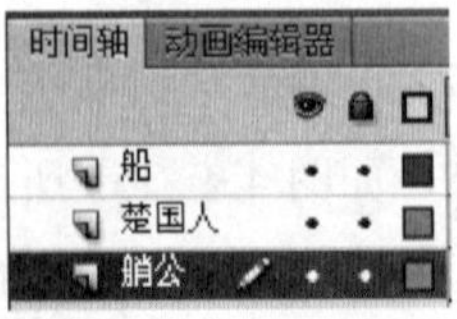

图 4-9-154　图层设置

图 4-9-155　在船上

④ 在第 429 帧处插入空白关键帧，将“楚国人吟诗”元件导入到所对应的舞台中，并调整它们的位置如图 4-9-156 所示。

⑤ 在第 760 帧处插入空白关键帧，将“楚国人刻记号”元件导入到所对应的舞台中，并调整它们的位置如图 4-9-157 所示。

图 4-9-156　楚国人吟诗

⑥ 在第 880 帧处插入空白关键帧，设置楚国人的姿势如图 4-9-158 所示。

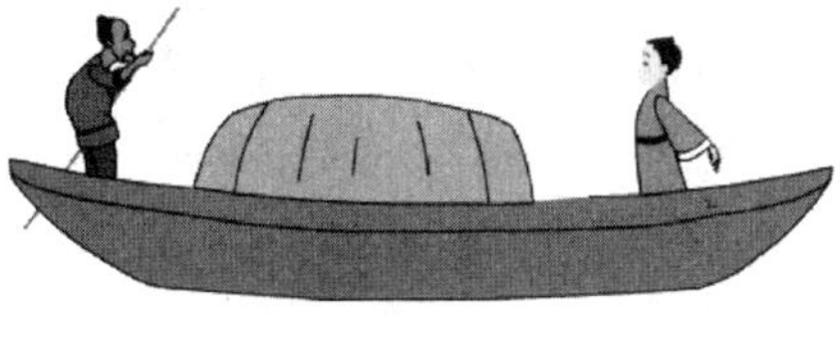

图 4-9-157　楚国人刻记号

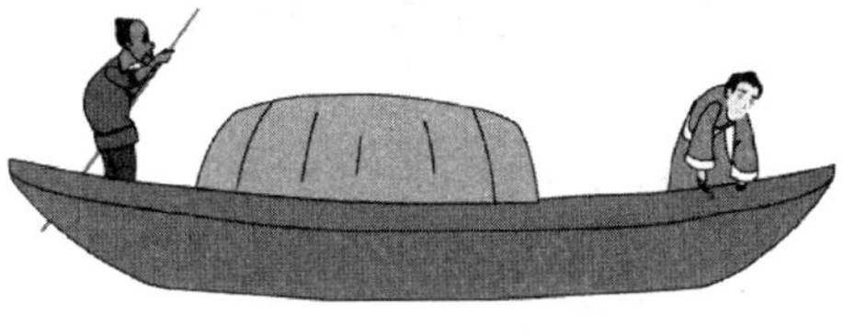

图 4-9-158　楚国人的姿势

到此为止，镜头二的动画全部完成。

（3）镜头三

镜头三描述的是船到岸后楚国人去水中摸剑，下面阐述其具体的实现步骤。

① 选择“插入”|“新建元件”命令，建立名称为“镜头 3”的图形元件。

② 插入新图层，命名为“艄公和船”、“楚国人摸剑”和“背景”，如图 4-9-159 所示。

③ 分别将“艄公”和“船”元件拖动到“艄公和船”图层所对应的舞台上，将“楚国人摸剑”元件拖动到“楚国人摸剑”图层所对应的舞台上，将图 4-9-14 所对应的背景图片导入到“背景”图层所对应的舞台上，调整其相对位置如图 4-9-160 所示。

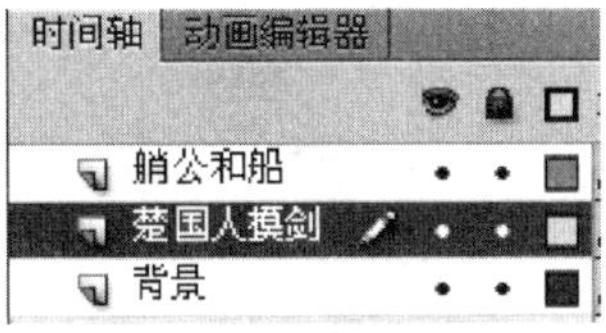

图 4-9-159　图层设置

图 4-9-160　楚国人摸剑

到此为止，镜头三的动画全部完成。

（4）镜头四

镜头四描述的是楚国人找不到剑后和艄公的对话，下面阐述其具体的实现步骤。

① 选择“插入”|“新建元件”命令，建立名称为“镜头 4”的图形元件。

② 插入新图层，并对其进行重新命名，命名完成后图层信息如图 4-9-161 所示。

③ 将“船”元件拖动到“船”图层所对应的舞台上，将“艄公答疑”元件拖动到“艄公”图层所对应的舞台上，将“楚国人质疑”元件拖动到“楚国人质疑”图层所对应的舞台上，将图 4-9-14 所对应的背景图片导入到“背景”图层所对应的舞台上，调整其相对位置后如图 4-9-162 所示。

图 4-9-161　图层设置

图 4-9-162　楚国人和艄公对话

到此为止，镜头四的动画全部完成。

6.《刻舟求剑》镜头合成

（1）串镜头

在完成单个镜头之后，要把整个镜头串在一起。下面阐述串镜头的过程。

① 选择“插入”|“新建元件”命令，创建名称为“总镜头”的图形元件。

② 将“图层 1”重新命名为“镜头 1”，如图 4-9-163 所示。在第 1 帧所对应的舞台中放入“片头”元件实例，如图 4-9-164 所示。选中第 1 帧所对应的元件实例，设置其“循环”属性如图 4-9-165 所示。在第 20 帧处插入关键帧，选中其所对应的元件实例，设置其“循环”属性如图 4-9-166 所示。在第 140 帧处插入空白关键帧。

图 4-9-163　时间轴设置

图 4-9-164　“片头”元件

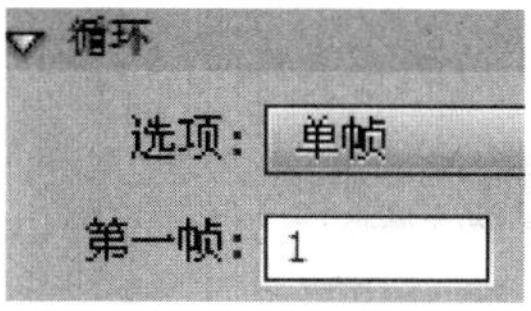

图 4-9-165　“循环”属性设置

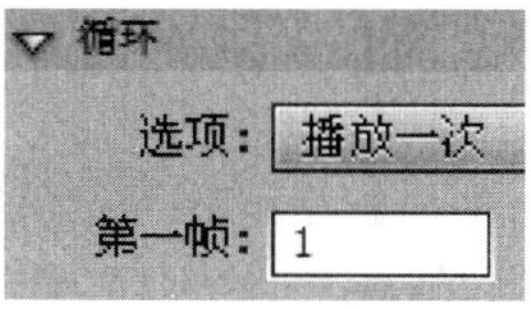

图 4-9-166　“循环”属性设置

③ 插入新图层，重新命名为“镜头 2”，在第 140 帧处插入空白关键帧，在其对应的舞台中放入“镜头 2”元件实例。在第 1 308 帧处插入空白关键帧。

④ 插入新图层，重新命名为“背景”，在第 140 帧处插入空白关键帧，放入图 4-9-10 所示的“背景”元件实例。选中其对应的元件实例，设置其“循环”属性如图 4-9-167 所示。并设置第 140 帧所对应舞台中的画面如图 4-9-168 所示。在第 900 帧处插入关键帧，设置其所对应舞台中的画面如图 4-9-169 所示。在第 140 帧和第 900 帧之间创建传统补间动画，使其形成画面中小船向前行走的效果。在第 1 308 帧处插入空白关键帧。

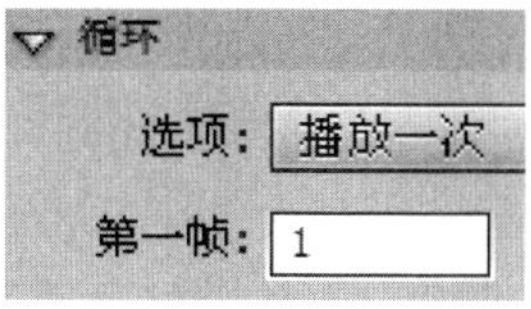

图 4-9-167　“循环”属性设置

图 4-9-168　第 140 帧的画面

图 4-9-169　第 900 帧的画面

⑤ 插入新图层，重新命名为“镜头 3”，在第 197 帧处插入空白关键帧，在其对应的舞台中放入“镜头 3”元件实例。在第 361 帧处插入空白关键帧。

⑥ 插入新图层，重新命名为“镜头 4”，在第 360 帧处插入空白关键帧，在其对应的舞台中放入“镜头 3”元件实例。在第 902 帧处插入空白关键帧。

到此为止，整个镜头就完成了。

（2）影片的全局设置

接下来就是设置影片的相关信息，制作出完整的影片。下面阐述制作整个影片的步骤。

① 新建 Flash 文档，其属性设置如图 4-9-170 所示。

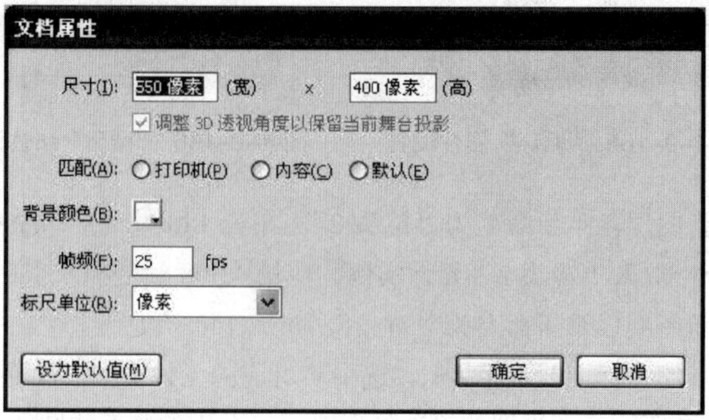

图 4-9-170 “文档属性”对话框

② 将“图层 1”重命名为“镜头”，在第 1 帧所对应的舞台中放入“总镜头”元件实例。

③ 插入新图层，重新命名为“字幕”。在“字幕”图层放置设置好的“字幕”元件实例。后面将阐述“字幕”元件的制作过程。

④ 插入新图层，重命名为“声音”。将前期录制的“刻舟求剑.mp3”导入到此图层。

⑤ 插入新图层，重新命名为“黑幕”。在此图层的第 2 694 帧处插入关键帧，在所对应舞台中绘制遮盖舞台的矩形框，设置其填充颜色为 R=0，G=0，B=0，Alpha=0%。在此图层的第 2 703 帧处插入关键帧，设置其填充颜色为 R=0，G=0，B=0，Alpha=100%。在此图层的两个关键帧之间制作形状补间动画，实现动画播放结束拉上黑幕的效果。

⑥ 插入新图层，重新命名为“字”。在此图层的第 2 694 帧处插入关键帧，在所对应舞台中输入“完”，并将其分离。设置其填充颜色为 R=255，G=255，B=255，Alpha=0%。在此图层的第 2 703 帧处插入关键帧，设置其填充颜色为 R=255，G=255，B=255，Alpha=100%。在此图层的两个关键帧之间制作形状补间动画，实现动画播放结束时告知的效果。

⑦ 插入新图层，重新命名为“AS”。本图层主要是为了通过代码对影片播放进行控制设置，运用前面控制影片的知识即可。

⑧ 插入新图层，重新命名为“按钮”。在此图层放置如图 4-9-171 所示的按钮。

（3）字幕的制作

在动画短片中，字幕的制作亦是一项较为繁重的工作。下面阐述字幕的制作过程。

① 选择“插入”|“新建元件”命令，创建名称为“字幕”的图形元件。

② 重新命名为“字幕”，在第 1 帧所对应的舞台中使用文本工具输入所需要的歌词，字体设置如图 4-9-172 所示。

图 4-9-171　按钮

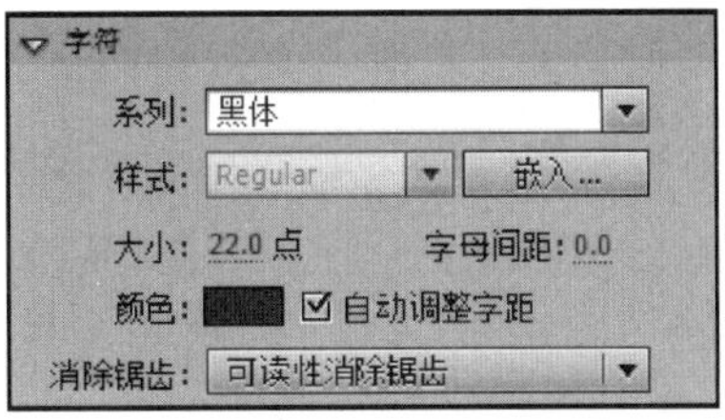

图 4-9-172　字体设置

使用相同的方式，根据声音文件设置其他歌词的效果，即完成了整个字幕的制作。

7.《刻舟求剑》按钮控制

在动画短片制作完成之后，往往通过按钮来控制播放和重新播放。在短片中，设置了两个控制按钮：“播放”和“重新重放”，由于两者的实现技术大致一致，下面重点讲述“播放”按钮的功能实现。

在第一个镜头中，设置了“播放”按钮，其功能实现的具体步骤如下。

① 单击“开始”按钮，在其属性框中将其命名为“play_btn”，如图 4-9-173 所示。

② 新建一个图层，命名为“Actionscript”，如图 4-9-174 所示。

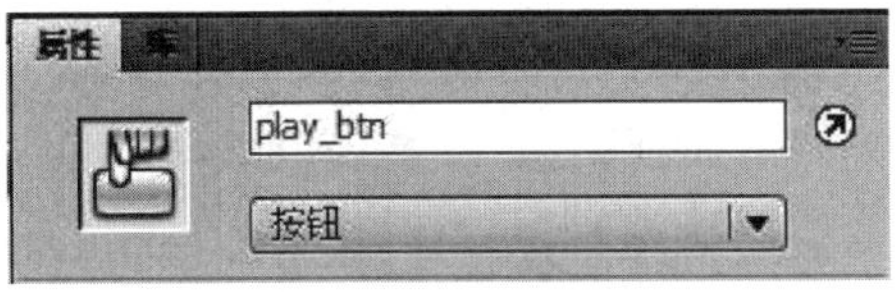

图 4-9-173　按钮元件框

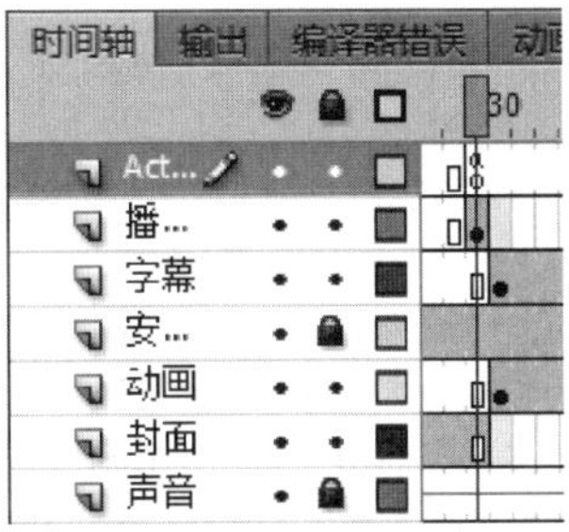

图 4-9-174　时间轴信息

③ 在其图层对应的第 1 帧打开“动作”面板，输入如图 4-9-175 所示的代码。

```
stop();
play_btn.addEventListener(MouseEvent.CLICK, MouseClickHandler);

function MouseClickHandler(event:MouseEvent):void
{
    play();
}
```

图 4-9-175　脚本

保存文件，单击“开始”按钮，Flash 动画开始播放。对于重新播放的按钮功能，只需将函数中的语句改为“gotoAndPlay(1) ”即可。

实例小结：通过此实例的制作，可了解 Flash 动画短片的制作过程。使用第三章中的相关素材制作“杯水车薪”、“矮子看戏”等动画短片，由于篇幅所限，制作过程不再详述。

案例指导 4-3：综合案例

动画短片 4-1：矮子看戏

动画短片 4-2：杯水车薪

动画短片 4-3：画蛇添足

动画短片 4-4：刻舟求剑

动画短片 4-5：悬梁刺股

动画短片 4-6：揠苗助长

动画短片 4-7：掩耳盗铃

习题 4

一、单选题

1. 下列属于当前流行的动画制作软件的是（　　）。

A. Photoshop　　B. Fireworks　　C. Flash　　D. CorelDraw

2. 不修改时间轴，对下列哪个参数进行改动可以让动画播放的速度更快些？（　　）

A. Alpha 值　　B. 帧频　　C. 填充色　　D. 边框色

3.（　　）主要用来管理不同的对象，从而在编辑过程中不会互相影响和干扰。

A. 帧　　B. 图层　　C. 时间轴　　D. 库

4. 单击绘图纸按钮中的（　　）按钮，只显示部分范围内帧内容的轮廓线，填充色消失。

A.“绘图纸外观轮廓”　　B.“绘图纸外观”

C.“编辑多个帧”　　D.“修改绘图纸外观”

5. 打开“动作”面板的快捷键是（　　）。

A. F8　　B. F9　　C. F10　　D. F1

6. 下列不属于对象填充类型的是（　　）。

A. 纯色　　B. 放射状　　C. 位图　　D. 菱形

7. 使用椭圆工具时，按住（　　）键的同时拖动鼠标可以绘制正圆。

A. Shift　　B. Alt　　C. Alt + Shift　　D. Del

8. 在 Flash 中，使用刷子工具在舞台空白区域涂刷，仅涂刷选定的填充区域的涂刷模式是（　　）。

A. 标准绘画模式　　B. 颜料填充模式

C. 后面绘画模式　　D. 颜料选择模式

9. Flash 动画中插入空白关键帧的是（　　）键。

A. F5　　B. F6　　C. F7　　D. F8

10. 要选择连续的多个帧，可以配合（　　）键进行选取。

A. Ctrl　　B. Shift　　C. Alt　　D. Delete

11. 按钮元件中的帧数是（　　）。

A. 3　　B. 4　　C. 5　　D. 6

12. 构成 Flash 动画的基本元素是（　　）。

A. 元件　　B. 图像　　C. 字体　　D. 帧

13. 画地球绕太阳转时，使用哪种类型的图层较为方便？（　　）

A. 遮罩层　　B. 运动引导层　　C. 普通层　　D. 哪个层都可以

14. 在时间轴中形状补间用哪种颜色表示？（　　）

A. 蓝色　　B. 红色　　C. 绿色　　D. 黄色

15. 右击图层，选择“遮罩层”命令，此时两个图层的标志发生变化，哪个图层将被自动锁定？（　　）

A．两个图层　　B．上层　　C．下层　　D．没有图层

16．以下是 Flash 支持的声音格式的是（　　）。

A．MP3　　B．MID　　C．WMA　　D．RM

17．Flash 预览动画的快捷键是（　　）。

A．Ctrl+Esc　　B．Ctrl+Enter　　C．Ctrl+F1　　D．Ctrl+F2

18．在测试动画时 Flash 自动发布的播放文件的后缀是（　　）。

A．swt　　B．fla　　C．swd　　D．swf

19．“动作”面板不包括下面哪个选项？（　　）

A．脚本导航器　　B．脚本空格　　C．“属性”面板　　D．动作工具箱

20．gotoAndStop()命令的含义是（　　）。

A．转到并播放　　B．转到并停止　　C．停止　　D．播放

二、填空题

1．在默认状态下，Flash CS4 的作品每秒播放________帧。

2．Flash 允许用户把___①___、数据、___②___、声音和脚本交互控制融为一体。

3．修改中心点位置需要使用的是________工具。

4．要给文字加特殊效果，必须把文本对象________。

5．具有独立的分辨率，放大后不会造成边缘粗糙的图形是________。

6．文本工具包括___①___、___②___和___③___三大类。

7．颜色渐变分为线性渐变和________。

8．测试整个影片的快捷键是________。

9．导入到舞台的 GIF 动画格式文件是以________的形式导入的。

10．Ctrl+Shift+H 键的作用是________。

三、问答题

1．简述形状补间动画的基本原理。

2．补间效果的缓动选项，值不同，对动画效果的作用如何？

3．补间效果的混合选项，对动画效果的作用如何？

4．简述传统补间动画的原理。

5．简述遮罩动画的组成及作用。

6．在 Flash 中帧是制作动画的核心，试问帧的类型包括哪 4 种？

7．元件的类型分为哪几类？各有什么特点？

8．在 Flash 中填充方式有哪几种类型？

9．补间动画可以分为哪些类型？区别是什么？

四、实践题

1．绘制云彩并为其填色。

2．绘制蝴蝶并为其填色。

3．绘制一个卡通人物，对其分层并上色。

4．绘制背景并对其上色。

5．制作广告文字。

6．制作酒精灯燃烧的动画。

7．制作文字渐变动画，如“我”→“爱”→“Flash”。

8．制作小车跑动画。

9．制作水波纹动画。

10．制作地球绕太阳转动画。

11．制作动画播放控制按钮，控制动画的停止和播放。

第 5 章
Authorware 动画制作

学习指导

Authorware 是由 Author（作家、创造者）和 Ware（商品、物品、器皿）两个英语单词组成，顾名思义为“作家用来创造商品的工具”。Authorware 是一种解释型、基于流程的图形编程语言。Authorware 被用于创建互动的程序，其中整合了声音、文本、图形、简单动画以及数字电影。Authorware 是一套多媒体制作软件，具有高效的多媒体管理机制和丰富的交互方式，尤其适合制作多媒体辅助教学（CAI）课件。与一般的多媒体制作软件不一样的地方在于：它具有不需要写程序代码的特色，只需使用流程线以及一些工具图标，即可完成一些较复杂的功能。此外，它超强的编辑环境所做的特殊效果，令人叹为观止。如果再搭配 3ds Max、Photoshop 等制作动画、影像的软件来制作多媒体产品，将会使制作出来的作品达到非常好的效果。

学习指导 5：知识结构与学习方法指导

✧ 结构示意图

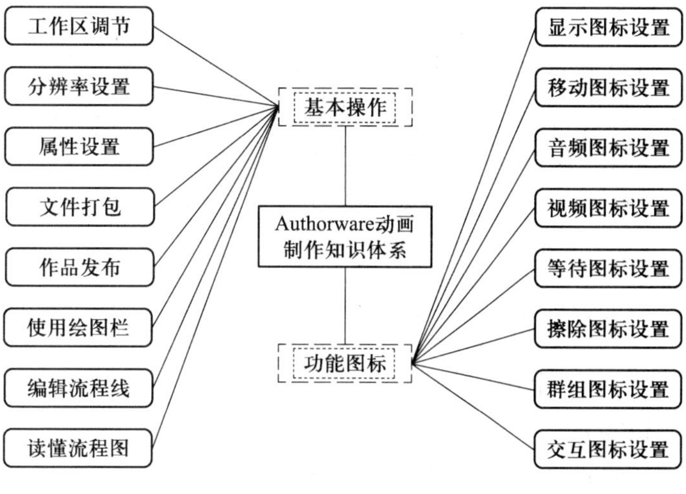

✧ 关键知识

Authorware 中的每一个图标都很重要，但以下 3 个图标是重中之重。

① 显示图标。需要掌握的关键知识主要包括：显示图标的功能与创建、导入外部图片、导入文本、显示图标的属性设置、利用绘图工具箱修改属性。

② 移动图标。需要掌握的关键知识主要包括：移动图标的属性设置、点到点移动、点到线移动、点到面移动、沿自定义路径到终点移动、沿自定义路径到路径任意点移动。

③ 交互图标。需要掌握的关键知识主要包括 10 种交互类型：按钮交互、热区域交互、热对象交互、目标区域交互、下拉菜单交互、文本输入交互、按键交互、条件交互、重试限制交互、时间限制交互。

✧ 学习模式

在学习 Authorware 的过程中，对图标工具的学习是一个重点。掌握每个图标工具的含义和适用性，然后掌握常用工具的基本用法，接着利用现有素材，体验各个工具的具体用法和最终效果，从而达到准确掌握各个工具使用方法和适用性的学习目标。本章涉及的操作相对比较单一，较少出现多个操作组合使用的案例，而且每个操作的参数设置也比较简单，因此本章内容的学习难度不高。只要读者认真地执行每一个学习案例，并认真完成课后作业，就能够学好这些技巧。读者要认真掌握专业术语，强化上机实践，对教学案例充分地思考和实践，通过“做中学”、“用中学”激发学习兴趣，锻炼实际应用能力，从而实现预期的学习目标。

教学课件 5-1：Authorware 使用初步

5.1 Authorware 使用初步

Authorware 的特点是面向对象制作跨平台的体系结构，它提供了强大的交互功能、丰富的变量和函数，同时支持网络功能。作为一种多媒体创作工具，它为创作者提供了一个基于流程图和设计图标的非常直观的创作环境。作为一种应用程序开发工具，它也提供了丰富的变量和函数、强大的交互控制功能、多样化的流程控制手段，以及便利的代码调试手段。

5.1.1 Authorware 文件属性设置

在创建一个多媒体课件之前，必须首先设置演示文件的属性。假设某课件要求使用 800×600（单位为像素）的分辨率进行播放，而在默认情况下 Authorware 会设置 640×480 的分辨率。如果不改变文件属性，那么在设计结束后发现这个问题再进行修改时，将会相当困难，需要重新考虑各显示对象之间的位置关系。选

择“修改”|“文件”|“属性”命令，弹出“属性”对话框，它包括“回放”、“交互作用”、CMI 共 3 个选项卡。在“属性”对话框的左侧显示文件的大小、包含图标的总数、文件中使用的变量总数、剩余的内存空间，上述信息都是不可编辑的。

1. “回放”选项卡

① 在“属性”对话框中选择“回放”选项卡，在“颜色”栏内，单击“背景色”左侧的按钮，弹出如图 5-1-1 所示的“颜色”对话框。选择一种颜色之后，单击“确定”按钮，将改变演示窗口的背景色。默认值为白色。

在“颜色”选项组内，“色彩浓度关键色”选项用于设置视频覆盖卡色彩浓度关键色，默认值为洋红色。单击左侧的按钮，弹出“色彩浓度关键色”对话框，与图 5-1-1“颜色”对话框基本相同，按照同样的方法，用户可对色彩浓度关键色进行调整。在一般情况下，通常不需要对此颜色值进行修改，因为视频卡对色彩浓度关键色的选择是非常有限的。

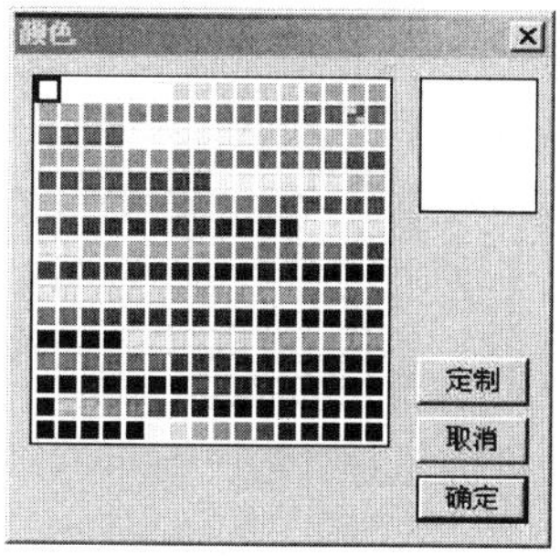

图 5-1-1 “颜色”对话框

② 打开“大小”下拉列表框之后，可以选择一种演示窗口的大小，需要根据播放的环境进行选择，但在编辑课件时，经常把当前的屏幕分辨率设置得比播放多媒体课件时所用的分辨率大一些，便于对课件的局部进行修改、编辑。

在“大小”下拉列表框中，选择“根据变量”选项，表示演示窗口的大小是可变的，用户在编辑课件的同时，通过拖动演示窗口，就可以随时改变演示窗口的大小。

在“大小”下拉列表框中，选择“使用全屏”选项，将使演示窗口充满整个屏幕，而不考虑显示器的分辨率，并且原有的内容也不进行缩放处理。如果播放屏幕的分辨率大小设计为所用的演示窗口大小，那么课件的内容将出现在屏幕的左上角。反之，课件内容的右下角将会被截掉。

在“大小”下拉列表框中，选择一种固定值，则编辑、播放课件时，演示窗口的大小都将是固定的，不可改变。除非用户通过“属性”对话框重新进行设置。

③ 在“选项”选项组内，包括 7 个复选框。

勾选“显示标题栏”复选框，将在演示窗口内显示标题栏，反之将不再显示课件标题栏。

勾选“显示菜单栏”复选框，Authorware 将在演示窗口左上角显示“文件”菜单，通过其中的“退出”命令或使用 Ctrl+Q 键可关闭已打开的演示窗口。取消勾选“显示菜单栏”复选框后，演示窗口内将不再显示“文件”菜单，但同样可以通过 Ctrl+Q 键关闭已打开的演示窗口。如果用户对演示窗口的内容进行了修改，那么 Authorware 将提示用户对当前修改进行保存。

在默认的情况下，操作系统的任务栏总是出现在屏幕的下方，但用户可通过拖动的方式，将它放置在屏幕的 4 个边角处。勾选“显示任务栏”复选框，将可能使操作系统的任务栏部分地覆盖演示窗口。取消勾选“显示任务栏”复选框，演示窗口将位于操作系统的任务栏的上方，这样就不需要担心播放课件时一部分内容看不到，这也是 Authorware 的默认选项。需要显示任务栏时，可以按 Windows 键。

对于 Windows 操作系统来说，勾选“覆盖菜单”复选框，将使菜单栏覆盖在演示窗口的顶端，取消勾选该复选框之后，将使得菜单栏显示在演示窗口的上方。

勾选“屏幕居中”复选框，将始终在屏幕的中间显示演示窗口，而不管显示器分辨率的大小。对于特殊的需要，例如，总是希望演示窗口出现在屏幕的角落里，就必须在保存和打包程序之前把窗口移动到希望出现的位置。

在默认的情况下，播放课件的背景色是白色的，这主要是考虑到白色比较平和，不易引起他人的注意，使用它来当背景色是非常合适的。勾选“匹配窗口颜色”复选框，将把编辑课件时演示窗口的背景色保存到播放窗口内。如果使用比较鲜艳的颜色，可能会喧宾夺主，将人们的注意力吸引到课件之外的区域，这是人们不愿意看到的。在默认的情况下，“匹配窗口颜色”复选框总是处于禁用状态。

勾选“标准外观”复选框，Windows 操作系统将允许用户改变课件的按钮、开关等三维物体的颜色。在默认的情况下，三维物体是灰色的。为了突出课件的内容，人们更多地将三维物体设置为灰色，因此在默认的情况下“标准外观”复选框总是处于禁用状态。

2. “交互作用”选项卡

在“属性”对话框内选择“交互作用”选项卡，如图 5-1-2 所示。

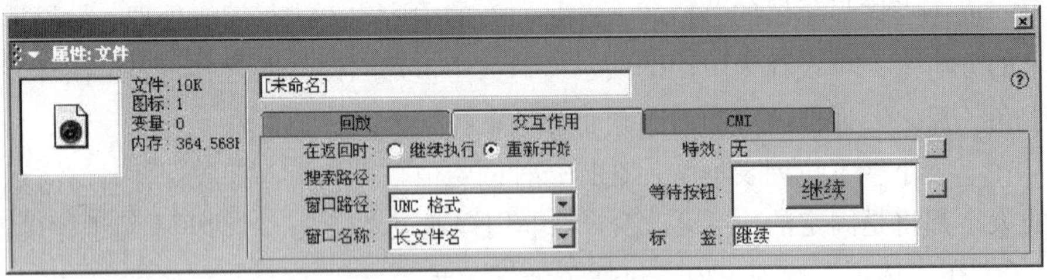

图 5-1-2 “交互作用”选项卡

① 在“在返回时”选项组内，选择“继续执行”单选按钮，表示当用户返回到课件或重新打开课件时，将自动停留在上次离开的位置。Authorware 7.0 会跟踪用户在此课件中的位置以及所有变量的值，并把这些信息存储在自动创建的用户记录文件内，记录文件的后缀是 REC。用户记录文件通常存储在 Windows 目录下的 A5W-DATA 文件夹中，对于游戏、多媒体教学课件来说，Authorware

存储用户信息的特性是非常必要的。在"在返回时"选项组内，选择"重新开始"单选按钮，表示当 Authorware 重新开始运行时，它会把所有定制的变量和系统变量设置为初始值。它是 Authorware 的默认选项。

② 在"搜索路径"文本框内，用户可以设置链接文件的路径名称。在图标内插入链接时，Authorware 将记住链接文件的位置。当 Authorware 需要使用该文件时，它首先在记忆位置寻找，然后才会寻找安装 Authorware 应用程序的目录。如果上述两次尝试都没有成功，那么就会寻找在"搜索路径"文本框中添加的路径。如果有多个路径，则需要在路径之间使用分号把它们隔离，但不允许使用多余的空格。

③ 对于网络上运行的课件来说，需要使用"UNC（Universal Naming Convention，统一命名规则）格式"，它可以使用 DNS 名称来指定服务器。对于单机运行的课件来说，需要使用"DOS 格式"这种基于驱动器的命名规则，通过驱动器、文件夹的名称，来确定链接文件的位置。上述设置可通过"窗口路径"下拉列表框来实现。

④ 在"窗口名称"下拉列表框内，选择"DOS（8.3 格式）"选项，将使系统函数和变量所返回的文件名支持 8 个字符的文件名加上 3 个字符的扩展名。选择"长文件名"选项，表示支持长达 255 个字符的文件名。对于 Windows 95、98、NT、XP 或更高版本的操作系统来说，应该选择"长文件名"选项，这是 Authorware 的默认选项。当课件运行在 Windows 3.X，甚至 DOS 环境时，才可以选择"DOS（8.3 格式）"选项。

⑤ 在"特效"选项组内，用户可以设置返回到课件时所使用的特技变换效果。单击右侧的按钮，将弹出"返回特效方式"对话框，如图 5-1-3 所示。Authorware 共提供了 10 余种类型的特技，每种特技都有数量不等的变换效果可供选择，而且下边可以适当调整特效属性。

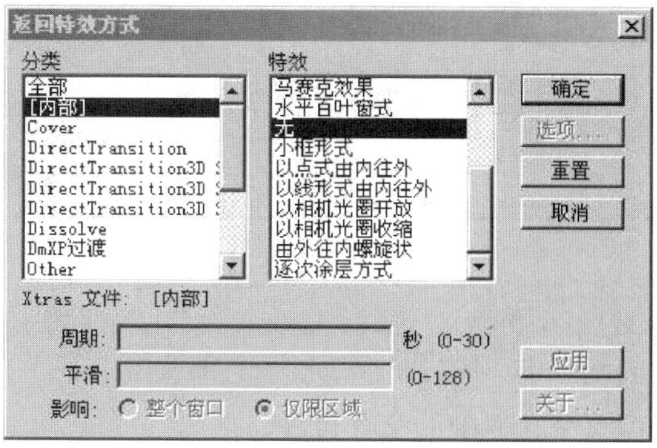

图 5-1-3　"返回特效方式"对话框

⑥"等待按钮"选项组用于改变等待按钮的样式，单击按钮的图标，或者单

击右侧带两个圆点的按钮，都将弹出如图 5-1-4 所示的“按钮”对话框。可以在“系统按钮”下拉列表框中选择按钮的类型，这些都是 Authorware 提供的，右侧的下拉列表框用于设置按钮的大小，数值越大，表明按钮越大。单击“添加”按钮时，可自定义一种新的按钮，并作为以后的选择对象。单击“编辑”按钮可对自定义的按钮进行修改，单击“删除”按钮将删除所选的自定义按钮。

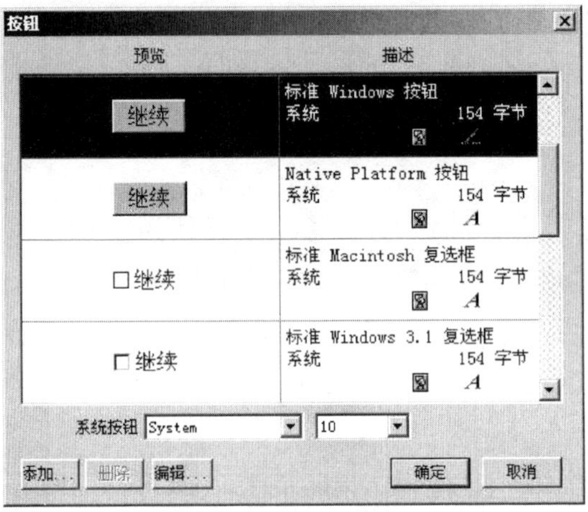

图 5-1-4 “按钮”对话框

⑦ 在“标签”文本框内，可改变等待按钮的标签。等待按钮的默认标签是“继续”，用户可以将它改成其他内容。如果按钮的标签太长，那么将扩展按钮的长度。

3. CMI 选项卡

在“属性”选项卡内，选择 CMI 选项卡，如图 5-1-5 所示，它主要是用来在运行一个教学多媒体课件时，对使用者的操作情况进行跟踪。

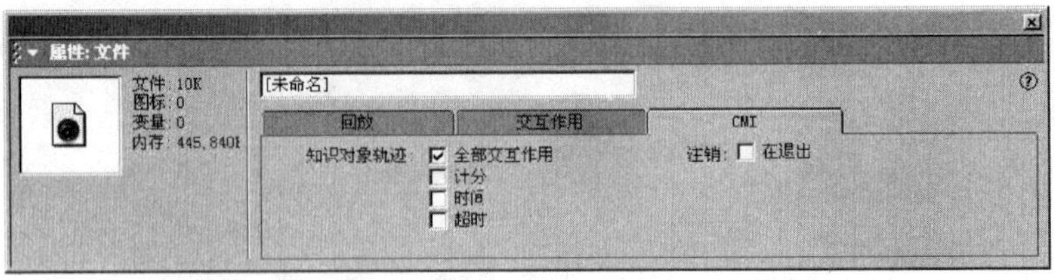

图 5-1-5 CMI 选项卡

在“知识对象轨迹”选项组内，勾选“全部交互作用”复选框，可以使得 Authorware 能够跟踪整个文件中的交互过程。

勾选“计分”复选框，表示跟踪使用者的得分情况。在一个交互式的教学课件内，经常需要对使用者的水平进行测试，并将每项分值进行相加，得到一个综合的成绩。

勾选“时间”复选框，表示将跟踪使用者从进入教学程序开始到离开时，总共使用的时间，它是以“秒”为单位的。

勾选“超时”复选框，表示将记录使用者在需要进行交互时，有多长的时间没有进行任何操作，一旦等待的时间超过最大值，那么 Authorware 将自动跳转到由系统函数 TimeOutGoto 所设定的图标。

勾选“注销”选项中“在退出”复选框，将在使用者退出多媒体教学课件时，把使用者从 CMI 系统中注销。

5.1.2　Authorware 文件打包

程序设计全部完成后，就需要对程序进行打包，以便程序能够发布。因为在发布程序时不可能要求所有用户都在计算机上安装 Authorware，因此打包的目的就是使程序能够单独运行，而不依赖于 Authorware。

1. 打包

虽然打包后的程序在运行时不再需要 Authorware，但是，它仍然需要一个 Runtime（Windows95 以上操作系统为 runa7w32.exe 程序文件）应用程序的支持才能正确播放。因此打包时，需要包括这个 Runtime 应用程序，通常有两种处理方法：一种方法是把 Runtime 应用程序和被打包的程序分开，只对程序进行打包，最后把打包后的程序同 Runtime 应用程序一起进行发布；另一种方法是把 Runtime 应用程序和被打包程序合在一起打包，生成的文件扩展名为.exe，这样最后只需要发布打包后的程序即可。

如果在打包时把 Runtime 应用程序和被打包程序合在一起打包，则所得的程序就是完全独立的。但是，有时候也需要把 Runtime 应用程序分开打包，例如，如果某一个多媒体系统是由多个被打包的程序文件组成的，则在打包时最好把 Runtime 应用程序分离出来，因为所有程序文件都可以共享同一个 Runtime 应用程序，这样，就可以防止 Runtime 应用程序被多次打包，大大节省了空间和资源。另外，把程序文件和 Runtime 应用程序放在一起进行打包后所得到的程序也有一个缺点，就是不支持跨平台，而分开打包就不存在这个问题。

在打包前应注意两个问题：①对原始程序备份；②仔细分析打包时所需要的文件，防止遗漏一些附加的外部文件。

如果在一个 Authorware 程序文件中某些图标是链接到库文件的，则对此程序文件打包之后，在发布时还要提供一个打包过的库文件给用户，以保证在运行该程序的文件的机器上都有相应的被打包过的库文件。可把库文件和程序文件一起进行打包或分开打包，虽然第二种方法可以避免库文件被重复打包，但程序运行时必须提供相应的库文件。

如果要正确地找到所需的库文件，可把库文件和打包后的程序文件放置在相同的目录下；或者把库文件放置在它被打包之前所在的目录下。

2. 打包操作

打开要打包的程序文件时，与该文件相联系的相关库文件也会被自动打开。

选择“文件”|“发布”|“打包”命令，弹出“打包文件”对话框，如图 5-1-6 所示。

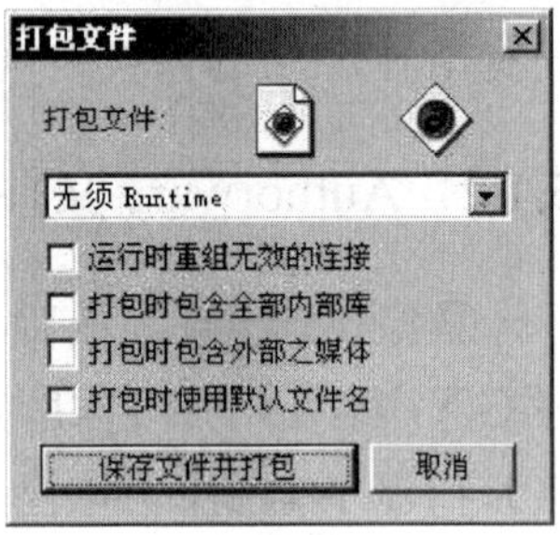

图 5-1-6 “打包文件”对话框

“打包文件”下拉列表框有 2 个选项，作用是让用户选择在打包时是否需要包括 Runtime 应用程序。

①“无须 Runtime”选项：runa7w32.exe（Authorware 7.0 执行.a7r 文件的程序）不与程序文件一起打包，生成.a7r 文件。.a7r 文件比.exe 文件要小。但是运行时需要有 runa7w32.exe 运行时间库程序文件。

②“应用平台 Windows XP、NT 和 98 不同”选项：选择此项将会把 Runtime 应用程序和程序文件一起进行打包，最后产生的执行程序可以独立运行，不依赖 Authorware 环境。

“打包文件”下拉列表框下边有 4 个复选框，它们的作用如下。

①“运行时重组无效的连接”：断链是指图标标志符发生了变化，通常是在对库文件中的图标进行剪切、复制后又粘贴或对图像进行编辑而产生的。只要图标类型和连接对象不变则勾选该复选框后，还能在运行程序时自动重新连接这些图标，恢复断链（只是程序启动时会延迟几秒钟）。

②“打包时包含全部内部库”：勾选此复选框会将所有位于库文件中的、已经链接到程序中的图标作为程序的一部分打包到程序包中，这样可以避免分别对每个库文件进行打包。

③“打包时包含外部之媒体”：勾选此复选框会使 Authorware 在对程序进行打包时将所有链接到程序中的媒体文件转变成嵌入到程序中的媒体文件，但此选项对数字影像文件无效。也就是说，数字影像文件始终只能以链接的形式存在，这样，在发布程序时，也必须同时提供所有的数字影像文件。

④“打包时使用默认文件名”：勾选该复选框后，会用程序文件的主文件名作为打包文件的主文件名，生成.a7r 或.exe 文件，如果是对库文件进行打包，则程序的扩展名为.a7e。如果不勾选此项，则打包时会弹出一个对话框，由用户输入文件名。

“保存文件并打包”按钮：选定上述选项后，单击此按钮就可以开始打包过程，并会出现打包进程窗口。

5.1.3　程序的发布

程序在打完包后，就要进行发布，使其成为一个正式的产品。用户可以通过多种方式来发布已完成的程序，如使用磁盘、CD-ROM 光盘、网络等进行发布。程序发布时所需要的文件如下。

① runa7w32.exe 文件（未把该文件打包到程序文件中）。

② 每种媒体类型所需要的 Xtras 插件，包括 Authorware 处理图形或声音格式的文件所需要的 Xtras 插件及处理其他任何一种特定格式文件所需要的 Xtras 插件。

③ 链接到程序中的文件，如声音、数字电影和用 Director 软件制作的动画等文件。

④ 程序需要的驱动程序文件，如果有数字电影文件，一起发布的文件应有 a7vfw32.XMO（Video for Windows）、a7qt32.xmo（QuickTime for Windows）、a7mpeg32.xmo（MCI MPEG）和 a7dir32.xmo（Director Movies）。而且用户计算机中应装有 Video for Windows 和 QuickTime for Windows 播放器。

⑤ 字体文件。

⑥ 安装和解压程序，给用户安装用。

⑦ 多媒体片断要使用的外部软件模块，如 Xtras 插件、ActiveX 控件、UCD 和 DLL 动态链接库等。

5.1.4　实例制作：Hello World

微视频 5-1：
Hello World

大多数程序设计方面的书籍通常都会以一个“Hello World”例程作为读者的首次尝试，而由 Authorware 实现更为容易和快捷。

① 进入 Authorware，单击工具栏中的“新建”按钮，创建一个新的程序文件。从图标面板向设计窗口中拖放一个“显示”设计图标，将其命名为“Hello World”。如图 5-1-7 所示，尚未包含其他内容的设计图标以灰色显示。

② 双击 Hello World 设计图标，弹出“演示窗口”对话框和浮动工具板，如图 5-1-8 所示。在浮动工具板中选择文本工具，然后在“演示窗口”对话框中单击，输入文字“您好，欢迎来到 Authorware 世界！”。

③ 运行程序，一个包含有上述文字内容的“演示窗口”对话框就出现了。但是，最好先美化一下程序的显示效果。双击“演示窗口”对话框中的文字，按 Ctrl+↑键增大字号，拖动文字四周出现的控制点，调整文本对象的宽度。然后选择“文本”|“字体”|“其他”命令，在“字体”对话框中为文字选择一种比较美观的字体，如图 5-1-9 所示。

图 5-1-7 添加并命名“显示”设计图标

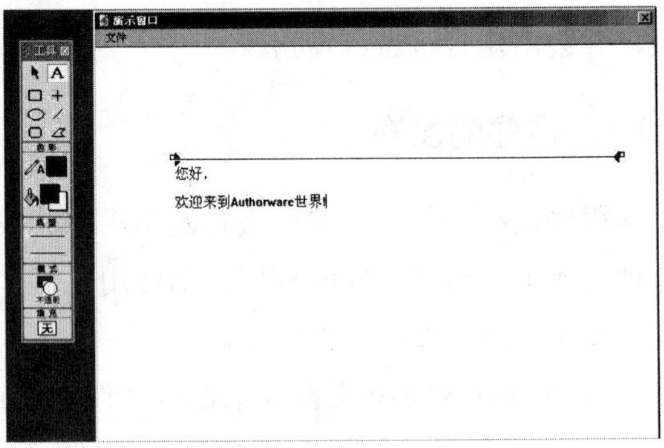

图 5-1-8 输入文字示意图

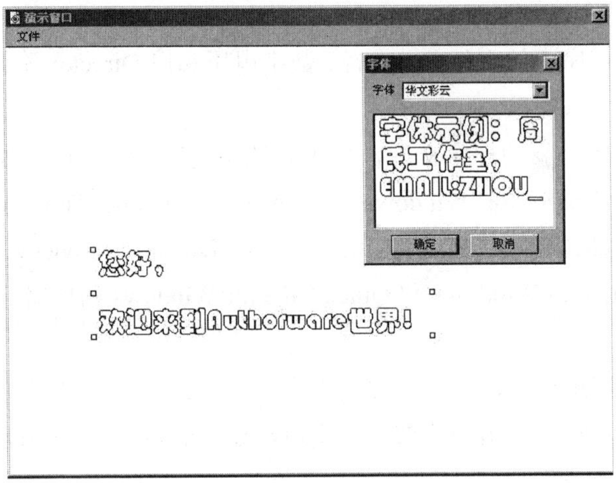

图 5-1-9 调整文字的显示效果

④ 单击工具栏中的“保存”按钮，设置保存路径，将当前程序保存为“Hello World”，如图 5-1-10 所示。

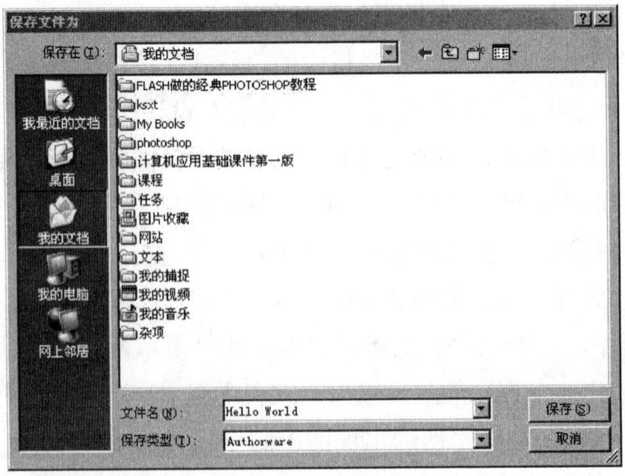

图 5-1-10 命名并保存文件

⑤ 进行发布打包。选择“文件”|“发布”|“打包”命令，弹出“选择文件”对话框，如图 5-1-11 所示。

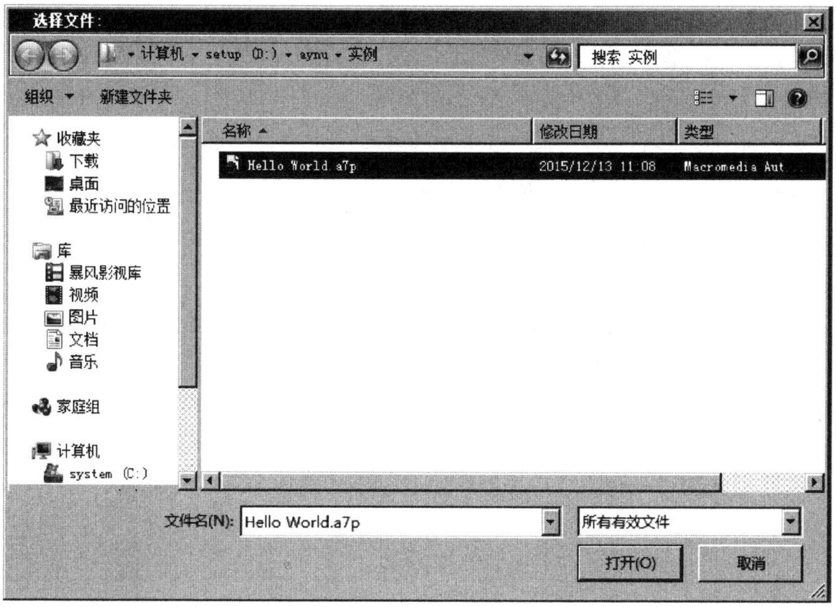

图 5-1-11 “选择文件”对话框

⑥ 以下分两种情况制作。

a. 无须 run-time 应用程序：参考 5.1.2 节知识设置各个选项，考虑到本例未连接外部库和媒体，各个选项设置如图 5-1-12 所示。确定后单击“保存文件并打包”按钮，可在源程序文件下找到 Hello World.a7r 文件。此即打包后的文件。

b. 包括 run-time 应用程序：参考 5.1.2 节知识设置各个选项，考虑到本例未连接外部库和媒体，各个选项设置如图 5-1-13 所示。确定后单击“保存文件并打包”按钮，可在源程序文件下找到 Hello World.exe 文件。此即打包后的文件。

图 5-1-12 打包设置

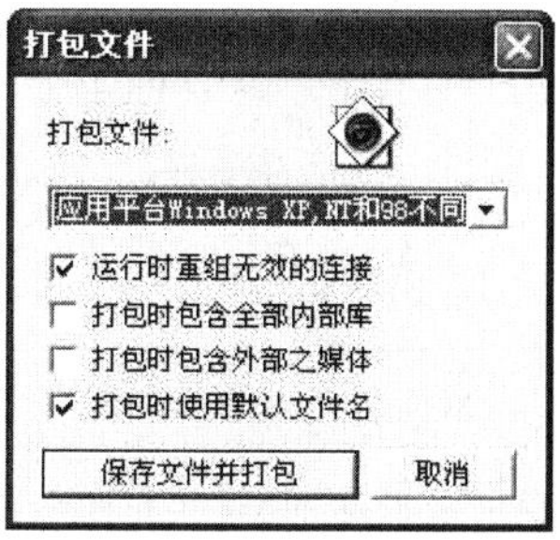

图 5-1-13 打包设置

⑦ 文件发布，即把运行打包后的程序所需的文件汇总起来。本例将程序发

布在本地磁盘中。

a. 无须 Runtime 应用程序：需要另外附加 runa7w32.exe 文件和 js32.dll 文件，这些文件都可从 Authorware 的安装目录中找到，将它们汇总放在“无须 run-time”文件夹中。最终文件如图 5-1-14 所示。运行 runa7w32.exe 打开 Hello World.a7r 即可看到程序效果。

b. 包括 Runtime 应用程序：只需附加 js32.dll 文件，可从 Authorware 的安装目录中找到，将它们汇总放在“包括 run-time”文件夹中。最终文件如图 5-1-15 所示。直接运行 Hello World.exe 即可看到程序效果。

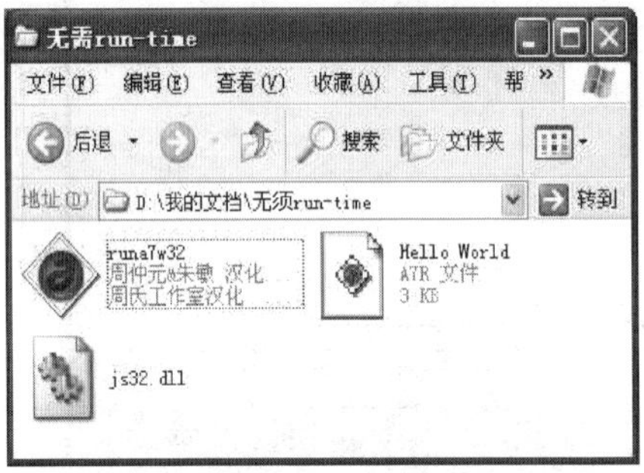

图 5-1-14　所需文件

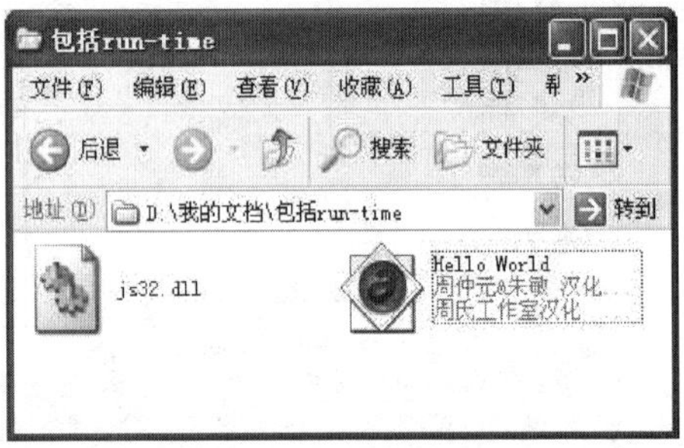

图 5-1-15　所需文件

本实例全部制作完毕。通过本例读者可以体会到应用 Authorware 多媒体编辑工具开发多媒体应用程序是一件十分有趣的事情。在以后的课程中，将进一步介绍 Authorware 多媒体编辑工具的基本设计方法和制作技巧。

教学课件 5-2：
显示图标

5.2　显示图标

显示图标是 Authorware 中最重要、最基本的图标。显示图标用以接收用户输入的文字、绘制的图形以及导入的外部文本图形图像，并在演播过程中将这些对象显示在运行展示窗口中。创建显示图标，用户只需将图标面板上的显示图标拖拽至程序流程线上的适当位置，然后放开鼠标即可。

5.2.1　显示图标的功能与创建

1. 显示图标的功能

因不能把文本或者图形直接放在设计窗口的流程线上，所以就需要有一个载体来容纳它们，这就是显示图标。显示图标是 Authorware 所有图标中最基本的图标，被称为 Authorware 的“灵魂”，它的主要功能是用来制作多媒体的文本、图形或者加载静态图像，还可用来显示变量、函数值的即时变化。用户将这些多媒体构件添加到显示图标内，即可构建出程序的基本骨架。

2. 显示图标的创建

显示图标的创建很简单，移动鼠标指针到图标面板中的显示图标上，按下鼠标左键，拖动显示图标到流程线上，然后释放鼠标左键即可。双击显示图标即可打开该显示图标的展示窗口。

5.2.2　导入外部图片

微视频 5-2：绘图工具箱的使用及显示图标导入图片

1. 导入图片

① 打开显示图标展示窗口。

② 单击“导入”按钮，弹出“导入哪个文件？”对话框，如图 5-2-1 所示。

图 5-2-1　“导入哪个文件？”对话框

③ 在“文件类型”下拉列表框中选择要导入图片的类型。

④ 找到要导入的图片。

⑤ 设置“链接到文件”和“显示预览”复选框。

⑥ 对话框右下角有一个“+”号标志，若一次导入的文件不止一个，单击此标志，可进一步选择，一次导入多个文件。

⑦ 单击“导入”按钮。

2. “属性：图像”对话框

① 双击已导入的图片，弹出“属性：图像”对话框。在左上部显示图片类型图标。

② 单击“导入”按钮，弹出“导入哪个文件？”对话框，可将原导入的图片用新图片替换掉。

③“图像”选项卡，如图 5-2-2 所示。“文件”文本框显示文件保存路径及名称；“存储”文本框显示该文件是内部文件，还是外部文件；在“模式”下拉列表框中选择图片的显示模式；单击“颜色”选项组中的小方块弹出颜色选择对话框，可改变前景色和背景色；“文件大小”显示文件大小；“文件格式”显示文件

格式；“颜色深度”显示文件颜色深度（文件像素存储位数，如 8 位、24 位等）。

④“版面布局”选项卡，如图 5-2-3 所示。屏幕的坐标是以像素为单位的，对于一个 640×480 的屏幕，其左上角坐标为(0,0)，右下角坐标为(640,480)。

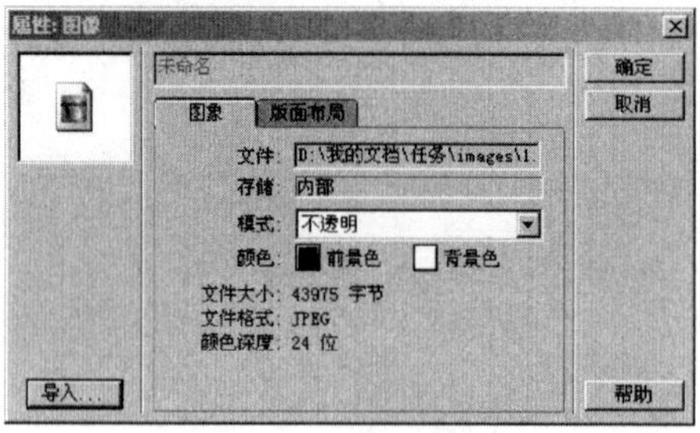

图 5-2-2 “图像”选项卡

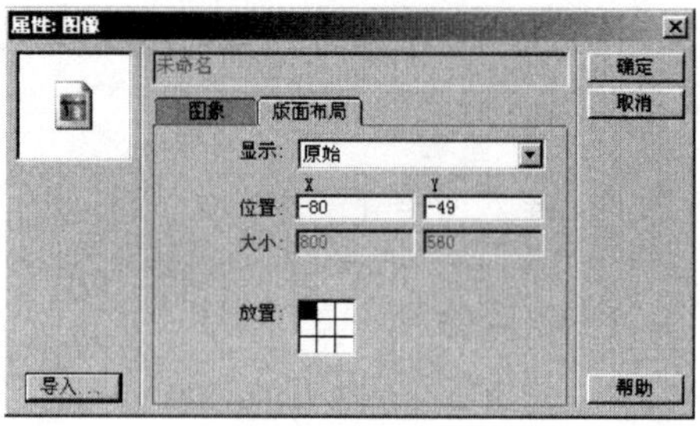

图 5-2-3 “版面布局”选项卡

若在“显示”下拉列表框中选择“比例”选项，则含义如下。

位置：显示并可调整图片的位置。

大小：显示并可调整图片的宽度、高度。

非固定比例：显示原大小。

比例%：显示并可调整图片宽度、高度的显示比例。

若在“显示”下拉列表框中选择“裁取”选项（若只使用图片的一部分，选择此项），则含义如下。

位置：显示并可调整图片的位置。

大小：显示并可调整图片截留的宽度、高度。

非固定比例：显示原大小。

放置：可单击替代图片的矩形来调整截取图片在框架中的位置。

当不想改变图片的大小时，在“显示”下拉列表框中选择“原始”选项。

小技巧：

① 选中两个以上图片，按住 Shift 键，可在保持各图片相对位置不变的情况下移动被选图片。

② 移动图片时，按住 Shift 键，可使该图片在水平、垂直或与水平成 45° 角方向上移动。

③ 选中两个以上图片，选择“修改”|“群组”命令，可使这些图片成为一个整体，要分解此整体只要选择“修改”|“取消群组”命令即可。

3. 图片对齐方式

① 按住 Shift 键，选中要对齐的图片。

② 选择“修改”|“排列”命令，弹出“排列”对话框，如图 5-2-4 所示。

③ 选择合适的对齐方式即可。

4. 改变同一显示图标中重叠图片的位置关系

① 将下面的图片放置到上面：选中位于上面的图片；选择“修改”|“置于上层”命令即可。

② 将上面的图片放置到下面：选中位于下面的图片；选择“修改”|“置于下层”命令即可。

5.2.3 导入文本

微视频 5-3：显示图标写入文本

1. 直接写入文字

① 用鼠标把显示图标从图标面板上拖到流程线上。

② 在流程线上双击显示图标，打开该显示图标的展示窗口。

③ 在绘图工具箱上选择文本工具，再在展示窗口任意位置单击，在该处将出现标尺。

④ 在标尺上方约 1/3 处和 2/3 处用鼠标各单击一下，会各出现一个三角形标志。文本宽度线如图 5-2-5 所示。标尺两端的小矩形块用来调整文本宽度；标尺右端的三角形是右缩进标志（右边界）；最左边标尺上部三角形是左缩进标志。下部三角形是首行缩进标志；在标尺 1/3 处和 2/3 处上部后加入的三角形是制表符。输入文本时，用户按 Tab 键后，光标会跳到下一个制表位。

⑤ 在展示窗口输入文字。

⑥ 关闭显示窗口。

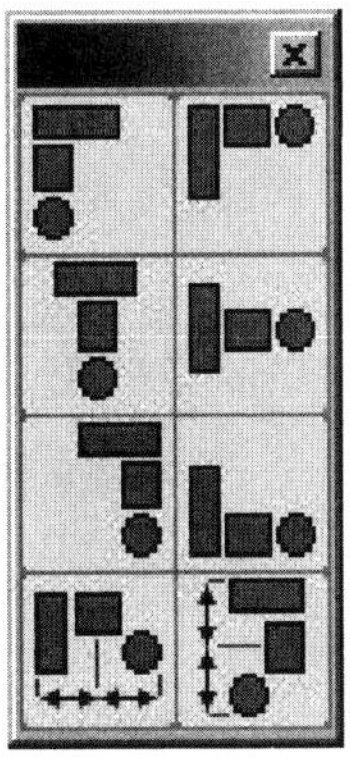

图 5-2-4 “排列”对话框

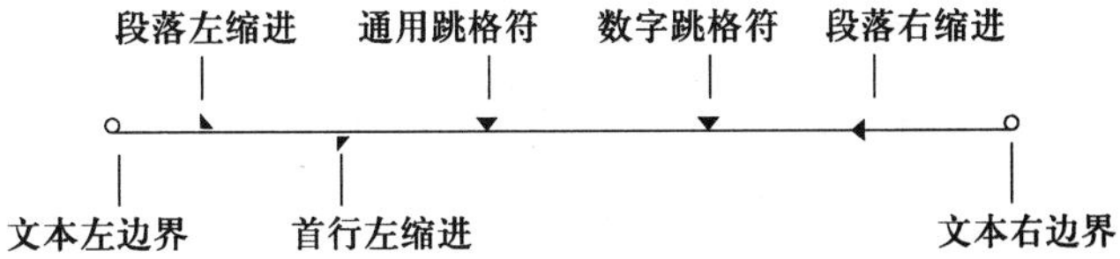

图 5-2-5 文本宽度线

2. 从外部文件引入文本

① 选择“文件”|“导入”命令，弹出“导入哪个文件？”对话框，如图 5-2-1 所示。

② 找出要导入的文件。

③ 勾选以下复选框。

a. 链接到文件：决定是否把该文本保存到 Authorware 程序内部，即决定该文本是内部文件还是外部文件。

b. 显示预览：决定是否在右边空白处预览所选文件。

④ 对话框右下角有一个“+”号标志，若一次导入的文件不止一个，单击此标志，可进一步选择，一次导入多个文件。

⑤ 设置完毕，单击“导入”按钮，弹出“RTF 导入”对话框，如图 5-2-6 所示。

⑥ 完成该对话框设置。

a.“硬分页符”选项组。

忽略：选择该项导入时，Authorware 遇到文本中的分页符时会将它忽略不计。

创建新的显示图标：选择该项，Authorware 遇到文本中的分页符时会自动产生一个新的显示图标。

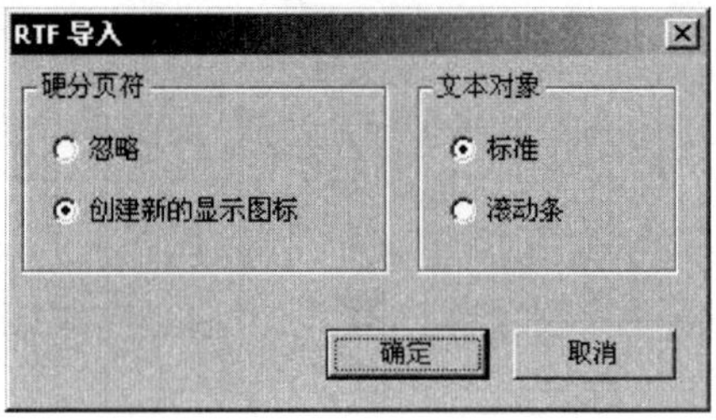

图 5-2-6 “RTF 导入”对话框

b.“文本对象”选项组。

标准：将文本文件转化为标准的文本对象。

滚动条：将文本文件转化成滚动显示的文本对象。

⑦ 单击“确定”按钮。

5.2.4 显示图标属性设置

在流程线上拖入一个图标就会打开其“属性”面板。当拖入一个显示图标时，打开的显示图标的“属性”面板，如图 5-2-7 所示。当鼠标移到处时单击，可将显示图标“属性”面板在窗口中移动。

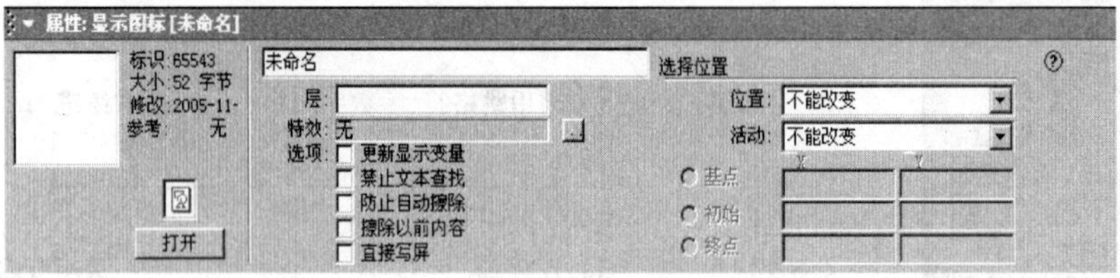

图 5-2-7 显示图标“属性”面板

为了查看图标的属性，就必须打开图标的“属性”面板，用户可按下列方式之一进行操作。

① 选择群组图标，然后选择 “修改”|“图标”|“属性” 命令。

② 选择群组图标，然后按 Ctrl+I 快捷键。

③ 按 Ctrl+Alt 键，并双击群组图标。

④ 右击图标，然后在弹出的快捷菜单中选择“属性”选项。

显示图标“属性”面板的组成如下。

① 图标标识：通过图标标识可浏览图标本身的一些数据，如文件大小、最后修改日期等。

② 图标名称文本框：显示当前设计图标的名称。

③ 层：设置图标的层数。层数高的显示图标的内容将覆盖层数较低的显示图标的内容。

④ 特效：单击右侧的 按钮，弹出“特效方式”对话框，如图 5-2-8 所示，该对话框可以为当前的设计图标选择一种过渡效果。

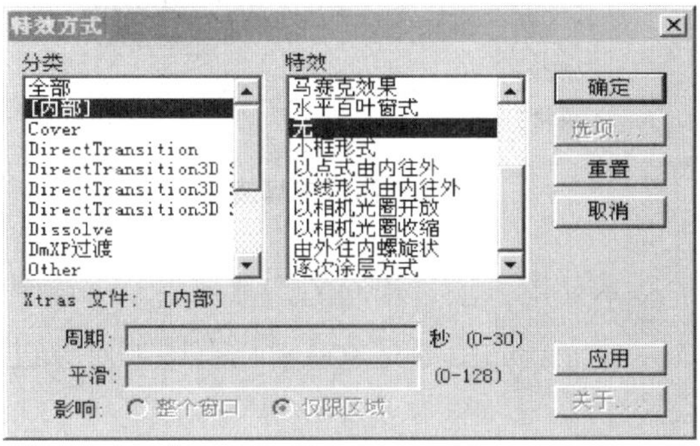

图 5-2-8 “特效方式”对话框

⑤ 更新显示变量：勾选后将对显示图标中嵌入的变量自动更新并刷新显示效果。

⑥ 禁止文本查找：勾选后将无法在程序中用关键字查找该显示图标中所包含的文本内容。

⑦ 防止自动擦除：Authorware 具有在演示窗口自动擦除图标的能力。有时为了使显示的内容不被自动擦除，就可以勾选该复选框。

⑧ 擦除以前内容：勾选后当运行到该显示图标时，会将前面的显示图标中的内容自动擦除。注意：它只能擦除比该显示图标层数低的显示图标的内容，比该图标层数高的则不能擦除。

⑨ 直接写屏：勾选该复选框，则不管该显示图标的层数高低如何，当程序运行到该显示图标时，该显示图标中的内容均会被放置在演示窗口的最前面。

关于“选择位置”选项组中“位置”和“活动”下拉列表框的内容将在 5.3 节中介绍。

微视频 5-2：绘图工具箱的使用及显示图标导入图片

5.2.5　绘图工具箱的介绍

双击流程线上的显示图标，打开程序演示窗口，这个窗口就是最终用户看到的窗口。同时出现绘图工具箱，如图 5-2-9 所示。

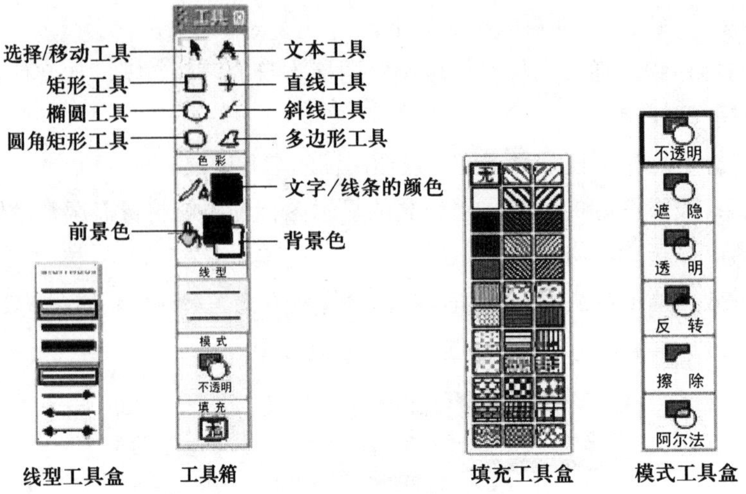

图 5-2-9　工具箱

工具箱中工具的基本使用方法是相同的，都是先单击该图标，然后在展示窗口拖动或单击鼠标，以建立新的图形对象或对已有图形对象进行修改。

工具介绍如下。

选择/移动工具：可选择、移动对象。

文本工具：建立、修改文本对象。

矩形工具：绘制长方形或正方形（按住 Shift 键）。

直线工具：绘制水平或垂直直线，及与水平线成 45° 角的直线

椭圆工具：绘制椭圆或圆（按住 Shift 键）。

斜线工具：绘制斜线。

圆角矩形工具：绘制圆角长方形或圆角正方形（按住 Shift 键）。

多边形工具：绘制任意多边形。

5.2.6　利用绘图工具箱修改属性

① 双击椭圆工具，会弹出颜色选择对话框。左下角用于设置边框、线条、字体颜色；右下角用于设置前景色和背景色。

② 双击固定角度工具或任意角度工具，会弹出线型工具盒，如图 5-2-9 所示。

③ 双击矩形工具、圆角矩形工具或多边形工具，会弹出填充工具盒，如图 5-2-9 所示。用户可设置绘制的封闭图形对象的填充模式。

④ 双击选择图标，会弹出模式工具盒，如图 5-2-9 所示。用户可设置发生重叠图形的显示效果。

a. 不透明模式：上面的显示对象会覆盖下面的显示对象，此模式是默认显示模式。

b. 遮隐模式：此模式用于位图（*.bmp）对象，它把位图边缘的空白部分隐

去，只保留中间的有效显示部分，此有效部分仍是不透明的。

c. 透明模式：上面显示对象有颜色的部分会覆盖下面的显示对象，而空白部分则可看到下面的显示对象。

d. 反转模式：该显示对象的显示颜色为其所处环境的前景色的反色（互补色）。

e. 擦除模式：除透明部分外，重叠部分被擦除。

f. 阿尔法模式：此模式用于带有 Alpha 通道属性的 24 位位图，它不是简单地使背景完全显露出来，而是将图像与背景颜色混合。

5.2.7　实例制作：我爱我家

微视频 5-4：我爱我家

本小节通过一个例子来介绍显示图标的应用。具体操作步骤如下。

① 建立流程图，如图 5-2-10 所示。其各个图标的性质及名称如下。

a. 显示图标：名称为“背景”。

b. 显示图标：名称为“联”。

c. 显示图标：名称为“我爱我家”。

图 5-2-10　流程图

实验案例 5-1：我爱我家

② 双击“背景”图标，导入背景图片，并调整其位置，如图 5-2-11 所示。

③ 打开“联”图标，输入对联“新居焕彩盈门秀色，华构落成满座春风”。

④ 打开“我爱我家”图标，输入“我爱我家”。

⑤ 按住 Shift 键，单击各个图标，使其处于同一窗口，设置各个文本框，选择合适的字体及大小，调整其到合适的位置。

⑥ 分别设置后两个图标的填充模式为“擦除”，并设置各个图标的过渡效果。最终效果如图 5-2-12 所示。

图 5-2-11　导入图片

图 5-2-12　“我爱我家”最终效果

通过此例，读者应该掌握显示图标及绘图工具箱的使用。

教学课件 5-3：
移动图标

微视频 5-5：
运动图标和动画（上）

5.3 移动图标

多媒体作品很大的一个特点就是在程序设计中加入了动画效果。在 Authorware 7.0 中使用移动图标可以创建动画效果。移动图标可以驱动包含在其他设计图标中的显示对象。移动图标本身并不含有要移动的对象，只能对一个显示图标或交互图标或其他图标中的所有显示对象同时进行驱动。

5.3.1 移动图标的属性设置

微视频 5-6：
运动图标和动画（下）

拖动一个移动图标到流程线上，默认情况下将打开其“属性”面板，如图 5-3-1 所示。

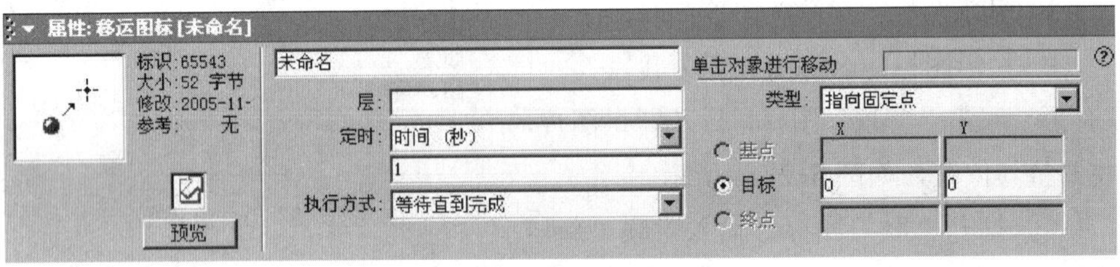

图 5-3-1　移动图标的“属性”面板

下面介绍移动图标“属性”面板一些选项的含义。

① 移动对象标识预览框：预览移动对象的内容。若没有确定移动对象，则预览框中显示的是移动方式的示意图。

② 层：移动图标层次与显示图标层次基本一致，层次越高，其越显示在上；若此项为空，层次设为默认值 0；显示相同层次时，先出现的显示在下面。若显示图标设置为“直接写屏”，则其产生的移动图标会显示在所有显示对象的上面。移动图标中的层次只在移动过程中有效，移动结束，则该显示对象的层次重新变为它所在显示图标的层次。

③ 定时：“时间”表示完成整个移动过程所需要的时间，单位为秒；“速率”表示移动对象的移动速度，单位为秒/英寸。

④ 执行方式：若选择“等待直到完成”选项，则程序等待本移动图标的移动过程完成后，才继续流程线上下一个图标的执行。若选择“同时”选项，则程序将本移动图标的移动过程与下一个图标的运行同时进行。

⑤ 类型：包含“指向固定点”、“指向固定直线上的某点”、“指向固定区域内的某点”、“指向固定路径上的终点”和“指向固定路径上的任意点”5 种移动类型，如图 5-3-2 所示。

a. 指向固定点：选择该类型将使移动对象从演示窗口中的当前位置直接移到设定位置。

b. 指向固定直线上的某点：若选择该类型，将使移动对象从当前位置移动到一条直线上的某一个位置，对象的最终位置由数值、变量或表达式的值确定。

c. 指向固定区域内的某点：若选择该类型，将使移动对象在一个坐标平面内移动。其起点坐标和终点坐标由数值、变量或表达式的值确定。

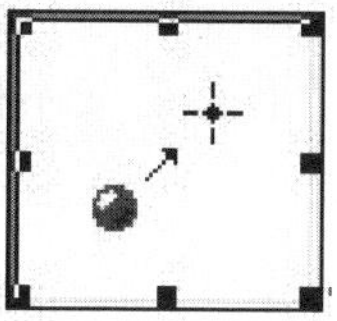

（a）指向固定点

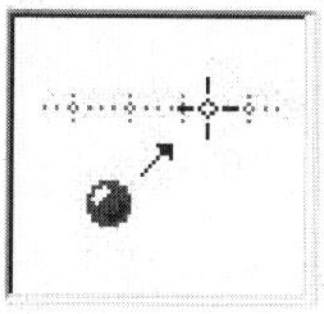

（b）指向固定直线上的某点

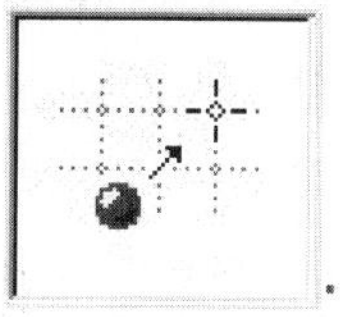

（c）指向固定区域内的某点

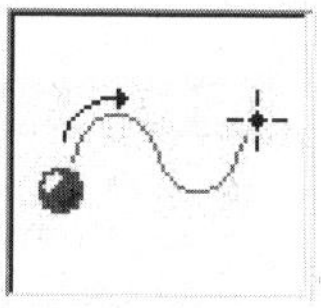

（d）指向固定路径上的终点

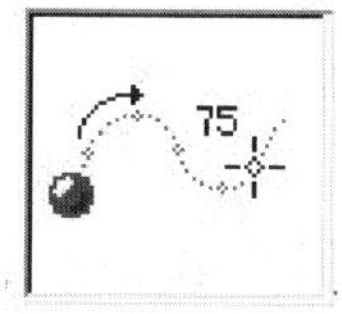

（e）指向固定路径上的任意点

图 5-3-2 移动图标的 5 种移动类型

d. 指向固定路径上的终点：若选择该类型，将使移动对象沿设计的路径从该路径的起点移动到该路径的终点。其路径可以是直线，也可以是曲线。

e. 指向固定路径上的任意点：若选择该类型，将使移动对象沿设计好的路径移动，但最后可以停留在该路径的任意位置。其停留位置由数值、变量或表达式的值确定。

在 Authorware 移动图标“属性”面板中选择不同的移动类型，将出现不同的选项。

⑥ 基点：用于设置移动对象在演示窗口的起点坐标。

⑦ 目标：用于设置移动对象的目标位置的坐标。

⑧ 终点：用于设置移动对象的终点坐标。

5.3.2 点到点移动

① 制作“太阳升起”动画主流程，如图 5-3-3 所示。

② 在显示图标中制作一个红太阳。

③ 添加移动图标。

④ 双击移动图标，弹出对话框。

⑤ 单击演示窗口中的红太阳。

⑥ 在“类型”下拉列表框中选择“指向固定点”选项。

⑦ 在“计时”下拉列表框中选择“时间（秒）”选项。在下面文本框中输入“10”，使动画移动 10s。

⑧ 在“执行方式”下拉列表框中选择“等待直到完成”选项（因其后无其他图标，故此处看不出效果）。

⑨ 单击版面布局标签。

⑩ 拖动太阳到目标位置。

此时“基点”、“终点”两文本框为灰色，不能用；“目标”文本框可用，显示了当前目标的坐标，也可在此输入坐标值来确定目标。

⑪ 单击“预览”按钮，可预览移动效果。

⑫ 单击“确定”按钮。

⑬ 单击工具栏的“运行”按钮，开始执行动画。

图 5-3-3 “太阳升起”流程图

图 5-3-4 “小球进盒子”流程图

拓展资源 5-1：运动的小球

5.3.3 点到线移动

① 制作“小球进盒子 1”随机动画主流程，如图 5-3-4 所示。

② 制作一个红色小球。将一个显示图标拖放在主流程线上，重命名为“小球”，并双击打开展示窗口，在其中制作一个红色小球。

③ 制作 6 个黑盒子

a. 将显示图标拖入主流程线，命名为“黑盒”并双击打开演示窗口。

b. 制作一个黑色盒子，单击“复制”按钮。

c. 单击 5 次“粘贴”按钮，展示窗口共出现 6 个黑盒子。

d. 将它们水平放好，全选后选择“修改”|“排列”|“水平对齐”命令，使之放在一条水平线上；再选择“水平等间距”命令，使它们的水平间距相等。

e. 选择“修改”|“群组”命令使 6 个黑盒成为一体，以保证它们的相对位置保持不变。

f. 选择“修改”|“图标”|“属性”命令，弹出“属性”对话框，将层改为 2。

④ 设置随机数。

a. 将一个计算图标拖入主流程线，并命名为“随机数”。

b. 双击该图标，弹出计算图标的脚本编辑窗口。

c. 在此窗口中输入 Position:=Random（0,100,20）；Random 是系统提供的随机函数，0 和 100 表示随机函数的取值区间，20 表示步长。这样，随机数只可能从 0、20、40、60、80、100 中取值。

d. 单击编辑窗口的“关闭”按钮，弹出“确认”对话框。

e. 单击“是”按钮，弹出“新变量”对话框（因为系统认为是一个新变量，要求将其初始化）。

f. 名字：保持不变。

g. 初始值：输入“0”。

h. 描述：输入“确定小球位置”，以帮助记忆变量 Position 的用途。

i. 单击“确定”按钮。

⑤ 移动设置。

a. 将移动图标拖入主流程线。

b. 按住 Shift 键，同时打开两个显示图标。

c. 双击移动图标，弹出对话框。

d. 在“类型”下拉列表框中选择“指向固定直线上的某点”选项。

e. 设置“移动”选项卡：将层设置为 1，时间设置为 5s，其他不变。

f. 设置“版面布局”选项卡：选择“出发点”选项，然后将小球拖放到 1 号盒，用以确定直线的起点；选择“结束点”选项，然后将小球拖放到 6 号盒，用以确定直线的终点；选择“目的地”选项，将文本框内容改为 Position。

g. 单击“确定”按钮。

h. 单击工具栏中的“运行”按钮，运行程序。

i. 选择“文件”|“保存”命令，将该文件以“小球进黑盒 1”为名称保存。

5.3.4　点到面移动

“小球进黑盒 2”随机动画是在“小球进黑盒 1”随机动画的基础上修改的。

（1）制作黑盒

① 打开“小球进黑盒 1.a7p”文件，在其基础上修改。

② 选中黑盒，单击工具栏的“复制”按钮，再单击工具栏的“粘贴”按钮，则又出现 6 个黑盒。

③ 将黑盒排为两行，并选中所有黑盒。

④ 选择“修改”|“排列”命令，弹出“对齐方式”对话框。

⑤ 单击“左对齐”按钮。

⑥ 关闭“对齐方式”对话框。

（2）设置随机数

① 双击“随机数”图标，弹出计算编辑窗口。

② 将原内容修改如下：

XPosition:=Random（0,100,20）

YPosition:=Random（0,100,100）

因移动目标已为区域，区域中的每个点都有 X 和 Y 两个坐标（X,Y）。X 可取 6 个值：0、20、40、60、80、100；Y 可取两个值：0、100。故 Y 的步长设为 100。

12 个黑盒的坐标如下：

（100,0）　（100,20）　（100,40）　（100,60）　（100,80）　（100,100）

（0,0）　（0,20）　（0,40）　（0,60）　（0,80）　（0,100）

③ 关闭编辑窗口，弹出“确认”对话框。

④ 单击“是”按钮，弹出“新变量”对话框。

⑤ 输入初始值“0”。

⑥ 单击“确定”按钮，弹出“新变量”对话框。

⑦ 输入初始值“0”。

⑧ 单击“是”按钮。

（3）修改“移动”图标

① 按住 Shift 键，同时打开“小球”图标和“黑盒”图标。

② 双击“移动”图标，弹出对话框。

③ 将类型设为“指向固定区域内的某点”。

④ 在“层”选项卡中选择“出发点”选项，拖动小球到左下角黑盒；选择“结束点”选项，拖动小球到右上角黑盒；选择“目的地”选项，在 X 文本框中输入 XPosition；在 Y 文本框中输入 YPosition。

⑤ 单击“确定”按钮，设置完毕。

5.3.5 沿自定义路径到终点移动

（1）制作主流程

制作“日出日落图 1”动画的主流程，如图 5-3-5 所示。

图 5-3-5 “日出日落图 1”动画流程图

（2）制作青山翠谷

① 将显示图标拖到主流程线上，并命名为“群山”。

② 双击“群山”图标，打开演示窗口。

③ 选择绘图工具箱的多边形工具。

④ 在演示窗口下半部绘出群山轮廓。在确定多边形最后一点时，将鼠标移

到多边形起点，双击鼠标，形成闭合图形。

⑤ 调整“群山”图标到适当位置。

⑥ 双击绘图工具箱中的椭圆工具，打开“颜色”面板。

⑦ 选择青色，再关闭“颜色”面板。

⑧ 选择“修改”|“图标”|“属性”命令，打开显示图标“属性”对话框。

⑨ 将层设为 2。

⑩ 单击“确定”按钮。

（3）制作白云

① 将显示图标拖到主流程线上，并命名为“白云”。

② 用与“群山”图标类似的方法制作两朵白云，颜色用灰色。

③ 选择“修改”|“图标”|“属性”命令，打开显示图标“属性”对话框。

④ 将“层”设为 2，单击“确定”按钮。

⑤ 将“白云”图标放置到展示窗口上部适当位置。

（4）制作太阳

① 将显示图标拖到主流程线上，并命名为“太阳”。

② 用前述方法制作“红太阳”。

③ 将“太阳”图标移到展示窗口左下角适当位置。

（5）设置动画

① 将移动图标拖到主流程线上并命名为“日出日落”。

② 按住 Shift 键，同时打开 3 个显示图标。

③ 双击移动图标，弹出对话框。

④ 将“类型”设置为“指向固定路径的终点”。

⑤ 在演示窗口中单击“太阳”图标，将其设为移动对象。

⑥ 在“移动”选项卡中，将层设为 1，将时间设为 5s，其他不变。

⑦ 拖动“太阳”图标形成移动路径，单击“确定”按钮。

移动过程中，在转折点有几种不同的标志方式，其含义如下。

△：该节点两侧是用直线连接的。

○：该节点两侧是用弧线连接的。

▲：该节点两侧是用直线连接的，但该节点是当前节点。

●：该节点两侧是用弧线连接的，但该节点是当前节点。

“版面布局”选项卡中的两个命令按钮：“撤销”为撤销上一次关于节点的修改；“删除”为删除当前节点。

5.3.6　沿自定义路径到路径任意点移动

① 制作“日出日落图 2”动画主流程，如图 5-3-6 所示。

② 打开“日出日落图 1”动画，在其基础上修改。

③ 在“太阳”显示图标下拖入一个计算图标，并命名为“时间”。

④ 双击计算图标，打开计算编辑窗口。

⑤ 在其中输入：Positiontime:=Random(0,12,1)，路径全程为 12 段（太阳从升到落的 12 小时），由随机函数决定将 12 段中的某个值赋给 Positiontime。

图 5-3-6 “日出日落图 2”动画流程图

⑥ 将计算编辑窗口关闭，弹出“新变量”对话框。

⑦ 将其初始化为 0，单击“确定”按钮。

⑧ 双击移动图标，将类型设为“指向固定路径上的任意点”，将“版面布局”选项卡的“目的地”设为 Positiontime，结束点设为 12，单击“确定”按钮。

微视频 5-7：升旗日出

5.3.7 实例制作：升旗日出

① 制作“升旗日出”动画的主流程，如图 5-3-7 所示。

② 制作群山。将显示图标拖入主流程线上，命名为“青山”，在其中画出青山轮廓，并设为第 2 层。

③ 制作太阳。将显示图标拖入主流程线上，命名为“红日”，在其中画出一轮红日。

④ 制作红旗。将显示图标拖入主流程线上，命名为“红旗”，在其中画出一面红旗。

⑤ 制作旗杆。将显示图标拖入主流程线上，命名为“旗杆”，在其中画出一根旗杆。

图 5-3-7 “升旗日出”动画流程图

⑥ 按住 Shift 键，同时打开 4 个显示图标，调整各图标的相对位置。

⑦ 日出移动设置。

a. 按住 Shift 键，同时打开 4 个显示图标。

b. 将移动图标拖入主流程线上，命名为“日出”，并双击打开它。

c. 单击“红日”图标，将其设为移动对象。

d. 将类型设为“指向固定路径的终点”。

e. 在“移动”选项卡中，将层设置为“1”，将计时设置为“5”，执行方式设置为“同时”。

f. 拖动“红日”图标，形成其移动路径，单击“确定”按钮。

⑧ 升旗移动设置。

a. 将移动图标拖入主流程线上，命名为“升旗”，并双击打开它。

b. 单击“红旗”图标，使其成为移动对象。

c. 将类型设置为“指向固定点”。

d. 在“移动”选项卡中，将层设置为 3，将计时设置为 5s。

e. 拖动“红旗”图标沿“旗杆”图标移动到杆顶。

f. 单击“确定”按钮，设置完毕。

5.4　外部媒体的引入

教学课件 5-4：外部媒体的引入

除了文本、图片外，还有很多更加丰富多彩的媒体形式，如 Flash 动画、GIF 动画、视频、声音等。而这些多媒体形式的外部文件，在 Authorware 中，可以非常方便地引入。

5.4.1　Flash 动画的引入

下面介绍如何向 Authorware 7.0 导入 Flash 动画以及如何对导入 Flash 动画属性进行设置。

1. 向 Authorware 中导入 Flash 动画

向 Authorware 7.0 中导入 Flash 动画的具体操作步骤如下。

① 在流程线上确定导入 Flash 动画的插入点之后，选择“插入”|“媒体”|“Flash Movie”命令，弹出“Flash Asset 属性”对话框，如图 5-4-1 所示。

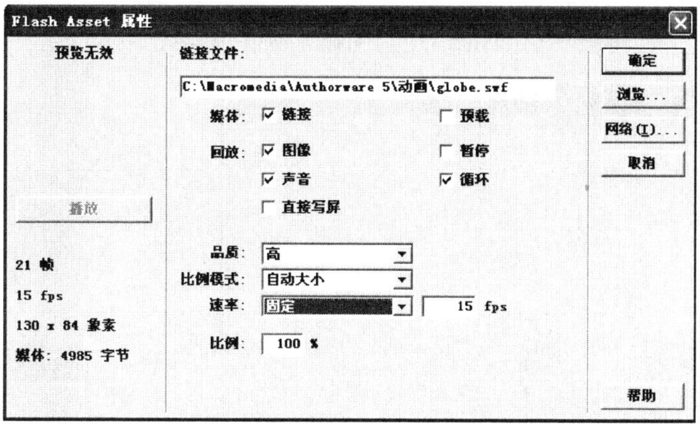

图 5-4-1　“Flash Asset 属性”对话框

链接文件：用于显示导入或连接到 Authorware 7.0 中的 Flash 动画的路径。

媒体：“链接”将导入的 Flash 动画连接到打包后的文件中以减小打包文件容

量，勾选该复选框后，其右面的“预载”复选框也变为可用；“预载”在程序运行时将提前加载 Flash 动画。

回放：包括“图像”、“暂停”、“声音”、“循环”和“直接写屏”5 个复选框，勾选其中的某个复选框则可以实现其相应的功能。

品质：设置 Flash 动画显示的质量，包括 4 个选项。“高”表示 Flash 动画将以高质量显示，但其运行速度将比较慢；“低”表示 Flash 动画将以较低质量显示，但其运行速度将比较快；“自动-高”表示 Flash 动画将以平滑效果显示，若不能以平滑效果显示则以原始效果显示；“自动-低”表示系统将关闭 Flash 动画的平滑效果显示，若不能关闭则以原始效果显示。

比例模式：用来设置程序运行时窗口的大小，包括 5 个选项。“显示全部”表示程序运行时将按照原窗口的长宽比例对窗口进行缩放，以显示所有的 Flash 动画；“无边界”表示程序运行时将按照原窗口的长宽比例对窗口进行剪裁，但并不改变原窗口的边界；“精确适配”表示程序运行时将对 Flash 动画的大小进行缩放，而不会保持原窗口的长宽比例；“自动大小”表示程序运行时将按照 Flash 动画的大小自动进行调整；“无比例”表示程序运行时将保持原窗口的大小不变。

速率：用来设置 Flash 动画的播放速度，包括 3 个选项。“正常”表示运行程序时将按照 Flash 动画默认的播放速度进行播放；“固定”表示其右侧的文本框将变为可用状态，根据需要在其中输入数值即可设置 Flash 动画的播放速度；“锁步”表示运行程序时将按照系统整体的播放速度对 Flash 动画进行播放。

② 单击“浏览”按钮，弹出“打开 Shockwave Flash 影片”对话框，在该对话框中选择要导入的 Flash 动画，如图 5-4-2 所示。

③ 单击“打开”按钮，则该 Flash 动画的路径将出现在“Flash Asset 属性”对话框中的“链接文件”文本框中。

④ 单击“确定”按钮，即可将 Flash 动画导入到 Authorware 7.0 中，此时流程线上将自动地添加一个 Flash 动画的图标，如图 5-4-3 所示。

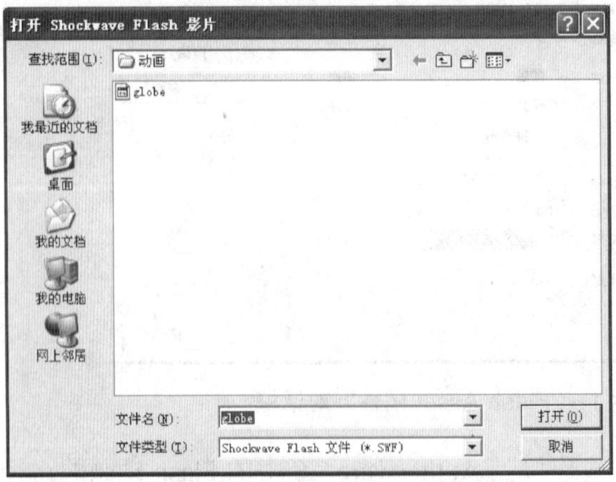

图 5-4-2 “打开 Shockwave Flash 影片”对话框

图 5-4-3 Flash 动画图标

2. 设置 Flash 动画的属性

双击流程线上的 Flash 动画图标将打开导入的 Flash 动画的属性面板，如图 5-4-4 所示，参照前面各个图标属性的设置，即可在该面板中重新调整其显示属性以及播放参数。

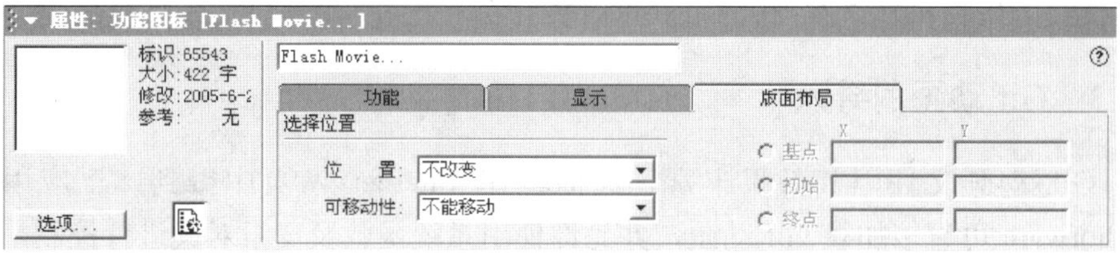

图 5-4-4　Flash 动画的属性面板

5.4.2　实例制作：快乐的 Snoopy

微视频 5-8：
快乐的 Snoopy

程序主流程如图 5-4-5 所示。

① 插入外部 Flash 文件，在“Flash Asset 属性”对话框中，单击“浏览”按钮，确定 Flash 文件路径后，勾选“链接”复选框，其他默认，单击“确定”按钮。命名图标为“Snoopy”。

② 拖入交互图标，命名为“按钮交互”，其下放“放大”、“缩小”两个计算图标，交互类型全为“按钮交互”。

③ 分别单击交互下的两个分支图标，在“属性”面板中单击“按钮”按钮，选择合适的按钮外观，并设置字体为黑体，字号为 12，如图 5-4-6 所示。

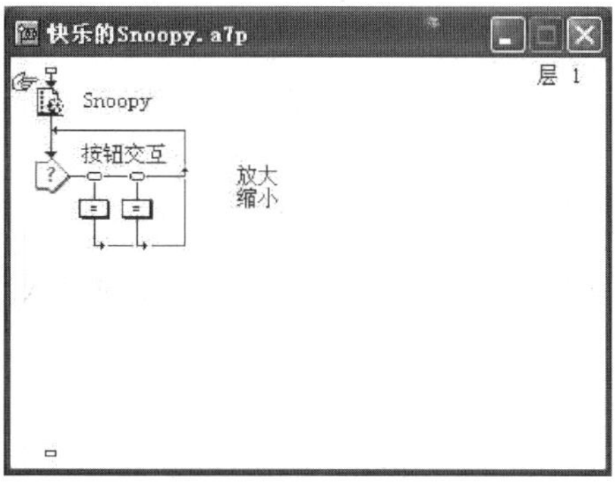

图 5-4-5　流程图

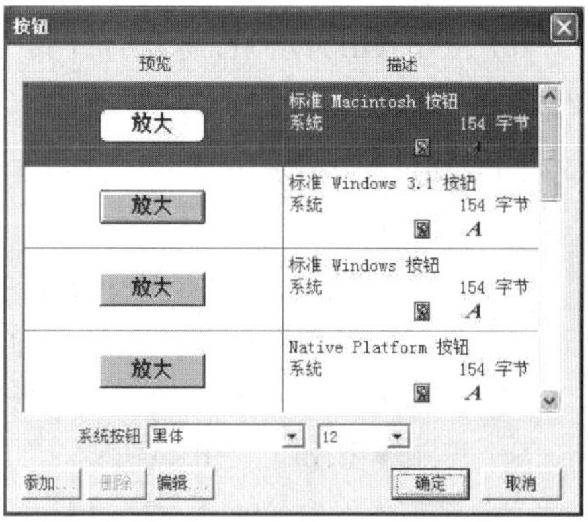

图 5-4-6　“按钮”对话框

④ 双击分别打开两个计算图标，输入代码如下：

放大：p:=p+10

SetSpriteProperty（@ " Snoopy " ,#scale,p）

缩小：p:=p-10

SetSpriteProperty（@ " Snoopy " ,#scale,p）

关闭计算窗口，提示输入变量 p 的初值为 100，然后保存。

⑤ 运行，单击屏幕，开始播放 Flash，单击“放大”按钮使播放窗口放大，单击“缩小”按钮使播放窗口缩小。

⑥ 保存，并命名为“快乐的 Snoopy”。

5.4.3 Gif 动画的导入

Gif 动画文件因其效果丰富、灵活，在 Internet 网页中得到广泛应用。Authorware 可直接加载 Gif 动画，并允许使用系统函数及变量对其进行控制，简单且高效。

① 在流程线上确定导入 Gif 动画的插入点之后，选择“插入”|“媒体”|“Animated GIF”命令，弹出“Animated GIF Asset 属性”对话框。

a. 在“导入”文本框内直接输入或单击“浏览”、“网络”按钮可以加载本地或网络上的 GIF 文件。正确加载后，“导入”文本框中显示其路径及文件名。

b.“媒体”选项组：勾选“链接”复选框，文件将作为外部文件链接作品，否则文件内将嵌进作品。

c.“回放”选项组：勾选“直接写屏”复选框，动画将快速地显示在展示窗口，并显示在所有窗口的最前面。

d.“速率”下拉列表框：“正常”，按照 GIF 动画的原始速率播放；“固定”，以后面文本框中给定的速率播放；“锁步”，以系统变量中定义的通用速率播放。

② 单击“确定”按钮，关闭“Animated GIF Asset 属性”对话框。运行程序后可以看到导入的 GIF 动画的播放效果。

③ 双击 GIF 动画图标将打开其“属性”面板，可以进一步调整其显示属性及播放参数。

5.4.4 声音的导入

声音图标的属性面板左侧如图 5-4-7 所示。

① 单击“导入”按钮，找到要导入的文件，单击“确定”按钮，完成导入。

② 单击▶按钮，试听导入的文件。

③ 单击■按钮，停止试听。

“声音”选项卡显示了导入文件的各种属性，如图 5-4-8 所示。

图 5-4-7 声音图标的属性面板左侧

图 5-4-8 “声音”选项卡

“计时”选项卡如图 5-4-9 所示。

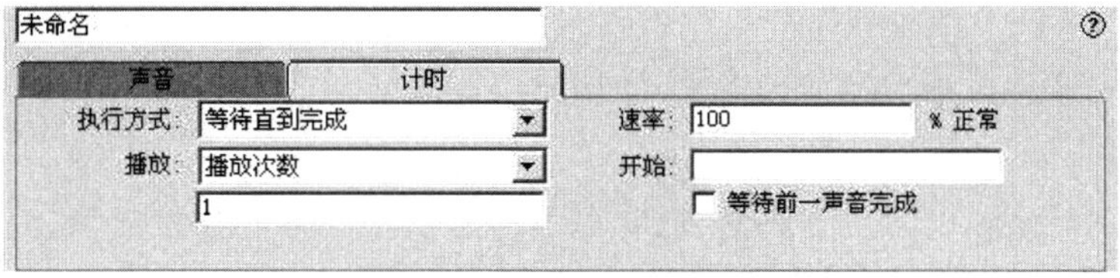

图 5-4-9　“计时”选项卡

其中，“执行方式”下拉列表框中的选项如下。

① 等待直到完成：声音播放按照流程线进行。

② 同时：播放声音图标的同时也播放其后面的图标的内容。

③ 永久：只要右侧“开始”的条件为“真”，则播放声音图标的同时执行流程线上的后面的图标。

速率：大于 100，加快播放速度；小于 100，减慢播放速度；等于 100，播放速度正常。

开始：控制声音的开始时间。

等待前一声音完成：当执行方式为“同时”或“永久”时，有可能前面的声音还没有播放完毕就遇到了此声音图标，若不勾选，则此图标的声音将掩盖前面的声音。

微视频 5-9：
升旗仪式

5.4.5　实例制作：升旗仪式

① 制作“升旗仪式”动画的流程如图 5-4-10 所示。

② 打开 Authorware，新建空白文档。

③ 添加声音图标，导入声音文件，如图 5-4-11 所示。

④ 设置声音图标的属性，如图 5-4-12 所示。

⑤ 插入两个显示图标，在其中分别画好“旗杆”和“国旗”，分别为其命名。

⑥ 插入移动图标，命名为“国旗”，运行程序，停止后选择“国旗”图标作为移动图标的对象。

⑦ 设置移动图标的属性，如图 5-4-13 所示。

⑧ 设置完成，运行程序。

5.4.6　视频的导入

① 电影图标的属性面板左侧，如图 5-4-14 所示。

a. 导入：用于导入影片，并进行预览。

b. 帧：当前播放的位置。

c. 共：影片的总帧数。

②“电影”选项卡，如图 5-4-15 所示。

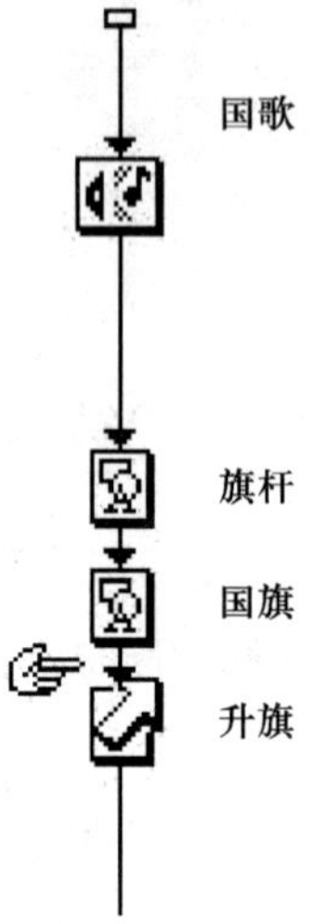

图 5-4-10　流程图

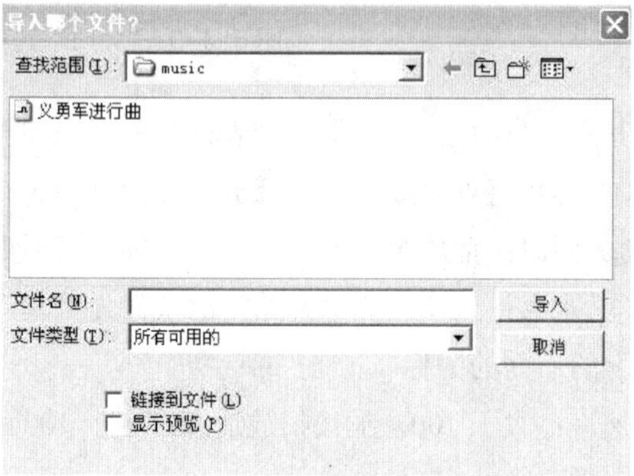

图 5-4-11　“导入哪个文件？”对话框

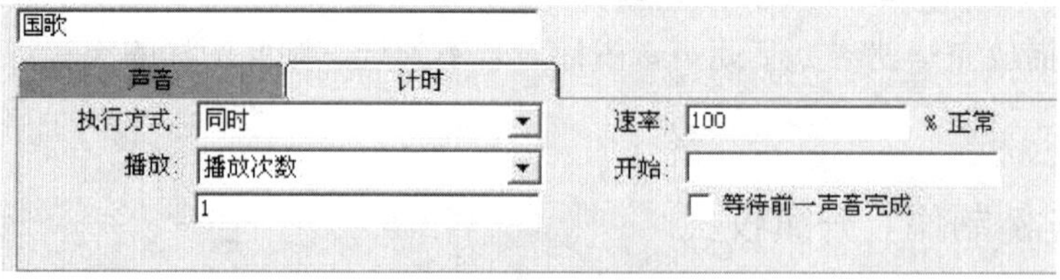

图 5-4-12　声音图标的属性设置

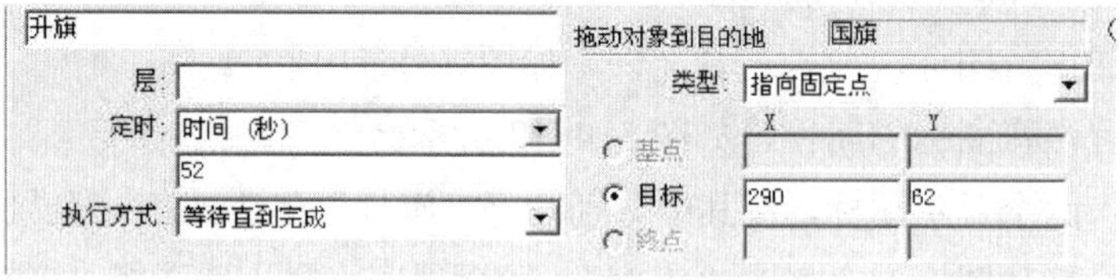

图 5-4-13　移动图标的属性设置

图 5-4-14　电影图标的属性面板左侧

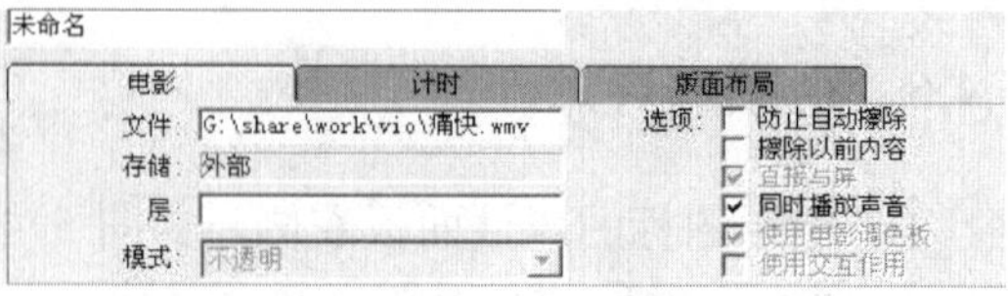

图 5-4-15　“电影”选项卡

a. 文件：导入的文件的位置。

b. 存储：显示文件是内部文件还是外部文件。

c. 层：显示和修改文件的层次。

d. 防止自动擦除：电影图标不能被设置的自动擦除图标擦除，只能被擦除图标擦除。

e. 擦除以前的内容：播放时系统将擦除前面播放过的所有内容。

f. 同时播放声音：声音和视频同步播放。

③“计时”选项卡，如图 5-4-16 所示。

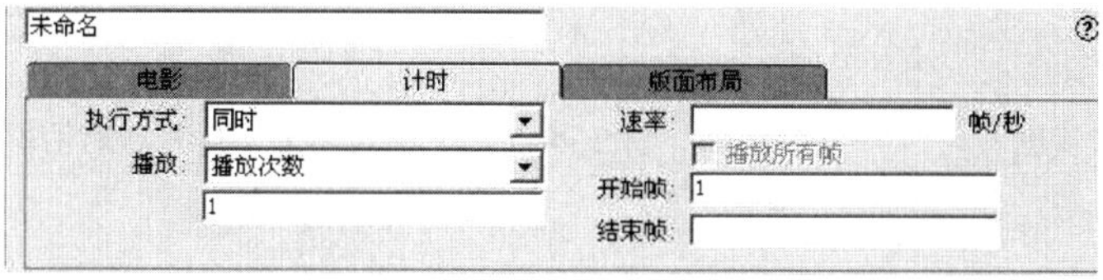

图 5-4-16 “计时”选项卡

此选项卡大部分设置和声音图标的相同。开始帧：影片开始播放的位置；结束帧：影片结束播放的位置。

④“版面布局”选项卡，如图 5-4-17 所示。

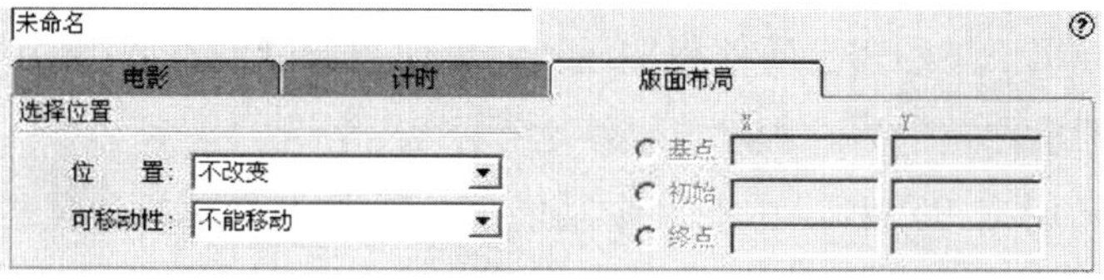

图 5-4-17 “版面布局”选项卡

a. 位置：与显示图标“属性”对话框的设置方法相同。

b. 可移动性：与显示图标“属性”对话框的设置方法相同。

5.4.7 实例制作：家庭影院

实验案例 5-2：自制家庭影院

① 制作家庭影院流程图如图 5-4-18 所示。

② 新建空白文档，设置背景颜色。

③ 插入显示图标，输入文字“痛快”。

④ 插入移动图标，制作简单的移动效果。

⑤ 插入数字视频图标，导入文件如图 5-4-19 所示。

⑥ 单击“运行”按钮。

图 5-4-18　流程图

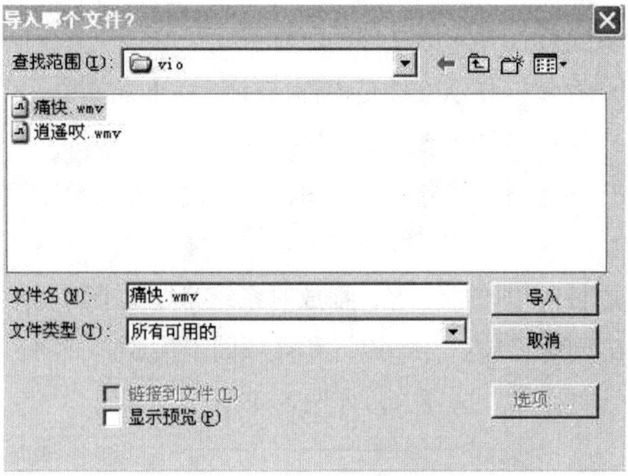

图 5-4-19　“导入哪个文件？”对话框

教学课件 5-5：擦除图标与等待图标

5.5　擦除图标、等待图标与群组图标

擦除图标常用于程序运行时画面的切换过程，其主要作用是清除展示窗口显示的文字、图形或其他媒体元素。

等待图标用于按照需要暂停程序运行，以便用户能够看清程序的演示效果，直到用户干预事件发生后，程序再继续运行下去。

群组图标用来组织程序中的某个功能部分，是使程序模块化的一种操作方式。事实上，Authorware 中一个程序文件即可浓缩为一个群组图标。

5.5.1　擦除图标的属性设置

擦除图标的属性设置如图 5-5-1 所示。

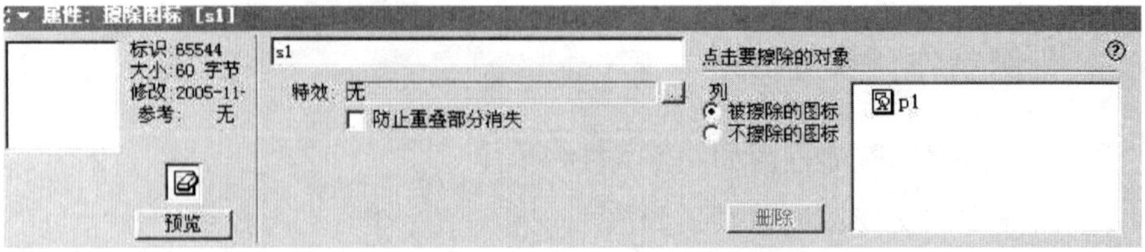

图 5-5-1　擦除图标的属性面板

① 特效：在下拉列表框中选择擦除时的特效。

② 防止重叠部分消失：勾选，则 Authorware 将在完全擦除前面的内容后才显示后面的内容，若不勾选则在擦除的同时显示后面的内容。

③ 列：选择被擦除的图标或不被擦除的图标。

5.5.2　等待图标的属性设置

等待图标的属性设置如图 5-5-2 所示。

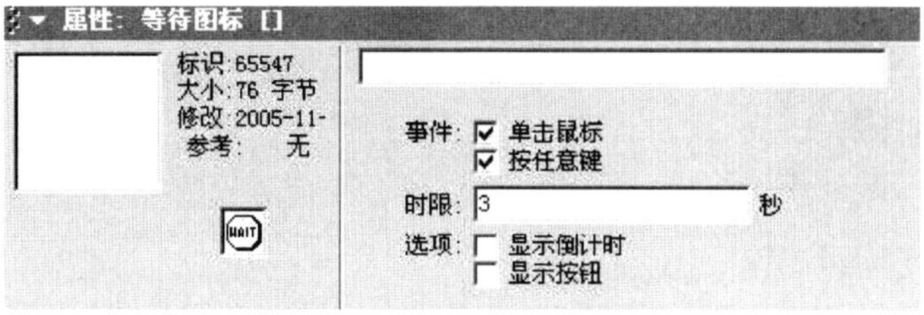

图 5-5-2　等待图标的属性面板

① 事件：发生什么事件时显示下面的图标。

② 时限：当等待了多少秒的时候显示下面的图标。

③ 选项：处于等待时的形式。

5.5.3　实例制作：我的电子相册

实验案例 5-3：
我的电子相册

微视频 5-10：
我的电子相册

① 制作电子像册流程图，如图 5-5-3 所示。

② 新建空白文档。

③ 插入显示图标，并导入图片。

④ 插入等待图标，设置属性如图 5-5-4 所示。

⑤ 插入擦除图标，设置属性如图 5-5-5 所示。

⑥ 重复步骤 2～步骤 5 插入多张图片。

⑦ 保存并运行。

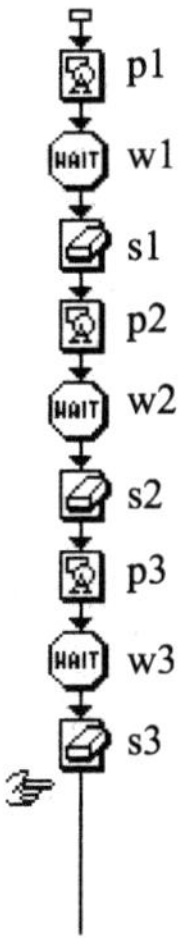

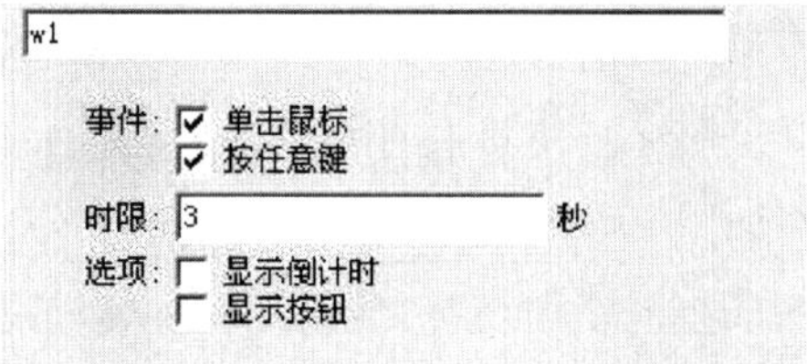

图 5-5-3　流程图　　　　图 5-5-4　“等待图标”属性设置

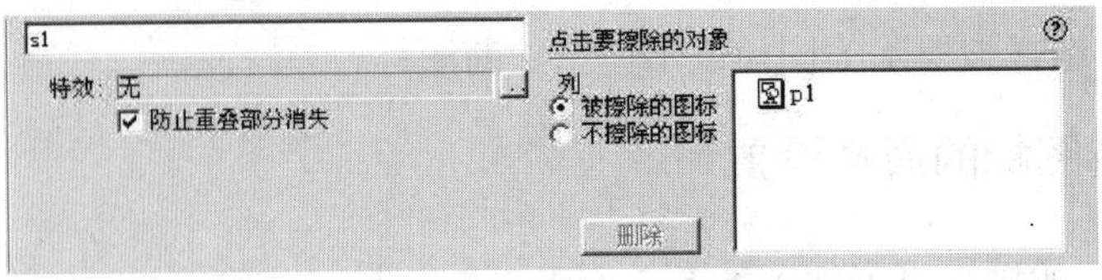

图 5-5-5 “擦除图标”属性设置

5.5.4 群组图标

1. 创建群组图标

创建群组图标很简单，只要在主流程线上拖进一个群组图标即可。双击该图标，系统自动弹出属性面板，如图 5-5-6 所示。

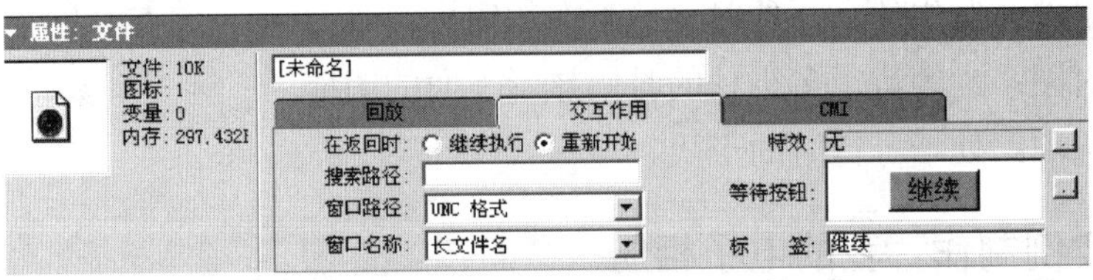

图 5-5-6 群组图标的属性面板

2. 使用群组图标

群组图标能够将流程线上的图标变成可管理的几个模块，使得程序的流程更加清晰，这与高级程序语言中的子程序或过程的作用非常相似。

在具体的使用过程中，通常将逻辑关联的一组图标放在一个群组图标内，这样可以使设计者更加容易了解程序的结构，所有图标是如何相互影响及相互作用的。同时，也有利于发现设计中存在的问题，以便查找问题的根源。

群组图标与下层流程线窗口是逐一对应的，只要双击群组图标就可以打开下一层流程线窗口，并且在窗口的右上角显示当前群组图标所在的层数。群组图标允许逐级嵌套，这样就便于创建多级的流程结构。群组图标可以添加在流程线上的任何位置，也可以附着在交互图标、决策图标或框架图标上。

为了动态地调整群组图标中所包含的图标，Authorware 在“修改”菜单中提供了“群组”和“撤销群组”命令。前者用于将多个图标组合到群组图标内，后者用于拆分群组图标，使其中的图标独立地显示在流程线上。

例如，在如图 5-5-7 所示的“1 三角形”分支流程线上，选中关于直角三角形的 3 个图标，选择“修改”|“群组”命令，或者按 Ctrl+G 键，将得到如图 5-5-8 所示的群组图标。

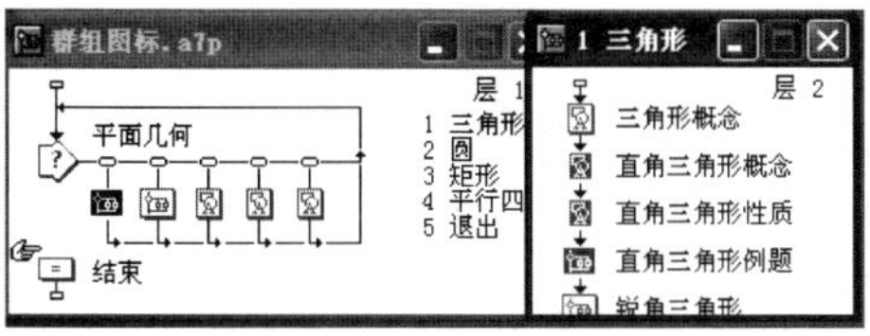

图 5-5-7　组合前的三角形

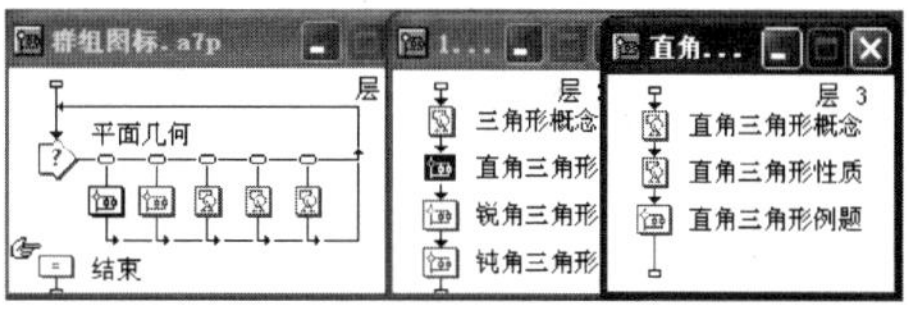

图 5-5-8　组合后的三角形

在默认的情况下，生成的群组图标使用“未命名”命名，对群组图标进行重命名之后，它的名称将出现在群组图标流程图的标题栏内，如图 5-5-8 中的“直角三角形”。需要解除群组图标时，可选择“修改” | “撤销群组”命令，或者按 Ctrl+Shift+G 键。Authorware 只允许将连续排列的图标生成群组图标，如果需要将不连续的图标放置到一个群组图标中，可以通过鼠标的拖动，或者使用“复制”、“剪切”与“粘贴”命令，改变图标在流程线上的排列位置使它们成为连续排列。

例如，选择如图 5-5-8 所示的群组图标之后，选择“修改” | “图标” | “属性”命令，即可打开如图 5-5-9 所示的“群组图标”属性面板。在列表框内给出了图标的名称及其层数，用户可以清楚地看到从最顶层的主流程线开始，一直到当前的群组图标为止所经过的路径。

教学课件 5-6：交互图标

微视频 5-11：程序的交互操作（上）

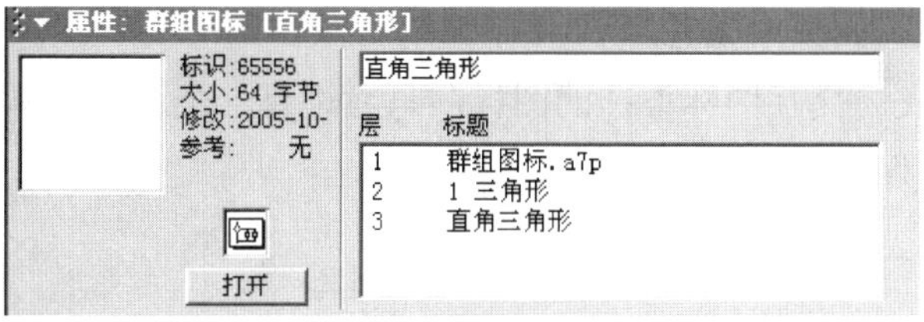

图 5-5-9　群组图标的属性面板

微视频 5-12：程序的交互操作（中）

微视频 5-13：程序的交互操作（下）

5.6　交互图标

交互是多媒体应用系统最关键，同时也是最具特色的功能之一，作品演播过程中用户与系统是否能够准确、便捷地进行高效交互是多媒体应用系统设计成败的关键所在。

Authorware 环境下交互功能的编程需要使用交互图标实现。交互图标的具体作用是由程序员设定好程序分支及其响应类型，运行时经由用户交互控制程序转入相应的交互分支执行。

5.6.1　建立交互图标

插入交互图标，流程图如图 5-6-1 所示；选择交互类型，如图 5-6-2 所示；

形成分支，如图 5-6-3 所示。

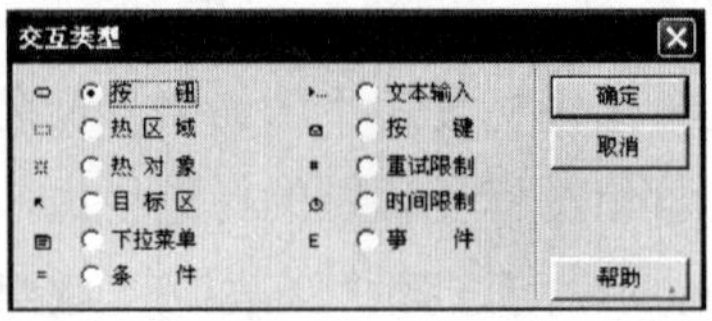

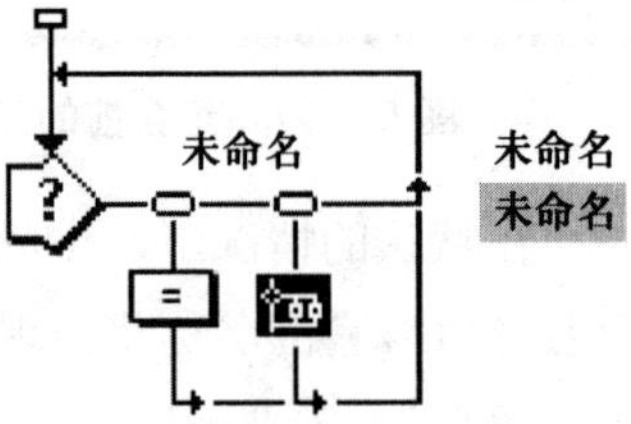

图 5-6-1　交互图标流程　图 5-6-2　“交互类型”对话框　　图 5-6-3 分支图

1. 交互图标的结构及组成

① 交互图标的结构：交互图标、交互类型符号、交互分支、交互后的程序走向。

② 交互图标：即图标栏上的交互图标。

③ 交互类型符号：位于每一条分支上，代表交互的类型，创建分支时设定，也可以在“属性”面板中设置。

④ 交互分支：交互图标下挂的图标。只允许有一个下挂图标，若需要多个，可以挂一个群组图标。

2. 交互图标的工作方式

Authorware 提供了 11 种交互方式，每种类型还可通过不同条件控制产生多种形式交互。

① 按钮交互：通过单击按钮实现交互。

② 热区域交互：通过单击固定区域实现交互。

③ 热对象交互：通过单击热对象实现交互。

④ 目标区交互：将对象移动到指定的目标区域内实现交互。

⑤ 下拉菜单交互：使用下拉菜单实现交互。

⑥ 条件交互：通过条件的匹配实现交互。

⑦ 文本输入交互：通过输入的文本产生交互。

⑧ 按键交互：使用键盘按键实现交互。

⑨ 重试限制交互：限制重试次数。

⑩ 时间限制交互：限制时间应答。

⑪ 事件交互：由 ActiveX 控件产生的事件触发交互。

3. 交互图标的属性设置

交互图标的属性设置如图 5-6-4 所示，各部分介绍如下。

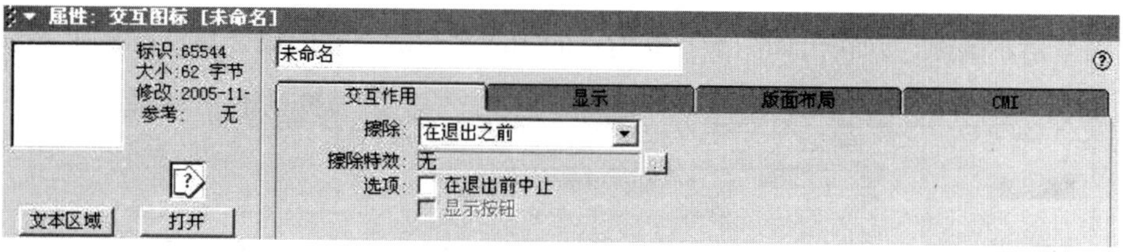

图 5-6-4　交互图标的属性面板

① 文本区域：用以设置文本交互类型中输入文字的显示属性和响应方式。

② 打开：将返回展示窗口，可以重新编辑交互图标本身的信息。

③ 擦除：选择交互图标中的信息的擦除方式。

④ 擦除特效：擦除的过渡方式。

⑤ 在退出前中止：在退出前停止执行程序，等待用户单击鼠标或按任意键。

⑥ 显示按钮：在勾选中“在退出前中止”复选框后可以使用，系统提示按钮，供用户操作。

⑦“显示”选项卡：设置交互信息的显示层次、显示过渡效果以及选项设置等参数。

⑧“版面布局”选项卡：用以设置交互图标的初始显示位置、最终用户移动方式等参数，与显示图标的设置完全相同。

⑨ CMI 选项卡：设置 Authorware 应用程序的交互跟踪功能。

5.6.2　按钮交互

1. 创建按钮交互

首先将交互图标拖入主流程线，然后将其他图标拖到交互图标右侧，作为第一个分支。此时会弹出“交互类型”对话框（默认为按钮响应类型），如图 5-6-2 所示。选择类型后单击“确定”按钮。

这样便在交互图标中创建了一个具有响应类型和分支类型的交互项，如图 5-6-5 所示。在交互图标右侧拖放其他图标，可添加新的交互项。添加新的交互项时，Authorware 不再显示“交互类型”对话框，而是默认为和前一个响应类型相同，而且响应的各项基本参数的设置也相同。

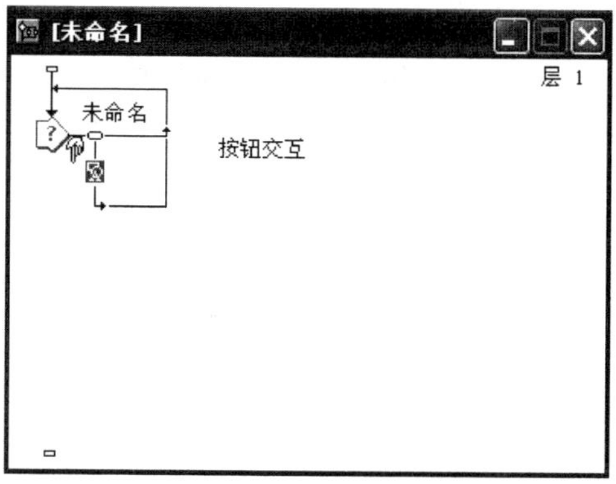

图 5-6-5　建立交互图标

2. 按钮交互的属性设置

双击如图 5-6-5 所示的交互项响

应类型指示图标，则弹出如图 5-6-6 所示的响应类型的属性面板。具体设置如下。

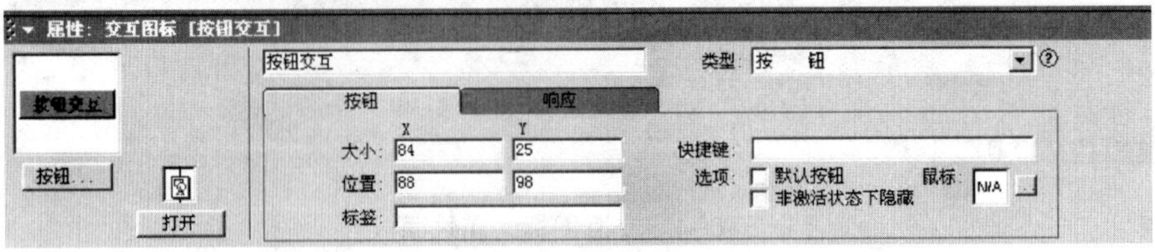

图 5-6-6 响应类型的属性面板

① 左上角是该交互项的预览窗口。

② 中间的“按钮”按钮：单击此按钮会弹出对话框，可在该对话框中选择合适的按钮样式，或编辑按钮样式。

③ 右下角的“打开”按钮：可以打开该交互项的下挂图标进行编辑。

④ 最上端的文本输入框中显示的是当前交互项的下挂图标的图标名，也就是当前交互项的名称，可以直接在文本框中输入新的内容进行修改。

⑤ 类型：在该下拉列表框中指定当前交互项的响应类型。

⑥“响应”选项卡：对于各种响应类型的设置都相同，如图 5-6-7 所示。

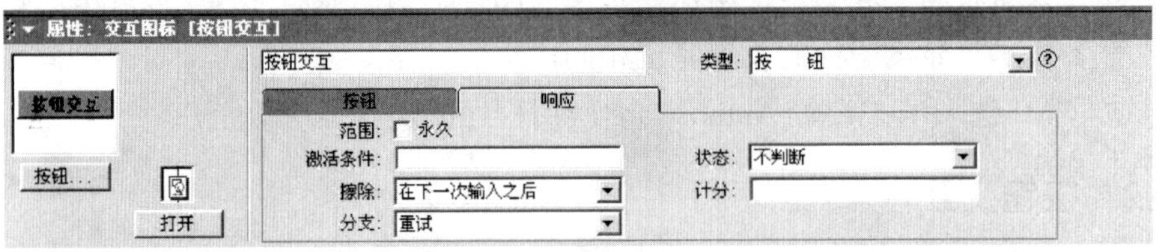

图 5-6-7 “响应”选项卡

a. 范围：是否将当前交互项的响应类型设为永久响应。

b. 激活条件：设置当前交互项的有效条件，可以在右侧的文本框中输入字符表达式，Authorware 将根据表达式的真假来判定该交互项是否有效。

c. 擦除：Authorware 指定以下 4 种擦除交互项中下挂图标内容的方法。

在下一次输入之后：Authorware 离开该分支项后，在进入下一部分后擦除该分支项的显示内容。

在下一次输入之前：Authorware 离开该分支项后，在进入下一部分前擦除该分支项的显示内容。

在退出时：Authorware 离开当前交互图标后才擦除该分支项的显示内容。

不擦除：系统不自动擦除该分支项的显示内容。这时可以使用擦除图标来擦除该分支的内容。

d. 分支：设置该交互项的分支类型，共包括以下 3 种分支。

重试：重试分支。当 Authorware 退出当前交互项后，流程线重新回到交互图标的入口处，即流程线流经下挂的子图标后又回到了交互图标的入口，如图 5-6-8 所示。

继续：继续执行分支。当 Authorware 离开当前交互项后，流程线重新回到交互图标的匹配交互流程线上，继续判断后面的交互项是否被匹配上，如图 5-6-9 所示。

退出交互：退出分支类型。当 Authorware 执行完当前交互项的内容后，退出当前交互图标，继续执行下面流程线的内容，如图 5-6-10 所示。

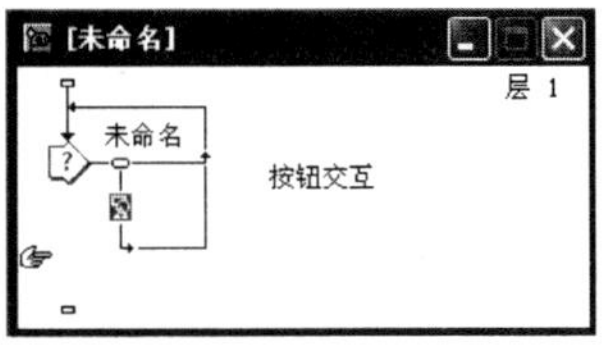

图 5-6-8　重试分支

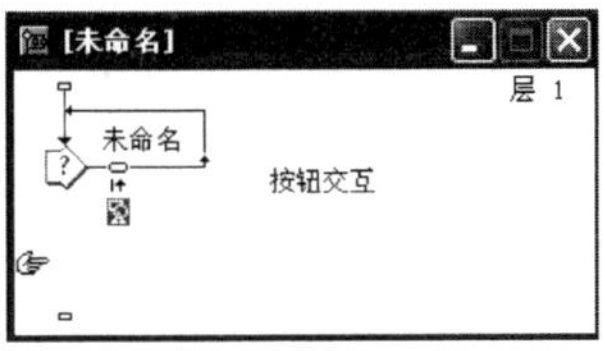

图 5-6-9　继续分支

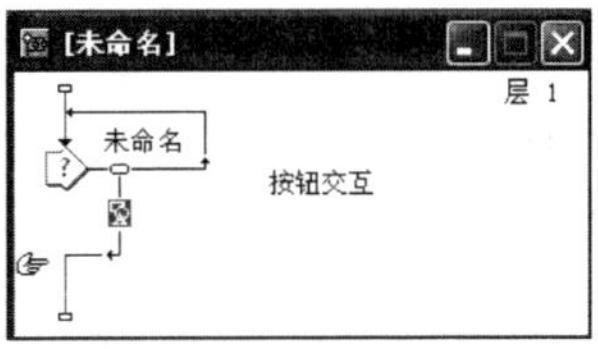

图 5-6-10　退出交互分支

e. 状态：设置当前交互项的判断状态。

不判断：即对是否进入该交互项不作判断和记录。

正确响应：正确的判断类型。其相应交互项下挂的图标名前显示“+”号，这时如果用户的动作响应了该交互项，系统将用户的动作记录为“正确的”响应匹配。

错误响应：错误的判断类型。其相应交互项下挂的图标名前显示“-”号，这时如果用户的动作响应了该交互项，系统将用户的动作记录为“错误的”响应匹配。

f.“按钮”选项卡，如图 5-6-11 所示。

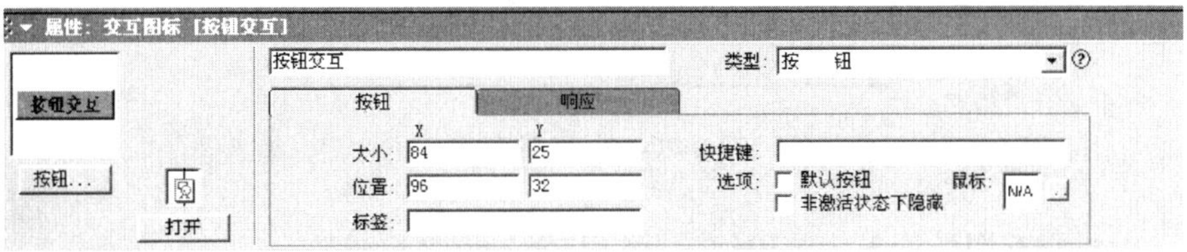

图 5-6-11　“按钮”选项卡

“大小”域和“位置”域：它们都包含了 X 和 Y 这两个文本框，其中可以输入屏幕坐标值（以像素为单位），也可以输入变量。“大小”域用来决定按钮的大小；“位置”域用来决定按钮的位置。“大小”和“位置”域文本框中均可输入变量；大小和位置均可在展示窗口用鼠标进行调整。

“标签”文本框：在此文本框中输入图标名时，“图标名字”域以及流程线上的图标名都会发生同步的变化。另外，在改变此中的值时，按钮的大小可以根据图标名的长短自动调整。

“快捷键”文本框：可以输入一些键盘快捷键，这样只需按这些快捷键就可起到鼠标单击该按钮的作用。

若快捷键只有一个，可直接输入该键，如 B 或 h。

若快捷键有多个，可用“或”运算符“|”，如 H|h。

若快捷键为 Tab、Enter、Backspace 键，可直接输入这 3 个名字。

若快捷键使用 Ctrl 键与字母键的组合，则可先输入 Ctrl，再输入字母，如 a。

“默认按钮”复选框：如果用户选择的是标准按钮或系统按钮，则勾选此复选框，在按钮的周围就会有一圈加粗的黑线，表示该按钮是默认的选择。

“非激活状态下隐藏”复选框：当按钮处于被禁止状态时，它就会从屏幕上消失，一旦该按钮变成有效状态，它又会自动出现。

“鼠标”域：此域的右边有一个预览窗口，其中显示的是当鼠标指针移动到按钮上时，光标所出现的形状。

微视频 5-14：我的电子相册（交互按钮版）

实验案例 5-4：电子相册制作（按钮版）

3. 实例制作：我的相册我做主

① 设计主流程线，如图 5-6-12 所示。

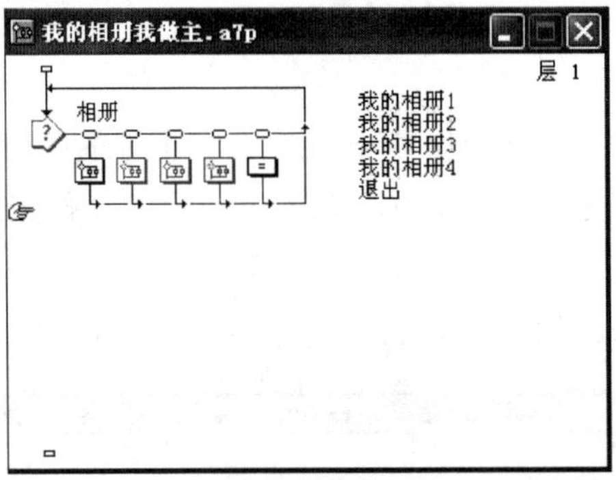

图 5-6-12　主流程线

② 将交互图标拖入主流程线，并将其命名为“相册”。

③ 将群组图标拖到交互图标右侧，弹出“交互类型”对话框。

④ 选择“按钮”单选按钮后，单击“确定”按钮，将其命名为“我的相册 1”。

⑤ 依次拖入 3 个群组图标，并依次命名为“我的相册 2”、“我的相册 3”、“我的相册 4”。

⑥ 拖入计算图标，命名为“退出”。

⑦ 双击计算图标，打开编辑窗口，输入“Quit(0)”。

⑧ 在群组图标中，分别加入自己的图片，并设置相应的过渡效果。

5.6.3 热区域交互

所谓热区域交互是在展示窗口的某个位置上建立一个矩形区域（该区域用虚线围成，运行时在展示窗口中不可见），程序运行时由用户通过鼠标单击、双击或进入该矩形区域以实现交互。

1. 创建热区域交互

首先将交互图标拖入主流程线，然后将其他图标拖到交互图标的右侧，作为第一个分支。此时会弹出“交互类型”对话框，如图 5-6-13 所示。选择“热区域”单选按钮后单击“确定”按钮。

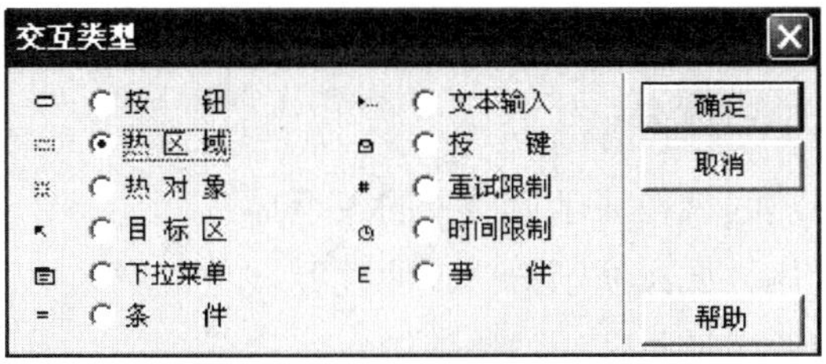

图 5-6-13 “交互类型”对话框

这样便在交互图标中创建了一个热区域交互，如图 5-6-14 所示。在交互图标右侧拖放其他图标，可添加新的交互项。添加新的交互项时，Authorware 不再显示“交互类型”对话框，而是默认为和前一个响应类型相同，而且响应的各项基本参数的设置也相同。

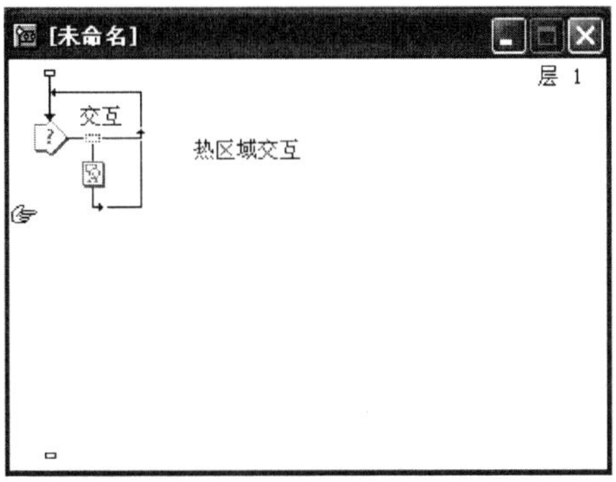

图 5-6-14 建立热区域交互图标

2. 热区域交互的属性设置

热区域是指在演示窗口中定义的一块矩形区域。这块矩形区域可以即时响应用户鼠标移动到该区域中或在该区域内的鼠标单击、双击操作。相对按钮响应来说，热区域响应可以指定演示窗口中任意一块区域作为响应对象，不需要另外添加显示图片。

在 Authorware 中添加一个新的交互图标，创建一个新的交互项，设置响应类型为热区域响应类型，双击流程线上的热区类型指示图标，弹出热区域响应类型的属性面板，如图 5-6-15 所示。

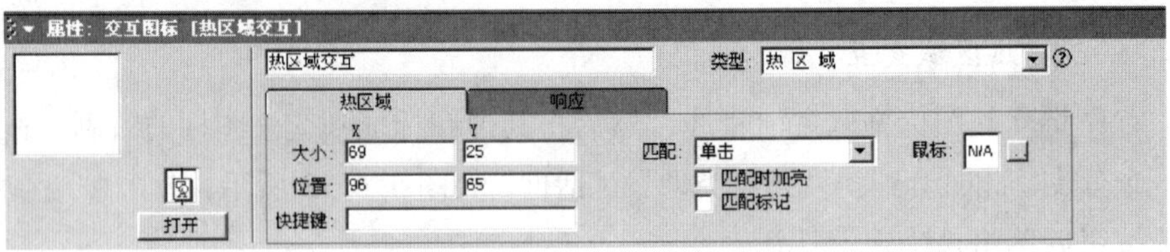

图 5-6-15　热区域的属性面板

“热区域”选项卡属性设置如下。

① 大小：设置热区域在演示窗口中的大小。

② 位置：设置热区域在演示窗口中的位置。

③ 快捷键：设置当前热区域的快捷键。

④ 匹配：设置用户对热区域的响应方式。共有“单击”、“双击”和“指针处于指定区域内”3 种方式。

⑤ 匹配时加亮：勾选该复选框，则用户的动作匹配指定热区域响应时，该热区域以高亮显示。

⑥ 匹配标记：勾选该复选框，则在该热区域响应区域的左边界附近显示两个空心的小方块标记。当用户匹配上该热区域响应后，小方块呈现高亮显示。

⑦ 鼠标：设置当鼠标移入该热区域后鼠标指针形态，与按钮响应的设置相同。

微视频 5-15：我的电子相册（热区域版）

“响应”选项卡设置与按钮一样。

3. 实例制作：我的相册我做主

① 设计主流程线，如图 5-6-16 所示。

② 将交互图标拖入主流程线，并将其命名为“相册”。

③ 将群组图标拖到交互图标右侧，弹出“交互类型”对话框，如图 5-6-17 所示。

实验案例 5-5：电子相册制作（热区域版）

④ 选择“热区域”单选按钮后，单击“确定”按钮，将其命名为“我的相册一”。

⑤ 再依次拖入两个群组图标，并依次命名为“我的相册二”、“我的相册三”。

⑥ 拖入计算图标，命名为“退出”。

⑦ 双击计算图标，打开编辑窗口，输入“Quit(0)”。

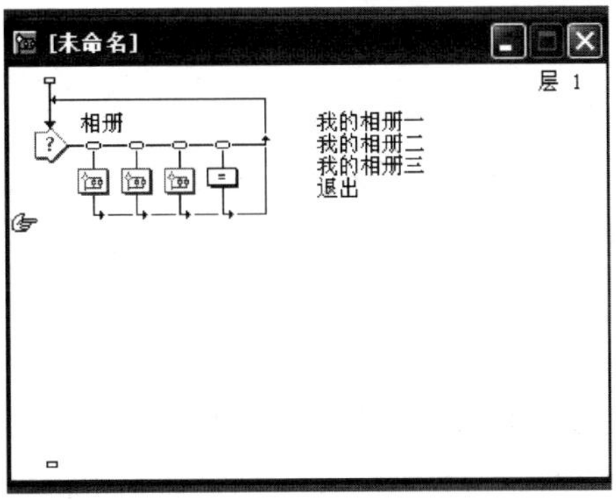

图 5-6-16　主流程线图

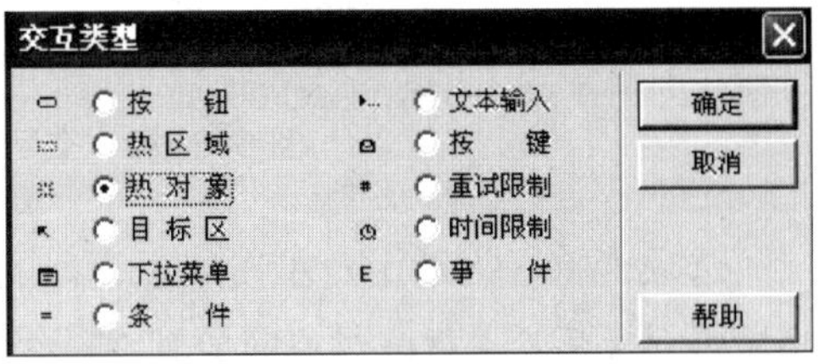

图 5-6-17　“交互类型”对话框

⑧ 在每个群组图标中均放入若干不同的显示图标，并在不同的显示图标中导入不同的图片。在不同的显示图标之间加入一个等待图标，设置等待时间为 2s。

实例制作完毕。

5.6.4　热对象交互

热对象交互和热区域交互的区别在于，可以选择不规则的对象为响应区域，适用于提供用户选择屏幕上显示的各种对象，如地图中的各个国家等。与热区域相比的优点：突破了矩形热区域的限制，响应类型可以是对屏幕上的任何形状对象的单击、双击或鼠标落在对象边缘以内；无须像热区域一样仔细调准位置，只要指定了一个对象作为热对象，无论在调试中怎样改动它的位置，都能确保交互的功能不变。

1. 创建热对象交互

与按钮交互一样，首先将交互图标拖入主流程线，然后将其他图标拖到交互图标右侧作为第一个分支。此时弹出“交互类型”对话框，如图 5-6-18 所示。选择“热对象”类型后单击“确定”按钮。

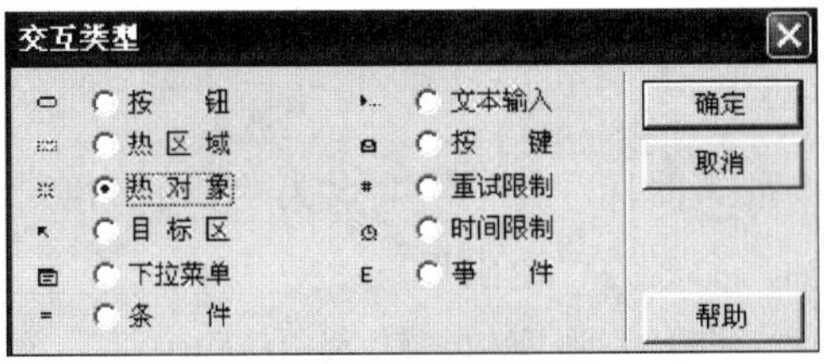

图 5-6-18　“交互类型”对话框

2. 热对象交互的属性设置

热对象响应属性面板中的“热对象”选项卡如图 5-6-19 所示。

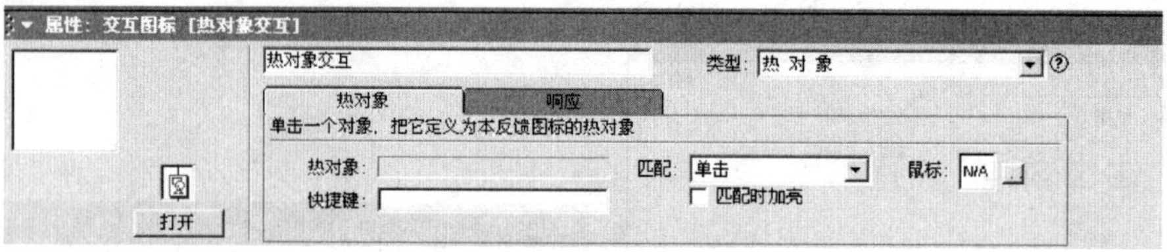

图 5-6-19　交互图标的属性面板

选项卡首行提示用户单击展示窗口的某显示对象以将其设置为热对象。单击某显示对象后（注意该对象应放置在一个单独的显示图标中），对话框左上角将提示该对象缩略图，同时“热对象”选项卡中也将提示该对象所在图标的名称。

在热对象响应属性面板中，按照“热对象”选项卡提示“单击一个对象，把它定义为本反馈图标的热对象”，在展示窗口中选择并单击相应的对象，以建立相应的热对象联系。

其他选项内容与热区域的设置方法相同。

微视频 5-16：我的电子相册（热对象版）

实验案例 5-6：电子相册制作（热对象版）

3. 实例制作：我的相册我做主

① 设计主流程线，如图 5-6-20 所示。

② 将交互图标拖入主流程线，并将其命名为“相册”。

③ 将群组图标拖到交互图标右侧，弹出“交互类型”对话框，如图 5-6-21 所示。

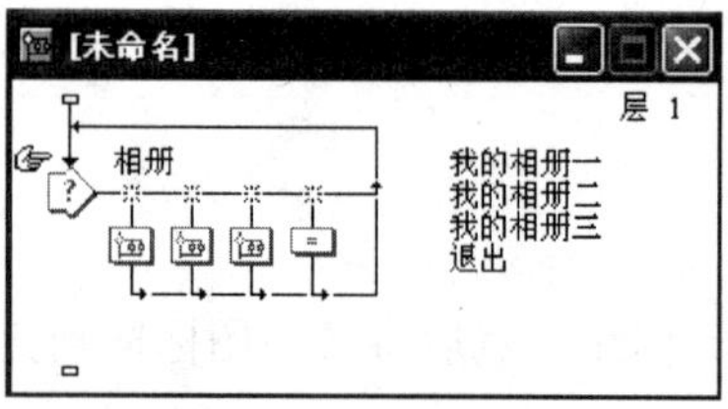

图 5-6-20　流程线

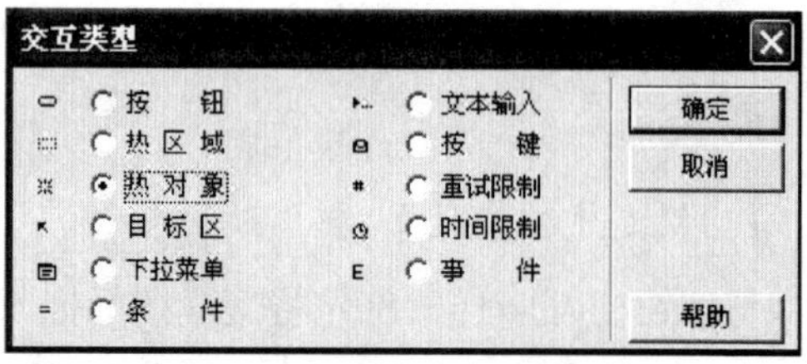

图 5-6-21　“交互类型”对话框

④ 选择“热对象”单选按钮后，单击“确定”按钮，将其命名为“我的相册一”。

⑤ 依次拖入 3 个群组图标，并依次命名为“我的相册二”、“我的相册三”。

⑥ 拖入计算图标，命名为“退出”。

⑦ 双击计算图标，打开编辑窗口，输入“Quit(0)”。

⑧ 在每个群组图标中均放入若干不同的显示图标，并在不同的显示图标中导入不同的图片。在不同的显示图标之间加入一个等待图标，设置等待时间为 2s。

实例制作完毕。

5.6.5　目标区交互

目标区交互是一种动态交互模式，用户通过将对象移动到程序指定的目标区域中以实现交互。这种交互方式的完成需要将交互对象设置为最终用户可移动。当最终用户将交互对象移动到正确位置时，对象可以停留在正确的位置；若移动位置不正确，对象可以自动返回原位置。

1. 创建目标区交互

与按钮交互一样首先将交互图标拖入主流程线，然后将其他图标拖到交互图标右侧，作为第一个分支。此时会弹出“交互类型”对话框，如图 5-6-22 所示。选择类型后单击“确定”按钮。

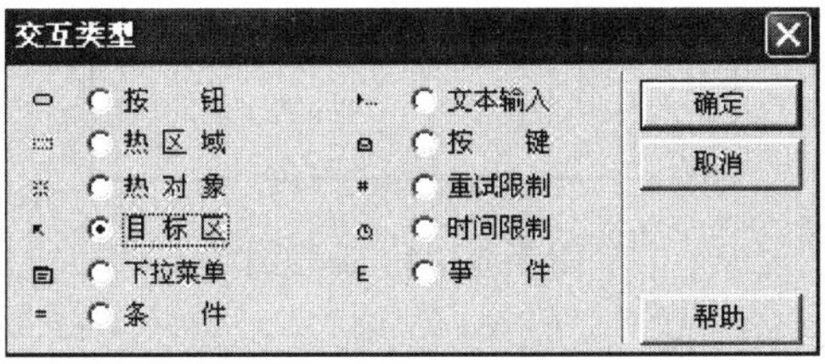

图 5-6-22　“交互类型”对话框

2. 目标区交互的属性设置

目标区交互响应属性面板中的“目标区”选项卡如图 5-6-23 所示。

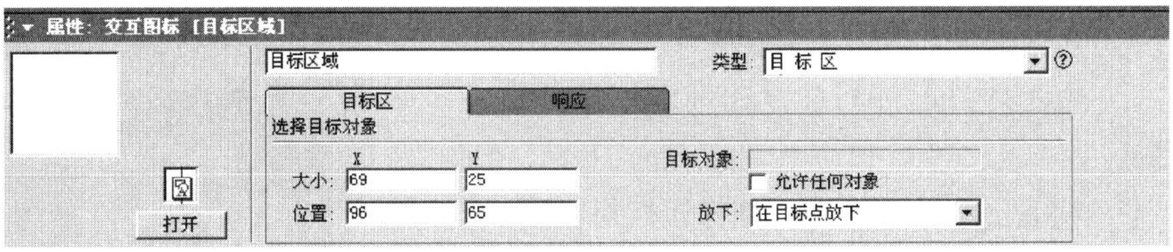

图 5-6-23　“目标区”选项卡

① 选项卡第一行为系统提示信息。用户先选择一个目标对象，再将对象拖曳到目标区域，并调整其“大小”区域。

②“大小”选项和“位置”选项。提示目标区域的大小及位置坐标。

③“目标对象”属性，提示目标区域交互对象所在图标的名称。

④“允许任何对象”属性，勾选表示该目标区域交互允许接受任何对象。

⑤“放下”选项组。若选择“在目标点放下”选项，则当目标区域交互正确时，将对象置于目标位置；若选择“返回”选项，则目标区域交互错误时，将对象退回到原位置；若选择“在中心定位”选项，则目标区域交互正确时，将对象

沿目标区域居中放置。

微视频 5-17：
拼图

拓展资源 5-2：
拼图游戏

“响应”选项卡的设置与按钮的一样。

3. 实例制作：拼图游戏

① 制作程序流程图，如图 5-6-24 所示。

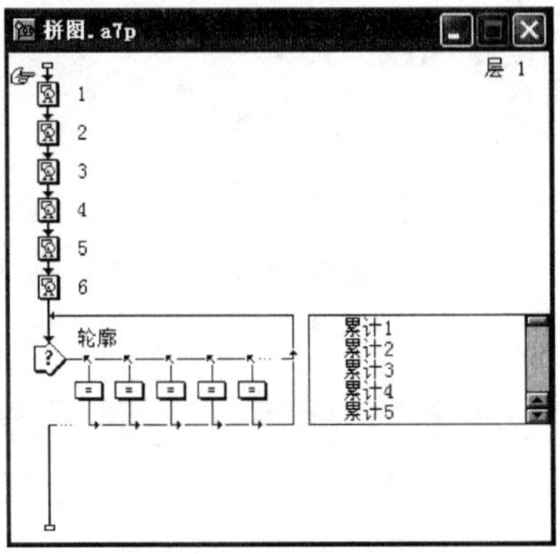

图 5-6-24 流程图

② 拖入 6 个显示图标，并分别命名为 1、2、3、4、5、6。

③ 在 6 个显示图标中分别导入 6 张图片。

④ 拖入交互图标，命名为“轮廓”。

⑤ 同时打开 6 个显示图标和交互图标展示窗口，调整 6 个图标到适当位置使其成为完整图形。

⑥ 在展示窗口中画入合适矩形，让其正好框住完整图形。

⑦ 拖入计算图标到交互图标中，命名为“累计 1”，并设置交互类型为目标区。

⑧ 双击交互类型标志，打开属性对话框。

⑨ 在展示窗口中单击图片 1，使其作为目标对象，会有一虚线框到图片上。

⑩ 调整虚线框的大小与位置，使其与图片一致。虚线框的位置即为目标位置。

⑪ 将“放下”设置为“在中心定位”。

⑫ 双击打开“累计 1”计算图标，输入：rightmove:=rightmove+1。

⑬ 关闭计算图标。

⑭ 将初始值设置为 0，单击“确定”按钮。

⑮ 再拖入 5 个计算图标，用相同方法设置其交互类型属性及计算图标内容。

⑯ 将 5 个计算图标分别命名为：累计 2、累计 3、累计 4、累计 5、累计 6。

⑰“累计 6”后拖入等待图标，其交互类型亦设置为目标区，并将其命名为

“移错”。

⑱ 双击类型标志，打开属性对话框。

⑲ 将“放下”设置为“返回”。

⑳ 勾选“允许任何对象”复选框。

㉑ 调整虚线框的大小与位置，使其覆盖整个展示窗口。

㉒ 双击等待图标，打开属性对话框。

㉓ 不设置等待时间。

㉔ 将 6 个显示图标全部打开，使 6 个图片全部显示。

㉕ 调整 6 个图片的位置，使它们分散开，即使一张完整的图分离开，以待拼图。（注：此时拼图游戏的基本制作已完成，游戏已可使用。）

㉖ 在等待图标后拖入群组图标，将交互类型设置为“条件”。

㉗ 双击类型标志，打开属性对话框。

㉘ 在“条件”区域输入：rightmove=6。

㉙ 将“响应”选项卡的分支设置为“退出交互”。

㉚ 选择“永久”选项，单击“确定”按钮。

㉛ 双击打开群组图标，在子流程中拖入等待图标，命名为“单击”。

㉜ 双击打开等待图标，选择“单击鼠标”选项，其他均不作设置。

㉝ 拖入显示图标，命名为“完成拼图”，并在其展示窗口内键入“恭喜，您已完成了该拼图游戏！”。

㉞ 拖入等待图标，双击打开，选择“单击鼠标”选项，时间为 5s。

拼图游戏制作全部完毕。

5.6.6 下拉菜单交互

使用下拉菜单最大的好处就是能够节省屏幕上的空间，它只在屏幕上显示菜单的名称，并且始终处于激活状态。单击菜单名称之后，才会向下拉出其中的菜单项。下拉菜单在 Windows 操作系统及其应用程序内应用非常广泛，Authorware 7.0 也提供了强大的支持。

1. 创建下拉菜单交互

下拉菜单作为一种响应形式，具有自己的一些特点。如菜单总是要求显示在演示窗口内，以便用户能够随时与它进行交互，这就要求将菜单响应设置成 Perpetual 类型。下拉菜单是通过菜单项进行交互的，因此不必像其他响应类型那样，单击菜单就触发响应操作。

下面具体介绍下拉菜单交互的创建步骤。

① 新建文档。

② 拖放一个交互图标到流程图上，在其右边拖放一个群组图标，弹出“交互类型”对话框，如图 5-6-25 所示。

③ 选择“下拉菜单”单选按钮，单击“确定”按钮即可。

注意：使用一个交互图标只能生成一个下拉菜单。需要创建多个下拉菜单时，必须使用多个交互图标，并且交互图标的名称与菜单的名称相对应。对于每一个下拉菜单来说，只能生成一级菜单，而不能进一步生成下级菜单，如图 5-6-26 所示。

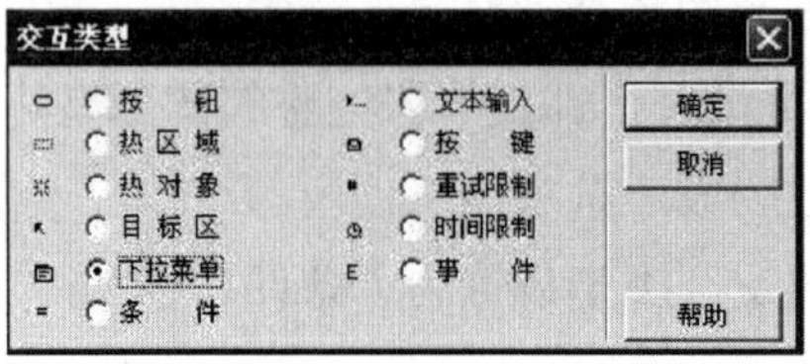

图 5-6-25 “交互类型”对话框

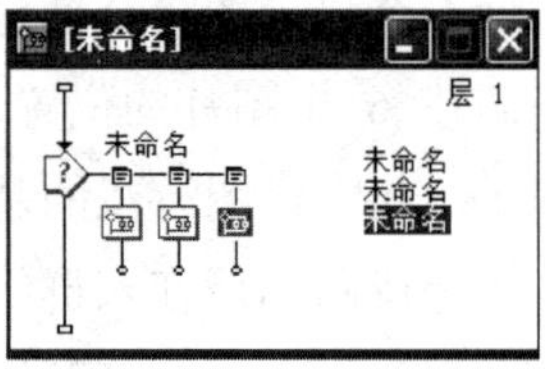

图 5-6-26 一个交互下拉菜单

2. 下拉菜单交互的属性设置

下拉菜单响应的属性面板与其他响应类型的属性面板相比，主要区别表现在“菜单”选项卡上，如图 5-6-27 所示。“菜单”文本框显示菜单的名称，即交互图标的名称。

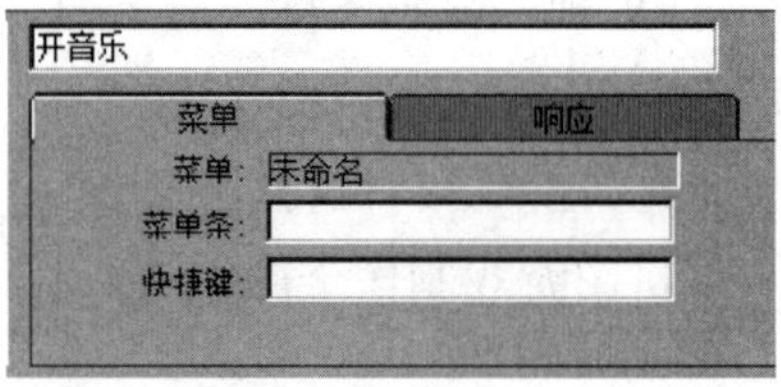

图 5-6-27 下拉菜单的属性面板

“菜单”选项卡中“菜单”选项自动给出下拉菜单项目名称，亦即交互图标的图标名称。“菜单条”选项自动给出下拉菜单中菜单命令的名称，也就是交互图标下挂的分支图标的图标名称。“快捷键”选项用于设置与菜单命令相对应的快捷键操作：若在其后的文本框中输入一个英文字母或数字（在这种情况下不区分大小写），则 Authorware 默认快捷键为“Ctrl+字母或数字”；也可以输入某一功能键键名，将此功能键设置为快捷键。若菜单名称为英文，还可以在相应的字母前增加“&”字符，为该字母添加一下划线作为标识，然后在“快捷键”选项中将该字母设为快捷键。若希望菜单命令在整个应用程序中随时可用，则应在“响应”选项卡“分支”下拉列表框中选择“重试”分支走向，其他选项默认。

微视频 5-18：下拉菜单控制背景音乐

实验案例 5-7：下拉菜单控制背景音乐

拓展资源 5-3：下拉菜单

3. 实例制作：下拉菜单控制背景音乐

下面利用下拉菜单来控制背景音乐的开关。

① 制作主流程，如图 5-6-28 所示。

② 打开计算图标，在其中输入 mybackmusic:=true，将该编辑窗口关闭，如图 5-6-29 所示。

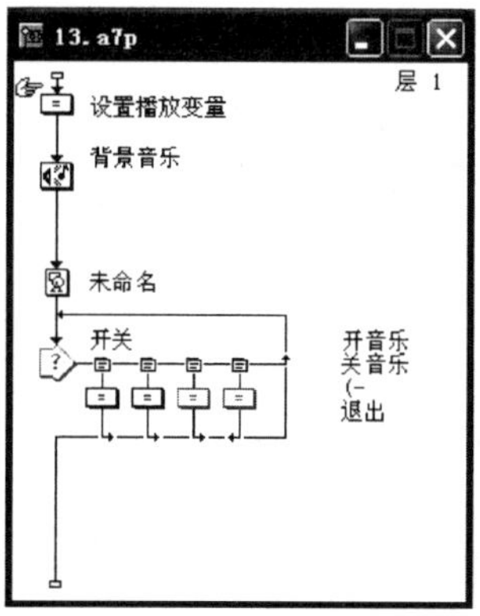

图 5-6-28 流程图

图 5-6-29 计算图标

③ 单击声音图标，打开后导入一个背景音乐。

④ 选择“计时”选项卡，将“执行方式”设置为“永久”，“播放”设置为“直到为真”，在其下输入 mybackmusic=false（当 mybackmusic=false 为真时，停止播放），“开始”设置为 mybackmusic=true，单击“确定”按钮。

⑤ 单击打开“开音乐”交互类型标志，在“快捷键”文本框中输入 O，即将 O 设置为快捷键（按 Ctrl+O 键即可开音乐）。

⑥ 打开其计算图标的编辑窗口，输入 mybackmusic:=true，关闭窗口。

⑦ 单击打开“关音乐”交互类型标志，在“快捷键”文本框中输入 C，即将 C 设置为快捷键（按 Ctrl+C 键即可关音乐）。

⑧ 打开其计算图标的编辑窗口，输入 mybackmusic:=false，关闭窗口。

⑨ 单击打开“(-”交互类型标志，发现“菜单条”已被置为“(-”，即在菜单中“关音乐”命令下会出现一条分隔线；选择“响应”选项卡，单击“确定”按钮。

⑩ 在其计算图标的编辑窗口不输入任何内容。

⑪ 双击打开“退出”交互类型标志，在“快捷键”文本框中输入 E，即将 E 设置为快捷键（按 Ctrl+E 键即可关闭该程序）。

⑫ 选择“响应”选项卡，将“分支”设置为“退出交互”，单击“确定”按钮。

5.6.7 文本输入交互

Authorware 7.0 文本输入交互允许在展示窗口中定义一个交互文本区域，用户通过在指定区域中输入期待的文本而产生交互。一个交互图标下挂的所有文本交互均共用同一个文本交互区域。如果希望程序运行时能出现不同的文本交互区域，则需要使用多个交互图标在流程线进行垂直设置。

1. 创建文本输入交互

① 新建文档。

② 拖放一个交互图标到流程图上，在其右边拖放一个群组图标，弹出“交互类型”对话框，如图 5-6-30 所示。

③ 单击“确定”按钮即可完成。

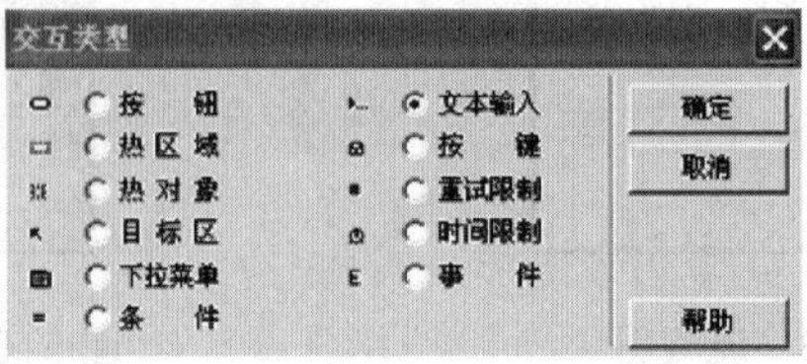

图 5-6-30 “交互类型”对话框

2. 文本输入响应的规则

所谓文本输入交互，就是程序允许用户在演示窗口中输入信息，然后程序再根据用户的输入进行判断和处理。选用这种交互响应，则需要提前设定要求输入的文本内容。在程序运行时将弹出一个文本输入框，只有当用户输入的内容和预定的内容一致时才能向下执行。

3. 文本输入响应的属性

单击文本交互类型符号，打开文本交互响应的属性面板，其“文本输入”选项卡如图 5-6-31 所示。

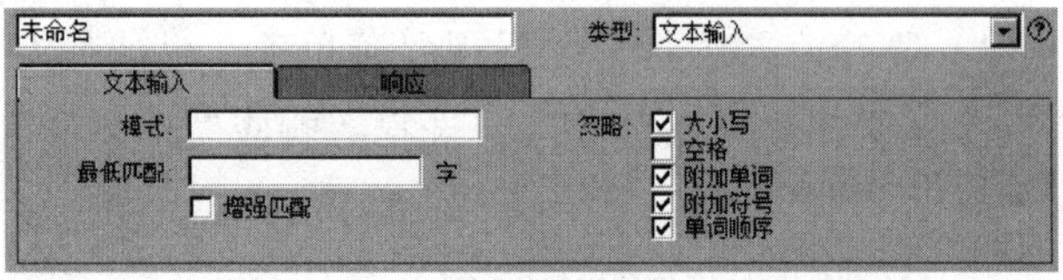

图 5-6-31 文本交互响应的属性面板

① 模式：用以设置交互时所需输入的文本对象，亦即文本交互分支图标的标题。

② 最低匹配：规定在交互时至少需匹配的单词个数。

③ 增强匹配：用以设置增量匹配方式，即用户交互时可以多次尝试匹配不同的文本，当期待文本被全部输入时产生交互。

④ 忽略：规定交互时对于输入的文本可以忽略的内容。具体内容如下。

a. 大小写：忽略大小写。

b. 空格：忽略空格。只有在一个单词进行交互的情况下才有意义。

c. 附加单词：忽略其他单词。

d. 附加符号：忽略其他标点符号。

e. 单词顺序：忽略单词顺序。

微视频 5-19：动物园

4. 实例制作：动物园

下面利用一个实例来熟悉文本交互。

① 新建项目文件，选择“文件”|“保存”命令将其以“文本输入.a7p”为名保存。

② 从图标栏上拖动一个显示图标，更名为“背景”。双击该显示图标，在打开的展示窗口中插入一个创建登录的背景图案，如图 5-6-32 所示。

③ 从图标栏上拖动一个交互图标到流程线上，更名为“文本输入”。从图标栏上拖动一个计算图标到流程线上，为该交互图标添加第一路交互分支。在弹出的“交互类型”对话框中选择“文本输入”单选按钮，如图 5-6-33 所示。

图 5-6-32　背景

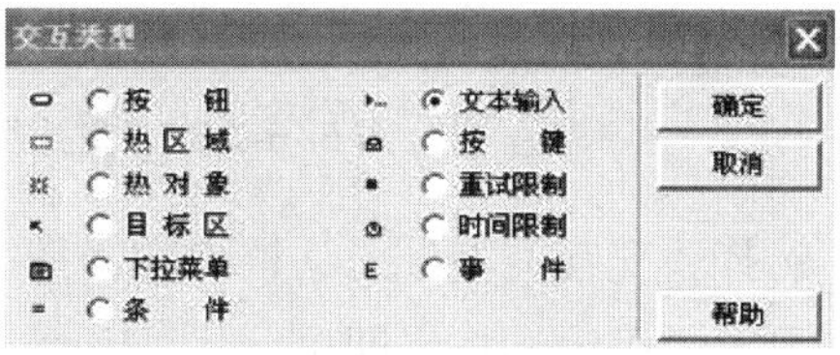

图 5-6-33　“交互类型”对话框

④ 在流程线上将新添加的交互分支更名为“*”，并且单击该交互分支下方的流程走向箭头，从而将该交互分支的“分支”设置为“退出交互”，如图 5-6-34 所示。

⑤ 在流程线上双击该路交互分支下面的计算图标，在打开的脚本编辑窗口中输入“username:=EntryText”，如图 5-6-35 所示。

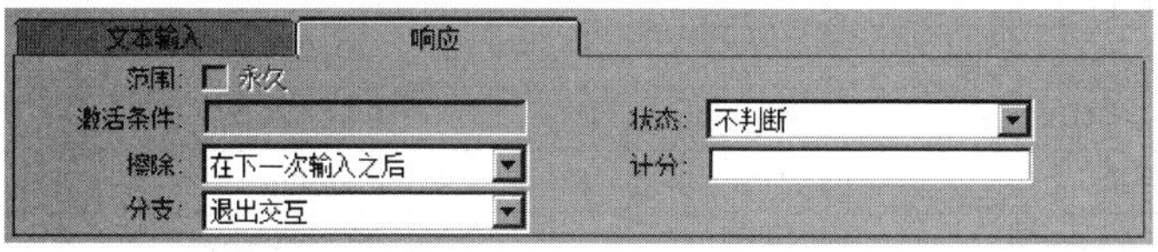

图 5-6-34　属性面板

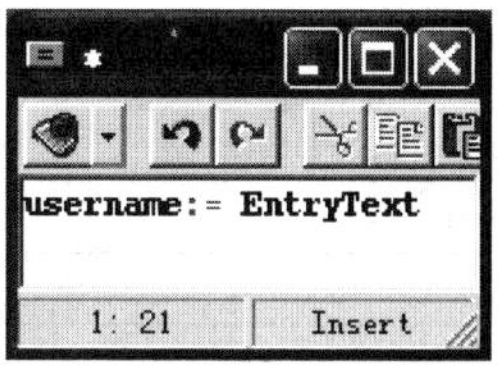

图 5-6-35 计算图标对话框

⑥ 在流程线上按 Ctrl＋R 键运行项目文件，在打开的演示窗口中，可以看到文本输入区域和背景上的文本输入区域框没有重合。按 Ctrl＋P 键暂停程序运行，在演示窗口中调整它们的位置。

⑦ 调整完位置后，继续运行程序，在文本输入提示符后面输入任意文本，按 Enter 键之后，输入的文本消失。

5.6.8 按键交互

使用鼠标进行人机交互，是 Windows 环境下较方便和较快捷的操作方式。但在提供鼠标交互的同时也提供了键盘交互。使用快捷键操作，即使是在窗口环境下，也有着其不可替代的优势。按键交互即是用户通过按键盘上的指定键而产生交互。

1. 创建按键交互

下面创建一个按键交互的过程。

① 新建文档。

② 拖放一个交互图标到流程图上，在其右边拖放一个群组图标，弹出“交互类型”对话框，如图 5-6-36 所示。

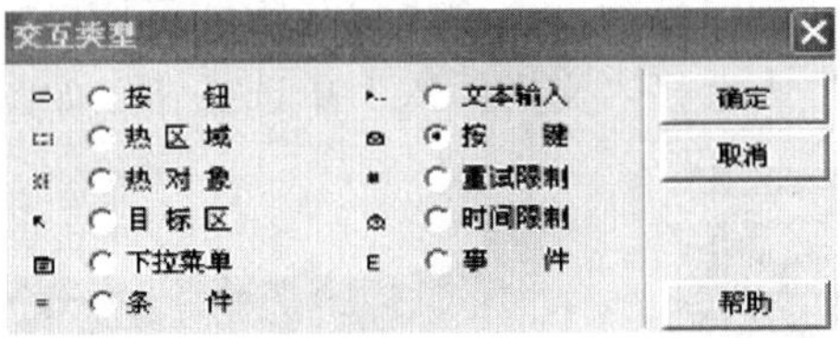

图 5-6-36 “交互类型”对话框

③ 选择“交互类型”对话框中的“按键”单选按钮。

④ 单击“确定”按钮即可。

2. 键名的使用规则

Authorware 的按键交互严格区分键盘字母键的大小写状态，即大小写字母所代表的意义完全不同；若不希望系统区分大小写，则应使用符号“|”分隔大小写字母；若设置为按任意键交互方式，则应以“？”表示，见表 5-6-1。

表 5-6-1 标准功能键键名

功能键	对应键名	功能键	对应键名
Alt 键	Alt	Home 键	Home
退格键	Backspace	Insert 键	Insert
Pause 或 Break 键	Break	←键	LeftArrow
Ctrl 键	Ctrl 或 Control	PageDown 键	PageDown
Delete 键	Delete	PageUp 键	PageUp
↓键	DownArrow	→键	RightArrow
↑键	UpArrow	End 键	End
Shift 键	Shift	Tab 键	Tab
Esc 键	Esc	Enter 键	Enter 或 Return
F1～F12 键	F1～F12		

3. 按键交互的属性设置

“快捷键”文本框：在文本框中输入键名。若想让多个键产生同一个响应，

可用“|”隔开，如 j|k。

微视频 5-20：按键制作小球

4. 实例制作：键盘控制小球运动

① 设计主流程，如图 5-6-37 所示。

② 单击第一个显示图标，用画图工具在演示窗口中画出小球运动的框架和有关提示信息，如图 5-6-38 所示。

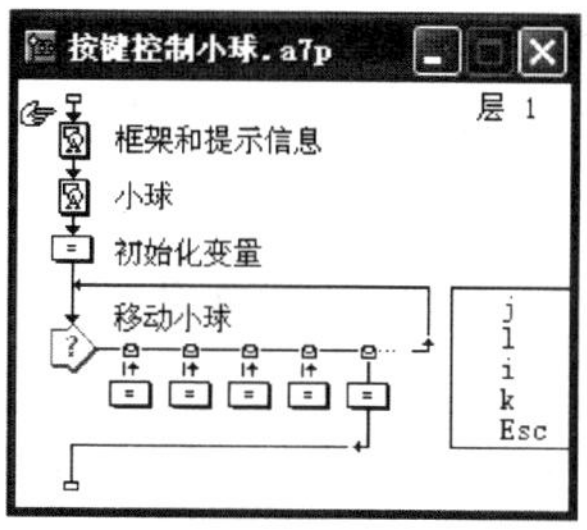

图 5-6-37 流程图

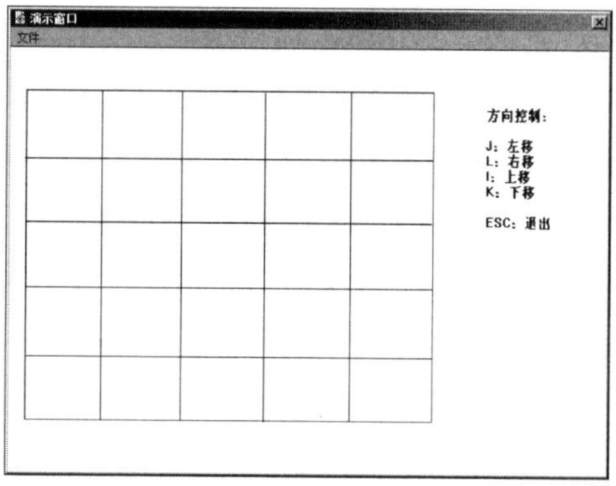

图 5-6-38 框架和提示信息

③ 在“小球”显示图标中画一个小红球，并将其置入方格的中央位置。

④ 在计算图标中输入“x:=50,y:=50”后将其关闭，此时弹出对 x、y 赋初值的对话框，分别输入“0”后单击“确定”按钮。

⑤ 设置前 4 个按键“响应”选项卡属性，如图 5-6-39 所示。

a. 快捷键：分别输入 j、l、i、k。

b. 激活条件：输入 x>0、x<100、y>0、y<100。

c. 分支：设置为“继续”。

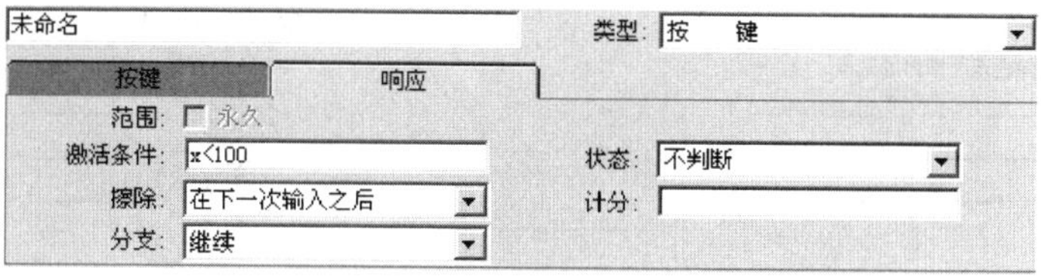

图 5-6-39 “响应”选项卡下的分支选项设置

⑥ 设置第 5 个按键“响应”选项卡属性，如图 5-6-40 所示。

a. 快捷键：Esc。

b. 分支：设置为“退出交互”。

⑦ 第 6 个分支为条件响应，其属性设置如图 5-6-41 所示。

a. 条件：TRUE。

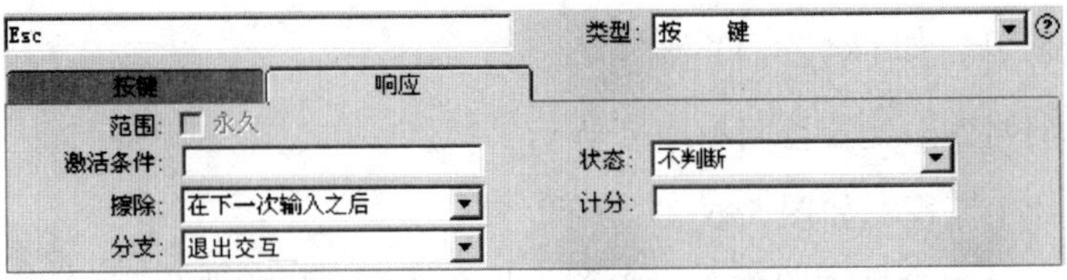

图 5-6-40 “响应”选项卡下的分支选项设置

b. 自动：关（当用户作出响应时，系统才对条件的值进行判断）。

⑧ 设置运动属性：选择小球作为运动对象，选择“移动到平面内一点”运动方式；设置小球的运动区域为整个方框，目标位置为 x、y。

a. 选择“基点”单选按钮，拖动小球到方框左上角，如图 5-6-42 和图 5-6-43 所示。

b. 选择“终点”单选按钮，拖动小球到方框右下角，如图 5-6-44 和图 5-6-45 所示。

c. 在“目标”区域的 X 文本框中输入 x，Y 文本框中输入 y，如图 5-6-46 所示。

d. 设置完毕，单击“运行”按钮便可通过按键使小球运动。

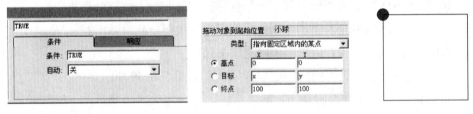

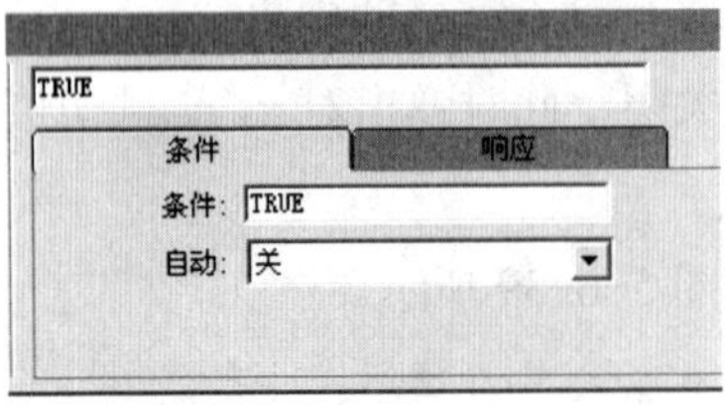

图 5-6-41 “条件”选项卡各项设置

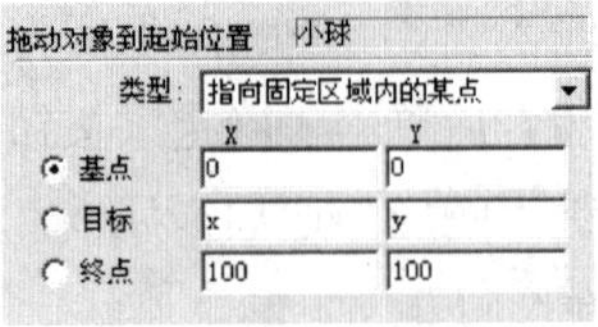

图 5-6-42 基点

图 5-6-43 拖动显示

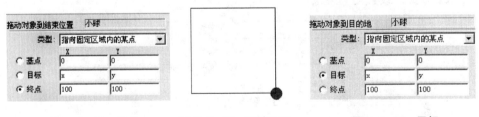

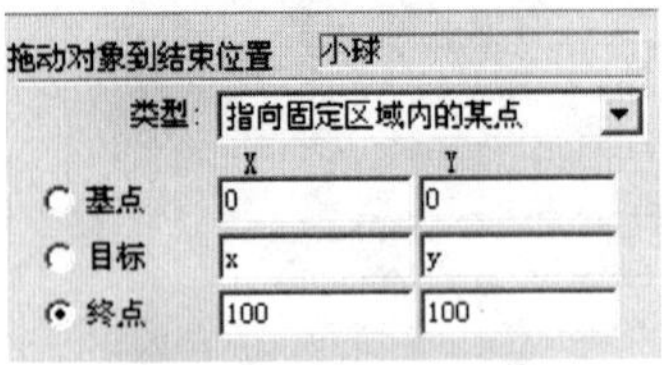

图 5-6-44 终点

图 5-6-45 拖动显示

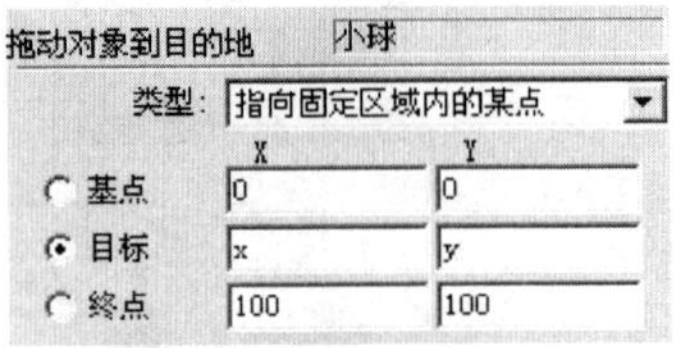

图 5-6-46 目标

5.6.9 条件交互

条件交互类型与前面介绍的几种响应类型有所不同，条件响应一般不单独使用。条件响应根据程序运行过程中所设置的条件是否得到满足而匹配响应，这些条件一般是通过函数或表达式来设置的，在运行时以判断其值是真或假来匹配响应。

1. 创建条件交互

条件交互是在程序运行过程中，只有当设定条件为真时才能实现的交互类型。下面介绍条件交互的创建步骤。

① 新建文档。

② 拖动交互图标到流程图上，在其右边拖放一个群组图标，弹出“交互类型”对话框。

③ 选择“交互类型”对话框中的“条件”单选按钮，如图 5-6-47 所示。

④ 单击“确定”按钮即可。

2. 条件交互的属性

（1）条件

在“条件”文本框中输入一个变量或表达式，当该变量或表达式的值为“TRUE”时，系统将进入该条件响应分支。该变量或表达式同时也作为该条件响应的标题出现。变量或表达式的值可以是逻辑型，也可以是其他类型。

① 当值为数字时，数字“0”等价于“FALSE”，其他数字等价于“TRUE”。

② 当值为字符时，字符“TRUE、T、YES、ON”等价于“TRUE”，其他字符等价于“FALSE”。

（2）自动（是否自动检查）

①“关”（当值为关闭时）：系统只在用户对交互输入响应（响应的瞬间）时才对条件响应的条件进行判断，以决定是否执行该分支。

②“为真”（当值为“TRUE”时）：系统将不断监视响应条件值的变化，一旦该值为“TRUE”，就执行该分支中的内容。

③“当由假为真”（当值由“FALSE”向“TRUE”变化时）：当响应条件的值由“FALSE”变为“TRUE”时，系统进入该条件响应分支，如图 5-6-48 所示。

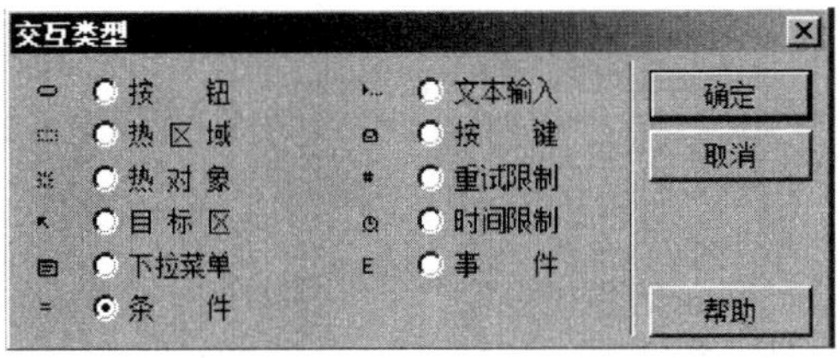

图 5-6-47 “交互类型”对话框

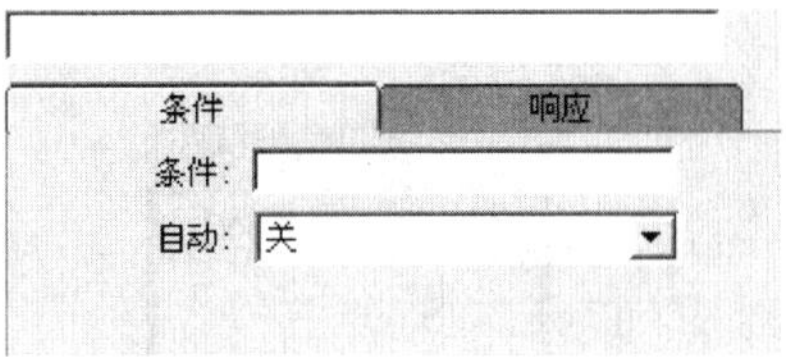

图 5-6-48 “条件”选项卡

微视频 5-21：
填空题

实验案例 5-8：
填空题

3. 实例制作：填空题

下面举一个例子来介绍条件交互响应。具体步骤如下。

① 按如图 5-6-49 所示组织程序流程。

② 在“填空”交互图标内放置一行标题文字和目录，其下悬挂 4 个热区域交互分支，并将热区域对应地放置在 4 个目录区域内，如图 5-6-50 所示。

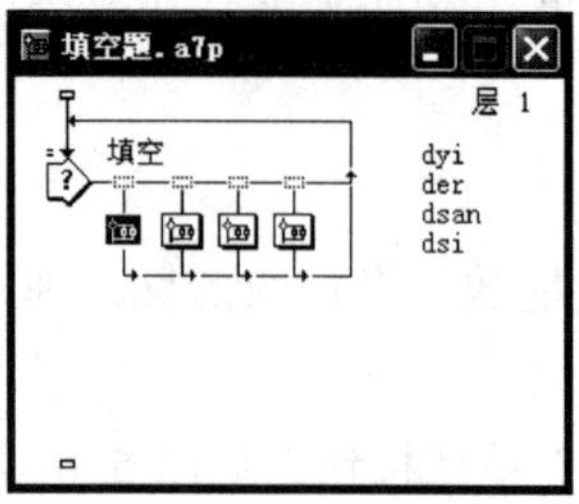

图 5-6-49　流程图

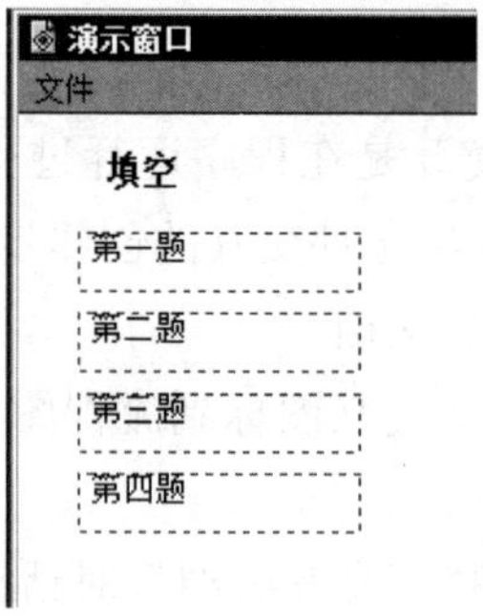

图 5-6-50　交互图标设置

“填空”交互图标属性面板中的“交互作用”选项卡中“擦除”选项设置为“在退出之前”，如图 5-6-51 所示。

③ 设置热区域响应属性面板，如图 5-6-52 所示。

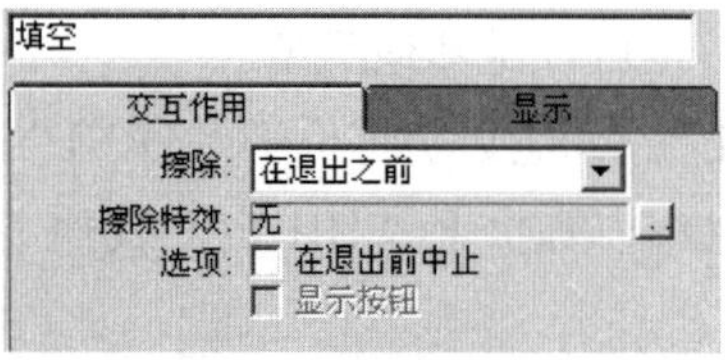

图 5-6-51　“交互作用”选项卡

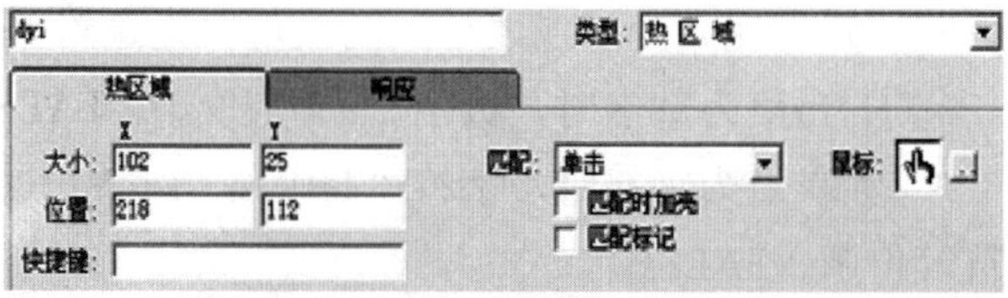

图 5-6-52　“热区域”选项卡

④ 按 Ctrl+=键为“填空”交互图标附着计算图标，如图 5-6-53 所示，将 4 个自定义变量清零，为计数做准备。

热区域交互分支中进一步组织二级程序流程，以“dyi”为例说明。

⑤ 拖动交互图标并命名“jia”，其下组织 1 个文本交互和 2 个条件交互，如图 5-6-54 所示。

图 5-6-53　计算图标设置

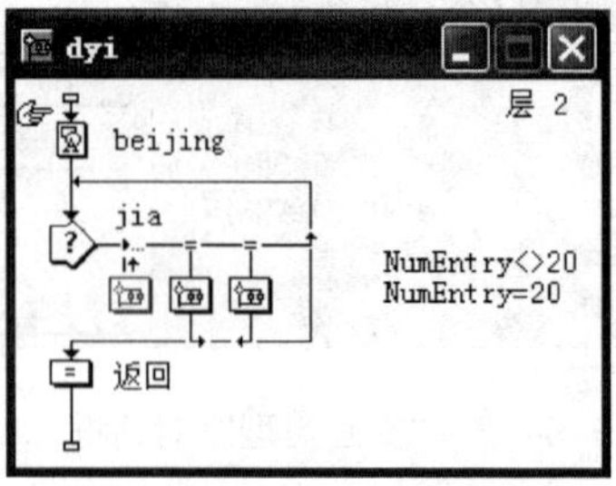

图 5-6-54　交互的分支

⑥ 文本交互分支走向为“继续”的目的是能匹配条件交互；在“jia”交互图标属性面板中进一步设置交互文本区域属性，将其嵌入交互图标提示文字中，如图 5-6-55 所示。

⑦ 两个条件交互设置具体内容如图 5-6-56 所示，NumEntry 为系统变量，记录用户键盘响应的数值。其响应属性面板中的“激活条件”为“关“，即关闭系统自动匹配。

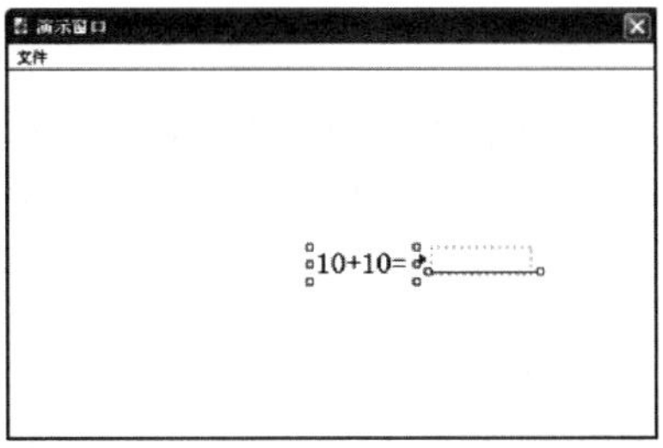

图 5-6-55　演示窗口设置

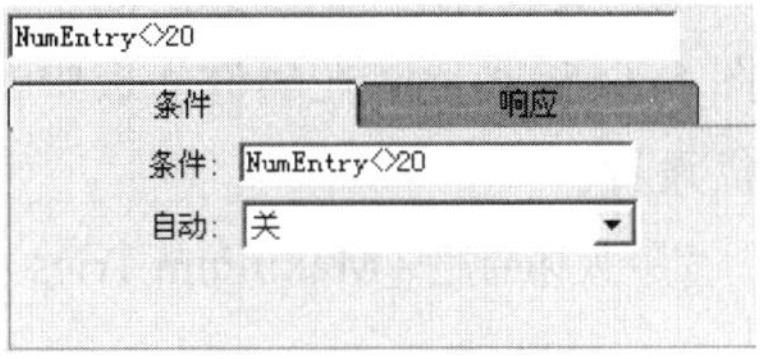

图 5-6-56　条件选项卡

⑧ 在两个条件交互分支内均设置一个显示图标，提示是“对了”还是“错了”，一旦做对就回到首页。运行效果如图 5-6-57 所示。

5.6.10　重试限制交互

重试限制（Tries Limit）交互是通过限制用户交互次数以实现的交互，该方式很少单独使用，通常也是与其他交互类型配合使用。选用了这种交互响应，则可以设定用户进行交互操作的次数。在程序运行时，若用户尝试的不成功的次数超过了指定的次数，则程序将退出交互。

1. 创建重试限制交互

① 打开 Authorware 7.0，新建一个文件，从图标栏上拖动一个交互图标到程序的流程线上，然后拖动一个响应结果图标到交互图标的右侧。

② 在系统弹出的“交互类型”对话框中选择“重试限制”单选按钮，如图 5-6-58 所示。

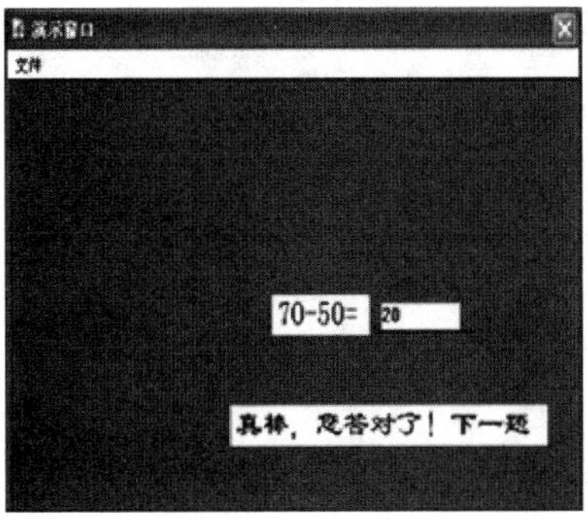

图 5-6-57　运行效果

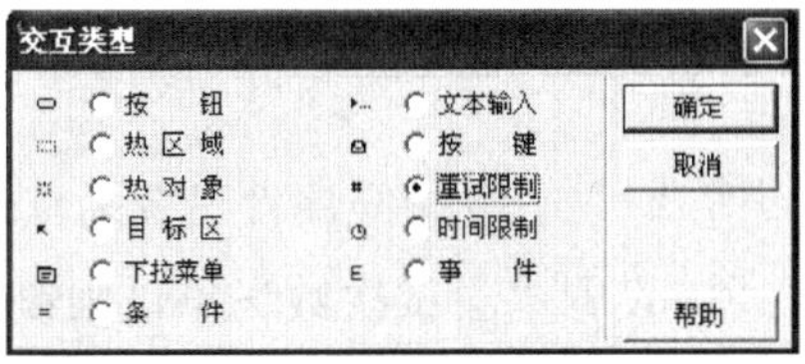

图 5-6-58　交互类型选择对话框

③ 双击交互图标流程与结果图标流程的交叉点，系统弹出响应属性面板，

在其中选择鼠标的动作，设置交互的流向等内容。

④ 双击交互图标导入背景图案。

⑤ 打开群组图标，在其中设置尝试次数限制响应被用户匹配时的内容。

2. 重试限制交互的属性设置

双击交互图标流程与结果图标流程的交叉点，系统弹出响应“属性”面板，如图 5-6-59 所示。在属性面板中选择“重试限制”选项卡，其中只有一个属性域可供设置。

“最大限制”（Maximum Tries）：输入要求用户可以尝试输入的次数。

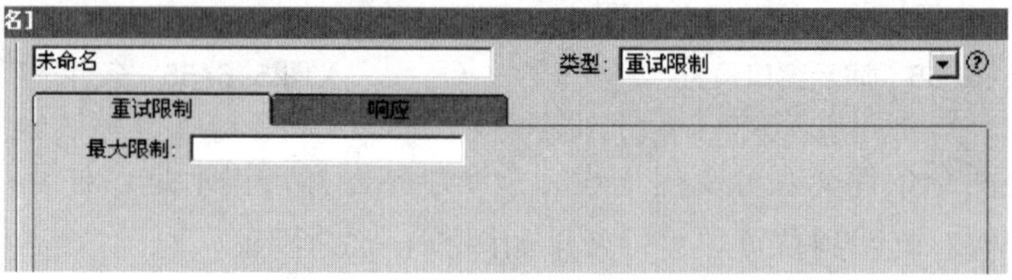

图 5-6-59 重试限制的属性面板

微视频 5-22：尝试密码

3. 实例制作：尝试密码

① 设置主流程，如图 5-6-60 所示。

② 双击“密码”交互图标，在打开的窗口中插入背景图片，并输入提示性文字：“请输入密码:”。

③ 将前两个群组设为文本交互，分别命名为“hello”和“*”，第 3 个群组为重试限制交互，命名为“尝试次数”。

④ 双击“hello”分支交互类型符号，“文本输入”选项卡设置如图 5-6-61 所示。

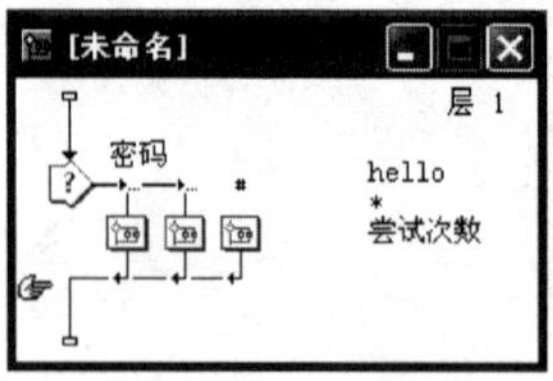

图 5-6-60 流程图

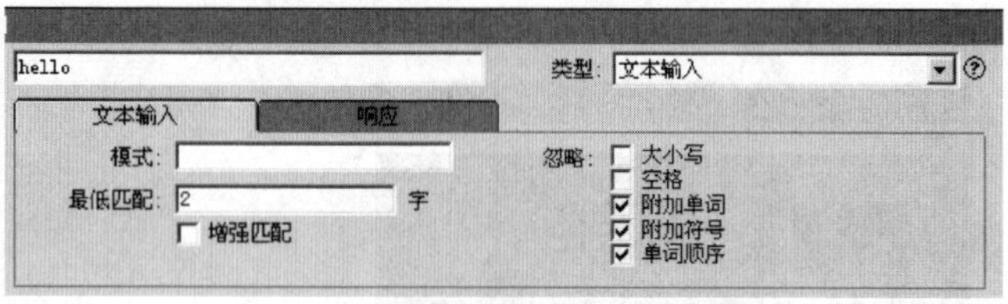

图 5-6-61 “文本输入”选项卡

⑤ “*”分支响应属性设置为默认。

⑥ 设置“尝试次数”重试限制交互响应属性面板“重试限制”选项卡，如图 5-6-62 所示。

⑦ “尝试次数”分支图标中先放一个显示图标，插入一张图片，并在其上输入文字：“对不起，三次输入错误。请单击鼠标退出”，再放一个等待图标，属性

面板“事件”设置为“单击鼠标”，最后放一个计算图标，设置 Quit()函数，退出应用程序，如图 5-6-63 所示。

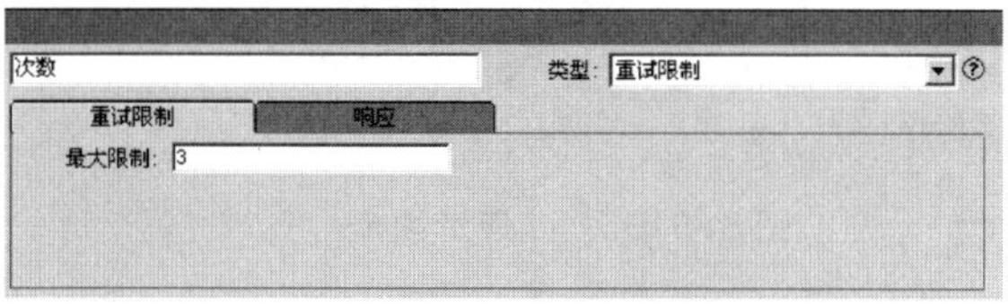

图 5-6-62　“重试限制”选项卡

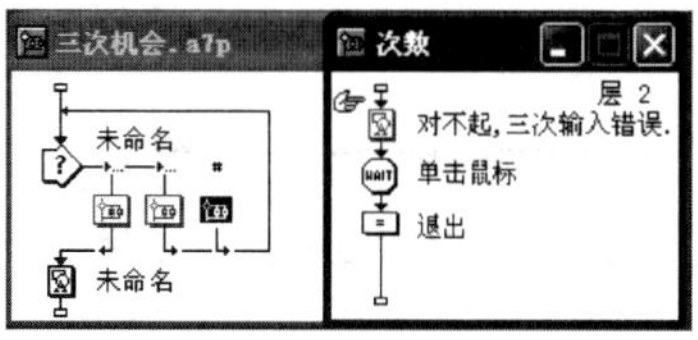

图 5-6-63　流程设置

5.6.11　时间限制交互

时间限制（Time Limit）响应主要用于限制用户进行交互的时间，此响应的用法与尝试限制响应非常类似，可以放置在交互流程线上的任何位置。时间限制响应与尝试限制响应的重要区别在于前者限制的是交互时间而后者限制的是交互次数。另外，时间限制响应的设置选项也较多，内容更丰富一些。

1. 创建时间限制交互

① 在图标栏上拖动一个交互图标到程序的流程线上，然后拖动一个响应结果图标到交互图标的右侧。

② 在系统弹出的“交互类型”对话框中选择“时间限制”单选按钮。

③ 双击交互图标流程与结果图标流程的交叉点，系统弹出响应属性面板，在其中选择鼠标的动作，设置交互的流向等内容。

④ 双击交互图标导入背景图案。

⑤ 打开结果图标，在其中设置时间限制响应被用户匹配时的内容。

在流程线上添加一个交互图标之后，将群组图标拖动到交互图标的右侧，将自动弹出“交互类型”对话框，选择“时间限制”单选按钮后，就可以创建一个时间限制交互。如图 5-6-64 所示，课件流程图上包含两个时间限制交互响应。

双击交互流程线上的时间限制响应的标识符，将打开时间限制响应的属性面板，它包括“时间限制”（Time Limit）选项卡和“响应”（Response）选项卡，如图 5-6-65 所示，其中“响应”选项卡与其他交互类型的响应选项卡类似，唯一的区别是“范围”（Scope）文本框被禁用，即不能把时间限制响应设置成“永久”（Perpetual）类型。

2. 时间限制交互的属性设置

① 时间限制：用于设置以秒为单位的时间限制值，它可以是数值、变量或表达式。双击交互图标流程与群组图标的交叉点，系统弹出时间限制响应的属性面板。

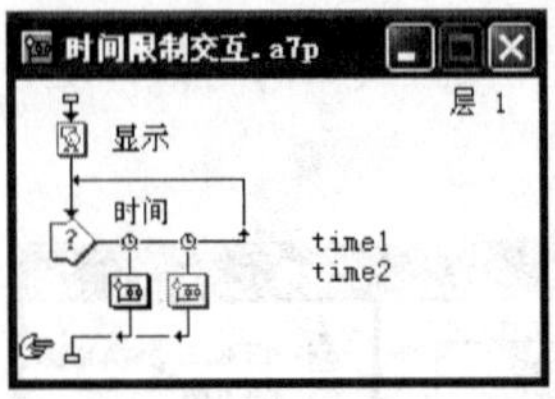

图 5-6-64　时间限制交互流程

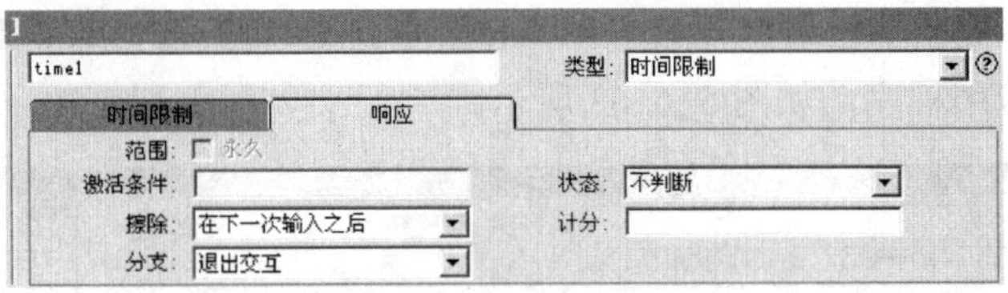

图 5-6-65　响应选项卡

② 选项：有两个复选框“显示剩余时间”与“每次输入重新计时”，如图 5-6-66 所示。

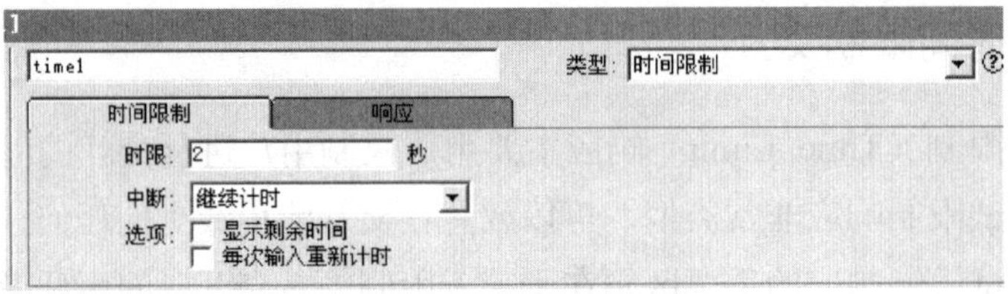

图 5-6-66　“选项”选项组

③ 中断：如图 5-6-67 所示，有 4 个选项。设置在时间限制响应交互过程被打断时程序将采取的措施。

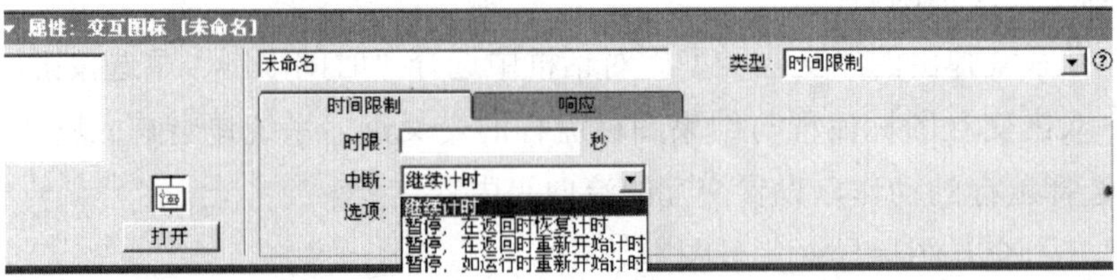

图 5-6-67　“时间限制”选项卡“中断”下拉列表框

a. 继续计时（Continue Timing）：不暂停。

b. 暂停，在返回时恢复计时（Pause,Resume On Return）：暂停计时，执行其他交互，返回后在原计时基础上恢复计时。

c. 暂停，在返回时重新开始计时（Pause,Restart On Return）：暂停计时，执行其他交互，返回后重新开始计时。即使本次定时结束，任何“永久”属性的交互都可触发该时间限制交互计时重新开始。

微视频 5-23：
生死一念间

d. 暂停，如运行时重新开始计时（Pause,Restart If Running）：该属性与“暂停，在返回时重新开始计时”属性类似，其不同点是，若计时过程已经结束，则执行其他属性的交互将无法触发该时间限制交互，计时重新开始。

3. 实例制作：生死一念间

① 设计主流程，如图 5-6-68 所示。

② 在“提示”文本框中输入“是红线还是蓝线????生或者死????你只有10 秒钟!!!!”。

③ 在“红线”、“蓝线”图标中分别画入一条红线和蓝线。

④ 等待图标中只选择“鼠标单击”选项，其他均不作选择，和输入前两个分支的热区域交互属性设置相同：“匹配”为“单击”；“鼠标”为“手形”；“分支”为“退出交互”。

⑤ 设置“选红线”群组图标的子流程，如图 5-6-69 所示。

a. 设置“擦除所有”擦除图标，设置属性面板中“被擦除的图标”，擦除以前所有内容，其他不作修改。

b. 在声音图标中引入一声爆炸声。

c. 在显示图标中画一个爆炸情景。

d. 设置等待图标的等待时间为 3s。

e. 将爆炸情景擦除。

f. 在显示图标中给出死亡提示。

g. 设置等待图标的等待时间为 10s。

⑥ 设置“选蓝线”群组图标的子流程，如图 5-6-70 所示。

a. 设置“擦除所有”擦除图标：设置属性面板中“被擦除的图标”，擦除以前所有内容，其他不作修改。

b. 在显示图标中给出生还提示

c. 设置等待图标的等待时间为 10s。

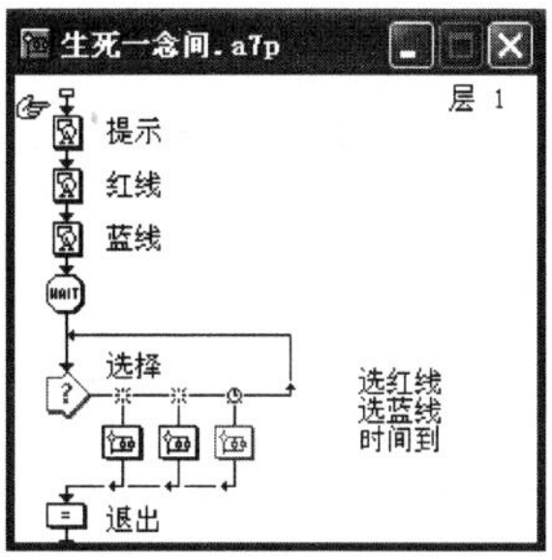

图 5-6-68　流程图

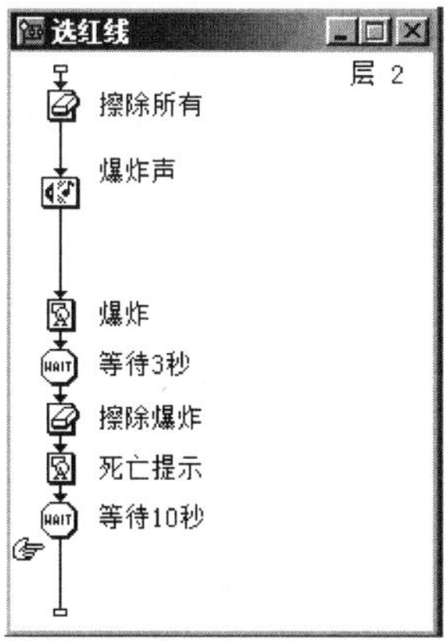

图 5-6-69　红线群组子流程

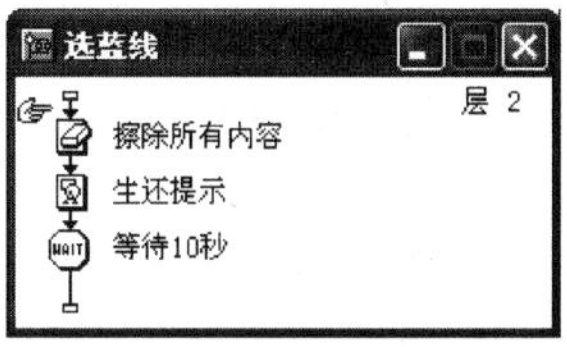

图 5-6-70　蓝线群组子流程

⑦ 设置时间限制交互属性。

a. 时间限制：10s。

b. 勾选“显示剩余时间”复选框。

c. 分支：退出交互。

“选蓝线”分支群组图标的子流程与“选红线”分支的群组图标的子流程相同，只需复制“选红线”分支内容后粘贴到“选蓝线”分支中即可。

⑧ 在计算图标中输入：“quit（0）”以退出程序。

习题 5

一、单选题

1．Authorware 是一种颇受欢迎的（　　）开发工具。

A．图形　　B．多媒体　　C．动画　　D．文字处理

2．群组图标的作用是（　　）。

A．将多个图标组合在一起　　B．将图形组合在一起

C．将图层组合在一起　　D．其他

3．在 Authorware 中图标调色板的作用是（　　）。

A．设置图标的颜色　　B．设置图层的颜色

C．设置文字的颜色　　D．设置图形的颜色

4．Authorware 决定声音与程序同时执行的方式是（　　）。

A．等待直到完成　　B．同时　　C．永久　　D．同时或永久

5．Authorware 的工具箱中具有显示图标和判断图标功能的图标是（　　）。

A．互交图标　　B．计算图标　　C．等待图标　　D．框架图标

6．Authorware 中关于图层的说法，正确的是（　　）。

A．Authorware 中的图层不能重命名　　B．它与图形图像处理软件的图层不一样

C．Authorware 中的图层不能插入图片　　D．在同一图层上面，图像不是并列的

7．关于移动图标的说法错误的是（　　）。

A．移动图标只能移动文字

B．移动图标是文字、图像等需要移动时所要用到的设置

C．移动图标能使得文字或者图片等由一个开始点移动到另一个结束点

D．移动图标可以使图片在指定的路径上移动

8．要控制程序运行的开始位置与结束位置可单击工具箱的（　　）来实现。

A．结束　　B．开始与结束　　C．开始　　D．其他

9．擦除图标的作用是（　　）。

A．能擦除界面上一些不需要出现的文字

B．不能擦除界面上多余的图片

C．不能实现短暂的动态擦除现象

D．可以使图片在显示上不出现重叠、凌乱等现象

10．在课件中能设置交互效果的图标是（　　）。

A．判断图标　　B．交互图标　　C．显示图标　　D．擦除图标

二、填空题

1．Authorware 中使用________图标可以创建和控制对象的移动效果。

2．Authorware 中使用椭圆工具绘制圆时，应按住________键。

3．在用 Authorware 制作的系统中，若需要用户输入密码，则该功能应使用________交互方式实现。

4．在显示窗口的绘图工具箱中，双击________能够打开色彩选择窗口。

5．在显示窗口的绘图工具箱中，双击________能够打开填充模式选择窗口。

6．利用运动图标可以产生路径动画，共有________种类型的路径动画。

7．交互分支上只能放置一个图标，因此若分支内容需要使用多个图标来表现，就必须使用图标将它们组合起来，这个图标是________图标。

8．快捷键 Ctrl+Q 可以关闭________窗口。

9．Ctrl+P 键的作用是________。

10．Ctrl+R 键是________的快捷键。

三、问答题

1．Authorware 可以引用什么格式的声音文件？

2．WAV 格式的声音文件在程序中是以内置式还是外置式保存？

3．电影对象在屏幕上的大小是否能够改变？请使用不同格式的电影文件来测试。

4．运动图标是否可以使文字内容运动？

5．如何播放电影的一个片断？

四、操作题

1．参照例子“升旗仪式”，制作一个名为“升国旗，奏国歌”的作品，要求升国旗与奏国歌同步进行。

2．将圆锥斜截所得斜截面为一椭圆。请将此斜截过程制作出来。

3．将物理上的小车沿斜面下滑的过程制作出来。

4．将数学上的追赶问题制作出来。

5．在 Authorware 中实现绕轴旋转过程。

参考答案

习题 1

一、填空题

1. ① 感觉媒体 ② 表示媒体 ③ 显示媒体 ④ 存储媒体 ⑤ 传输媒体

2. ① 多样性 ② 集成性 ③ 交互性

3. ① 声音文件 ② MIDI 文件

4. ① 采样频率 ② 量化位数 ③ 声道数

5. ① 合成器 ② FM 合成方式 ③ 波形表合成方式

6. ① 造型动画 ② 帧动画

7. ① IDE ② SATA ③ SCSI

8. ① 多媒体操作系统 ② 多媒体驱动程序 ③ 多媒体素材制作软件 ④ 多媒体创作软件 ⑤ 多媒体应用软件

9. 数据压缩和解压缩技术

10. ① 多媒体信息的高效传输 ② 交互处理

11. ① 顺序流式传输 ② 实时流式传输

二、问答题

1. 如何理解媒体、多媒体、多媒体技术？

媒体是信息在传递过程中，从信息源到受信者之间一种信息发布和表现的方法。一般来说，媒体有两层含义，一是指承载信息的实际载体，如纸张、磁带、磁盘、光盘等；二是指表述信息的逻辑实体，如文字、图形、图像、音频、视频、动画等。多媒体技术中的媒体一般指的是后者，即计算机不仅能处理文字、数值之类的信息，而且还能处理声音、图形、电视图像等各种不同形式的信息。

多媒体是在计算机系统中组合两种或两种以上媒体的一种人机交互式信息交流和传播媒体。关于“多媒体”概念的标准定义还没有统一，一般理解为“多种媒体的综合”，即文本、图形、图像、音频、视频、动画等各种媒体的组合。

多媒体技术是把文本、图形、图像、音频、视频、动画等多媒体信息通过计算机进行数字化处理，使多种信息建立逻辑连接，集成为一个系统并具有交互性和实时性的一体化技术。多媒体技术是一种基于计算机科学的综合技术，包括数字化信息处理技术、音频和视频技术、计算机软/硬件技术、人工智能和模式识别技术、通信和网络技术等，是一门跨学科的综合技术。

2. 简述音频数字化过程。

由于音频信号是一种连续变化的模拟信号，而计算机只能处理和记录二进制的数字信号，因此，由自然音源而得的音频信号必须经过一定的变化和处理，变成二进制数据后才能送到计算机进行再编辑和存储。

音频数字化过程主要包括采样、量化、编码 3 个过程。

① 采样：在时间轴上对信号数字化，将时间上连续的取值变为有限个离散取值的过程。

② 量化：在幅度轴上对信号数字化，将经采样后幅度上无限多个连续的样值变为有限个离散值的过程。

③ 编码：按一定格式记录采样和量化后的数字数据。

声音数字化的质量与采样频率、量化位数和声道数密切相关。

3. 简述多媒体计算机系统的五层结构。

多媒体计算机系统是对基本计算机系统的软、硬件功能的扩展，作为一个完整的多媒体计算机系统，它应该包括 5 个层次的结构。

第一层：多媒体计算机硬件系统。主要任务是能够实时综合处理文、图、声、像信息，实现全动态图像和立体声的处理，同时还需对信息进行实时的压缩和解压缩。

第二层：多媒体计算机软件系统。主要包括多媒体操作系统、多媒体通信系统等部分。多媒体操作系统具有实时任务调度，多媒体数据转换和同步控制，对多媒体设备的驱动和控制以及图形用户界面管理等功能。多媒体通信系统主要支持网络环境下多媒体信息的传输、交互与控制。

第三层：多媒体应用程序接口。为多媒体软件系统提供接口，以便程序员在高层通过软件调用系统功能，并能在应用程序中控制多媒体硬件设备。

第四层：多媒体创作工具及软件。该层在多媒体操作系统支持下，利用图像编辑软件、音频处理软件、视频处理软件等来编辑和制作多媒体节目素材，其设计目标是缩短多媒体应用软件的制作开发周期，降低对制作人员技术方面的要求。

第五层：多媒体应用系统。该层直接面向用户，满足用户的各种需求服务。应用系统要求有较强的多媒体交互功能和良好的人-机界面。

4. 简述对多媒体关键技术的认识。

① 多媒体数据压缩/解压缩技术。在多媒体计算机系统中，为了解决存储、

处理和传输多媒体数据问题，需要对多媒体数据进行有效压缩和解压缩。数据压缩和解压缩技术是多媒体技术中最为关键的核心技术。数据压缩实际上是一个编码过程，即将原始数据进行编码压缩。数据解压缩是数据压缩的逆过程，即将压缩的编码还原为原始数据。因此，数据压缩方法也称为编码方法。目前主要有三大编码及压缩标准：JPEG 标准、MPEG 标准、H.261 标准。

② 多媒体数据存储技术。多媒体数据虽经过压缩处理，数据量仍然很大，在存储和传输这些信息时需要很大的空间和时间开销，解决这一问题的关键就是数据存储技术。一般意义上的大容量信息的存储技术已经得到很好的解决，但对于海量的视频信息的存储、传输、快速检索仍然是值得研究的方向。

③ 多媒体数据库技术。多媒体数据库是按一定方式组织在一起的可以共享的相关多媒体数据的集合。与传统数据库应用中的主流数据库系统关系模型数据库相比，多媒体数据库中的数据是非格式化的、不规则的且数据量大，没有统一的取值范围，没有相同的数量级，也没有相似的属性集。多媒体数据库包含许多不同于传统数据库的新技术，其中主要技术有多媒体数据建模技术、多媒体数据存储管理技术、多媒体数据的压缩与还原技术和多媒体数据查询技术，其关键内容是多媒体数据建模技术。

④ 虚拟现实技术。虚拟现实是一种计算机界面技术，是一种先进的计算机用户接口，涉及计算机图形学、人机交互技术、传感技术、人工智能等领域，它通过给用户同时提供诸如视觉、听觉、触觉等各种直观而又自然的实时感知交互手段，最大限度地方便用户操作，从而减轻用户的负担，提高整个系统的工作效率。在虚拟现实中，实时的三维空间表现能力、人机交互的操作环境以及给人带来的身临其境的感觉，一改人与计算机之间枯燥、生硬和被动的现状。

⑤ 多媒体网络与通信技术。多媒体通信是信息高速公路建设中的一项关键技术，是多媒体、通信、计算机和网络等相互渗透和发展的产物。按通信网来分，多媒体技术主要应用在电话网、广电网、计算机网上。多媒体通信综合了多种媒体信息间的通信，它是通过现有的各种通信网来传输、转储和接收多媒体信息的通信方式，几乎覆盖了信息技术领域的所有范畴，包括数据、音频和视频的综合处理和应用技术，其关键技术是多媒体信息的高效传输和交互处理。

⑥ 流媒体技术。流媒体是采用流式传输方式在 Internet 播放的多媒体格式。流媒体有两种传输技术：顺序流式传输和实时流式传输。流媒体已经成为目前互联网上呈现音、视频信息的主要方式。随着信息社会的快速发展，流媒体技术在互联网媒体传播方面起到了主导作用。

5. 什么是多媒体数据库？与传统数据库有哪些区别？

多媒体数据库是为了实现对多媒体数据的存储、检索和管理而出现的一种新型的数据库技术。在多媒体数据库中，媒体可以进行追加和变更，并能实现媒体的相互转换，用户在对数据库的操作中，可最大限度地忽略媒体间的差别，实现多媒体数据库的媒体独立性。简单地说，多媒体数据库是按一定方式组织在一起的可以共享的相关多媒体数据的集合，简称 MDB。

与传统数据库应用中的主流数据库系统关系模型数据库相比，多媒体数据库中的数据是非格式化的、不规则的且数据量大，没有统一的取值范围，没有相同的数量级，也没有相似的属性集。多媒体数据库具有传统数据库所不具有的特性和结构以及要实现的功能要求，因此，多媒体数据库包含许多不同于传统数据库的新技术，其中主要技术有多媒体数据建模技术、多媒体数据存储管理技术、多媒体数据的压缩与还原技术和多媒体数据查询技术，其关键内容是多媒体数据建模技术。

习题 2

一、填空题

1. ① 资源共享 ② 数据通信 ③ 均衡负荷与分布处理 ④ 综合信息服务
2. ① 局域网（LAN） ② 城域网（MAN） ③ 广域网（WAN）
3. ① 集成性 ② 交互性 ③ 同步性 ④ 实时性 ⑤ 服务质量
4. ① 人对人的通信 ② 人对机器的通信
5. ① 实时流式传输 ② 顺序流式传输

二、问答题

1. 什么是计算机网络？

计算机网络是利用通信设备和通信线路将分布在不同地理位置、具有独立功能的多个计算机系统连接起来，以功能完善的网络软件实现资源共享和信息交换的系统。计算机网络由资源子网和通信子网两部分组成。通信子网负责计算机间的数据通信，也就是数据传输；资源子网是通过通信子网连接在一起的计算机系统，向网络用户提供可共享的硬件、软件和信息资源。

2. 组成计算机网络常用的硬件有哪些？

① 网卡：又叫网络适配器，工作在数据链路层的网络组件，是组建局域网不可缺少的基本硬件设备，计算机主要通过网卡连接网络。在网络中，网卡主要功能是负责接收网络上传递过来的数据包，然后解包，将数据通过主板上的总线传输给本地计算机；另一方面，它将本地计算机上的数据打包后送入网络。

② 集线器（HUB）：是对网络进行集中管理的重要工具。集线器是一种共享设备，可以理解为具有多端口的中继器。主要功能是对接收到的信号进行再生放大，以扩大网络的传输距离。它采用广播方式转发数据，不具有针对性。

③ 交换机（Switch）：又称为交换式集线器（Switch HUB），具备集线器的功能，在外观与使用上与集线器类似，但更加智能化。交换机会自动记忆机器地址与所接端口，并决定数据包的传送方向，防止数据包送到其他端口，而那些未受影响的端口可以继续向其他端口传送数据，从而突破集线器同时只能有一对端口工作的限制。因此，使用交换机可以让每个用户都能够获得足够带宽，从而提高整个网络的工作效率。

3. ISO 提出的计算机网络 OSI 模型由低到高依次包含哪几层？

OSI 模型将网络结构划分为 7 层，从下到上依次为物理层、数据链路层、网络层、传输层、会话层、表示层和应用层。每层均有自己的一套功能集合，并与紧邻的上层和下层交互作用，上层直接调用下层提供的服务。

4. 简述 IP 地址及其分类。

基于 TCP/IP 的网络上每台设备都必须有独一无二的标识，用于在网络传输时识别该设备，保证数据的准确传输，这个标识地址就是 IP 地址。根据 TCP/IP 协议规定，IP 地址是由 32 位二进制数组成，而且在 Internet 范围内唯一。

由于网络中包含的计算机有可能不一样多，根据网络规模的大小和其他因素，Internet 委员会把 IP 地址分成 5 种类别，即 A 类、B 类、C 类、D 类、E 类 IP 地址。

① A 类 IP 地址：一个 A 类 IP 地址由 1 个字节（每个字节是 8 位）的网络地址和 3 个字节主机地址组成，网络地址的最高位必须是“0”，即第一段数字范围为 1～126。每个使用 A 类地址的网络可连接 1 600 多万台主机，Internet 可有 126 个 A 类网络。

② B 类 IP 地址：一个 B 类 IP 地址由 2 个字节的网络地址和 2 个字节的主机地址组成，网络地址的最高位必须是“10”，即第一段数字范围为 128～191。每个使用 B 类地址的网络可连接 6 万多台主机，Internet 有 16 256 个 B 类网络。

③ C 类 IP 地址：一个 C 类地址由 3 个字节的网络地址和 1 个字节的主机地址组成，网络地址的最高位必须是“110”，即第一段数字范围为 192～223。每个使用 C 类地址的网络可连接 254 台主机，Internet 有 2 054 512 个 C 类网络。

④ D 类地址：D 类地址用于多点播送，第一个字节以“1110”开始，第一个字节的数字范围为 224～239，是多点播送地址，用于多目的地信息的传输。全“0”（“0.0.0.0”）地址对应于当前主机，全“1”（“255.255.255.255”）地址是当前子网的广播地址。

⑤ E 类地址：以“11110”开始，即第一段数字范围为 240～254。E 类地址保留，仅作实验和开发用。

为了满足互联网日益膨胀的地址需求，IETF（Internet Engineering Task Force，互联网工程专门工作组）提出了 IP 协议的下一版本 IPv6。与目前所用的 32 位的 IPv4 相比，IPv6 地址是 128 位的，地址空间包含的地址数为 2^{128} 个，巨大的地址空间将解决 IP 地址短缺的问题。

5. 连入互联网常用的方式有哪几种？

① ISDN 上网：ISDN 是 Integrated Service Digital Network（综合业务数字网）的缩写，简称“一线通”，是以综合数字网为基础发展起来的通信网。不但可以提供电话业务，同时还能够将传真、数据、图像等多种业务在一条电话线路上传送和处理。

② ADSL 宽带上网：ADSL 是 Asymmetric Digital Subscriber Line（非对称数字用户环路）的缩写，是一种全新的 Internet 接入方式。ADSL 素有“网络快车”之美誉，因其下行速率高、频带宽、性能优、安装方便、无须交纳电话费等特点而深受广大用户喜爱，成为继 Modem、ISDN 之后的又一种全新的高效接入方式。ADSL 良好的性价比，使得它成为国内目前使用较多的一种接入方式。目前，家庭用户、企业用户和 Internet 服务场所，大多选择这种 Internet 接入方式。

③ DDN 专线上网：DDN 是 Digital Data Network（数字数据网）的缩写，即平时所说的专线上网方式。所谓专线上网，是指从提供网络服务的部门与用户的计算机之间通过路由器建立一条网络专线，24 小时享受 Internet 接入服务。

④ 光纤接入技术：由于光纤具有容量大，抗干扰性能强，重量轻等优点，因此大多数网络运营商都认为光纤网络是理想的互联网接入网络。成熟的光纤接入网一般采用无源光网络（Passive Optical Network，PON）技术，这种技术是一种点对多点的光纤传输和接入技术，下行采用广播方式，上行采用时分多址方式，可以灵活地组成树型、星型、总线型等拓扑结构，在光分支点不需要节点设备，只需要安装一个简单的光分支器即可，具有节省光缆资源，带宽资源共享，节省机房投资，设备安全性高，建网速度快，综合建网成本低等优点，初期投资少，结构简单，易于维护。

⑤ 通过代理服务器（Proxy）入网：这种方式多用于中小学校、公司等单位中，使用一台计算机作为局域网的代理服务器，申请一个 IP 地址，可以使局域网内的每一台计算机接入 Internet。这种代理服务是同时实现的，即局域网内的每台计算机都可同时通过代理服务器访问 Internet，它们共享代理服务器的一个 IP 地址和同一账号。

6. 什么是 FTP 服务？

FTP 是一个客户机/服务器系统。File Transfer Protocol（文件传输协议）是 FTP

的缩写，FTP 是 Internet 传统的服务之一，用户通过客户机程序向服务器程序发出命令，服务器程序执行用户所发出的命令，并将执行的结果返回到客户机。FTP 有两个重要功能：一是在两个完全不同的计算机主机之间传送文件，二是以匿名服务器方式提供公用文件共享。

文件传输的主要功能：①下载（Download），用户将 Internet 服务器上提供的文件复制到个人计算机上；②上传（Upload），用户从个人计算机中往 Internet 服务器上传输文件。

FTP 是高速网络上的一个文件传输工具，但是要想和服务器交流文件，就必须首先登录，在远程主机上获得相应的权限以后，方可上传或下载文件。显然，这种情况违背了 Internet 的开放性。为此，人们设计了一种“Anonymous FTP”（匿名服务器），匿名 FTP 是这样一种机制，用户可通过它连接到远程主机上，并从其下载文件，而无须成为其注册用户。各个用户连接匿名服务器时，用各个用户自己的 E-mail 地址作为密码，获取匿名服务器中的信息库资料。需要注意的是，匿名 FTP 不适用于所有 Internet 主机，只适用于那些提供这项服务的主机。

7. 什么是多媒体通信技术？

多媒体系统一般有两种通信方式：人对人的通信和人对机器的通信。

① 在人对人的通信方式中，由一个用户接口向所有用户提供用户之间彼此交互的机制，用户接口创建了多媒体信号并允许用户以一种易用的方式与多媒体信号进行交互；传输层负责把多媒体信号从一个用户位置转送到一些或所有的与通信关联的其他用户位置，传输层保证了多媒体信号的质量，以便所有用户可以在每个用户位置上接收到高质量的信号。人对人通信的例子有电话会议、可视电话、远程教育和计算机协同工作系统等。

② 在人对机器的通信方式中，同样也有一个用户接口用来与机器进行交互和一个传输层用来传输多媒体信号，传输是将多媒体信号从存储位置转移到用户。还存在一种机制用来存储和检索多媒体信号，这些信号是由用户创建或要求的。存储和检索机制涉及寻找现有多媒体数据的浏览和检索过程，主要是为了将这些多媒体数据转移到适当的位置供其他人存取，这些机制也涉及存储和归档处理。人对机器通信的例子有视频点播系统等。

习题 3

一、单选题

1～5 DBCAC　　6～10 BCABD　　11～15 DCCCB　　16～20 DCCCA
21～23 ADB

二、填空题

1. ① 位图 ② 矢量图 ③ 分辨率

2. ① 标题栏 ② 菜单栏 ③ 选项栏 ④ 工具箱 ⑤ 图像窗口 ⑥ 浮动调板 ⑦ 状态栏

3. 磁性套索

4. 三角

5. ① 颜色 ② 越大

6. 快照

7. “历史记录”调板

8. ① 矢量图像 ② 位图图像

9. 背景图层

10. 栅格化

11. 图层组

12. ① 快速蒙版 ② 图层蒙版 ③ Alpha 通道

13. ① 颜色通道 ② Alpha 通道 ③ 专色通道

14. ① 文字 ② 矢量图形

15. 钢笔工具

16. 亮度和对比度

17. “亮度/对比度”

18. “色阶”

19. 像素

20. ① 位图 ② 索引 ③ Esc ④ Alt

三、问答题

1. 什么是矢量图？什么是位图？两者的区别是什么？

矢量图：即图形，由轮廓线经过填充而得到，其中每个对象都是独立的个体。矢量图与分辨率无关，可以将矢量图进行任意的放大或缩小，而不影响它的清晰度和光滑性。矢量图占用空间较小，适用于图形设计、文字设计和一些标志设计、版式设计等。矢量图在输出时将转换为位图形式。

位图：即图像，可以逼真表现自然界景物，由许多像素点组成，每个像素点用若干二进制位来表示其颜色、亮度、饱和度等属性，数据量相对较大，在放大、缩小或旋转时会产生像素色块，效果会失真。位图比较适合内容复杂的图像和真实照片的展示。在 Photoshop 中主要处理的就是位图图像。

2. Photoshop 支持哪些颜色模式？请分别说明其含义。

Photoshop 提供了多种颜色模式，通过这些颜色模式可以将颜色以一种特定的方式表示出来，而这种色彩又可以用一定的颜色模式存储。

RGB 颜色模式：基于可见光的发光原理而制定，R（Red）代表红色，G（Green）代表绿色，B（Blue）代表蓝色，它们称为光的三基色或三原色。这种模式几乎包括了人类视力所能感知的所有颜色，是目前运用最广的颜色系统之一。

CMYK 颜色模式：是一种专门针对印刷业设定的颜色标准，采用的是相减混色原理。CMYK 即青色（Cyan）、洋红色（Magenta）和黄色（Yellow），这 3 种颜色的油墨相混合可以得到所需的各种颜色。由于油墨不可能是 100%的纯色，相互混合不可能得到纯黑，因此应用黑色（K）的专用油墨。CMYK 颜色模式的颜色种类没有 RGB 颜色模式多，当图像由 RGB 转换为 CMYK 后，颜色会有部分损失。

灰度颜色模式：此模式的图像是一幅没有彩色信息的黑白图像，在灰度模式中的像素由 8 位的分辨率来记录，即每个像素点具有 256 个灰度级，0 表示黑色，255 表示白色，灰度颜色模式可以和彩色模式直接转换。

位图颜色模式：位图颜色模式其实就是黑白模式，它只能用黑色和白色来表示图像，只有灰度颜色模式可以转换为位图颜色模式，所以一般的彩色图像需要先转换为灰度颜色模式后再转换为位图颜色模式。

索引颜色模式：索引颜色模式采用一个颜色表存放并索引图像中的颜色，最多只能有 256 种颜色。索引颜色模式的图像占的存储空间较少，但图像质量不高，适用于多媒体动画和网页图像制作。

Lab 颜色模式：Lab 颜色模式采用的是亮度和色度分离的颜色模型，用一个亮度分量 L（Lightness）以及两个颜色分量 a 和 b 来表示颜色。Lab 颜色模式理论上包括了人眼可以看见的所有色彩，而且这种颜色模型“不依赖于设备”，在任何显示器和打印机上其颜色值的表示都是一样的，所以当 RGB 和 CMYK 两种模式互换时，都需要先转换为 Lab 颜色模式，这样才能减少转换过程中的损耗。

HSB 颜色模式：HSB 颜色模式将色彩分解为色相、饱和度和亮度，其色相沿着 0°~360° 的色环来进行变换，只有在色彩编辑时才可以看到这种颜色模式。

3. 简述图像大小与画布大小的关系。

Photoshop 提供了显示图像区域的图像尺寸和显示纸张大小的画布尺寸功能。大部分初级用户都会把绘制图片的草稿图看作是画布大小，而把在草稿图上绘制的图片尺寸看作是图像大小。

（1）选择“图像大小”命令，将图像的宽度和高度改变，此时图像的画布尺寸也随之改变，但两者的尺寸相同。

（2）选择“画布大小”命令，将画布的宽度和高度均变大。这样，包含在画布区域里的图像尺寸没有任何变化，只有画布尺寸变大了，此时变大的区域上显示工具箱中的背景色。

（3）如果缩小或者放大图像尺寸，随着图像分辨率的不同，图像品质会受到不同程度的损伤，或者形态上发生变形。但是，改变画布尺寸时，因为图像尺寸没有改变，所以图像品质不会受到影响。

4. 试述建立选区的方法及其技巧。

（1）创建选区的方法

① 使用规则选择工具。规则选择工具包括矩形选择工具、椭圆形选择工具、单行和单列选择工具。规则选择工具使用非常简单，只需按需选择工具，然后按住鼠标左键在图像内拖动，鼠标勾勒的轨迹就是选择的边界。

② 使用套索工具。对不规则的选区可以使用套索工具。它分为 3 种套索，分别是套索工具、多边形套索工具、磁性套索工具。套索工具的使用：单击起点，拖动鼠标定义选区。多边形套索工具的使用：在不同的顶点进行单击。磁性套索根据属性栏中设定的宽度、边对比度、频率，自动在拖动的过程中分析图像，从而精确定义选区边界。

③ 利用魔棒工具。魔棒工具根据图像的颜色与色调建立选区。当对象轮廓清晰，颜色与背景色差异较大时，可以快速高效地选择对象。选择范围由其容差值决定。

④ 利用“色彩范围”命令。“色彩范围”命令是一个利用图像中的色彩变化关系来建立选区的命令，它以色彩容差来确定选取的像素范围，这点与魔棒工具的使用相似，另外，它还综合了选择区域的“相加”、“相减”和“相似”命令，以及根据基准色选择等多项功能。

⑤ 使用背景橡皮擦工具与魔术橡皮擦工具。对于背景单一（或比较单一），而前景颜色也相对单一的图像适合用背景橡皮擦工具。背景橡皮擦工具具有自动识别像素色值功能，可以根据取样色设置，将指定范围内的该色值区域擦除成为透明区域。对象的边与背景对比度越大，擦除效果越好。魔术橡皮擦工具可以一次性地擦除色调和颜色相似的像素区域。其取值范围从 0 到 255，容差值越大，颜色的相似程度越大，选择的色彩范围也越大。如果在魔棒工具的选项栏里选择“连续的”选项，那么魔棒工具在选择时只选择相邻像素区域；选择“用于所有图层”选项，则对图像中所有可见图层的颜色取样，否则取样仅在当前所选图层内。

⑥ 利用路径。路径基本上都是使用手绘的方法，不适合选细节非常多的图像，通常是使用路径来选择边缘较为平滑，或较为规则的图像。这样能够充分发挥路径自身的矢量特性，从而平滑、完美地将图像选择出来。它先绘出一个工作

路径，然后利用路径控制面板的“将路径作为选区载入”按钮将路径转换为选区。具体操作与使用多边形套索工具相似，但有两点不同。一是将图像放到足够大之后，图像窗口只能显示被选图像的局部轮廓，在描绘工作路径时，随时可以通过图像窗口右边和下边的滚动条去调整移动图像。而在使用多边形套索工具操作时是实现不了的。二是绘出一个工作路径后，如果不满意，可以使用添加节点工具或减少节点工具来调整路径的节点，还可以通过调整节点的位置来调整整个工作路径的形状，从而得到更接近被选对象轮廓的工作路径。得到一个比较满意的工作路径之后，就可以将这个路径转换成一个选区。

⑦ 使用快速蒙版工具。单击工具箱的快速蒙版按钮，进入默认的蒙版状态，用白色画笔可填涂图像中需要的景物，用黑色画笔或橡皮擦工具可以修改选区，完成后转回正常显示模式，即可得到一个较复杂的选区，此种方法适用于区域不规则、颜色区分不大的图形。但这只是临时的选区，不能保存。制作出的新选区会替代旧的选区。

⑧ 利用通道。主要是利用通道中黑白色制作精确选区，利用不同色阶的灰度制作渐隐渐现的选区。在单个原色通道中，如 RGB 模式中的 3 个原色通道，利用它本身的亮度值，按 Ctrl 键并单击通道可调出相应的区域，也可以使用自动色阶、亮度/对比度等调整色调的工具对它进行调整，然后调出区域。在 Alpha 通道中，使用画笔等绘制工具绘制白色区域，或输入白色文字，或通过先前的保存选区而得到白色区域。增加白色，选区增大，增加黑色，选区减少。可通过模糊滤镜或黑白的渐变填充使得选区的边缘有过渡效果。

⑨ 使用“抽出”命令。在有些情况下，图像中需要选取的对象的边缘可能非常复杂（如毛发、树枝等），即使花费很大的精力也很难准确选择，滤镜工具的“抽出”命令提供了强大的功能，可将具有复杂边缘的物体从其背景中分离出来，并将背景删除。因为“抽出”命令是一个“破坏性”的操作，它会永久地删除图像像素，所以，在运行“抽出”命令之前，通常先复制一份，再制作选区。使用“标记笔”命令来描绘图像选区的边缘，可用橡皮擦工具进行选区轨迹的修正，描完后，使用填充工具单击选定区域的内部。单击“确定”按钮即可。

⑩ 利用图层。图层创建选区比较简单，主要有以下两种方法。

a. 在图层中，如果想调用非透明区域即有像素的区域，可以按 Ctrl 键同时单击“图层”面板中相应图层条的空白位置，所有像素的选区就出现了。

b. 如果要对某些图像限制在一定形状的区域中显示，那么这个选区可以通过图层编组来实现。首先在被显示图像的下面创建图层（选中图像所在图层，按 Ctrl 键同时单击“新建图层”按钮），用画笔绘出所需区域的形状，然后按 Alt 键，单击两层中间的分隔线，使所绘形状层成为编组的基底层，所绘的形状就成为了一个限制图像显示的选区。

（2）创建选区的技巧

① 选择前的分析。在选择对象前，首先应分析图像的特点，再根据分析结果找出最佳选择方案。

a. 基于对象形状的分析：对于边缘清晰、内部也没有透明区域的对象，具有一定几何形状，可用选框工具和多边形套索工具等，辅助一定的计算方法选取，如包装盒。具有平滑的弧度线条，则更适合钢笔工具，如雕像。

b. 基于色彩与色调的分析：色彩差异指图像中的红、绿、蓝等不同的色相，色调差异指图像暗调、中间调和高光。对于红、绿、蓝等固定色彩的选取，可直接使用“色彩范围”命令。对于色彩与色调差异较大的对象，选择工具非常广泛，如魔棒工具、磁性套索、背景橡皮擦、魔术橡皮擦、带磁性选项的自由钢笔工具等。利用通道也可以简单、快速、精确地选取具有色彩与色调差异的对象。

c. 基于对象边缘复杂度的分析：毛发、树叶等边缘复杂的对象，行驶的汽车等边缘模糊的对象，在选取时需要足够的耐心和一定的技巧。“抽出”滤镜和通道是选择毛发等复杂对象的主要工具。当人的头发不是特别清晰时，使用“抽出”滤镜便可以选取；而人的头发丝、动物的毛发却是非常纤细，且清晰的，这时只有在通道中才能制作出最准确的选区。选择边缘模糊的对象时，快速蒙版适合处理边缘简单的对象；“色彩范围”命令适合处理边缘复杂，但对象与背景色彩差异大的对象；“抽出”滤镜更为强大，即使对象内部颜色与背景颜色接近，也能获得较满意的结果；通道仍是选择边缘模糊对象最有效的工具，能非常精确地控制选择程度。

d. 基于对象透明度的分析：在选择水珠、玻璃杯等高透明度对象，以及烟雾、婚纱等呈现一定透明效果的对象时，如何保持对象的透明度，还能保留对象的细节特征是选择此类对象时需要考虑的问题。“抽出”滤镜和通道都可以选择透明对象，但通道使用中，可以配合蒙版的修饰，在处理像素的选择程度上实现非常强的可控性。

② 选区的技巧。

a. 反选法：在所需抠图的图像色彩复杂时，可将色彩单一的其他区域选中，然后反选即可。例如，对于背景色彩较单一的人物照片，选取前景时比较复杂，可采用上述制作选区方法来选取背景，然后反选。例如，在一张风景照中加一道彩虹，照片中近景的风景如树木、房屋等不太好选，可以选取蓝天，然后反选选中近景。

b. 加减法：在使用工具箱中的制作选区工具时，属性栏中设定了 4 种多个选区的操作方式，通过相应按钮或快捷键来对选区进行新选区、添加、减去、交叉的操作。例如，制作“牵手文字”时，相邻文字的交叠部分选取就用了选区交叉操作。

c. 通道运算：通过关于通道的操作命令，如“应用图像”和“运算”，进行操作后会得到某些意想不到的效果。利用以上几种建立选区的方法能够方便、快捷地建立选区和制作图形，每一种方法都有其优势和局限性，如利用“图像抽取”命令建立选区往往不能保证图像的完整，利用“色彩范围”命令建立选区会留下很多像素点等，“利用路径建立选区”命令可以得到更精确的选区，但要耗费更多的时间，所以创作人员常常需要将以上几种建立选区的方法结合起来使用。

5. Photoshop 为用户提供了哪些浮动调板？

浮动调板又称为调板、控制调板，主要用来控制各种工具箱命令详细的参数设置，如颜色、图层编辑、路径编辑、图像显示信息等。调板的大部分功能都与工具箱有一定关联，使用得当可提高工作效率。具体如下。

①“导航器”调板：可放大或缩小正在制作的图像的显示比例，定位图像的显示区域。

②“信息”调板：显示光标坐标及光标指针下的颜色信息。

③“直方图”调板：用图形显示了图像每个亮度级别的像素数量，展现了像素在图像上的分布情况。

④“颜色”调板：显示了前景色和背景色，可以利用几种不同的颜色模式来调整前景色和背景色。

⑤“色板”调板：通过色板可以选择颜色，将常用的颜色保存或删除，通过“色板”菜单中的命令还可以载入不同的颜色库加以应用。

⑥“样式”调板：样式是对图层应用的效果，如斜面、浮雕、投影等，“样式”调板可以保存自定义的图层样式，使用调板中的预设样式可以创建特殊效果。

⑦“历史记录”调板：可以在处理图像的过程中撤销前面所进行的操作，将图像恢复到指定的状态，还可以将当前处理的结果创建为快照或保存为文件。

⑧“动作”调板：动作是在单个文件或一批文件上自动播放的一系列任务。在进行重复性操作时，用于保存工作内容，然后在其他图像或工作中应用相同的操作。使用该调板可以记录、播放、编辑和删除动作。

⑨“图层”调板：管理图层的调板，该调板列出了图像中的所有图层、图层组和图层效果。可以通过该调板显示和隐藏图层、创建图层、处理图层组等。

⑩“通道”调板：显示各个颜色模式的相关通道，用来创建、编辑和管理通道，可添加 Alpha 通道，还可以进行通道与选区的转换。

⑪“路径”调板：在 Photoshop 中可以绘制和编辑矢量路径，该调板用来创建、复制、删除、填充或描边路径，还可以进行路径和选区的转换。

⑫“测量记录”调板：可以记录选择工具、标尺工具、计数工具的测量结果，包括长度、面积、周长、密度或其他值，并可将测量数据导出到电子表格或数

据库。

⑬“动画”调板：使用该调板可以制作 GIF 动画，编辑动画帧和优化动画。“动画”调板有两种显示状态：帧模式和时间轴模式。

⑭“段落”调板：用来修改文本段落格式。

⑮“仿制源”调板：可为仿制图章工具或修复画笔工具设置不同的样本源，对样本源进行叠加、缩放或旋转。

⑯“工具预设”调板：可以存储画笔、套索、裁剪、文字和自定义形状等工具的参数，创建自定义的预设。

⑰“画笔”调板：提供各种预设的画笔和图像应用颜料的画笔笔尖选项，还可以修改现有画笔并将其创建为自定义画笔。该调板适用于画笔工具、铅笔工具以及加深、减淡、涂抹等修饰工具。

⑱“图层复合”调板：图层复合是“图层”调板状态的快照。该调板记录了当前文件中的图层可视性、位置和外观（如图层的不透明度、混合模式、图层样式）。通过图层复合可以快速地在文档中切换不同版面的显示状态。因此，当需要展示多个方案的不同效果时，只需通过该调板便可在单个文件中创建、管理和查看图像处理的多个版本。

⑲“字符”调板：改变或调整使用文字工具创建的文字大小、颜色等各种属性。

6. 简述图层原理。在 Photoshop 中可以创建哪些类型的图层？

图层是 Photoshop 中的核心功能，几乎承载了所有的编辑操作。简单来说，图层就像是堆叠在一起的透明纸，每张纸即每个图层上都保存着不同的图像，上面图层的透明区域会显示下面图层的内容，用户看到的图像就是这些图层堆叠在一起时的效果。使用图层可以非常方便地管理和修改图像，还可以创建各种特效。

在 Photoshop 中可以创建多种类型的图层，每种类型的图层都有不同的功能和用途，它们在“图层”调板中的显示状态也各不相同。

① 普通图层：没有添加样式或进行其他特别设置的图层。

② 背景图层：“图层”调板最下面的图层，名称为“背景”，显示为斜体。每幅图像只能有一个背景图层，不能更改背景图层的顺序、混合模式或不透明度，如需修改需要先将背景图层转换为普通图层。

③ 文字图层：在图像中输入文字时生成的图层，文字图层的缩览图显示为一个“T”标志。文字图层不能应用色彩调整和滤镜，也不能使用绘图工具进行编辑，若要处理需将文字图层栅格化。

④ 形状图层：使用钢笔工具或形状工具时可以创建形状图层，包含定义形状颜色的填充图层以及定义形状轮廓的链接矢量蒙版，适合于创建 Web 图形。

⑤ 蒙版图层：添加了图层蒙版的图层，使用蒙版可以显示或隐藏部分图像。

⑥ 填充图层：用纯色、渐变或图案填充的特殊图层。

⑦ 调整图层：可将颜色和色调调整应用于图像，而不会永久更改像素值。

⑧ 智能对象图层：智能对象是包含栅格或适量图像中的图像数据的图层。智能对象将保留图像的源内容以及所有原始特性，从而让用户能够对图层进行非破坏性编辑。

⑨ 智能滤镜图层：用于应用滤镜特殊图层，可以调整、清除或隐藏智能滤镜，并且这些操作是非破坏性的。

⑩ 3D 图层：在打开 3D 文件时生成的图层。

⑪ 视频图层：包含视频文件帧的图层。

7. 简述对图层混合模式的理解。

混合，指在 Photoshop 中正在制作的图层与位于下面图层的各种合成方法。混合模式是 Photoshop 中一项非常重要的功能，它决定了像素的混合方式。使用混合模式可以创建各种特殊效果，但不会对图像造成任何破坏。在抠选图像时，混合模式也发挥着重要的作用。

通过使用混合模式，可以把当前正在制作的图层图像的颜色、饱和度、亮度等多种元素与下面重叠的图层图像混合，并显示在图像窗口上。如果能恰当使用，可表现出一些意想不到的精彩图像效果。利用混合模式，即使不制作特别的图像或者编辑，通过颜色和亮度的混合等，也可以制作出多种合成图像。

使用混合模式合成图像进行显示的最大优点，就是可以不对原图像造成损伤而制作出多种图像效果，而且与使用一般的图像调整进行合成相比，它可以获得更丰富的效果。正是因为图层叠加时的混合模式不同，在图像合成时才可以产生千变万化的效果。

在“图层”调板中，选择要改变混合模式的图层，然后在“图层”调板上选择“正常”选项，选择要混合的模式即可进行应用。在 Photoshop 中除了背景图层外，其他图层都支持混合模式。

由于重叠图像的颜色、饱和度、亮度等多种元素存在不同，混合模式会显示出不同的效果，所以是很难根据要应用的混合模式来预测混合结果的，因此，最快速的学习方法就是在大量的图像上应用混合模式。

8. 简述对快速蒙版和图层蒙版的理解。

快速蒙版是一种临时蒙版，可以与选区相互转换。与其他选择工具不同，快速蒙版的编辑性很强，可以使用任何绘图工具或滤镜编辑和修改。退出快速蒙版模式后，蒙版将转换为选区。

图层蒙版是一张标准的 256 级色阶灰度图像。在图层蒙版中，纯白色区域可以遮罩下面图层中的内容，显示当前图层中的图像；纯黑色区域可以遮罩当前图层中的内容，显示下面图层中的内容；蒙版中的灰色区域会根据其灰度值使当前图层中的图像呈现出不同层次的透明效果。

9. 简述通道在图像处理中的作用。

在 Photoshop 中，可以通过蒙版保护被选取或指定的区域不受编辑操作的影响，起到遮蔽作用，而通道是存储不同类型信息的灰度图像，主要用于存放图像的颜色分量和选区信息。将通道和蒙版结合起来使用，可以简化对相同选区的重复操作。在通道中可以方便地使用滤镜，创作出无法使用选取工具和路径工具制作的各种特效图像。

通道与图层之间最根本的区别在于：图层的各个像素点的属性以红绿蓝三原色的数值来表示，而通道中的像素颜色由一组原色的亮度值组成，即通道中只有一种颜色的不同亮度，是一种灰度图像。通道实际上可以理解为选择区域的映射。

通道的作用主要表现在以下 3 个方面。

① 存储色彩信息。这是通道的基本作用。打开一幅 RGB 颜色模式的图像，在“通道”调板中可以看到 RGB 及 3 个 R、G、B 单色通道。每隐藏一个通道，图像的色彩显示就会发生变化。不同的颜色模式显示的通道数量也不尽相同。

② 保存或创建复杂选区。创建的新通道称为 Alpha 通道，主要用于保存或创建复杂选区，这也是通道最常用的作用，一些精密图像（如毛发等图像）的选择都可以使用通道完成。

③ 保存专色色彩信息。保存专色色彩信息的通道称为专色通道。所谓的专色通道是在印刷过程中存放除了 CMYK 四色以外特殊的混合油墨，主要用来代替或补充 CMYK 油墨。在输出图片时，专色通道作为单独色板进行输出。通常情况下，专色通道主要用来存放金色、银色等特殊的色彩信息。

10. 简述对路径的理解。

路径在Photoshop中是使用贝赛尔曲线所构成的一段闭合或者开放的曲线段，由文字工具和矢量图形工具创建，具有矢量图形的特征，即点、线、方向的属性。路径是矢量对象，与分辨率无关，因此对其进行的缩放等操作会保持清晰的边缘而不会出现锯齿。

路径可以变换成选区，在实际工作中为了使用 Photoshop 进行细致的绘图或者选择区域，通常不使用一般的选框工具，而是使用钢笔工具通过编辑路径锚点灵活地改变路径形状来创建路径，然后将其转换为选区。既可以把路径当作选区使用，也可以当作图像中的对象或线条，对其进行描边或填充操作。

使用钢笔工具绘制的直线或曲线叫做“路径”，锚点是这些线段的断点，当用户选中并拖动曲线上的一个锚点时，锚点上就会延伸出一条或两条方向线，而每一条方向线的两端都有一个方向点。路径的外观都是通过锚点、方向线和方向点调节。在 Photoshop 中制作的路径可以保存在“路径”调板上便于管理和使用。

路径可以是没有起点或终点的闭合式路径，也可以是有明显终点的开放式路径。路径不必是由一系列线段连接起来的一个整体，它可以包含多个彼此完全不同而且相互独立的路径组件。

11. 简述路径与选区间的转化。

在创建路径后，可以将路径转换为选区，也可以对路径进行填充和描边，或者通过剪贴路径输出带有透明背景的图像。

（1）将路径转换为选区

“路径”调板上的封闭路径都可以在图像窗口中显示成选区。

① 使用当前设置将路径转换为选区：在“路径”调板中选择要转换成选区的路径，单击“路径”调板下端的“将路径作为选区载入”按钮，可将图像中的路径转换成选区。另外，如果按住 Ctrl 键的同时在“路径”调板中单击需要转换的工作路径，该路径也会转换成选区。

② 将路径转换为选区并指定设置：在“路径”调板中选择工作路径后，如果想改变设置，可以按住 Alt 键的同时单击“将路径作为选区载入”按钮，或者使用“路径”调板菜单中的“建立选区”命令。在弹出的“建立选区”对话框中设置各选项就可以改变选区。

（2）将选区转换成路径

可将图像窗口上显示的选区转换成路径使用。如果以此方法保存路径，在制作过程中可以随时再显示出选区，因此该功能非常实用。将选区转换成路径时，生成的路径轮廓由“建立工作路径”对话框中设置的容差值确定精确度。

① 使用当前设置将选区转换为路径：在图像中建立选区，然后单击“路径”调板下端的“从选区生成工作路径”按钮，选区就会保存成路径。

② 将选区转换为路径并指定设置：创建选区后，选择“路径”调板菜单中的“建立工作路径”命令，弹出“建立工作路径”对话框。在对话框中设置“容差”值，范围为 0.5～10，该值越高，用于绘制路径的锚点越少，路径也越平滑。设置容差后，单击“确定”按钮可按照指定的方式将选区转换为路径。

12. Photoshop 中有哪些主要的色彩调节方式？试述其作用。

（1）图像的基本调整命令

①“自动色阶”命令。“自动色阶”命令可以自动调整图像中的黑场和白场。该命令将每个颜色通道中最亮和最暗的像素映射到纯白和纯黑，中间像素按比例重新分布，从而增强图像对比度。在像素值平均分布并需要以简单方式增加对比

度的特定图像中，该命令可提供较好的效果。

②“自动对比度”命令。“自动对比度”命令可以自动调整图像的对比度，使高光看上去更亮，阴影看上去更暗。该命令可以改进许多摄影或连续色调图案的外观，但由于不会单独调整通道，因此不会引入或消除色偏，无法改善单调颜色图像。

③“自动颜色”命令。“自动颜色”命令可以通过自动搜索图像来标识阴影、中间调和高光，从而调整图像的对比度和颜色。

④“色彩平衡”命令。“色彩平衡”命令可以更改图像的总体颜色混合。

⑤“亮度/对比度”命令。“亮度/对比度”命令可对图像色调范围进行简单调整。

（2）图像颜色调整的高级操作

①“色阶”命令。在 Photoshop 中，使用最多的图像调整方法就是对图像的颜色对比度和亮度的调节。如果是使用扫描仪扫描的图片或使用数码相片拍摄的照片，经常会出现图像清晰度下降的现象，此时利用“色阶”命令调整亮度和对比度，可以轻松提高图像的清晰度。

②“曲线”命令。“曲线”命令与“色阶”命令一样都用于调整图像的色调以及颜色，“色阶”命令是通过高亮、中间调、暗调来调整图像，“曲线”命令是利用伽玛曲线更细致地调整图像。“曲线”命令的工作原理虽然比较复杂，却可以进行精确的图像调整工作，和“色阶”命令一样既可以应用在整个图像上，也可以应用在各种通道上，还可以利用“曲线”命令修改 0～255 颜色范围内任意点的颜色值从而更加全面地修改图像色调。

（3）其他调整命令

① 黑白：该命令可以将彩色图像转换为灰度图像，同时保持对各颜色的转换方式的完全控制，也可以通过对图像应用色调来为灰度着色。

② 色相/饱和度：该命令可以调整图像中特定颜色分量的色相、饱和度和亮度，或者同时调整图像中的所有颜色。

③ 去色：该命令可以将图像的饱和度设置为 0，图像变成灰度图，可在不改变图像色彩模式的情况下变成单色图像。

④ 匹配颜色：该命令将图像（源图像）颜色与其他图像（目标图像）颜色相匹配，或者匹配多个图层或多个选区之间的颜色。该命令比较适合使多个图片颜色保持一致。

⑤ 替换颜色：该命令可以在图像中选择特定的颜色，然后将其替换。

⑥ 可选颜色：可选颜色校正是高端扫描仪和分色程序使用的一种技术，用于在图像中的每个主要原色成分中更改印刷色的数量。使用该命令可以有选择地修改任何主要颜色中的印刷色数量而不会影响其他主要颜色。

⑦ 通道混合器：可以编辑图像的通道，从而改变图像的颜色并转换图像的颜色范围，可以转换高质量的灰度图像和彩色图像。

⑧ 渐变映射：该命令将相等的图像灰度范围映射到指定的渐变填充色。

⑨ 照片滤镜：该命令通过模仿在相机镜头前加装彩色滤镜，来调整通过镜头传输的光的色彩平衡和色温，或者使胶片曝光。

⑩ 阴影/高光：该命令能够基于阴影或高光中的局部相邻像素来校正每个像素，从而调整图像阴影和高光区域。该命令适用于校正由强逆光而形成剪影的照片，或者校正由于太接近相机闪光灯而有些发白的焦点。在用其他方式采光的图像中，这种调整也可用于使阴影区域变亮。

⑪ 曝光度：该命令用于调整 HDR（高动态光照渲染）图像色调，但也可以用于 8 位、16 位图像。曝光度通过在线性颜色空间（灰度系数为 1.0）而不是图像的当前颜色空间执行计算而得出。

⑫ 反相：该命令可以反转图像的颜色，使图像变成负片，就好像相纸底片一样。再次执行该命令可以恢复图像为原来的效果。

⑬ 色调均匀：该命令可以重新分布图像中像素的亮度值，以便使它们更均匀地呈现所有范围的亮度级别。此命令将会使图像中最亮的值调整为白色，最暗的值调整为黑色，中间值均匀地分布在整个灰度范围中。

⑭ 阈值：该命令将灰度或彩色图像转换为具有高度反差的黑白图像。可在“阈值色阶”文本框中输入阈值，当像素的层次低于或等于阈值时设为黑色，高于阈值时设为白色。

⑮ 色调分离：该命令可以按照指定的“色阶”数减少图像颜色，从而减少图像层次而产生特殊的层次分离效果。如创建大的单调区域时，该命令非常有用。

⑯ 变化：该命令可以通过图像缩览图来调整图像的色彩平衡、对比度和饱和度，对于不需要精确颜色调整的平均色调图像最为有用。该命令还可以消除图像色偏，但不适用于索引颜色图像或 16 位/通道的图像。

13. 滤镜的功能是什么？使用滤镜时需要注意哪些规则？

滤镜主要用来处理图像的各种效果，它是 Photoshop 的特色工具之一，充分而适度地利用好滤镜不仅可以改善图像效果，掩盖缺陷，还可以在原有图像的基础上产生千变万化的特殊变换效果。Photoshop 滤镜大体可分为两类，一类是安装了 Photoshop 后基本提供的内置滤镜，另一类是通过插件提供的，用户可新添加安装的外部滤镜，这类滤镜安装后出现在“滤镜”菜单底部，其使用和内置滤镜使用方法相同。

“滤镜”菜单中显示为灰色的命令是不可使用的命令，通常情况下是由于图像颜色模式造成的。如部分滤镜不能用于 CMYK 颜色模式图像，而 RGB 颜色模式图像则可以使用全部滤镜。

Photoshop 提供了一百多种滤镜，它们都按照不同的功能被放置在不同的组中，如“模糊”滤镜组中包含模糊图像的各种滤镜，“杂色”滤镜组中包含添加和清除杂色的各种滤镜。除了自身拥有的众多滤镜外，在 Photoshop 中还可以使用第三方开发的外部滤镜，最具代表性的是 KPT 和 Eye Candy 滤镜。外部滤镜种类繁多，各有特点，为在 Photoshop 中创建特殊效果提供了更多的解决办法。

滤镜的种类很多，不可能将所有实现的功能全部记忆，因此在使用滤镜时应当探索一些有效的方法，遵守一些操作规则，这样才能有效地使用滤镜处理图像。

① 上一次使用过的滤镜将被放在“滤镜”菜单的顶部，单击它或按 Ctrl+F 键可重复执行相同的滤镜命令。若某一滤镜执行时有对话框，则可以按 Ctrl+Alt+F 键重新打开上次执行滤镜时的对话框，在对话框内可重新设置滤镜参数。

② 滤镜既可以应用于图像整体，也可以在设置选区后加以使用，因此可以在整个图像的特定部分上应用滤镜制作出多种效果。当对选区使用滤镜处理后，往往会留下毛边，这时可以对该边缘进行羽化处理使图像边缘平滑。

③ 滤镜处理效果以像素为单位进行计算，应用效果会因图像分辨率不同而不同。

④ 当使用某一个滤镜处理图像后，“编辑”菜单中的“渐隐”命令变得可用，选择它可以打开“渐隐”对话框，通过设置“不透明度”和“混合模式”实现效果混合。

⑤ 有些效果滤镜会完全在内存中处理，因此会占用很大的内存，特别是在图像分辨率很高时更为严重，因此可先对单个通道应用滤镜，然后合成图像，或者先在低分辨率上使用滤镜，并记下滤镜设置参数，然后再对高分辨率使用该滤镜。如果想结束正在生成的滤镜效果，只需按 Esc 键即可。选择“编辑”|“清理”|“全部”命令可以释放内存，但如果需要保留以前的操作，则不要使用该命令。

⑥ 如果在滤镜设置对话框中对自己调节的效果感觉不满意，希望恢复调节前的参数，可以按住 Alt 键，此时“取消”按钮变为“复位”按钮，单击该按钮可将参数重置为调节前状态。

⑦ 滤镜只能应用于图层的有色区域，对完全透明的区域没有效果（只有“云彩”滤镜可以应用在没有像素的透明区域）。而且滤镜对图像的颜色模式具有选择性，在 RGB 模式中，可以应用 Photoshop 中提供的所有滤镜；在 CMYK 模式中，有些滤镜就不可使用，如“艺术效果”滤镜；在位图模式和索引模式中，所有滤镜都不可使用。另外，如果是 16 位通道的图像，也有部分滤镜无法使用。

⑧ 如果要在应用滤镜时不破坏原图像，并且希望以后能够更改滤镜设置，可以选择“滤镜”|“转换为智能滤镜”命令，将要应用滤镜的图像内容创建为智能对象，然后再使用滤镜进行处理。

四、操作题

略

五、实践题

略

习题 4

一、单选题

1～5 CBBAB　　6～10 DABCB　　11～15 BABCA　　16～20 ABDCB

二、填空题

1．24
2．① 视频 ② 图像
3．滴管
4．栅格化
5．矢量图形
6．① 静态文本 ② 动态文本 ③ 输入文本
7．放射性渐变
8．Ctrl+Enter
9．逐帧动画
10．添加形状提示

三、问答题

1. 简述形状补间动画的基本原理。

在起始关键帧处绘制一个形状，在终点关键帧处绘制另一个形状，Flash 会自动生成两个形状的中间形状。

2. 补间效果的缓动选项，值不同，对动画效果的作用如何？

在–100～–1 之间时，表示动画的速度是加速的。

在 1～100 之间时，表示动画的速度是减速的。

值为 0 时，表示动画的速度是匀速的。

3. 补间效果的混合选项，对动画效果的作用如何？

分布式：使动画的中间形状更加平滑和不规则。
角形：使动画的中间形状保留明显的角和直线。

4. 简述传统补间动画的原理。

在一个关键帧上放置一个对象，在另一个关键帧上改变这个对象的大小、位置、颜色、透明度、旋转等，然后定义补间动画。

5. 遮罩动画的组成及作用。

遮罩层：以该图层中的对象形状为区域范围，显示下一图层中的对象。
被遮罩层：动画需要表现的主体内容。

6. 在 Flash 中帧是制作动画的核心，试问帧的类型包括哪 4 种？

普通帧、关键帧、空白关键帧、过渡帧。

7. 元件的类型分为哪几类？各有什么特点？

分为电影剪辑、按钮、图形 3 种类型。

特点：电影剪辑不受主场景时间轴的限制，可以包含程序和声音。按钮可以感知并响应鼠标事件，可以包含影片剪辑和图形元件。图形元件用来存放可重复使用的图片和动画，并受主场景时间轴的限制。

8. 在 Flash 中填充方式有哪几种类型？

纯色、线性渐变、放射状渐变、位图。

9. 补间动画可以分为哪些类型？区别是什么？

补间动作和补间形状。

区别：补间动作创建在元件实例之间；补间形状不能用于实例，而是用在被打散的图形之间。

四、实践题

略

习题 5

一、单选题

1～5 BAADA　　　6～10 DABDB

二、填空题

1. 移动
2. Shift
3. 文本
4. 椭圆工具
5. 矩形工具
6. 5
7. 群组
8. 整个软件
9. 播放/停止
10. 重新开始运行

三、问答题

1．Authorware 可以引用什么格式的声音文件？

2. Authorware 的声音图标可以直接支持的声音文件格式主要有 AIFF、PCM、SWA、VOX、MP3、WAV 等，一般常用的就是 WAV 和 MP3 文件。

3．WAV 格式的声音文件在程序中是以内置式还是外置式保存？

WAV 格式的声音文件在调用时被载入到程序中，声音文件是以内置式保存的。

4．电影对象在屏幕上的大小是否能够改变？请使用不同格式的电影文件来测试。

对于 AVI 或 MPEG 格式的电影文件，电影对象在屏幕上的大小可以改变，但是 FLC 格式的动画电影文件不能够改变大小。

5．运动图标是否可以使文字内容运动？

可以。运动图标可以使显示图标中的任何内容产生路径动画，文字作为显示图标中内容对象的一部分，也可以运动。

6．如何播放电影的一个片段？

在电影图标的“计时”选项卡中，定义“开始帧”属性为片断开始帧的位置，定义“结束帧”属性为片段结束帧的位置。这样，电影图标在播放电影时就只播放指定的片段。

四、操作题

略

参 考 文 献

[1] 普运伟.多媒体技术及应用[M]. 北京：人民邮电出版社，2015.

[2] 王爱民，等. 计算机应用基础[M]. 4 版. 北京：高等教育出版社，2014.

[3] 龚沛曾，李湘梅，等. 多媒体技术及应用[M]. 2 版. 北京：高等教育出版社，2012.

[4] 时代印象. 中文版 Photoshop 平面设计入门与提高[M]. 北京：清华大学出版社，2015.

[5] 克罗斯科维斯基. Photoshop 图像合成专业技法（修订版）[M]. 陈占军，译. 北京：人民邮电出版社，2015.

[6] 张丹丹，毛志超. 中文版 Photoshop 入门与提高[M]. 北京：人民邮电出版社，2011.

[7] 王红蕾，常京丽，等. Photoshop 学习掌中宝教程[M]. 北京：电子工业出版社，2012.

[8] 郝晓丽，朱仁成. 边用边学 Flash 动画设计与制作[M]. 北京：人民邮电出版社，2015.

[9] 数字艺术教育研究室. 中文版 Flash 基础培训教程[M]. 北京：人民邮电出版社，2015.